Fulvia Mecatti

Statistica di base

Come, quando, perché

Terza edizione

McGraw Hill

Copyright © 2022, 2015, 2010 McGraw-Hill Education (Italy) S.r.l.
Corso Vercelli, 40 - 20145 Milano (MI)
Tel. 02535718.1 - www.mheducation.it

Portfolio Manager: Daniele Bonanno
Realizzazione editoriale: Feel Italia Srl, Milano
Grafica di copertina: Feel Italia Srl, Milano
Immagine di copertina: tovaglia: ©T-Kot/Shutterstock; piatto: ©Suradech Prapairat/Shutterstock; pollo a dx: ©MaraZe/Shutterstock; pollo a sx: ©MShev/Shutterstock; Fotomontaggio a cura di Giorgio Pincelli

Stampa: Rodona Industria Gráfica, S.L.

FSC MIXTO FSC® C136788

Rodona Industria Gráfica cuenta con un sistema de gestión certificado según ISO 9001 e ISO 14001.

ISBN: 9788838656606

0213456789-2827262524

Indice

L'Autrice

Fulvia Mecatti è professore ordinario di Statistica presso l'Università degli Studi di Milano-Bicocca. Ha una lunga esperienza di insegnamento di corsi di Statistica di base per corsi di laurea in Economia, Scienze Politiche, Scienze Statistiche, Sociologia e Psicologia. Insegna anche Statistica avanzata, computerizzata e Data Journalism in corsi post-laurea e di dottorato di ricerca. Ha coordinato il dottorato di ricerca in Statistica dell'Università degli Studi di Milano-Bicocca. Collabora con l'Inter-Secretariat Working Group on Household Surveys - Statistical Division (ISWGHS), presso la Divisione Statistica delle Nazioni Unite (UNSD).

Elenco dei simboli e delle abbreviazioni

in ordine di apparizione

U	popolazione statistica o universo statistico
N	numerosità di U
X	fenomeno statistico, variabile statistica, variabile casuale
x	modalità del fenomeno, valore della variabile statistica o causale
$\leq, <$	minore o uguale, minore
∞	infinito, il numero più grande
$=, \neq$	uguale, diverso
$\geq, >$	maggiore o uguale, maggiore
k	numero delle diverse modalità del fenomeno X
$i = 1, \dots, n$	indice delle modalità del fenomeno X. Si legge "i che va da 1 a n"
$x_l \vdash x_L$	intervallo di modalità con estremo inferiore x_l compreso e estremo superiore x_L escluso
f_i	frequenza assoluta della modalità x_i
x_i	variabile statistica (v.s.)
v.s.	variabile statistica
$\sum_{i=1}^{k}$	simbolo di sommatoria. Si legge "somma per i che va da 1 a k"
p_i	frequenza relativa della modalità x_i
F_i	frequenza cumulata assoluta della modalità x_i
Φ_i	lettera greca "fi" maiuscolo. Frequenza cumulata relativa della modalità x_i
x_i^*	valore centrale dell'intervallo $x_i : x_l \vdash x_L$
φ_i	lettera greca "fi" minuscolo. Densità di frequenza dell'intervallo $x_i : x_l \vdash x_L$
x_0	moda della v.s. X
$x_{0.5}$	mediana della v.s. X
$x_{0.25}, x_{0.5}, x_{0.75}$	quartili della v.s. X
$\bar{x}$	media aritmetica della v.s. X, media campionaria. Si legge "x medio"

$x_1, x_k, x_{\min}, x_{\max}$	la più piccola e la più grande modalità osservata di X
$\lim_{s\to\infty}$	operazione di limite. Si legge "limite per s che tende all'infinito"
IQR	differenza interquartile (in inglese: *Inter-quartile range*)
σ, σ^2	lettera greca "sigma" minuscolo. Deviazione standard e varianza
cv	coefficiente di variazione
$\cong$	all'incirca uguale, approssimativamente uguale
x_t	modalità osservata di X al tempo t in una serie storica
NI	numero indice
v, v_t	variazione percentuale (in generale e annua)
$\bar{v}$	tasso di variazione medio annuo
$\prod_{i=1}^{k}$	simbolo di produttoria. Si legge "prodotto per i che va da 1 a k"
(x_i, y_j)	modalità osservata della coppia di fenomeni X e Y
$j = 1, \dots, h$	indice delle modalità del fenomeno Y. Si legge "gei che va da 1 a h"
f_{ij}	frequenza congiunta (assoluta) della modalità (x_i, y_j)
$f_{i.}$ e $f_{.j}$	frequenze marginali di riga e di colonna
$Y\|x_i$	v.s. condizionata. Si legge "Y dato x con i" oppure "Y condizionato da x con i"
f_{ij}^*	frequenza teorica o attesa di indipendenza statistica
i.s.	indipendenza statistica
χ^2	lettera greca "chi". Indice di connessione. Si legge "chi quadrato"
Yule	indice di associazione di Yule
$Odds(Y\|x)$	rischio relativo tra successo e insuccesso. Si legge "odds di Y dato x"
OR	Odds-ratio o rapporto dei prodotti incrociati
$\bar{y}\|x_i$	media condizionata. Si legge "y medio dato x con i"
$\sigma^2_{y\|x_i}$	varianza condizionata. Si legge "sigma quadro y dato x con i"
σ^2_{NEI}	varianza nei gruppi
σ^2_{FRA}	varianza fra i gruppi
i.m.	indipendenza in media
$\Rightarrow$	simbolo di implicazione. Si legge "implica" oppure "allora"
η^2_Y	lettera greca "eta". Indice di dipendenza di Y da X. Si legge "eta quadro y"
η^2_X	indice di dipendenza di X da Y. Si legge "eta quadro x"
μ_{XY}	lettera greca "mu". Momento misto
σ_{XY}	covarianza
ρ_{XY}	lettera greca "rho". Coefficiente di correlazione lineare
$\not\Rightarrow$	negazione del simbolo di implicazione. Si legge "non implica"

$Y = f(X)$	modello di regressione semplice
$\hat{Y} = a + bX$	retta di regressione (deterministica)
a, b	parametri della retta di regressione
m.q.	minimi quadrati
DR	devianza residua della regressione
DT	devianza totale della regressione
DS	devianza spiegata della regressione
log-odds	logaritmo dell'odds
e	numero reale fra 2 e 3 con infiniti decimali, base dei logaritmi naturali
n	numerosità campionaria
E	evento casuale, evento elementare, evento
Ω	lettera greca "omega" maiuscolo. Spazio campionario, evento certo
$\subseteq, \subset$	simboli di sottoinsieme. Da sinistra verso destra si legge "è contenuto", da destra verso sinistra si legge "contiene"
$\emptyset$	insieme vuoto, evento impossibile
$\in, \notin$	simboli di appartenenza e di esclusione. Si leggono "appartiene" e "non appartiene"
$P(E)$	probabilità dell'evento casuale E
v.c.	variabile casuale
$P(X = x)$	funzione di probabilità della v.c. X discreta. Si legge "probabilità che X assuma valore x"
$P(X \leq x)$	funzione di ripartizione della v.c. X. Si legge "probabilità che X assuma valori minori o uguali a x"
$E(X)$	media o valore atteso (*expectation*) della v.c. X
$V(X)$	varianza della v.c. X
$SD(X)$	deviazione standard (*standard deviation*) della v.c. X
n-upla	insieme di n oggetti. Si legge "ennupla"
$X \sim Bin(n, p)$	v.c. binomiale di parametri n e p. Il simbolo $\sim$ si legge "è"
$\binom{n}{x}$	coefficiente binomiale. Si legge "n su x"
$n!$	si legge "n fattoriale"
$\varphi(x)$	funzione di densità della v.c. X continua. Si legge "fi di x"
$\int$	operazione di integrale
μ	lettera greca "mu" o "mi". Media (ignota) del fenomeno in U
$X \sim N(\mu, \sigma^2)$	v.c. Normale di parametri μ e σ^2
$Z \sim N(0, 1)$	v.c. Normale standard
SRS	campione casuale semplice (in Inglese: *simple random sample*)
$x_1 \ldots x_i \ldots x_n$	campione bernoulliano, dati campionari

X_i	v.c. estrazione campionaria
$\bar{x}, \bar{X}$	media campionaria, stima e stimatore
MSE	errore quadratico medio di uno stimatore (in inglese: *mean squared error*)
$MSE(\bar{X})$	errore quandratico medio della media campionaria
s^2, S^2	varianza campionaria (corretta con i gradi di libertà), stima e stimatore
SE	standard error di una stima
$SE(\bar{x})$	standard error della media campionaria
$Y = a + bX + \varepsilon$	modello lineare (modello di regressione lineare casuale)
ε	lettera greca "epsilon", componente erratica o casuale del modello lineare
$\hat{a}, \hat{A}, \hat{b}, \hat{B}$	stime e stimatori dei minimi quadrati per i parametri del modello lineare
s_{XY}	stima della covarianza (corretta con i gradi di libertà)
$\hat{Y} = \hat{a} + \hat{b}X$	modello lineare stimato
$V(\varepsilon)$	varianza (ignota) della componente erratica del modello lineare
s_ε^2	stima della varianza degli errori (o residui) del modello lineare, stima di $V(\varepsilon)$
r^2	indice di determinazione, stima del coefficiente di correlazione lineare ρ
$\hat{p},\ 100 \cdot \hat{p}$	frequenza relativa campionaria, percentuale campionaria
$SE(\hat{p})$	standard error della frequenza relativa campionaria
IC	intervallo di confidenza
α	lettera greca "alfa", probabilità di sbagliare
$(1 - \alpha)$	livello di confidenza di un IC, livello di significatività di un test, probabilità di "fare bene"
$z_{\alpha/2}, -z_{\alpha/2}$	Z-score, valori della $Z \sim N(0, 1)$ che lasciano a destra e a sinistra probabilità pari a $\alpha/2$
l.c.	livello di confidenza
T	v.c. T di Student
$t_{\alpha/2}, -t_{\alpha/2}$	T-score, valori di una T di Student che lasciano a destra e a sinistra probabilità pari a $\alpha/2$
TCL	teorema centrale del limite
$\approx$	si legge "è approssimativamente"
Err	errore assoluto di stima
H_0	ipotesi nulla
l.s.	livello di significatività
p-value	si legge "pi veliu", significatività empirica di un test statistico
$\Leftrightarrow, \Updownarrow$	si leggono "se e soltanto se" oppure "equivalentemente"

Capitolo 1

Introduzione

FAQ e qualcos'altro, da leggere prima

1.1 Questo è un libro di Statistica

Ho scritto questo libro pensando che chi lo legge sia una studentessa o uno studente di Scienze sociali, politiche o economiche, *costretta/o* dal proprio corso di laurea ad affrontare un esame di Statistica. Ma anche che sia un qualunque altro utente (*utentessa?*) che per una qualche ragione abbia avvertito l'improvviso bisogno di studiare, rispolverare o approfondire un po' di Statistica. In ogni caso penso che chi lo legge lo faccia aspettandosi di trovarci dentro qualcosa di utile, di ricavarne un qualche giovamento e magari che ciò succeda nel più breve tempo possibile. Su quest'ultimo punto non voglio compromettermi. Ho invece preso come una sfida personale l'obiettivo di affrontare (e soddisfare!) i primi due. L'ho scritto pensando che chi studia dovrà trovarci dentro quello che serve per superare il proprio esame, qualcosina in più per superarlo brillantemente e, magari, un eccesso di approfondimento nel caso scopra particolare attrazione e interesse per la materia (il che, credetemi, non è raro!). L'utente interessato dovrà trovare quanto serve per prodursi in esclamazioni del tipo "Ah... ecco cos'era quella roba lì!" oppure "Questa è la formula che cercavo!" o magari "Ah... guarda, è meglio che faccia così, non come facevo prima!" o qualcosa del genere. L'ho scritto sapendo anche che cosa *non* volevo scrivere: non un elenco di tecniche, formule e soluzioni (ce ne sono tanti), non un pomposo manuale di teoria e fondamenti astratti (ce ne sono tanti), ma una guida alla *comprensione*, qualcosa che aiuti a collocare pezzi di nozioni e di metodi magari già usati e abusati e mai capiti fino in fondo, un'introduzione al *ragionamento statistico*, all'*occhio critico* per giudicare e usare consapevolmente l'abbondanza di software disponibili per fare analisi statistiche.

1.2 Serve un sacco di Matematica?

Studentesse, studenti o utenti interessati che siano, non li ho pensati necessariamente provvisti di una laurea in Matematica o di un abbondante numero di crediti in Analisi, Algebra e Geometria. Ma per quanto vaga sia ancora (a questo punto del libro...) l'idea di Statistica, è probabilmente ben chiaro che la Matematica ne è comunque strumento essenziale. Il punto è allora *quanta* e *quale* (in genere la domanda viene posta in quest'ordine) Matematica serve per leggere il libro, capirlo e impararlo? Uno dei miei maestri risponderebbe: "Se conosci le 4 operazioni elementari +, −, ×, /, ma forse bastano anche le prime 3, puoi seguire con profitto un corso di Statistica". Sarei tentata di dire che aveva ragione, ma la verità è che esagerava. Un *po'* di Matematica, più avanzata delle 4 operazioni elementari, è necessaria per l'obiettivo che mi sono posta. E da qui non si scappa. Ma mi sono impegnata a limitare quel po' di Matematica che serve a quella che tutti abbiamo visto alla scuola dell'obbligo o al massimo al biennio di una qualunque scuola secondaria. Mi rivolgo a persone con poca abitudine al ragionamento analitico formalizzato (cioè non proprio esperti amanti di formule, equazioni, grafici, linguaggio e strumenti della Matematica) ma con attitudine e abitudine a *ragionare*.

Come si dice nel prossimo paragrafo, la Statistica è caratterizzata da *trasversalità* e *versatilità*. La vastità di applicazione dei metodi statistici richiede necessariamente un certo grado di *astrazione* dal particolare contesto applicativo. È per questo che si rende necessario procedere per *modelli* e *regole generali*, usando strumenti matematici formali come le funzioni e le equazioni. In questo libro ci affideremo più spesso all'*intuizione* che al *rigore matematico*. Nulla di scorretto, comunque, ma qualche volta poco elegante (... sempre meglio che incomprensibile!). Qualunque sia il concetto o lo strumento trattato in questo libro, l'esposizione teorica è abbondantemente integrata da esempi di impiego concreto. Esempi semplici, a volte banali, di vita quotidiana o letti sui giornali o trovati su internet.

1.3 Perché devo studiare la Statistica?

Perché devo studiare la Statistica se mi sono iscritto/a a un corso di laurea per sociologi, scienziati politici, economisti, scienziati dell'organizzazione e simili? Non abbiamo ancora un'adeguata definizione di Statistica (per questo bisogna leggere almeno il Capitolo 2) e presumo (più per esperienza che per arroganza, concedetemelo...) che i più abbiano al momento un'idea confusa di che cosa sia e a che cosa serva. Guardiamoci intorno: nella nostra società dell'informazione e della comunicazione la Statistica e il ragionamento statistico sono ovunque.

Dalla mattina alla sera non c'è giornale o telegiornale che non contenga almeno un *grafico* o una *tabella* o il risultato di un *sondaggio*. Al supermercato sulla confezione di ogni prodotto possiamo leggere la tabella dei "valori nutrizionali", e alla cassa vengono registrate sulla nostra "carta fedeltà" una quantità di dati che riguardano noi e i nostri acquisti. Per accedere ai siti internet (anche quelli *free*) dobbiamo pagare il prezzo di "registrarci", che poi significa cedere una quantità di *dati* su noi, i nostri gusti, le nostre abitudini, le nostre opinioni. In farmacia acquistiamo cose che per poter essere vendute sono state ampiamente *testate* e *sperimentate*... e potrei andare avanti così per ore. Viviamo ogni giorno la *Data Revolution* e con un doppio ruolo: *produciamo* e *riceviamo* dati, continuamente e in quantità che cresce rapidissimamente. Produciamo, spesso senza accorgercene, i *Big Data* e li lasciamo online a disposizione di qualcuno che potrà decidere come *usarli*. Siamo bombardati, ogni giorno, da una quantità di informazione quantitativa: l'esperienza della pandemia di Covid-19 l'ha rivelato in modo dirompente con una tempesta di dati che in molti chiamano **info-demia**. Abbiamo tutti e tutte bisogno di essere pronti e preparati a produrre e ricevere dati e informazione quantitativa e abbiamo bisogno dell'attrezzatura adeguata.

Competenze statistiche e ragionamento statistico ci servono per diventare consapevoli produttori di dati e allo stesso tempo utilizzatori critici di quanto viene comunicato e affermato sulla base di dati, numeri, grafici, modelli, previsioni... insomma: abbiamo bisogno della Statistica. La Statistica (non solo lei, per esempio anche la Matematica e le Lingue) è uno strumento utile, a volte indispensabile, alle altre scienze e discipline. Usano abbondantemente i metodi statistici quasi tutte le scienze *empiriche*, quelle che hanno a che fare con i fatti del mondo e delle società, per esempio la Sociologia e l'Economia. La Statistica è ampiamente applicata anche nelle scienze *naturali* e *sperimentali* che studiano i fatti osservati in natura o i dati prodotti in laboratorio, per esempio la Biologia, la Medicina, la Fisica e l'Ingegneria. Quasi *tutti* i corsi di laurea prevedono attualmente almeno un corso introduttivo di Statistica e si avrà a che fare con lei sia che da "grandi" si voglia fare gli astronauti sia che si voglia diventare sociologi. Nella mia esperienza di docente vedo sempre più spesso studenti e studentesse *di ritorno*, cioè gente che si avvicina (o *ri*-avvicina) alla Statistica *dopo* un'esperienza lavorativa. Pare che iniziando a lavorare appaia più chiara l'esigenza di una strumentazione statistica che determina poi il *ritorno* alla formazione. Non è mai troppo tardi... ma con questo libro vorrei evitare questo passaggio tortuoso: studiamola adesso!

1.4 Questo esame, io, non lo passerò mai!

Difficile dare un'idea di quante volte ho sentito o letto negli occhi dei miei studenti questa frase. Non posso non chiedermi perché. A differenza di altre materie (la Matematica, la Storia ecc.), la Statistica non viene insegnata nella scuola dell'obbligo come materia a sé stante e molto raramente è nei programmi ministeriali delle scuole secondarie. Nozioni e metodi squisitamente statistici ci vengono sì impartiti sin dalla scuola elementare, ma quasi mai sotto questo nome. Per questo forse ci si trova all'università ad affrontare un esame di Statistica con qualche vaga idea e molti sentimenti negativi. Mentre il resto del libro è dedicato a porre rimedio alle "idee vaghe", ora provo a sgombrare il campo dai "sentimenti negativi".

Ho idea che da qui abbiano origine le difficoltà che spesso gli studenti incontrano nel fare propri i contenuti dei corsi di Statistica (leggi "imparare un po' di Statistica") e finalmente superare l'esame. In tali difficoltà vi è certamente una parte reale, che ha a che fare con la *diversità* della Statistica fra le materie tipiche dei corsi di laurea in Scienze sociali, politiche ed economiche. Ma c'è anche tanto pregiudizio, una chiusura mentale che certe volte ci prende di fronte alle scienze formali e *matematicizzate* (il che sa un po' di insulto all'intelligenza umana) oppure all'idea che la Statistica sia una "roba un po' polverosa da scantinato ministeriale". La Statistica, dovremmo averlo capito, è scienza attuale e dalle applicazioni ampie, professionali, quotidiane e in rapida espansione, una *competenza di cittadinanza*. Liberiamoci dai pregiudizi e dedichiamoci alle difficoltà reali che per essere superate richiedono *un po'* d'impegno, direi quello necessario al superamento dell'esame universitario medio.

1.5 Ma questa Statistica, di preciso, che cos'è?

Definire una scienza significa elencarne i metodi e gli oggetti e, quindi, si capisce di più *alla fine* di un libro che non *all'inizio* (e questo lo diceva già D. Diderot ai tempi della sua *Encyclopédie*, per citare qualcuno che la sapeva lunga!). Direi allora di pensare lateralmente e cominciare a capire *a che cosa serve* la Statistica.

Il bisogno che la Statistica cerca di soddisfare dipende da due specifici limiti della mente umana: siamo in genere incapaci di comprendere ciò che avviene nella realtà con un'*unica* o con un insieme *ridotto* di osservazioni e, d'altro canto, non riusciamo a sintetizzare "a mente" o "a occhio" un insieme più ampio di osservazioni (diciamo pure che si ha già qualche problema con 5 o 6). È un po' come il nostro "naturale limite di velocità" (a piedi!) che superiamo con i mezzi di trasporto oppure come l'impossibilità del nostro cervello di ricordare grandi quantità di informazioni o di eseguire rapidamente calcoli lunghi e complessi che superiamo (e sempre più facilmente) con l'Elettronica e l'Informatica.

La Statistica supplisce all'incapacità di percepire un fenomeno reale con *una* sola o con *poche* osservazioni e, allo stesso tempo, all'incapacità di sintetizzare quantitativamente il risultato di un *elevato* numero di osservazioni.

Il suo sviluppo è avvenuto in periodi storici differenti, quindi a diversi stadi di esigenze e conoscenza umane, e l'ha fornita così di diverse facce. Scopi tradizionali della Statistica sono la *raccolta* e la *produzione* di dati. Nel linguaggio comune la Statistica viene spesso *identificata* con un insieme di osservazioni: il termine "statistica" è diffusamente usato nei *media* e nella chiacchiera quotidiana per indicare una tabella di numeri o un grafico. La raccolta di dati, ufficiali e della natura più varia, è uno dei ruoli fondamentali dell'ISTAT (l'istituto nazionale di Statistica italiano). Attualmente la produzione di dati non è più un'esigenza primaria (anche se servono sempre competenze e abilità specifiche) principalmente perché di dati siamo sommersi. La moderna Statistica è strumento non solo per la *raccolta* dei dati, ma principalmente per la loro *elaborazione* e *analisi* con l'obiettivo di *trasformarli in informazioni*, che sono poi quelle che servono per *prendere decisioni*. Lo stesso mio maestro che ho citato poco fa diceva anche: "Il dato, da solo, è muto. Per farlo parlare serve un po' di Statistica". Nella moderna pratica statistica poi, tutto ciò avviene in genere sulla base di un'osservazione parziale e *incompleta* della realtà, cioè come si dice *in condizioni di incertezza*. Ed eccoci in grado di tentare una *definizione* di Statistica: la **Statistica** è un insieme di *metodi* e di *tecniche* per la conoscenza *quantitativa*, l'*analisi* e la *comprensione* di uno o più *fenomeni*, singolarmente o congiuntamente considerati, che si presentano nella realtà con un *insieme* di diverse manifestazioni, osservabili totalmente o parzialmente. Dati non completi e *incerti*, perché prodotti in maniera incontrollata, è condizione frequente nella nostra era di Big Data. La Statistica è componente cruciale della moderna *Data Science* (*Scienza dei Dati*) per il suo ruolo indispensabile di trattamento, controllo e misura dell'incertezza

Sempre pensando lateralmente, fermiamoci a riflettere anche su *che cosa non è* la Statistica. La Statistica non è saper fare i conti, e lo scopo di questo libro non è insegnarvi a contare. I conti li fa il computer, più velocemente e precisamente di noi. Un mito da rifiutare è l'idea che la Statistica sia un metodo per predire con sicurezza il futuro o per fare affermazioni certe sull'*inosservato* o per provare qualunque cosa si abbia voglia di (o convenienza a) provare. Chi arriverà alla fine di questo libro saprà che questi sono tipici *abusi* della Statistica, ma *non sono* Statistica. L'idea è distinguere fra *dato* e *interpretazione* con l'obiettivo di imparare le precise regole statistiche per contenere la (sciagurata umana) tendenza a interpretare *al di là dei dati*.

1.6 Un po' di storia (aiuta sempre)

Sull'etimologia del termine statistica non tutti sono d'accordo; la teoria apparentemente più seguita lo fa derivare da "Stato", con riferimento cioè alle *rilevazioni ufficiali* da parte di istituzioni statali.

Le tracce più antiche di rilevazioni statistiche ufficiali risalgono ai Sumeri (IV-II millennio a.C.). Nell'antico Egitto ci sono testimonianze di un'attiva misurazione quantitativa dei fenomeni sociali e della venerazione di una dea dei libri e dei conti. Fa parte della Bibbia il *Libro dei Numeri*, dove si parla anche del censimento di Mosè su ordine divino (1720 a.C.). Ci sono prove di rilevazioni statistiche ufficiali nell'antica Cina (2238 a.C.) e naturalmente nell'antica Roma: si sa che la Madonna non partorì a casa sua a Nazareth (in Galilea), ma nella stalla sulla strada per Betlemme (in Giudea) dove stava andando per registrarsi al censimento di Augusto.

Si fa iniziare la fase metodologica con A. Quetelet (1796-1874) a cui dobbiamo l'unificazione sotto un'unica visione di diversi ambiti di ricerca riconducibili alla Statistica (la Demografia, la Teoria degli errori accidentali e il Calcolo delle Probabilità). È da questo momento che la Statistica si caratterizza come *metodo scientifico*. I metodi e i concetti su cui si fonda il moderno ragionamento statistico appaiono nel secolo appena concluso. I contributi classici più citati sono di K. Pearson, E.S. Pearson, Sir R.A. Fisher, W.S. Gosset, J. Neyman e degli italiani C. Gini, O. Chisini, B. De Finetti.

I computer, la crescente potenza di calcolo automatizzato e di memorizzazione a costi e tempi in continua riduzione stanno attualmente rivoluzionando il modo di fare Statistica sia sotto il profilo metodologico, con la possibilità delle simulazioni al computer e il graduale abbandono delle ipotesi analitiche iniziali sostituite da enormi masse di conti impensabili solo qualche decina di anni fa, sia sotto quello pratico, espandendone gli ambiti di applicazione e aumentando nel contempo l'esigenza di opportuni e specifici strumenti statistici. Statistica e computer (*Computer Science*) sono le componenti-base della moderna **Scienza dei Dati** (in Inglese **Data Science**), quegli *algoritmi* di cui tanto si parla, nel bene e nel male, sempre più presenti nella nostra quotidianità. Nella società dell'informazione molti sono in grado di accedere con facilità a ogni sorta di dati, ma pochi, precisamente solo chi dispone di adeguate competenze statistiche, sanno cosa farne e sono capaci di *farli parlare* senza abusarne.

1.7 Come usare questo libro

Dopo i primi tre capitoli di nozioni introduttive e generali, questo libro è diviso in tre parti. Segue una sequenza di metodi e obiettivi applicativi che mi è sembrata naturale (e che è anche piuttosto standard). Credo che le tre parti più o meno si equivalgano in termini di difficoltà e di impegno. Direi però che l'ultima parte (III) è per sua natura più *matematicizzata*, e richiede più immaginazione e intuizione delle precedenti. La prima parte (I) è la prima parte! È lì che sono introdotti il linguaggio tecnico, la notazione (simboli) e i fondamenti. Se si è al primo approccio con la Statistica, potrebbe essere la parte più impegnativa.

Le tre parti e tutti i capitoli formano una *sequenza*: credo che non sia possibile comprendere e imparare un capitolo se non si è già letto e imparato quello precedente. Annoiano, ma sono inevitabili, i continui inviti a ritornare indietro nelle pagine, nei paragrafi e nei capitoli. È alla fine del capitolo, non all'inizio, che si capisce dove si va a parare. Il consiglio è di resistere e arrivare fino in fondo: una pagina tira l'altra!

Questo libro insegna la Statistica come un *processo cumulativo*. Non credo ci sia un modo diverso di usarlo.

Alla fine del libro trovate un **Eserciziario** con una serie di semplici esercizi suddivisi in base ai capitoli e, al termine di ciascuna delle tre parti, un gruppo di esercizi riepilogativi. Suggerimenti per la soluzione e soluzioni complete si trovano sulla pagina dedicata al volume sul sito **www.mheducation.it**.

Di solito amo la sintesi e mi annoiano le ripetizioni. Penso però che molta sintesi aiuti chi già sa, e per chi non sa giovi ripetere (lo dicevano già i latini!). Con questo principio, in questo libro, mi ripeto spesso.

La maggior parte delle formule sono enunciate, spiegate ed esemplificate, ma non sono dimostrate. Per alcune ho aggiunto la dimostrazione, spiegandola passo per passo e solo quando, come ho promesso, non serve più Matematica di quella che abbiamo imparato tutti a scuola. Le dimostrazioni sono chiaramente segnalate e separate dal resto e possono essere saltate senza perdere il filo. Se però l'obiettivo è *imparare*, saltare le dimostrazioni non è una buona idea! Prima di tutto le dimostrazioni *dimostrano*. Spendendoci sopra un po' di tempo è poi più facile convincersi che il metodo funziona e ricordarsi come, quando e perché funziona. Il **grassetto** serve per ricordare (definizioni, enunciati, concetti ecc.); l'*italico* serve per enfatizzare (fermare la voce, fermarsi a riflettere ecc.).

1.8 Ringraziamenti

Devo un sacco di ringraziamenti a un sacco di persone. Tutte quelle che mi hanno insegnato, ascoltato, sostenuto, incoraggiato, letto e corretto. Le ringrazio col cuore. Loro lo sanno.

Alessandro Barbiero mi ha assistita nella composizione in LATEX della prima edizione e nella produzione di grafici e tabelle. Rosa Falotico ed Elena Siletti hanno curato gli esercizi di fine capitolo che trovate nell'Eserciziario. Emanuela Furfaro ha aggiornato i numerosi esempi per la seconda edizione e ha curato l'aggiunta dei nuovi esercizi di riepilogo per ciascuna parte. Per questa terza edizione, Edoardo Ratti ha aggiornato tutti gli esempi e Rosa Di Biase ha revisionato la revisione per inconsistenze, imprecisioni e nuovo input. A tutti e tutte loro un grande grazie per il prezioso super-apprezzato contributo.

Lo stimolo più forte per scrivere questo libro e per il suo continuo aggiornamento, mi è arrivato e mi arriva dai miei studenti. Sono grata a tutti: i bravi e le brave, i medi, i cattivi, i motivati e quelli a cui sembrava non importasse niente, quelli che ho avuto e quelli che avrò.

Dedico questo libro a Frank e a Lorenzo. Anche loro lo sanno.

1.9 Un'aggiunta di ringraziamenti

Questa è la terza edizione del libro. È stato interamente rivisto rispetto alle precedenti due ma l'impianto e la sequenza dei contenuti è rimasto pressoché sostanzialmente lo stesso. Molte sviste ed errori sfuggiti alle prime due stesure sono stati corretti, in parecchi punti intere frasi sono state riformulate nella speranza di averle rese più chiare. Con la stessa speranza, alcuni capitoli sono stati riarrangiati, qua e là il testo è stato integrato con l'aggiunta di concetti e nozioni, ma anche paragrafi, esempi e dimostrazioni che mi sembravano mancare. La gran parte di questi cambiamenti è basata su segnalazioni di studenti e studentesse, colleghi e lettori. Ringrazio tutti e tutte: avevano ragione.

Capitolo 2

Definizioni e notazione (simboli) di base

Perché da qualche parte si deve pur iniziare

Cominciamo con il definire la Statistica e il suo oggetto introducendo gli elementi base su cui agiscono i metodi e gli strumenti statistici. Cogliamo anche l'occasione per iniziare a dare un po' di notazione, cioè i *simboli* che utilizzeremo per denotare oggetti, quantità, variabili ecc. Scegliere una notazione è il primo passo nella *formalizzazione*, cioè una rappresentazione formale *astratta* e *coerente*, che è proprio quello che consente di prescindere dal singolo problema particolare per ragionare in modo generale, per ampie classi di problemi e di tipologie di dati.

2.1 La Statistica

Abbiamo già fatto nel capitolo introduttivo un tentativo di definizione e di discussione di che cosa si intende oggi per Statistica. Consiglio di leggere (o ri-leggere) il Paragrafo 1.5 "Ma questa Statistica, di preciso, che cos'è?". In questo libro con il termine Statistica intenderemo un insieme di metodologie e di strumenti formali per la *trattazione quantitativa* dei fenomeni osservabili nella realtà sociale, in natura o in laboratorio. Per *trattazione quantitativa* intenderemo la realizzazione del processo logico di:

osservazione → analisi → comprensione

cioè il processo che tutti e tutte compiamo nella nostra quotidianità per prendere decisioni e che realizziamo attraverso:

raccolta dei dati → elaborazione →
→ trasformazione dei dati in informazioni

L'operazione di *raccolta dei dati* ai fini statistici è chiamata **rilevazione** o anche **osservazione** e **registrazione** e la impareremo nel Capitolo 3. Nel resto del libro ci occuperemo della strumentazione statistica (di base) per *elaborare* i dati rilevati. L'obiettivo principale dell'elaborazione statistica è *farli parlare,* mettere in luce la loro portata informativa, trasformarli cioè da *dati muti* in informazioni utilizzabili per *prendere decisioni.*

2.2 Fenomeno, unità e popolazione

I fenomeni d'interesse per la Statistica li chiameremo **fenomeni statistici**. Sono i fenomeni che si presentano (nella realtà sociale, in natura, in laboratorio...) con una *molteplicità* di manifestazioni, non con un'unica o con poche modalità differenti. La *molteplicità di manifestazioni* è la caratteristica che determina la necessità di metodi statistici per il trattamento quantitativo dei fenomeni: non bastano "un'occhiata", un "rapido conteggio" e semplici "considerazioni a mente" per gestire l'osservazione del fenomeno e realizzare il processo di trasformazione dei dati in informazioni. In linguaggio più tecnico impareremo a parlare di *tendenza* (del fenomeno) *a variare*.

Di particolare interesse nelle scienze sociali sono i fenomeni che riguardano le popolazioni umane e le società, per esempio:

- il "genere" delle persone di un collettivo di interesse;
- il "livello di scolarizzazione" di un insieme di soggetti;
- il "reddito mensile" percepito dagli individui appartenenti a un certo gruppo;
- il "numero di esami" registrati sul libretto degli studenti iscritti a un certo anno di un dato corso di laurea.

Ma sono esempi di fenomeni statistici anche i seguenti, che non sono osservabili su popolazioni umane ma su oggetti più generali:

- il "peso" delle buste di prosciutto prodotte da una macchina industriale in un prestabilito periodo di tempo;
- la "temperatura" massima registrata a Milano-Linate nei giorni di un certo mese di un dato anno;
- la "resistenza" dei preservativi di una data marca e di un certo modello osservata mediante opportuni test di collaudo in laboratorio

...e tutti quelli che la fantasia vi suggerisce.

I *supporti* delle diverse manifestazioni del fenomeno statistico sono detti **unità statistiche**. È presso le unità statistiche che è possibile *osservare* e *registrare* le manifestazioni del fenomeno d'interesse, cioè rilevare i dati. Negli esempi precedenti (genere, scolarizzazione, reddito mensile ed esami) le unità statistiche sono *individui*; nell'esempio del peso della produzione della macchina industriale, le unità statistiche sono le buste di prosciutto; nell'esempio della temperatura massima sono i giorni del mese; nell'esempio della resistenza sono i singoli preservativi testati. L'*insieme delle unità statistiche* sulle quali interessa studiare il fenomeno è chiamato **popolazione statistica** o **universo** di riferimento (in inglese: **target**). Nei nostri esempi la popolazione statistica di riferimento è, di volta in volta, il collettivo di individui su cui interessa studiare i fenomeni genere, scolarizzazione, reddito mensile e numero di esami; è il complesso delle buste di prosciutto prodotte dalla macchina industriale per il fenomeno "peso"; è costituita dai giorni dell'intero mese nell'esempio della temperatura; è la serie di tutti i preservativi prodotti e producibili di quella marca e modello nell'esempio della resistenza. La definizione di popolazione statistica è quindi più ampia di quella di popolazione umana (di cui invece si occupa una specifica disciplina chiamata Demografia).

È il momento di introdurre un po' di *notazione*. Useremo:

- la lettera U (maiuscola) per denotare la popolazione o universo statistico;
- le lettere latine maiuscole (tranne ovviamente la U per non confonderci...) per indicare i fenomeni statistici, tipicamente X, Y, W, A, B ecc.;
- le lettere minuscole x, y, w, a, b ecc. per indicare ogni singola *manifestazione* del fenomeno indicato con la corrispondente lettera maiuscola. In linguaggio più tecnico, parleremo di *modalità* o *valori* del fenomeno.

Applicando questa notazione, alcuni degli esempi sopra descritti possiamo esprimerli più velocemente come segue:

Fenomeno statistico di interesse → X: genere
Popolazione statistica di riferimento → U: collettivo di persone
Modalità di X osservabili su ogni unità statistica che compone U → x: maschio o femmina

Y: scolarizzazione
U: insieme di soggetti
y: licenza media o diploma o laurea ecc.

W: numero di esami registrati sul libretto
U: studenti al terzo anno della laurea triennale in Sociologia dell'Università di Milano-Bicocca
w: 0 (per gli asini!) oppure 1, 2, 3, ...

A: temperatura massima giornaliera a Milano-Linate
U: giorni del mese di maggio 2014
a: 12 °C oppure 13 °C, 14 °C, ... , 28 °C, 29 °C, 30 °C, ...

2.3 Numerosità di *U*

Il *numero* di unità statistiche che compongono la popolazione statistica di riferimento è chiamato **numerosità** o **dimensione** di U; la notazione che useremo è la lettera N (maiuscola), lettera che quindi non useremo mai per indicare fenomeni, ma solo per indicare la dimensione dell'intera popolazione. I fenomeni d'interesse nelle scienze sociali si manifestano in genere su popolazioni umane e **finite**, in cui cioè N è un numero **intero positivo** (in simboli: $1 \leq N < \infty$). Ma questo non è il solo caso. È possibile pensare a fenomeni statistici presenti su popolazioni (almeno teoricamente) **infinite**, cioè composte da un numero *virtualmente* infinito di unità statistiche ($N = \infty$). Per esempio:

X: numero di italiani affetti da HIV
U: collettivo degli italiani sieropositivi passati, presenti e futuri
$N = \infty$
Y: dimensione dei pezzi di ferro prodotti da una macchina di carpenteria leggera
U: insieme di *tutti* i pezzi prodotti dalla macchina dall'inizio del suo funzionamento, quelli correnti e quelli futuri
$N = \infty$

Talvolta la dimensione N di U, pur essendo finita, è però talmente elevata che ai fini dell'analisi statistica è *conveniente* pensarla infinita.

A questo punto deve esservi chiaro il significato della frase: su U di numerosità N sono presenti le manifestazioni x del fenomeno X. Se è così, potete brindare: avete appena letto e compreso la vostra prima frase in linguaggio statistico formale! Da qui in poi, con riferimento agli elementi base, cioè popolazione, numerosità, fenomeno e modalità, ci esprimeremo (e ci intenderemo!) così. La Figura 2.1 dà un'immagine grafica di popolazione, unità, fenomeno e manifestazione. Ora fermiamoci a riflettere su un punto, sul quale torneremo spesso. Notiamo che gli elementi sin qui introdotti hanno natura estremamente varia, come si vede negli esempi: X è un **fenomeno**, U è un **insieme** (di unità statistiche), N è un **numero** (eventualmente infinito) e, infine, x può essere molte cose diverse: un **attributo** o una **categoria**, come nell'esempio del genere e della scolarizzazione; un **numero**,

Figura 2.1
Un'immagine grafica di popolazione, unità, fenomeno e manifestazione

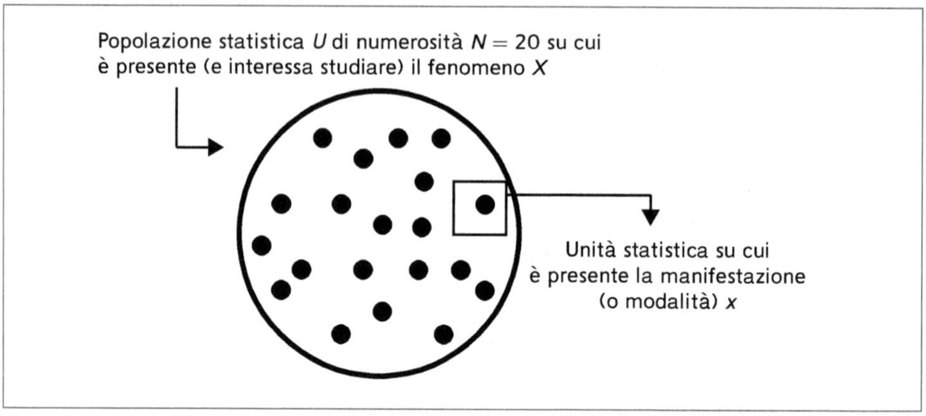

che può essere nullo o intero positivo, come nell'esempio del numero di esami; un **numero reale**, eventualmente negativo o con la virgola e dotato di unità di misura, come nell'esempio della temperatura; e altro ancora, come vedremo più avanti. Dunque i fenomeni non sono tutti uguali e individuarne correttamente la natura è la premessa per selezionare gli strumenti statistici adatti all'analisi. Ecco perché ci serve imparare a *classificare* i fenomeni statistici.

2.4 Classificazione dei fenomeni statistici

Abbiamo capito dal paragrafo precedente (... e se non lo abbiamo capito, rileggiamolo!) che i fenomeni non sono tutti uguali e definirne correttamente la natura è il pre-requisito all'individuazione della strumentazione statistica adatta alla raccolta e all'analisi dei dati. Ci serve cioè una *classificazione* dei fenomeni statistici.

La prima fondamentale distinzione è fra *nomi* e *numeri*, cioè, più elegantemente, fra fenomeni qualitativi e fenomeni quantitativi.

Definizione

Fenomeni qualitativi. Si manifestano nella popolazione osservata attraverso *attributi* o *categorie*, qualità appunto.

Esempi di fenomeni qualitativi sono:

- *X*: genere;
- *Y*: squadra di calcio tifata;
- *S*: titolo di studio.

Definizione

Fenomeni quantitativi. Si manifestano nella popolazione osservata attraverso *numeri* e *misure*, quantità appunto.

Esempi di fenomeni quantitativi sono:

- A: numero di accessi a un certo sito internet in un dato giorno;
- T: temperatura massima giornaliera a Milano-Linate nel maggio 2021.

Per certi tipi di analisi statistica (lo vedremo) è necessario che le manifestazioni del fenomeno analizzato possano essere *ordinate*, in genere dalla più piccola alla più grande. Le manifestazioni dei fenomeni quantitativi possono essere sempre ordinate poiché fra i numeri esiste una relazione d'ordine naturale. Per i fenomeni qualitativi, invece, è importante la sotto-classificazione che li distingue in base alla possibilità di ordinarne le manifestazioni.

Definizione

Fenomeni (qualitativi) ordinali. Sono i fenomeni che, pur essendo qualitativi, si manifestano con attributi e categorie che si possono *ordinare* secondo un qualche criterio oggettivo e convenzionalmente accettato.

Negli esempi di fenomeni qualitativi fatti, individuiamo come ordinale il fenomeno *S*: titolo di studio. Le sue modalità sono ovviamente categorie (non quantità), ma che tutti e tutte tendiamo a *ordinare* spontaneamente allo stesso modo: scuola dell'obbligo < diploma < laurea triennale < titolo post-laurea; intendendo oggettivamente che il diploma è *inferiore* alla laurea triennale (infatti il simbolo < si legge "inferiore a" o "minore di"), la scuola dell'obbligo è il *minimo* (inferiore a tutti gli altri) e il titolo post-laurea è il *massimo* (superiore a tutti gli altri).

Definizione

Fenomeni (qualitativi) categoriali. Sono tutti i fenomeni qualitativi per i quali non abbiamo un criterio oggettivo (ma solo personale e variabile) per ordinarne le categorie con cui si manifesta.

Un esempio di fenomeno categoriale è il fenomeno *R*: città di residenza.

Fra i fenomeni quantitativi, invece, una sotto-classificazione importante, ai fini della raccolta e dell'analisi statistica dei dati, è fra fenomeni **discreti** e **continui**.

Definizione

Fenomeni (quantitativi) discreti. Sono i fenomeni quantitativi che possiamo *contare, enumerare.*

Per esempio, i seguenti sono fenomeni discreti:

- *E*: numero di esami registrati sul libretto al termine del primo anno;
- *Y*: numero dei furti di motorini denunciati a Milano città nel maggio 2021;
- *Z*: accessi al sito Internet del Dipartimento di Sociologia di Milano-Bicocca ad aprile 2021.

Definizione

Fenomeni (qualitativi) continui. Sono i fenomeni quantitativi che si possono *misurare,* una volta scelta un'opportuna *unità di misura* e con la disponibilità del corretto *strumento di misurazione.*

Sono esempi di fenomeni continui:

- *C*: peso corporeo alle ore 8:00 a digiuno;
- *T*: temperatura massima giornaliera a Milano-Linate nel maggio 2021;
- *R*: resistenza alla tensione dei preservativi di una certa marca.

Per raccogliere dati circa il fenomeno *C* servono, per esempio, kg e bilancia, per il fenomeno *T* servono gradi centigradi e termometro, per il fenomeno *R*... non ne ho idea e lascio alla fantasia di chi legge. Il punto importante che va capito adesso è che le manifestazioni di un fenomeno (quantitativo) continuo sono **intervalli** e che la caratteristica della *enumerabilità,* tipica dei fenomeni discreti, scompare in favore della caratteristica della *continuità.* Lo intuiamo aiutandoci con l'Esempio 2.1.

ESEMPIO 2.1

Il peso del mio amico

Il mio amico Giovanni mi chiama una mattina pericolosamente alterato: "Alle 8:00 appena sveglio e a digiuno, mi sono pesato. Non so perché l'ho fatto, ma ora so che peso 86 kg!" "La tua bilancia non funziona - gli dico da brava amica - vieni qui e prova sulla mia.".

Devo ammettere che il fenomeno "C: peso corporeo alle ore 8:00 a digiuno" è fra quelli che attira maggiormente il mio interesse (statistico!), e infatti posseggo una bilancia estremamente sofisticata che fornisce il peso in chilogrammi con precisione alla seconda cifra decimale. Giovanni si pesa ed entrambi osserviamo 86.35 kg; lui è visibilmente più preoccupato di me. "Andiamo in farmacia!" gli dico per distrarlo. In quanto a sofisticazione la bilancia della farmacia fa invidia: fornisce il peso in chilogrammi preciso alla quarta cifra decimale: 86.3592 kg. Ora, a parte il fatto che al mio amico Giovanni non resta che rassegnarsi o mettersi a dieta, la domanda che tutti ci stiamo ponendo è: "Qual è il suo peso *vero*: 86, 86.35 o 86.3592?". L'unica risposta plausibile è che il peso *vero* (esatto e puntuale) *non* è *osservabile* ma è un qualche numero (punto) compreso nell'intervallo tra 86 e 87 kg. Tale intervallo rappresenta la manifestazione del fenomeno continuo C misurata sull'unità statistica Giovanni con la nostra unità di misura kg. Notiamo che l'intervallo (86, 87) contiene *infiniti* numeri e che *non possiamo enumerarli* tutti. Questa (intuitivamente) è la caratteristica della **continuità** per un fenomeno statistico. Il fenomeno C è **continuo**, cioè si può solo *misurare* con **intervalli** che dipendono dall'unità di misura scelta e dalla precisione dello strumento di misurazione utilizzato, il numero delle sue possibili manifestazioni è quindi *infinito* e di un'infinità **non numerabile**.

La classificazione dei fenomeni statistici che useremo in questo libro è schematizzata nella Figura 2.2.

Ora che abbiamo imparato a stabilire:

- il fenomeno che interessa studiare;
- la popolazione su cui interessa studiarlo;
- le unità statistiche sulle quali sono reperibili le sue diverse manifestazioni

e a riconoscere la *natura* dei fenomeni statistici di interesse, possiamo occuparci del processo di *creazione dei dati*, cioè, come la chiameremo nel prossimo capitolo, la **rilevazione**.

Figura 2.2
Classificazione dei fenomeni statistici

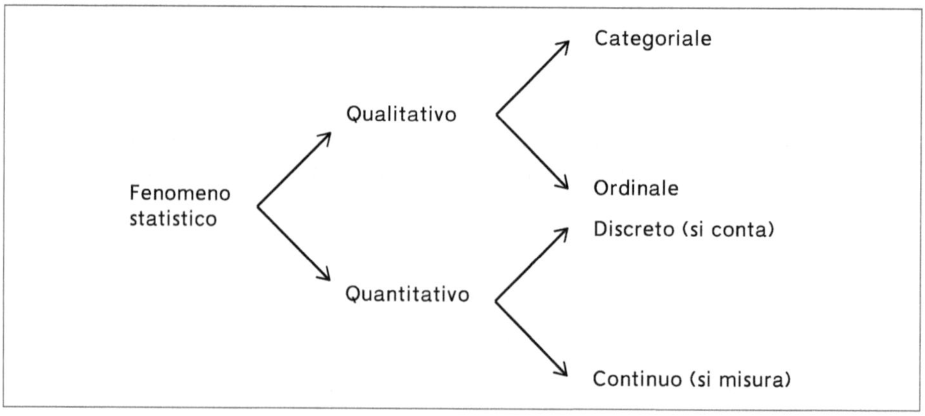

Capitolo 3

Rilevazione

Cioè come si creano i dati per partire con l'esplorazione statistica

Definizione

Rilevazione di X su U. È il processo di creazione dei dati. In genere consiste nel recarsi fisicamente presso le unità statistiche per osservare e registrare le N manifestazioni x di X.

In questo capitolo introduciamo gli strumenti base per la rilevazione. E, visto che fenomeni diversi pongono problemi di rilevazione diversi, ci serve prima una classificazione dei fenomeni statistici.

3.1 Questionari e scale di modalità

Nell'anno accademico 2014-15, tutti gli studenti che si accingevano a immatricolarsi presso l'Università di Milano-Bicocca si sono trovati a compilare un questionario relativo al proprio percorso di scelta del corso di laurea a cui iscriversi e all'orientamento subìto nell'ultimo anno di scuola secondaria. Nella Figura 3.1 è riportato un "pezzetto" di quel questionario. Si rispondeva scegliendo la casellina corrispondente alla propria esperienza e in questo modo sono stati creati una quantità di dati utili per programmare e migliorare i servizi di orientamento.

Il **questionario** è il tipico strumento con il quale si effettua la **rilevazione**, ovvero l'azione congiunta di osservazione e registrazione dei dati. La costruzione di un questionario (auspicabilmente di un *buon* questionario, perché da questo evidentemente dipende la *qualità* dei dati sui quali poi si effettua l'analisi statistica) è una faccenda delicata che coinvolge diverse competenze e discipline, certamente competenze di contesto per esempio sociologiche per le indagini sociali, ed economiche per le ricerche di mercato. Noi ci limiteremo agli aspetti più propriamente statistici dell'intera questione. Formalmente:

U: collettivo delle matricole 2014-15 di Milano-Bicocca

Sono in gioco quattro fenomeni statistici di interesse:

X: mezzo di conoscenza
A: giudizio sull'organizzazione
B: giudizio sulla completezza e sulla chiarezza
C: giudizio sull'utilità

Per X sono previste 11 caselline da annerire corrispondenti a 11 possibili categorie in cui chi risponde può classificarsi. Per A, B e C sono previste 5 caselline corrispondenti ai numeri da 1 a 5 con i quali si chiede a studenti e studentesse di quantificare il proprio giudizio.

Figura 3.1 Estratto del questionario sottoposto alle matricole dell'Università Milano-Bicocca

Come sei venuto a conoscenza dell'Università di Milano-Bicocca?
Puoi dare più di una risposta

[1] Attraverso i docenti della mia scuola.
[2] Attraverso la mia famiglia.
[3] Attraverso amici o conoscenti.
[4] Attraverso persone già iscritte in Bicocca.
[5] Da depliant o altro materiale informativo proveniente dall'Università.
[6] Partecipando a manifestazioni per gli studenti (fiere, salone dello studente ecc.).
[7] Dalla pubblicità sui mass media (giornali, TV, radio, manifesti in città).
[8] Dal sito internet UniMiB.
[9] Dai quotidiani online.
[10] Da Facebook/Twitter.
[11] Altro (specificare: ....).

In merito agli Open Day, qual è il tuo giudizio sui seguenti aspetti?
Inserisci un voto da 1 (minimo) a 5 (massimo)

[A]	Organizzazione generale	[1]	[2]	[3]	[4]	[5]
[B]	Chiarezza e completezza delle informazioni	[1]	[2]	[3]	[4]	[5]
[C]	Quanto pensi sia stata utile la tua partecipazione a questi incontri per la tua decisione finale di iscriverti in Bicocca e al corso di studio che hai scelto?	[1]	[2]	[3]	[4]	[5]

L'insieme delle caselline previste per ogni domanda/fenomeno costituisce la cosiddetta **scala delle modalità** o **scala di rilevazione**. La scala delle modalità con cui si rileva X è *l'insieme di tutte le diverse manifestazioni* di X osservabili su U. La scelta e la formulazione della scala delle modalità opportuna per la rilevazione di ogni fenomeno di interesse è parte integrante del processo di costruzione di un *buon* questionario. Ai nostri fini (statistici) è sufficiente sottolineare due aspetti. In primo luogo, per soddisfare la nostra definizione di scala delle modalità è necessario che siano rispettati due principi generali: **esaustività** e **mutua esclusività**. Si tratta di due *proprietà* di cui deve essere dotata la scala di modalità scelta per la rilevazione, per produrre dati di qualità.

Proprietà

Esaustività. La scala delle modalità con cui si effettua la rilevazione deve essere *esaustiva*, cioè deve prevedere *tutte* le possibili manifestazioni di X che potenzialmente si possono osservare su U.

L'obiettivo è di garantire a qualunque unità statistica di U la possibilità di *classificarsi* trovando, fra quelle proposte, la casellina che fa al caso suo. Nell'esempio, la casellina "[11] Altro", nell'impossibilità di prevedere tutte le possibili manifestazioni del fenomeno "mezzo di conoscenza", ha proprio la funzione di garantire l'esaustività della scala.

Proprietà

Mutua esclusività. La scala con cui si effettua la rilevazione deve prevedere solo modalità che si *escludono* a vicenda, senza possibilità di confusione o sovrapposizioni.

L'obiettivo è di evitare all'unità statistica qualunque ambiguità nella scelta della casellina in cui classificarsi.

Dal nostro punto di vista (statistico!) queste due caratteristiche garantiscono la *corretta* rilevazione di X su U: rispettando entrambe le richieste, presso ciascuna unità statistica viene osservata *certamente* e senza *ambiguità* una e una sola manifestazione x di X.

Il secondo aspetto da sottolineare (e lo si capirà meglio più avanti) è che la *natura* del fenomeno di interesse condiziona la *tipologia* della scala delle modalità che può essere scelta per la rilevazione, che a sua volta determina la qualità e il tipo dei dati. Questa catena di implicazioni ha l'effetto finale di condizionare sia il *livello* di analisi statistica, che sarà poi possibile effettuare su tali dati, sia la strumentazione statistica adatta per estrarre l'informazione contenuta in quei dati.

Dobbiamo quindi imparare a classificare anche le scale di modalità.

3.2 Classificazione delle scale di modalità

Anche per le scale di modalità, così come abbiamo già fatto per classificare i fenomeni nel Paragrafo 3.1 "Questionari e scale di modalità", la prima importante distinzione è fra scale qualitative e scale quantitative.

Scala qualitativa. In una scala qualitativa le modalità sono *attributi* o *categorie*, qualità appunto.

Definizione

Scala quantitativa. In una scala quantitativa le modalità sono *numeri*, quantità appunto.

Definizione

Fra le scale qualitative, un'importante sotto-classificazione, analoga a quella vista per i fenomeni qualitativi, distingue fra scale ordinali e scale sconnesse.

Scala (qualitativa) ordinale. È una scala qualitativa nella quale gli attributi o le categorie di cui consta possono essere *ordinati* secondo un qualche criterio oggettivo o convenzionalmente accettato.

Definizione

Scala (qualitativa) non ordinale o sconnessa. È una scala qualitativa nella quale gli attributi o le categorie di cui consta *non* ammettono un ordinamento oggettivo ma solo un ordinamento casuale o personale.

Definizione

Un interessante sottotipo di scala sconnessa è la cosiddetta **scala dicotomica** o **binaria** che consta di 2 sole modalità, *esaustive* ed *esclusive*. Per esempio tutte le scale del tipo vero/falso, sì/no, favorevole/contrario ecc., tipiche dei sondaggi di opinione.

Per le scale quantitative, la sotto-classificazione interessante è fra scale rapporto e non rapporto che si distinguono rispetto all'**origine** (cioè da dove *si parte*).

Scala (quantitativa) rapporto. È una scala quantitativa nella quale l'origine è il numero 0 con significato *assoluto*, cioè, per intenderci, quando 0 indica *assenza* del fenomeno.

Definizione

Per esempio, è una scala rapporto quella con cui si rileva il fenomeno "*A*: numero di accessi a un sito internet in un dato giorno" poiché sono tutti numeri interi 0, 1, 2, 3, ..., fra i quali lo 0 è *assoluto* perché significa "nessun accesso" a quel sito internet nel giorno di rilevazione.

Definizione

Scala (quantitativa) non rapporto. È una scala quantitativa nella quale l'origine (in genere ancora lo 0) non è assoluta ma *convenzionale*, cioè *scelta* secondo un qualche criterio.

Perché è importante distinguere le scale di modalità rispetto all'origine? Perché questo ha un impatto sul tipo di conti statistici corretto per quei dati. E perché le chiamiamo rapporto e non rapporto? Perché l'una produce dati che è statisticamente corretto mettere *a rapporto*, l'altra no. Un esempio sono le scale convenzionali con cui si può rilevare il fenomeno "*T*: temperatura massima giornaliera a Milano-Linate nel maggio 2014". Da parte di un italiano, la rilevazione avverrebbe con un termometro che misura in gradi centigradi, in cui l'origine 0 °C è stabilita convenzionalmente come la temperatura alla quale l'acqua, distillata e in particolari condizioni di pressione atmosferica, passa dallo stato liquido allo stato solido (ghiaccio). Se lo stesso fenomeno fosse rilevato da un americano, probabilmente userebbe un termometro in gradi fahrenheit, in cui l'origine 0 °F è stabilita secondo una convenzione diversa e corrisponde a 32 °C.
La classificazione delle scale di modalità è importante perché dalla tipologia di scala scelta per rilevare i dati dipenderà poi il *livello* di analisi statistica consentita da quei dati. Possiamo intuirlo osservando che il tipo di scala determina le possibili **relazioni** istituibili fra le modalità di cui consta. Le scale qualitative consentono un livello di analisi inferiore rispetto alle scale quantitative: sui numeri possiamo applicare le operazioni aritmetiche, per esempio somma e sottrazione, cosa che risulta più difficile o impossibile se si dispone di categorie. Fra le modalità di una scala (qualitativa) sconnessa possiamo istituire soltanto relazioni di uguaglianza ($=$) o di diversità ($\neq$ che si legge "diverso"). Nell'esempio del fenomeno "*X*: genere" è femmina $\neq$ maschio, per "*Y*: squadra di calcio tifata" è Inter $=$ Inter, Inter $\neq$ Sampdoria ecc. Se la scala è qualitativa ordinale possiamo aumentare il livello di analisi perché fra le sue modalità, oltre alla relazione $=$ oppure $\neq$, è istituibile anche la relazione d'ordine $\leq$ (minore o uguale) oppure $\geq$ (maggiore o uguale). Una scala (quantitativa) rapporto consente il livello maggiore di analisi: le sua modalità (numeriche) ammettono le relazioni $=, \neq, \leq, \geq$ e le 4 operazioni elementari (somma, sottrazione, moltiplicazione e rapporto [o divisione, come la chiamavamo alle scuole medie]).

ESEMPIO 3.1

Accesso al web

Quache giorno fa ho controllato le statistiche di accesso al sito web del Dipartimento di Sociologia di Milano-Bicocca che quel giorno è stato visitato da 60 utenti (a_1). Un'analoga rilevazione nello stesso giorno dell'anno precedente mi aveva fornito il dato $a_2 = 20$. Il fenomeno di studio qui è "*X*: numero di accessi al sito web", di natura chiaramente quantitativa (si chiama "numero di ...") e rilevato su una *U* minimale composta da due sole unità statistiche: due differenti istanti temporali. La scala di modalità è di tipo rapporto: la sua origine è 0 con il significato (assoluto) "nessun accesso". Una prima semplice analisi ci dice che nei due anni vi è stata una variazione nel numero di accessi ($a_1 \neq a_2$), superiore nel 2014 ($a_1 > a_2$), con un aumento (assoluto) di 40 accessi ($a_1 - a_2 = 40$), ovvero un aumento (relativo) di tre volte tanto ($a_1/a_2 = 3$).

È facile a questo punto intuire che le scale (quantitative) non rapporto sono quelle che, pur essendo quantitative, non consentono il rapporto fra modalità, cioè l'operazione di divisione porta a un risultato privo di significato e statisticamente errato.

ESEMPIO 3.2
Maggio caldo

Un giorno di maggio, nel mio studio in università faceva un caldo tremendo. Controllato il termometro, ho rilevato il valore $t_1 = 32$ °C (giuro!) del fenomeno "*T*: temperatura a Milano-Bicocca in gradi centigradi". Per non svenire, ho fantasticato di passare la domenica successiva in piscina e sono andata su internet per controllare la temperatura prevista per quel giorno: $t_2 = 17$ °C (giuro di nuovo!). A questo punto (per non piangere) mi sono distratta con un'analisi dei due dati: è chiaro che le due temperature sono notevolmente diverse ($t_1 \neq t_2$), tristemente inferiore quella prevista per la domenica in piscina ($t_2 < t_1$), con una diminuzione (assoluta) di 15 °C ($t_2 - t_1 = -15$ °C).

Mi chiedo: posso affermare che sarà inferiore in termini relativi di circa la metà perché facendo il rapporto risulta $t_2/t_1 = 0.53$? Mentre ragiono, mi chiama un amico americano che, pur vivendo in Italia da anni, ancora non capisce niente delle nostre unità di misura. Debbo quindi tradurre il tutto in gradi fahrenheit e gli racconto che oggi si crepa di caldo ($t_1 = 89.6$ °F), ma che per quando andrò in piscina è previsto $t_2 = 62.6$ °F e che dunque la temperatura diminuirà di 27 °F ($t_2 - t_1 = -27$ °F). Se tentassi un confronto in termini relativi otterrei $t_2/t_1 = 0.759$, cioè un risultato diverso per lo stesso confronto. Ma la temperatura quando andrò in piscina sarà metà o tre quarti di quella di oggi? Qualcosa non funziona: le temperature (osservata e prevista) sono sempre le stesse, ma i due rapporti sono diversi. Il problema è che le scale con cui rilevo il fenomeno (gradi centigradi o gradi fahrenheit) non ammettono i rapporti, sono cioè scale quantitative ma di tipo non rapporto. La conclusione è che fra le modalità di una scala non rapporto possiamo effettuare confronti ordinali ($\leq, \geq$) e confronti assoluti ($+, -$) ma *non* confronti relativi (/). E quanto a me, non sono poi andata in piscina!

La classificazione delle scale di modalità che useremo in questo libro è schematizzata nella Figura 3.2.

3.3 Rilevazione di *X* su *U*

È tempo di mettere insieme quello che abbiamo imparato nel Capitolo 2 e sulle scale di modalità e dare un po' di notazione. Con la scala di modalità scelta, andiamo presso ciascuna unità statistica di *U* a rilevare la manifestazione del fenomeno *X* che ci interessa. Registreremo tale manifestazione in una delle modalità previste dalla scala. Indicheremo con *k* il numero di diverse modalità della scala utilizzata per la rilevazione. Useremo poi l'indice *i* (a deponente) per distinguere le diverse modalità previste dalla scala con cui andiamo a rilevare le manifestazioni *x* del fenomeno *X*. Formalmente, allora, la rilevazione di *X* su *U* avviene con la scala di modalità x_1, x_2, ... , x_k o, ancora più sinteticamente: x_i, $i = 1, \dots, k$ (che si legge: "*x* con *i*, per *i* che va da 1 a *k*"). Per esempio, nei sondaggi si usano spesso scale binarie in cui è sempre $k = 2$: SI/NO, Favorevole/Contrario...

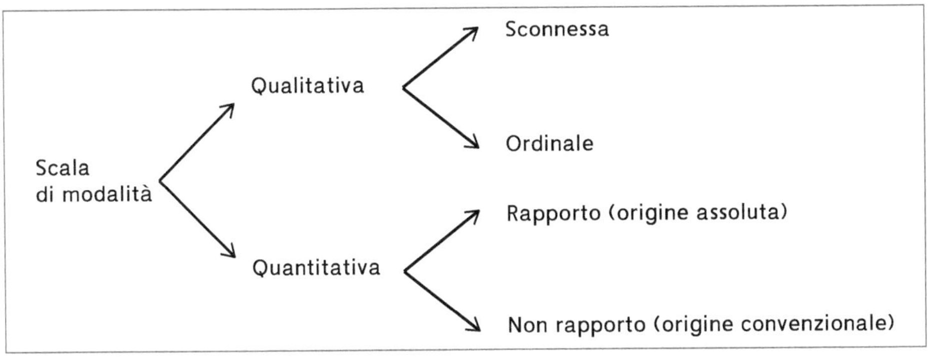

Figura 3.2
Classificazione delle scale di modalità

Le modalità x_i di un fenomeno X quantitativo discreto si rilevano *contando*, e sono (di solito) numeri *interi*. Il numero k ($i = 1, \dots, k$), delle possibili modalità di X nella U di studio, può essere **finito** o **infinito**. Nel primo caso si parla di fenomeni discreti **finiti**, nel secondo di fenomeni discreti **numerabili**. Per esempio: il fenomeno "numero di esami registrati sul libretto al termine del primo anno" è discreto finito con k pari al numero massimo di esami registrabili nel primo anno, è cioè un fenomeno che si rileva *contando* e può manifestare un numero di modalità k finito. I fenomeni "numero dei furti di motorini denunciati a Milano città" e "accessi al sito internet del Dipartimento di Sociologia di Milano-Bicocca" sono fenomeni discreti numerabili: entrambi possono manifestarsi con le modalità 0, 1, 2, ... , 100, ... , 1000, ... e così via fino (potenzialmente) all'infinito, sono cioè fenomeni che si rilevano *contando* (sono discreti!) ma con k potenzialmente infinito (sono numerabili!).

Useremo poi una notazione particolare per i fenomeni (quantitativi) continui. Abbiamo imparato che i fenomeni continui si *misurano* e che le modalità x_i sono degli intervalli. Useremo il simbolo x_l per indicare l'**estremo inferiore** dell'intervallo (86 kg nell'Esempio 2.1) e il simbolo con x_L per indicare l'**estremo superiore** dell'intervallo (87 kg nell'Esempio 2.1). Per assicurare alla scala di rilevazione le proprietà di esaustività e di mutua esclusività delle modalità (chi non se lo ricorda torni a leggere più sopra il Paragrafo 3.2 "Classificazione delle scale di modalità") fra i due estremi di un intervallo inseriremo un simbolo per indicare se gli estremi sono o meno compresi nell'intervallo: $\vdash \dashv \vdash\!|$.

Infine k indicherà in questo caso il *numero di intervalli* x_i con cui si rileva X continuo ($i = 1, \dots, k$).

A questo punto possiamo completare la nostra osservazione sul fatto che le modalità x_i con cui si rilevano le manifestazioni di un fenomeno X possono essere molte cose a seconda della natura del fenomeno e della tipologia di scala con cui lo si rileva. Con lo stesso simbolo x_i indicheremo, secondo i casi, un *attributo* o una *categoria*, un *numero* (intero o non intero, positivo o negativo) oppure un *intervallo* (di numeri reali). Concludiamo con un paio di osservazioni.

- La natura qualitativa o quantitativa del fenomeno di interesse, accanto a vincoli pratici, etici o di privacy, *condiziona* la tipologia di scala delle modalità adottabile per la sua rilevazione, in genere non univocamente, ma ne determina l'insieme di opzioni che è corretto utilizzare. I fenomeni quantitativi possono essere rilevati con scale qualitative e, viceversa, certi fenomeni pur essendo qualitativi si prestano a essere rilevati con scale quantitative. Per esempio, il fenomeno "X: reddito mensile", è quantitativo, ma ha una maggiore probabilità di essere rilevato correttamente se anziché la naturale scala quantitativa (per esempio, da 0 a 100 000 €) si utilizza una scala qualitativa del tipo: alto, medio, basso. In questo caso, il prezzo che si paga per ottenere dati più attendibili è l'abbassamento del livello di analisi statistica, da quello consentito da una scala quantitativa a quello di una scala qualitativa ordinale.
- Il fenomeno "Y: esito dell'esame di profitto di un corso universitario" è, per sua natura, qualitativo perché si estrinseca nel *giudizio* dell'esaminatore/trice, ma è normalmente rilevato con una scala di tipo quantitativo: da 18 a 30 trentesimi. Il caso di fenomeno qualitativo ordinale rilevato con scala quantitativa è molto frequente nella ricerca sociale e di mercato e richiede cautela: la tentazione di portare l'analisi statistica al livello consentito da una scala quantitativa è forte, ma la natura qualitativa del fenomeno rimane quella che è, non possiamo alterarla e non va mai dimenticata. Uno studente che prende 30 è preparato il *doppio* di uno studente che meriterebbe 15? Fra tutti gli studenti che hanno preso 30 e tutti quelli che hanno preso 20 esiste la *stessa differenza* di preparazione, quantificabile in 10 trentesimi? La risposta più ragionevole è in entrambi i casi "no" e c'entra poco l'umore

dell'esaminatore/trice. C'entra molto di più il fatto che, pur rilevato con una scala quantitativa, la scala è di tipo *non* rapporto (e non può essere altrimenti!) e Y resta inesorabilmente, che ci piaccia o no, un fenomeno qualitativo.

- La natura discreta o continua di un fenomeno quantitativo può non essere semplice da stabilire. Per esempio, il fenomeno "R: risparmio mensile in migliaia di € delle famiglie milanesi" è rilevabile mediante *conteggio* (nelle tasche, nei conti bancari o sotto i materassi delle suddette famiglie), ma serve un'*unità di misura* (migliaia di €) e il numero k delle possibili manifestazioni di R è talmente grande da potersi pensare infinito. La discussione se questo infinito sia numerabile o non numerabile (il che darebbe indicazioni circa la natura discreta o continua del fenomeno R) pare tuttora in corso. Per parte mia, consiglio il seguente approccio pragmatico (o forse agnostico) che mantiene l'attenzione sull'analisi statistica: quando il fenomeno quantitativo si presenta con un numero di modalità k "moooolto" elevato, conviene trattarlo come *se fosse* continuo raggruppando le modalità in *classi*, che sono un po' *sorelle* degli intervalli. Nell'esempio di R, lascerei perdere l'idea di stabilire se si tratta di fenomeno discreto o continuo e suggerirei di rilevarlo con una scala a intervalli e di procedere nell'analisi statistica trattandolo *alla stregua* di un fenomeno continuo.

3.4 Le fasi dell'analisi statistica

Ora che abbiamo definito il nostro quadro di lavoro (i 4 elementi base del Capitolo 2) e abbiamo imparato a procurarci i dati, nel resto del libro impareremo gli strumenti base per *elaborarli* con l'obiettivo di estrarne tutta l'informazione contenuta.

Trattare quantitativamente uno o più fenomeni statistici significa condurre le seguenti fasi.

1) *Osservarne le manifestazioni*, cioè recarsi "fisicamente" presso le unità statistiche della U di interesse per registrare le diverse manifestazioni del fenomeno o dei fenomeni oggetto di studio. In questo modo si creano i così detti **dati grezzi** o anche, in inglese, **data set**. Talvolta i dati sono già disponibili (per esempio su internet) oppure provengono da fonti ufficiali (per esempio il censimento decennale ISTAT della popolazione). Tecnicamente è la fase della **rilevazione**.
2) *Organizzare il risultato della rilevazione.* Il risultato della rilevazione è in genere un insieme confuso di N più o meno diverse manifestazioni x di X. Dunque, soprattutto quando la popolazione è numerosa, cioè quando N è grande, il risultato è piuttosto inutile se non lo si *organizza* attraverso tabelle e grafici in modo da renderlo *più leggibile*. In linguaggio statistico questa è la fase della strutturazione dei dati mediante la costruzione di **variabili statistiche** e di **distribuzioni di frequenza** (Capitolo 4).
3) *Elaborare i dati strutturati.* È qui che inizia l'analisi vera e propria del fenomeno, una volta concluse le fasi preliminari di 1) inquadramento del problema statistico (i 4 elementi base, la natura del fenomeno, la tipologia di Scala di Modalità e dunque tipologia e qualità dei dati rilevati), 2) rilevazione e 3) strutturazione dei dati rilevati. L'obiettivo è quello di far emergere più chiaramente dai dati le informazioni che possono rispondere agli interrogativi di ricerca e di catturare e comprendere i meccanismi che determinano la *distribuzione* delle diverse manifestazioni del fenomeno su quella popolazione, cioè il suo *variare*. Tecnicamente si tratta di sintetizzare i dati attraverso la costruzione di **indici e valori sintetici** e di studiarne le eventuali **relazioni (statistiche)** con altri fenomeni. Faccio notare, e tornerò su questo punto anche più avanti, che ho aggiunto l'attributo *statistiche* al termine *relazioni* per enfatizzare il fatto che si tratta di considerazioni derivanti dall'elaborazione di

un insieme di dati raccolti nella realtà. Niente di più! Se l'obiettivo ultimo, come sciaguratamente (ma umanamente) ci ostiniamo ad avere, è quello di stabilire un rapporto di causa-effetto, la relazione statistica è solo il punto di partenza (spesso un *buon* punto di partenza) di un percorso più complesso. Ma qui rischio di sconfinare in campi non miei: questo è un libro di Statistica.

4) *Comunicare i risultati.* Anche il risultato più interessante e più elegantemente elaborato è perfettamente inutile se non è ben *comunicato*. Chi conduce l'analisi statistica possiede competenze *tecniche* che non necessariamente deve avere ogni potenziale utilizzatore interessato ai risultati dell'analisi. Comunicare i risultati è dunque un momento delicato, oltre che conclusivo, dell'analisi statistica, coinvolge interessi e competenze diverse, è caratterizzato da una marcata interdisciplinarità e dall'uso di strumenti quali **infografica** e **data visualisation**.

3.5 Le due funzioni della Statistica

La dimensione dell'insieme dei dati di partenza è strategica ai fini dell'analisi statistica del fenomeno. Se la rilevazione è stata *esaustiva* di U (si dice anche **censuaria**) e si dispone di *tutti* gli N dati osservati presso *tutte* le unità statistiche, la Statistica ha la funzione di *descrivere* il comportamento di X su U. Gli strumenti di analisi statistica adeguati a questo scopo formano la **Statistica descrittiva**. La Statistica descrittiva si classifica a sua volta in:

- **monovariata**, o anche **univariata**, che ha per oggetto *un* solo fenomeno singolarmente rilevato e come obiettivo la descrizione sintetica del suo comportamento su U;
- **bivariata** quando l'oggetto è una *coppia* di fenomeni congiuntamente rilevati sulla stessa U, e l'obiettivo è l'individuazione e lo studio delle (eventuali) relazioni (statistiche) fra i due;
- **multivariata** se i fenomeni rilevati sulla stessa U sono *più di due* e l'obiettivo è descriverne il comportamento congiunto (tutti insieme) e studiarne le relazioni, congiuntamente (tutti insieme) e per loro sottoinsiemi (coppie, terne ecc.).

È intuitivo che l'analisi statistica, mono-, bi- o multivariata, avendo scopi sensibilmente diversi, necessita di strumenti matematici e statistici differenti. Le tre tipologie di Statistica descrittiva vanno pertanto trattate separatamente. In questo libro si possono trovare le principali nozioni di Statistica descrittiva monovariata (Parte I) e bivariata (Parte II). La Statistica descrittiva multivariata è un settore in cui la ricerca è molto attiva ma richiede nozioni di Matematica e Geometria troppo avanzate per questo libro. Esiste comunque una vastissima letteratura specializzata.

Più spesso, invece di una rilevazione esaustiva, il tempo e il budget a disposizione e anche, talvolta, la natura stessa del fenomeno di studio, consentono soltanto la rilevazione *parziale* di U e, dunque, per l'analisi statistica del fenomeno, si dispone di un numero n più piccolo di N ($n < N$) di dati, osservati solo su una *parte* di U, cioè un **campione**. A volte l'osservazione campionaria è l'unica possibilità per ottenere informazioni su X, per esempio quando la rilevazione comporta il deterioramento o la distruzione dell'unità statistica supporto della manifestazione x di X. Tra gli esempi già fatti, è il caso della resistenza dei preservativi che può essere misurata solo sacrificando il preservativo stesso il quale, dopo il test che rappresenta la rilevazione, è inutilizzabile.

Se i dati sono campionari, la Statistica continua ad avere come obiettivo la descrizione e la comprensione del comportamento di X su U, ma la sua funzione è ora più ardita: estendere i risultati dell'elaborazione dei dati campionari all'*intera* U e dunque anche alla parte di *U non* osservata. Si tratta di un'induzione dal particolare (campione) al generale (*U*) chiamata **inferenza statistica**. Gli strumenti di analisi statistica adeguati a fare inferenza formano la **Statistica inferenziale**. I campioni su cui si basa la Statistica inferenziale classica sono di tipo *casuale*, cioè i dati disponibili per l'inferenza sono scelti *a caso* fra la totalità dei dati che esaurirebbero l'osservazione di *U*. Ecco perché alla base della Statistica inferenziale vi sono elementi di **teoria delle probabilità**. In questo libro si trovano le nozioni base di Statistica inferenziale (Parte III) insieme ai necessari richiami di teoria delle probabilità (Capitolo 15).

Parte I

STRUMENTI di STATISTICA DESCRITTIVA MONOVARIATA

Capitolo 4

Distribuzioni di frequenze, tabelle e grafici

Cioè come si strutturano i dati grezzi, perché è da qui che inizia l'analisi statistica

4.1 Rilevazione e dati grezzi

Il risultato della rilevazione (completa) del fenomeno X sulla popolazione U è un *insieme* di N osservazioni. Ciascuna osservazione coincide con una (e una sola) delle k diverse modalità x_i previste dalla scala utilizzata. Quando N è un numero *grande*, diciamo $N > 5$ (il che è di solito quello che accade), il risultato della rilevazione è, "a occhio", un insieme confuso di N modalità x_i di X che non aiuta o aiuta pochissimo al raggiungimento del nostro scopo, cioè la *descrizione* del comportamento di X su U, trasformando i dati in informazioni.

ESEMPIO 4.1
Sesso e università

In uno studio sul comportamento sessuale degli studenti e delle studentesse universitarie italiane, è stato chiesto a 60 soggetti di entrambi i generi di dichiarare il numero di partner sessuali degli ultimi 12 mesi, ottenendo le seguenti 60 risposte:

3	6	0	8	5	2	0	4	3	1	6	1
1	2	2	7	8	1	3	2	6	2	3	0
6	7	7	2	0	4	2	0	0	1	3	3
7	5	6	1	6	6	0	1	8	0	1	2
4	0	6	4	5	2	0	2	1	1	4	0

Abbiamo allora:

U: gruppo di studenti e studentesse universitarie italiane
$N = 60$
X: numero di partner sessuali degli ultimi 12 mesi

Il fenomeno X è quantitativo discreto e infatti si rileva *contando*; le sue modalità x_i sono i numeri interi 0, 1, 2, ...; la scala delle modalità è quantitativa rapporto.

La tabella riporta il risultato della rilevazione di X su U e si presenta come un insieme di $N = 60$ numeri interi, ingestibili "a occhio". Semplicemente *guardando* la tabella non si riesce a dire nulla di informativo circa X su U, cioè riguardo al comportamento sessuale degli studenti e delle studentesse osservati.

Il risultato della rilevazione fornisce i cosiddetti **dati grezzi** (in inglese **data set**). L'analisi statistica procede per **sintesi successive**: l'obiettivo è far emergere via via dai dati, a ogni livello di sintesi, informazioni utili a descrivere e spiegare il comportamento di X su U. La prima basilare sintesi consiste nel dare una *struttura* ai dati grezzi, organizzandoli in **tabelle** e **grafici** in modo da renderli più *leggibili*.

I termini tabelle e grafici fanno parte del comune linguaggio della conversazione. In linguaggio tecnico noi parleremo di **distribuzione di frequenze** e **variabili statistiche**.

4.2 Distribuzione di frequenze e variabili statistiche

Effettuando la semplice operazione di **conteggio** delle modalità di X che si *ripetono* in U, i dati grezzi vengono organizzati in una tabella.

ESEMPIO 4.1

Sesso e università (continua)

U: gruppo di studenti e studentesse immatricolati presso università italiane
$N = 60$
X: numero di partner sessuali degli ultimi 12 mesi

Dati grezzi

3	6	0	8	5	2	0	4	3	1	6	1
1	2	2	7	8	1	3	2	6	2	3	0
6	7	7	2	0	4	2	0	0	1	3	3
7	5	6	1	6	6	0	1	8	0	1	2
4	0	6	4	5	2	0	2	1	1	4	0

Osserviamo che, nella U di interesse, X si manifesta con $k = 9$ differenti modalità x_i coincidenti con i numeri interi da 0 a 8. Contando il numero di volte in cui ciascuna modalità x_i si ripete in U, il risultato (confuso) della rilevazione, cioè i dati grezzi, si *strutturano* nella Tabella 4.1.

Tabella 4.1

N. di partner	Studenti/esse
0	11
1	10
2	10
3	6
4	5
5	3
6	8
7	4
8	3
	Totale 60 = N

I dati sono ora più *organizzati* e meglio *leggibili*. La Tabella 4.1 consta di $k = 9$ righe (più una che riporta il totale dei soggetti osservati) e di 2 colonne. Nella colonna di sinistra appaiono le **modalità** x_i osservate in U. Nella colonna di destra è riportato il numero di volte in cui la corrispondente modalità x_i è stata rilevata in U, che si chiama **frequenza assoluta** di x_i. La somma delle frequenze (assolute) riproduce la numerosità N di U. La colonna di destra costituisce la **distribuzione di frequenze** di X su U. L'intera tabella, cioè il complesso delle k coppie "modalità, frequenza", prende il nome di **variabile statistica**.

Con l'aiuto dell'Esempio 4.1 "Sesso e università" abbiamo introdotto tre importanti concetti che ora riprendiamo formalmente (e ne impariamo anche la notazione).

Definizione

La **frequenza assoluta** di ciascuna modalità osservata x_i è il *numero* di unità statistiche che, fra le N osservate, manifesta quella modalità x_i di X. Ne segue che la somma di tutte le frequenze assolute riproduce la numerosità N di U. Indicheremo la frequenza (assoluta) con f_i *e vale* $\sum_{i=1}^{k} f_i = N$.

Definizione

L'insieme delle k frequenze (assolute) è detta **distribuzione di frequenze assolute** di X su U.

La distribuzione di frequenze (assolute) si costruisce per *conteggio* e consente di organizzare i dati grezzi in una forma tabellare:

$$
\begin{array}{rc|ll}
 & & \text{Frequenze (assolute)} & \\
 & & \downarrow & \\
\text{Modalità di } X \rightarrow & x_i & f_i & \\
\hline
 & x_1 & f_1 & \\
 & \vdots & \vdots & \text{Distribuzione di frequenze (assolute)} \\
 & x_k & f_k & \\
\hline
 & & N & \leftarrow \text{Somma delle frequenze (assolute)} \\
 & & & \quad \text{(riproduce la numerosità } N \text{ di } U\text{)}
\end{array}
$$

La colonna delle modalità x_i ha a che fare con il fenomeno X e dunque, a seconda della natura del fenomeno e della tipologia di scala utilizzata, può contenere *attributi, categorie, numeri o intervalli*. La colonna delle frequenze (assolute) f_i ha invece a che fare con le unità statistiche e dunque con la popolazione U. Le frequenze (assolute) sono *sempre* numeri interi e ≥ 0 e con somma pari a N, qualunque sia la forma assunta dalla corrispondente modalità x_i (una categoria, un numero o un intervallo).

Il complesso della tabella costituisce la **variabile statistica** (alcuni la chiamano anche **serie** o **seriazione statistica**).

Definizione

Una **variabile statistica** è un insieme di k coppie del tipo "modalità, frequenza".

Le modalità (a questo punto dovremmo averlo capito!) possono avere natura varia, mentre le corrispondenti frequenze (assolute) sono numeri interi positivi (oppure, almeno in teoria, nulli) la cui somma riproduce la numerosità N di U. Traduciamo questa frase in una formula, cioè una *definizione* di variabile statistica sotto forma di **insieme** (anziché di tabella come sopra):

$$\text{v.s.} = \left\{ (x_i, f_i), \quad i = 1, \ldots, k, \quad \sum_{i=1}^{k} f_i = N \right\}$$

Da questo punto in poi v.s. significherà per noi "variabile statistica"; con X indicheremo indifferentemente sia il fenomeno oggetto d'interesse (*prima* di essere rilevato) sia la corrispondente v.s. (*dopo* la rilevazione e la strutturazione dei dati grezzi). Attenzione: il passaggio dai dati grezzi alla v.s. ci ha portato il vantaggio di rendere i dati più organizzati e più leggibili, ma ci ha fatto perdere l'informazione circa l'**ordine** in cui i dati sono stati rilevati. Questo è ciò che succede nell'analisi statistica: a ogni livello di elaborazione da un lato si ottiene di far emergere dai dati più chiaramente un qualche aspetto del comportamento di X su U informazione, appunto. Ma dall'altro la sintesi necessaria a ottenere questo comporta una perdita di informazioni. Nell'Esempio 4.1 "Sesso e università" possiamo permetterci questa perdita perché l'ordine di rilevazione è ininfluente rispetto al comportamento di X su U. Ci sono casi in cui l'ordine di rilevazione costituisce una fonte importante di informazioni sul fenomeno d'interesse e pertanto la costruzione della distribuzione di frequenze e della v.s. non è opportuna o non ha senso: ne vedremo un esempio nel Capitolo 8.

Le frequenze (assolute) non sono l'unico tipo di frequenze costruibili.

4.3 Frequenze relative e percentuali

ESEMPIO 4.2
Sesso e laurea

Riprendendo lo studio sul comportamento sessuale degli studenti e delle studentesse frequentanti università italiane (vedi Esempio 4.1 "Sesso e università"), una ricerca successiva ha *confrontato* il comportamento di soggetti iscritti a lauree diverse. La Tabella 4.2 si riferisce allo stesso fenomeno "X: numero di partner sessuali degli ultimi 12 mesi", ma rilevato presso 40 soggetti ambosessi immatricolati presso la facoltà di Sociologia e 28 soggetti ambosessi immatricolati nello stesso a.a. presso la facoltà di Architettura.

Tabella 4.2
Numero di partner sessuali degli ultimi 12 mesi

Sociologia		Architettura	
n. di partner	**Studenti/esse**	**n. di partner**	**Studenti/esse**
0	9	0	10
1	10	1	7
2	7	2	5
3	4	3	1
4	2	4	2
5	4	5	0
6	1	6	2
7	2	7	1
8	1	8	0
	40		28

Osserviamo che la modalità 1 (partner) ha associata frequenza (assoluta) 10 per soggetti di Sociologia e frequenza (assoluta) 7 per soggetti di Architettura. Possiamo dedurne che studenti/esse di Sociologia sono più "moderati/e" di quelli/e di Architettura?

Alla modalità 4 è invece associata la medesima frequenza (assoluta): 2 per entrambe le lauree. Possiamo concludere che il comportamento sessuale di soggetti che dichiarano 4 partner negli ultimi 12 mesi è lo stesso nelle due lauree?

La risposta in entrambi i casi è NO. Qui è in gioco lo stesso fenomeno X rilevato su due diverse popolazioni:

U_1: soggetti ambosessi iscritti a Sociologia
U_2: soggetti ambosessi iscritti ad Architettura

In aggiunta, le due popolazioni sono di numerosità diversa:

$$N_1 = 40 \qquad \text{e} \qquad N_2 = 28$$

Conseguentemente, una frequenza (assoluta) pari a 10 in U_1 ha un *peso differente* rispetto a una frequenza (assoluta) pari a 7 in U_2; una frequenza (assoluta) pari a 2 in U_1 è *diversa* da una frequenza (assoluta) pari ancora a 2 ma in U_2. Le frequenze (assolute) *non* sono *confrontabili* fra popolazioni di numerosità diversa.

Le frequenze assolute sono, per l'appunto, ***assolute***, cioè sono direttamente influenzate dalla numerosità N: più grande è N più grandi sono le f_i la cui somma è proprio N. Se l'obiettivo è *confrontare* le distribuzioni di frequenze di X in due (o più) popolazioni con numerosità diversa occorre *depurare* le frequenze assolute dall'influenza di N costruendo le **frequenze relative**.

Definizione

La **frequenza relativa** associata alla modalità x_i è il rapporto (divisione) fra la frequenza assoluta di x_i e la numerosità N di U. Indicheremo la frequenza relativa con p_i. In formule (e più brevemente che a parole):

$$p_i = \frac{f_i}{N}$$

Le frequenze relative sono quantità adimensionali (private della dimensione) e pertanto sono *sempre confrontabili*. Lo capiremo meglio nel prossimo paragrafo.

ESEMPIO 4.2

Sesso e laurea (continua)

Facciamo un po' di conti sulle v.s. (Tabella 4.3). Moltiplicando le frequenze relative per 100 si ottengono le care vecchie **percentuali** che tutti conosciamo.

Le frequenze relative (o le percentuali) sono adimensionali e confrontabili: i 2 soggetti di Sociologia che dichiarano 4 partner corrispondono al 5% di U_1, mentre i 2 soggetti di Architettura che dichiarano sempre 4 partner rappresentano però il 7.1% di U_2; il comportamento di coloro che dichiarano 4 partner negli ultimi 12 mesi è pertanto *diverso* nelle due lauree e lievemente superiore ad Architettura, con una differenza di 2.1 **punti percentuali**.

Tabella 4.3

U_1: Sociologia				U_2: Architettura			
x_i	f_i	$f_i/N = p_i$	Percentuale (%) $= p_i \times 100$	x_i	f_i	$f_i/N = p_i$	Percentuale (%) $= p_i \times 100$
0	9	$9/40 = 0.225$	22.5	0	10	$10/28 = 0.357$	35.7
1	10	$10/40 = 0.250$	25.0	1	7	$7/28 = 0.250$	25.0
2	7	$7/40 = 0.175$	17.5	2	5	$5/28 = 0.179$	17.9
3	4	$4/40 = 0.100$	10.0	3	1	$1/28 = 0.036$	3.6
4	2	$2/40 = 0.050$	5.0	4	2	$2/28 = 0.071$	7.1
5	4	$4/40 = 0.100$	10.0	5	0	$0/28 = 0.000$	0.0
6	1	$1/40 = 0.025$	2.5	6	2	$2/28 = 0.071$	7.1
7	2	$2/40 = 0.050$	5.0	7	1	$1/28 = 0.036$	3.6
8	1	$1/40 = 0.025$	2.5	8	0	$0/28 = 0.000$	0.0
	40	1.000	100.0		28	1.000	100.0

Le frequenze relative p_i sono rapporti particolari con il denominatore che rappresenta il *totale* del numeratore (parte al tutto). Risultano, perciò, sempre comprese fra 0 e 1 e la loro somma è pari a 1. In formule:

$$0 \leq p_i \leq 1, \quad i = 1, \ldots, k \quad \text{e} \quad \sum_{i=1}^{k} p_i = \sum_{i=1}^{k} \frac{f_i}{N} = \frac{1}{N} \sum_{i=1}^{k} f_i = \frac{N}{N} = 1$$

Le **percentuali** (che conosciamo dalla scuola elementare) sono le frequenze relative moltiplicate per 100. Le percentuali sono sempre comprese fra 1 e 100 e la loro somma è pari a 100.

A livello di analisi statistica è preferibile lavorare con le frequenze relative anziché con le percentuali per semplificare i conti "togliendo 2 zeri"; a livello di interpretazione e comunicazione dei risultati dell'analisi statistica, è conveniente passare alle percentuali, generalmente più comprensibili anche ai non-statistici.

La colonna delle frequenze relative p_i costituisce la **distribuzione di frequenze relative** di X su U.

Con la costruzione della distribuzione di frequenze relative abbiamo effettuato un'ulteriore sintesi dei dati che ora sono maggiormente informativi riguardo al *peso* che ciascuna modalità x_i ha in U. Inoltre, la distribuzione di frequenze relative è *confrontabile* fra popolazioni con dimensioni diverse. L'informazione perduta con questa ulteriore sintesi è la dimensione N di U. Nell'Esempio 4.2 "Sesso e laurea", se sappiamo che i soggetti che dichiarano 8 partner negli ultimi 12 mesi sono il 2.5% a Sociologia e lo 0% ad Architettura, sappiamo qual è la *quota* di soggetti sessualmente più attivi nelle due lauree, in particolare sappiamo che a Sociologia ce ne sono 2.5 su 100, mentre ad Architettura non ce ne sono; per contro, non sappiamo più quanti sono gli individui intervistati a Sociologia e quanti ad Architettura.

4.4 Confrontare e valutare: indici relativi e normalizzazione

Nel paragrafo precedente abbiamo imparato che le frequenze *assolute* non sono confrontabili, per questo servono le frequenze *relative*, e non sono neppure valutabili, per questo sono utili le *percentuali*. In questo libro ci porremo spesso l'obiettivo di *confrontare* e/o di fare valutazioni, con riferimento a strumenti statistici un po' più complessi ed elaborati delle semplici frequenze. Il problema però sarà lo stesso: le quantità assolute **non** sono né *confrontabili* né *valutabili*, e questo vale per qualunque grandezza statistica come conteggi, misure e indici sintetici.

Si tratterà di *confrontare*, ogni volta che l'interrogativo statistico è del tipo "è più grande/più piccolo di ..." (in formule $\geq$, $\leq$). La risposta richiede la costruzione di grandezze *relative*, che sono **rapporti** (frazioni) in cui al denominatore (sotto la frazione) si pone la dimensione che *disturba* e *impedisce* il confronto della quantità (assoluta) che poniamo al numeratore (sopra la frazione). Infatti e a titolo di esempio, sono fatte così le frequenze relative f_i/N in cui la frequenza assoluta (al numeratore) viene messa "a rapporto con", resa "relativa a" la numerosità della popolazione (al denominatore), e quest'ultima è proprio ciò che disturba e non consente di confrontare direttamente le f_i fra popolazioni di diversa numerosità.

Si tratterà di *valutare*, ogni volta che l'interrogativo statistico è del tipo "è tanto o poco?" In questo caso la risposta richiede un'operazione chiamata di **normalizzazione**. È il procedimento di trasformazione di una quantità statistica *assoluta* in una percentuale. Per illustrarla in generale, chiamiamo I una (qualunque) misura statistica assoluta, di una qualche caratteristica del comportamento di X su U. Se di I conosciamo:

- il **valore minimo**, chiamiamolo $I_{\min}$, cioè il valore che I assumerebbe *in assenza* di ciò che stiamo misurando di X;
- il **valore massimo**, chiamiamolo $I_{\max}$, cioè il valore che I assumerebbe nel caso che X presenti *al livello massimo* ciò che stiamo misurando;

allora è possibile trasformare I in percentuale, normalizzandolo con la formula seguente.

Definizione

Normalizzazione di un (qualunque) indice *I*

$$\frac{I - I_{\min}}{I_{\max} - I_{\min}}$$

Il risultato della normalizzazione è un numero *sempre* compreso fra 0 e 1 (altrimenti abbiamo sbagliato i conti!) che moltiplicato per 100 è interpretabile come percentuale (di ciò che I misura di X). Infatti:

- un rapporto (divisione) risulta 0 *soltanto* se il numeratore (la parte sopra) è 0. La normalizzazione di I fornisce allora 0 se (e soltanto se) $I = I_{\min}$, cioè in caso di *assenza* di ciò che I misura di X;
- un rapporto è uguale a 1 *soltanto* se il numeratore e il denominatore (la parte sotto) sono uguali fra loro. La normalizzazione di I fornisce allora 1 se (e soltanto se) $I = I_{\max}$, cioè nel caso che X presenti *al livello massimo* ciò che I misura di X.

Siccome conosciamo il significato dei valori estremi (0 e 1), siamo in grado di *valutare* tutti i possibili valori intermedi dell'indice normalizzato. Possiamo cioè dire se ciò che I misura di X è *tanto o poco*: è poco se vicino a 0, è tanto se vicino all'1. L'indice normalizzato è, in genere, presentato moltiplicato per 100 (così che risulta compreso fra 0 e 100 anziché compreso tra 0 e 1) in modo da essere interpretato come percentuale (di ciò che I misura di X). Il processo di normalizzazione è *più semplice* se l'indice I vale 0 in caso di assenza di ciò che stiamo misurando di X (cioè se $I_{\min} = 0$): basta dividere la misura assoluta per il suo valore *massimo*.

Un esempio facile di misura statistica normalizzata sono le (vecchie, care) percentuali che si ottengono moltiplicando per 100 le frequenze relative $p_i = f_i/N$. Le frequenze relative hanno dunque la specialità di essere anche normalizzate. Infatti le frequenze assolute f_i hanno valore minimo 0 e valore massimo N e se applichiamo la normalizzazione otteniamo:

$$\frac{f_i - 0}{N - 0} = \frac{f_i}{N} = p_i$$

cioè, ancora, la frequenze relativa, sempre compresa fra 0 e 1, e che tutte/i sappiamo interpretare come percentuale.

Frequenze assolute, frequenze relative e percentuali sono costruibili per qualunque tipo di fenomeno X. Quando il fenomeno di interesse è **almeno ordinale** (cioè qualitativo ordinale oppure quantitativo) possiamo aumentare il livello di analisi e costruire un ulteriore tipo di distribuzione di frequenze.

4.5 Frequenze cumulate

Quando X è **almeno ordinale** è una buona pratica costruire la v.s. *ordinando* in senso crescente le modalità osservate, partendo dal minimo x_1 e arrivando al **massimo** x_k, cioè

$$x_1 < x_2 < \ldots < x_{k-1} < x_k$$

Questo è ciò che d'ora in avanti supporremo (ed è anche quello che fa automaticamente il computer). Ci capiterà anche di indicare x_1 con $x_{\min}$ e x_k con $x_{\max}$.

La possibilità di stabilire un ordine oggettivo e universale fra le modalità di X è utile all'analisi statistica e consente di porsi domande come: quante sono le unità statistiche che, fra le N osservate, manifestano una modalità *non più grande* di (cioè al più pari a) una certa x_i? E quante quelle che manifestano una modalità *non più piccola* di (cioè almeno pari a) una certa x_i? Si tratta di sommare, tecnicamente si dice **cumulare**, le frequenze associate alle modalità inferiori (più piccole) di x_i costruendo le **frequenze cumulate**. Ovviamente possiamo cumulare le frequenze assolute così come le frequenze relative. Indicheremo con F_i le frequenze cumulate **assolute** e useremo la lettera greca "phi" maiuscolo (Φ_i) per indicare le frequenze **cumulate relative**.

ESEMPIO 4.2

Sesso e laurea (continua)

Ci chiediamo: quanti sono, fra i 40 osservati, i soggetti che dichiarano *non più* di 1 partner sessuale negli ultimi 12 mesi? E forse anche più interessante: quanti sono quelli che dichiarano *almeno* 4 partner sessuali negli ultimi 12 mesi?

Si tratta di affiancare alle frequenze assolute e relative le corrispondenti colonne di frequenze cumulate, sommando di volta in volta le frequenze di tutte le righe *precedenti* (Tabella 4.4).

Tabella 4.4
Distribuzione di frequenze cumulate per gli iscritti a Sociologia

U_1: Sociologia				
x_i	f_i	p_i	F_i	Φ_i
0	9	0.225	9	0.225
1	10	0.250	$9 + 10 = 19$	$0.225 + 0.250 = 0.475$
2	7	0.175	$9 + 10 + 7 = 26$	$0.225 + 0.250 + 0.175 = 0.650$
3	4	0.100	$9 + 10 + ... + 4 = 30$	$0.225 + 0.250 + ... + 0.100 = 0.750$
4	2	0.050	$9 + 10 + ... + 2 = 32$	$0.225 + 0.250 + ... + 0.050 = 0.780$
5	4	0.100	36	0.900
6	1	0.025	37	0.925
7	2	0.050	39	0.975
8	1	0.025	40	1.000
	40	1.000		

La **distribuzione di frequenze cumulate** (assolute o relative) ci dà le risposte che cerchiamo: 19 individui, pari al 47.5% di U_1, dichiarano *non più* di 1 (1 o meno di 1) partner sessuale negli ultimi 12 mesi. $40 - 30 = 10$ soggetti, cioè una quota del 25% di U_1, dichiarano *almeno* 4 partner (4 o più di 4).

In formule, per il primo quesito avremo:

$$Freq.(X \leq 1) = F_2 = 19 \text{ e } Freq.\,rel.(X \leq 1) = \Phi_2 = 0.475\,(47.5\%)$$

Mentre, per il secondo quesito:

$$Freq.(X \geq 4) = N - Freq.(X < 4) = N - Freq.(X \leq 3) = N - F_4 = 40 - 30 = 10$$

$$Freq.\,rel.(X \geq 4) = 1 - \Phi_4 = 1 - 0.75 = 0.25\ (25\%)$$

Le frequenze cumulate relative (non le assolute) consentono anche il confronto fra popolazioni di numerosità diverse. Costruiamo la distribuzione di frequenze cumulate anche per i 28 iscritti ad Architettura (Tabella 4.5).

Tabella 4.5
Distribuzione di frequenze cumulate per gli iscritti ad Architettura

U_1: Architettura				
x_i	f_i	p_i	F_i	Φ_i
0	10	0.357	10	0.357
1	7	0.250	17	0.607
2	5	0.179	22	0.786
3	1	0.036	23	0.822
4	2	0.071	25	0.893
5	0	0.000	25	0.893
6	2	0.071	27	0.964
7	1	0.036	28	1.000
8	0	0.000	28	1.000
	28	1.000		

Anche per U_2 ci poniamo le due domande: quanti sono, fra i 28 osservati, i soggetti che dichiarano *non più* di 1 partner sessuale negli ultimi 12 mesi? E quanti sono quelli che dichiarano *almeno* 4 partner sessuali negli ultimi 12 mesi?

Rispondiamo usando la distribuzione di frequenze cumulate (assolute e relative). Per il primo quesito:

$$Freq.(X \leq 1) = F_2 = 17 \quad \text{e} \quad Freq.\,rel.(X \leq 1) = \Phi_2 = 0.607\ (60.7\%)$$

Per il secondo quesito:

$$Freq.(X \geq 4) = N - Freq.(X \leq 3) = N - F_4 = 28 - 23 = 5$$

$$Freq.\,rel.(X \geq 4) = 1 - \Phi_4 = 1 - 0.822 = 0.178\ (17.8\%)$$

Infine, decidiamo di definire "sessualmente moderato" chi dichiara non più di 1 partner negli ultimi 12 mesi e "sessualmente scatenato" chi dichiara almeno 4 partner negli ultimi 12 mesi, e ci chiediamo in quale delle due popolazioni è maggiore la quota di individui "sessualmente moderati" e in quale è maggiore la quota di quelli "sessualmente scatenati". Siccome dobbiamo *confrontare*, usiamo le frequenze cumulate relative:

	$Freq.\,rel.(X \leq 1)$	$Freq.\,rel.(X \geq 4)$
U_1 Sociologia	47.5%	25% scatenati
U_2 Architettura	60.7% moderati	17.8%

Ora, per uscire dall'esempio e da quei dati particolari, facciamo un paio di osservazioni. Dagli esempi abbiamo capito come si calcolano le frequenze cumulate (assolute, relative o percentuali) semplicemente *sommando* all'indietro. Era la prima, ma probabilmente anche una delle ultime volte, in cui ci siamo trovati a costruire "a mano" distribuzioni di frequenze: sporchi lavori manuali come questo spettano oggi ai computer. Quello che distingue una persona preparata in Statistica e consapevole di ciò che fa e sa (noi!) da chiunque smanetti al calcolatore, sono proprio osservazioni come quelle che ci accingiamo a fare.

Per compilare le colonne delle F_i e delle Φ_i negli esempi, abbiamo sommato le frequenze rispettivamente (assolute o relative) di tutte le righe precedenti. Se lo scriviamo in formule otteniamo la definizione di frequenze cumulate, il metodo generale applicabile a qualunque insieme di dati (purché ordinati!).

Definizione

Frequenze cumulate assolute

$$F_i = f_1 + f_2 + \ldots + f_i = \sum_{j=1}^{i} f_j$$

Frequenze cumulate relative

$$\Phi_i = p_1 + p_2 + \ldots + p_i = \sum_{j=1}^{i} p_j = \frac{F_i}{N}$$

Il trucco è fare molta attenzione agli indici delle sommatorie! Per calcolare F_i dobbiamo sommare da 1 a i e perciò ci serve un altro indice j per non confonderci (e la stessa cosa vale per Φ_i).

Ecco due proprietà interessanti delle frequenze cumulate.

Proprietà

Da dove iniziare e... dove si finisce

$$F_1 = f_1 \quad \text{e} \quad F_k = N$$

$$\Phi_1 = p_1 \quad \text{e} \quad \Phi_k = 1$$

Le frequenze cumulate assolute sono numeri interi compresi fra 0 e N, mentre quelle relative sono sempre comprese fra 0 e 1. La *prima* frequenza cumulata coincide con la frequenza della modalità *più piccola*; l'*ultima* frequenza cumulata coincide con la numerosità N di U se parli amo di frequenze cumulate assolute, coincide con 1 se parliamo di frequenze cumulate relative. Ricordiamoci che il fenomeno X è (almeno) ordinale e le modalità x_i sono ordinate, dunque x_1 è la più piccola e x_k è la più grande. In formule è tutto più compatto e più chiaro.

Proprietà

Dalle cumulate alle non cumulate e... ritorno

$$F_i = f_1 + f_2 + \ldots + f_{i-1} + f_i = F_{i-1} + f_i \quad \text{e} \quad F_i - F_{i-1} = f_i$$

$$\Phi_i = p_1 + p_2 + \ldots + p_{i-1} + p_i = \Phi_{i-1} + p_i \quad \text{e} \quad \Phi_i - \Phi_{i-1} = p_i$$

Fra le frequenze (assolute o relative) e le corrispondenti frequenze cumulate esiste una **corrispondenza biunivoca**: data una distribuzione è possibile passare all'altra e viceversa. In altre parole, se conosciamo le frequenze (assolute o relative) possiamo ottenere le cumulate (sommando) e se conosciamo le cumulate possiamo ri-ottenere le frequenze non cumulate (sottraendo).

Questa proprietà ha a che fare con il metodo usato dai computer per sommare serie di numeri, come nel caso delle frequenze cumulate: non conviene ripartire sempre dall'inizio (la definizione), ma si utilizza il risultato ottenuto al giro precedente. Tecnicamente si tratta di **formule ricorsive.**

Un discorso a parte va poi fatto per i fenomeni quantitativi continui.

4.6 Fenomeni continui e densità di frequenza

Limitiamo ora la nostra attenzione ai fenomeni quantitativi continui. Se X è continuo le modalità x_i sono **intervalli**. Questo ci costringe ad affrontare due aspetti strategici per l'analisi statistica di questo tipo di fenomeni. Il primo aspetto su cui dobbiamo riflettere è il fatto che, nel caso continuo, la v.s. "si limita" a informarci che al generico intervallo $x_i : x_l \vdash x_L$ appartengono f_i unità statistiche. E questo è tutto ciò che sappiamo! Non sappiamo *esattamente* in quale fra gli infiniti punti che appartengono all'intervallo si posiziona ciascuna delle f_i unità statistiche che cadono in $x_i : x_l \vdash x_L$. In termini più tecnici: la distribuzione di frequenze all'*interno* degli intervalli è **ignota**, non si vede.

ESEMPIO 4.3

Aspettativa di vita

La Tabella 4.6 riporta l'aspettativa di vita alla nascita (espressa in anni) di 189 Paesi del mondo, rilevati dall'HDR.

Tabella 4.6

Anni	$50 \vdash 55$	$55 \vdash 60$	$60 \vdash 75$	$75 \vdash 80$	$80 \vdash 85$
Paesi	5	6	95	49	34

Fonte: Human Development Record - Programma di Sviluppo delle Nazioni Unite.

U: Paesi coinvolti nell'HDR
$N = 189$
X: aspettativa di vita alla nascita (in anni)
$k = 5$

Anche senza chiederci se X sia discreto o continuo, le modalità si presentano come intervalli. Ai fini dei nostri conteggi statistici va quindi *trattato come* continuo. Prendiamo, per esempio, i 5 Paesi con un'aspettativa di vita compresa nell'intervallo $50 \vdash 55$. Sappiamo che essi *cadono* in questo intervallo, ma i dati di cui disponiamo non ci dicono quale sia *esattamente* (puntualmente) l'aspettativa di vita di ciascuno dei 5 Paesi. Questo vale per tutti i $k = 5$ intervalli. La distribuzione di frequenze all'interno degli intervalli è *ignota*.

Siamo di fronte a una mancanza di informazioni che può rappresentare un ostacolo all'analisi statistica. Ogni volta che ci si trova in situazioni di questo tipo, per superare l'ostacolo si ricorre all'emissione di *assunzioni* in sostituzione delle informazioni ignote. Nessuno e nessuna sofisticazione matematica ci può assicurare che quello che decidiamo di ipotizzare, in mancanza di dati di fatto, sia *vero* o *vicino alla realtà*: le informazioni mancano in ogni caso! Si può però richiedere che l'ipotesi adottata sia *ragionevole*, cioè sostenibile, argomentabile e convincente. Nel nostro caso un'assunzione iniziale significa proporre un modo per *ripartire* la f_i fra gli infiniti valori dell'intervallo $x_i : x_l \vdash x_L$. Due sono le ipotesi comunemente (e convenientemente) emesse.

1. Assunto del **valore centrale**. L'obiettivo è di assegnare a ciascuna delle f_i unità statistiche che cadono nell'intervallo $x_i : x_l \vdash x_L$ un *unico* punto, interno all'intervallo stesso. Il principio adottato è *in medio stat virtus* (ma nei vari contesti applicativi vi sono anche altre ragioni statistico/matematiche). Il metodo consiste nell'associare *tutte* le f_i al valore centrale dell'intervallo. Indicheremo il valore centrale di un intervallo con l'asterisco.

Definizione

Valore centrale di un intervallo
È la semi-somma dei suoi estremi

$$x_i^* = \frac{x_l + x_L}{2}$$

ESEMPIO 4.3

Aspettativa di vita (continua)

Riprendiamo i dati sull'aspettativa di vita degli $N = 189$ Paesi coinvolti nell'HDR e adottiamo l'ipotesi del valore centrale (Tabella 4.7).
Con l'ipotesi del valore centrale si ipotizza, per esempio, che i 5 Paesi che cadono nell'intervallo $x_1 = 50 \vdash 55$ abbiano tutti un'aspettativa di vita pari a $x_1^* = 52.5$. Questa interpretazione vale per tutti gli intervalli. Adottando tale ipotesi ci siamo ricondotti a una v.s. discreta (le 2 colonne più a destra della Tabella 4.7).

Tabella 4.7 Aspettativa di vita sull'ipotesi del valore centrale

$x_i : x_l \vdash x_L$	$\frac{x_l + x_L}{2} = x_i^*$	f_i
$50 \vdash 55$	$\frac{50+55}{2} = 52.5$	5
$55 \vdash 60$	$\frac{55+60}{2} = 57.5$	6
$60 \vdash 75$	$\frac{60+75}{2} = 67.5$	95
$75 \vdash 80$	77.5	49
$80 \vdash 85$	82.5	34
		189

Con l'ipotesi del valore centrale si attua una sostanziale **discretizzazione** della v.s.: si supera il problema dell'ignota distribuzione di frequenze all'interno degli intervalli, ma se ne perde di vista la natura continua. In molti casi tale perdita non è grave e l'ipotesi del valore centrale è allora adottata per la sua **semplicità** (che in Statistica è sempre apprezzabile!).

2) Assunto di **distribuzione uniforme**. In mancanza di informazioni che portino a propendere per un caso o per un altro, un principio logico e intuitivo è quello di considerare *alla pari* ogni possibilità. Se non sappiamo niente circa *dove* si posizionano esattamente le f_i unità statistiche all'interno dell'intervallo $x_i : x_l \vdash x_L$, allora le distribuiamo in modo *uniforme* ed *equidistante* lungo tutto l'intervallo. I metodi pratici per realizzare la distribuzione uniforme sono molti, più o meno complessi, con e senza discretizzazione della v.s. Per quanto ci riguarda useremo (molto presto) questa ipotesi nella maniera più semplice e intuitiva.

Il secondo aspetto su cui è necessario soffermarci quando abbiamo a che fare con fenomeni continui riguarda il fatto che gli intervalli possono avere ampiezza diversa.

Definizione

Ampiezza dell'intervallo $x_i : x_l \vdash x_L$

È la differenza fra l'estremo superiore e l'estremo inferiore $x_L - x_l$.

L'ampiezza dell'intervallo influenza fortemente le frequenze associate, sia le assolute sia le relative. Intuiamo tutti che quanto più un intervallo è ampio tanto più è *facile* che contenga più casi di un intervallo meno ampio. Un'informazione importante è allora: quanto è *denso*, al proprio interno, un intervallo? A parità di frequenze, un intervallo *più ampio* sarà *meno denso* di uno più stretto. La **densità di frequenza** di un intervallo è la frequenza *depurata* dall'influenza dell'ampiezza. La indicheremo con la lettera greca *phi* minuscolo (φ).

Definizione

Densità dell'intervallo $x_i : x_l \vdash x_L$

$$\varphi_i = \frac{f_i}{x_L - x_l}$$

ESEMPIO 4.3

Aspettativa di vita (continua)

Riprendiamo la v.s. sull'aspettativa di vita degli $N = 182$ Paesi coinvolti nell'HDR e aggiungiamo le colonne delle **ampiezze** e delle **densità** degli intervalli (Tabella 4.8).

Ci sono 95 Paesi con aspettativa di vita nell'intervallo $60 \vdash 75$ e poco più della metà con aspettativa di vita nell'intervallo $75 \vdash 80$. Trarremmo una conclusione errata se non osservassimo che l'intervallo $60 \vdash 75$ è tre volte più ampio dell'intervallo $75 \vdash 80$ e se non facessimo riferimento a quanto sono *densi*. L'intervallo $75 \vdash 80$ ha densità *maggiore* dell'intervallo $60 \vdash 75$. Dal punto di vista del *peso* dei due intervalli fra i 189 Paesi osservati questo cambia e corregge la prospettiva rispetto alla mera osservazione delle frequenze (sia assolute sia relative).

Tabella 4.8

$x_i : x_l \vdash x_L$	f_i	p_i	$x_L - x_l$	$\frac{f_i}{x_L - x_l} = \varphi_i$
$50 \vdash 55$	5	0.03	5	$\frac{5}{5} = 1.00$
$55 \vdash 60$	6	0.03	5	$\frac{6}{5} = 1.20$
$60 \vdash 75$	95	0.50	15	6.33
$75 \vdash 80$	49	0.26	5	3.27
$80 \vdash 85$	34	0.18	5	6.80
	189	1.00		

Concludiamo con le solite osservazioni.

Abbiamo imparato che quando X è continuo, accanto alle distribuzioni di frequenze (assolute, relative o percentuali, cumulate) è costruibile la distribuzione di densità di frequenza. Le densità di frequenza φ_i sono numeri reali e sono sempre positive, ma non hanno limite superiore (possono essere grandi quanto vogliono). Il loro valore non ha significato intrinseco e la loro somma non ha alcun significato. Le densità di frequenza φ_i danno un'idea dell'*addensamento* delle frequenze all'interno degli intervalli e sono dunque utili tutte le volte che le diverse ampiezze degli intervalli rendono fuorviante l'interpretazione delle frequenze. Il concetto di densità di frequenza si può dare anche utilizzando le frequenze relative anziché le frequenze assolute. A seconda del contesto applicativo si decide quali frequenze (assolute o relative) è conveniente usare per calcolare le densità di frequenza.

Densità di frequenza relativa

Definizione

$$\frac{p_i}{x_L - x_l} = \frac{f_i}{N\,(x_L - x_l)} = \frac{\varphi_i}{N}$$

Infine, faccio osservare che comprendere o non comprendere gli *estremi* di un intervallo non fa cambiare la sua ampiezza. Gli intervalli:

$$x_i : x_l \vdash x_L, \quad x_i : x_l \dashv x_L, \quad x_i : x_l \vdash\!\dashv x_L$$

hanno tutti la medesima ampiezza: $x_L - x_l$. Infatti che differenza possono fare 1 o 2 punti in più o in meno fra gli infiniti che costituiscono un intervallo?

4.7 Rappresentazioni grafiche

Con le distribuzioni di frequenze (assolute, relative o percentuali, cumulate) possiamo costruire **grafici**. La rappresentazione grafica delle distribuzioni di frequenze è *alternativa* alla forma tabellare. Non si tratta di effettuare ulteriori sintesi ma di *presentare* i dati sotto una diversa forma. La forma grafica di una v.s. è in genere preferibile alla forma tabellare (quella che abbiamo usato finora) in fase d'interpretazione e comunicazione dei risultati dell'analisi statistica. Soprattutto quando k non è piccolo (diciamo $k \geq 5$, come negli Esempi 4.2 "Sesso e laurea" e 4.3 "Aspettativa di vita"), un grafico può essere più leggibile di una tabella di numeri dando un'idea fotografica del comportamento di X su U.

La tipologia e l'interpretazione della rappresentazione grafica è molto diversa per fenomeni di natura diversa.

Per i **fenomeni qualitativi**, il grafico è un semplice *disegno* che affianca o sostituisce la tabella. Barre orizzontali o verticali e torte sono le rappresentazioni grafiche più comuni. L'altezza/lunghezza delle barre oppure la dimensione dello spicchio della torta danno un'idea della frequenza associata a ciascuna categoria x_i osservata.

ESEMPIO 4.4

La squdra più antipatica

Un recente sondaggio condotto da Demos & Pi ha raccolto l'opinione di 594 soggetti su "la squadra più antipatica". Il fenomeno è qualitativo (un'opinione!), la sua distribuzione è rappresentabile graficamente, per esempio, con una torta (Figura 4.1). Qui, in particolare, è rappresentata la distribuzione delle percentuali (frequenze relative × 100) comunicativamente più efficaci di frequenze assolute o relative.

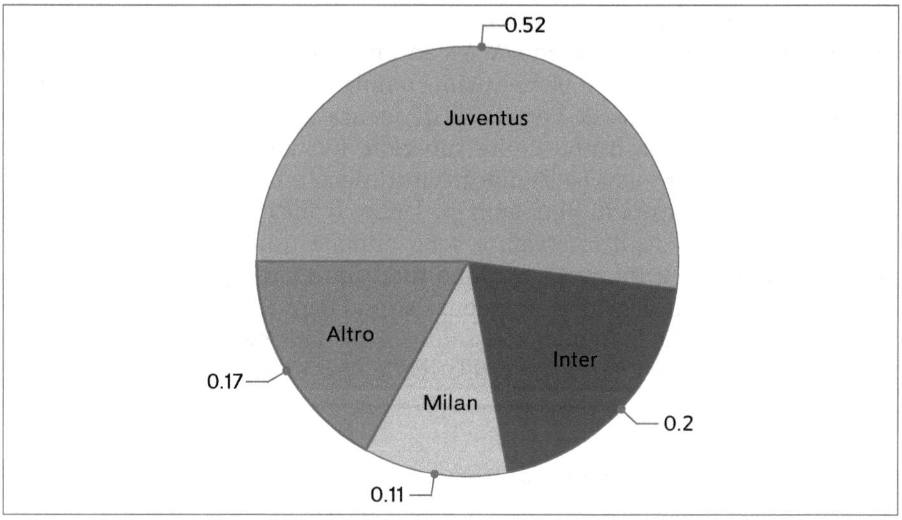

Figura 4.1
Grafico a torta del sondaggio su "la squadra più antipatica". *Fonte:* Sondaggio Demos & Pi

ESEMPIO 4.5

La capitale europea della cultura

La Tabella 4.9 riporta i risultati di un sondaggio di qualche anno fa condotto per indagare la preferenza degli italiani circa la città da eleggere a capitale europea della cultura.

Tabella 4.9
Sondaggio nazionale

Città candidate, x_i	Voti, f_i	p_i	Percentuale (%)
Cagliari	225	0.43	43
Matera	180	0.34	34
Perugia	18	0.03	3
Siena	31	0.06	6
Ravenna	21	0.04	4
Lecce	52	0.10	10
Totali	527	1.00	100

Figura 4.2

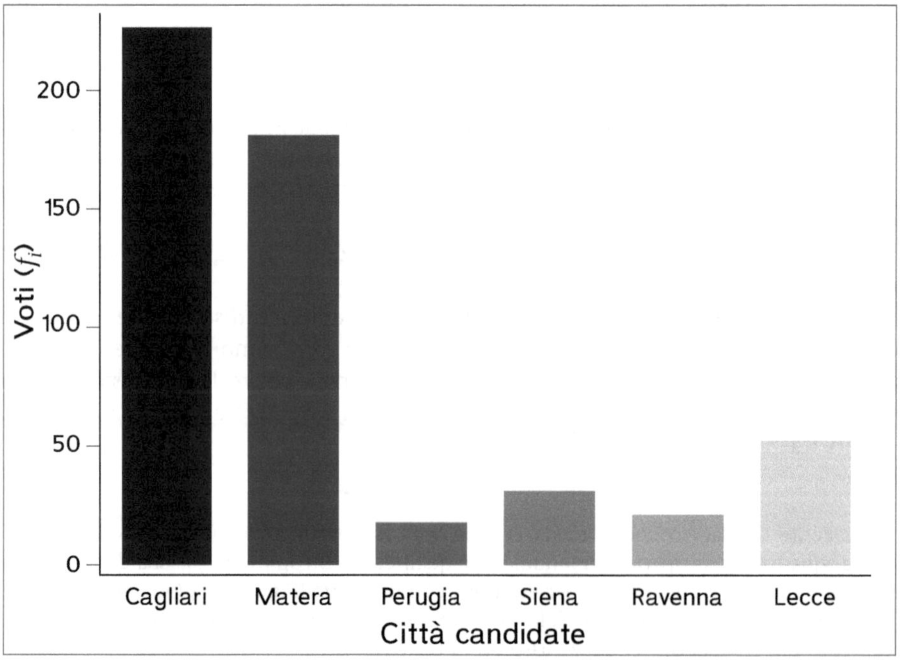

L'aspetto del grafico della Figura 4.2 non cambia se anziché le frequenze assolute (f_i) si rappresentano le frequenze relative p_i, come nella Figura 4.3, o le percentuali $100 \times p_i$. Tutto quello che cambia sono i numeri sull'asse delle ordinate (verticale). Le frequenze relative (o le percentuali), però, si leggono e si interpretano più facilmente delle frequenze assolute.

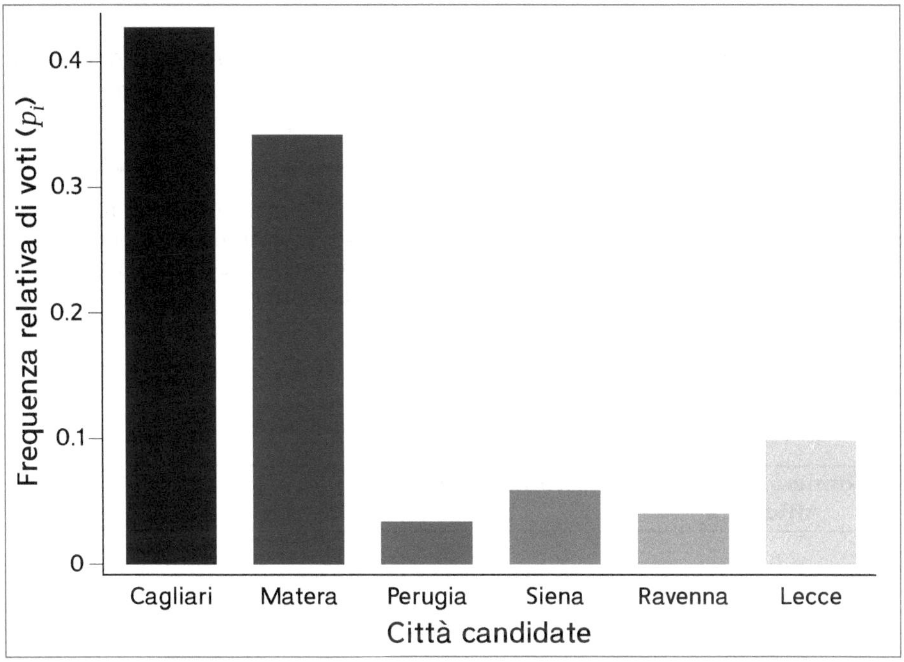

Figura 4.3

Il **confronto grafico** fra due (o più) distribuzioni di frequenze che derivano dall'osservazione del medesimo fenomeno su due (o più) diverse popolazioni è agevolato se si rappresentano insieme su un *unico* grafico. Naturalmente, se le popolazioni sono di dimensione diversa sono necessarie (*obbligatorie!*) le frequenze relative o le percentuali.

ESEMPIO 4.6

Energia rinnovabile

I dati della Tabella 4.10 mettono a confronto l'Italia con l'intera Europa circa l'energia prodotta da fonti rinnovabili. Il grafico della Figura 4.4 è un modo alternativo, ma anche più efficace, di *presentare* gli stessi dati.

Fonti	**Europa** (%)	**Italia** (%)
Energia solare	5.1	9.9
Energia da biomasse	65.5	36.7
Energia geotermica	3.2	27.7
Energia idroelettrica	16.2	19.2
Energia eolica	10.0	6.5
	100.0	100.0

Tabella 4.10 Variabile statistica in forma tabellare. *Fonte:* Eurostat 2012

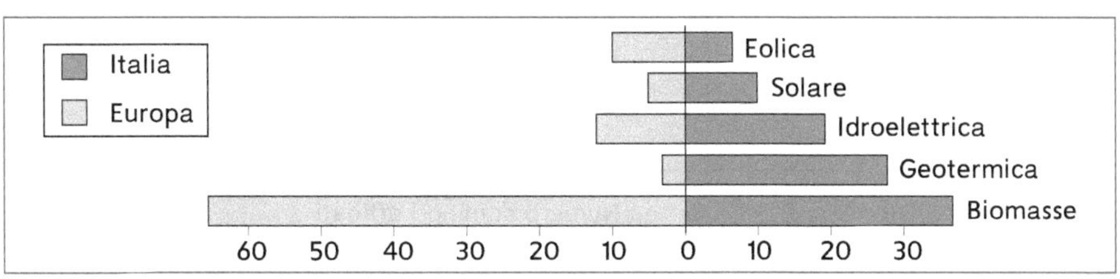

Figura 4.4 Variabile statistica rappresentata graficamente; grafico a barre contrapposte Italia/Europa

Per i **fenomeni quantitativi** (rilevati con scala quantitativa) il discorso cambia decisamente. Quando anche le x_i (oltre alle f_i) sono numeri, si costruiscono veri e propri **diagrammi cartesiani**. Le modalità x_i sono poste sulle ascisse (l'asse orizzontale) e le frequenze f_i (oppure le p_i o le percentuali) sulle ordinate (l'asse verticale). Il diagramma è però diverso a seconda che X sia discreto o continuo, cioè a seconda che le x_i siano numeri o intervalli.

Quando X è **discreto**, un diagramma efficace è **a bastoncini**. In corrispondenza di ogni modalità x_i, identificata con un singolo punto sulle ascisse, si innalza un *bastoncino* alto quanto la corrispondente frequenza posta sulle ordinate.

ESEMPIO 4.7

Minori e separazione

La Tabella 4.11 riporta dati ufficiali, dall'agenzia nazionale di statistica, sul numero di minori affidati (a uno o entrambi i genitori) in seguito a una separazione (fenomeno X) in 15 regioni italiane (popolazione statistica U). In particolare, nella Tabella 4.11 sono date le due distribuzioni di frequenze assolute (f_i) e relative (p_i). Abbiamo un fenomeno quantitativo discreto (si chiama "numero di minori affidati, x_i") dunque la rappresentazione grafica opportuna è il grafico "a bastoncini" (Figura 4.5).

U: collettivo di 15 regioni italiane
X: numero di minori affidati nelle separazioni per mille minori residenti

Tabella 4.11 Numero di minori affidati (a uno o entrambi i genitori) nelle separazioni per mille minori residenti

Numero di minori affidati, x_i	Numero di regioni italiane, f_i	$p_i \times 100$ (%)
5	3	20
6	4	27
7	5	33
8	1	7
10	2	13
	15	100%

Fonte: dati Istat

Figura 4.5 Rappresentazione grafica della distribuzione di frequenze assolute (colonna centrale della Tabella 4.11)

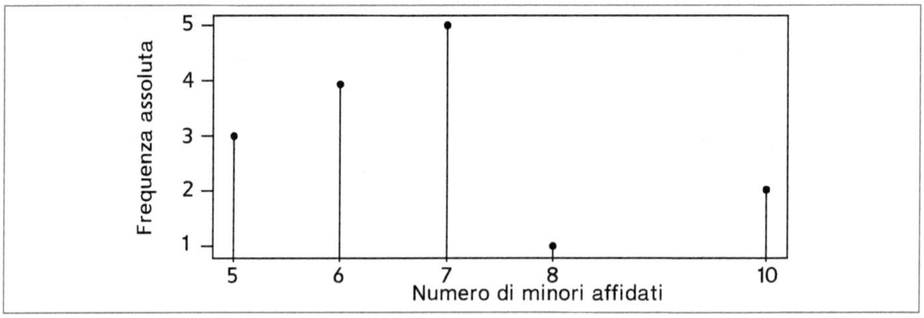

L'aspetto del grafico non muta se si rappresentano le frequenze relative (oppure le percentuali): ciò che cambia è solo l'unità di misura sulle ordinate (Figura 4.6).

Figura 4.6 Rappresentazione grafica della distribuzione di frequenze relative (ultima colonna a destra della Tabella 4.11)

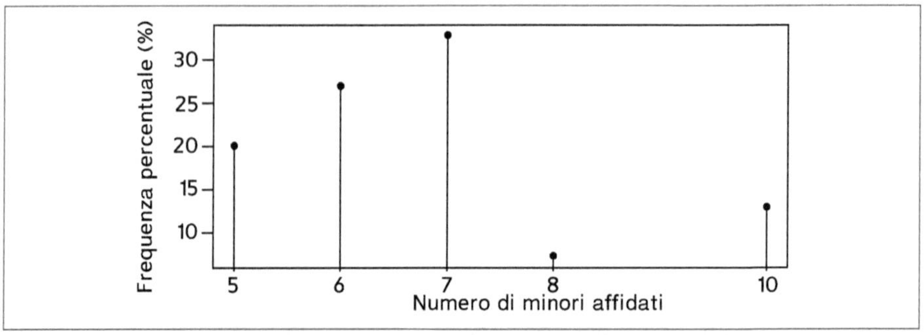

Quando X è **continuo** le cose cambiano radicalmente.

4.8 Fenomeni continui, istogrammi e frequenze cumulate sull'istogramma

Quando X è un fenomeno **continuo** le modalità x_i sono *intervalli* $x_i : x_l \vdash x_L$. Ponendole sulle ascisse del diagramma si identificano dei *segmenti*, cioè *pezzi* dell'asse delle ascisse (Figura 4.7).

Sappiamo che la frequenza che si vuole rappresentare compete a *tutti* gli infiniti punti dell'intervallo rappresentato dal segmento, il diagramma "a bastoncini" non è più immediatamente utilizzabile ed è necessario escogitare un qualche altro metodo. Ciò che gioca qui è ancora il fatto che la distribuzione di frequenze all'interno degli intervalli è ignota. Bisogna dunque adottare un assunto iniziale (... e a chi non se lo ricorda suggerisco di rileggere il Paragrafo 4.4). Sappiamo che adottare l'assunto del **valore centrale** si traduce, in sostanza, nella **discretizzazione** della v.s. attraverso i valori centrali x_i degli intervalli. Una volta ricondotti al caso discreto, si può procedere alla rappresentazione grafica prevista nel caso discreto, cioè "a bastoncini". Se invece si assume la **distribuzione uniforme**, si può conservare (e rappresentare sul diagramma) la natura continua del fenomeno. L'obiettivo diventa quello di associare la frequenza a *tutti* gli infiniti punti dell'intervallo, in modo che sia *uniformemente distribuita*, obiettivo che si raggiunge rappresentando la frequenza come un'**area**. Sull'intervallo $x_i : x_l \vdash x_L$ rappresentato sulle ascisse da un segmento, si innalza un rettangolo di area pari a f_i oppure pari a p_i a seconda della distribuzione di frequenze che vogliamo rappresentare (Figura 4.8).

Che cosa si deve mettere allora sulle ordinate per ottenere rettangoli di area pari a f_i? Come abbiamo imparato alle elementari, l'area di un rettangolo è base × altezza.

Il nostro rettangolo ha base pari a $x_L - x_l$ (cioè l'ampiezza dell'intervallo x_i) e ha area pari a f_i. Quindi l'altezza è pari a $f_i/(x_L - x_l)$, cioè la densità di frequenza φ_i.

Allora, per rappresentare la distribuzione di frequenze *assolute*, sotto l'assunto di una distribuzione uniforme, si pongono gli intervalli $x_i : x_l \vdash x_L$ sulle ascisse e le **densità** di frequenza φ_i sulle ordinate. Se invece si vogliono rappresentare le frequenze *relative*, cioè rettangoli di area $p_i = f_i/N$, si pongono sulle ordinate le densità di frequenza relative φ_i/N. Il diagramma che si ottiene è *a rettangoli accostati* e prende il nome di **istogramma** o **diagramma areale**. In un istogramma le frequenze sono rappresentate come *aree*.

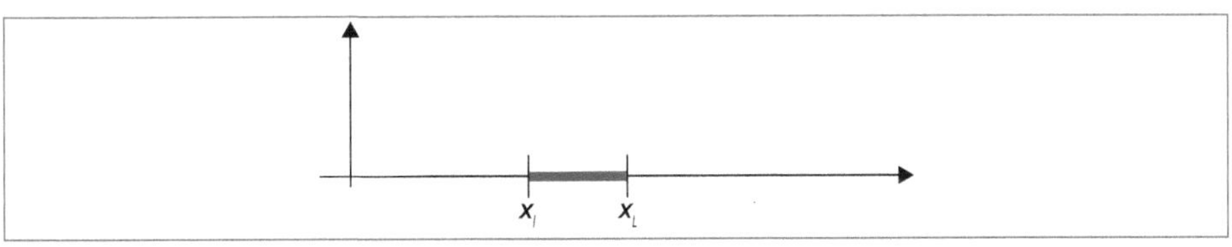

Figura 4.7

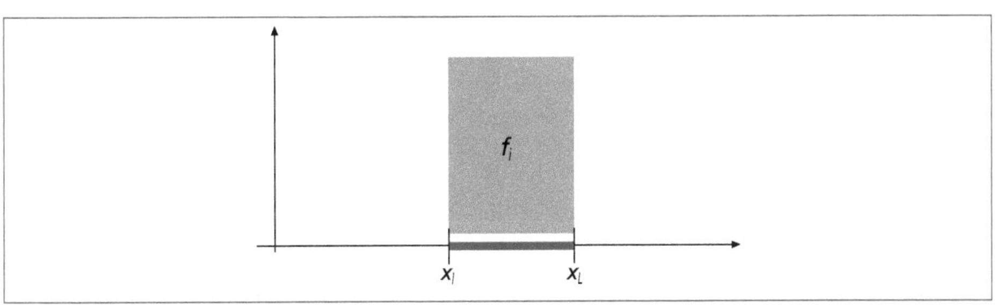

Figura 4.8

ESEMPIO 4.8
Raccota differenziata

La Tabella 4.12 riporta le percentuali di raccolta differenziata (X) di rifiuti solidi urbani in 29 comuni della provincia di Milano con almeno 25 000 abitanti (U). Le modalità x_i sono espresse come intervalli, pertanto la variabile statistica va trattata come continua. Le altre colonne della tabella contengono, nell'ordine, le distribuzioni di frequenze assolute e relative, le densità di frequenza assolute e relative, e le frequenze cumulate assolute e relative. I numeri della tabella possono essere comunicanti in maniera più diretta ed efficace attraverso la rappresentazione grafica opportuna: l'istogramma. Nel grafico della Figura 4.9 l'istogramma è costruito con le densità di frequenza assolute (φ_i) sulle ordinate.

In questo modo i singoli rettangoli che formano l'istogramma rappresentano la frequenza assoluta (f_i) dell'intervallo (x_i) alla base del rettangoli. Le frequenze cumulate assolute (F_i) sono rappresentate come somma di aree di rettangoli, e l'intera area sotto l'istogramma rappresenta N.

Tabella 4.12 Percentuale di raccolta differenziata

Percentuale raccolta diff. $x_i = x_l \vdash x_L$	N. comuni f_i	p_i	$\varphi_i = \dfrac{f_i}{x_L - x_l}$	φ_i/N	F_i	Φ_i
0 ⊢ 25	2	0.07	0.08	0.003	2	0.07
25 ⊢ 40	6	0.21	0.40	0.014	8	0.28
40 ⊢ 60	15	0.51	0.75	0.026	23	0.79
60 ⊢ 75	4	0.14	0.27	0.009	27	0.93
75 ⊢ 100	2	0.07	0.08	0.003	29	1.00
	29	1.00				

Fonte: Osservatorio rifiuti, Provincia di Milano

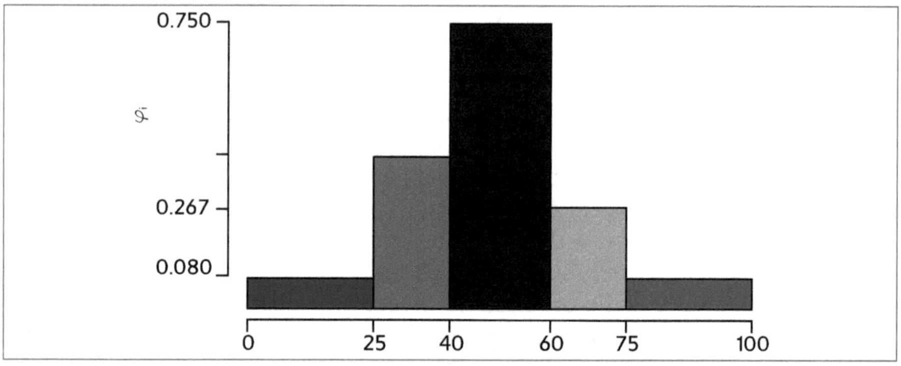

Figura 4.9 Rappresentazione grafica della distribuzione di frequenze assolute della Tabella 4.12

Se vogliamo rappresentare graficamente le frequenze relative, la quantità da porre sulle ordinate è φ_i/N, cioè la densità calcolata utilizzando le frequenze relative. In questo modo i rettangoli che compongono l'istogramma hanno area pari a p_i, la somma di aree di rettangoli rappresenta le frequenze cumulate relative (φ_i) e l'intera area sottesa all'istogramma vale 1. L'aspetto del grafico però non muta, ciò che cambia è la scala sull'asse delle ordinate e l'area totale rappresentata (Figura 4.10).

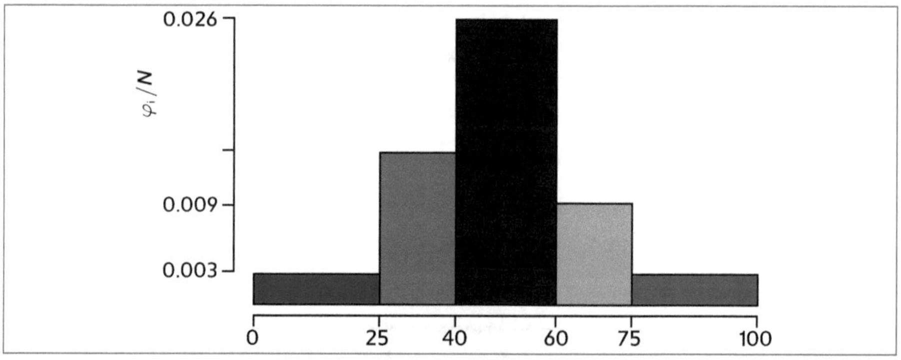

Figura 4.10 Rappresentazione grafica della distribuzione di frequenze relative della Tabella 4.12

L'**area totale** sottesa all'istogramma è:

- pari a N se si rappresentano le frequenze assolute f_i (φ_i sulle ordinate);
- pari a 1 se si rappresentano le frequenze relative p_i (φ_i/N sulle ordinate).

Questo suggerisce un ulteriore *utilizzo* dell'istogramma. Sull'istogramma sono automaticamente rappresentate come *aree* anche le **frequenze cumulate**, assolute F_i o relative Φ_i, a seconda che le aree dei rettangoli dell'istogramma rappresentino f_i o p_i. Questa conseguenza dell'assunto di distribuzione uniforme porta come valore aggiunto una *estensione* del calcolo delle frequenze cumulate per *qualunque* valore di X, non solo riferite agli estremi superiori degli intervalli. Le possiamo calcolare *geometricamente* come somma di aree, direttamente sull'istogramma.

ESEMPIO 4.8
Raccolta differenziata (continua)

Ci chiediamo: quanti, fra i 29 comuni a cui si riferiscono i dati, raccolgono meno del 30% di rifiuti differenziati? E quanti raccolgono oltre il 50%? Sappiamo che per rispondere a tali domande ci servono le frequenze cumulate. Quota di comuni che raccolgono

- meno del 30%: *Freq. rel.*$(X < 30)$;
- oltre il 50%: *Freq. rel.*$(X > 50) = 1 -$ *Freq. rel.* $(X \leq 50)$.

I valori 30 e 50 *non* sono però estremi degli intervalli della nostra v.s., perciò le colonne delle frequenze cumulate aggiunte alla tabella non ci aiutano. Possiamo però adottare l'ipotesi della distribuzione uniforme di frequenze all'interno degli intervalli, identificare sull'istogramma l'area corrispondente alla frequenza cumulata che ci interessa e infine calcolarla geometricamente (Figure 4.11 e 4.12).

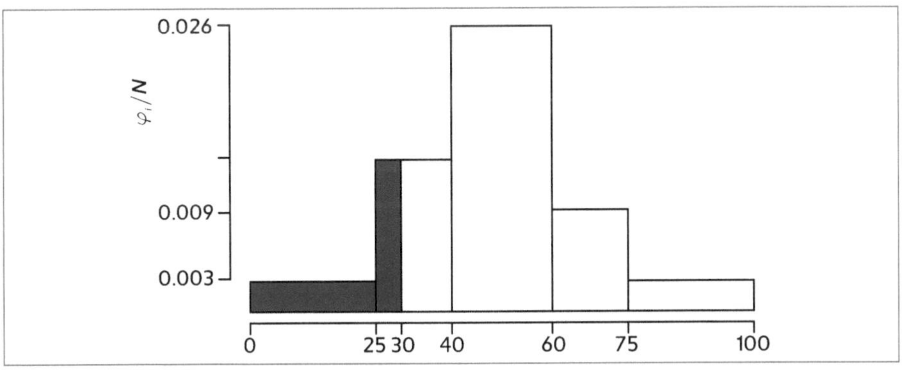

Figura 4.11 Istogramma delle frequenze relative p_i con la frequenza cumulata, che vogliamo calcolare, rappresentata nell'area in grigio

Nella Figura 4.11, l'area scura, rappresenta:

$$Freq.rel.(X < 30) = 0.07 + (30 - 25) \times 0.014 = 0.14$$

corrispondente al 14% dei comuni osservati; mentre nella Figura 4.12 rappresenta

$$1 - Freq.rel.(X \leq 50) = 1 - [0.07 + 0.21 + (50 - 40) \times 0.026] = 0.46$$

corrispondente al 46% dei comuni osservati.

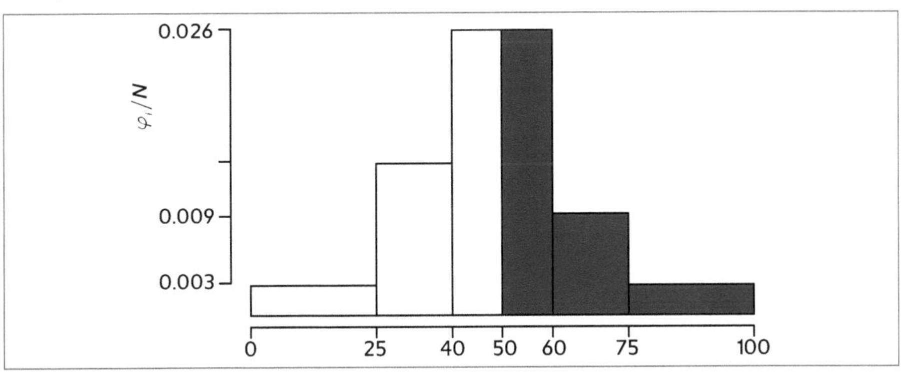

Figura 4.12 Percentuali di raccolta differenziata

Concludiamo con qualche osservazione.

L'istogramma è la rappresentazione grafica sensata quando la v.s. si presenta con intervalli di ampiezza diversa. Pare, però, che i software più comuni per fare Statistica al computer non sempre consentano di costruire questo tipo di grafici. Nella pratica, il problema si supera costruendo v.s. con intervalli tutti della stessa ampiezza. In questo caso non è più necessario ricorrere alla densità, ma questa scelta non sempre è efficace! Come al solito, la scelta dipenderà dai particolari dati con cui stiamo lavorando.

Il termine **istogramma** (come suggerisce l'etimologia) va riservato a diagrammi come quello descritto sopra, in cui l'*area* ha un significato preciso, che nel nostro caso è interpretabile come frequenza. Nella pratica e in molta letteratura (ahimé!) tale termine è spesso usato a sproposito per indicare semplici diagrammi a barre in cui l'area non ha alcun significato.

Conseguenza diretta delle precedenti due osservazioni è che gran parte del software attualmente disponibile e (ancora ahimé!) anche molta letteratura, soprattutto anglosassone, suggeriscono di rappresentare le frequenze di un fenomeno continuo ponendo sulle ordinate le frequenze stesse anziché le densità e chiamando il risultato "istogramma". Ora abbiamo capito che questa non è una grave scorrettezza se gli intervalli hanno tutti la stessa ampiezza; tuttavia, l'area dei rettangoli così costruiti non ha più alcun significato. Questa pratica è invece intrinsecamente *scorretta* se gli intervalli hanno ampiezze diverse.

Capitolo 5

Valori medi

Cioè come passare dai dati a un singolo indicatore

L'obiettivo è ora più ardito: vogliamo spingere la sintesi della v.s. fino all'individuazione di un *unico* valore che da solo ci dia un'*idea* del comportamento di X su U e del suo *ordine di grandezza*. Questo è in sostanza il concetto di valore medio. La sintesi è estrema: si tratta di passare da un'intera distribuzione di frequenza (su k modalità) a un singolo valore, il *valore medio* appunto. A tale sintesi estrema corrisponde una perdita di informazioni consistente: non sappiamo più *quante* sono e *quali* sono le differenti modalità con cui X si manifesta su U, ma disponiamo di un unico valore medio che le sintetizza tutte. Si intuisce che, salvo in casi estremi di interesse più teorico che pratico, non è sensato pretendere di costruire un *singolo* valore medio *perfettamente rappresentativo* dell'intera variabile statistica. La complessità della realtà richiede di procedere per gradi, costruendo valori medi differenti, capaci di cogliere ed evidenziare di volta in volta un differente aspetto del comportamento di X su U.

5.1 Moda

Di fronte a una v.s. in forma tabellare (o rappresentata da un grafico), viene naturale scorrere la colonna delle frequenze e soffermarsi sulla modalità con la frequenza maggiore.

ESEMPIO 5.1

La verifica dell'oroscopo

Una rivista di gossip (di quelle che si leggono durante le sedute dal parrucchiere) riporta i risultati di un sondaggio su un gruppo di 80 lettori/lettrici *regolari* di oroscopo pubblicato sui quotidiani, residenti in Italia e di età inferiore a 30 anni. Il sondaggio richiedeva una valutazione in merito al verificarsi o meno delle previsioni dell'oroscopo della settimana successiva alla pubblicazione della rivista. La rilevazione è avvenuta mediante una scala qualitativa ordinale molto utilizzata nell'osservazione di atteggiamenti e opinioni (chiamata **scala di Likert**) che ha fornito la v.s. rappresentata nella Tabella 5.1.

Tabella 5.1

L'oroscopo si è verificato, x_i	N. di lettori, f_i
Mai	18
Una sola volta	10
Occasionalmente	35
Frequentemente	12
Sempre	5
	80

Formalmente:

U: collettivo di lettori regolari di oroscopo
$N = 80$
X: valutazione del verificarsi delle previsioni dell'oroscopo; fenomeno qualitativo ordinale

Fra le $k = 5$ modalità con cui X è rilevato su U, la risposta *occasionalmente* è quella osservata più frequentemente, cioè ha associata la frequenza più elevata. È la **moda** della v.s.

Definizione

La **moda** o **norma** di una v.s. è la *modalità* a cui è associata la *frequenza più elevata* fra le k osservate, cioè la modalità *più osservata*. È quella che in U si manifesta più delle altre, la più frequente fra le k, appunto.

Per indicare la moda di X useremo la notazione x_0 (che si legge "x con zero" o semplicemente "x zero"). x_0 effettua il suo lavoro di sintesi dell'intera v.s. in maniera molto semplice e naturale. L'informazione che offre è altrettanto semplice: nell'Esempio 5.1 "La verifica dell'oroscopo", sapere che $x_0 =$ *occasionalmente* ha associata la frequenza *più elevata* fra le $k = 5$ osservate, ci dice sì *qualcosa* riguardo al comportamento di X su U, ma un qualcosa di piuttosto limitato. La moda x_0 è tanto più informativa quanto più elevata è la frequenza corrispondente, cioè il numero di unità statistiche che rappresenta. A livello di presentazione e comunicazione dei risultati dell'analisi statistica è una buona pratica associare alla moda di X la corrispondente frequenza (relativa o percentuale) che ne aiuta l'interpretazione e ne rappresenta una misura della sua capacità di descrivere sinteticamente il fenomeno su quella popolazione. Nell'Esempio 5.1 "La verifica dell'oroscopo", alla moda $x_0 =$ *occasionalmente* è associata la frequenza relativa $35/80 = 0.44$, cioè la moda *rappresenta* il 44% della popolazione.

La moda è un valore medio di sintesi calcolabile per X qualunque (qualitativo o quantitativo, categoriale od ordinale, discreto o continuo). x_0 è immediatamente individuabile e non serve un computer.

- Quando la v.s. è data sotto forma di tabella (come nell'Esempio 5.1 "La verifica dell'oroscopo") basta scorrere la colonna delle frequenze (assolute o relative) e individuare la più elevata. La modalità corrispondente è la moda.
- Quando la v.s. è rappresentata graficamente, la frequenza più elevata si individua "a occhio". È la barra più alta/più lunga in un diagramma a barre, è lo spicchio più grande in un diagramma a torta, è il bastoncino più elevato in un diagramma "a bastoncini" ecc. La modalità corrispondente è la moda.

Un accorgimento particolare è necessario nel caso di X continuo, con modalità che sono intervalli $x_i : x_l \vdash x_L$. Se gli intervalli sono di ampiezza differente, la frequenza, sia assoluta sia relativa, è influenzata dall'ampiezza degli intervalli e dunque perde la sua carica informativa per l'individuazione di x_0. L'abbiamo già osservato nel Capitolo 4: più ampio è l'intervallo, più è facile che vi "cadano dentro" casi, cioè che f_i e p_i siano elevate essenzialmente per effetto dell'ampiezza $x_L - x_l$. È allora necessario usare le densità di frequenza.

Definizione

Chiamiamo **intervallo modale** quello a cui è associata la densità φ_i *più elevata* fra le k osservate, l'intervallo più denso.

È poi convenzione diffusa far coincidere la moda x_0 con il valore centrale dell'intervallo modale.

ESEMPIO 5.2
Europa e HIV

In questo esempio vengono usati i dati dell'Organizzazione Mondiale della Sanità (in inglese World Health Organization, www.who.org) circa il numero di bambini affetti da HIV (espresso in migliaia) in 20 Paesi europei (Tabella 5.2).

Tabella 5.2
Casi di HIV

N. bambini affetti da HIV	$0 \vdash 5$	$0 \vdash 25$	$25 \vdash 100$	$100 \vdash 200$
N. Paesi	4	8	3	5

Formalmente:

U: collettivo di 20 Paesi europei (Austria, Belgio, Bulgaria, Croazia, Danimarca, Estonia, Finlandia, Germania, Grecia, Irlanda, Lettonia, Lituania, Norvegia, Paesi Bassi, Polonia, Portogallo, Repubblica Ceca, Svezia, Svizzera, Ungheria)
$N = 20$
X: numero di bambini affetti da HIV

Il fenomeno è **quantitativo discreto** ma è rilevato in classi (assimilabili a intervalli), dunque va trattato come continuo (Tabella 5.3).

Tabella 5.3

$x_i : x_l \vdash x_L$	f_i	p_i	$x_L - x_l$	$\varphi_i = \dfrac{f_i}{x_L - x_l}$
$0 \vdash 5$	4	0.20	5	0.80
$0 \vdash 25$	8	0.40	20	0.40
$25 \vdash 100$	3	0.15	75	0.04
$100 \vdash 200$	5	0.25	100	0.05
	20	1.00		2

L'intervallo *più frequente* è $5 \vdash 25$, ma questo è l'effetto della sua ampiezza. L'intervallo *più denso* è invece $0 \vdash 5$, decisamente meno ampio. Allora l'intervallo modale è $0 \vdash 5$. Convenzionalmente, la moda è il valore centrale di questo intervallo modale: $x_0 = (5 + 0)/2 = 2.5$. L'intervallo $0 \vdash 5$ rappresenta però il 20% della popolazione dei 20 Paesi osservati, perciò la moda che abbiamo appena calcolato è scarsamente significativa. Le cose migliorano se si *riclassifica* la v.s. unendo i primi 2 intervalli (Tabella 5.4).

Tabella 5.4

$x_i : x_l \vdash x_L$	f_i	p_i	$x_L - x_l$	$\varphi_i = \dfrac{f_i}{x_L - x_l}$
$0 \vdash 25$	12	0.60	25	0.48
$25 \vdash 100$	3	0.15	75	0.04
$25 \vdash 100$	5	0.25	100	0.05
	20	1.00		

Ora, l'intervallo modale, cioè quello con densità più elevata, è $0 \vdash 25$, che rappresenta il 60% dei 20 Paesi osservati, e la moda

$$x_0 = \frac{0 + 25}{2} = 12.5$$

sintetizza meglio l'intera v.s.

Talvolta la v.s. è **priva di moda** o, comunque, è difficile individuare una modalità che spicca fra le rimanenti in quanto a frequenza associata. In tali casi la moda *non* è un *buon* valore medio e non svolge adeguatamente il proprio compito di indicatore sintetico del comportamento di *X* su *U*.

ESEMPIO 5.3

L'arma di seduzione

Su www.donnamoderna.com sono riportati i risultati di un sondaggio condotto fra le visitatrici del sito alle quali veniva chiesto quale fosse la loro "arma segreta di seduzione". I risultati sono riportati nella Tabella 5.5 e nella Figura 5.1. Formalmente:

U: collettivo di visitatrici di donnamoderna.com
$N = 2043$
X: risposte ottenute alla domanda "Qual è la tua arma segreta di seduzione?"

Tabella 5.5
Sondaggio sull'"arma segreta di seduzione"

x_i	f_i	$100 \times p_i$ (%)
Profumo	388	19
Linea perfetta	368	18
Make-up	470	23
Capelli	511	25
Pelle di seta	306	15
	2043	100

Figura 5.1
Sondaggio sull'"arma segreta di seduzione"

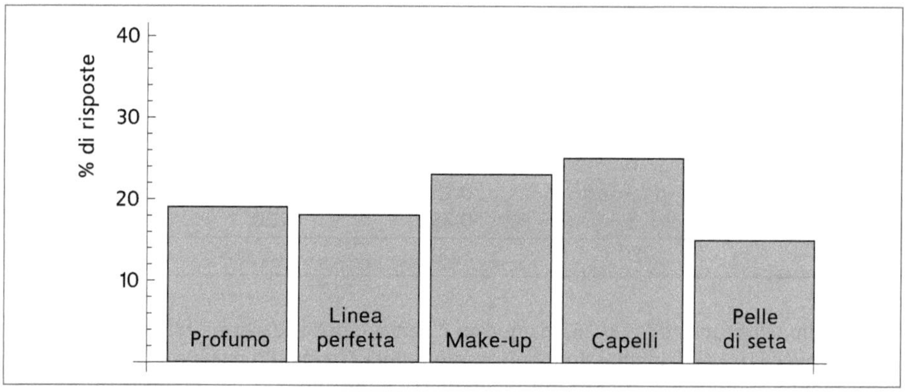

Talvolta la v.s. si presenta con più di una moda. Si parla in tal caso di fenomeno **bi-modale** (tri-modale, ..., plurimodale)

ESEMPIO 5.4

SmartPhone d'Europa

Navigando in internet alla ricerca di informazioni su un nuovo modello di smartphone che mi piacerebbe acquistare, ho trovato su StatCounter.com interessanti dati circa le marche di smartphone più vendute in Europa. I dati sono visualizzati nella Figura 5.2 con due barre che sovrastano le rimanenti, indicando sia Samsung sia Apple come moda del fenomeno.

Figura 5.2

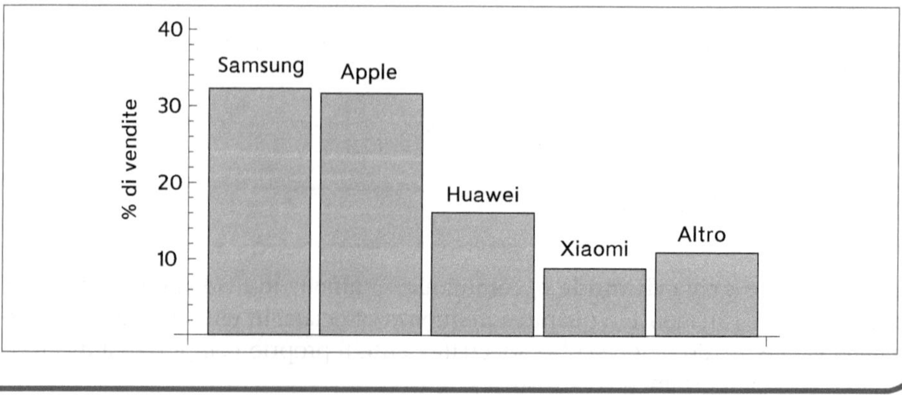

5.2 Mediana

Concentriamoci ora sui fenomeni *almeno ordinali*, cioè qualitativi ordinali oppure quantitativi. Sappiamo che (... e se non lo ricordiamo, rileggiamo il Paragrafo 4.3), quando X è almeno ordinale, è possibile istituire relazioni d'ordine fra le sue modalità e possiamo porci domande basate sull'ordinamento: quante unità statistiche della U di studio sono inferiori a...? Quante sono almeno pari a...? Quante non superiori a...? E così via. Per fenomeni almeno ordinali, oltre alla moda, un'ulteriore sintesi consiste 1) nell'ordinare le unità di U, da quelle che manifestano la modalità più piccola x_1 in senso crescente fino a quelle che manifestano la modalità più grande x_k, e poi 2) nell'individuare quella che occupa una *posizione speciale* nell'ordinamento. Particolarmente informativa è la posizione **centrale**.

ESEMPIO 5.5

Matematica alla facoltà umanistica

Cinque studenti iscritti a una facoltà prevalentemente umanistica, ma che prevede crediti di matematica, sono stati classificati secondo la loro attitudine al ragionamento matematico-formale, misurata attraverso un test attitudinale il cui risultato è riportato nella Tabella 5.6.

Tabella 5.6
Test attitudinale per studenti iscritti alla facoltà umanistica

Studente	*A*	*B*	*C*	*D*	*E*
Attitudine	Scarsa	Ottima	Buona	Scarsa	Ottima

U: studenti iscritti alla facoltà umanistica con crediti di matematica
$N = 5$
X: attitudine al ragionamento matematico-formale
$k = 3$

Costruiamo la v.s. (ordinata):

	x_i	f_i
	Scarsa	2
⟶	Buona	1
	Ottima	2
		5

Lo studente che è in **posizione centrale** nella v.s. ordinata manifesta modalità *Buona*. Sintetizzando l'intera v.s. in quest'unico valore medio si può affermare che il 50% degli studenti osservati ha un'attitudine al ragionamento matematico-formale *almeno buona* (buona o più che buona, in simboli $\geq$ buona); ovviamente, l'altro 50% manifesta un'attitudine al ragionamento matematico-formale non superiore a buona (buona o meno di buona, in simboli $\leq$ buona). La modalità *Buona* è la mediana di X. Come vedete la mediana ammette interpretazione ottimistica o pessimistica: a voi la scelta, statisticamente sono vere entrambe!

Definizione

La **mediana** di X è la modalità che, nell'*ordinamento*, occupa la **posizione centrale**.

Per indicare la mediana di X useremo la notazione $x_{0.5}$ (che si legge "x con zero cinque" o, più semplicemente, "x zero cinque").

La sintesi della v.s. effettuata dalla mediana è meno semplice e naturale rispetto alla moda, ma offre un'informazione un po' più "raffinata": il 50% di U manifesta modalità $x_i \leq x_{0.5}$, l'altro 50% modalità $x_i \geq x_{0.5}$. Siccome si parla di ordinamento e di modalità "minori di" e "maggiori di", la mediana $x_{0.5}$ ha senso ed è calcolabile solo se le modalità x_i possono essere ordinate, cioè se X è almeno ordinale. Guardate, cari lettori e lettrici, che questo il computer non lo sa e i software statistici sputano fuori sempre frequenze cumulate e mediana, anche se X ha natura

Figura 5.3
Odinamento (di U secondo le manifestazioni di X)

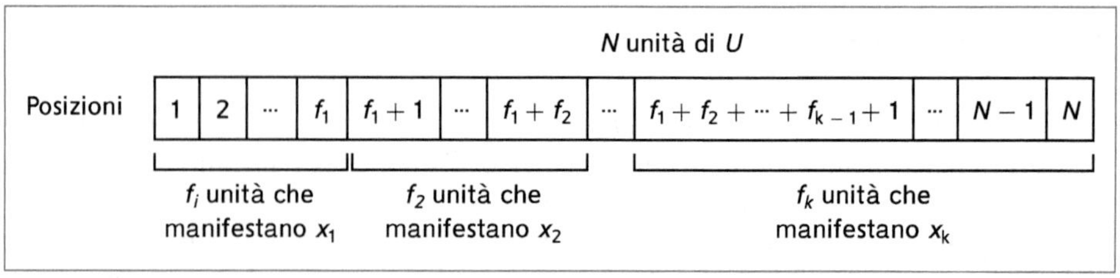

non ordinale. Se avete letto sin qui, avete ora chiaro che la mediana, così come le frequenze cumulate, hanno senso e sono interpretabili solo per X almeno ordinale! Buttate via dunque l'output fornito automaticamente quando è privo di significato! Il concetto di mediana risulta più convincente con l'aiuto di un'immagine grafica. Rappresentiamo le N unità statistiche di U *ordinate* in base alle corrispondenti modalità di X; mettendo nelle prime posizioni le unità statistiche che parlano con la modalità più piccola e nelle ultime posizioni quelle che parlano con la modalità più grande (Figura 5.3).

La mediana $x_{0.5}$ di X occupa la posizione centrale in questo ordinamento. Allora $x_{0.5}$ divide U in due gruppi ugualmente numerosi (*fifty-fifty*): in un gruppo stanno le unità che manifestano le modalità *non superiori* ($\leq$), nell'altro gruppo quelle che manifestano le modalità *non inferiori* ($\geq$) (Figura 5.4).

Figura 5.4
Mediana come modalità centrale nell'ordinamento

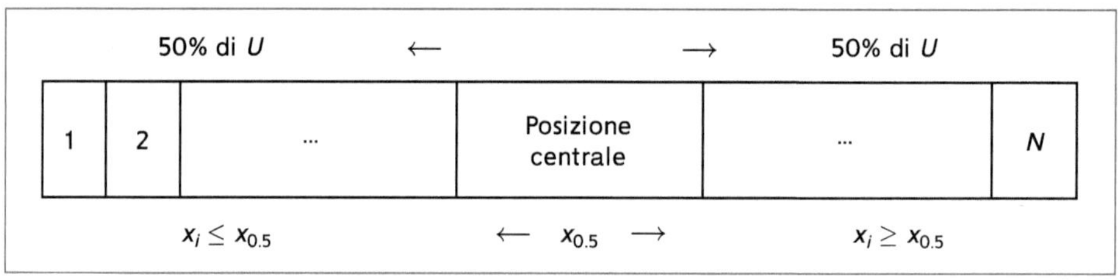

Questa è l'informazione circa il comportamento di X su U offerto dalla mediana, cioè l'informazione che $x_{0.5}$ è in grado di darci circa X.

Ora che ci è chiaro *che cos'è* la mediana e *che cosa ci dice* di X, ci resta da capire *come si calcola*. L'osservazione che *a destra* e a *sinistra* di $x_{0.5}$ (nel senso dell'ordinamento) si trova il 50% di U ci indica la strada per il calcolo della mediana: aiutano le frequenze cumulate che ci parlano proprio di *posizione nell'ordinamento*.

ESEMPIO 5.6

Le emozioni della psicologa

La mia amica Michela si è laureata in Psicologia con una tesi sperimentale sulle emozioni. Mentre lavorava alla tesi, rimasi intrigata dai risultati di un suo studio condotto su un gruppo di volontari fra i 18 e i 25 anni (20 studenti e 20 studentesse). Ai volontari chiedeva di assistere a un filmato e intanto misurava (con sofisticate tecniche psicometriche) il livello delle emozioni provate durante la visione. Nella Tabella 5.7 sono riportati i risultati per 2 tipi di emozioni (paura e vergogna) e nella Tabella 5.8 la distribuzione dell'età dei volontari in anni compiuti.

Tabella 5.7
Risultato delle emozioni provate

Livello dell'emozione	Paura (n. volontari)	Vergogna (n. volontari)
Assente	12	2
Lieve	16	5
Consistente	5	13
Elevato	5	12
Elevatissimo	2	8

Età	18	19	20	21	22	23	24	25
N. volontari	6	2	3	2	9	14	2	2

Tabella 5.8
Distribuzione in base all'età

Formalmente:

U: gruppo di volontari (maschi e femmine)
$N = 40$
$k = 5$

Ci sono in gioco 3 fenomeni:

X_1: livello di paura
X_2: livello di vergogna
X_3: età in anni compiuti

X_1 e X_2 sono rilevati con la medesima scala qualitativa ordinale, mentre X_3 è quantitativo discreto rilevato con scala quantitativa rapporto. Costruiamo le 3 v.s. e sintetizziamole calcolando la mediana.

Cominciamo con "X_1: livello di paura". Calcoliamo le frequenze relative cumulate Φ_i (Tabella 5.9) e osserviamo che danno informazioni circa la percentuale di popolazione ordinata rispetto alle modalità x_i.

Tabella 5.9

x_i	f_i	p_i	Φ_i	Percentuale di U nell'ordinamento, %
Assente	12	0.300	0.300	da 0 a 30
Lieve	16	0.400	0.700	da 30 a 70
Consistente	5	0.125	0.825	da 70 a 82.5
Elevato	5	0.125	0.950	da 82.5 a 95
Elevatissimo	2	0.050	1.000	da 95 a 100
	40	1.000		

Vediamo che il 50% di popolazione è raggiunto in corrispondenza della modalità *Lieve*. Allora la mediana di X_1 è $x_{0.5}$ = *Lieve* che ci informa che il 50% dei volontari osservati ha provato durante la visione del filmato un livello di paura non inferiore a *Lieve*; l'altro 50% un livello di paura non superiore a *Lieve*. Abbiamo scoperto il "trucco" di calcolo della mediana: si scorre la colonna delle frequenze cumulate relative e non appena si raggiunge ed eventualmente si supera 0.5 (corrispondente al 50% di U) lì troviamo la mediana.

Consideriamo ora "X_2: livello di vergogna".

Tabella 5.10

x_i	f_i	p_i	Φ_i
Assente	2	0.050	0.050
Lieve	5	0.125	0.175
Consistente	13	0.325	0.500
Elevato	12	0.300	0.800
Elevatissimo	8	0.200	1.000
	40	1.000	

Come si vede nella Tabella 5.10, le frequenze cumulate relative Φ_i raggiungono 0.5 in corrispondenza della modalità consistente. Allora la mediana di X_2 è $x_{0.5}$ = *Consistente* e ci informa che il 50% dei volontari osservati ha provato durante la visione del filmato un livello di vergogna non superiore a *Consistente*; l'altro 50% non inferiore a *Elevato*.

Consideriamo infine "X_3: età in anni compiuti".

Tabella 5.11

x_i	f_i	p_i	Φ_i
18	6	0.150	0.150
19	2	0.050	0.200
20	3	0.075	0.275
21	2	0.050	0.325
22	9	0.225	0.550
23	14	0.350	0.900
24	2	0.050	0.950
25	2	0.050	1.000
	40	1.000	

Dalla Tabella 5.11 notiamo che anche se X_3 è discreto, nulla cambia rispetto ai casi precedenti di fenomeni ordinali. La mediana è $x_{0.5} = 22$ che ci dice che il 50% dei volontari sottoposti alla visione del filmato ha età non inferiore a 22 anni, l'altro 50% ha età non superiore a 22 anni.

Definizione

Calcolo della mediana

Un metodo generale, che vale qualunque sia la dimensione N della popolazione, sia pari sia dispari, piccola o grande, si basa sulle frequenze cumulate relative.

Su una v.s. in forma di tabella, la mediana si calcola in due passi:

1) si costruisce la distribuzione (colonna) delle frequenze cumulate relative per tutte le righe della v.s. Φ_i i=1... k;
2) si scorre la colonna delle Φ_i: non appena si raggiunge o si supera (per la prima volta) 0.5, significa che è stato raggiunto (cumulato) il 50% della popolazione. Lì (su quella riga) si trova la mediana $x_{0.5}$.

Un discorso a parte, invece, va fatto per i fenomeni quantitativi continui.

Con X quantitativo *continuo*, le modalità x_i sono *intervalli*. In questo caso, scorrendo le frequenze cumulate relative, laddove si raggiunge ed eventualmente si supera 0.5, si individua un intervallo che chiameremo **intervallo mediano**.

ESEMPIO 5.7

La carica dei telefonini

La Tabella 5.12 riporta la durata (in ore) della carica della batteria di 25 modelli di telefoni cellulari dichiarata dalla ditta produttrice, mentre nella Tabella 5.13 abbiamo costruito la v.s. e le altre quantità utili.

Tabella 5.12 Durata della batteria dei 25 modelli di telefoni cellulari

Durata	12 ⊢ 24	24 ⊢ 48	48 ⊢ 72	72 ⊢ 100
N. modelli	4	12	6	3

Tabella 5.13

$x_i : x_l \vdash x_L$	f_i	F_i	P_i	Φ_i	$x_i^* = \frac{x_L + x_l}{2}$	$x_L - x_l$
12 ⊢ 24	4	4	0.16	0.16	18	12
24 ⊢ 48	12	16	0.48	0.64	36	24
48 ⊢ 72	6	22	0.24	0.88	60	24
72 ⊢ 100	3	25	0.12	1.00	86	28
	25		1.00			

Le frequenze cumulate relative Φ_i raggiungono e (per la prima volta) superano 0.5 in corrispondenza del secondo intervallo. Allora:

$$\textit{intervallo mediano} = 24 \vdash 48$$

La Φ_i associata all'intervallo mediano ci informa che il 64% dei modelli di telefonino considerati ha una durata dichiarata della carica di batteria non superiore a 48 ore; la frequenza cumulata relativa dell'intervallo precedente ci dice che il 16% dei telefonini ha una carica non superiore a 24 ore. Intermedia fra 24 e 48 ore c'è allora la durata mediana $x_{0.5}$, quella cioè corrispondente alla frequenza cumulata relativa 0.5. Come individuarla?

Come individuare la mediana $x_{0.5}$ all'interno dell'intervallo mediano? Il problema, come al solito quando abbiamo a che fare con x_i intervallari, è che la distribuzione delle frequenze all'interno degli intervalli è ignota. Succede anche per l'intervallo mediano: nell'Esempio 5.8 "La carica dei telefonini" non sappiamo quale sia esattamente la carica dei 12 telefonini che cadono nell'intervallo mediano, sappiamo solo che è compresa in 24 ⊢ 48 ore. Come abbiamo già fatto in altri casi (ricordate la costruzione dell'istogramma nel Paragrafo 4.6?), non ci resta che adottare un *assunto* iniziale, per esempio uno dei due che abbiamo discusso sempre nel Paragrafo 4.6: del *valore centrale* o di *distribuzione uniforme*. Nell'Esempio 5.8 "La carica dei telefonini", adottando l'ipotesi del *valore centrale* si identifica la mediana con il valore centrale x_i^* dell'intervallo mediano: $x_{0.5} = 36$ che ci informa che (sotto tale ipotesi) il 50% dei modelli di telefonini osservati ha una carica dichiarata non inferiore a 36 ore; l'altro 50% non superiore a 36 ore. Questa è l'ipotesi utilizzata dalla gran parte dei software statistici e $x_{0.5} = 36$ è la risposta che fornirebbe il computer... ma non è l'unica. Un'ipotesi un po' meno "drastica" e che preserva la natura continua di X è quella di *distribuzione uniforme* delle frequenze all'interno degli intervalli... e ricordiamoci che in mancanza di informazioni un'ipotesi vale l'altra! Sotto questa ipotesi la mediana si identifica attraverso la seguente formula che utilizza indifferentemente le frequenze assolute oppure le frequenze relative.

Definizione

Calcolo della mediana per modalità intervallari (assunto di distribuzione uniforme)

$$x_{0.5} = x_l + \left(\frac{N}{2} - F_{i-1}\right)\frac{x_L - x_l}{f_i} = x_l + (0.5 - \Phi_{i-1})\frac{x_L - x_l}{p_i}$$

dove:

x_l	è l'estremo inferiore dell'intervallo mediano
F_{i-1} oppure Φ_{i-1}	è la frequenza cumulata (assoluta o relativa) dell'intervallo precedente
$x_L - x_l$	è l'ampiezza dell'intervallo mediano
f_i oppure p_i	è la frequenza (assoluta o relativa) dell'intervallo mediano

ESEMPIO 5.8
La carica dei telefonini (continua)

Adottiamo l'ipotesi di distribuzione uniforme e utilizziamo la formula sull'intervallo mediano x_i : 24 ⊢ 48. Usiamo, per esempio, quella con le frequenze relative.

$$x_{0.5} = x_l + (0.5 - \Phi_{i-1})\frac{x_L - x_l}{p_i} = 24 + (0.5-0.16) \times \frac{48 - 24}{0.48} = 41$$

Per buon esercizio consiglio di verificare che utilizzando la formula con le frequenze assolute si ottiene lo stesso risultato!

Si può allora concludere che, sotto l'ipotesi di distribuzione uniforme delle frequenze all'interno degli intervalli, il 50% dei telefonini osservati ha una carica dichiarata non inferiore a 41 ore e (ovviamente) l'altro 50% ha una carica dichiarata non superiore a 41 ore. Notiamo che le due ipotesi (del valore centrale e di distribuzione uniforme) portano a soluzioni non lontane fra loro ma comunque diverse.

Ma da dove salta fuori questa formula magica per calcolare la mediana di un fenomeno continuo con l'ipotesi di distribuzione uniforme? Si tratta solo di ricordarci la geometria delle scuole elementari e applicarla all'istogramma che abbiamo imparato nel Paragrafo 4.6 proprio sotto l'ipotesi di distribuzione uniforme. Prendiamo l'istogramma costruito con le frequenze assolute f_i e guardiamo il "pezzo" di istogramma che riguarda l'**intervallo mediano** (quello che abbiamo individuato scorrendo la colonna delle frequenze cumulate) (Figura 5.5).

Il "pezzo" che ci interessa è un rettangolo di altezza $\varphi_i = f_i\,(x_L - x_l)$, di base $x_L - x_l$ e di area f_i. Siccome è l'intervallo mediano, allora la mediana $x_{0.5}$ è un punto interno a questo intervallo. Per determinare la mediana bisogna aggiungere a x_l il "pezzetto" che manca per raggiungere $x_{0.5}$, pezzetto che coincide con la base del sotto-rettangolo evidenziato in grigio nella Figura 5.5:

$$x_{0.5} = x_l + \text{base del sotto-rettangolo evidenziato}$$

Figura 5.5
Istogramma

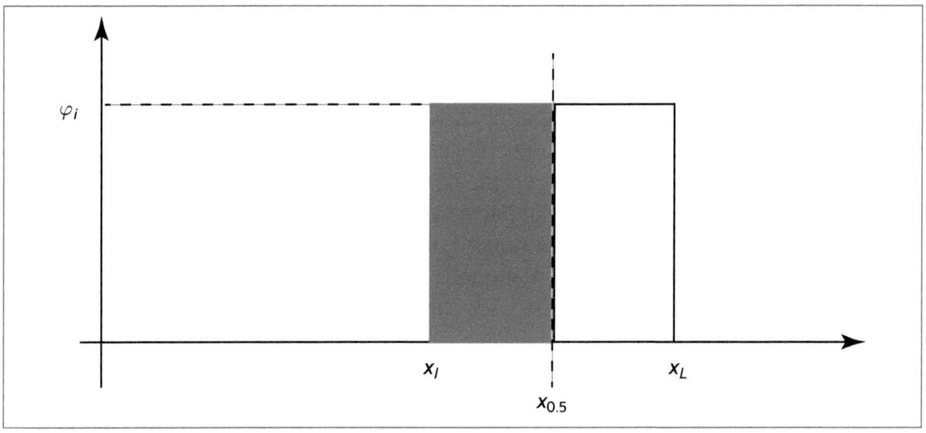

Cominciate a intravedere la formula magica? Ora, del sotto-rettangolo evidenziato conosciamo l'altezza φ_i, che coincide con la densità dell'intervallo mediano, e possiamo calcolarne l'area. Come? Sull'istogramma le aree sono frequenze, sappiamo che tutta l'area sotto l'istogramma vale N e che la mediana divide quest'area in due parti uguali $N/2$ a destra e $N/2$ a sinistra. L'area a sinistra di x_l coincide invece con la frequenza di tutte le modalità $\leq x_l$, cioè la frequenza cumulata F_{i-1}. Ne segue che per differenza fra queste due aree possiamo calcolare l'area del sotto-rettangolo che ci interessa:

$$\text{area del sotto-rettangolo evidenziato} = \frac{N}{2} - F_{i-1}$$

Siccome l'area di un rettangolo è base $\times$ altezza (ce lo ricordiamo dalle scuole medie, vero?!!) allora si ottiene la base dividendo l'area per l'altezza:

$$\text{base del sotto-rettangolo evidenziato} = \frac{\left(\frac{N}{2} - F_{i-1}\right)}{\varphi_i}$$

Infine, ci ricordiamo la definizione di densità di frequenza:

$$\varphi_i = \frac{f_i}{x_L - x_l}$$

A questo punto mettiamo insieme tutti i pezzi e abbiamo la formula (non più tanto magica) che utilizza le frequenze assolute:

$$x_{0.5} = x_l + \underbrace{\left(\frac{N}{2} - F_{i-1}\right)}_{\substack{\text{area del}\\ \text{rettangolo}\\ \text{annerito}}} \Big/ \underbrace{\varphi_i}_{\substack{\text{altezza del}\\ \text{rettangolo}\\ \text{annerito}}} = x_l + \left(\frac{N}{2} - F_{i-1}\right) \frac{x_L - x_l}{f_i}$$

Per allenarvi (e convincervi), provate a ripetere tutto il ragionamento utilizzando però le $p_i = f_i / N$ per costruire l'istogramma e avrete la formula (sempre meno magica, che soddisfazione!) per il calcolo della mediana con le frequenze relative:

$$x_{0.5} = x_l + (0.5 - \Phi_{i-1}) \frac{x_L - x_l}{p_i}$$

Le due formule, con le frequenze assolute o con le frequenze relative, sono *equivalenti*, cioè portano allo stesso risultato (... altrimenti abbiamo sbagliato i conti!).

5.3 Generalizzazioni della mediana: quartili, decili e percentili

La posizione centrale, in cui troviamo la mediana di X, non è l'unica posizione interessante nella v.s. ordinata. Se la mediana divide U in due gruppi ugualmente numerosi (*fifty-fifty*) perché non provare a dividerla in più di due gruppi? Seguendo questa logica è possibile generalizzare il concetto di mediana.

Dividendo U in 4 gruppi contenenti ciascuno un quarto di N, cioè il 25% di U, si identificano 3 modalità dette **quartili** di X. Per capirci meglio usiamo ancora l'immagine grafica delle N unità di U ordinate secondo le modalità di X (Figura 5.6).

Definizione

I **quartili** di X sono le 3 modalità $x_{0.25}$, $x_{0.5}$ e $x_{0.75}$ che nell'*ordinamento* occupano le posizioni 25%, 50% e 75% di U.

I quartili ci informano che: il 25% di U manifesta una modalità non superiore al primo quartile ($x_i \leq x_{0.25}$) chiamato anche **quartile inferiore**; il 50% di U manifesta una modalità non superiore al secondo quartile che perciò coincide con la mediana ($x_i \leq x_{0.5}$); infine il 75% di U manifesta una modalità non superiore al terzo quartile ($x_i \leq x_{0.75}$) chiamato anche **quartile superiore**.

Figura 5.6

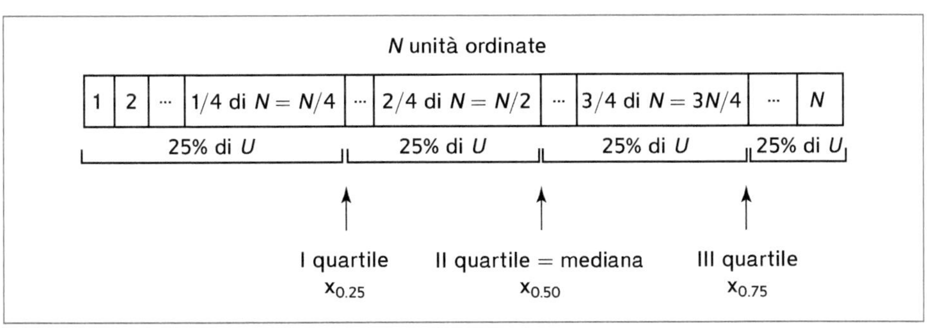

Visto che ormai il trucco è svelato, si può scatenare la fantasia e definire quanto segue.

Definizione

- I **quintili**: $x_{0.2}$; $x_{0.4}$; $x_{0.6}$; $x_{0.8}$ dividono *U* in 5 gruppi contenenti ciascuno Definizione il 20%.
- I **decili** $x_{0.1}$; $x_{0.2}$; $x_{0.3}$; $x_{0.4}$; $x_{0.5}$; $x_{0.6}$; $x_{0.7}$; $x_{0.8}$; $x_{0.9}$ dividono *U* in 10 gruppi contenenti ciascuno il 10%.
- I **percentili** $x_{0.01}$; $x_{0.02}$; ... $x_{0.1}$ ... $x_{0.25}$ ... $x_{0.5}$ ... $x_{0.75}$ ... $x_{0.9}$ ... $x_{0.99}$ dividono *U* in 100 gruppi contenenti ciascuno l'1%.

Con le interpretazioni che a questo punto vengono naturali.

Con altrettanta naturalezza si può adattare il metodo di calcolo della mediana per individuare tutte le sue generalizzazioni scorrendo le frequenze cumulate relative; si intuisce, però, che i calcoli diventano rapidamente lunghi e noiosi. Fortunatamente il computer e i software statistici forniscono automaticamente i **percentili** e tutte le generalizzazioni della mediana che si desiderano, utilizzando in genere, e quando necessario, l'ipotesi del valore centrale. Vale ancora la solita avvertenza: i percentili di *X* hanno senso e sono interpretabili solo se *X* è almeno ordinale! Il computer sputa fuori i suoi risultati senza domandarsi quale sia la natura di *X*. Sta a voi prendere per buono solo l'output sensato e buttare via quello privo di significato.

ESEMPIO 5.9

Genitori orgogliosi

Durante una conversazione da giardinetti fra neo-mamme e neo-papà, può capitare di sentire l'una o l'altro affermare orgogliosi:

«Guarda, mio figlio è un gigante: è al 90° percentile sia di peso che di altezza!»

«Ah, complimenti! Il mio è magrolino, al 40° di peso, ma è al 95° di altezza: praticamente un fotomodello!»

In genere i neo-genitori rientrano in loro stessi al compimento del primo anno o alla nascita della sorellina o del fratellino, ma il nostro interesse qui, al solito, è puramente statistico (Figura 5.7). Non vi sarà sfuggito infatti il termine *percentile*, perché è di questo che si tratta.

Qui abbiamo:

U: popolazione dei neonati maschi
X: peso in chilogrammi, fenomeno quantitativo continuo
N: è ignoto ma presumibilmente molto elevato; lo possiamo anche immaginare infinito e ritenere
U l'insieme di *tutti* i neonati maschi del mondo

Nella Figura 5.7, la linea $x_{0.1}$ (la più bassa) è il 10° percentile; informa che (solo) il 10% dei neonati maschi, nelle varie settimane di vita (che si leggono sulle ascisse), ha il peso al di sotto (non superiore a, $\leq$) della linea, mentre il rimanente 90% ha il peso al di sopra (non inferiore a, $\geq$).

La linea $x_{0.5}$ (intermedia) è la mediana, cioè il 50° percentile; ci dice che la metà dei neonati maschi ha il peso non inferiore (sopra la linea) e l'altra metà non superiore (sotto la linea).

A questo punto il "trucco" è chiarito: che cosa ci dice la linea $x_{0.9}$ che rappresenta il 90° percentile? Se mio figlio alla VIII settimana di vita pesa 4 kg e mezzo, fra quali percentili si posiziona? Debbo preoccuparmi dello sviluppo del suo peso? A voi (per esercizio, s'intende!) le risposte.

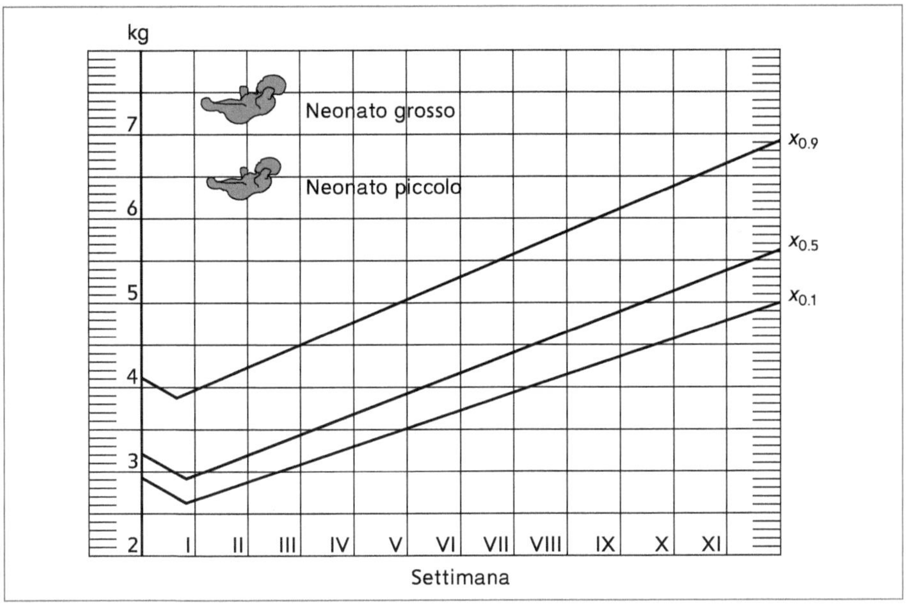

Figura 5.7
10°, 50° e 90° percentile di peso dei neonati maschi dalla I alla XI settimana di vita

5.4 Sintesi in 5 numeri e box-plot

Per un fenomeno almeno ordinale (quantitativo o qualitativo ordinale) i seguenti "5 numeri" danno una descrizione sintetica dell'intera v.s.

1. Minimo: x_1.
2. I quartile (o quartile *inferiore*): $x_{0.25}$.
3. Mediana (o II quartile): $x_{0.5}$.
4. III quartile (o quartile *superiore*): $x_{0.75}$.
5. Massimo: x_k.

La sintesi in 5 numeri è in genere rappresentata graficamente con il **box-plot** (in italiano **grafico a scatola**). Il box-plot è fornito da tutti i software statistici, ma è anche semplice da disegnare "a mano": con i tre quartili $x_{0.25}$, $x_{0.5}$ e $x_{0.75}$ si costruisce la *scatola* e unendo alla scatola con dei segmenti il minimo $x_1 = x_{\min}$ e il massimo $x_k = x_{\max}$ si ottengono le *braccia*. È indifferente disegnare il box-plot orizzontale o verticale.

ESEMPIO 5.10
Ripresa

Riprendiamo un paio degli esempi precedenti di questo capitolo e proviamo a costruire e a leggere il box-plot. Cominciamo dall'Esempio 5.6 "Le emozioni della psicologa" e concentriamoci sul fenomeno "X_3: età in anni compiuti" (la Tabella 5.14 riporta per comodità la Tabella 5.11).

Tabella 5.14
Box-plot per il fenomeno X_3 età in anni compiuti

x_i	f_i	p_i	Φ_i
18	6	0.150	0.150
19	2	0.050	0.200
20	3	0.075	0.275
21	2	0.050	0.325
22	9	0.225	0.550
23	14	0.350	0.900
24	2	0.050	0.950
25	2	0.050	1.000
	40	1.000	

Scorrendo la colonna delle frequenze cumulate relative Φ_i individuiamo i 5 numeri di sintesi:

$$x_1 = 18 \qquad x_{0.25} = 20 \qquad x_{0.5} = 22 \qquad x_{0.75} = 23 \qquad x_k = 25$$

Con i 3 quartili nella Figura 5.8 costruiamo la *scatola* del box-plot e la completiamo con le *braccia* che uniscono il minimo e il massimo.

Osservando il box-plot della Figura 5.8, in maniera più sintetica e chiara rispetto alla Tabella 5.14, si vede bene che i volontari per l'esperimento della psicologa sono essenzialmente equilibrati per età: la distribuzione di X_3 tende alla simmetria con una lieve sovra-rappresentazione delle età maggiori.

Figura 5.8 Box-plot per il fenomeno "X_3: età in anni compiuti"

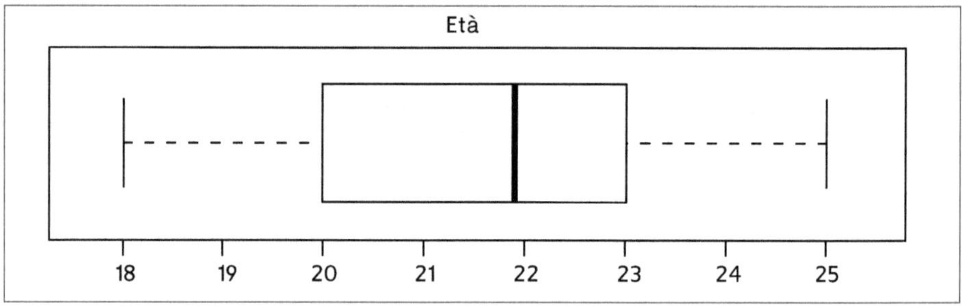

Tabella 5.15

L'oroscopo si è verificato, x_i	N. di lettori, f_i	p_i	Φ_i
Mai	18	0.23	0.23
Una sola volta	10	0.13	0.35
Occasionalmente	35	0.44	0.79
Frequentemente	12	0.15	0.94
Sempre	5	0.06	1.00
	80		

Ora riprendiamo l'Esempio 5.1 "La verifica dell'oroscopo" e calcoliamo le frequenze cumulate relative (Tabella 5.15) e i 5 numeri di sintesi sono:

x_1 = mai $\qquad x_{0.25}$ = una sola volta $\qquad x_{0.5} = x_{0.75}$ = occasionalmente $\qquad x_k$ = sempre

Per essere fantasiosi, questa volta costruiamo il box-plot in verticale. Attenzione che ora il fenomeno X è qualitativo, dunque anche se le modalità sono fra loro ordinate la *distanza* fra una e l'altra non è oggettivamente quantificabile. In mancanza di altre informazioni, un modo ragionevole di procedere è di *equidistanziarle* (Figura 5.9).

Qui invece il box-plot mostra una distribuzione asimmetrica, pesantemente spostata verso le modalità inferiori.

Figura 5.9 Box-plot per la verifica dell'oroscopo

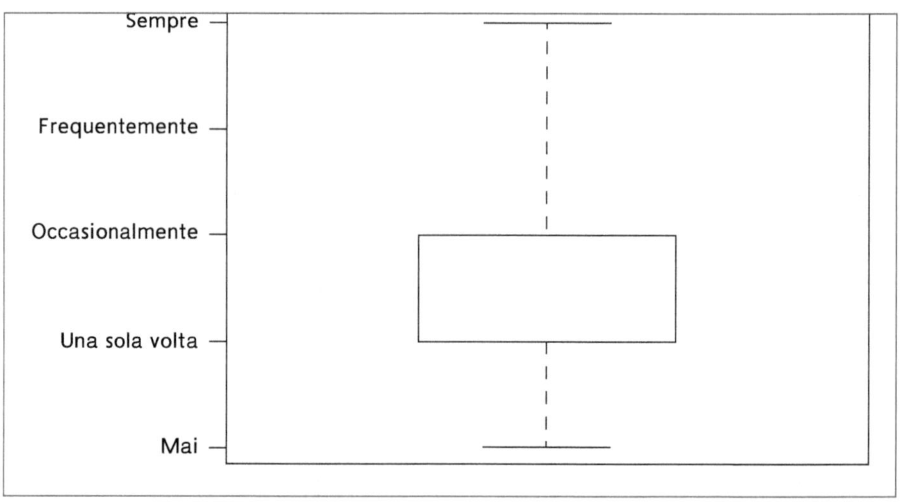

La vera potenza descrittiva del box-plot, però, è la possibilità di confrontare due o più v.s. ponendo i box-plot sullo stesso grafico: il confronto diventa immediato, semplice e *fotografico*.

ESEMPIO 5.11

I guadagni delle manager

In un'indagine condotta sulle $N = 614$ manager e amministratrici di azienda residenti in una piccola provincia balneare italiana (U) si sono raccolti dati sul fenomeno "X: guadagno lordo settimanale in migliaia di euro". La Tabella 5.16 riporta alcuni valori di sintesi di X per tre settori di attività.

Tabella 5.16

Settore	Min. x_1	10° percentile $x_{0.1}$	Quartile inf. $x_{0.25}$	Mediana $x_{0.5}$	Quartile sup. $x_{0.75}$	90° percentile $x_{0.9}$	Max. x_k
Edilizia	1.50	2.0	3.5	4.7	4.9	5.00	5.6
Hotel e ristoranti	0.87	1.2	1.8	3.9	4.2	4.25	4.9
Banche e finanza	0.60	0.8	1.7	2.5	3.0	3.70	4.3

Sullo stesso grafico costruiamo tre box-plot, uno per ciascun settore; il confronto, come promesso, è immediato, semplice e *fotografico* (Figura 5.10).

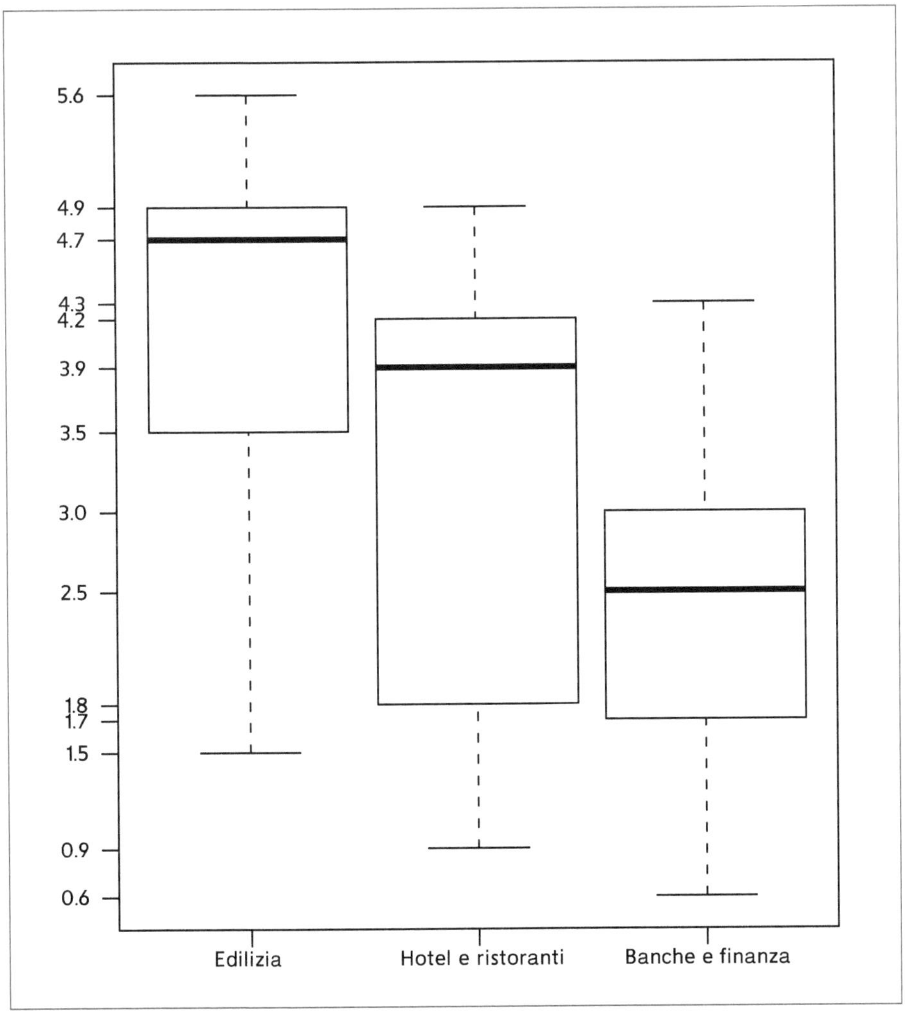

Figura 5.10
Box-plot a confronto, uno per ciascun settore

Se nella v.s. è presente un valore anomalo, la sintesi in 5 numeri ne risente immediatamente quando si va a cercare il minimo x_1 o il massimo x_k. In una v.s. un **valore anomalo** (in inglese **outlier**) è una modalità molto (ma *molto*) diversa da tutte le altre modalità osservate, molto più piccola o molto più grande. Di conseguenza il box-plot rimarrebbe malamente alterato, con *braccia* eccessivamente lunghe, a volte addirittura fuori dal grafico. Uno o più valori anomali sono una faccenda delicata e spesso imbarazzante. Il caso ideale si ha quando è possibile classificarlo con certezza come un *errore* (di registrazione, di trascrizione, una risposta insincera, uno scherzo ecc.) e quindi correggerlo o eliminarlo. Tuttavia sappiamo bene che la realtà raramente è ideale, perciò il valore anomalo è *potenzialmente* un errore, ma altrettanto potenzialmente è un valore che effettivamente esiste ed è osservabile nella *U* di riferimento. A volte è utile *provare* a eliminarlo e verificare qual è l'impatto della presenza o meno dell'outlier sulla descrizione statistica. Più spesso lo si tiene lì e lo si guarda con sospetto. Per costruire il box-plot si tiene *da parte* il valore anomalo quando si calcolano le sintesi in 5 numeri per la scatola e le sue braccia, e poi lo si inserisce nel grafico finale con un simbolo speciale, per esempio un asterisco * o una "O" o quello che preferite (... anche ogni software ha il suo simbolo preferito).

ESEMPIO 5.12

Paese che vai libro che trovi

I dati della Tabella 5.17 sono tratti dall'ultimo rapporto annuale dell'Internationl Publishers Association (www.internationalpublishers.org). Si riferiscono al numero di titoli pubblicati (per ogni milione di abitanti) in 12 Paesi.

Tabella 5.17
Numero di pubblicazioni in 12 Paesi

Paese	**N. titoli/1 000 000 abitanti**
Giappone	613
USA	959
Francia	1008
Corea	795
Norvegia	1275
Austria	757
Australia	1176
Regno Unito	2875
Finlandia	793
Nuova Zelanda	479
Germania	1156
Italia	1002

U: collettivo di 12 Paesi industrializzati
$N = 12$
X: numero di titoli pubblicati per 1 000 000 abitanti

Per prima cosa ordiniamo i dati x_i.

479 613 757 793 795 959 1002 1008 1156 1176 1275 2875

Scopriamo subito che c'è un valore sospetto: 2875, che si riferisce al Regno Unito. Non potendo controllare se si tratta di un errore o della verità, lo trattiamo come il valore anomalo che è. Costruiamo i 5 numeri di sintesi eliminando il valore anomalo (calcoli eseguiti con *MS Excel*):

$$x_{\min} = 479 \quad x_{0.25} = 775 \quad x_{0.5} = 959 \quad x_{0.75} = 1082 \quad x_{\max} = 1275$$

Con questi valori costruiamo il box-plot e da ultimo inseriamo il valore anomalo segnalandolo con * (Figura 5.11).

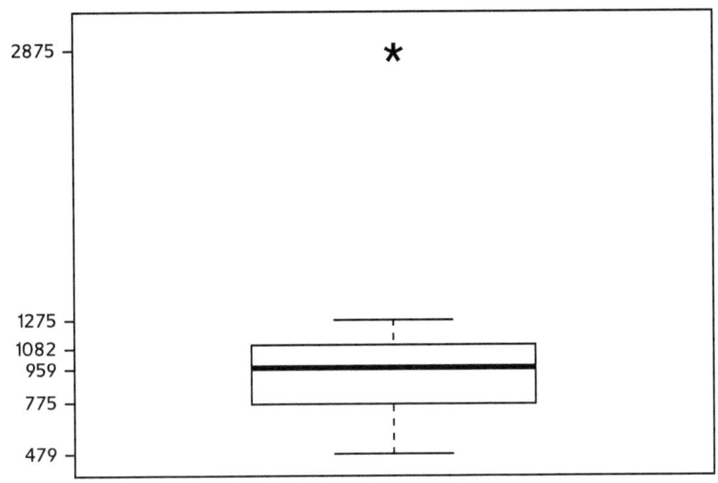

Figura 5.11

5.5 Media aritmetica

Finora abbiamo effettuato la sintesi della v.s. privilegiando una modalità rispetto alle altre in virtù della sua più elevata frequenza (la moda) o della speciale posizione occupata nell'ordinamento (la mediana, i quartili, i percentili ecc.). Questi criteri sono applicabili anche a fenomeni qualitativi, con la richiesta dell'ordinabilità nel caso della mediana e delle sue generalizzazioni. Concentriamoci ora sui soli fenomeni quantitativi, quando cioè anche le modalità x_i oltre alle frequenze sono numeri. Possiamo allora costruire il valore medio di sintesi manipolando algebricamente l'*intera* v.s., sia le frequenze f_i (che sono sempre numeri) sia le modalità x_i. Il più naturale e conosciuto fra i valori medi di questo tipo è la **media aritmetica**, quella che abbiamo imparato a utilizzare in tenera età non appena abbiamo acquisito le nozioni di somma e divisione. Nella pratica, la media aritmetica ha di solito senso ed è diffusamente utilizzata anche per X qualitativo ordinale rilevato con scala quantitativa, come si vede nel seguente esempio.

ESEMPIO 5.13
La mia media

Quello che ogni bravo/a studente/studentessa universitario/a si appresta a fare non appena ha registrato sul libretto un nuovo esame è di calcolare la propria media dei voti, quella da cui dipenderà il voto di laurea in centodecimi, un marchio a vita! Come studentessa io non facevo eccezione. Il mio corso di laurea durava 4 anni e prevedeva 24 esami (non era ancora in vigore la laurea triennale né il sistema dei crediti, ahimé!), perciò al termine del primo anno di corso ero molto orgogliosa del mio libretto con i primi 6 esami registrati (Tabella 5.18).

Tabella 5.18
Voti degli esami del primo anno

Esame di profitto	**Data**	**Voto**
Organizzazione internazionale	23.3.1983	30/30
Economia politica	6.6.1983	29/30
Inglese	24.6.1983	27/30
Statistica	4.7.1983	30/30
Matematica per le scienze sociali	20.9.1983	28/30
Statistica economica	18.10.1983	30/30

A quel tempo non avevo ancora maturato la mia scelta di vita verso la Statistica e mi trastullavo con altre improbabili idee; ero però già perfettamente in grado (e anzi era un'attività a cui dedicavo un sacco di tempo) di calcolare la mia media sommando i voti e dividendo il risultato per il numero di esami sostenuti, calcolando cioè la media aritmetica dei voti:

media aritmetica = somma dei voti/numero di esami = 174/6 = 29

La notazione che useremo per la media aritmetica di X è $\bar{x}$, che si legge "x soprasegnato" o anche "x medio".

Definizione

Media aritmetica

$$\bar{x} = \frac{1}{N}\sum_{i=1}^{k} x_i f_i = \sum_{i=1}^{k} x_i p_i$$

La media $\bar{x}$ è il risultato di una manipolazione algebrica dell'intera v.s., cioè sia delle modalità sia delle frequenze. L'algebra utilizzata è semplice: si tratta di moltiplicare ciascuna delle k modalità osservate x_i per il numero di volte in cui sono state osservate in U, vale a dire la loro frequenza f_i, sommare il tutto e infine dividere per il numero N di unità statistiche osservate (cioè la somma di tutte le f_i). Se anziché le frequenze assolute si usano le frequenze relative p_i, che come sappiamo sono già divise per N (e se non lo sappiamo, rileggiamoci il Capitolo 3!), si ottiene la media aritmetica direttamente senza dividere ulteriormente. Riscritto in formule, quello che ho appena detto occupa molto meno spazio ed è più chiaro.

Proprietà

La media aritmetica $\bar{x}$:

- è calcolabile per qualunque fenomeno X quantitativo (o qualitativo ordinale ma rilevato con scala quantitativa);
- è espressa nella stessa unità di misura con cui X si manifesta su U;
- ci dà un'informazione sintetica dell'*ordine di grandezza* di X su U.

Alcuni chiamano questa formula **media ponderata** perché vi appaiono le modalità x_i *ponderate* con (moltiplicate per) le frequenze ed è divisa per la *somma dei pesi* della ponderazione (N se si pondera con le f_i oppure 1 se si pondera con le p_i). Nell'Esempio 5.13 "La mia media", sapere che alla fine del primo anno di università la media aritmetica dei miei voti era 29, informa circa una studentessa di ottime speranze (... se poi mantenni quelle speranze è tutta un'altra storia!). La media aritmetica $\bar{x}$ è un valore medio di sintesi così naturale e così largamente utilizzato da essere conosciuto semplicemente come media di X senza di solito generare equivoci.

A volte il risultato ottenuto applicando una formula di quelle che definiscono la media aritmetica non è neanche uno dei possibili valori di X osservati. Per esempio, calcolando la media dei voti sul libretto universitario è possibile ottenere un numero con la virgola, che non è un voto!

In genere questo non intacca la portata informativa di $\bar{x}$.

ESEMPIO 5.14

I goal di Lautaro Martinez

Sul sito www.inter.it che mi ha segnalato mio figlio Lorenzo, è pubblicato il numero di goal segnati dal giocatore Lautaro Martinez nel campionato di serie A, come ho riportato nella Tabella 5.19.

Tabella 5.19 Goal di Lautaro Martinez durante il campionato

	N. goal		
	0	**1**	**2**
Incontri in casa	11	5	3
Incontri in trasferta	12	5	1
Totale incontri	23	10	4

Formalmente:

U: incontri del campionato di calcio, serie A
$N = 37$ (per il giocatore Lautaro Martinez 19 incontri in casa e 18 in trasferta)
X: numero di goal segnati dal giocatore Lautaro Martinez; fenomeno quantitativo discreto
$k = 3$

Usiamo la media aritmetica come valore medio di sintesi; il valore ottenuto ci informerà circa l'ordine di grandezza del fenomeno "X: numero di goal segnati dal giocatore Lautaro Martinez, negli incontri in casa, in trasferta e in totale" (Tabella 5.20).

Tabella 5.20

Goal	**In casa**		**In trasferta**		**Totale**	
x_i	f_i	$x_i f_i$	f_i	$x_i f_i$	f_i	$x_i f_i$
0	11	0	12	0	23	0
1	5	5	5	5	10	10
2	35	6	1	2	4	8
	19	11	18	7	37	18

Vi faccio notare che il totale della colonna $x_i f_i$ rappresenta il numero totale di goal della stagione (in casa, in trasferta e in totale) e sta al numeratore della media $\bar{x}$ In formule, il totale di X è:

$$\sum_{i=1}^{k} x_i f_i = N\bar{x}$$

Calcoliamo le medie:

$$\bar{x} \text{ in casa} = \frac{1}{N}\sum_{i=1}^{k} x_i f_i = \frac{11}{19} = 0.58$$

$$\bar{x} \text{ in trasferta} = \frac{7}{18} = 0.39$$

$$\bar{x} \text{ totale} = \frac{18}{37} = 0.49$$

Notate che "zero virgola qualcosa" non è certo una delle possibili manifestazioni di X, e tuttavia le medie calcolate mantengono un significato sintetico chiaro. Anzi, in questo caso si può dire che *parlano da sole*!

Se X è quantitativo **continuo** e le sue modalità sono intervalli, la media $\bar{x}$ è in genere calcolata con l'assunto del *valore centrale*. Questo è ciò che faremo noi e anche ciò che di solito fa il computer.

ESEMPIO 5.15

In spiaggia

All'avvicinarsi dell'estate, i giornali tendono a pubbblicare dati sui costi delle vacanze. Nella Tabella 5.21 sono riportati i dati riadattati da un articolo, pubblicato su *La Repubblica*, circa il costo per l'affitto di 1 ombrellone con 2 sdraio (€/giorno).

Tabella 5.21 Costo giornaliero per l'affitto di 1 ombrellone con 2 sdraio

Euro/giorno	$5 \vdash 15$	$15 \vdash 20$	$20 \vdash 25$	$25 \vdash 35$	$35 \vdash 40$
N. località	6	14	8	34	4

Formalmente:

U: spiagge italiane (3 per ciascuna regione litoranea)
$N = 36$
X: costo per l'affitto di 1 ombrellone con 2 sdraio (€/giorno); fenomeno quantitativo rilevato per classi, da trattare come continuo
$k = 5$

Costruiamo la v.s. (Tabella 5.22) e calcoliamo la media aritmetica ricorrendo all'ipotesi del valore centrale $x_i^* = (x_l + x_L)/2$

Tabella 5.22

$x_i : x_l \vdash x_L$	f_i	x_i	$x_i^* f_i$
5 ⊢15	6	10.0	60
15 ⊢20	14	17.5	245
20 ⊢55	8	22.5	180
25 ⊢35	4	30.0	120
35 ⊢40	4	37.5	150
	36		755

$$\bar{x} = \frac{1}{N}\sum_{i=1}^{k} x_i^* f_i = \frac{755}{36} = 20,97 \text{ €/giorno}$$

Ci informa che l'affitto di un ombrellone con 2 sdraio sulle spiagge italiane costa in media 20.97 euro al giorno. Notate che $\bar{x}$ è espresso nella stessa quantità di misura con cui X si manifesta in U.

Notate che ipotesi diverse da quella del valore centrale possono produrre valori differenti della media aritmetica.

5.6 Moda, mediana e media aritmetica: qual è il valore medio giusto?

All'inizio di questo capitolo ho detto che si costruisce un valore medio di sintesi allo scopo di sintetizzare in un *unico* valore un'intera v.s. Poi ne ho tirati in ballo 3: la moda, la mediana e la media aritmetica, senza contare tutte le possibili generalizzazioni della mediana, cioè i quartili, i , ..., i percentili. La domanda dovrebbe sorgere spontanea: quale scegliere? Qual è più opportuno?

Un'indicazione l'ho già data, sempre all'inizio del capitolo, cioè non serve essere degli statistici senior, basta un po' di buon senso: se vogliamo sintetizzare in un unico valore un'intera v.s. non possiamo pretendere di costruire *un solo* valore medio in grado di coglierne tutta la complessità! Ci sono casi in cui moda, mediana e media coincidono o sono molto "vicine", cioè danno tutte la stessa informazione. In altri casi possono dare indicazioni diverse e in casi particolari (ma frequenti nella pratica) la media aritmetica, da sola, non è informativa. Il prossimo esempio è perfetto per apprezzare questo concetto.

ESEMPIO 5.16

Partner dei giovani maschi statunitensi

Due ricercatori statunitensi hanno condotto un'indagine su 105 giovani maschi allo scopo di fornire un supporto statistico all'ipotesi bio/sociologica secondo cui gli esseri umani, e tipicamente i maschi, tendono a cercare più *partner* sessuali nel corso della loro vita. Con questa propensione, profondamente radicata nel passato evolutivo, si cercava di spiegare la crescita osservata durante gli ultimi anni negli Stati Uniti della percentuale di matrimoni che terminano con il divorzio. Le 105 risposte fornite alla domanda "quanti partner sessuali desidererebbe per i prossimi 30 anni di vita?" rappresentano i dati a disposizione.

U: collettivo di giovani maschi statunitensi

$N = 105$

X: numero di partner sessuali desiderati per i successivi 30 anni (quantitativo discreto)

Poiché X è quantitativo, i due ricercatori hanno scelto in via naturale la media aritmetica per sintetizzare i dati, ottenendo: $\bar{x} = 64.3$. L'indicazione sarebbe dunque che i giovani maschi statunitensi desiderano in media 64 partner sessuali nel corso della loro vita. Non so quanti siano disposti a ritenere sensata questa conclusione, immagino pochi (e neanch'io!).

Il sospetto è che la media aritmetica non rappresenti una buona sintesi dei dati a disposizione e che sia necessario calcolare ulteriori indicatori sintetici. Infatti, sugli stessi dati i due ricercatori hanno calcolato anche:

- la moda, che risulta $x_0 = 1$ con associata frequenza pari al 47.6% delle risposte e ci dice che la risposta più frequente fra quelle osservate è "un solo partner sessuale nei prossimi 30 anni", ed è la risposta rappresentativa di quasi la metà dei rispondenti;
- la frequenza cumulata relativa corrispondente al valore $\bar{x} = 64$, che risulta pari a 0.97 indicando che il 97% dei rispondenti è sotto-media.

Entrambe danno un'indicazione molto diversa rispetto alla media aritmetica e, francamente, più convincente. Guardando più da vicino i dati, i due ricercatori hanno scoperto che, fra i k valori osservati di X, i più elevati sono 6 000 con frequenza 1 e 150 con frequenza 2. Si tratta evidentemente di valori anomali (li abbiamo appena discussi nel Paragrafo 5.4 "Sintesi in 5 numeri e box-plot"). In questo contesto potrebbero essere interpretati come "scherzi" o come "errori di registrazione". Ma potrebbero anche non esserlo! Potrebbe corrispondere alla realtà che fra i 105 intervistati uno abbia risposto consapevolmente e sinceramente 6000 e altri due intendessero proprio 150, non abbiamo informazioni extra per decidere. Comunque sia, la media aritmetica è fortemente influenzata da questi valori anomali e risulta *gonfiata*. Un valore medio più **stabile** rispetto alla presenza di valori anomali è la mediana, che sugli stessi dati risulta $x_{0.5} = 1$. In questo caso è dunque più informativa di $\bar{x}$ circa il comportamento di X su U: il 50% di U dichiara di desiderare **non più** di 1 partner sessuale nel corso della propria vita.

Quando la v.s. è varia e complessa (che è poi quello che di solito succede nell'osservare la realtà) un solo valore medio di sintesi in genere non basta. La media aritmetica è certamente la sintesi più nota, semplice e naturale, ma non sempre è la "migliore" per descrivere l'*ordine di grandezza* e la *tendenza* del comportamento di X su U. È una buona regola pratica calcolare (almeno) anche moda e mediana.

$\bar{x}$, x_0 e $x_{0.5}$ sono sintesi *complementari* che descrivono aspetti differenti dei dati. Per certi fenomeni coincidono o sono comunque "vicine" fra loro. Impareremo (nella Parte III di questo libro) che questa è una situazione statisticamente importante e necessaria per applicare correttamente strumenti statistici inferenziali molto diffusi nella pratica. Quando invece moda, mediana e media aritmetica sono differenti fra loro, cioè offrono ciascuna una propria differente informazione, allora conviene calcolarle e commentarle tutte e tre.

Intorno ai valori medi si è sviluppato in passato un vivace dibattito scientifico, e per la nostra domanda "qual è il valore medio più opportuno per sintetizzare una v.s.?" non esiste risposta univoca e universalmente accettata. Se però restringiamo l'attenzione ai soli fenomeni quantitativi, sono largamente accettati e radicati alcuni criteri che danno le *linee guida* per costruire il valore medio *più appropriato* ai dati in esame.

Ma questo è l'argomento del prossimo capitolo.

Capitolo 6

Approfondimenti sui valori medi

Cioè come usare le medie più consapevolmente

Tre sono i criteri più noti che possono guidare nella scelta e nella costruzione del valore medio opportuno per sintetizzare una v.s. quando X è quantitativo.

1. **Proprietà formali**. Si sceglie il valore medio di sintesi in base alle proprietà (statistico/matematiche) di cui esso gode.
2. **Ottimizzazione**. Sappiamo che sintetizzando la v.s. in un unico valore medio si incorre in una *perdita di informazioni*. Quando è possibile esprimere tale perdita con un'opportuna **funzione dei dati** – per intenderci, una formula contenente le x_i e le f_i – si può scegliere il valore medio che rende *minima* tale funzione, cioè il più piccolo possibile. Seguendo questo criterio, si minimizza la perdita di informazioni, ovvero si *ottimizza* il valore medio.
3. **Invariante**. Tra le informazioni che vanno perdute nel passaggio dalla v.s. al valore medio può sussistere un *particolare* aspetto di X che è importante *mantenere inalterato nella sintesi*, si esprime allora tale aspetto con una *funzione dei dati* (una formula) e si sceglie il valore medio che sintetizza la v.s. lasciando *invariata* tale funzione. Il valore medio costruito secondo questo criterio è detto **media alla Chisini**, dallo statistico italiano O. Chisini (1889-1967) a cui dobbiamo questo tipo di medie.

Vediamoli un po' più in dettaglio.

6.1 Proprietà formali: le proprietà della media aritmetica

Se ciò che più interessa del valore medio di sintesi sono le sue proprietà algebrico/matematiche, si deve scegliere la media in un insieme chiamato classe delle **medie di potenza**. Tale serie di proprietà è di particolare interesse per la sintesi statistica di un fenomeno quantitativo. La media aritmetica appartiene a questa classe; la moda, la mediana e i percentili no.

La ragione per cui la media aritmetica è il valore medio di sintesi più utilizzato è che gode di molte proprietà utili. Tali proprietà sono sì proprietà matematiche, ma rappresentano la traduzione in formule di corrispondenti considerazioni di opportunità pratica. Di seguito ne vedremo alcune, scelte fra quelle più facilmente interpretabili e di più evidente utilità pratica. Tutte le proprietà che vedremo si possono *dimostrare* con passaggi algebrici, ma noi ci limiteremo a *verificarle* empiricamente, cioè vedere come funzionano con un esempio.

Proprietà

Proprietà di internalità. Il valore della media aritmetica è sempre compreso fra la più piccola e la più grande delle modalità osservate di X; in formula:

$$x_{\min} \leq \bar{x} \leq x_{\max}$$

Nell'Esempio 5.14 "I goal di Lautaro Martinez" avevamo: $x_{\min} = 0$ e $x_{\max} = 2$. Abbiamo poi calcolato le medie aritmetiche:

$$\bar{x} \text{ in casa} = 0.58 \qquad \bar{x} \text{ in trasferta} = 0.39 \qquad \bar{x} \text{ tot} = 0.49$$

tutte comprese fra $x_{\min}$ e $x_{\max}$, cioè mai più piccole di 0 e mai più grandi di 2.

Questo è il significato della proprietà di internalità della media.

L'internalità è il minimo che si possa richiedere a un valore medio calcolato con lo scopo di sintetizzare una v.s.: se non fosse compreso nella gamma dei valori osservati, come potrebbe informarci circa l'ordine di grandezza di X su U? Infatti la proprietà dell'internalità è stata per lungo tempo considerata la *definizione* di valore medio. Sembra una banalità ma non lo è: esistono criteri (e ne vedremo uno nel Paragrafo 6.3 "Invariante e medie di Chisini") ragionevolissimi e convincenti che possono portare a medie per le quali l'internalità non è garantita!

Proprietà

Proprietà di omogeneità. Se X e Y sono due fenomeni diversi ma collegati fra loro dalla formula $Y = aX$, dove a è un qualche numero (costante) diverso da 0, si dice che Y è una **trasformazione di scala** di X; la media aritmetica di Y si ottiene dalla media aritmetica di X con la stessa identica trasformazione, cioè: $\bar{y} = a\bar{x}$.

Le trasformazioni di scala sono molto frequenti: per esempio cambiare l'unità di misura è una trasformazione di questo tipo. L'omogeneità è allora una proprietà molto utile: non è necessario ri-calcolare la media della trasformazione di Y ma basta applicare la stessa trasformazione alla media di X.

ESEMPIO 6.1

Nonne ed euro

La mia anziana nonna non capirà mai l'euro e continuerà imperterrita a ragionare e parlare in lire. Così, quando mi ha chiesto di calcolarle quanto spende in media ogni giorno in medicinali mi si è posto un bel problema, perché di medicinali ne compra e ne consuma parecchi ogni mese. Nella Tabella 6.1 è riportato un rapido inventario delle sue spese mensili per medicinali che mi ha fornito. Considerando un generico mese di 30 giorni ho calcolato che in media spende

$$\bar{x} = \frac{112.4}{30} = 3.75 \text{ €/giorno}$$

Tabella 6.1 Spese mensili per medicinali

Finalità del farmaco	**Euro/conf.**	**N. conf./mese**	**Spesa mensile x_i**
Cuore	12.50	1	12.50
Pressione	8.90	2	17.80
Insonnia	10.40	2	20.80
Circolazione	16.80	1	16.80
Regolazione intestinale	9.50	1	9.50
Digestione	6.70	2	13.40
Vista	7.20	3	21.60
Spesa totale euro/mese			**112.40**

Sapevo però che la media in euro alla nonna non avrebbe detto gran che, e per non metterla in agitazione (e non farle dubitare delle mie competenze statistiche...) dovevo trasformarla in vecchie lire. Dall'alto delle mie conoscenze statistiche, potevo forse trasformare tutti i prezzi in lire, ri-calcolare la spesa totale mensile in lire e infine ri-calcolare la media in lire? Naturalmente no! A molti verrebbe (forse) naturale semplicemente trasformare la media $\bar{x}$ in euro attraverso il cambio euro/lira. Siamo sicuri che così otteniamo proprio la media in lire (dei prezzi in lire)? Naturalmente sì! Ci basta osservare che la spesa mensile in lire, chiamiamola Y, è una trasformazione di scala della spesa mensile in euro, che abbiamo chiamato X, con a rappresentato dal cambio euro/lira=1936.27; in formula: $Y = 1936.27X$. Grazie al fatto che la media aritmetica ha la proprietà di **omogeneità**, la spesa media giornaliera in lire $\bar{y}$ si ottiene (come ci veniva naturale) operando la stessa trasformazione sulla spesa media giornaliera in euro $\bar{x}$:

$$\bar{y}=1936.27\bar{x} = 1936.27 \times 3.75 = 7261 \text{ lire/giorno}$$

e la nonna ha avuto la sua informazione media circa quanto spende ogni giorno in medicine.

Quando U è molto numerosa (N è un numero grande) è una pratica sensata (talvolta l'unica scelta) utilizzare dati **aggregati** anziché dati individuali. Pensate, per esempio, a tutta la popolazione italiana composta da oltre 60 milioni di individui: calcolare la media di un qualunque fenomeno X rilevato su tutti gli italiani utilizzando i dati individuali significherebbe gestire centralmente l'osservazione di oltre 60 milioni di dati grezzi, poi da elaborare, sommare e dividere. Anche ammesso che la legge sulla privacy ci consenta di entrare in possesso dei dati individuali, il tempo e le risorse necessarie per calcolare una semplice media sarebbero inaffrontabili. È più pratico, rapido ed economico lavorare sui dati *aggregati*, per esempio dati rilevati in parallelo sui (circa) 8000 comuni italiani o, meglio ancora, sulle 20 regioni, elaborati a livello locale e comunicati centralmente già sintetizzati, aggregati appunto.

Formalmente, si tratta di considerare U di numerosità N, suddivisa in un certo numero, diciamo h, di sottopopolazioni U_j ciascuna di numerosità N_j con $j = 1, ..., h$ e $\sum_{j=1}^{h} N_j = N$.

Quello che ci interessa è sempre la media aritmetica (generale) di X sull'intera U. Non disponiamo però dei dati individuali (le x_i e le f_i) ma solo dei dati aggregati, cioè le medie $\bar{x}_j$ nelle sottopopolazioni.

Dati aggregati

$U =$

Sotto popolazioni	Numerosità parziali	Medie parziali
U_1	N_1	$\bar{x}_1$
U_2	N_2	$\bar{x}_2$
$\vdots$	$\vdots$	$\vdots$
U_j	N_j	$\bar{x}_j$
$\vdots$	$\vdots$	$\vdots$
U_h	N_h	$\bar{x}_h$
	N	

Per ragioni di *privacy* e/o di risorse a disposizione, questi sono i dati aggregati su cui possiamo lavorare. Come possiamo calcolare la media $\bar{x} = \frac{1}{N}\sum_{i=1}^{k} x_i f_i$ senza i dati (individuali) x_i e f_i ? Dobbiamo forse rinunciare? Ma naturalmente no, perché abbiamo la proprietà che ci serve: la media aritmetica è **associativa**.

Proprietà

Proprietà associativa. La media (generale) di X (su U) è sempre raggiungibile dai dati aggregati (sulle sottopopolazioni U_j), basta calcolare la *media delle medie* delle sottopopolazioni. Si tratta di usare le medie parziali $\bar{x}_j$ al posto delle modalità x_i e le numerosità parziali N_j al posto delle frequenze f_i. Ancora una volta quello che ho appena detto è più veloce e chiaro in formule che a parole:

$$\bar{x} = \frac{1}{N}\sum_{j=1}^{h} \bar{x}_j N_j$$

Anche la proprietà associativa è molto utile, specialmente in questi tempi di grandi masse di dati e di tutela della privacy.

ESEMPIO 6.2

Il portafoglio dei miei studenti

Una mattina a lezione mi è saltato in mente di farmi un'idea del denaro contante con cui i miei studenti affrontano una normale giornata universitaria. Si trattava di rilevare il fenomeno "X: contenuto dei portafogli" (in euro), sulla popolazione statistica "U: studenti presenti a lezione quella mattina", di numerosità $N = 112$, e calcolarne poi la media aritmetica $\bar{x}$ che mi avrebbe informato della quantità media di denaro con cui i miei studenti si presentano a lezione in una normale giornata universitaria. Avevo davanti le seguenti due possibilità.

1. Dispongo di tutto il tempo necessario per effettuare una rilevazione individuale e gli studenti sono particolarmente ben disposti nei miei confronti da permettermi di chiedere loro quanti soldi hanno effettivamente nel portafoglio per osservare X.
2. Ho poco tempo a disposizione e gli studenti giustamente pretendono che venga rispettata la loro privacy. Gli studenti presenti si dividono allora in 3 gruppi (sottopopolazioni) e nominano un "rilevatore ufficiale" fidato per ciascun gruppo. I rilevatori ufficiali effettuano l'osservazione di X sul proprio gruppo, calcolano la media aritmetica (del proprio gruppo) e mi comunicano solo i dati aggregati (le medie di gruppo).

Grazie alla proprietà associativa della media aritmetica posso ottenere il valore di $\bar{x}$ in entrambi i casi.

Caso 1. *Dati individuali.* L'osservazione individuale delle tasche di ciascuno degli $N = 112$ studenti mi fornisce la v.s. della Tabella 6.2 da cui la media:

$$\bar{x} = \frac{1}{N}\sum_{i=1}^{k} x_i^* f_i = \frac{3980}{112} = 35.53 \text{ €}$$

Tabella 6.2

Contenuto delle tasche (in €) $x_i : x_l \vdash x_L$	Studenti f_i	x_i^*	$x_i^* f_i$
$0 \vdash 10$	24	5	120
$10 \vdash 30$	35	20	700
$30 \vdash 50$	34	40	1360
$50 \vdash 100$	14	75	1050
$100 \vdash 200$	5	150	750
	112		**3980**

Caso 2. *Dati aggregati.* I rilevatori ufficiali fidati effettuano in segreto la rilevazione. Ottengono (sempre in segreto) le tre v.s. (di gruppo) della Tabella 6.3, calcolano le medie di gruppo:

$$\bar{x}_1 = \frac{1260}{35} = 36 \quad \bar{x}_2 = \frac{1655}{40} = 41.375 \quad \bar{x}_3 = \frac{1065}{37} = 28.784$$

Tabella 6.3

I gruppo (U_1)			
$x_i : x_l \vdash x_L$	f_i	x_i^*	$x_i^* f_i$
$0 \vdash 10$	8	5	40
$10 \vdash 30$	11	20	220
$30 \vdash 50$	10	40	400
$50 \vdash 100$	4	75	300
$100 \vdash 200$	2	150	300
	35		**1260**

II gruppo (U_2)			
$x_i : x_l \vdash x_L$	f_i	x_i^*	$x_i^* f_i$
$0 \vdash 10$	9	5	45
$10 \vdash 30$	12	20	240
$30 \vdash 50$	8	40	320
$50 \vdash 100$	8	75	600
$100 \vdash 200$	3	150	450
	40		**1655**

III gruppo (U_3)			
$x_i : x_l \vdash x_L$	f_i	x_i^*	$x_i^* f_i$
$0 \vdash 10$	7	5	35
$10 \vdash 30$	12	20	240
$30 \vdash 50$	16	40	640
$50 \vdash 100$	2	75	150
$100 \vdash 200$	0	150	0
	37		**1065**

e discretamente mi comunicano *solo* i seguenti dati *aggregati*:

I rilevatore	U_1	$N_1 = 35$	$\bar{x}_1 = 36$
II rilevatore	U_2	$N_2 = 40$	$\bar{x}_2 = 41.375$
III rilevatore	U_3	$N_3 = 37$	$\bar{x}_3 = 28.784$

Dai dati aggregati, con meno tempo e più privacy, ottengo comunque la media che cerco, applicando la proprietà associativa:

$$\bar{x} = \frac{1}{N}\sum_{j=1}^{3} \bar{x}_j N_j = \frac{36 \cdot 35 + 41.375 \cdot 40 + 28.784 \cdot 37}{112} = 35.53 \text{ €}$$

Internalità, omogeneità e associatività sono le principali proprietà soddisfatte da tutte le medie appartenenti alla classe delle medie potenziate, dunque anche dalla media aritmetica che vi appartiene. Fra le medie potenziate (che, l'ho già detto, sono tantissime, diciamo pure infinite), la media aritmetica è la più nota e la più utilizzata anche perché gode di alcune proprietà *esclusivamente* sue. Vediamone le principali.

Proprietà

Proprietà di linearità. Se X e Y sono due fenomeni diversi ma legati dalla formula: $Y = a + bX$ con a e b numeri reali qualunque e b diverso da 0, si dice che Y è una **trasformazione lineare** di X. La media aritmetica di Y si ottiene dalla media aritmetica di X con la stessa identica trasformazione cioè: $\bar{y} = a + b\bar{x}$. Questa proprietà è detta **linearità**: la media aritmetica è **lineare**.

Anche le trasformazioni lineari sono molto frequenti nelle applicazioni pratiche. In più, come avete certamente notato, rappresentano una *generalizzazione* delle trasformazioni di scala che abbiamo visto parlando della proprietà di omogeneità (provate a prendere una trasformazione lineare con $a = 0$ e otterrete una trasformazione di scala!).

ESEMPIO 6.3

L'amico americano II

Vi ho già parlato nel Capitolo 3 del mio amico americano che non capisce il nostro sistema di misura (Esempio 3.2 "Maggio caldo"). Quando mi ha chiesto che temperatura media c'è a Milano in luglio, se gli avessi risposto che è 28° quello avrebbe riempito la valigia di maglioni. Per dargli un'informazione comprensibile debbo parlargli in gradi Fahrenheit.

Chiamiamo X il fenomeno "temperatura registrata a Milano in luglio in gradi centigradi" con media $\bar{x} = 28$ (gradi centigradi). Il fenomeno "Y: temperatura registrata a Milano in luglio in gradi fahrenheit" è legato a X dalla formula: $Y = 32 + 9/5\ X$. Allora Y è una trasformazione lineare di X con $a = 32$ (corrispondente a $X = 0$ gradi centigradi) e $b = 9/5$. Grazie alla proprietà di linearità della media aritmetica non sono costretta a osservare le temperature di ogni giorno di luglio a Milano, trasformarle dai gradi centigradi ai gradi fahrenheit e quindi ricalcolare la media, ma posso ottenere direttamente la media di Y applicando alla media di X la stessa trasformazione lineare:

$$\bar{y} = 32 + \frac{9}{5}\bar{x} = 32 + \frac{9}{5} \times 28 = 82.4 \text{ gradi fahrenheit}$$

e il mio amico americano capirà che a Milano in luglio fa caldo!

La media aritmetica svolge il suo lavoro di sintesi della v.s. garantendo la compensazione delle differenze fra i valori x_i osservati sopra e sotto media. Diamo qualche definizione e formula e diventerà più chiaro.

Definizione

Scarti ponderati. Le differenze $(x_i - \bar{x})$ sono dette **scarti** o **deviazioni** dalla media aritmetica. Se poi si tiene conto del fatto che il valore x_i è presente su U con frequenza f_i, si ha lo **scarto ponderato** $(x_i - \bar{x})\, f_i$.

Poiché, come già sappiamo, la media aritmetica gode anche della proprietà dell'internalità, cioè è sempre compresa fra il più piccolo e il più grande dei k valori osservati, allora fra i k scarti costruibili ve ne saranno di negativi e di positivi. Quando lo scarto $(x_i - \bar{x})$ è positivo (>0) si dice che x_i è un valore **sopra-media**; quando invece lo scarto $(x_i - \bar{x})$ è negativo (<0) si dice che x_i è un valore **sotto-media**. I valori sopra- e sotto-media si *compensano*, cioè se si sommano tutti i k scarti ponderati si ottiene (sempre!) 0. Questa proprietà è detta di **annullamento degli scarti** e vale *solo* per la media aritmetica, non è garantita, per esempio, per la moda o per la mediana.

Proprietà

Proprietà di annullamento degli scarti

$$\sum_{i=1}^{k} (x_i - \bar{x}) f_i = 0$$

Il fatto che solo la media aritmetica annulli la somma degli scarti ponderati, cioè compensi i valori sopra- e sotto-media, conferisce alla media aritmetica il ruolo di **baricentro** della v.s. e in questo senso ne rappresenta una sintesi della *tendenza* centrale.

ESEMPIO 6.4

I numeri dell'amore

Dal sito dell'ISTAT è stato estratto il numero di matrimoni celebrati ogni 1000 abitanti nelle 20 regioni italiane (Tabella 6.4).

Tabella 6.4
Numero di matrimoni × 1000 abitanti

N. matrimoni × 1000 abitanti	2.7	2.8	2.9	3	3.2	3.3	3.4	3.7	3.8	4.1
Regioni	1	3	2	1	5	2	1	1	1	3

Formalmente:

U: regioni d'Italia
$N = 20$
X: numero di matrimoni celebrati per 1000 abitanti

Calcolando su questi dati la media aritmetica e la moda (provare per credere!) si ottiene:

$$\bar{x} = 3.285 \text{ numero medio di matrimoni} \times 1000 \text{ abitanti}$$
$$x_0 = 3.2 \text{ modalità più frequente (25\% delle regioni italiane)}$$

Nella Tabella 6.5 *verifichiamo* empiricamente (cioè con i numeri di questo esempio) che la proprietà dell'annullamento degli scarti vale per la media aritmetica e non, per esempio, per la moda (così come per qualunque altro valore di sintesi *diverso* dalla media aritmetica).

Tabella 6.5

x_i	f_i	$(x_i - \bar{x}) f_i$	$(x_i - x_0) f_i$
2.7	1	(2.7 − 3.285) × 1 = −0.585	(2.7 − 3.2) × 1 = −0.5
2.8	3	−1.455	−1.2
2.9	2	−0.770	−0,6
3.0	1	−0.285	−0.2
3.2	5	−0.425	0.0
3.3	2	0.030	0.2
3.4	1	0.115	0.2
3.7	1	0.415	0.5
3.8	1	0.515	0.6
4.1	3	2.445	2.7
	20	0.000	1.7

Definizione

Totale di X

La somma di *tutti* i valori di *X* su *tutte* le *N* unità osservate prende il nome di **totale** di *X*; in formule:

$$\sum_{i=1}^{k} x_i f_i = \textbf{totale} \text{ di } X \text{ (su } U\text{)}$$

Non serve essere degli esperti matematici per rendersi conto che dividendo il totale di *X* per *N* si ottiene la media aritmetica di *X*. Logica (oltre che algebra) vuole che allora il totale di *X* sia anche dato dalla media moltiplicata per *N* che, a sua volta, è la somma delle frequenze f_i. Come al solito è più semplice scritto in formule che detto a parole.

Proprietà

Proprietà di mantenimento e di equidistribuzione del totale

$$\sum_{i=1}^{k} x_i f_i = N\bar{x} = \sum_{i=1}^{k} \bar{x} f_i$$

Questa formula definisce un'altra proprietà *esclusiva* della media aritmetica, proprietà che ammette una duplice chiave di lettura.

1. Concentriamoci sul primo e sull'ultimo termine della formula. Se ai valori x_i osservati sostituiamo la media aritmetica $\bar{x}$ che li sintetizza tutti, il totale di X non cambia. Allora la media aritmetica **mantiene inalterato il totale** (di X su U).
2. Ora concentriamoci sui primi due termini della formula. Se il totale di X fosse diviso in parti uguali fra le N unità di U, a ciascuna unità toccherebbe una quota di totale pari a $\bar{x}$. Allora la media aritmetica **equidistribuisce il totale** di X sulle N unità di U.

ESEMPIO 6.5
Carichi di lavoro

Un'azienda ad altissima tecnologia richiede, per la produzione di ogni pezzo, 630 ore di lavorazione/persona. Un'indagine in azienda ha evidenziato che ciascuno dei 35 lavoratori dell'azienda contribuisce alla produzione di un pezzo secondo i carichi di lavoro (espressi in ore/persona) riportati nella Tabella 6.6.

Tabella 6.6

Ore di lavorazione	10	20	30	40
Numero di addetti	16	12	5	2

Una ripartizione "ideale" dei carichi di lavoro vorrebbe le 630 ore di lavorazione necessarie per produrre ogni pezzo *equamente* suddivise fra i 35 lavoratori. Per la proprietà della media aritmetica di *equidistribuire*, il totale garantisce che tale ripartizione "ideale" si realizzerebbe se a ciascun lavoratore spettasse *il carico medio (aritmetico)* di 18 ore di lavoro/persona. La stessa proprietà, ma vista come *mantenimento del totale*, garantisce che se ogni lavoratore svolgesse il carico di lavoro medio (aritmetico) di 18 ore/persona, il pezzo sarebbe effettivamente prodotto perché in totale rimangono *invariate* le 630 ore di lavorazione. Verifichiamolo empiricamente (Tabella 6.7).

U: lavoratori dell'azienda
$N = 35$
X: carichi di lavoro (in ore di lavorazione)
$k = 4$

Tabella 6.7

x_i	f_i	$x_i f_i$	$\bar{x} f_i$
10	16	160	288
20	12	240	246
30	5	150	90
40	2	80	36
	35	630	630

$$\bar{x} = \frac{1}{N}\sum_{i=1}^{k} x_i f_i = \frac{630}{35} = 18 \text{ ore/persona}$$

$$\text{totale di } X = \sum_{i=1}^{k} x_i f_i = 630 \text{ ore/persona}$$

$$\sum_{i=1}^{k} \bar{x} f_i = N\bar{x} = 35 \times 18 = 630 \text{ ore/persona}$$

6.2 Ottimizzazione: funzioni di perdita e proprietà di minimo

Ora, anziché pensare alle proprietà del valore medio, pensiamo alla **perdita di informazioni** dovuta alla sintesi dall'*intera* v.s. all'unico valore medio. Quello che dobbiamo fare è esprimere con una formula tale perdita. Un modo semplice e intuitivo è considerare la **distanza** fra le modalità osservate e il valore medio.

Quando parliamo di distanza non ci interessa sapere se x_i è sotto o sopra il valore medio, ma ci interessa sapere *se è* o *non è* distante! In altre parole, la *distanza* è un numero o pari a zero (*non è* distante!) o positivo (*è* distante). In formula, la distanza (più facile) fra modalità osservate x_i e valore medio è:

$$|x_i - \text{valore medio}|$$

dove le barrette indicano l'operazione **valore assoluto**, che significa "dimentichiamo il segno". I più furbi si saranno ricordati della nozione di *scarto* dalla media aritmetica di cui abbiamo parlato nel paragrafo precedente e avranno già notato che la *distanza* che stiamo considerando può essere chiamata **scarto assoluto** (chi non l'ha notato non si preoccupi, ma ci pensi su prima di andare avanti!). Ora, dobbiamo tener conto che di modalità x_i in U ne abbiamo f_i e poi dobbiamo considerarle *tutte*, sommandole in una **distanza totale**:

$$\sum_{i=1}^{k} |x_i - \text{valore medio}|\, f_i$$

Una volta definita, osserviamo che:

- nella distanza totale ci sono le x_i e le f_i, cioè i *dati*. La formula ci dice come usare i dati per ottenere un numero che sintetizza *tutte* le distanze; la formula scritta sopra è allora una **funzione dei dati**;
- la distanza totale sintetizza *quante informazioni* si perdono nel passaggio dall'intera v.s. al valore medio; è allora una **funzione di perdita**.

La funzione di perdita è una funzione dei dati che sintetizza la perdita di informazioni connaturata alla sintesi dell'intera v.s. in un unico valore medio. La cosa più sensata è cercare di rendere tale perdita *più piccola possibile*. Il criterio dell'ottimizzazione dice: il valore medio di sintesi *ottimo* è quello che rende *minima* la funzione di perdita.

Se la funzione di perdita scelta è quella scritta sopra, cioè la somma degli scarti assoluti ponderati: $\sum_{i=1}^{k} |x_i - \text{valore medio}|\, f_i$, il valore medio che la rende minima è la mediana $x_{0.5}$. Si ha quindi la seguente proprietà.

Proprietà

Proprietà di minimo della mediana. $x_{0.5}$ minimizza la distanza totale/funzione di perdita calcolata con gli scarti assoluti.

Con questo criterio la mediana è il valore medio ottimo: se calcoliamo gli scarti assoluti da un qualunque altro valore, per esempio dalla media aritmetica, la distanza totale/funzione di perdita è maggiore.

ESEMPIO 6.6

Buste paga a confronto

Su un numero del settimanale "Internazionale" comparivano i salari minimi (lordi) dei 21 Stati dell'Unione Europea che prevedono un salario minimo nazionale. Nella Tabella 6.8 sono riportati i dati relativi a 7 tra quei Paesi.

Tabella 6.8

Paese	Belgio	Lituania	Portogallo	Spagna	Grecia	Polonia	Francia
Euro	1502	290	566	753	684	377	1430

Fonte: Internazionale

I valori osservati del fenomeno "X: salario minimo nazionale", si leggono sulla seconda riga della Tabella 6.8: si tratta di 7 valori, diversi fra loro dunque le frequenze sono tutte pari a 1. Si parla in questo caso di **v.s. unitaria** o **serie semplice**. Per una v.s. unitaria non ha senso la moda, ma il calcolo di media e mediana sono semplificati. Ordinando i 7 valori x_i

290	377	566	684	753	1430	1502

si individua subito la modalità in posizione centrale ($x_{0.5} = 684$ €) e, sommando i 7 valori (la *ponderazione* non si vede perché le frequenze sono unitarie), è immediato calcolare il salario minimo medio:

$$\bar{x} = \frac{1}{N}\sum_{i=1}^{7} x_i = \frac{5602}{7} = 800.29\text{ €}$$

Entrambi i valori medi calcolati sintetizzano la v.s. e ci danno un'idea dell'ordine di grandezza del salario minimo nazionale X nei Paesi considerati. Decidiamo di scegliere fra questi due valori medi adottando il criterio dell'ottimizzazione e usando come funzione di perdita quella basata sugli scarti assoluti:

$$\sum_{i=1}^{k} |x_i - \text{valore medio}| f_i$$

otteniamo la Tabella 6.9... e allora scegliamo la mediana.
Se non vi basta, provate a calcolare la distanza totale/perdita da qualunque altro valore diverso dalla mediana e otterrete (sempre!) un numero più grande di 2452: la mediana rende *minima* la somma degli scarti assoluti ponderati.

Tabella 6.9

$\mathbf{x_i}$	$\lvert\mathbf{x_i} - \mathbf{x_{0.5}}\rvert$	$\lvert\mathbf{x_i} - \bar{\mathbf{x}}\rvert$
290	394	510.29
377	307	423.29
566	118	234.29
684	0	116.29
753	69	47.29
1430	746	629.71
1502	818	701.71
	2452 distanza totale/perdita dalla mediana	2662.87 distanza totale/perdita dalla media aritmetica

Se si usa come funzione di perdita la somma degli scarti assoluti ponderati, è la mediana il valore medio di sintesi *ottimo*, per la sua proprietà di minimo. Però questa *non è l'unica funzione* di perdita che possiamo scegliere, anche se è forse quella più naturale e più semplice da capire. In realtà di distanze e di funzioni di perdita ne possiamo definire moltissime (diciamo pure infinite!). Ai nostri fini ci limitiamo a quelle che hanno a che fare con la moda e la media aritmetica, perché, naturalmente, anche loro hanno la loro brava proprietà di minimo.

Se per eliminare il segno degli scarti, anziché usare il valore assoluto, *si eleva al quadrato* si ottiene lo **scarto quadratico**: $(x_i - \text{valore medio})^2$. Gli scarti quadratici, ponderati con le frequenze f_i e sommati tutti, forniscono un'altra funzione di perdita:

$$\sum_{i=1}^{k} (x_i - \text{valore medio})^2 f_i$$

Il valore medio che rende minima la funzione di perdita basata sugli scarti quadratici è la media aritmetica $\bar{x}$. Si ha la seguente proprietà.

Proprietà

Proprietà di minimo della media aritmetica. $\bar{x}$ minimizza la somma degli scarti quadratici ponderati.

Il criterio dell'ottimizzazione indica la media aritmetica come il valore medio *ottimo* quando si usa la funzione di perdita basata sugli scarti quadratici. Ma che razza di *distanza* stiamo calcolando quando usiamo gli scarti quadratici? Quando questa distanza è più opportuna di quella più semplice basata sugli scarti assoluti?

Proviamo a pensare a cosa succede quando prendiamo un numero e lo eleviamo al quadrato: se il numero è grande, elevato al quadrato diventa ancora più grande; se invece il numero è piccolo, elevato al quadrato diventa ancora più piccolo. Per esempio: $10^2 = 100$ e $100^2 = 10\,000$ ma $0.5^2 = 0.25$ e $0.1^2 = 0.01$. Elevare al quadrato ha l'effetto di *enfatizzare le differenze*. Si useranno allora gli scarti quadratici quando le distanze piccole sono *poco importanti*, mentre le distanze più grandi sono *molto rischiose*.

ESEMPIO 6.7

La dose ottima

Sul foglietto illustrativo di qualunque farmaco, accanto alle spaventose avvertenze, è indicata la *posologia*, cioè la dose consigliata per ottenere l'effetto desiderato (cioè guarire!). Come si stabilisce la dose di assunzione per ottenere l'effetto desiderato? Ogni farmaco, per legge, deve essere *sperimentato* prima di essere messo in commercio. Semplificando e a grandi linee, la sperimentazione di un nuovo farmaco avviene somministrando varie dosi a un numero sufficientemente ampio di soggetti, ciascuno dei quali reagirà a suo modo: alcune dosi non produrranno effetti, alcune un effetto eccessivo e altre l'effetto desiderato.

La dose consigliata è un valore medio di sintesi delle dosi sperimentate. Quale valore medio? La funzione di perdita che ha senso usare qui è proprio quella basata sugli scarti quadratici che enfatizzano le distanze. Le dosi che differiscono poco dal valore medio (la dose consigliata) avranno un effetto "vicino" a quello desiderato (basso rischio), mentre quelle che distano tanto avranno un effetto "lontano" da quello desiderato, comportando un rischio più alto: nessun effetto se sono insufficienti e quindi non si guarisce, un effetto eccessivo se sono troppo elevate con rischio di overdose, intossicazione o peggio. Immaginiamo che i dati sintetizzati nella Tabella 6.10 si riferiscano alla sperimentazione di un farmaco su 90 soggetti volontari. Dosi ed effetto sono osservati nell'opportuna unità di misura (non siamo medici quindi usiamo un po' di fantasia!). Il farmaco è già stato sperimentato sui topolini, per cui a questo punto si sa che una dose inferiore a 10 non produce alcun effetto e una dose superiore a 30 ammazza. Ai 90 soggetti sono state quindi somministrate varie dosi comprese fra 10 e 30. Verifichiamo la proprietà di minimo della media aritmetica: $\bar{x}$ produce un valore della funzione di perdita, basata sugli scarti quadratici, *inferiore* rispetto a qualunque altro valore medio di sintesi, per esempio rispetto alla mediana.

U: soggetti volontari per la sperimentazione del farmaco
X: dosi sperimentate del farmaco
$N = 90$

Funzione di perdita quadratica: $\sum_{i=1}^{k} (x_i - \text{valore medio})^2 f_i$

$$\bar{x} = \frac{1}{N}\sum_{I=1}^{k} x_i f_i = \frac{1713}{90} = 19.03 \qquad x_{0.5} = 15.5$$

Tabella 6.10

Dosi, x_i	Soggetti, f_i	p_i	Φ_i	$x_i f_i$	$(x_i - \bar{x})^2 f_i$	$(x_i - x_{0.5})^2 f_i$
11.5	12	0.13	0.13	138	680.41	192.00
13.0	15	0.17	0.30	195	545.41	93.75
15.5	20	0.22	0.52	310	249.22	0.00
20.0	13	0.15	0.67	260	12.23	263.25
25.0	18	0.20	0.87	450	641.54	1624.50
30.0	12	0.13	1.00	360	1444.09	2523.00
	90	1.00		1713*	3572.90*	4696.50**

* Distanza totale perdita dalla media aritmetica.
** Distanza totale perdita dalla mediana.

Il criterio dell'ottimizzazione indica $\bar{x} = 19.03$ come dose *media* ottima su cui basare la posologia del farmaco. Provate a calcolare la distanza totale/perdita da un qualunque altro valore diverso da $\bar{x}$ e otterrete sempre un numero maggiore di 3572.90: la media aritmetica rende *minima* la somma degli scarti quadratici ponderati.

Anche la moda ha la sua proprietà di minimo, dunque anche la moda può essere il valore medio di sintesi indicato dal criterio dell'ottimizzazione. La funzione di perdita minimizzata dalla moda è però meno intuitiva delle precedenti, un po' più complessa matematicamente e un po' più drastica dal punto di vista pratico. Sappiamo che possiamo misurare la perdita di informazioni connessa alla sintesi attraverso le *distanze*, prese così come sono, cioè con gli *scarti assoluti* $|x_i - \text{valore medio}|$, oppure enfatizzate, cioè con gli *scarti quadratici* $(x_i - \text{valore medio})^2$. Ora pensiamo al caso in cui non ci interessa l'*entità* della distanza ma solo se la distanza *c'è* o *non c'è*. Consideriamo allora scarti che valgono solo 0 o 1, cioè: 1 se la distanza *c'è*, 0 se la distanza *non c'è*. Scarti di questo tipo si ottengono elevando a 0. Qualunque numero elevato a 0 diventa uguale a 1, ma 0 elevato a 0 non si può fare. Dobbiamo allora ricorrere all'operazione matematica di **limite** ed elevare a un numero *che tende* a 0, cioè piccolissimo. In formule, la funzione di perdita in questo caso è:

$$\lim_{s \to 0} \sum_{i=1}^{k} |x_i - \text{valore medio}|^s f_i$$

dove il simbolo $\lim\limits_{s \to 0}$ si legge "limite per s che tende a 0". Gli scarti elevati a questo s piccolissimo diventano solo 0 o 1: valgono 0 quando $x_i = \text{valore medio}$ e valgono 1 quando $x_i \neq \text{valore medio}$. Il valore medio che rende minima questa funzione di perdita è la moda. Enunciamo, quindi, la seguente proprietà.

Proprietà

Proprietà di minimo della moda. x_0 minimizza la distanza totale/funzione di perdita basata sugli scarti elevati a s che tende a 0, cioè scarti che possono valere solo 0 o 1.

Allora la moda x_0 è il valore medio *ottimo* secondo questa *strana* distanza/perdita che può valere solo 0 (che significa: *non dista*) o 1 (che significa: *dista*).

ESEMPIO 6.8

Università in treno

Quando non ho impegni a orari fissi mi piace andare in università in treno. Lo scorso anno accademico l'ho usato 34 volte, prendendo per 19 volte un treno al mattino e per le rimanenti 15 un treno al primo pomeriggio. Sono una statistica e non ho potuto fare a meno di fare una rilevazione sui ritardi. Semplificando un po', i treni che ho preso sono arrivati in orario (ritardo = 0), con ritardo lieve (diciamo 5 minuti), medio (diciamo 10 minuti) e grave (diciamo 30 minuti o più). I miei dati sono:

Ritardo	0	5	10	30
Treni mattino	6	4	7	2
Treni pomeriggio	8	4	2	1

Per programmare gli spostamenti del prossimo anno decido di usare i miei dati, sintetizzarli in un valore medio e scegliere come periodo migliore per andare in università in treno quello con ritardo medio inferiore. Quale media usare per sintetizzare i ritardi osservati (o meglio, subiti)? Rispetto all'orario sono una persona piuttosto intollerante: per me un ritardo è un ritardo, quanto grave ha un'importanza secondaria. La funzione di perdita che scelgo è allora quella basata sugli scarti di tipo 0 (non c'è ritardo) o 1 (c'è ritardo). Il criterio dell'ottimizzazione indica in questo caso come valore medio *ottimo* la moda:

$$\text{treni mattino: } x_0 = 10 \quad \left(p_0 = \frac{7}{19} = 0.37 \Rightarrow 37\% \text{ dei treni presi} \right)$$

$$\text{treni pomeriggio: } x_0 = 0 \quad \left(p_0 = \frac{8}{15} = 0.53 \Rightarrow 53\% \text{ dei treni presi}\right)$$

e dunque sceglierò il pomeriggio.
Ciascuno, però, è fatto a modo suo anche in fatto di tolleranza ai ritardi: provate (per esercizio!) a scegliere la funzione di perdita più adatta a voi e il valore medio *ottimo* che ne deriva. Io intanto verifico sui miei dati (per esempio, i treni del mattino) la proprietà di minimo della moda.

X: ritardo (in minuti)
U: treni del mattino
$N = 19$

Funzione di perdita "drastica": $\lim_{s\to 0} \sum_{i=1}^{k} |x_i - \text{valore medio}|^s$

Tabella 6.11

x_i	f_i	$x_i f_i$	$\lim_{s\to 0} \lvert x_i - x_0\rvert^s$	$\lim_{s\to 0} \lvert x_i - x_0\rvert^s f_i$	$\lim_{s\to 0} \lvert x_i - \bar{x}\rvert^s$	$\lim_{s\to 0} \lvert x_i - \bar{x}\rvert^s f_i$
0	6	0	1	6	1	6
5	4	20	1	4	1	4
10	7	70	0	0	1	7
30	2	60	1	2	1	2
	19	150		12		19

Da cui ricavo:

$$x_0 = 10 \qquad \bar{x} = \frac{150}{19} = 7.89$$

Provate a calcolare la distanza totale/perdita da un qualunque altro valore diverso da x_0 (io qui ho provato con $\bar{x}$) e otterrete (sempre!) un valore maggiore di 12: la moda *minimizza* la somma degli scarti elevati a $s \to 0$.

6.3 Invariante e medie di Chisini

Pensiamo ancora alla perdita di informazioni connaturata alla sintesi dell'*intera* v.s. in un *unico* valore medio. Questa volta, però, anziché costruire una funzione di perdita basata sulle distanze fra i valori osservati x_i e il valore medio (come per il criterio di ottimizzazione), pensiamo a una funzione di perdita che inglobi un *particolare aspetto* del fenomeno X che interessa in modo speciale e che, perciò, *non si vuole perdere né alterare* nella sintesi.

ESEMPIO 6.9

Il tempo dei collaboratori

Nel corso dell'ultimo mese, per il mio lavoro didattico e di ricerca, ho potuto contare su 13 collaboratori che hanno svolto varie attività, alcune di durata breve (che hanno richiesto, diciamo, 30 minuti), altre di durata media (1, 2 o 3 ore) e alcune che hanno richiesto un'intera giornata di lavoro (diciamo 8 ore). Formalmente:

U: insieme dei collaboratori
$N = 13$
X: tempo per attività (in ore)
$k = 5$

Ore × attività	0.5	1	2	3	8
Collaboratori	1	2	5	4	1

Per aiutarmi nell'organizzazione delle attività del prossimo mese mi sarebbe utile una media del tempo per attività. Ho però un grosso vincolo da cui non posso scappare: il tempo totale dedicabile alle attività dai miei collaboratori è quello che è, non aumenterà né diminuirà nel prossimo mese; il valore medio deve tener conto di questo per essermi utile. Ho allora bisogno di un valore medio che lasci *inalterato* il "tempo totale per attività".

x_i	f_i	$x_i f_i$	$\bar{x} f_i$
0.5	1	0.5	2.5
1.0	2	2.0	5.0
2.0	5	10.0	12.5
3.0	4	12.0	10.0
8.0	1	8.0	2.5
	13	32.5	32.5

da cui $\bar{x} = \frac{1}{N}\sum_{i=1}^{k} x_i f_i = \frac{32.5}{13} = 2.5$ ore

$$\text{tempo totale} \times \text{attività} \sum_{i=1}^{5} x_i f_i = 32.5$$

$$\sum_{i=1}^{5} \bar{x} f_i = N\bar{x} = 13 \times 2.5 = 32.5$$

L'esempio ci dice che la media aritmetica mantiene **inalterato** il totale (... e d'altro canto l'abbiamo già visto nel Paragrafo 6.1 "Proprietà formali: le proprietà della media aritmetica").

Definizione

Invariante e media di Chisini. L'aspetto particolare di X che *non* si vuole perdere né alterare nella sintesi è una funzione dei dati chiamata **invariante**. Il valore medio che lascia *inalterato* il valore dell'invariante è detto **media di Chisini**.

Definizione

Media aritmetica. La media aritmetica è la media di Chisini quando l'invariante è il **totale** di X.

$$\sum_{i=1}^{k} x_i f_i = \sum_{i=1}^{k} \bar{x} f_i$$

Il totale di X non è però l'unico invariante a cui si può pensare, anche se è il più intuitivo e funziona bene in molti casi. Di conseguenza la media aritmetica non è l'unica media di Chisini costruibile.

ESEMPIO 6.10

Un consumo eccessivo di telefonini

Non ho mai posseduto più di un telefonino per volta, ma in 9 anni ho scassato e ricomprato (in una parola, *consumato*) 14 telefonini che hanno avuto, ciascuno, le seguenti durate:

Durata in mesi	3	6	9	12	14
N. telefonini	5	2	5	1	1

Di solito invito chiunque a tenere per sé i propri commenti, ma in effetti un dubbio me lo sono posta: ma quanti telefonini ho consumato mediamente ogni anno in quei 9 anni? Naturalmente mi sono data una risposta nell'unico modo che mi convince: se quello che cerco è una media devo rivolgermi alla Statistica. Ci sono in gioco 2 fenomeni: uno, chiamiamolo X, ha a che fare con la *durata* in mesi dei telefonini che ho scassato e ricomprato; l'altro, chiamiamolo Y, ha a che fare con il *consumo* annuo di telefonini. I dati si riferiscono a X, ma la media che cerco è di Y. Fortunatamente i due fenomeni sono legati fra loro: se 1 telefonino *mi dura* X mesi, ogni mese *consumo* una quota di telefonini pari a $1/X$. Visto poi che in un anno di mesi ce ne sono 12 e che l'aritmetica delle scuole elementari la conosciamo tutti, siamo tutti d'accordo con la formula:

$$Y = 12 \times \frac{1}{X}$$

Molto bene: posso usare i dati in X per calcolare la media che mi serve (di Y). Quale media? C'è una realtà da cui non posso scappare: i 14 telefonini che ho scassato e ricomprato mi sono durati 9 anni, cioè 108 mesi, né uno di più, né uno di meno. Allora il valore medio di Y che cerco deve tener conto di questa realtà: un'ottima occasione per usare il criterio dell'invariante. Il consumo medio annuo è la media di Chisini che lascia inalterata la durata totale (in mesi) dei miei 14 telefonini. Non resta che tradurre in v.s. (Tabella 6.12) e formule quello che ho appena detto a parole, il che richiederà minor spazio e produrrà maggiore chiarezza.

U: telefonini comprati in 9 anni
$N = 14$
X: durata in mesi
$k = 5$

Tabella 6.12

Durata in mesi x_i	**Consumo mensile** $y_i = 1/x_i$	**Telefonini** f_i	$\frac{f_i}{y_i}$
3	0.333	5	15
6	0.167	2	12
9	0.111	5	45
12	0.083	1	12
24	0.042	1	24
		14	108

$$\textbf{Invariante}\text{: durata totale (in mesi) } \sum_{i=1}^{k} x_i f_i = \sum_{i=1}^{k} \frac{f_i}{y_i} = 108$$

Osservate questo invariante che serve per determinare la media di Chisini di Y: è la somma dei *reciproci* ponderati. Il valore medio che lascia inalterata la somma dei reciproci non è la media aritmetica (né la moda, né la mediana), ma un nuovo tipo di media chiamata **media armonica** (di Y):

$$\frac{N}{\sum_{i=1}^{k} \frac{f_i}{y_i}} = \frac{14}{108} = 0.13 \text{ telefonini consumati/mese}$$

Infine: $0.13 \times 12 = 1.56$ telefonini consumati mediamente ogni anno, cioè il *consumo medio annuo* cercato.

Osservate la formula della media armonica: è tutta *rovesciata* rispetto alla media aritmetica! N sta al numeratore mentre al denominatore troviamo i reciproci delle modalità y_i del fenomeno Y di cui cerchiamo il valore medio. Quando i fenomeni in gioco sono legati da una relazione di *reciprocità* (come sono durata e consumo) la media opportuna *non è* la media aritmetica, ma è la media armonica. La media armonica è la media di Chisini che impiega come invariante la somma dei reciproci.

I più furbi avranno già notato che la media armonica calcolata è anche uguale a:

$$\text{media armonica di } Y = \frac{\text{consumo totale (di telefonini)}}{\text{durata totale (in mesi)}}$$
$$= \text{consumo medio mensile di telefonini}$$

da moltiplicare poi per 12 per ottenere il consumo medio annuo. È un modo di procedere molto intuitivo se si ricorda che: $Y = 12 \times 1/X$.

Ora abbiamo una consapevolezza in più: la media armonica è la media (di Chisini) che lascia inalterata la durata totale espressa come somma dei reciproci, che a loro volta rappresentano i consumi (Tabella 6.13).

Tabella 6.13

$\frac{f_i}{y_i}$	$\frac{f_i}{0.13}$
15	38.57
12	15.43
45	38.57
12	7.71
24	7.71
108	108.00

$$\text{durata totale (in mesi)} \sum_{i=1}^{k} \frac{f_i}{y_i} = \sum_{i=1}^{k} \frac{f_i}{\text{media armonica}}$$

Concludiamo con un paio di osservazioni.

- La media armonica, insieme alla media aritmetica, fa parte della famiglia delle medie potenziate e gode di tutte le proprietà di questo tipo di medie (tra cui, abbiamo visto, internalità, omogeneità e associatività). Infatti *tutte* le medie potenziate sono *anche* medie di Chisini, cioè lasciano inalterato un qualche invariante. Però la classe delle medie di Chisini è ancora più ampia della classe delle medie potenziate e il criterio dell'invariante può portare a medie anche molto strane. Ne vedremo un esempio nel Capitolo 8 quando parleremo di *tasso medio di variazione*.
- Il criterio dell'invariante è molto sensato e attraente, ma presenta un inconveniente: teoricamente non è garantita l'internalità. Le medie di Chisini costruibili con il criterio dell'invariante possono risultare *non interne*, cioè non comprese fra il più piccolo e il più grande dei valori osservati, e dunque essere inutilizzabili.

Capitolo 7

Variabilità

Cioè la vera ragione per cui esiste la Statistica

In questo capitolo consideriamo i *soli* **fenomeni quantitativi** (sia discreti sia continui), cioè quelli che generano variabili statistiche completamente numeriche e che sono sintetizzabili con la media aritmetica. Con l'aiuto di un esempio comunemente associato alla Statistica capiremo perché i valori medi non bastano per descrivere un fenomeno statistico (quantitativo) e introdurremo l'importante concetto di **variabilità**, che è la vera ragione per cui esiste la Statistica. Impareremo poi a *misurare*, *confrontare* e *valutare* la variabilità di un fenomeno statistico.

7.1 Esiste la Statistica perché il mondo è vario: Trilussa e l'esempio del pollo

Nell'immaginario popolare la Statistica è spesso associata alla famosa poesia di Trilussa:

te tocca un pollo all'anno/
e, se nun entra nelle spese tue/
t'entra ne la statistica lo stesso/
perch'è c'è un antro che ne magna due...

Trilussa aveva ragione: la media aritmetica fra 0 (polli mangiati dal protagonista della poesia) e 2 (polli mangiati dall'*antro* della poesia) è proprio 1 (1 pollo a testa). Nella situazione descritta dalla poesia, la media aritmetica svolge molto male il suo lavoro di valor medio di sintesi poiché dà un'indicazione **lontana** dalla realtà, addirittura *contraria* alla realtà. Ma Trilussa non era uno statistico e non è colpa sua se si è *fermato* alla media aritmetica. Con strumenti statistici più opportuni, anche una situazione *difficile* come quella della poesia può essere descritta più correttamente.

Proviamo a formalizzare, aumentando un po' la numerosità della popolazione considerata nella poesia (in cui N è uguale a 2 e dunque potrebbe essere descritta *a occhio* senza bisogno di Statistica).

ESEMPIO 7.1

Esempio del consumo di pollo

U: Consumatori di pollo
$N = 10$
X: Numero di polli consumati, fenomeno quantitativo discreto

Una realtà come quella descritta da Trilussa genera una v.s. in cui 1 unità statistica mangia i polli di tutti e le rimanenti unità statistiche non ne mangiano nessuno ($k = 2$):

Polli x_i	Consumatori f_i
0	9
10	1
	$N = 10$

Se sintetizzassimo con la media aritmetica (così come fa Trilussa):

$$\bar{x} = \frac{1}{N} \sum_{i=1}^{2} x_i f_i = \frac{1}{10} (0 \times 9 + 10 \times 1) = \frac{10}{10} = 1$$

diremmo che in media in U si mangia 1 pollo a testa dando una descrizione estremamente distorta della realtà. Valori di sintesi con maggiore capacità descrittiva in questo caso sarebbero:

- la mediana $x_{0.5} = 0$ che ci dice che almeno la metà di U non consuma polli;
- la frequenza cumulata relativa della modalità 0: $9/10 = 0.9$ che ci dice che il 90% di U non consuma polli;
- la moda $x_0 = 0$ con frequenza relativa $9/10 = 0.9$, cioè rappresentativa del 90% di U.

Ma che cosa rende *difficile* la sintesi di una siffatta v.s. e la descrizione del comportamento di X su U? Qual è il dato di realtà, di fatto l'aspetto caratteristico di questa U che $\bar{x}$ non riesce a cogliere? Si tratta della **variabilità** o **dispersione** di X.

Definizione

Variabilità o dispersione di X (concetto): attitudine di un fenomeno quantitativo a manifestarsi, sulle N unità di U, con modalità fra loro *diverse* e *distanti*.

La situazione della poesia di Trilussa è di **massima variabilità**: X manifesta solo due modalità fra loro massimamente distanti: niente e tutto.

La variabilità (accanto alla numerosità N di U) è ciò che rende necessario il ricorso a strumentazione statistica per l'analisi e la comprensione del comportamento del fenomeno su U. È di fatto ciò che si cerca di *descrivere e spiegare statisticamente*.

La variabilità di X quantitativo è quindi un aspetto essenziale nella descrizione statistica del suo comportamento su U. Il nostro obiettivo di descrivere statistica- mente il comportamento di X su U richiede allora anche la misura e l'analisi della variabilità.

7.2 Misura della variabilità: deviazione standard, varianza e devianza

Una misura (assoluta) della variabilità di X (su U) è un indice sintetico calcolato sulla v.s. con le seguenti caratteristiche:

Proprietà

Proprietà di un indice di variabilità

- assume valore 0 in **assenza di variabilità**, cioè nella situazione limite in cui X si manifesta sulle N unità di U con un'unica modalità, generando una v.s. **costante** (si dice anche **degenere**);
- assume valori positivi (>0) quando X (più realisticamente) si manifesta su U con modalità molteplici e differenti, cioè in caso di variabilità;
- assume valori positivi e via via più grandi all'aumentare della variabilità.

Un modo semplice e intuitivo per costruire un indice con queste proprietà è *confrontare* fra loro le modalità con cui X si manifesta su U. Seguendo questa logica la più semplice misura di variabilità, che chiamiamo all'inglese **range**, si ottiene confrontando *la più piccola* e *la più grande* fra le modalità osservate:

Definizione

Range di X: $x_{max} - x_{min}$

Il range *è* una misura (assoluta) di variabilità; infatti:

- vale 0 se la v.s. è degenere, cioè quando X si manifesta con un'unica modalità (sempre la stessa), perciò $x_{max} = x_{min}$;
- assume valori positivi (>0) quando X si manifesta con più modalità diverse, perciò $x_{max} > x_{min}$. In questo caso il valore assunto dal range cresce all'aumentare della differenza fra x_{max} e x_{min}, cioè all'aumentare della variabilità di X.

Il range è però una misura di variabilità grossolana. Innanzi tutto il range è basato solo su 2 fra le k modalità osservate, quelle estreme, mentre il resto della v.s. è ignorato. Inoltre è molto sensibile alla presenza di valori *anomali*, quando cioè x_{min} è *estremamente* piccola o quando x_{max} è *troppo* grande, il che può accadere, per esempio, per effetto di errori (di rilevazione, di trascrizione ecc.) e non solo per effetto della variabilità di X.

Seguendo sempre questa logica di confronto delle modalità, possiamo migliorare un po' le cose prendendo la differenza fra i due quartili (superiore e inferiore) di X, quelli cioè con cui abbiamo costruito il box-plot nel Paragrafo 5.4 "Sintesi in 5 numeri e box-plot" (che consiglio caldamente di andare a rivedere!). Otteniamo un'altra misura di variabilità chiamata **differenza interquartile** che indichiamo con IQR (dall'inglese **inter-quartile range**):

Definizione

$$\mathbf{IQR} = x_{0.75} - x_{0.25}$$

Per inciso, adesso capiamo anche che nel box-plot, che abbiamo visto nel Paragrafo 5.4, l'altezza del "box" (o la sua larghezza a seconda che lo disegniamo verticale od orizzontale) è esattamente pari alla IQR. Perciò, la sintesi in 5 numeri e la sua rappresentazione grafica (il box-plot appunto) ci danno informazioni anche sulla *variabilità*: quanto più X è variabile, tanto più elevato è il valore di IQR e più alto (o largo) appare il box-plot.

La differenza interquartile IQR è quindi il range della *metà centrale* delle osservazioni. Risulta meno sensibile all'effetto dei valori anomali perché elimina le code della v.s., cioè tutte le osservazioni più piccole del I quartile ($x_i < x_{0.25}$) e tutte quelle più grandi del III quartile ($x_i > x_{0.75}$). Tuttavia, anche la IQR è basata solo su 2 fra le k modalità osservate e ignora la v.s. nel suo complesso.

Una misura di variabilità più raffinata; meno *sensibile* agli eventuali valori anomali e che utilizza tutta la v.s. (cioè tutte le k coppie di "modalità" x_i e "frequenze" f_i) è la **deviazione standard** di X (chiamata anche **scarto quadratico medio**). Si tratta della misura di variabilità più *nota* e più *utilizzata* e per questo ha una notazione standard pressoché universalmente impiegata: la lettera greca sigma minuscola "σ". σ misura la variabilità di X seguendo un'altra logica: anziché confrontare *fra loro* le modalità di X (per esempio, le due estreme come nel caso del range) si confronta ciascuna delle k modalità osservate x_i con un unico valore fisso scelto come *polo di confronto*. Vediamo prima la formula (definizione) e poi cerchiamo di capire da dove salta fuori.

Definizione

Deviazione standard o **scarto quadratico medio** σ

$$\sigma = \sqrt{\frac{1}{N}\sum_{i=1}^{k}(x_i - \bar{x})^2 f_i}$$

La formula salta fuori così.

- Ogni modalità osservata x_i è confrontata con la media aritmetica $\bar{x}$ che, essendo un valore medio di sintesi dell'*intera* v.s., funziona bene come *polo di confronto.*
- La differenza $(x_i - \bar{x})$ (che abbiamo già incontrato nel Paragrafo 6.1 e che si chiama **scarto** o **deviazione**) può risultare positiva o negativa a seconda che x_i sia una modalità *sopra-* o *sotto-media.* Ai nostri fini (cioè la misura della variabilità di X) il segno dello scarto è ininfluente: quello che ci interessa è se x_i è *vicina* o *lontana* dal polo di confronto $\bar{x}$. In altre parole, ci interessa la **distanza** di x_i da $\bar{x}$. Per eliminare l'influenza del segno, si considerano gli **scarti quadratici**, cioè elevati al quadrato: $(x_i - \bar{x})^2$. Inoltre, per ragioni di semplicità analitica, il quadrato è preferibile al valore assoluto ogni volta che si rende necessario eliminare l'influenza dei segni. Il quadrato è infatti più semplice da trattare matematicamente e ha l'effetto di *enfatizzare* le distanze, cosa che ci è utile ai nostri fini di misura della variabilità (abbiamo già fatto questa discussione nel Paragrafo 6.2 "Ottimizzazione: funzioni di perdita e proprietà di minimo" parlando di proprietà di minimo della media aritmetica. Se necessario, rileggerlo!). Per inciso (l'abbiamo già osservato nel Paragrafo 6.1 parlando di proprietà della media aritmetica), se si sommano tutti gli scarti ponderati *non* al quadrato ma con il loro segno (positivo o negativo) si ottiene *sempre* 0, qualunque sia la variabilità di X: ecco un'altra ragione per eliminare il segno degli scarti.
- Gli scarti quadratici vengono poi **ponderati** con (moltiplicati per) le frequenze: $(x_i - \bar{x})^2 f_i$. Si tiene cioè conto del fatto che la modalità x_i si presenta in U f_i volte.
- Poiché di scarti quadratici ne abbiamo k, cioè tanti quante sono le modalità x_i osservate, li sintetizziamo tutti in una media, sommando e dividendo per N (e questa è la ragione per cui σ in italiano è chiamato scarto quadratico *medio*).
- Infine, si *ristabilisce* l'ordine di grandezza e l'unità di misura (alterati dall'elevamento al quadrato) prendendo la radice quadrata.

σ misura la variabilità di X considerando la **dispersione** dei suoi valori *intorno* al suo valore medio $\bar{x}$. σ è espressa nella stessa unità di misura con cui è rilevato X e in cui è espressa la media $\bar{x}$. Ci dice che X si manifesta su U con valori che *in media distano* da $\bar{x}$ per $\pm\sigma$ (e questo spiega perché in inglese σ è chiamata **standard deviation** che noi traduciamo con **deviazione standard**). Abbiamo quindi raggiunto il nostro obiettivo statistico descrittivo: associando al valor medio la misura di variabilità riusciamo a dare una descrizione *sintetica* del comportamento di X su U *completa* sia dell'ordine di grandezza sia della variabilità.

Definizione

Descrizione sintetica di X quantitativo

$$\bar{x}\pm\sigma$$

Il valore di σ si può ottenere anche dalla seguente *formula alternativa* che è più veloce quando si eseguono i conti *a mano* o con la macchinetta calcolatrice. Questa formula alternativa a parole sembra un po' uno scioglilingua "media dei quadrati meno quadrato della media, sotto radice quadrata". In formule è più compatta e chiara.

Deviazione standard (formula alternativa)

Definizione

$$\sigma = \sqrt{\frac{1}{N}\sum_{i=1}^{k} x_i^2 f_i - \bar{x}^2}$$

Utilizzando la definizione o la formula alternativa per calcolare σ si ottiene lo stesso risultato, come vedremo nel prossimo esempio. Per convincervi davvero, però, un esempio non dovrebbe bastare (se cambiassi i dati?). Consiglio invece di guardare e riflettere sulla dimostrazione.

ESEMPIO 7.2

Intellettuali stressati

U: collettivo di adulti che svolgono lavoro prevalentemente intellettuale
$N = 52$
X: livello di stress da lavoro, misurato da un test psicologico su una scala da 1 (nessuno stress) a 10 (livello massimo di stress)

Livello di stress, x_i	1	3	4	6	7	8	9	
Lavoratori, f_i	1	4	12	6	10	12	4	$N = 52$

Tabella 7.1

x_i	f_i	$x_i f_i$	$(x_i - \bar{x})f_i$	$(x_i - \bar{x})^2 f_i$	$x_i^2 f_i$
1	1	1	−5.10	25.97	1
3	4	12	−12.38	38.34	36
4	12	48	−25.15	52.73	192
6	9	54	−0.87	0.08	324
7	10	70	9.04	8.17	490
8	12	96	22.85	43.50	768
9	4	36	11.62	33.73	324
	52	317	$\sum_{i=1}^{k}(x_i-\bar{x})f_i=0$	$\sum_{i=1}^{k}(x_i-\bar{x})^2 f_i = 202.52$	$\sum_{i=1}^{k} x_i^2 f_i = 2135$

Senza dimenticare che *X* è un fenomeno qualitativo ordinale con scala quantitativa (non rapporto), lo trattiamo statisticamente come quantitativo sintetizzando la v.s. con la media aritmetica e misurandone la variabilità mediante la deviazione standard, (Tabella 7.1) (già che ci siamo, verifichiamo anche che la somma degli scarti ponderati *non* elevati al quadrato è sempre nulla).

$$\bar{x} = \frac{1}{N}\sum_{i=1}^{7} x_i f_i = \frac{317}{52} = 6.096 \text{ livello medio di stress dei lavoratori osservati}$$

$$\sigma \text{ (definizione)} = \sqrt{\frac{1}{N}\sum_{i=1}^{k}(x_i - \bar{x})^2 f_i} = \sqrt{\frac{202.52}{52}} = 1.97$$

$$\sigma \text{ (formula alternativa)} = \sqrt{\frac{1}{N}\sum_{i=1}^{k} x_i^2 f_i - \bar{x}^2} = \sqrt{\frac{2135}{52} - (6.096)^2} = 1.97$$

Il valore $\sigma = 1.97$ (calcolato applicando la definizione o, indifferentemente, la formula alternativa) misura la variabilità del livello di stress nella popolazione di lavoratori intellettuali osservata. Essendo diverso da 0, ci informa che il fenomeno *X varia* in *U* (*non* è costante). σ è espressa nella stessa unità di misura con cui è stato rilevato *X*: ci dice che *in media* i livelli di stress dei lavoratori osservati *distano/deviano* dal livello medio $\bar{x} = 6.096$ di ± 1.97.

Non vi sarà sfuggito che il valore di σ non è facilmente interpretabile (nell'Esempio 7.2 "Intellettuali stressati" $\sigma = 1.97$ è tanto o poco?) e nemmeno confrontabile con σ calcolata su una diversa v.s. (se un test diverso condotto su un'altra popolazione di lavoratori fornisse un valore di σ diverso, magari più grande, è corretto concludere che il livello di stress è *più variabile* nella seconda popolazione che non nella prima?). Questo, però è l'argomento del prossimo paragrafo. Prima dimostriamo che definizione e formula alternativa per il calcolo di σ sono *equivalenti*, cioè conducono allo stesso risultato.

Dimostrazione

Partiamo dalla definizione:

$$\sigma = \sqrt{\frac{1}{N}\sum_{i=1}^{k}(x_i - \bar{x})^2 f_i}$$

Svolgiamo il quadrato fra parentesi tonde ricordandoci (dalle scuole medie) che il quadrato del binomio è:

$$(a - b)^2 = a^2 + b^2 - 2ab$$

Quindi

$$= \sqrt{\frac{1}{N}\sum_{i=1}^{k}(x_i^2 + \bar{x}^2 - 2\bar{x}x_i)f_i}$$

Togliamo le parentesi (in linguaggio tecnico più corretto: si applica la proprietà distributiva della somma applicando il simbolo $\sum$ a ciascun termine della somma algebrica entro parentesi) ricordandoci di moltiplicare ciascun termine per i coefficienti f_i e $1/N$:

$$= \sqrt{\frac{1}{N}\sum_{i=1}^{k}x_i^2 f_i + \frac{1}{N}\sum_{i=1}^{k}\bar{x}^2 f_i - \frac{1}{N}\sum_{i=1}^{k}2\bar{x}x_i f_i}$$

Il primo addendo resta così com'è. Nel secondo e nel terzo addendo si porta fuori dalla sommatoria tutto ciò che è costante, cioè che non dipende dall'indice i della sommatoria (tecnicamente: si raccolgono a fattor comune le costanti).

$$= \sqrt{\frac{1}{N}\sum_{i=1}^{k}x_i^2 f_i + \bar{x}^2\frac{1}{N}\sum_{i=1}^{k}f_i - 2\bar{x}\frac{1}{N}\sum_{i=1}^{k}x_i f_i}$$

Adesso riconosciamo delle quantità note:

$\sum_{i=1}^{k} f_i = N$ da cui il secondo addendo diventa $\bar{x}^2\frac{1}{N}N = \bar{x}^2$

$\frac{1}{N}\sum_{i=1}^{k} x_i f_i = \bar{x}$ da cui il terzo addendo diventa $2\bar{x}\cdot\bar{x} = 2\bar{x}^2$

Così otteniamo:

$$= \sqrt{\frac{1}{N}\sum_{i=1}^{k}x_i^2 f_i + \bar{x}^2 - 2\bar{x}^2}$$

Infine, poiché $+\bar{x}^2 - 2\bar{x}^2 = -\bar{x}^2$, si arriva alla formula alternativa:

$$= \sqrt{\frac{1}{N}\sum_{i=1}^{k}x_i^2 f_i - \bar{x}^2}$$

La dimostrazione consta di una serie di uguaglianze (=). Di conseguenza il punto di partenza (la definizione di σ) è *uguale* al punto di arrivo (la formula alternativa).

A partire da σ, con semplici trasformazioni algebriche si definiscono altre due misure di variabilità di X su U chiamate **varianza** e **devianza**.

La deviazione standard elevata al quadrato (cioè eliminando la radice quadrata) è la **varianza** di X.

Definizione

Varianza

$$\sigma^2 = \frac{1}{N}\sum_{i=1}^{k}(x_i - \bar{x})^2 f_i$$

$$\text{(formula alternativa)}\ \sigma^2 = \frac{1}{N}\sum_{i=1}^{k} x_i^2 f_i - \bar{x}^2$$

Anche σ^2 è una misura di variabilità: vale 0 in caso di assenza di variabilità (v.s. degenere) e assume valori positivi (>0) e crescenti all'aumentare della variabilità di X in U. σ_2 però *non è* una *buona* misura *descrittiva* della variabilità: l'ordine di grandezza e l'unità di misura sono alterati dal quadrato. Pensiamo, per esempio, a un fenomeno espresso in € la cui varianza risulta espressa in €^{2} (euro al quadrato?!?). L'eliminazione della radice quadrata (cioè il passaggio da σ a σ^2) ha però notevoli vantaggi analitici, computazionali e interpretativi: anche la radice quadrata, così come il valore assoluto, è un'operazione difficile da trattare matematicamente. Inoltre la varianza σ^2 gode di parecchie proprietà statistiche di cui non gode invece σ, e ha potenzialità descrittive maggiori. Ne apprezzeremo un esempio nel Capitolo 11. La useremo parecchio nella Parte III di questo libro, e impareremo che è utilissima per l'inferenza statistica.

La varianza moltiplicata per N (cioè eliminando il denominatore di σ^2) definisce la **devianza** di X.

Definizione

Devianza

$$N\sigma^2 = \sum_{i=1}^{k}(x_i - \bar{x})^2 f_i$$

Anche la devianza $N\sigma^2$ è una misura di variabilità: vale 0 in assenza di variabilità e assume valori positivi e crescenti al crescere della variabilità. Anch'essa però *non è* una *buona* misura *descrittiva* della variabilità: come la varianza, è quantità al quadrato, con le conseguenze che abbiamo appena osservato sull'ordine di grandezza e sull'unità di misura. Inoltre è un *totale* (di quadrati) anziché una *media* perché non essendo divisa per N non è *mediata* su tutta U. Tuttavia, la devianza rappresenta un'ulteriore *semplificazione analitica* della deviazione standard e della varianza perché oltre la radice quadrata è trascurato anche il denominatore N. Per questo è talvolta più con- veniente da usare in linea *teorica*, non per *misurare* la variabilità, ma per perseguire altri scopi interpretativi. Ne vedremo un esempio nel Capitolo 13.

7.3 Valutazione e confronti di variabilità: il coefficiente di variazione

La deviazione standard σ e la varianza σ^2 (ma anche il range, la differenza interquartile e la devianza) sono misure **assolute** di variabilità, cioè sono *influenzate* dall'ordine di grandezza (unità, decine, centinaia ecc.) e dall'unità di misura con cui X si manifesta su U. Di conseguenza non sono né *valutabili* né *confrontabili*. Quando un indice assoluto di variabilità, per esempio σ oppure σ^2, risulta diverso da 0 ci dice che X *presenta* variabilità, ma non è in grado di dirci se tale variabilità è *tanta* o *poca*, cioè *non* è *valutabile*. Tantomeno può indicarci se X è *più o meno* variabile di un altro fenomeno su U o su un'altra popolazione, cioè *non* è *confrontabile*.

ESEMPIO 7.3

Maschi e femmine dal mondo

Nella Tabella 7.2 sono riportati i dati ufficiali dal comune di Monza sulla popolazione straniera residente distinta in 7668 maschi e 7948 femmine.

Formalmente:

U: stranieri residenti a Monza distinti fra maschi e femmine
$NM = 7668$
$NF = 7948$
X: età (in classi di anni)
$k = 5$

Tabella 7.2 Stranieri residenti a Monza

Classi di età $x_i : x_l \vdash x_L$	Maschi f_i	Femmine f_i
$0 \vdash 15$	1534	1421
$15 \vdash 25$	865	774
$25 \vdash 45$	3813	3632
$45 \vdash 65$	1355	1924
$65 \vdash 99$	101	197
	$N_M = 7668$	$N_F = 7948$

Fonte: ISTAT.

Poiché i dati sono disponibili raggruppati in classi di età, per calcolare media e deviazione standard usiamo il valore centrale delle classi (Tabella 7.3).

Tabella 7.3

Valori centrali	Maschi			Femmine		
x_i^*	f_i	$x_i^* f_i$	$(x_i^* - \bar{x}_M)^2 f_i$	f_i	$x_i^* f_i$	$(x_i^* - \bar{x}_F)^2 f_i$
7.5	1534	11 505	917 779.31	1421	10 657.5	1 045 908.43
20.0	865	17 300	123 730.98	774	15 480.0	165 664.56
35.0	3813	133 455	35 238.22	3632	127 120.0	497.22
55.0	1355	74 525	719 290.37	1924	105 820.0	798 338.60
82.0	101	8282	252 904.16	197	16 154.0	442 051.63
	7668	245 067	2 048 943.04	7948	275 231.5	2 452 460.44

Calcoliamo l'età media per i maschi e per le femmine:

$$\bar{x}_M = \frac{1}{N_M} \sum_{i=1}^{5} x_i f_i = \frac{245\,067}{7668} = 31.96$$

$$\bar{x}_F = \frac{1}{N_F} \sum_{i=1}^{5} x_i f_i = \frac{275\,231.5}{7948} = 34.63$$

L'età media degli stranieri residenti a Monza è circa 32 anni per i maschi e, leggermente maggiore, circa 35 anni per le femmine.

Calcoliamo le deviazioni standard:

$$\sigma_M = \sqrt{\frac{1}{N_M} \sum_{i=1}^{k} (x_i - \bar{x}_M)^2 f_i} = \sqrt{\frac{2\,048\,943.04}{7668}} = 16.35$$

$$\sigma_F = \sqrt{\frac{1}{N_F} \sum_{i=1}^{k} (x_i - \bar{x}_F)^2 f_i} = \sqrt{\frac{2\,452\,460.44}{7948}} = 17.57$$

Le due misure (assolute) di variabilità σ_M per i maschi e σ_F per le femmine sono diverse da 0, dunque indicano la *presenza* di variabilità, ma *non* sono né *valutabili* (16.35 o 17.57 sono valori *alti* o *bassi*?) né sono *confrontabili* fra loro (σ_F risulta maggiore di σ_M perché X è più variabile fra le femmine o perché X fra le femmine manifesta valori più elevati come conferma il fatto che $\bar{x}_F > \bar{x}_M$?).

Per confrontare la variabilità di X in due diverse popolazioni (come nell'Esempio 7.3 "Maschi e femmine dal mondo") per stabilire se e dove varia di più e dove meno, oppure per confrontare la variabilità di X con quella di un altro diverso fenomeno sulla stessa popolazione, per stabilire quale è più variabile, occorre costruire una misura di variabilità *relativa*. Lo abbiamo già imparato nel Capitolo 4 (... e se non ce lo ricordiamo rileggiamo il Paragrafo 4.4 "Confrontare e valutare: indici relativi e normalizzazione").

La misura di variabilità relativa più nota e utilizzata è il **coefficiente di variazione** che si costruisce ponendo la deviazione standard σ (misura assoluta di variabilità) *a rapporto* con la media aritmetica $\bar{x}$ (sintesi dell'ordine di grandezza ed espressa, come σ, nella stessa unità di misura con cui è rilevato X).

Definizione

Coefficiente di variazione

$$cv = \frac{\sigma}{\bar{x}}$$

Il cv è un indice *puro*, cioè senza (depurato da) unità di misura. È *confrontabile* fra fenomeni con diverso ordine di grandezza e diversa unità di misura e fra fenomeni rilevati su popolazioni diverse. È inoltre *valutabile* come *percentuale della media* (% di $\bar{x}$).

ESEMPIO 7.3

Maschi e femmine dal mondo (continua)

Ci siamo chiesti: $\sigma_M = 16.35$ o $\sigma_F = 17.57$ sono valori alti o bassi? σ_F risulta maggiore di σ_M perché X è più variabile fra le femmine o perché X fra le femmine manifesta valori più elevati, come conferma il fatto che $\bar{x}_F > \bar{x}_M$? Per rispondere calcoliamo una misura di variabilità **relativa**, per esempio il cv:

$$cv_M = \frac{\sigma_M}{\bar{x}_M} = \frac{16.35}{31.96} = 0.512 \qquad cv_F = \frac{\sigma_F}{\bar{x}_F} = \frac{17.57}{34.63} = 0.507$$

I due cv calcolati sono: *valutabili* come percentuale di $\bar{x}$, la variabilità di X è circa il 51.2% dell'età media dei maschi e circa il 50.7% dell'età media delle femmine; *confrontabili* fra loro, la variabilità dell'età è molto simile nei due gruppi ($cv_M \cong cv_F$); tuttavia, poiché $cv_M > cv_F$ la variabilità di X è (lievemente) maggiore fra i maschi che fra le femmine, conclusione contraria a quella che erroneamente avremmo tratto confrontando le misure assolute $\sigma_F > \sigma_M$.

Valutare la variabilità di un fenomeno quantitativo serve anche a valutare la *capacità di sintesi* della media aritmetica: più alta è la variabilità del fenomeno, meno informativa risulta $\bar{x}$ (ricordate l'Esempio 7.1 "Esempio del consumo di pollo"?). Dobbiamo però fare un'osservazione importante. È una tendenza piuttosto diffusa presentare il cv moltiplicato per 100 (e questo è ciò che fa di solito il computer). A volte il cv risulta molto piccolo (<1) e così moltiplicarlo per 100 può facilitare i confronti. Questa pratica fa però venire la tentazione d'interpretare il cv come percentuale *di variabilità*. Fate molta attenzione perché è un *errore*! Il cv è una misura *relativa alla media* e la sola valutazione sensata è come *percentuale della media*. Il cv è un valore sempre positivo (>0) che può occasionalmente risultare inferiore a 1, ma non necessariamente. Nell'Esempio 7.3 "Maschi e femmine dal mondo" $cv_F = 0.507$ risulta *per caso* più piccolo di 1 e può essere presentato moltiplicato per 100 (e così lo sputerebbe fuori il computer): $cv_F \cdot 100 = 50.7$, ma questo *non* significa che la variabilità dell'età delle femmine straniere è "il 50.7%". L'interpretazione *corretta* è: la variabilità dell'età delle femmine straniere, cioè la tendenza ad avere età differenti, è il 50.7% di $\bar{x}$, cioè circa la metà della "sua" media.

Costruire una misura di variabilità interpretabile come *percentuale di variabilità* è una faccenda più delicata a cui è dedicato il prossimo paragrafo.

7.4 Come si costruisce una percentuale di variabilità: normalizzazione e massima variabilità

Con il coefficiente di variazione, la misura assoluta σ è trasformata in percentuale *della media*. Il nostro obiettivo è ora trasformare la misura assoluta σ in *percentuale di variabilità*.

ESEMPIO 7.4

Una giuria imparziale

Gli organizzatori di un noto concorso canoro nazionale devono formare la giuria popolare composta da 120 giurati di età compresa fra i 15 e i 70 anni. Osservano che l'età dei giurati influenza i gusti musicali e dunque il giudizio espresso. Ritengono quindi che la **variabilità** dell'età dei giurati sia un indicatore dell'imparzialità della giuria. Si danno la regola secondo cui la variabilità dell'età dei giurati, misurata con la deviazione standard σ, non debba essere inferiore al 50% (della variabilità massima pensabile). Decidono allora di formare la giuria considerando 4 classi di età: meno di 20 anni, tra 20 e 40 anni, tra 40 e 60 anni e più di 60 anni, e di suddividere equamente i 120 giurati in queste quattro classi (Tabella 7.4). Si chiedono se procedendo con tale criterio è rispettata la regola che si sono posti: "variabilità non inferiore al 50%".

U: collettivo di giurati
$N = 120$
X: età; fenomeno quantitativo continuo
$k = 4$

Tabella 7.4

Età $x_i : x_l \vdash x_L$	Giurati f_i
$15 \vdash 20$	30
$20 \vdash 40$	30
$40 \vdash 60$	30
$60 \vdash 70$	30
	120

Utilizziamo il valore centrale degli intervalli e misuriamo la variabilità di X con gli indici assoluto e relativo che conosciamo, cioè la deviazione standard σ e il coefficiente di variazione cv. Per esercitarci calcoliamo σ sia con la definizione sia con la formula alternativa (Tabella 7.5).

Tabella 7.5

x_i^*	f_i	$x_i^* f_i$	$(x_i^* - \bar{x})^2 f_i$	$x_i^{*2} f_i$
17.5	30	525	16 042.969	9187.5
30.0	30	900	3386.719	27 000.0
50.0	30	1500	2636.719	75 000.0
65.0	30	1950	17 824.219	126 750.0
	120	4875	39 890.626	237 937.5

$$\bar{x} = \frac{1}{N}\sum_{i=1}^{4} x_i^* f_i = \frac{4875}{120} = 40.625$$

$$\sigma = \sqrt{\frac{1}{N}\sum_{i=1}^{4} (x_i^* - \bar{x})^2 f_i} = \sqrt{\frac{39\,890.626}{120}} = 18.23$$

$$\sigma = \sqrt{\frac{1}{N}\sum_{i=1}^{4} x_i^{*2} f_i - \bar{x}^2} = \sqrt{\frac{237\,937.5}{120} - 40.625^2} = 18.23$$

$$cv = \frac{\sigma}{\bar{x}} = \frac{18.23}{40.625} = 0.449$$

La deviazione standard *assoluta* $\sigma = 18.23$ ci dice che l'età X *presenta* variabilità su U (la giuria) e che le età dei giurati sono *disperse* intorno all'età media 40.625 (cioè *deviano* dal valore medio) mediamente per ± 18.23 anni. La misura di variabilità *relativa* $cv = 0.449$ ci dice che la variabilità di X su U è il 44.9% *dell'età media*. Il cv è risultato minore di 1 ma è solo un caso: *non* significa che la variabilità di X è il 44.9% della massima variabilità pensabile. Con queste misure, cioè, non siamo in grado di stabilire se il criterio adottato dagli organizzatori per formare la giuria rispetta la regola "variabilità non inferiore al 50% (della massima possible)". Per raggiungere il nostro scopo occorre *trasformare* la misura assoluta σ in percentuale *di variabilità massima possibile.*

Per trasformare una misura di variabilità *assoluta* in percentuale di variabilità *massima possibile* è necessaria la **normalizzazione** che abbiamo imparato nel Capitolo 4 (... e a chi non se lo ricorda consiglio caldamente di rileggere il Paragrafo 4.4 "Confrontare e valutare: indici relativi e normalizzazione".

Si tratta di normalizzare una misura assoluta di variabilità, per esempio la deviazione standard σ. Poiché in situazione di assenza di variabilità di X (quando cioè *tutte* le N unità statistiche manifestano la stessa modalità di X) si ha $\sigma_{\min} = 0$, per normalizzare σ dobbiamo dividerla per il suo valore massimo, cioè il valore che σ assumerebbe in caso X fosse *massimamente variabile* su U. Il problema diventa allora definire cosa significhi X *massimamente variabile* e identificare la situazione *limite* di **massima variabilità** di X su U.

Siamo in situazione di massima variabilità quando X si manifesta su U con due sole modalità massimamente distanti, in linea teorica; lo 0 (niente), assegnato a $N-1$ unità statistiche (tutti tranne 1), e il totale $\sum_{i=1}^{k} x_i f_i = Nx$ (tutto), assegnato all'unità statistica rimanente (ricordate ancora l'Esempio 7.1 sul pollo?).

Ma questo solo in linea teorica: non per tutti i fenomeni statistici lo 0 e il totale sono valori sensati e interpretabili per X. Nell'Esempio 7.4 "Una giuria imparziale" non ha senso pensare a 119 giurati con età 0 e 1 giurato con età pari all'età totale 4875 anni!

I fenomeni quantitativi per i quali i valori estremi teorici (lo 0 e il totale) sono sensati e interpretabili sono chiamati fenomeni **completamente trasferibili**, ma non tutti i fenomeni statistici hanno la caratteristica della completa trasferibilità. Con una procedura *più realistica* e applicabile a *qualunque* fenomeno quantitativo, le due modalità massimamente distanti si identificano convenzionalmente con i valori **minimo** e **massimo** di X, per esempio, il più piccolo e il più grande dei valori x_i osservati. Le N unità statistiche si ripartiscono, poi, in due gruppi di numerosità rispettivamente f e $N-f$ in modo tale che la media di X rimaga *uguale* alla **media osservata** $\bar{x}$, cioè la media *calcolata* sulla tabella osservata.

Definizione

Situazione (limite) di massima variabilità

x_i	f_i
$x_{\min}$	f
$x_{\max}$	$N-f$
	N

$$f = \frac{N(x_{\max} - \bar{x})}{x_{\max} - x_{\min}}$$

Notare che la f di massima variabilità mantiene inalterata la media *vera*, cioè quella della tabella osservata. Si ottiene quindi risolvendo - rispetto all'incognita f - l'equazione:

$$\bar{x} = \frac{1}{N}[x_{\min} f + x_{\max}(N-f)]$$

ESEMPIO 7.4
Una giuria imparziale (continua)

Per la giuria popolare l'età minima e massima sono rispettivamente 15 e 70 anni con età media osservata $\bar{x} = 40.625$. La situazione di massima variabilità associabile alla tabella osservata si ottiene allora facendo assumere a X i due soli valori (massimamente distanti) minimo e massimo e ripartendo la numerosità $N = 120$ in f e $120 - f$ con f tale che l'età media rimanga 40.625 anche nella situazione (limite) di massima variabilità.

Tabella osservata

x_i	f_i
15 ⊢ 20	30
20 ⊢ 40	30
40 ⊢ 60	30
60 ⊢⊣ 70	30
	120

Tabella (limite) di massima variabilità

x_i	f_i
15	$f = 64.09$
70	$N - f = 55.910$
	$N = 120$

$$f = \frac{N\,(x_{\max} - \bar{x})}{x_{\max} - x_{\min}} = \frac{120\,(70 - 40.625)}{70 - 15} = 64.09$$

A qualcuno potrebbe suonare strano che nella costruzione della tabella di massima variabilità risultino frequenze f e $N - f$ decimali (cioè numeri con la virgola) quando invece la frequenza (assoluta) è per definizione un numero intero (oppure zero). Si tratta però di frequenze *teoriche* (di massima variabilità) e per tale motivo le riteniamo *accettabili* anche se non sono intere. Incontreremo altri casi di frequenze *teoriche* non necessariamente intere nei Capitoli 10 e 18. Calcolando σ sulla tabella (limite) di massima variabilità si ottiene il valore massimo (teorico) $\sigma_{\max}$, cioè il valore che σ assumerebbe se X presentasse massima variabilità. Una volta ottenuto $\sigma_{\max}$ il nostro problema di normalizzazione è risolto: σ (così come qualunque misura di variabilità) assume come valore minimo lo 0 (in assenza di variabilità), dunque si normalizza semplicemente dividendolo per il suo valore massimo.

Definizione

Normalizzazione di $\sigma = \dfrac{\sigma}{\sigma_{\max}}$
← calcolato sulla tabella osservata
← calcolato sulla tabella teorica di massima variabilità

La σ normalizzata è interpretabile come percentuale **di variabilità** (massima pensabile).

ESEMPIO 7.4
Una giuria imparziale (continua)

Calcolando σ (indifferentemente attraverso la definizione o la formula alternativa) sulla tabella di massima variabilità (Tabella 7.6) (con media sempre $\bar{x} = 40.265$) si ottiene $\sigma_{\max}$.

Tabella 7.6
Massima variabilità

x_i	f_i	$(x_i - \bar{x})^2 f_i$	$x_i^2 f_i$
15	64.09	42 084.10	14 420.25
70	55.91	48 244.21	273 959.00
	120.00	90 328.31	288 379.25

$$\sigma_{\max} = \sqrt{\frac{1}{N}\sum_{i=1}^{4}(x_i - \bar{x})^2 f_i} = \sqrt{\frac{90\,328.31}{120}} = 27.44$$

$$\sigma_{\max} = \sqrt{\frac{1}{N}\sum_{i=1}^{4}x_i^2 f_i - \bar{x}^2} = \sqrt{\frac{288\,379.25}{120} - 40.625^2} = 27.44$$

Con questo valore massimo (teorico) calcoliamo la σ normalizzata:

$$\frac{\sigma}{\sigma_{\max}} = \frac{18.23}{27.44} = 0.66$$

che ci informa che la variabilità dell'età (nella tabella osservata) è il 66% della variabilità massima pensabile.

Possiamo allora concludere che il criterio usato dagli organizzatori nel formare la giuria rispetta la regola "variabilità dell'età non inferiore al 50%".

Capitolo 8

Numeri indice

Cioè un assaggio di dati longitudinali e analisi statistica temporale

Nella ricerca sociale ed economica è frequente l'analisi di dati che derivano dall'osservazione di uno stesso fenomeno effettuata ripetutamente nel tempo. Dati di questo tipo sono i **dati longitudinali** e le **serie storiche**. La particolare struttura temporale di questa tipologia di dati richiede strumenti di analisi statistica *ad hoc* riconducibili a branche autonome della Statistica contemporanea quali la Demografia, la Statistica sociale e la Statistica economica. In questo breve capitolo ne vediamo un assaggio, imparando a usare i più semplici strumenti di analisi statistica temporale.

8.1 Serie storiche

Nelle applicazioni economiche e sociali è particolarmente interessante la rilevazione di un fenomeno effettuata *ripetutamente nel tempo*. Il risultato dell'osservazione, ordinato nel tempo, prende il nome di **serie storica**.

ESEMPIO 8.1
Le priorità degli italiani

I seguenti dati sono tratti (rielaborati e semplificati!) dall'ultima edizione del "Rapporto sulla sicurezza in Italia e in Europa". Nell'indagine, si poneva agli Italiani la domanda: "Quali ritiene, oggi, i problemi più gravi che occorre affrontare, nella sua regione, per migliorare l'attuale livello di vita?". Soffermiamoci sul numero di persone che rispondono "disoccupazione" come prima scelta, che scegliamo come fenomeno X di studio, e analizziamone l'evoluzione nel tempo (Tabella 8.1).

Tabella 8.1

Anno	2016	2017	2018	2019	2020	2021
Persone che rispondono "disoccupazione"	273	367	535	612	595	599
Totale	1302	1302	1302	1302	1302	1302

Quando si rileva un fenomeno X ripetutamente nel tempo, le unità statistiche sono gli *istanti temporali di osservazione*. Nell'Esempio 8.1 "Le priorità degli italiani" gli istanti temporali di osservazione sono rappresentati da ciascuno dei 6 anni del periodo 2016-2021.

Quando si rileva una serie storica l'obiettivo è *descrivere* e *analizzare* il comportamento di X *nel tempo*. Perciò, in una serie storica, non ha senso costruire distribuzioni di frequenza perché andrebbe perduta un'informazione importante: l'*ordine* in cui sono state osservate le modalità. In questi casi, infatti, l'ordine rappresenta il *tempo*. L'analisi statistica interessante è, invece, la costruzione di indicatori sintetici dell'**evoluzione** e delle **variazioni temporali** di X.

8.2 Numeri indice (semplici)

Restringiamo la nostra attenzione ai fenomeni quantitativi e cominciamo a *definire* i numeri indice *semplici* (esistono anche quelli *complessi*, ma il nostro è solo un *assaggio*). Poi impareremo a *costruirli* e infine a *interpretarli*.

Per ricordarci che stiamo lavorando con una serie storica e con il tempo, usiamo la lettera t (minuscola) per denotare gli *istanti temporali di osservazione* (nell'Esempio 8.1 "Le priorità degli italiani" sono gli anni $t = 2016, 2017, ..., 2021$) e con T (maiuscolo) indichiamo l'*ultimo* istante di rilevazione (nell'Esempio 8.1 "Le priorità degli italiani" è $T = 2021$). Indichiamo allora con x_t la modalità di X osservata all'istante t.

Definizione

Numero indice. È il rapporto (divisione) fra due modalità x_t rilevate in due differenti istanti temporali.

Un numero indice è costruito allo scopo di analizzare l'evoluzione temporale di X. Di solito viene moltiplicato per 100 per consentirne un'interpretazione in percentuale. Sono utili due tipi di numeri indice (semplici) a base fissa e a base mobile.

1. **A base fissa.** Si sceglie un istante temporale come *base* da porre al denominatore. La base si mantiene *fissa* nella costruzione dell'intera serie di numeri indice. In genere l'istante-base è l'istante *iniziale* di rilevazione corrispondente al dato più *antico* della serie.

Definizione

Numeri indice a base fissa (con istante-base $t = 1$) $= \dfrac{x_t}{x_1} \times 100$

Abbiamo tanti numeri indice a base fissa quanti sono i dati della serie, cioè $t = 1, ..., T$. Abbiamo quindi un'intera serie di T numeri indice.

La serie dei numeri indice a base fissa dà indicazioni sull'evoluzione temporale di X **rispetto all'istante-base**.

2. **A base mobile.** È il rapporto fra ciascuna modalità x_t e la modalità osservata all'*istante precedente* x_{t-1}. La base pertanto *cambia* a ogni rapporto. La serie dei numeri indice a base mobile si costruisce a partire dal secondo istante di rilevazione, da quando cioè si conosce il dato relativo al tempo *precedente*.

Definizione

Numeri indice a base mobile $= \dfrac{x_t}{x_{t-1}} \times 100$ con $t = 2, ..., T$

La serie dei numeri indice a base mobile ci dà informazioni sull'evoluzione temporale di X **rispetto all'istante precedente**. Per esempio, se gli istanti di tempo sono *anni*, i numeri indice a base mobile informano sull'**evoluzione annua** di X. Per i numeri indice useremo la notazione breve *NI*.

Con i dati della Tabella 8.1 costruiamo le due serie di numeri indice, a base fissa e a base mobile.

ESEMPIO 8.1
Le priorità degli italiani (continua)

Tabella 8.2
Numeri indice a base fissa e a base mobile

Anno t	Persone che rispondono "disoccupazione" x_t	*NI* a base fissa (anno base = 2016) $\frac{x_t}{x_{16}} \times 100$	*NI* a base mobile $\frac{x_t}{x_{t-1}} \times 100$
16	273	100.00	-
17	367	134.43	134.43
18	535	195.97	145.78
19	612	224.18	114.39
20	595	217.95	97.22
21	599	219.41	100.67

I *NI* sono indicatori sintetici dell'evoluzione di X nel tempo *fatto 100* l'istante di riferimento posto al denominatore. Per esempio, se gli istanti di rilevazione sono *anni* (come nell'Esempio 8.1 "Le priorità degli italiani"), *fatto 100* l'anno base per i *NI* a base fissa e *fatto 100* l'anno precedente per i *NI* a base mobile, allora, rispetto all'anno-base (per quelli a base fissa) oppure rispetto all'anno precedente (per quelli a base mobile), l'informazione che ci dà il *NI* è:

- $NI = 100$ indica nessuna evoluzione e rappresenta la *stabilità* temporale;
- $NI > 100$ indica evoluzione in aumento;
- $NI < 100$ indica evoluzione in diminuzione.

ESEMPIO 8.1
Le priorità degli italiani (continua)

Guardiamo la Tabella 8.2. Sulla colonna dei *NI* a base fissa si legge l'evoluzione di X rispetto all'anno-base = 2016: il numero di intervistati che indica la disoccupazione come priorità è costantemente in aumento dall'edizione del 2016 e più che raddoppiato (rispetto al 2016) a partire dal 2019.

La colonna dei *NI* a base mobile ci dà, invece, l'evoluzione *annua*: la disoccupazione è una priorità che vede un aumento di anno in anno dal 2016 fino al 2019, un leggero calo dal 2019 al 2020 e una stabilizzazione dal 2020 al 2021.

8.3 Variazioni percentuali

Prendendo il complemento a 100 dei *NI* (cioè calcolando quello che manca, in più o in meno, per raggiungere 100) otteniamo informazioni in percentuale sulla **variazione temporale** di X. Usiamo il simbolo v per indicare la variazione percentuale.

Definizione

Variazione percentuale rispetto all'anno-base

$$v = (NI \text{ a base fissa} - 100)$$

Definizione

Variazione percentuale annua

$$v = (NI \text{ a base mobile} - 100)$$

Cioè quello che manca (in più o in meno) per raggiungere la *stabilità* pari a 100.

Dimostrazione

Variazione *assoluta* di X passando dal tempo t_1 al tempo t_2: $x_{t_2} - x_{t_1}$

Variazione *relativa* rispetto al tempo t_1: $\dfrac{x_{t_2} - x_{t_1}}{x_{t_1}}$

Variazione *percentuale* rispetto al tempo t_1: $100 \times \left(\dfrac{x_{t_2} - x_{t_1}}{x_{t_1}}\right)$

$$= 100 \times \left(\frac{x_{t_2}}{x_{t_1}} - \frac{x_{t_1}}{x_{t_1}}\right) = 100 \times \left(\frac{x_{t_2}}{x_{t_1}} - 1\right) = NI - 100 = v$$

Rispetto all'anno-base o rispetto all'anno precedente, le variazioni percentuali possono risultare:

- nulle, $v = 0$ indica nessuna variazione;
- negative, $v < 0$ indica variazione in diminuzione;
- positive, $v > 0$ indica variazione in aumento.

Notate che su una serie storica di T osservazioni si possono calcolare $(T - 1)$ variazioni percentuali.

ESEMPIO 8.1

Le priorità degli italiani (continua)

I risultati della Tabella 8.3 ci dicono che la variazione percentuale massima rispetto all'anno-base = 2016 si è registrata dal 2018 al 2019 ed è pari a un aumento del 124.18%. La variazione percentuale massima *annua* si registra invece dal 2017 al 2018 con un aumento del numero di persone che indicano la disoccupazione come priorità del 45.78%. Si nota che questa impennata è preceduta da una quasi altrettanto elevata variazione e seguita da un altro aumento, seppur minore. Negli ultimi due anni invece le variazioni si sono ridotte sensibilmente, sia in negativo sia in positivo, mostrando una stabilizzazione del numero di persone che ritiene la disoccupazione un problema grave.

Tabella 8.3

Anno t	NI a base fissa (anno-base 2016) $\frac{x_t}{x_{16}} \times 100$	Variazioni percentuali rispetto all'anno-base $v = \left(\frac{x_t}{x_{16}} \times 100\right) - 100$	NI a base mobile $\frac{x_t}{x_{t-1}} \times 100$	Variazioni percentuali annue $v = \left(\frac{x_t}{x_{t-1}} \times 100\right) - 100$
16	100.00			
17	134.43	34.43	134.43	34.43
18	195.97	95.97	145.78	45.78
19	224.18	124.18	114.39	14.39
20	217.95	117.95	97.22	− 2.78
21	219.41	119.41	100.67	0.67

8.4 Variazione percentuale media e tasso di variazione medio annuo

La serie delle variazioni percentuali è di fatto una v.s. e può essere sintetizzata con un valore medio. La *variazione percentuale media* ci dà un'informazione sintetica della evoluzione di X lungo il periodo di osservazione, di quanto *in media* è variato da istante a instante. Particolarmente utili nelle applicazioni economiche e sociali sono le **serie annuali** in cui le osservazioni sono ripetute di anno in anno. Per le serie annuali, la variazione percentuale media esprime il **tasso di variazione medio annuo** di X, cioè la percentuale con cui X è *tendenzialmente* variato di anno in anno lungo il periodo di osservazione, se in *crescita* o *diminuzione* e di quanto *in media*. Indicheremo la variazione percentuale media e il tasso di variazione medio annuo con $\bar{v}$ (che si legge "vi soprassegnato" o semplicemente "vi medio").

Attenzione: la media $\bar{v}$ di cui stiamo parlando è moooolto diversa dalla media $\bar{x}$ che abbiamo imparato per le v.s. La natura longitudinale dei dati e l'informazione di *evoluzione tendenziale* complica qui le cose e la media "giusta" ha formulazione più complessa, di tipo *geometrico* anziché *aritmetico*. Vediamo prima la formula e poi, con l'aiuto del nostro esempio, capiamo perché è la media *corretta* in questo caso.

Definizione

Tasso di variazione medio annuo

$$\bar{v} = \left(\sqrt[T-1]{\frac{x_T}{x_1}} - 1\right) \times 100 = \left[\left(\frac{x_T}{x_1}\right)^{1/(T-1)} - 1\right] \times 100$$

In questa formula, con la notazione che abbiamo scelto, x_1 rappresenta il dato più *antico* della serie, cioè quello del primo anno di osservazione, mentre x_T rappresenta il dato più recente della serie, cioè quello dell'ultimo anno di osservazione. Allora, il rapporto x_T/x_1 rappresenta la **variazione totale** del periodo, di quanto X è variato nei T istanti di osservazione, *passando* dal livello x_1 al livello x_T.

$\bar{v}$ è anche dotata di segno, cioè può risultare negativa o positiva. In questo modo fornisce indicazioni anche sul *verso* dell'evoluzione media di X nell'intero periodo: tendenza in diminuzione (se $\bar{v} < 0$) o in aumento (se $\bar{v} > 0$). Attenzione: $\bar{v} = 0$ non significa necessariamente *stabilità* di X, che è vero soltanto se la serie è costante, cioè se tutte le variazioni percentuali sono uguali a 0. $\bar{v} = 0$ si ottiene anche quando il dato più antico e il dato più recente sono fra loro uguali: $x_T = x_1$. Questo può succedere anche se la serie *non* è costante ma le variazioni in diminuzione e in aumento si *compensano* lungo tutto il periodo. Molta attenzione, quindi, nell'interpretazione! Soltanto se le variazioni, in più o in meno, sono "piccole" (o molto vicine a 0) il risultato $\bar{v}$ è interpretabile come **tendenziale stabilità**. In tutti gli altri casi si tratta di un **effetto compensativo** di variazioni uguali ma di segno opposto. Concludiamo osservando la formula di $\bar{v}$: sappiamo che è una media, ma non assomiglia a nessuno dei valori medi che abbiamo visto fino a qui. Questa media $\bar{v}$ così strana è però la media *corretta* perché gode di un'importante proprietà.

Proprietà

Il tasso di variazione medio annuo $\bar{v}$ è la media delle variazioni che mantiene *invariata* la **variazione totale del periodo**, cioè la variazione dal tempo 1 al tempo T è uguale a quella realmente osservata.

Nessuno dei valori medi che siamo abituati a calcolare gode di questa proprietà; per esempio, *non* la garantisce la media aritmetica delle variazioni percentuali (ma neanche la moda o la mediana). Il prossimo esempio ci fa capire questo concetto e apprezzare l'importanza di questa proprietà. Siccome un solo esempio non può bastare per convincerci davvero, consiglio di guardare e riflettere anche sulla dimostrazione.

ESEMPIO 8.1

Le priorità degli italiani (continua)

Applichiamo la formula del tasso medio annuo di variazione ai dati della Tabella 8.3:

$$\bar{v} = \left(\sqrt[5]{\frac{x_{21}}{x_{16}}} - 1\right) \times 100 = \left[\left(\frac{599}{273}\right)^{1/5} - 1\right] \times 100 = +17.018$$

Il risultato è positivo. Ci dice che nel periodo considerato (2016-2021) la preoccupazione per la disoccupazione è *aumentata* di anno in anno a un **tasso medio** del 17.018%.

Ora verifichiamo che questo tasso medio $\bar{v}$ (e non la media aritmetica delle variazioni) garantisce che la *variazione totale* del periodo sia pari a quella *realmente* osservata (Tabella 8.4).

Il periodo considerato va dal 2016 al 2021. In questo periodo X è passata da 273 a 599. Se partiamo dal primo istante di rilevazione $x_{16} = 273$ e aumentiamo di anno in anno del +17.018%, dopo i 6 anni del periodo di studio otteniamo il dato *reale* $x_{21} = 599$.

Tabella 8.4

Anno t	**Persone che rispondono "disoccupazione"** x_t	**Variazioni percentuali annue *reali*** $\left(\frac{x_t}{x_{t-1}} \times 100\right) - 100$	**Tasso *medio* di variazione annuo** $\bar{v}$	x_t ***teoriche*** **(utilizzando il tasso medio di variazione annuo)**
16	**273**			**273.000**
17	367	34.43	+17.018	319.459
18	535	45.78	+17.018	373.825
19	612	14.39	+17.018	437.443
20	595	−2.78	+17.018	511.887
21	**599**	0.67	+17.018	**599.000**

La media **aritmetica** delle variazioni percentuali annue è invece:

$$\frac{34.43 + 45.78 + 14.39 + (-2.78) + 0.67}{5} = \frac{92.5}{5} = +18.5$$

che è *diversa* dal tasso di variazione medio annuo $\bar{v} = +17.018$. Perciò, se partendo dal primo istante di rilevazione $x_{16} = 273$ proviamo ad aumentare di anno in anno del 18.5%, alla fine, dopo i 6 anni, *non* otteniamo il dato *reale* (Tabella 8.5).

Tabella 8.5

Anno t	**Persone che rispondono "disoccupazione"** x_t	**Variazioni percentuali annue *reali*** $\left(\frac{x_t}{x_{t-1}} \times 100\right) - 100$	**Media *aritmetica* delle variazioni annue**	x_t ***teoriche*** **(utilizzando la media aritmetica delle variazioni) annue**
16	**273**			**273.000**
17	367	34.43	+18.5	323.505
18	535	45.78	+18.5	383.353
19	612	14.39	+18.5	454.273
20	595	−2.78	+18.5	538.314
21	**599**	0.67	+18.5	**637.902**

La media aritmetica, infatti, *non* garantisce la variazione totale *realmente* osservata nel periodo di studio 2016-2021. Per fare questo ci vuole il tasso medio di variazione $\bar{v}$ (di tipo *geometrico* e non *aritmetico*). Per esercizio suggerisco di verificare che né la moda né la mediana delle variazioni percentuali annue garantiscono il mantenimento della variazione *reale* del periodo di osservazione.

Dimostrazione

Quello che cerchiamo è la media $\bar{v}$ che lascia inalterata la variazione totale del periodo di osservazione. Si tratta allora di una media alla Chisini (che abbiamo visto nel Capitolo 6) che usa la variazione totale del periodo come **invariante** (e, a chi si sente confuso, consiglio di rileggere il Paragrafo 6.3 "Invariante e medie di Chisini").

Finora abbiamo ottenuto le variazioni mettendo a rapporto i dati relativi a due anni, per esempio la variazione annua si ottiene mettendo a rapporto il dato di 2 anni successivi: x_t / x_{t-1}. Allora la variazione *totale* del periodo di osservazione si ottiene mettendo a rapporto il primo e l'ultimo dato della serie.

Definizione

Variazione totale del periodo osservato $= \frac{x_T}{x_1}$

Ora osserviamo che la variazione totale è anche funzione di *tutti* i dati della serie. Si può infatti ottenere come prodotto di tutti i rapporti fra dati consecutivi che poi, per semplificazioni successive, si riduce alla definizione che abbiamo appena dato. In formule è, come sempre, più veloce e più chiaro che a parole:

$$\frac{x_T}{x_1} = \frac{x_T}{x_{T-1}} \cdot \frac{x_{T-1}}{x_{T-2}} \cdot \frac{x_{T-2}}{x_{T-3}} \dots \frac{x_3}{x_2} \cdot \frac{x_2}{x_1}$$

Possiamo scrivere questo prodotto in maniera più compatta così come sappiamo già fare per le sommatorie. Siccome questo è un prodotto anziché una somma, useremo il simbolo di **produttoria**:

$$\prod_{t=2}^{T} \frac{x_t}{x_{t-1}}$$

Siccome quello che stiamo cercando è la media delle variazioni annue v_t, allora dobbiamo farle apparire nella produttoria per ottenere il nostro invariante. Dalla formula della variazione annua

$$v_t = \left(\frac{x_t}{x_{t-1}} \times 100 \right) - 100$$

si ricava che:

$$\frac{x_t}{x_{t-1}} = \frac{v_t + 100}{100} = \frac{v_t}{100} + 1$$

Sostituendolo nella produttoria otteniamo finalmente il nostro invariante, che è sempre la variazione totale del periodo, ma scritta come funzione di tutti i dati e facendo apparire le quantità v_t di cui vogliamo calcolare la media:

$$\text{Invariante: } \frac{x_T}{x_1} = \prod_{t=2}^{T} \frac{x_t}{x_{t-1}} = \prod_{t=2}^{T} \left(\frac{v_t}{100} + 1 \right)$$

Quello che cerchiamo è il valor medio $\bar{v}$ che, sostituito ai dati v_t, lascia *inalterato* l'invariante. Dobbiamo allora imporre la seguente uguaglianza:

$$\prod_{t=2}^{T} \left(\frac{v_t}{100} + 1 \right) = \prod_{t=2}^{T} \left(\frac{\bar{v}}{100} + 1 \right)$$

e risolverla rispetto all'incognita $\bar{v}$:

$$\frac{x_T}{x_1} = \prod_{t=2}^{T} \left(\frac{\bar{v}}{100} + 1 \right)$$

$$\left[\sqrt[T-1]{\frac{x_T}{x_1}} - 1 \right] \times 100 = \bar{v}$$

Parte II

STRUMENTI di STATISTICA DESCRITTIVA BIVARIATA

Capitolo 9

Tabelle a doppia entrata

Cioè come si creano e si strutturano i dati per partire con l'analisi statistica di una coppia di fenomeni

Nella prima parte di questo libro ci siamo occupati della descrizione di *un* fenomeno statistico X (sulla popolazione U di interesse) e abbiamo visto gli strumenti base della statistica descrittiva *monovariata*. In questa seconda parte ci concentriamo sulla rilevazione **congiunta** di una *coppia* di fenomeni statistici sulla stessa U; li indicheremo con X e Y e impareremo gli strumenti base della statistica descrittiva *bivariata*. Il nostro obiettivo diventa ora la descrizione del **comportamento congiunto** di X e Y su U e l'analisi dell'eventuale **relazione statistica** esistente fra i due fenomeni. In questa seconda parte del libro diventerà ancora più chiaro il perché di un corso-base di Statistica all'interno di corsi di laurea in Scienze sociali, politiche o economiche. La strumentazione statistica che impareremo sarà utile per far emergere dai dati *se* e *come* i due fenomeni co-variano e si influenzano.

Altre competenze in altre discipline intervengono, poi, nell'*interpretazione*, il *perché* della relazione fra i due fenomeni, poggiando sull'evidenza empirica fornita dall'analisi statistica. Il termine *relazione statistica* va infatti inteso per quello che è! Cioè una conclusione a cui si giunge con metodologie statistiche applicate a dati *rilevati* nella realtà (o *prodotti* artificialmente in laboratorio oppure al computer *simulando* la realtà). Raramente la relazione statistica consente di stabilire perfette relazioni di causa-effetto fra i due fenomeni (una frequente ma sciagurata tentazione...). Piuttosto, la Statistica gioca qui un ruolo di *supporto* all'individuazione e all'interpretazione delle eventuali relazioni causali contemplate in un più ampio interrogativo di ricerca.

9.1 Rilevazione congiunta di una coppia di fenomeni statistici: tabelle a doppia entrata

I due fenomeni X e Y sono osservati *congiuntamente* (insieme) su ciascuna delle N unità che compongono la popolazione di interesse U. Quindi, il risultato della rilevazione è adesso un insieme di N *coppie* del tipo (x, y) che prende il nome di **matrice dei dati (grezzi)** (Tabella 9.1).

Tabella 9.1
Matrice dei dati grezzi

Unità statistiche	Rilevazione di x	Rilevazione di y
1	⋮	⋮
2	⋮	⋮
⋮	x	y
N	⋮	⋮

ESEMPIO 9.1

Le attitudini dei bambini

Un collettivo di 15 bambini frequentanti una scuola dell'infanzia milanese è stato sottoposto a un test psico-attitudinale per misurarne l'attitudine musicale e l'attitudine al disegno. Il test classifica le due attitudini secondo la scala sufficiente (S), buona (B), ottima (O). I due fenomeni in gioco sono il risultato del test circa l'attitudine alla musica (chiamiamolo X) e il risultato circa l'attitudine al disegno (chiamiamolo Y). Entrambi i fenomeni sono qualitativi ordinali. Formalmente:

U: collettivo di bambini frequentanti una scuola dell'infanzia milanese
$N = 15$
X: attitudine alla musica
Y: attitudine al disegno

Il risultato della rilevazione congiunta di X e Y sugli $N = 15$ bambini è la matrice di dati riportata nella Tabella 9.2.

Tabella 9.2

Bambino	Attitudine alla musica	Attitudine al disegno
1	O	O
2	O	B
3	S	B
4	B	B
5	S	S
6	O	S
7	B	O
8	B	O
9	S	B
10	B	B
11	O	O
12	B	S
13	B	B
14	O	S
15	S	B

Per partire con l'analisi statistica bivariata, il risultato della rilevazione congiunta viene *organizzato* in una **tabella a doppia entrata** (Figura 9.1) composta da righe e colonne. Poiché ora abbiamo a che fare con due fenomeni, avremo bisogno di due indici. Useremo l'indice i con riferimento al fenomeno X e l'indice j con riferimento al fenomeno Y. Indicheremo con k il numero di differenti modalità con cui si manifesta X e con h il numero di differenti modalità con cui si manifesta Y. Indicheremo allora con x_i le modalità con cui si manifesta X (dunque $i = 1, \ldots, k$) e indicheremo

Figura 9.1

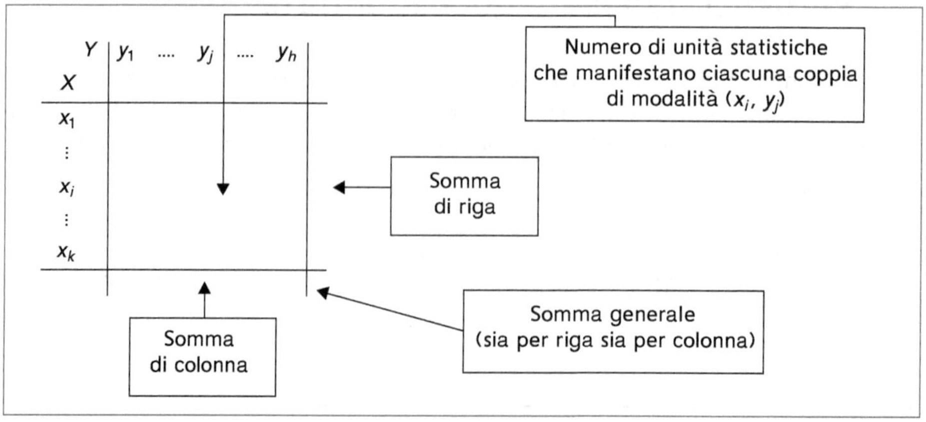

con y_j le modalità con cui si manifesta Y (dunque $j = 1, ..., h$). Seguendo una convenzione diffusa, poniamo sulle righe le k modalità x_i di X e sulle colonne le h modalità y_j di Y. L'interno della tabella si compila *contando* il numero di unità statistiche o **casi** che, fra le N osservate, manifestano la medesima coppia di modalità (x_i, y_j). Ai margini della tabella si pongono le somme dei casi per riga e per colonna. Infine, nell'incrocio in basso a destra si pone la somma dei conteggi dell'intera tabella.

ESEMPIO 9.1
Le attitudini dei bambini (continua)

Contando il numero di bambini che fra i 15 osservati manifesta le 9 coppie di modalità (S,S), (S,B), ..., (O,O), i dati grezzi sono organizzati nella seguente tabella a doppia entrata composta da $k = 3$ righe e $h = 3$ colonne. Ai margini si pongono le somme dei casi per riga e per colonna e nell'angolo in basso a destra c'è la somma generale.

Y / X	S	B	O	
S	1	3	0	4
B	1	3	2	6
O	2	1	2	5
	4	7	4	15

La tabella a doppia entrata, quindi, *struttura* i dati (grezzi) bivariati, *organizza* i casi osservati e dà le prime indicazioni circa l'eventuale relazione fra i due fenomeni, che è l'obiettivo dell'analisi statistica bivariata.

9.2 Frequenze congiunte e marginali

Sulla tabella a doppia entrata si leggono informazioni sia di tipo **bivariato**, che riguardano cioè X e Y *congiuntamente*, sia di tipo **monovariato**, che riguardano cioè X e Y considerati *singolarmente*. I numeri, sia all'interno sia ai margini della tabella, sono delle frequenze assolute, cioè numeri interi o nulli.

- All'*interno* della tabella si trova la frequenza con cui si manifesta ciascuna coppia di modalità (x_i, y_j), all'incrocio fra la i-esima riga e la j-esima colonna. Queste frequenze riguardano *entrambi* i fenomeni e sono dette **frequenze congiunte**, che indicheremo con f_{ij}, cioè utilizzando *entrambi* gli indici. L'*interno* della tabella a doppia entrata costituisce la **variabile statistica doppia** che è lo strumento-base della statistica descrittiva bivariata. La somma generale di tutte le frequenze congiunte riproduce la numerosità N di U. È una somma doppia poiché riguarda entrambi gli indici i e j, cioè sia per riga sia per colonna, commutativamente.

$$\sum_{i=1}^{k}\sum_{j=1}^{h} f_{ij} = \sum_{j=1}^{h}\sum_{i=1}^{k} f_{ij} = N$$

- Ai *margini* della tabella si trovano frequenze che riguardano i fenomeni X e Y considerati *singolarmente* e *separatamente*. Chiameremo queste frequenze **marginali**. Per indicare le frequenze marginali avremo bisogno di un solo indice (quello del fenomeno a cui si riferiscono). Anche se ci è sufficiente un solo indice, aggiungiamo un **punto** in sostituzione dell'indice dell'altro fenomeno, quello che marginalmente *non* è considerato. In questo modo ci ricordiamo che siamo comunque in ambito bivariato su una tabella a doppia entrata e capiamo se stiamo considerando il fenomeno di riga o quello di colonna. Avremo quindi:
  - $f_{i.}$ = frequenze marginali di X;

Figura 9.2
Tabella a doppia entrata, v.s. doppia e marginali

$$
\begin{array}{c|ccccc|c}
X \backslash Y & y_1 & \cdots & y_j & \cdots & y_h & \\
\hline
x_1 & f_{11} & \cdots & f_{1j} & \cdots & f_{1h} & f_{1.} \\
\vdots & \vdots & & \vdots & & \vdots & \vdots \\
x_i & f_{i1} & \cdots & f_{ij} & \cdots & f_{ih} & f_{i.} \\
\vdots & \vdots & & \vdots & & \vdots & \vdots \\
x_k & f_{k1} & \cdots & f_{kj} & \cdots & f_{kh} & f_{k.} \\
\hline
 & f_{.1} & \cdots & f_{.j} & \cdots & f_{.h} & N
\end{array}
$$

- $f_{.j}$ = frequenze marginali di Y.

Le frequenze marginali si ottengono sommando le frequenze congiunte che stanno sulla stessa riga ($f_{i.}$) o sulla stessa colonna ($f_{.j}$).

Riepilogando, la notazione che useremo per la tabella a doppia entrata è riportata in Figura 9.2, nella quale:

- la somma delle frequenze congiunte sulla i-esima riga dà le frequenze marginali di X:

$$\sum_{j=1}^{h} f_{ij} = f_{i.}$$

- la somma delle frequenze congiunte sulla j-esima colonna dà le frequenze marginali di Y:

$$\sum_{i=1}^{k} f_{ij} = f_{.j}$$

- la somma di tutte le frequenze congiunte (oppure di tutte le frequenze marginali) riproduce la numerosità di U:

$$\sum_{i=1}^{k}\sum_{j=1}^{h} f_{ij} = \sum_{i=1}^{k} f_{i.} = \sum_{j=1}^{h} f_{.j} = N$$

Ragionare su queste somme ci fa capire una cosa importante: se conosciamo la distribuzione delle frequenze congiunte (l'interno della tabella) conosciamo anche le marginali di entrambi i fenomeni, ci arriviamo facilmente con le somme di riga e le somme di colonne. Attenzione: non è vero, però, il passaggio contrario. Se conosciamo la distribuzione marginale, sia di uno sia di entrambi i fenomeni, non è possibile ricostruire la congiunta, perché le marginali danno *solo* informazioni mono-variate!

Le k coppie $(x_i, f_{i.})$ e le h coppie $(y_j, f_{.j})$ sono due v.s. monovariate dello stesso tipo considerato nella prima parte di questo libro. Le chiamiamo **v.s. marginali** e su di esse sono applicabili tutti gli strumenti della statistica descrittiva monovariata, a partire dai più semplici come le **frequenze marginali relative** (che useremo già nel prossimo capitolo).

Definizione

Frequenze marginali relative di X: $\frac{f_{i.}}{N}$ con somma unitaria

$$\sum_{i=1}^{k} \frac{f_{i.}}{N} = \frac{1}{N} \sum_{i=1}^{k} f_{i.} = \frac{1}{N} \cdot N = 1$$

Frequenze marginali relative di Y: $\frac{f_{.j}}{N}$ con somma unitaria

$$\sum_{j=1}^{h} \frac{f_{.j}}{N} = 1$$

Gli strumenti della statistica descrittiva bivariata si applicano alla **v.s. doppia** costituita dalle $k \times h$ terne (x_i, y_j, f_{ij}).

9.3 Distribuzioni e frequenze condizionate

Il primo passo nella descrizione del comportamento congiunto di una coppia di fenomeni rilevati sulla medesima popolazione consiste nell'analizzare il comportamento dell'uno **condizionatamente** all'altro (lo vedremo nel prossimo capitolo). Fissando l'attenzione sulle singole righe o sulle singole colonne *separatamente*, si costruiscono le **v.s. condizionate** $Y|x_i$ che si legge "*Y dato* (condizionato da) x_i" e, alla stessa maniera, $X|y_j$ che si legge "*X dato* (condizionato da) y_j" (Figura 9.3).

Considerare le righe separatamente significa *ridurre* l'attenzione dall'intera U di N unità alla sotto-popolazione di $f_{i.}$ unità che manifestano la modalità x_i di X e, in questa sotto-popolazione, si guarda il comportamento di Y. La v.s. condizionata $Y|x_i$ (che si legge sulla i-esima riga della tabella) descrive il comportamento di Y sulle sole $f_{i.}$ unità statistiche, che sono *omogenee* rispetto a X perché manifestano *tutte* la medesima modalità x_i. Chiameremo x_i modalità **condizionante**. Analogamente, considerare le colonne separatamente significa concentrarsi sulla sotto-popolazione di unità statistiche che manifestano la modalità y_j di Y e, limitatamente a queste, guardare il comportamento di X. La v.s. condizionata $X|y_j$ (che si legge sulla j-esima colonna della tabella) descrive il comportamento di X sulle sole unità statistiche *omogenee* rispetto a Y perché manifestano *tutte* la medesima modalità condizionante y_j. Avremo tante v.s. condizionate quante sono le possibili modalità

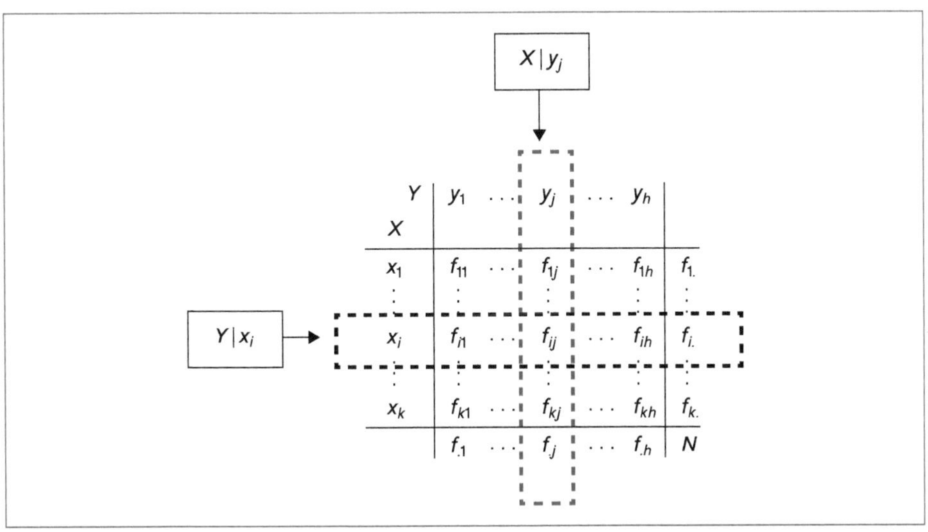

Figura 9.3
V.s. condizionate

condizionanti. Si hanno allora k variabili condizionate di tipo $Y|x_i$ (tante quante sono le righe della tabella) e h variabili condizionate di tipo $X|y_j$ (tante quante sono le colonne della tabella).

Sulle v.s. condizionate si costruiscono le **frequenze condizionate** che, nel linguaggio comune, vengono chiamate **percentuali di riga** e **percentuali di colonna**.

Le frequenze condizionate sono frequenze *relative* ottenute dal *rapporto* fra le frequenze congiunte (che stanno sulla riga/colonna su cui si fissa l'attenzione) e la frequenza marginale della modalità con cui si condiziona (quella che sta a margine della riga/colonna su cui si fissa l'attenzione).

Definizione

Frequenze condizionate di $\boldsymbol{Y|x_i} = \dfrac{f_{ij}}{f_{i.}}$ (×100 danno le **percentuali di riga**)

Frequenze condizionate di $\boldsymbol{X|y_j} = \dfrac{f_{ij}}{f_{.j}}$ (×100 danno le **percentuali di colonna**)

Le frequenze condizionate (oppure le percentuali di riga e di colonna) informano sul comportamento di un fenomeno *condizionatamente* all'altro.

ESEMPIO 9.2

Esami e cognomi

A un esame scritto di Statistica si sono presentati 124 studenti che sono stati suddivisi in due aule con il vecchio criterio dell'iniziale del cognome.

A-L ⟶ aula I
M-Z ⟶ aula II

Nella seguente tabella sono organizzati i risultati dell'esame secondo l'aula in cui sono stati svolti. Formalmente abbiamo:

U: studenti presenti all'esame scritto di Statistica
$N = 124$
X: iniziale del cognome/aula ($k = 2$)
Y: esito dell'esame, secondo le $h = 3$ categorie: S = esame superato, NS = esame non superato, R = ritirato/a

X \ Y	S	NS	R	$f_{i.}$
A-L/aula I	39	16	4	59
M-Z/aula II	42	19	4	65
$f_{.j}$	81	35	8	124

Studiare la (eventuale) relazione fra X e Y significa cercare risposte a domande del tipo: "l'iniziale del cognome (o l'aula dell'esame) ha influenza sull'esito dell'esame? È individuabile una qualche *sistematicità* nell'esito dell'esame rispetto all'iniziale del cognome, per esempio gli M-Z (o l'aula II) tendono a superare l'esame mentre gli A-L (o l'aula I) tendono a ritirarsi o a essere bocciati?".

Statisticamente per rispondere a domande di questo tipo un primo passo consiste nel costruire le v.s. condizionate $Y|x_i$ (esito dell'esame condizionatamente all'iniziale del cognome) calcolando le **frequenze condizionate** oppure, moltiplicate per 100, le **percentuali di riga**. Fissiamo allora l'attenzione sulle due righe *separatamente*, cioè anziché considerare l'*intera* popolazione di $N = 124$ unità, ci concentriamo sulle sole 59 unità con cognome che inizia per A-L, e, separatamente, sulle altre 65 con cognome che inizia per M-Z. Calcoliamo le percentuali lungo queste righe, *facendo pari a 100* il totale di ogni riga.

X \ Y	S	NS	R	$f_{i.}$
A-L/aula I	$\frac{39}{59} \times 100 = 66\%$	$\frac{16}{59} \times 100 = 27\%$	7%	100
M-Z/aula II	65%	29%	6%	100

Guardiamo le due righe separatamente. L'attenzione è posta su gruppi di soggetti *omogenei* rispetto all'iniziale del cognome e che hanno sostenuto l'esame nella stessa aula. Possiamo così analizzare il comportamento dell'esito Y *condizionatamente* al fatto che i soggetti abbiano cognome $X =$ A-L oppure, separatamente, cognome $X =$ M-Z. Se statisticamente l'iniziale del cognome X avesse influenza sull'esito dell'esame ci aspetteremmo percentuali fra loro *diverse* nei due gruppi. Non è ciò che accade nella tabella! Le percentuali di promossi, bocciati e ritirati sono molto simili nei due gruppi di cognomi (e nelle due aule). Se ai fini della comunicazione e interpretazione le percentuali sono più chiare, ai fini dei calcoli è più conveniente lavorare sulle frequenze *relative* (che hanno somma 1) piuttosto che sulle percentuali (che hanno somma 100). Le frequenze relative e le percentuali sono la stessa cosa a meno del fattore moltiplicativo 100.

X \ Y	S	NS	R	$f_{i.}$
A-L/aula I	$39/59 = 0.66$	$16/59 = 0.27$	0.07	1
M-Z/aula II	0.65	0.29	0.06	1

Notate (e riflettete...) che la somma per colonna è priva di significato.

Riepilogando, sulla tabella a doppia entrata si leggono svariati tipi di informazioni:

- il comportamento congiunto (cioè bivariato) di X e Y si legge all'*interno* della tabella, sulla v.s. doppia mediante le frequenze congiunte f_{ij};
- il comportamento marginale (cioè monovariato) di X e di Y, singolarmente considerati, si legge sulla riga e sulla colonna *marginali* della tabella, sulle v.s. marginali mediante le frequenze marginali $f_{i.}$ di X e $f_{.j}$ di Y;
- il comportamento di un fenomeno condizionatamente all'altro si legge sulle righe o sulle colonne *separatamente*, considerando le v.s. condizionate e mediante la costruzione delle frequenze condizionate $f_{ij}/f_{i.}$ di $Y|x_i$ e $f_{ij}/f_{.j}$ di $X|y_j$.

Concludiamo con un paio di osservazioni.

- Quando parliamo di v.s. o frequenze condizionate oppure di percentuali di riga o di colonna, abbiamo assegnato un ruolo preciso a ciascuno dei due fenomeni: abbiamo deciso che un fenomeno è *condizionante* e l'altro fenomeno è *condizionato*. In Statistica si usano diversi sinonimi per indicare questa stessa situazione: il fenomeno condizionante è anche chiamato **variabile esplicativa** (che statisticamente *spiega*) mentre il fenomeno condizionato è anche detto **variabile risposta** (cioè la *risposta* che si ottiene facendo variare la variabile esplicativa). Anticipando un po' l'argomento del Capitolo 13, cominciamo a osservare che chiameremo il fenomeno condizionante anche **variabile indipendente** oppure **regressore** oppure **predittore** e indicheremo il fenomeno condizionato anche con **variabile dipendente**. Useremo queste dizioni indifferentemente (e così funziona anche in letteratura) perché si riferiscono tutte al medesimo concetto di *condizionamento* statistico.
- Le v.s. marginali considerano i due fenomeni *separatamente*, cioè concentrando l'attenzione su un solo fenomeno senza tener conto del comportamento dell'altro. Le v.s. marginali allora informano del comportamento di un fenomeno *indipendentemente* dall'altro. Questo è l'argomento del prossimo capitolo.

Capitolo 10

Indipendenza, connessione e associazione

Cioè l'analisi statistica congiunta di una coppia di fenomeni qualitativi

Passando dall'analisi statistica *monovariata* all'analisi *bivariata* l'obiettivo diventa studiare, oltre al comportamento monovariato dei singoli fenomeni considerati separatamente, anche il loro comportamento *congiunto*, rilevando l'eventuale *relazione* esistente fra i due fenomeni e, quando la relazione esiste, cercando di *misurarla* e *spiegarla* statisticamente.

In questo capitolo considereremo fenomeni statistici di qualunque natura, cioè sia qualitativi sia quantitativi, e lavoreremo sulle sole frequenze senza coinvolgere nelle elaborazioni le modalità x_i e y_j. Per i fenomeni quantitativi disponiamo, però, di una strumentazione statistica più ampia e articolata (lo vedremo nei prossimi Capitoli 11 e 12), perciò i concetti e gli strumenti che introdurremo in questo capitolo sono particolarmente adatti all'analisi statistica congiunta di una coppia di fenomeni *qualitativi*. In ogni caso, qualunque sia la natura dei due fenomeni, il primo passo nell'analisi della loro relazione statistica consiste nello stabilire se *esiste* una qualche relazione. Partiamo da qui.

10.1 Indipendenza statistica

Se fra X e Y *non esiste* alcuna relazione statistica, allora X e Y sono **statisticamente indipendenti**. Il metodo per stabilire se X e Y sono indipendenti consiste nel *confrontare* le frequenze condizionate, che informano sul comportamento di un fenomeno *condizionatamente* alle modalità dell'altro, con le frequenze marginali, che invece informano sul comportamento dei due fenomeni *indipendentemente* l'uno dall'altro. L'unico accorgimento consiste nel tener conto che le frequenze marginali si riferiscono all'intera U di numerosità N, mentre le frequenze condizionate si riferiscono a sotto-popolazioni di numerosità $f_{i.}$ (se guardiamo le righe, cioè $Y|x_i$) o a sotto-popolazioni di numerosità $f_{.j}$ (se guardiamo le colonne, cioè $X|y_j$). Il confronto, come sappiamo, è possibile solo fra frequenze *relative* (e se non lo ricordiamo, torniamo a leggere il Capitolo 1). Le frequenze condizionate sono già relative per costruzione (... è necessaria una veloce rilettura del Paragrafo 9.3?). Le frequenze marginali relative si ottengono dalle frequenze marginali assolute dividendo per N (lo abbiamo visto nel Capitolo 1 e appena ricordato nel Capitolo 9): $f_{i.}/N$ per X e $f_{.j}/N$ per Y.

Concentriamoci, per esempio, sulle righe, cioè sulle k v.s. condizionate $Y|x_i$ (ma tutto quello che diremo vale, con gli adattamenti che servono nella notazione e nell'interpretazione, anche per le colonne, cioè le h v.s. condizionate $X|y_j$). Se *tutte* le k serie di frequenze condizionate $f_{ij}/f_{i.}$ sono uguali fra loro e uguali alla marginale (relativa) $f_{.j}/N$, significa che, sia condizionatamente alle k modalità x_i di X sia marginalmente (cioè indipendentemente da X), Y si comporta *alla stessa maniera*. Ne deduciamo che il condizionamento delle modalità x_i *non ha* effetto su Y. Allora X e Y sono **statisticamente indipendenti**: *non* c'è nessuna relazione statisticamente rilevabile fra X e Y.

La condizione di indipendenza statistica traduce in formule il concetto dato sopra: sia marginalmente sia condizionatamente per tutte le k modalità x_i, il fenomeno Y si comporta alla stessa maniera.

Definizione

Condizione di indipendenza statistica

$$\frac{f_{ij}}{f_{i.}} = \frac{f_{.j}}{N} \quad \text{per } \textit{tutti} \text{ gli indici } i = 1, \dots, k \text{ e } j = 1, \dots, h$$

Per concludere che X e Y sono statisticamente indipendenti, la condizione deve valere *per tutti* gli indici $i = 1, \dots, k$ e $j = 1, \dots, h$, cioè per tutte le celle (incroci di righe e colonne) della tabella dei dati. Alcune volte indicheremo più brevemente l'indipendenza statistica con i.s.

ESEMPIO 10.1

Coppie conviventi

Elaborando un po' liberamente dati ufficiali dall'ultimo censimento ISTAT (www.istat.it) relativi a 100 000 italiani che si sono dichiarati componenti di una coppia convivente, si è ottenuta la classificazione rispetto al genere e all'età riportata nella Tabella 10.1.

Tabella 10.1 Componenti di una coppia convivente (dati in migliaia)

	Classe di età			
Genere	**≤34**	**35⊢54**	**≥55**	**Totali**
Femminile	6	22	12	40
Maschile	9	33	18	60
Totale	15	55	30	100

Ci domandiamo se in questa popolazione esiste una qualche relazione statistica fra genere ed età. Usando la nostra notazione abbiamo:

U: collettivo di italiani componenti di una coppia convivente
$N = 100000$
X: genere ($k = 2$)
Y: età ($h = 3$ classi)

Si tratta di controllare se la condizione di indipendenza statistica fra X e Y è verificata in *tutte* le celle della tabella. Consideriamo, per esempio, le due sotto-popolazioni di femmine e di maschi, cioè le due v.s. condizionate $Y|F$ e $Y|M$ che si leggono sulle righe della tabella. Costruiamo le frequenze condizionate $f_{ij}/f_{i.}$ e le confrontiamo con le frequenze marginali relative (di Y) $f_{.j}/N$:

X \ Y	≤ 34	35⊢54	≥ 55	
$Y\|F \rightarrow \frac{f_{1j}}{f_{1.}}$	$\frac{6}{40} = 0.15$	0.55	0.30	1
$Y\|M \rightarrow \frac{f_{2j}}{f_{2.}}$	0.15	0.55	0.30	1
$\frac{f_{.j}}{N}$	$\frac{15}{100} = 0.15$	0.55	0.30	1

La prima riga della tabella ci dà le percentuali di età per le sole femmine, la seconda riga per i soli maschi e la terza riga per l'intera popolazione, senza distinguere fra maschi e femmine. Le tre righe coincidono, cioè la distribuzione dell'età è la stessa sia per l'intera popolazione sia se distinguiamo rispetto al genere. Questo ci dà una chiara indicazione che nella popolazione osservata il genere dei soggetti non dà alcuna informazione circa l'età, cioè non c'è relazione statistica fra età e genere.

In linguaggio più tecnico, la tabella indica che le distribuzioni di frequenza, delle v.s. condizionate $Y|F$ e $Y|M$ e della marginale di Y (relativa), sono *tutte uguali*: sia condizionatamente alle modalità di X sia marginalmente (cioè indipendentemente da X), il fenomeno Y si comporta alla stessa maniera. Per tutti gli indici $i = 1, 2$ e $j = 1, 2, 3$ si ha

$$\frac{f_{ij}}{f_{i.}} = \frac{f_{.j}}{N}$$

cioè è *verificata* la condizione di indipendenza statistica. Allora X e Y sono statisticamente indipendenti, cioè fra genere ed età nel collettivo osservato *non esiste* alcuna relazione statisticamente rilevabile.

Facendo un semplice passaggio algebrico sulla condizione di indipendenza statistica (che consiste nel moltiplicare entrambi i membri dell'uguaglianza per $f_{i.}$) si ottengono le frequenze congiunte che *realizzano* (rendono vera) la condizione di indipendenza statistica. Chiameremo queste frequenze (congiunte) **frequenze teoriche (o attese) di indipendenza statistica,** e per distinguerle da quelle osservate nella realtà (cioè quelle della tabella) aggiungiamo un asterisco.

Definizione

Frequenze teoriche di indipendenza statistica

$$f_{ij}^* = \frac{f_{i.}f_{.j}}{N}$$

A ogni tabella di dati rilevati nella realtà, che chiameremo **tabella osservata**, si può allora accostare la corrispondente **tabella teorica di indipendenza statistica**. La tabella teorica di indipendenza si compila mantenendo *fisse* le marginali (che parlano del comportamento dei singoli fenomeni indipendentemente l'uno dall'altro) e sostituendo le frequenze congiunte osservate con le frequenze teoriche di indipendenza statistica. Quando la condizione di indipendenza statistica è verificata, le due tabelle (osservata e teorica) coincidono. Allora un metodo alternativo per stabilire l'esistenza di indipendenza statistica consiste nel confrontare la tabella osservata con la tabella teorica di indipendenza.

ESEMPIO 10.1
Coppie conviventi (continua)

Con i dati della precedente parte di questo esempio abbiamo:

Tabella osservata

X \ Y	≤ 34	35 ⊢ 54	≥ 55	$f_{i.}$
F	6	22	12	40
M	9	33	18	60
$f_{.j}$	15	55	30	100

Tabella teorica di i.s.

X \ Y	≤ 34	35 ⊢ 54	≥ 55	$f_{i.}$
F	$\frac{40 \times 15}{100} = 6$	$\frac{40 \times 55}{100} = 22$	12	40
M	9	33	18	60
$f_{.j}$	15	55	30	100

La tabella osservata *coincide* con la tabella teorica di indipendenza, come conseguenza del fatto che la condizione di indipendenza statistica *è verificata*. Si conclude, allora, che X e Y sono *statisticamente indipendenti*: nella popolazione osservata, fra genere ed età non si evidenzia alcuna relazione statistica.

ESEMPIO 10.2

Scuole d'Italia

La seguente tabella osservata riporta dati ufficiali (semplificati) da Repubblica integrati con dati Almalaurea, relativi a 7058 scuole secondarie di II grado italiane statali e non, classificate rispetto alla tipologia e alla zona geografica. Formalmente:

U: collettivo delle scuole secondarie di II grado
$N = 7058$
X: tipologia
Y: zona geografica

All'interno della tabella troviamo le frequenze congiunte osservate

$$f_{ij}, \quad i = 1, \dots, k \quad j = 1, \dots, h$$

e la tabella è quadrata perché ha lo stesso numero di righe e colonne

$$k = h = 3$$

La tabella teorica di i.s. è invece ottenuta applicando la formula delle frequenze teoriche di i.s. f_{ij}^* mantenendo fisse le frequenze marginali $f_{i.}$ e $f_{.j}$

Tabella osservata

X \ Y	Nord	Centro	Mezzogiorno	$f_{i.}$
Licei	1257	674	1513	3444
Tecnici	909	376	926	2211
Professionali	508	247	648	1403
$f_{.j}$	2674	1297	3087	7058

Tabella teorica di i.s.

X \ Y	Nord	Centro	Mezzogiorno	$f_{i.}$
Licei	$\frac{3444 \times 2674}{7058} = 1304.8$	$\frac{3444 \times 1297}{7058} = 632.9$	1506.3	3444
Tecnici	837.7	406.3	967	2211
Professionali	531.5	257.8	613.7	1403
$f_{.j}$	2674	1297	3087	7058

Le due tabelle *non coincidono*, cioè le frequenze congiunte osservate non sono *tutte* uguali alle frequenze teoriche di indipendenza statistica. La condizione di indipendenza statistica *non* è verificata e dunque X e Y *non* sono statisticamente indipendenti. L'evidenza empirica è allora che fra tipologia e zona geografica nelle scuole secondarie superiori italiane c'è una qualche relazione statisticamente rilevabile.

Concludiamo sull'indipendenza statistica con un paio di osservazioni.

Il concetto di indipendenza statistica è **simmetrico**: si dice infatti che *fra* X e Y esiste indipendenza statistica, intendendo così che Y è indipendente da X e contemporaneamente X è indipendente da Y dando luogo a un'unica tabella teorica di indipendenza.

Proprietà

Simmetria dell'indipendenza statistica

$$f_{ij}/f_{i.} = f_{.j}/N \iff f_{ij}/f_{.j} = f_{i.}/N$$

Il simbolo $\iff$ si legge "è equivalente" o anche "se e solo se": se vale la parte sinistra dell'equivalenza allora vale anche la destra. E viceversa.

Per stabilire se X e Y sono statisticamente indipendenti, si utilizzano solo *frequenze* (condizionate, marginali relative, congiunte osservate e teoriche). Ecco perché questo tipo di analisi è possibile per fenomeni di qualunque natura, sia qualitativi sia quantitativi (categoriali, ordinali, discreti o continui).

L'indipendenza statistica è *estrema*: più in là non si può andare. È una **situazione limite** che esclude qualunque tipo di relazione statistica nei dati. È matematicamente *forte* e *restrittiva*, quindi difficile da riscontrare esattamente nella pratica e nei dati reali. Perché allora parlarne tanto? Perché definirla rigorosamente, "vederla in faccia" e ragionarci sopra ci indica come proseguire nella direzione del nostro obiettivo descrittivo bivariato. La tabella di indipendenza statistica è per noi un *punto di riferimento*: l'assenza di relazione statistica, il *limite contrario* contro cui rilevare l'esistenza di una qualche relazione statistica ma anche, quando esiste, valutarne l'intensità. Ma questo è l'argomento del prossimo paragrafo...

Se si conclude che X e Y sono statisticamente indipendenti, l'analisi statistica bivariata è terminata. Che senso avrebbe analizzare una relazione che non esiste?

10.2 Connessione

Nel paragrafo precedente abbiamo imparato diversi modi per verificare l'esistenza di i.s. Se si conclude che X e Y *non* sono statisticamente indipendenti, allora fra X e Y *esiste* una qualche relazione statistica. Chiameremo **connessione** questo *generico* legame statistico rilevabile nei dati bivariati e diremo che X e Y sono **connessi** sulla U d'interesse. Per inciso, notiamo che nel linguaggio comune e in altri testi di applicazioni della statistica si parla anche di **associazione** con lo stesso significato di generica relazione statistica.

Il passo successivo nell'analisi statistica bivariata consiste nello stabilire se la relazione che è stata (statisticamente) rilevata fra X e Y è forte o debole, cioè *misurare* il *grado* di connessione per poterla utilizzare quale **evidenza empirica** a supporto di successive interpretazioni e decisioni. Può succedere, infatti, che una relazione statisticamente rilevabile risulti però *debole* e, quindi, poco significativa nella pratica, non meritevole di essere approfondita e insufficiente per rappresentare un'evidenza.

Il metodo più utilizzato (e più intuitivo) per misurare la connessione è considerare la *differenza* fra le frequenze congiunte (della tabella osservata) e le frequenze teoriche di indipendenza statistica, cioè quelle che *avrebbero dovuto osservarsi* se X e Y *fossero* statisticamente indipendenti. Partiamo allora dalla differenza:

$$f_{ij} - f_{ij}^*$$

Se fra X e Y esiste indipendenza statistica, cioè quando tabella osservata e tabella teorica di indipendenza coincidono, *tutte* queste differenze sono nulle. Quando *non* sono nulle, possono essere *vicine* o *lontane* da 0. Se queste differenze sono *vicine* a 0 indicano che la connessione è *bassa*, cioè esiste una relazione *debole* fra X e Y, quindi i due fenomeni *sono* sì connessi ma si influenzano *poco* l'un l'altro. All'aumentare del valore di tali differenze si ha connessione sempre più *alta*, che indica una relazione sempre più *forte* fra X e Y. Differenze elevate fra frequenze osservate e frequenze di i.s. si registrano all'aumentare della *distanza* della tabella osservata (nella realtà) dalla tabella di i.s. (teorica ed estrema, che *esclude* ogni forma di relazione statistica). Quanto più è ampia questa distanza, tanto più i due fenomeni si influenzano sensibilmente e hanno, statisticamente, *molto* a che fare l'uno con l'altro.

Ora osserviamo che in una tabella a doppia entrata con k righe e h colonne sono calcolabili $k \times h$ differenze di questo tipo (tante quante sono le sue *celle*) e tali differenze possono essere positive o negative. Ai nostri fini, cioè per misurare la connessione, non interessa il segno (+ o −) di queste differenze, ma solo *quanto sono grandi*. Servono allora due accorgimenti formali: 1) eliminare il segno; 2) sintetizzare in un unico indice tutte le $k \times h$ differenze.

Abbiamo già incontrato il problema del segno nei Capitoli 6 e 7, e ora sappiamo che si può risolvere con l'operazione di *valore assoluto* $|f_{ij} - f_{ij}^*|$ (che significa *trascurare* il segno) ma che in statistica si preferisce elevare al quadrato $(f_{ij} - f_{ij}^*)^2$ perché elevando a potenza pari si ottengono sempre valori *positivi* e matematicamente è più complesso trattare con il valore assoluto che con il quadrato (ne parleremo ancora nel Capitolo 13).

Siamo pronti per introdurre la misura di connessione più nota e più utilizzata, che ha un simbolo standard: la lettera greca *chi* χ elevata al quadrato per ricordare che si utilizzano i quadrati per eliminare l'influenza dei segno. Come al solito vediamo prima la formula (cioè la definizione) e poi spieghiamo da dove salta fuori.

Definizione

Indice di connessione

$$\chi^2 = \sum_{i=1}^{k} \sum_{j=1}^{h} \frac{(f_{ij} - f_{ij}^*)^2}{f_{ij}^*}$$

Perché con questa formula si misura la connessione? Guardiamola pezzo per pezzo. Se tutte le differenze $f_{ij} - f_{ij}^*$ (elevate al quadrato o meno) sono uguali a 0, cioè quando X e Y sono statisticamente indipendenti, l'indice di connessione risulta $\chi^2 = 0$ perché sommando tutti 0, divisi per qualunque cosa, si ottiene sempre 0. Quanto più grandi sono le differenze $f_{ij} - f_{ij}^*$ tanto più elevato sarà il valore dell'indice χ^2. La ragione per cui si considerano poi i rapporti

$$\frac{(f_{ij} - f_{ij}^*)^2}{f_{ij}^*}$$

anziché semplicemente $(f_{ij} - f_{ij}^*)^2$ è pura convenienza teorica, diventerà più chiaro nel prossimo paragrafo e lo vedremo anche nel Capitolo 19.

Notiamo che nella definizione di χ^2 appaiono le frequenze teoriche f_{ij}^*. Allora per calcolare il χ^2 applicando la definizione è necessario costruire l'intera tabella teorica di i.s. Esiste anche una **formula alternativa** per il calcolo del χ^2 che non coinvolge le frequenze teoriche ed è pertanto calcolabile a partire dalla sola tabella osservata.

Definizione

Indice di connessione (formula alternativa)

$$\chi^2 = N\left(\sum_{i=1}^{k}\sum_{j=1}^{h}\frac{f_{ij}^2}{f_{i.}f_{.j}} - 1\right)$$

La formula alternativa è quindi più veloce se non si ha a disposizione un computer, è computazionalmente conveniente. Le due formule sono *equivalenti*, cioè applicando la definizione (dalla quale si capisce bene che si sta misurando la connessione) oppure applicando la formula alternativa (che invece sembra più una formula magica) si ottiene lo stesso risultato. Lo vediamo con un esempio e poi lo dimostriamo.

ESEMPIO 10.2

Scuole d'Italia (continua)

Nella prima parte dell'Esempio 10.2 "Scuole d'Italia" avevamo escluso l'indipendenza statistica fra tipologia di scuole secondarie di II grado (X) e zona geografica (Y) accostando alla tabella osservata la corrispondente tabella teorica di indipendenza e osservando che non coincidono. X e Y sono allora connessi. Andiamo ora a misurare il grado di questa connessione calcolando il χ^2 che, basandosi sulle differenze $f_{ij} - f_{ij}^*$, di fatto misura quanto la tabella osservata è *distante* dalla tabella teorica di indipendenza, cioè la tabella che avremmo osservato se X e Y fossero indipendenti.

Applicando la definizione:

$$\begin{aligned}\chi^2 &= \sum_{i=1}^{k}\sum_{j=1}^{h}\frac{\left(f_{ij} - f_{ij}^*\right)^2}{f_{ij}^*}\\ &= \frac{(1257 - 1304.8)^2}{1304.8} + \frac{(674 - 632.9)^2}{632.9} + \cdots + \frac{(648 - 613.7)^2}{613.7}\\ &= 1.75 + 2.67 + \cdots + 1.92 = 17.93\end{aligned}$$

Applicando la formula alternativa:

$$\begin{aligned}\chi^2 &= N\left(\sum_{i=1}^{k}\sum_{j=1}^{h}\frac{f_{ij}^2}{f_{i.}f_{.j}} - 1\right)\\ &= 7058 \times \left(\frac{1257^2}{3444 \times 2674} + \frac{674^2}{3444 \times 1297} + \cdots + \frac{648^2}{1403 \times 3087} - 1\right)\\ &= 7058 \times (0.172 + 0.102 + \cdots + 0.097 - 1) = 7058\,(1.00254 - 1) = 17.93\end{aligned}$$

Per convincerci che le due formule (definizione e alternativa) coincidono *sempre* e non solo in questo esempio, serve però la dimostrazione, che è generale e vale per qualunque tabella.

Dimostrazione

Partiamo dalla definizione

$$\chi^2 = \sum_{i=1}^{k}\sum_{j=1}^{h}\frac{\left(f_{ij} - f_{ij}^*\right)^2}{f_{ij}^*}$$

Svolgiamo , quindi, il quadrato al numeratore ricordando il quadrato del binomio $(a - b)^2 = a^2 + b^2 - 2ab$.

$$= \sum_{i=1}^{k} \sum_{j=1}^{h} \frac{f_{ij}^2 + f_{ij}^{*2} - 2f_{ij}f_{ij}^*}{f_{i.}f_{.j}}$$

Applichiamo le sommatorie a ciascun termine della somma algebrica (in termini tecnici applichiamo la proprietà distributiva della somma) e portiamo fuori dalle sommatorie il termine costante, cioè che non dipende dagli indici *i* e *j* (il 2 all'ultimo addendo).

$$= \sum_{i=1}^{k} \sum_{j=1}^{h} \frac{f_{ij}^2}{f_{ij}^*} + \sum_{i=1}^{k} \sum_{j=1}^{h} \frac{f_{ij}^{*2}}{f_{ij}^*} - 2\sum_{i=1}^{k} \sum_{j=1}^{h} \frac{f_{ij}f_{ij}^*}{f_{ij}^*}$$

Nel primo addendo sostituiamo alle frequenze teoriche al denominatore la loro definizione $f_{ij}^* = f_{i.} f_{.j}/N$ portando fuori la costante N che passa al numeratore. Negli altri addendi facciamo le semplificazioni.

$$= N\sum_{i=1}^{k} \sum_{j=1}^{h} \frac{f_{ij}^2}{f_{i.}f_{.j}} + \sum_{i=1}^{k} \sum_{j=1}^{h} f_{ij}^* - 2\sum_{i=1}^{k} \sum_{j=1}^{h} f_{ij}$$

Sommando (sia per *i* sia per *j*) *tutte* le frequenze (sia le congiunte sia le teoriche di indipendenza) si riproduce *sempre* N.

$$= N\sum_{i=1}^{k} \sum_{j=1}^{h} \frac{f_{ij}^2}{f_{i.}f_{.j}} + N - 2N = N\sum_{i=1}^{k} \sum_{j=1}^{h} \frac{f_{ij}^2}{f_{i.}f_{.j}} - N$$

Infine raccogliamo N.

$$= N\left(\sum_{i=1}^{k} \sum_{j=1}^{h} \frac{f_{ij}^2}{f_{i.}f_{.j}} - 1\right)$$

La dimostrazione consta di una serie di uguaglianze (=), dunque il punto di partenza (la definizione di χ^2) è uguale al punto di arrivo (la formula alternativa).

10.3 Indice di connessione normalizzato

Nell'Esempio 10.2 "Scuole d'Italia" non vi sarà sfuggito che il calcolo del χ^2 non ha aggiunto gran che a quanto già sapevamo. Avevamo già osservato (e in più modi) che i due fenomeni sono connessi, dunque ci aspettavamo $\chi^2 \neq 0$. Però il valore ottenuto $\chi^2 = 17.93$ è *tanto* o *poco*? La connessione fra X e Y è *forte* o *debole*?

Il *valore assoluto* dell'indice (cioè quello calcolato applicando la definizione o, indifferentemente, la formula alternativa) *non* consente la *valutazione*, cioè non è *interpretabile* (... e non è la prima volta che facciamo questa considerazione sulle quantità assolute; ne abbiamo parlato in abbondanza in quasi tutti i capitoli precedenti). In particolare è anche influenzato dalla dimensione della tabella in cui abbiamo organizzato i dati (lo vedremo meglio fra poco), cioè a parità di connessione nei dati il valore χ^2 assoluto è più grande se aumentiamo il numero delle righe k o il numero delle colonne h (o entrambi). Inoltre il valore del χ^2 cresce al crescere di N (si vede bene guardando la formula alternativa), perciò, in una "grande" popolazione, il valore di χ^2 è più elevato senza che necessariamente sia più elevata la connessione. Per rispondere alle nostre domande è necessario un ulteriore accorgimento: serve l'operazione di **normalizzazione**. Vi ricordo che **normalizzare** un indice significa trasformarlo in un numero compreso nell'intervallo (0,1) in modo che, moltiplicato per 100, diventi una percentuale e diventi facilmente interpretabile. Un indice che, come il χ^2, assume come valore minimo lo 0, si normalizza rapportandolo al (dividendolo per il) suo **valore massimo** (a chi non è ancora chiaro consiglio di rileggere il Paragrafo 7.4).

Il valore massimo del χ^2 è il valore che l'indice assumerebbe in caso di **massima connessione** fra i due fenomeni, cioè in caso di una relazione statistica *perfetta* in cui è sufficiente conoscere il comportamento di un fenomeno per sapere già tutto del comportamento dell'altro. Vediamo prima la formula e poi lo dimostriamo per capire, come al solito, da dove salta fuori.

Definizione

Valore massimo del χ^2. È il valore pari a N moltiplicato per il più piccolo fra il numero delle righe (k) e il numero delle colonne (h), meno 1. In formule:

$$N \times \min\{k-1,\ h-1\}$$

Dimostrazione

Partiamo dalla formula alternativa:

$$\chi^2 = N\left(\sum_{i=1}^{k}\sum_{j=1}^{h}\frac{f_{ij}^2}{f_{i.}f_{.j}} - 1\right)$$

N e 1 sono costanti, cioè non variano al variare della connessione fra X e Y.

Concentriamoci allora sul solo termine

$$\sum_{i=1}^{k}\sum_{j=1}^{h}\frac{f_{ij}^2}{f_{i.}f_{.j}}$$

Esprimiamo il quadrato al numeratore come prodotto

$$\sum_{i=1}^{k}\sum_{j=1}^{h}\frac{f_{ij}^2}{f_{i.}f_{.j}} = \sum_{i=1}^{k}\sum_{j=1}^{h}\frac{f_{ij}f_{ij}}{f_{i.}f_{.j}}$$

L'obiettivo è **maggiorare** (trovare il massimo). Il massimo delle frequenze congiunte sono le frequenze marginali, per esempio di riga. Allora, sostituendo una f_{ij} con $f_{i.}$ si ottiene qualcosa di *maggiore*

$$\sum_{i=1}^{k}\sum_{j=1}^{h}\frac{f_{ij}f_{ij}}{f_{i.}f_{.j}} \le \sum_{i=1}^{k}\sum_{j=1}^{h}\frac{f_{ij}f_{i.}}{f_{i.}f_{.j}} = \sum_{i=1}^{k}\sum_{j=1}^{h}\frac{f_{ij}}{f_{.j}}$$

Il denominatore dipende solo da j, dunque lo portiamo fuori dalla somma per i e facciamo le somme

$$\sum_{i=1}^{k}\sum_{j=1}^{h}\frac{f_{ij}}{f_{.j}} = \sum_{j=1}^{h}\frac{1}{f_{.j}}\sum_{i=1}^{k}f_{ij} = \sum_{j=1}^{h}\frac{1}{f_{.j}}f_{.j} = \sum_{j=1}^{h}1 = h$$

Si maggiora anche sostituendo la marginale di colonna, perciò si ha anche:

$$\sum_{i=1}^{k}\sum_{j=1}^{h}\frac{f_{ij}^2}{f_{i.}f_{.j}} \leq \sum_{i=1}^{k}\sum_{j=1}^{h}\frac{f_{ij}f_{.j}}{f_{i.}f_{.j}} = \sum_{i=1}^{k}\sum_{j=1}^{h}\frac{f_{ij}}{f_{i.}}$$
$$= \sum_{i=1}^{k}\frac{1}{f_{i.}}\sum_{j=1}^{h}f_{ij} = \sum_{i=1}^{k}\frac{1}{f_{i.}}f_{i.} = \sum_{i=1}^{k}1 = k$$

Riassumendo, abbiamo dimostrato che $\sum_{i=1}^{k}\sum_{j=1}^{h}\frac{f_{ij}^2}{f_{i.}f_{.j}}$ è inferiore (o uguale) sia a k (numero delle righe) sia a h (numero delle colonne) e, perciò, è inferiore (o uguale) al *più piccolo* dei due:

Figura 5.5
Istogramma

$$\sum_{i=1}^{k}\sum_{j=1}^{h}\frac{f_{ij}^2}{f_{i.}f_{.j}} \leq \min\{k, h\}$$

Ri-aggiungendo le costanti otteniamo il massimo che cerchiamo:

$$\chi^2 \leq N \times \min\{k-1,\ h-1\}$$

Una volta determinato il valore massimo del χ^2, siamo pronti per normalizzarlo e interpretarlo.

Definizione

Indice di connessione normalizzato

$$\frac{\chi^2}{N \times \min\{k-1,\ h-1\}}$$

con il numeratore χ^2 calcolato sulla tabella osservata.

Il χ^2 normalizzato è sempre compreso fra 0 e 1 (altrimenti abbiamo sbagliato i conti!) e moltiplicato per 100 è interpretabile come **percentuale di connessione**. La percentuale di connessione permette la *valutazione* della connessione (tanta o poca) compatibilmente agli interrogativi e agli obiettivi di ricerca.

ESEMPIO 10.2
Scuole d'Italia (continua)

Normalizziamo il valore assoluto (calcolato sulla tabella osservata) $\chi^2 = 17.93$ rapportandolo al suo valore massimo:

$$\frac{\chi^2}{N \times \min\{k-1,\ h-1\}} = \frac{17.93}{7058 \times \min\{2,\ 2\}} = \frac{17.93}{7058 \times 2} = 0.0013$$

Ci dice che la connessione fra X e Y è pari a 0.13% della connessione massima, cioè praticamente inesistente. La connessione massima (100%) si avrebbe se fra tipologia di scuola e zona geografica esistesse una relazione statistica *perfetta*, cioè se fosse sufficiente conoscere il tipo di scuola per stabilirne con esattezza la zona geografica e viceversa. La situazione è, al contrario, molto prossima all'indipendenza.

Con la connessione abbiamo considerato una *generica* relazione fra i due fenomeni utilizzando la tabella nel suo *complesso*. Alcuni autori parlano di *associazione*, termine che invece noi riserviamo a una altro tipo di relazione, più specifica della connessione. Restringendo la nostra attenzione su *singole coppie* di modalità, possiamo analizzare statisticamente una relazione di tipo *locale* fra singole coppie di modalità x_i e y_j che chiameremo appunto **associazione (locale)**. Possiamo allora pensare alla connessione come un'associazione **globale** fra tutte le k modalità di X e le h modalità di Y.

10.4 Associazione (locale) fra coppie di modalità

Per cominciare, consideriamo coppie di fenomeni dicotomici, cioè che assumono ciascuno due sole modalità. La tabella osservata è allora composta da $k = 2$ righe e $h = 2$ colonne, ed è chiamata tabella 2 × 2 oppure **dicotomica** o **binaria**. Introduciamo il concetto di associazione locale per una tabella 2 × 2 con un esempio.

ESEMPIO 10.3

Alcol e fumo

Su un insieme di studenti ambosessi maggiorenni sono stati osservati congiuntamente la propensione al fumo e al consumo di alcol con l'obiettivo di stabilire se statisticamente i fumatori tendono a essere anche consumatori di alcol e se i non fumatori tendono a essere astemi (o viceversa).

U: collettivo di studenti ambosessi ≥ 18
$N = 240$
X: attitudine al fumo, rilevato con $k = 2$ modalità: fumatore/trice (F), non fumatore/trice (NF)
Y: consumo di alcol, rilevato con $h = 2$ modalità: consumatore/trice (C), astemio/a (A)

Tabella osservata

X \ Y	C	A	$f_{i.}$
F	88	72	160
NF	10	70	80
$f_{.j}$	98	142	240

Tecnicamente, interessa verificare se esiste **associazione** fra le modalità F di X e C di Y. Lavoriamo sull'*interno* della tabella, cioè sulla distribuzione congiunta di X e Y (che ci parla, appunto, del comportamento congiunto) lasciando *fisse* le distribuzioni marginali (che ci parlano del comportamento monovariato dei due fenomeni, indipendentemente l'uno dall'altro). Se le modalità nella coppia (F, C) (e conseguentemente (NF, A)) tendessero ad **associarsi**, le frequenze congiunte sarebbero *concentrate* lungo la diagonale principale della tabella.

X \ Y	C	A	$f_{i.}$
F			160
NF			80
$f_{.j}$	98	142	240

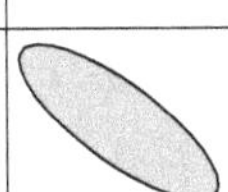

Viceversa, se le modalità nella coppia (F, C) (e conseguentemente (NF, A)) tendessero a **respingersi**, le frequenze congiunte apparirebbero *concentrate* sull'altra diagonale.

La tabella osservata *coincide* con la tabella teorica di indipendenza, come conseguenza del fatto che la condizione di indipendenza statistica *è verificata*. Si conclude, allora, che X e Y sono *statisticamente indipendenti*: nella popolazione osservata, fra genere ed età non si evidenzia alcuna relazione statistica.

X \ Y	C	A	$f_{i.}$
F			160
NF			80
$f_{.j}$	98	142	240

Si tratterebbe comunque di associazione, chiamiamola **associazione negativa**. Si possono allora costruire le seguenti **tabelle teoriche**:

Tabella teorica di massima associazione

X \ Y	C	A	$f_{i.}$
F	98	62	160
NF	0	80	80
$f_{.j}$	98	142	240

Tabella teorica di massima repulsione (associazione negativa)

X \ Y		C	A	$f_{i.}$
F		18	142	160
NF		80	0	80
$f_{.j}$	98	142	240	

Le tabelle teoriche di massima associazione e di massima repulsione mostrano una frequenza congiunta nulla (uguale a 0) in posizione strategica rispetto alla coppia di modalità su cui si fissa l'attenzione. In particolare, ponendo la coppia di modalità di interesse all'incrocio della prima riga e della prima colonna, cioè in posizione (1,1) nella tabella, abbiamo:

- se esiste massima repulsione la tabella mostra (almeno) uno zero lungo la **diagonale principale** che va dalla posizione (1,1) alla posizione (2,2);
- se esiste massima associazione la tabella contiene (almeno) uno zero lungo la diagonale opposta, quella che va dalla posizione (2,1) alla posizione (1,2) e che si chiama **diagonale secondaria**.

Allora si può rilevare l'associazione o la repulsione nella coppia di modalità di interesse, in posizione (1,1), considerando i **prodotti incrociati** delle frequenze congiunte sulle due diagonali della tabella osservata (in inglese **cross-products**). Basandoci sui prodotti incrociati deduciamo le condizioni teoriche che realizzano la massima associazione e la massima repulsione nella coppia di modalità che ci interessa (quelle che abbiamo messo in posizione (1,1) nella tabella).

Definizione

Condizione di massima associazione

$$f_{12}f_{21} = 0$$

Definizione

Condizione di massima repulsione

$$f_{11}f_{22} = 0$$

La situazione reale osservata è in genere *intermedia* fra le due situazioni teoriche estreme. L'obiettivo diventa allora *misurare* l'intensità dell'associazione, se è *forte* o *debole*. Come abbiamo già fatto nel paragrafo precedente per misurare la connessione, anche per misurare l'associazione della coppia di modalità che ci interessa andiamo a controllare quanto la tabella osservata è *distante* dalle tabelle teoriche di massima associazione (positiva o negativa), cioè ci basiamo sui prodotti incrociati. Una semplice misura di associazione (locale) è l'**indice di Yule**. Vediamo prima la formula e poi capiamo in che modo svolge il suo lavoro di misura dell'associazione nella coppia di modalità in posizione (1,1) nella tabella.

Definizione

Indice di associazione

$$Yule = \frac{f_{11}f_{22} - f_{12}f_{21}}{f_{11}f_{22} + f_{12}f_{21}}$$

L'indice *Yule* può assumere valori che vanno da -1 a $+1$. Un rapporto (divisione) è uguale a 1 quando numeratore (sopra) e denominatore (sotto) coincidono. Allora:

- $Yule = +1$ se (e soltanto se) $f_{12}f_{21} = 0$, cioè in caso di **massima associazione**;
- $Yule = -1$ se (e soltanto se) $f_{11}f_{22} = 0$, cioè in caso di **massima repulsione**.

L'indice *Yule* assume valori intermedi fra -1 e $+1$ man mano che la tabella osservata si *allontana* dalle tabelle teoriche estreme di massima associazione e di massima repulsione. I valori intermedi sono allora interpretabili come percentuale di associazione. Il segno + o − indicherà se si tratta di percentuale di associazione (positiva) o di repulsione (associazione negativa).

ESEMPIO 10.3
Alcol e fumo (continua)

Misuriamo l'associazione nella coppia di modalità (F, C) applicando la formula dell'indice di Yule ai dati della tabella osservata.

$$Yule = \frac{f_{11}f_{22} - f_{12}f_{21}}{f_{11}f_{22} + f_{12}f_{21}} = \frac{88 \times 70 - 72 \times 10}{88 \times 70 + 72 \times 10} = \frac{5440}{6880} = 0.79$$

Questo ci dice che le modalità fumatori/trici e consumatori/trici di alcol tendono ad associarsi al 79%. Per inciso osserviamo che, poiché l'indice è risultato diverso da 0, ci dice anche che globalmente i due fenomeni sono connessi (*non* sono statisticamente indipendenti).

Se X e Y sono **statisticamente indipendenti** *non* esiste né associazione né repulsione in *nessuna* coppia di modalità. In caso di indipendenza statistica l'indice di Yule vale 0 qualunque sia la coppia di modalità che mettiamo in posizione (1,1). Dimostriamolo.

Dimostrazione

Se X e Y sono statisticamente indipendenti, *tutte* le frequenze congiunte coincidono con le frequenze teoriche di indipendenza

$$f_{ij}^* = \frac{f_{i.}f_{.j}}{N}$$

L'indice *Yule* basato sui prodotti incrociati delle frequenze congiunte sulle diagonali della tabella, in questo caso diventa:

$$\frac{f_{11}f_{22}-f_{12}f_{21}}{f_{11}f_{22}+f_{12}f_{21}} = \frac{\frac{f_{1.}f_{.1}}{N}\times\frac{f_{2.}f_{.2}}{N}-\frac{f_{1.}f_{.2}}{N}\times\frac{f_{2.}f_{.1}}{N}}{\frac{f_{1.}f_{.1}}{N}\times\frac{f_{2.}f_{.2}}{N}+\frac{f_{1.}f_{.2}}{N}\times\frac{f_{2.}f_{.1}}{N}}$$
$$= \frac{0}{2f_{1.}f_{.1}f_{2.}f_{.2}} = 0$$

Attenzione alla tentazione di usare questa proprietà al contrario perché è un errore! Se è vero – come abbiamo appena dimostrato – che se fra i due fenomeni esiste indipendenza statistica allora *Yule* $= 0$, non è però necessariamente vero il concetto inverso: *Yule* $= 0$ non garantisce l'indipendenza statistica. L'indice di Yule è, infatti, una misura di associazione *locale* e dà indicazioni *locali*. Quando vale 0 ci dice solo che *nella coppia di modalità* in posizione (1,1) non c'è relazione statistica.

Quando i due fenomeni sono almeno ordinali (cioè quantitativi oppure qualitativi ordinali), l'indice di Yule tiene conto dell'ordinamento e ci dà un'informazione più specifica riguardo alla coppia di modalità in posizione (1,1) che nell'ordinamento corrisponde alle modalità più piccole di X e Y

- *Yule* > 0 indica **concordanza** nella coppia di modalità più piccole e dunque alte modalità di X tendono ad associarsi con alte modalità di Y e viceversa;
- *Yule* < 0 indica invece **discordanza** nella coppia di modalità più piccole, cioè alte modalità di X tendono ad associarsi con basse modalità di Y e viceversa.

ESEMPIO 10.4

La soddisfazione delle giovani madri

Un programma per le famiglie che coinvolge le agenzie sanitarie locali di una grande regione italiana prevede un'indagine sui livelli di soddisfazione riguardo la vita familiare. I dati nella tabella seguente si riferiscono all'insieme di 105 madri che hanno avuto il/la primo/a figlio/a in età adolescente.

U: collettivo di madri che hanno avuto il/la primo/a figlio/a prima dei 20 anni
X: soddisfazione per la vita familiare, $k = 2$
Y: numero di figli/e, $h = 2$

Tabella osservata

X \ Y	1	>1	
Bassa	5	30	35
Alta	20	50	70
	25	80	105

Ci si chiede se per le giovani madri osservate i livelli di soddisfazione familiare crescono al diminuire del numero di figli/e da accudire. Statisticamente, si tratta di utilizzare i dati per misurare la *discordanza* nella coppia di modalità (bassa,1) in posizione (1,1) nella tabella:

$$Yule = \frac{f_{11}f_{22}-f_{12}f_{21}}{f_{11}f_{22}+f_{12}f_{21}} = \frac{5\times 50 - 30\times 20}{5\times 50 + 30\times 20} = -0.41$$

Come ci si attendeva, l'indice è risultato negativo dando indicazioni per una discordanza fra bassi livelli di soddisfazione familiare e 1 solo figlio/a. Statisticamente nella popolazione di giovani madri osservate, i livelli di soddisfazione familiari più alti si associano a un unico figlio/a. Tuttavia tale associazione non è elevata, pari al 41% dell'associazione massima.

10.5 Dicotomizzazione della tabella osservata

Consideriamo ora il caso generale di coppie di fenomeni X e Y di natura qualunque e tabelle osservate composte da un generico numero k di righe e h di colonne. Per effettuare l'analisi di associazione in una particolare coppia di modalità (x_i, y_j) è necessaria la preventiva **dicotomizzazione** della tabella osservata, ridurla cioè a dimensione 2×2. Per dicotomizzare una tabella $k \times h$ si pone come al solito in posizione (1,1) la coppia di modalità che interessa (quella di cui si vuole verificare e misurare l'associazione) e si *aggregano* le rimanenti modalità in un'unica modalità *contraria*.

ESEMPIO 10.5
Acquisti con gadget

Una nota catena di supermercati italiana dispone di "Big Data" dalle proprie "carte fedeltà". La seguente tabella è tratta da un recente studio riguardo l'atteggiamento di acquisto di cereali pronti per la colazione.

U: acquirenti di cereali pronti per colazione presso una nota catena di supermercati
$N = 1200$
X: prezzo comparato con la media della categoria, rilevato con $k = 3$ modalità: inferiore, uguale o superiore al prezzo medio di categoria
Y: tipo di regalo/gadget associato al prodotto, rilevato con $h = 4$ modalità

Tabella osservata

Y / X	Gadget all'interno della confezione	Raccolta punti	Concorso	Nessuno	
< prezzo medio	4	12	2	162	180
= prezzo medio	88	113	93	6	300
> prezzo medio	280	221	144	75	720
	372	346	239	243	1200

Ci domandiamo se l'assenza di regalo/gadget determina un prezzo inferiore alla media della categoria. Statisticamente possiamo rispondere a questa domanda andando a verificare e misurare l'associazione nella coppia di modalità "inferiore al prezzo medio di categoria" di X e "nessun regalo/gadget" di Y. Poiché la tabella ha 3 righe e 4 colonne, dobbiamo prima dicotomizzarla mettendo la coppia di modalità che ci interessa in posizione (1,1) e aggregando tutte le altre in un'unica modalità contraria.

Tabella dicotomizzata

Y / X	Nessuno	Regalo/gadget in qualunque forma	
< prezzo medio	162	18	180
≥ prezzo medio	81	939	1020
	243	957	1200

Sulla tabella dicotomizzata è ora possibile applicare la definizione dell'indice di Yule:

$$Yule = \frac{f_{11}f_{22} - f_{12}f_{21}}{f_{11}f_{22} + f_{12}f_{21}} = \frac{162 \times 939 - 18 \times 81}{162 \times 939 + 18 \times 81} = 0.981$$

Otteniamo un valore positivo e (molto) vicino a 1 che indica una situazione prossima alla massima associazione. L'indice ci dice che l'associazione tra nessun regalo/gadget e prezzo inferiore alla media della categoria è il 98% della massima associazione.

10.6 Odds e Odds Ratio

Nelle applicazioni di scienze umane e sociali sono particolarmente interessanti i fenomeni categoriali, e fra questi i fenomeni dicotomici (e a chi non ricorda la classificazione dei fenomeni statistici consiglio vivamente di rileggere il Capitolo 3!). Quando fra due fenomeni dicotomici uno è scelto come *condizionante*, le modalità dell'altro fenomeno (*condizionato*) sono tipicamente indicate con i termini *successo* e *insuccesso* intesi in senso lato: si identifica come "successo" la modalità che più interessa fra le due ai fini dell'analisi statistica e come "insuccesso" la modalità contraria. Scegliamo X come fenomeno condizionante e come al solito lo mettiamo sulle righe ottenendo la generica tabella osservata 2 × 2.

Tabella osservata dicotomica

Y / X	Successo	Insuccesso	
x_1	f_{11}	f_{12}	$f_{1.}$
x_2	f_{21}	f_{22}	$f_{2.}$
	$f_{.1}$	$f_{.2}$	N

Siccome abbiamo scelto X come fenomeno condizionante, fissiamo l'attenzione sulle righe della tabella, cioè sulle v.s. condizionate $Y|x_1$ (che si legge sulla prima riga) e $Y|x_2$ (che si legge sulla seconda riga). Scegliendo il fenomeno condizionante abbiamo dato un "verso" all'associazione. Le frequenze congiunte lette per riga sono interpretabili come *casi favorevoli* al successo e all'insuccesso, il che ci permette di porci la domanda su un aspetto più specifico dell'associazione nella coppia di modalità d'interesse (in posizione (1,1)): se x_1 "favorisce", o meno, il successo.

ESEMPIO 10.3

Alcol e fumo (continua)

Siamo ancora interessati a stabilire se c'è associazione nella coppia di modalità (F, C), ma ora, più specificamente, ci chiediamo se l'essere fumatori/trici *favorisce* il consumo di alcol. Statisticamente abbiamo dato una *direzione* all'associazione nella coppia di modalità d'interesse, scegliendo "X: attitudine al fumo" come fenomeno *condizionante* e di conseguenza "Y: consumo di alcol" come *condizionato*. Inoltre abbiamo identificato la modalità C di Y come "successo" e la modalità contraria A è automaticamente identificata come "insuccesso" (vedete quanto *lato* è il senso in cui vengono intesi i due termini?). Riprendiamo la tabella osservata binaria:

Y / X	Successo C	Insuccesso A	
F	88	72	160
NF	10	70	80
	98	142	240

Le righe della tabella considerate separatamente ci danno il quadro della situazione nelle due sotto-popolazioni formate dalle modalità di X: la sotto-popolazione dei/lle $f_{1.} = 160$ fumatori/trici (sulla prima riga) e quella dei/lle $f_{.2} = 80$ non fumatori/trici (sulla seconda riga). Ci sono $f_{11} = 88$ fumatori/trici che consumano alcol e $f_{12} = 72$ fumatori/trici che sono astemi: 88 sono i *casi* favorevoli al successo e 72 sono i *casi* favorevoli all'insuccesso.

Per rispondere alla nostra domanda "x_1 favorisce il *successo*?", ricorriamo agli *Odds*.

Definizione

Odds. È il rapporto (divisione) tra casi favorevoli. In formula:

$$Odds = \frac{\text{casi favorevoli al successo}}{\text{casi favorevoli all'insuccesso}}$$

Abbiamo quindi un rapporto per ciascuna delle sotto-popolazioni definite dalle modalità del fenomeno condizionante, cioè uno per ciascuna riga della tabella. In formule:

$$Odds\,(Y|x_1) = \frac{f_{11}}{f_{12}} \qquad \text{e} \qquad Odds\,(Y|x_2) = \frac{f_{21}}{f_{22}}$$

Gli *Odds* sono sempre positivi (sono rapporti fra frequenze!) e possono risultare maggiori o minori di 1. Un rapporto è maggiore di 1 se il numeratore (la parte sopra della frazione) è più grande del denominatore (la parte sotto) e viceversa quando è minore di 1. Perciò "$Odds > 1$" significa che i casi favorevoli al successo *superano* i casi sfavorevoli (cioè quelli favorevoli all'insuccesso). Viceversa, "$Odds < 1$" significa che i casi sfavorevoli al successo *superano* quelli favorevoli. Gli *Odds* informano quindi sul *rischio* di successo relativamente all'insuccesso in ciascuna delle sotto-popolazioni di interesse. Infatti gli *Odds* sono anche chiamati **rischio relativo** (in inglese **relative risk**).

ESEMPIO 10.3

Alcol e fumo (continua)

Applichiamo la definizione (formula) degli *Odds* nelle due sotto-popolazioni che ci interessano, quella dei fumatori/trici e quella dei non- fumatori/trici

$$Odds\,(Y|\text{F}) = \frac{88}{72} = 1.2 \quad \text{e} \quad Odds\,(Y|\text{NF}) = \frac{10}{70} = 0.14$$

Questi risultati ci dicono che nel gruppo dei fumatori/trici ci sono 1.2 consumatori/trici di alcol per ogni astemio/a, mentre nel gruppo dei non- fumatori/trici ci sono 0.14 consumatori/trici di alcol per ogni astemio/a. Allora il *rischio* di essere consumatore/trice di alcol per un fumatore/trice è 1.2 volte il rischio di essere astemio/a, mentre per un non- fumatore/trice è solo 0.14 volte. Gli *Odds* indicano che nella nostra popolazione l'attitudine al fumo *favorisce* anche il consumo di alcol, in perfetta coerenza con la conclusione che abbiamo già tratto circa un'associazione del 79% nella coppia di modalità (F, C), ma in maniera più specifica per quanto riguarda il *verso* del condizionamento.

Il rapporto (divisione) fra due *Odds* è noto con il termine inglese **Odds Ratio** e noi lo indicheremo con *OR*; è anche detto **rapporto dei prodotti incrociati** (in inglese **cross-products ratio**), e il perché dovrebbe essere chiaro guardando la formula.

Definizione

$$OR = \frac{Odds\,(Y|x_1)}{Odds\,(Y|x_2)} = \frac{f_{11}}{f_{12}} \Big/ \frac{f_{21}}{f_{22}} = \frac{f_{11}f_{22}}{f_{12}f_{21}}$$

L'*Odds Ratio* è interpretabile come misura di associazione nella coppia di modalità in posizione (1,1) nella tabella. Anche *OR* (essendo un rapporto fra frequenze) è sempre positivo e può risultare maggiore o minore di 1. Quanto più è *lontano* da 1 (molto più grande di 1 oppure molto vicino a 0) tanto più *forte* è l'associazione nella coppia di modalità in posizione (1,1). Viceversa, quando risulta vicino all'unità dà indicazioni circa l'assenza di associazione in quella coppia di modalità. *OR* è infatti legato all'indice di associazione di Yule.

$$Yule = \frac{OR - 1}{OR + 1}$$

ESEMPIO 10.3

Alcol e fumo (continua)

Con i dati delle parti precedenti di questo esempio abbiamo:

$$OR = \frac{Odds\,(Y|x_1)}{Odds\,(Y|x_2)} = \frac{1.2}{0.14} = 8.6$$

Il rischio di essere consumatore/trice di alcol per i/le fumatori/trici è 8.6 volte il rischio di esserlo per un/a non fumatore/trice. L'indicazione è quindi di una notevole associazione (positiva) nella coppia di modalità (F, C). Infatti:

$$Yule = \frac{OR - 1}{OR + 1} = \frac{8.6 - 1}{8.6 + 1} = +0.79$$

esattamente come abbiamo già calcolato per questo stesso esempio qualche pagina fa.

Capitolo 11

Dipendenza e correlazione

Cioè l'analisi statistica congiunta di una coppia di fenomeni quantitativi

I concetti e gli strumenti di statistica bivariata che abbiamo imparato nel Capitolo 10 sono applicabili a fenomeni di *qualunque natura* (qualitativi o quantitativi, categoriali od ordinali, discreti o continui) perché si basano sull'impiego delle sole *frequenze* (congiunte, marginali, condizionate, osservate o teoriche). Utilizzando le sole frequenze abbiamo potuto rilevare l'*esistenza* o meno di una relazione statistica fra X e Y e *misurarne l'intensità* con un indice sintetico interpretabile in percentuale. Quando almeno uno dei due fenomeni congiuntamente osservati su U è quantitativo, è possibile *aumentare* il livello di analisi introducendo relazioni e strumenti statistici più raffinati, che impiegano oltre alle frequenze anche le modalità. Utilizzando sia le frequenze sia le modalità dei fenomeni è possibile dare un *verso* alla relazione, cioè stabilire *se* e *quanto* X influenza Y oppure Y influenza X. Quando poi entrambi i fenomeni sono quantitativi, e di conseguenza, l'intera v.s. doppia è numerica, è possibile esplorare ancora più nel dettaglio la *natura* e la *tipologia* della relazione, con strumenti grafici e con indicatori sintetici.

11.1 Medie e varianze marginali e condizionate

Per iniziare assumiamo che (per esempio) Y sia quantitativo e X qualunque (eventualmente qualitativo), e di aver già stabilito che X e Y sono connessi (cioè che *non* sono statisticamente indipendenti). Tutto quello che diremo vale però anche quando o solo X o entrambi i fenomeni sono quantitativi; serviranno solo i naturali adattamenti nella notazione e nell'interpretazione.

Se Y è quantitativo, le sue modalità y_j sono numeriche, perciò possiamo usarci sopra la Matematica: nella tabella osservata tutte le distribuzioni **monovariate** (marginali e condizionate) che hanno a che fare con Y sono *sintetizzabili* con medie e varianze. Attenzione solo a usare le frequenze "giuste". Quando Y è continuo o classificato in intervalli, usiamo il valore centrale degli intervalli.

Partiamo dalla generica tabella a doppia entrata:

X \ Y	y_1	$\cdots$	y_j	$\cdots$	y_h	
x_1	f_{11}	$\cdots$	f_{1j}	$\cdots$	f_{1h}	$f_{1.}$
$\vdots$	$\vdots$		$\vdots$		$\vdots$	$\vdots$
x_i	f_{i1}	$\cdots$	f_{ij}	$\cdots$	f_{ih}	$f_{i.}$
$\vdots$	$\vdots$		$\vdots$		$\vdots$	$\vdots$
x_k	f_{k1}	$\cdots$	f_{kj}	$\cdots$	f_{kh}	$f_{k.}$
	$f_{.1}$	$\cdots$	$f_{.j}$	$\cdots$	$f_{.h}$	N

e diamo le seguenti definizioni.

Definizione

Media marginale di Y. È la media della v.s. marginale di Y

$$\bar{y} = \frac{1}{N}\sum_{j=1}^{h} y_j f_{.j}$$

Definizione

Varianza marginale di Y. È la varianza della v.s. marginale di Y

$$\sigma_Y^2 = \frac{1}{N}\sum_{j=1}^{h}(y_j - \bar{y})^2 f_{.j} = \frac{1}{N}\sum_{j=1}^{h} y_j^2 f_{.j} - \bar{y}^2$$

Medie e varianze marginali sono ponderate con le frequenze *marginali.*

Definizione

Media condizionata di Y dato x_i. È la media della v.s. condizionata $Y|x_i$ che si legge sulla i-esima riga della tabella

$$\bar{y}|x_i = \sum_{j=1}^{h} y_j \frac{f_{ij}}{f_{i.}} = \frac{1}{f_{i.}}\sum_{j=1}^{h} y_j f_{ij} \quad \text{(l'indice } i \text{ è fisso)}$$

Definizione

Varianza condizionata di Y dato x_i. È la varianza della v.s. condizionata $Y|x_i$ che si legge sulla i-esima riga della tabella

$$\sigma_{Y|x_i}^2 = \sum_{j=1}^{h}\left(y_j - \bar{y}|x_i\right)^2 \frac{f_{ij}}{f_{i.}} = \frac{1}{f_{i.}}\sum_{j=1}^{h}\left(y_j - \bar{y}|x_i\right)^2 f_{ij} \quad \text{(l'indice } i \text{ è fisso)}$$

Medie e varianze condizionate sono *ponderate* con le frequenze *condizionate.* Abbiamo tante medie e varianze condizionate quante sono le v.s. condizionate $Y|x_i$, cioè k ovvero tante quanti sono i modi di *condizionare* Y.

ESEMPIO 11.1

Acqua e vita

Consideriamo i dati Worldbank (www.worldbank.org) relativi a un gruppo di 35 Paesi delle zone più povere del mondo.

U: collettivo di Paesi poveri
$N = 35$
Y: aspettativa di vita alla nascita; in anni
X: popolazione rurale con accesso ad acqua potabile

Y	$45 \vdash 50$	$50 \vdash 55$	$55 \vdash 65$	$65 \vdash 75$	
y_j^*	47.5	52.5	60	70	
X					$f_{i.}$
Meno del 50%	3	3	5	0	11
Fra 50% e 75%	1	3	7	2	13
Oltre 75%	2	1	5	3	11
$f_{.j}$	6	7	17	5	35

Concentriamoci sulla v.s. marginale di Y, cioè consideriamo l'aspettativa di vita per l'intero collettivo di 35 Paesi *indipendentemente* dall'accesso all'acqua potabile, e calcoliamone media e varianza:

- aspettativa **media** di vita (in anni) nei 35 Paesi

$$\bar{y} = \frac{1}{N}\sum_{j=1}^{4} y_j^* f_{.j} = \frac{1}{35}(47.5 \times 6 + 52.5 \times 7 + 60 \times 17 + 70 \times 5)$$

$$= \frac{2022.5}{35} = 57.79$$

- **variabilità** dell'aspettativa media di vita (in anni) nei 35 Paesi

$$\sigma_Y^2 = \frac{1}{N}\sum_{j=1}^{4} (y_j^* - \bar{y})^2 f_{.j} = \frac{1}{35}\left[(47.5 - 57.79)^2 \times 6 + \cdots + (70 - 57.79)^2 \times 5\right]$$

$$= \frac{1659.643}{35} = 47.418$$

Concentriamoci ora sulle v.s. condizionate $Y|x_i$, cioè consideriamo l'aspettativa di vita nelle $k = 3$ sotto-popolazioni che stanno sulle 3 righe. Per ciascuna, separatamente, calcoliamo media e varianza:

- aspettativa **media** di vita nella sotto-popolazione degli $f_{1.} = 11$ Paesi con meno del 50% di popolazione con accesso all'acqua potabile

$$\bar{y}|x_1 = \frac{1}{f_{1.}}\sum_{j=1}^{4} y_j^* f_{1j} = \frac{1}{11}(47.5 \times 3 + 52.5 \times 3 + 60 \times 5 + 70 \times 0)$$

$$= \frac{600}{11} = 54.55$$

- aspettativa **media** di vita nella sotto-popolazione degli $f_{2.} = 13$ Paesi con accesso all'acqua potabile fra 50% e 75%

$$\bar{y}|x_2 = \frac{1}{f_{2.}}\sum_{j=1}^{4} y_j^* f_{2j} = \frac{1}{13}(47.5 \times 1 + \ldots + 70 \times 2) = \frac{765}{13} = 58.85$$

- aspettativa **media** di vita nella sotto-popolazione degli $f_{3.} = 11$ Paesi con più del 75% di popolazione con accesso all'acqua potabile

$$\bar{y}|x_3 = \frac{1}{f_{3.}}\sum_{j=1}^{4} y_j^* f_{3j} = \frac{1}{11}(47.5 \times 2 + \ldots + 70 \times 3) = \frac{657.5}{11} = 59.77$$

- **variabilità** dell'aspettativa di vita nella sotto-popolazione degli $f_{1.} = 11$ Paesi con meno del 50% di popolazione con accesso all'acqua potabile

$$\sigma_{Y|x_1}^2 = \frac{1}{f_{1.}}\sum_{j=1}^{4} (y_j^* - \bar{y}|x_1)^2 f_{1j} = \frac{1}{11}\left[(47.5 - 54.55)^2 \times 3 + \ldots + (70 - 54.55)^2 \times 0\right]$$

$$= \frac{1}{11}[149.11 + \ldots + 0] = \frac{310.23}{11} = 28.2$$

- **variabilità** dell'aspettativa di vita nella sotto-popolazione degli $f_{2.} = 13$ Paesi con accesso all'acqua potabile fra 50% e 75%

$$\sigma_{Y|x_2}^2 = \frac{1}{f_{2.}}\sum_{j=1}^{4} (y_j^* - \bar{y}|x_2)^2 f_{2j} = \frac{1}{13}\left[(47.5 - 58.85)^2 \times 1 + \ldots + (70 - 58.85)^2 \times 2\right] =$$

$$= \frac{1}{13}[128.82 + \ldots + 248.64] = \frac{507.69}{13} = 39.05$$

- **variabilità** dell'aspettativa di vita nella sotto-popolazione degli $f_{3.} = 11$ Paesi con più del 75% di popolazione con accesso all'acqua potabile

$$\sigma^2_{Y|x_3} = \frac{1}{f_{3.}} \sum_{j=1}^{4} (y_j^* - \bar{y}|x_3)^2 f_{3j} = \frac{1}{11} \left[(47.5 - 59.77)^2 \times 2 + \ldots + (70 - 59.77)^2 \times 3\right]$$
$$= \frac{668.18}{11} = 60.74$$

Domanda-trabocchetto. È corretto affermare che l'aspettativa di vita è *più variabile* negli 11 Paesi con il maggiore accesso all'acqua potabile (cioè la sotto-popolazione in cui la varianza condizionata di $Y|x_i$ è maggiore)? La risposta è NO. Le varianze condizionate sono comunque varianze: la varianza è un indice **assoluto** (cioè dipende dall'ordine di grandezza e dall'unità di misura con cui è rilevato il fenomeno) e perciò *non* è *confrontabile*. Per rispondere correttamente alla domanda-trabocchetto è necessario costruire una misura di variabilità **relativa** (l'abbiamo imparato nel Capitolo 7!), per esempio il **coefficiente di variazione** delle v.s. condizionate $Y|x_i$

$$cv(Y|x_i) = \frac{\sqrt{\sigma^2_{Y|x_i}}}{\bar{y}|x_i}$$

Due proprietà che riguardano le medie e le varianze marginali e condizionate sono importanti nell'analisi della relazione statistica fra fenomeni quantitativi. Chiameremo queste proprietà **associatività delle medie condizionate** e **scomposizione della varianza marginale**. Nei prossimi due paragrafi, prima le *enunceremo* (in formule), poi le *dimostreremo* (sempre in formule) e, infine, proveremo a usarle con un esempio.

11.2 Associatività delle medie condizionate

Di medie condizionate $\bar{y}|x_i$ ne abbiamo k (infatti $i = 1, ..., k$) e ciascuna si riferisce a una sotto-popolazione di numerosità $f_{i.}$. Quindi si possono sintetizzare a loro volta in una media. La media (aritmetica) delle medie condizionate, *ponderata* con le numerosità delle sotto-popolazioni, coincide con la media marginale.

In realtà abbiamo già imparato questa proprietà nel Capitolo 6: è la proprietà **associativa**, che vale per la media aritmetica ma non vale (tranne in casi molto particolari), per esempio, per la mediana e per la moda. Qui rivediamo la proprietà associativa in altra salsa.

Proprietà

Associatività delle medie condizionate (enunciato)

$$\frac{1}{N} \sum_{i=1}^{k} \bar{y}|x_i f_{i.} = \bar{y}$$

Dimostrazione

Scriviamo in formule la media delle medie condizionate $\bar{y}|x_i$ ponderata con le numerosità $f_{i.}$ delle sotto-popolazioni:

$$\frac{1}{N} \sum_{i=1}^{k} \bar{y}|x_i f_{i.}$$

Sostituiamo a $\bar{y}|x_i$ la sua definizione (formula):

$$= \frac{1}{N}\sum_{i=1}^{k}\left(\frac{1}{f_{i.}}\sum_{j=1}^{h} y_j f_{ij}\right) f_{i.}$$

$f_{i.}$ al numeratore si semplifica con quella al denominatore:

$$= \frac{1}{N}\sum_{i=1}^{k}\sum_{j=1}^{h} y_j f_{ij}$$

Osserviamo che y_j ha *solo* l'indice j, cioè è *costante* rispetto alla somma per i. Questo ci autorizza a "portarlo fuori" dalla somma rispetto a i (cioè algebricamente a *raccoglierlo a fattor comune*) "scambiando" le due sommatorie (cioè algebricamente applicando la *proprietà commutativa* della somma):

$$= \frac{1}{N}\sum_{j=1}^{h} y_j \sum_{i=1}^{k} f_{ij}$$

Infine ci ricordiamo che $\sum_{i=1}^{k} f_{ij} = f_{.j}$:

$$= \frac{1}{N}\sum_{j=1}^{h} y_j f_{.j} = \bar{y}$$

ESEMPIO 11.1
Acqua e vita (continua)

Con i dati Worldbank, verifichiamo l'associatività delle medie condizionate:

$$\frac{1}{N}\sum_{i=1}^{k}\bar{y}|x_i f_{i.} = \frac{1}{35}(54.55 \times 11 + 58.85 \times 13 + 59.77 \times 11) = \frac{2022.5}{35} = 57.79 = \bar{y}$$

11.3 Scomposizione della varianza marginale: varianza FRA e NEI gruppi

L'associatività *non* vale per la varianza (né per la deviazione standard che è la radice quadrata della varianza... ce lo ricordiamo, vero?!). Infatti, se calcoliamo la media (aritmetica) delle k varianze condizionate $\sigma^2_{Y|x_i}$, ponderata con le numerosità delle sotto-popolazioni, *non* otteniamo la varianza marginale di Y, ma solo una sua *parte*.

Per la varianza vale invece un'altra proprietà che chiamiamo **scomposizione**: la varianza marginale di Y si scompone nella somma di due componenti che chiamiamo **varianza NEI** e **varianza FRA**. Entrambe queste componenti sono a loro volta interpretabili come varianze e ci dicono qualcosa d'importante circa la relazione fra X e Y. Vediamo prima le definizioni (formule) delle due componenti e capiamo cosa misurano e come possiamo interpretarle; poi enunciamo la proprietà di scomposizione e proviamo a usarla in un esempio; infine la dimostriamo.

Definizione

Varianza NEI. È la media delle varianze condizionate

$$\sigma^2_{\text{NEI}} = \frac{1}{N}\sum_{i=1}^{k}\sigma^2_{Y|x_i} f_{i.} = \frac{1}{N}\sum_{i=1}^{k}\sum_{j=1}^{h}(y_j - \bar{y}|x_i)^2 f_{ij}$$

Ciascuna varianza condizionata $\sigma^2_{Y|x_i}$ misura la variabilità di Y all'interno delle sotto-popolazioni di $f_{i.}$ unità che manifestano (tutte) la modalità x_i, cioè sotto-popolazioni *omogenee* rispetto a X. La varianza NEI sintetizza tutte queste varianze condizionate, cioè sintetizza la variabilità di Y all'*interno* (per questo la chiamiamo NEI) di sotto-popolazioni *omogenee* rispetto a X, cioè *mantenendo fisso* X. Ne deduciamo che σ^2_{NEI} misura la variabilità di Y che **non dipende** da X.

Definizione

Varianza FRA. È la varianza delle medie condizionate

$$\sigma^2_{\text{FRA}} = \frac{1}{N}\sum_{i=1}^{k}(\bar{y}|x_i - \bar{y})^2 f_{i.}$$

σ^2_{FRA} sintetizza la variabilità all'*esterno* delle sotto-popolazioni, ovvero *fra* una sotto-popolazione e l'altra (e per questo la chiamiamo FRA), cioè al variare di X. Ne deduciamo che σ^2_{FRA} misura la variabilità di Y che dipende da X.

La proprietà di scomposizione ci dice che la varianza marginale di Y si spezza in due *parti*: la varianza NEI e la varianza FRA.

Proprietà

Scomposizione della varianza (enunciato)

$$\sigma^2_{\text{NEI}} + \sigma^2_{\text{FRA}} = \sigma^2_Y$$

σ^2_{NEI} è la parte di variabilità di Y che non dipende da X mentre σ^2_{FRA} è la *parte* di variabilità di Y che dipende da X. Insieme (sommate) riproducono l'*intera* variabilità di Y.

ESEMPIO 11.1

Acqua e vita (continua)

Con i dati Worldbank, verifichiamo la scomposizione della varianza:

$$\sigma^2_{\text{NEI}} = \frac{1}{N}\sum_{i=1}^{3}\sigma^2_{Y|x_i} f_{i.} = \frac{1}{35}(28.2 \times 11 + 39.05 \times 13 + 60.74 \times 11)$$

$$= \frac{1485.99}{35} = 42.46$$

$$\sigma^2_{\text{FRA}} = \frac{1}{N}\sum_{i=1}^{k}(\bar{y}|x_i - \bar{y})^2 f_{i.} =$$

$$= \frac{1}{35}\left[(54.55 - 57.79)^2 \times 11 + (58.85 - 57.79)^2 \times 13 + (59.77 - 57.79)^2 \times 11\right]$$

$$= \frac{173.54}{35} = 4.958$$

$$\sigma^2_{\text{NEI}} + \sigma^2_{\text{FRA}} = 42.46 + 4.958 = 47.418 = \sigma^2_Y$$

La scomposizione ci dice che la variabilità della speranza di vita nei Paesi considerati (cioè il fatto che Paesi *diversi* abbiano una *diversa* speranza di vita) è *complessivamente* misurabile con la varianza marginale $\sigma^2_Y = 47.418$ che per la *parte* $\sigma^2_{\text{FRA}} = 4.958$ **dipende** dall'accesso all'acqua potabile e per la *parte* $\sigma^2_{\text{NEI}} = 42.46$ **non dipende** dall'accesso all'acqua potabile.

Dimostrazione

Partiamo dalla definizione di varianza marginale ed esprimiamo le frequenze marginali $f_{.j}$ come somma (per riga) delle frequenze congiunte $\sum_{i=1}^{k} f_{ij}$:

$$\sigma_Y^2 = \frac{1}{N}\sum_{j=1}^{h}\left(y_j - \bar{y}\right)^2 f_{.j} = \frac{1}{N}\sum_{j=1}^{h}\left(y_j - \bar{y}\right)^2 \sum_{i=1}^{k} f_{ij}$$

All'interno delle parentesi tonde aggiungiamo e togliamo (senza quindi cambiare il risultato) le medie condizionate $\bar{y}|x_i$:

$$= \frac{1}{N}\sum_{j=1}^{h}\sum_{i=1}^{k}\left(y_j - \bar{y}|x_i + \bar{y}|x_i - \bar{y}\right)^2 f_{ij}$$

Mettiamo strategicamente delle parentesi (sempre senza alterare il risultato):

$$= \frac{1}{N}\sum_{j=1}^{h}\sum_{i=1}^{k}\left[\left(y_j - \bar{y}|x_i\right) + \left(\bar{y}|x_i - \bar{y}\right)\right]^2 f_{ij}$$

In questo modo abbiamo il quadrato di un binomio (che sappiamo come svolgere dalla scuola media: $(a+b)^2 = a^2 + b^2 + 2ab$). Svolgiamolo, senza dimenticarci sommatorie e coefficienti:

$$= \frac{1}{N}\sum_{j=1}^{h}\sum_{i=1}^{k}\left(y_j - \bar{y}|x_i\right)^2 f_{ij} + \frac{1}{N}\sum_{j=1}^{h}\sum_{i=1}^{k}\left(\bar{y}|x_i - \bar{y}\right)^2 f_{ij} +$$

$$+ \frac{2}{N}\sum_{j=1}^{h}\sum_{i=1}^{k}\left(y_j - \bar{y}|x_i\right)\left(\bar{y}|x_i - \bar{y}\right) f_{ij}$$

Guardiamo l'ultimo termine dell'espressione a cui siamo arrivati: per una proprietà della media aritmetica (l'annullamento degli scarti che abbiamo imparato nel Capitolo 6 e che consiglio di andare a rivedere), quest'ultimo termine vale zero (perché gli scarti non sono elevati al quadrato) e si può eliminare. Rimangono allora solo i primi due termini dell'espressione. Adesso guardiamo il primo termine e riconosciamo la varianza NEI (esattamente la definizione):

$$= \sigma_{\text{NEI}}^2 + \frac{1}{N}\sum_{j=1}^{h}\sum_{i=1}^{k}\left(\bar{y}|x_i - \bar{y}\right)^2 f_{ij}$$

Infine guardiamo il secondo termine di quest'ultima espressione: dobbiamo lavorarci un po' per riconoscere la definizione della varianza FRA. Osserviamo che il termine $(\bar{y}|x_i - \bar{y})^2$ ha solo l'indice i, cioè è *costante* rispetto alla somma per j. Posisiamo allora "portarlo fuori" dalla somma per j (algebricamente, lo *raccogliamo a fattore comune*):

$$= \sigma_{\text{NEI}}^2 + \frac{1}{N}\sum_{i=1}^{k}\left(\bar{y}|x_i - \bar{y}\right)^2 \sum_{j=1}^{h} f_{ij}$$

Siccome sappiamo che $\sum_{j=1}^{h} f_{ij} = f_{i.}$, alla fine otteniamo

$$= \sigma_{\text{NEI}}^2 + \frac{1}{N}\sum_{i=1}^{k}\left(\bar{y}|x_i - \bar{y}\right)^2 f_{i.} = \sigma_{\text{NEI}}^2 + \sigma_{\text{FRA}}^2$$

Ci resta solo da osservare (e ricordare) che la proprietà di scomposizione vale per la varianza σ^2 ma *non* vale per la deviazione standard σ!

11.4 Indipendenza in media e dipendenza di un fenomeno dall'altro

Nel Capitolo 10 abbiamo chiamato "connessione" una *generica* relazione di associazione (globale) fra X e Y e abbiamo imparato che l'indice di connessione χ^2 dà indicazioni sull'*esistenza* e (normalizzato) sul *grado* di questa generica relazione statistica. Il χ^2 e l'analisi di connessione non ci dicono però niente circa il **verso** della relazione, cioè se X influenza Y oppure se è Y a influenzare X oppure se i due fenomeni si influenzano a vicenda, in che misura l'uno e in che misura l'altro. Ragionando in questo modo, stiamo pensando a un fenomeno *che condiziona* (e lo chiamiamo **fenomeno condizionante** oppure **esplicativo**) e all'altro fenomeno che *è influenzato* (e lo chiamiamo **fenomeno condizionato** oppure **risposta**). La relazione statistica su cui ci concentriamo ora è la **dipendenza** di Y da X. Le medie e le varianze condizionate servono per l'analisi della dipendenza statistica di un fenomeno (condizionato e quantitativo) dall'altro fenomeno (condizionante e qualunque). Per prima cosa ci assicuriamo che *esista* dipendenza di Y da X e, per farlo, dobbiamo imparare il *concetto* e la *condizione* di **indipendenza in media** di Y da X.

Partiamo da X e Y connessi (cioè *non* statisticamente indipendenti). Diciamo che Y **dipende da** X se tale relazione di connessione si *riflette* sulle medie condizionate $\bar{y}|x_i$ che risultano *diverse* fra loro *al variare* di X (cioè *condizionatamente* alle modalità x_i di X) e *diverse* dalla media marginale (cioè *indipendentemente* da X). Diremo invece che Y è **indipendente in media** da X se è sufficiente sintetizzare le distribuzioni condizionate $Y|x_i$ nelle medie condizionate $\bar{y}|x_i$ perché la relazione di connessione *scompaia* (non si *veda* più) e le medie condizionate $\bar{y}|x_i$ appaiono tutte *uguali* fra loro *al variare* di X e *uguali* alla media marginale $\bar{y}$.

Allora, la **condizione** di indipendenza in media si può dare in analogia alla condizione di indipendenza statistica ma utilizzando le **medie** condizionate (anzichè le frequenze condizionate). Y è indipendente in media da X se *tutte* le medie condizionate sono uguali fra loro e uguali alla media marginale. In formule:

Definizione

Condizione di indipendenza in media di Y da X

$\bar{y}|x_i = \bar{y}$ per tutti gli indici $i = 1, \ldots, k$

Qualche volta indicheremo più brevemente l'indipendenza in media con i.m.

ESEMPIO 11.2

Genere ed esami

U: collettivo di studenti iscritti al II anno di un certo corso di laurea
$N = 190$
X: genere
Y: numero di esami registrati al termine del I anno

X \ Y	0	3	6	9	$f_{i.}$
Femmina	4	40	40	4	88
Maschio	18	33	33	18	102
$f_{.j}$	22	73	73	22	190

Fra X e Y non esiste i.s. perché, per esempio:

$$f_{11} = 4 \neq f_{11}^* = \frac{f_{1.}f_{.1}}{N} = \frac{88 \times 22}{190} = 10.19$$

Esiste una modesta connessione: il χ^2 normalizzato risulta intorno al 10%, (consiglio di provare a calcolarlo per esercizio). Tale relazione di connessione, però, *sparisce* se si sintetizzano le distribuzioni condizionate $Y|x_i$ nelle loro medie. Infatti:

$$\bar{y}|\text{Femmina} = \frac{1}{88}(0 \times 4 + 3 \times 40 + 6 \times 40 + 9 \times 4) = 4.5$$

$$\bar{y}|\text{Maschio} = \frac{1}{102}(0 \times 18 + 3 \times 33 + 6 \times 33 + 9 \times 18) = 4.5$$

$$\bar{y} = \frac{1}{190}(0 \times 22 + 3 \times 73 + 6 \times 73 + 9 \times 22) = 4.5$$

cioè Y è i.m. da X.

Si può allora affermare che, sebbene genere e numero di esami registrati al termine del I anno siano (lievemente) *connessi*, tuttavia *non* si può ritenere, per il collettivo di studenti osservato, che il numero di esami registrati al termine del I anno *dipenda* statisticamente dal genere.

11.5 Implicazione tra indipendenza statistica e indipendenza in media

Matematicamente si può dimostrare che l'i.s. *implica* l'i.m. di ciascun fenomeno dall'altro, in formule i.s. $\Rightarrow$ i.m. In altre parole, l'i.s. (che riguarda le *intere* distribuzioni di frequenza congiunte e condizionate) è una condizione *più forte*, mentre l'i.m. (che riguarda le medie delle distribuzioni condizionate, cioè *sintesi* delle distribuzioni di frequenza) è condizione *più debole*. Anche a livello interpretativo questa implicazione è sensata: due fenomeni statisticamente indipendenti sono fenomeni che *non* presentano alcuna relazione statistica, il comportamento dell'uno non ha niente a che fare con il comportamento dell'altro sulla U osservata. Di conseguenza ($\Rightarrow$) non può esistere alcuna relazione di dipendenza di un fenomeno dall'altro.

Dimostriamolo.

Dimostrazione

Partiamo dalla definizione (formula) della media condizionata per un *qualunque* indice i (cioè di una qualunque riga della tabella osservata):

$$\bar{y}|x_i = \frac{1}{f_{i.}} \sum_{j=1}^{h} y_j f_{ij}$$

Se X e Y sono statisticamente indipendenti, allora tutte le frequenze congiunte osservate f_{ij} sono uguali alle frequenze teoriche di i.s. $f_{ij}^* = f_i f_j / N$. Sostituendo nella formula precedente:

$$= \frac{1}{f_{i.}} \sum_{j=1}^{h} y_j \frac{f_{i.}f_{.j}}{N}$$

La frequenza marginale $f_{i.}$ al numeratore è *costante* rispetto alla somma per j; possiamo allora "portarla fuori" dalla somma per j e semplificarla con $f_{i.}$ al denominatore. Quello che rimane è proprio la media marginale:

$$= \frac{1}{N}\sum_{j=1}^{h} y_j f_{.j} = \bar{y}$$

Siccome siamo partiti da un *qualunque* indice i, quello che abbiamo appena dimostrato vale per *tutti* gli indici $i = 1, \ldots, k$, cioè è realizzata (è vera!) la condizione di i.m. di Y da X.

Si arriva allo stesso risultato anche *rovesciando* la dipendenza, cioè partendo dalle medie condizionate $\bar{x}|y_j$ sotto l'i.s.:

$$\bar{x}|y_j = \frac{1}{f_{.j}}\sum_{i=1}^{k} x_i f_{ij}^{*} = \frac{1}{f_{.j}}\sum_{i=1}^{k} x_i \frac{f_{i.}f_{.j}}{N} = \frac{1}{N}\sum_{i=1}^{k} x_i f_{i.} = \bar{x}$$

Anche questo vale per tutti gli indici $j = 1, \ldots, h$, cioè è realizzata anche la condizione di i.m. di X da Y. Allora dall'i.s. segue l'i.m. di ciascun fenomeno dall'altro. In formule: i.s. $\Rightarrow$ i.m.

Non è necessariamente vero il *viceversa* dell'implicazione: se Y è i.m. da X (oppure se X è i.m. da Y o anche se entrambi sono i.m. l'uno dall'altro) *non* necessariamente X e Y sono statisticamente indipendenti. Questo è la conseguenza del fatto che l'i.m. è una condizione *più debole* dell'i.s.

Se Y *non* è i.m. da X (perché *non* è verificata la condizione di i.m.), allora Y **dipende** (statisticamente) da X. Quando non è verificata la condizione di i.m., le medie condizionate $\bar{y}|x_i$ sono *diverse* fra loro e diverse dalla media marginale $\bar{y}$, e questo ci dice che il variare di X *influisce* sul comportamento medio di Y.

Una volta che abbiamo rilevato l'esistenza della dipendenza di Y da X, quello che ci interessa è *misurarne l'intensità*, cioè stabilire, calcolando un indice interpretabile come percentuale, se tale dipendenza è *forte* o *debole*.

11.6 Indice di dipendenza di un fenomeno dall'altro

Abbiamo imparato che la varianza FRA misura la *parte* di variabilità di Y che **dipende** da X (... e se non l'abbiamo ancora imparato, rileggiamo il Paragrafo 11.3 "Scomposizione della varianza marginale: varianza FRA e NEI gruppi"). Adesso che conosciamo la condizione di i.m. possiamo osservare che, quando Y è i.m. da X, allora le k differenze $(\bar{y}|x_i - \bar{y})$ sono tutte uguali a zero. Uno zero possiamo elevarlo al quadrato, moltiplicarlo e dividerlo per qualunque cosa e rimane sempre zero, e se sommiamo degli zeri otteniamo sempre zero. Tutto questo per dire che quando Y è i.m. da X allora la varianza FRA vale zero.

Invece, all'aumentare dell'influenza di X su Y, le medie condizionate $\bar{y}|x_i$ sono sempre più *diverse* fra loro e *diverse* dalla media marginale $\bar{y}$. Allora le differenze $(\bar{y}|x_i - \bar{y})$ sono sempre *più grandi* all'aumentare del *grado* di dipendenza di Y da X e, di conseguenza, anche la σ^2_{FRA} diventa *grande*. Bene, è sulla varianza FRA che si può basare la *misura* della dipendenza di Y da X.

Indicheremo l'indice di dipendenza (di un fenomeno dall'altro) con la lettera greca eta η, elevata al quadrato per ricordare che ha a che fare con varianze e, per non confonderci, metteremo al deponente l'indicazione del fenomeno di cui stiamo misurando la dipendenza, cioè il fenomeno *risposta* o *condizionato*.

Indice di dipendenza (di Y da X)

$$\eta_Y^2 = \frac{\sigma_{\text{FRA}}^2}{\sigma_Y^2}$$

Definizione

Tecnicamente l'indice η_Y^2 è chiamato *rapporto di correlazione di Pearson*. Noi lo chiameremo semplicemente **indice di dipendenza** di Y da X (e non perché non siamo riconoscenti a K. Pearson che l'ha inventato, ma perché riserviamo il termine *correlazione* a una situazione diversa, che impareremo nel Paragrafo 11.8 "Coppie di fenomeni quantitativi: momento misto e covarianza").

Perché η_Y^2 misura la dipendenza di Y da X? Prima di tutto osserviamo che assume valori compresi fra 0 e 1 (altrimenti abbiamo sbagliato i conti!), cioè è un indice **normalizzato** che moltiplicato per 100 è interpretabile come percentuale di dipendenza (di Y da X). Ricordiamoci come si normalizza un indice quando il suo valore minimo è zero: basta dividerlo per il suo valore massimo (... ci ricordiamo il Paragrafo 7.4?). Infatti la varianza marginale σ_Y^2 è proprio il valore massimo assumibile dalla varianza FRA (quando $\sigma_{\text{NEI}}^2 = 0$; se non è chiaro subito, provate a rileggere la normalizzazione nel Capitolo 7 e la scomposizione della varianza nel Paragrafo 11.3 "Scomposizione della varianza marginale: varianza FRA e NEI gruppi").

Osserviamo poi che un rapporto (cioè la *divisione* fra due quantità) vale 0 quando il numeratore (la quantità sopra) è zero; allora $\eta_Y^2 = 0$ se (e soltanto se) $\sigma_{\text{FRA}}^2 = 0$, cioè quando Y è indipendente in media da X. Viceversa, un rapporto è uguale a 1 quando numeratore e denominatore coincidono; allora $\eta_Y^2 = 1$ se (e soltanto se) $\sigma_{\text{FRA}}^2 = \sigma_Y^2$ oppure, equivalentemente, se $\sigma_{\text{NEI}}^2 = 0$; in questo caso *tutta* la variabilità di Y *dipende* da X. Allora tutti i valori di η_Y^2 intermedi tra i due estremi 0 e 1 sono interpretabili come *percentuali di dipendenza* di Y da X.

ESEMPIO 11.3

Il rendimento dei laureandi

I seguenti dati sono tratti dai libretti universitari di un gruppo di laureandi.

U: collettivo di studenti laureandi in Scienze statistiche
$N = 39$
X: tipologia di esami prevalente nel curriculum, $k = 3$
Y: rendimento; basato sulla media dei voti

Non abbiamo però i dati *individuali* (dei singoli studenti) ma solo dei dati *aggregati* per tipologia di esame prevalente. Conosciamo, cioè, le medie e le varianze delle $k = 3$ v.s. condizionate $Y|x_i$ (Tabella 11.1).

Tabella 11.1

Tipologia di esame x_i	**Voto medio per tipo d'esame** $\bar{y}\|x_i$	**Varianza dei voti per tipo d'esame** $\sigma_{Y\|x_i}^2$	**N. di studenti per tipo d'esame** $f_{i.}$
Metodologico	26.0	16.33	17
Applicato	19.2	1.36	14
Altro	23.0	11.11	8
			39

Vediamo che il rendimento dei laureandi varia al variare della tipologia d'esame prevalente nel proprio curriculum: le $k = 3$ medie condizionate sono *diverse* fra loro, cioè Y *dipende* da X. In che misura la tipologia d'esame prevalente *spiega* (statisticamente) la variabilità del rendimento dei laureandi? Calcoliamo l'indice di dipendenza di Y da X:

$$\eta_Y^2 = \frac{\sigma_{\text{FRA}}^2}{\sigma_Y^2}$$

Possiamo farlo anche se disponiamo dei soli *dati aggregati*: è una buona occasione per usare le proprietà di **associatività** delle medie condizionate e di **scomposizione** della varianza marginale. Calcoliamo il voto medio per tutti i laureandi osservati (cioè la media marginale) associando il voto medio per tipo d'esame (cioè le medie condizionate):

$$\begin{aligned}\bar{y} &= \frac{1}{N}\sum_{i=1}^{3}\bar{y}|x_i f_{i.} = \frac{1}{39}(26\times 17 + 19.2\times 14 + 23\times 8)\\ &= \frac{894.8}{39} = 22.94\end{aligned}$$

Associando le varianze dei voti per tipo d'esame troviamo la varianza NEI

$$\begin{aligned}\sigma^2_{\text{NEI}} &= \frac{1}{N}\sum_{i=1}^{3}\sigma^2_{Y|x_i} f_{i.} = \frac{1}{39}(16.33\times 17 + 1.36\times 14 + 11.11\times 8)\\ &= \frac{385.53}{39} = 9.89\end{aligned}$$

che misura la variabilità *interna* a sotto-popolazioni con tipologia di esame *omogenea*, cioè la parte di variabilità del rendimento che *non dipende* dalla tipologia di esame.

Calcolando la varianza dei voti medi per tipo d'esame otteniamo la varianza FRA:

$$\begin{aligned}\sigma^2_{\text{FRA}} &= \frac{1}{N}\sum_{i=1}^{3}(\bar{y}|x_i - \bar{y})^2 f_{i.}\\ &= \frac{1}{39}\left[(26-22.94)^2\times 17 + (19.2-22.94)^2\times 14 + (23-22.94)^2\times 8\right]\\ &= \frac{1}{39}[159.18 + 195.83 + 0.03] = \frac{355.04}{39} = 9.1\end{aligned}$$

che misura la variabilità *esterna* alle sotto-popolazioni di laureandi al variare della tipologia di esami prevalente, cioè la parte di variabilità del rendimento che *dipende* dalla tipologia d'esame.

Sommando varianza NEI e FRA abbiamo la varianza marginale del rendimento:

$$\sigma^2_Y = \sigma^2_{\text{NEI}} + \sigma^2_{\text{FRA}} = 9.89 + 9.1 = 18.99$$

e, finalmente, calcoliamo **l'indice di dipendenza** del rendimento (Y) dalla tipologia di esame prevalente (X):

$$\eta^2_Y = \frac{\sigma^2_{\text{FRA}}}{\sigma^2_Y} = \frac{9.1}{18.99} = 0.48$$

Questo risultato ci dice che Y *dipende* da X al 48%. In altre parole ci dice che per i laureandi osservati la tipologia d'esame prevalente nel curriculum *spiega* (statisticamente) il 48% della variabilità nel rendimento.

Quando $\eta^2_Y = 1$ si dice che Y *dipende completamente* (si dice anche *perfettamente*) da X o anche che statisticamente X *spiega* totalmente il variare di Y. Nella tabella osservata, a ogni modalità x_i di X corrisponde un'unica modalità y_j di Y, cioè su ogni riga c'è un'*unica* frequenza congiunta non nulla. In questa situazione, è sufficiente conoscere il comportamento del fenomeno esplicativo X per sapere *tutto*, sulla U osservata, del comportamento del fenomeno risposta Y.

ESEMPIO 11.4

Età e twitter

Quando ho tempo da perdere mi pongo domande esistenziali: l'attitudine a inviare più o meno di 10 tweet (www.twitter.com) in una settimana potrebbe dipendere dall'età del soggetto? Ho posto la domanda a 35 conoscenti di età diversa e possessori di uno smartphone ottenendo i seguenti risultati:

U: collettivo di soggetti dotati di smartphone
$N = 35$
Y: numero di tweet nella scorsa settimana (più o meno di 10)
X: età in anni compiuti; classificata in $k = 3$ grandi classi

X \ Y	≤ 10	> 10	
≤ 25	0	14	14
26 ⊢ 59	16	0	16
≥ 60	5	0	5
	21	14	35

Non c'è bisogno di fare grandi calcoli per concludere che $\eta_Y^2 = 1$. Su ogni riga (cioè guardando le v.s. condizionate $Y|x_i$) c'è *una sola* frequenza congiunta diversa da 0. Allora *tutte* le varianze condizionate $\sigma_{Y|x_i}^2$ (cioè le varianze calcolate sulle singole righe) sono nulle e la varianza NEI (che è la media delle varianze condizionate) è a sua volta pari a 0. Allora Y *dipende perfettamente* da X, cioè nel gruppo di soggetti osservati l'età *spiega totalmente* la tendenza a twittare più o meno di 10 volte in una settimana: se il soggetto ha meno di 25 anni ne invia di più, altrimenti di meno. In questo senso "a ogni modalità del fenomeno condizionante corrisponde un'unica modalità del fenomeno condizionato". Vi faccio notare che questa tabella, oltre che di *perfetta dipendenza* di Y da X, è anche di *massima connessione* fra X e Y. Il che è molto ragionevole e lo riprenderemo nel prossimo capitolo quando parleremo di implicazioni matematiche e statistiche fra le varie relazioni fra variabili che abbiamo imparato. Consiglio comunque di calcolare il χ^2 di questa tabella e verificare che coincide con il χ^2 massimo (eventualmente, rileggere il Capitolo 10!).

Tutto quello che abbiamo detto a proposito della dipendenza di Y da X vale anche se si inverte il verso della dipendenza. Si tratterà di fare gli opportuni adattamenti nella notazione e nell'interpretazione perché le due analisi di dipendenza (di Y da X e di X da Y) sono condotte *separatamente*. Quando anche X è quantitativo, l'indice di dipendenza di X da Y è definito come segue.

Definizione

Indice di dipendenza (di X da Y)

$$\eta_X^2 = \frac{\sigma_{\text{FRA}}}{\sigma_X^2}$$

$$\text{con} \quad \sigma_{\text{FRA}}^2 = \frac{1}{N}\sum_{j=1}^{h}(\bar{x}|y_j - \bar{x})^2 f_{.j} \quad \text{e} \quad \sigma_X^2 = \frac{1}{N}\sum_{i=1}^{k}(x_i - \bar{x})^2 f_{i.}$$

A differenza della connessione, che è un legame biunivoco *fra* i fenomeni (in accordo logico con l'osservazione che abbiamo fatto nel Capitolo 10 circa la *simmetria* dell'i.s.), la dipendenza è invece una relazione statistica *univoca* (e infatti abbiamo il *verso*!). Se, per esempio, Y è i.m. da X, *non* è necessariamente vero che anche X è i.m. da Y. Anzi, in teoria sono costruibili esempi estremi di tabelle in cui Y è indipendente in media da X e allo stesso tempo X è perfettamente dipendente da Y (o viceversa). Ecco un esempio di questo tipo.

ESEMPIO 11.5

Indipendenza in media da un verso e perfetta dipendenza dall'altro

Osserviamo la seguente tabella (dati inventati!) e proviamo a fare un po' di conti.

X \ Y	5	6	10	11	$f_{i.}$
30	10	0	0	10	20
40	0	15	15	0	30
$f_{.j}$	10	15	15	10	50

Guardiamo prima le righe, cioè le v.s. condizionate $Y|x_i$ con $k = 2$:

$$\bar{y}|x_1 = \frac{1}{f_{1.}}\sum_{j=1}^{4} y_j f_{1j} = \frac{5 \times 10 + 11 \times 10}{20} = 8$$

$$\bar{y}|x_2 = \frac{6 \times 15 + 10 \times 15}{30} = 8$$

$$\bar{y} = \frac{1}{N}\sum_{j=1}^{4} y_j f_{.j} = \frac{5 \times 10 + 6 \times 15 + 10 \times 15 + 11 \times 10}{50} = 8$$

Medie condizionate e media marginale sono tutte uguali; allora Y è *indipendente in media* da X e si ha:

$$\sigma^2_{\text{FRA}} = 0 \;\Rightarrow\; \eta^2_Y = \frac{\sigma^2_{\text{FRA}}}{\sigma^2} = 0$$

Adesso guardiamo le colonne, cioè le v.s. condizionate $X|y_j$ con $h = 4$, e calcoliamo le medie condizionate, le varianze condizionate e la varianza NEI:

$$\bar{x}|y_1 = \frac{1}{f_{.1}}\sum_{i=1}^{2} x_i f_{i1} = \frac{30 \times 10 + 40 \times 0}{10} = 30$$

$$\bar{x}|y_2 = 40$$

$$\bar{x}|y_3 = 40$$

$$\bar{x}|y_4 = 30$$

$$\sigma^2_{X|y_j} = \frac{1}{f_{.j}}\sum_{i=1}^{2} (x_i - \bar{x}|y_j)^2 f_{ij} = 0 \quad j = 1, \dots, 4$$

Allora:

$$\sigma^2_{\text{NEI}} = \frac{1}{N}\sum_{j=1}^{4} \sigma^2_{X|y_j} \cdot f_{.j} = 0$$

Le medie condizionate sono diverse fra loro e diverse dalla media marginale; allora X dipende da Y. Inoltre le varianze condizionate sono tutte nulle, perciò la varianza NEI è zero (su ogni colonna della tabella c'è un'unica frequenza congiunta non nulla). Di conseguenza:

$$\sigma^2_{\text{FRA}} = \sigma^2_X \qquad \text{e} \qquad \eta^2_X = \frac{\sigma^2_{\text{FRA}}}{\sigma^2_X} = 1$$

cioè X *dipende perfettamente* da Y.

Quando entrambi i fenomeni osservati X e Y sono **quantitativi**, per perseguire il nostro obiettivo bivariato di descriverne il comportamento congiunto su U, abbiamo a disposizione ulteriore strumentazione statistica (di base).

11.7 Coppie di fenomeni quantitativi: Diagramma a dispersione (*scatter plot*)

Quando entrambi i fenomeni sono quantitativi è possibile fare un'ulteriore passo nell'analisi statistica bivariata. Oltre a rilevare l'*esistenza* e a misurare il *grado* di una *generica* relazione (connessione/associazione) e a fissarne il *verso* (dipendenza), possiamo ora studiare anche la *natura* della relazione statistica fra X e Y, dandole una *formulazione matematica* e rappresentadola su un *grafico*.

Il **diagramma a dispersione** è uno strumento grafico bivariato per la rappresentazione della distribuzione congiunta di una coppia di fenomeni quantitativi. È utile per *visualizzare* se esiste una relazione statistica fra X e Y e, quando esiste, ne mette in evidenza la *tipologia*. Alcuni lo chiamano **diagramma di dispersione** e i software statistici, che in genere parlano inglese, lo chiamano *scatter plot*. È un **diagramma cartesiano** con gli assi intestati alle modalità dei due fenomeni (che sono numeri), per esempio X sulle ascisse e Y sulle ordinate. Le coppie di valori osservati (x_i, y_j) sono viste come coordinate di punti e sono rappresentati sul diagramma come una **nuvola di $k \times h$ punti**.

Per imparare come si costruisce un diagramma a dispersione procediamo in due passi, partendo dal caso più semplice di **serie doppia** per passare poi al caso generale di tabella a doppia entrata.

11.7.1 Serie doppia e diagramma a dispersione semplice

Quando interessa studiare X e Y su una *U poco numerosa*, per esempio un piccolo collettivo dqualii soggetti o di aggregazioni, quello che in genere succede è rilevare N coppie di dati *diversi* su ciascuna delle unità statistiche che compongono la "piccola" U di interesse. In questi casi speciali non ha senso (e non è di alcuna utilità) costruire una tabella a doppia entrata e si utilizzano, invece, direttamente i dati grezzi organizzati in una **serie doppia**. Vediamone un *classico esempio*, datato ma esplicativo, su dati ONU del 1995.

ESEMPIO 11.6
Fertilità e contraccezione

U: piccolo collettivo di Paesi, europei e dell'Africa sub-sahariana
$N = 10$
X: tasso di fertilità anno 1994 (numero medio di figli per donna in età feconda)
Y: percentuale di donne che hanno usato una qualche forma di contraccezione nel periodo 1987/94

x_i	1.8	2.1	5.4	2.8	3	2.3	7.1	1.8	7.3	4.7
y_i	82	71	12	55	53	66	15	74	4	33

Notiamo che le 10 coppie di dati sono tutte diverse fra loro, ciascuna con frequenza congiunta unitaria, ed è sufficiente un unico indice (i). Anzichè in una tabella a doppia entrata, in via naturale i dati sono organizzati in due righe (una per ciascun fenomeno) e $N = 10$ colonne, cioè una **serie doppia**.

La serie doppia è il caso più semplice sia per fare i calcoli (perchè le frequenze congiunte f_{ij} sono tutte uguali a 1) sia per costruire il diagramma a dispersione. Basta infatti mettere le modalità x_i sulle ascisse (l'asse orizzontale) e le modalità y_i sulle ordinate (l'asse verticale). Ciascun punto del diagramma ha coordinate (x_i, y_i). Il risultato è una **nuvola di punti** (Figura 11.1).

ESEMPIO 11.6

Fertilità e contraccezione (continua)

Figura 11.1 Diagramma a dispersione

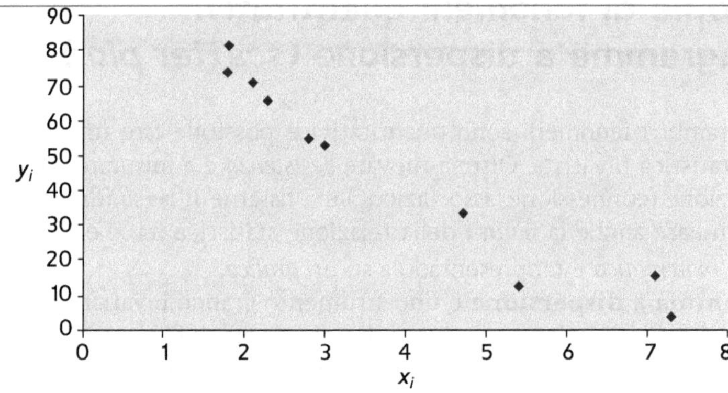

Notiamo che la nuvola di punti che abbiamo ottenuto ha una *struttura* evidente, piuttosto rettilinea e chiaramente discendente. Ci *visualizza* l'esistenza di una relazione statistica fra fertilità X e contraccezione Y nel collettivo di Paesi osservati e, in aggiunta, ci suggerisce la *natura matematica* di tale relazione: *lineare* e *decrescente*.

11.7.2 Tabella a doppia entrata: diagramma a bolle e diagramma ridotto con medie condizionate

Il caso più generale di tabella a doppia entrata è un po' più complicato. L'obiettivo però non cambia: vogliamo rappresentare graficamente dati bivariati per *visualizzare* se esiste una relazione statistica nella coppia di fenomeni di studio e, quando esiste, avere indicazioni sulla sua *tipologia* e *natura matematica*.

ESEMPIO 11.7

Maturità e università

È ragionamento di senso comune che gli studenti che escono dal liceo con un voto di maturità alto siano anche "più bravi" all'università. Consideriamo allora gli iscritti al secondo anno di un corso di laurea scientifico.

U: collettivo di studenti iscritti al II anno di un corso di laurea scientifico che hanno completato gli esami del I anno
N: 1000
X: voto di maturità
Y: media dei voti al termine del I anno

	Y	18 ⊢ 22	22 ⊢ 27	27 ⊢⊣ 30	
	y_j^*	20	24.5	28.5	
X	x_i^*				$f_{i.}$
60 ⊢⊣ 70	65.0	258	79	6	343
71 ⊢⊣ 80	75.5	51	193	15	259
81 ⊢⊣ 90	85.5	9	27	147	183
91 ⊢⊣ 100	95.5	0	16	199	215
	$f_{.j}$	318	315	367	1000

Senza dimenticarci che X e Y hanno natura qualitativa, sono stati rilevati con scala quantitativa e utilizziamo i $k = 4$ valori centrali x_i^* e gli $h = 3$ valori centrali y_i^*. Per *vedere* se in questi dati *esiste* una relazione statistica, andiamo a costruire il diagramma a dispersione.

Il metodo che abbiamo imparato per la serie doppia non funzionerebbe per i nostri dati: non abbiamo più un piccolo numero N di 1000 punti (le coppie (x_i, y_i)) ciascuno con frequenza unitaria come nell'Esempio 11.6 "Fertilità e contraccezione". Abbiamo invece $N = 1000$ unità statistiche, distribuite con frequenze su $4 \times 3 = 12$ coppie (x_i^*, y_i^*), cioè punti con la propria frequenza congiunta f_{ij}.

Sul diagramma a dispersione, che ha *due* dimensioni, sono rappresentabili tutti i punti di coordinate (x_i, y_j) ma *non* le frequenze, perché servirebbe la terza dimensione. Un grafico in tre dimensioni è però difficile da costruire e più complesso da leggere e interpretare. Noi rimaniamo fedeli al nostro principio di *semplicità* e continuiamo a lavorare in due sole dimensioni, usando, però, un accorgimento per distinguere i punti che nella popolazione *pesano di più* (perché sono più frequenti e dunque più singificativi) da quelli che *pesano di meno* (sono meno frequenti, meno rappresentativi). Vediamo due metodi.

Il **diagramma a bolle** è un espediente visivo. Consiste nel disegnare i punti di coordinate (x_i, y_j) con *dimensione* diversa: più grossi per le coppie (x_i, y_j) con frequenza f_{ij} più elevata, più piccoli per le coppie con frequenza più bassa. Il risultato è un grafico a bolle (Figura 11.2) che è una sorta di istogramma bidimensionale in cui l'area delle bolle rappresenta la frequenza (congiunta) associata al punto.

ESEMPIO 11.7

Maturità e università (continua)

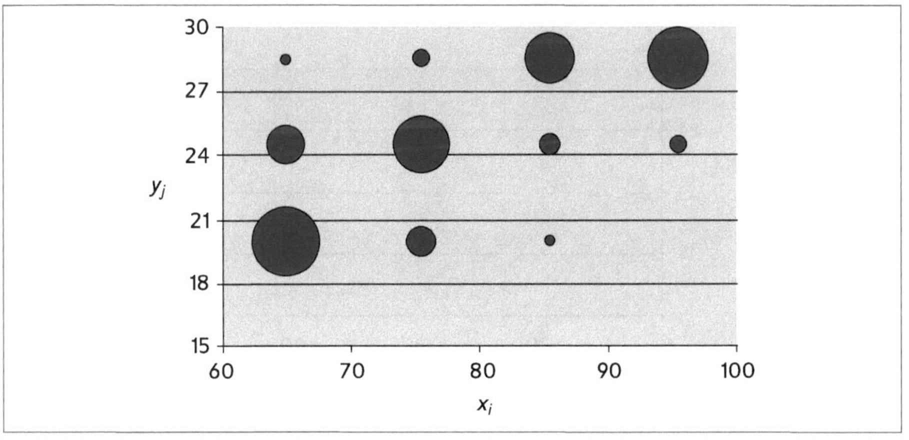

Figura 11.2 Diagramma a dispersione a bolle

Si vede bene che le bolle più grandi, cioè le coppie (x_i, y_j) più frequenti (pesanti e *più singificative* in *U*), sono *concentrate* in una zona del grafico, disposte in modo da indicare l'esistenza di una relazione statistica fra *X* e *Y* di tipo *crescente*: al crescere di *X* cresce anche *Y* e viceversa.

Un metodo *più statistico* è il **diagramma ridotto con le medie condizionate**. Consiste nel sintetizzare le v.s. condizionate $Y|x_i$ (che stanno sulle righe della tabella) con le *k* **medie condizionate**

$$\bar{y}|x_i = \frac{1}{f_{i.}} \sum_{j=1}^{h} y_j f_{ij}$$

(che tengono conto sia delle modalità sia delle frequenze) e rappresentare sul diagramma i *k* punti di coordinate: $(x_i, \bar{y}|x_i)$. Ancora, la *struttura* della nuvola di punti, quando esiste, è indice dell'esistenza di relazione statistica nei dati e della sua *forma matematica*.

ESEMPIO 11.7

Maturità e università (continua)

Calcoliamo le $k = 4$ medie condizionate utilizzando per i conti i valori centrali (indicati con l'asterisco). Siccome a questo punto dovrebbe essere ormai acquisito *come* effettuare i calcoli, riporto qui solo le formule applicate e i risultati finali dei conti (e consiglio per esercizio di provare a svolgerli)!

$$\bar{y}|x_1 = \frac{1}{f_{1.}} \sum_{j=1}^{3} y_j^* f_{1j} = 21.19$$

$$\bar{y}|x_2 = \frac{1}{f_{2.}} \sum_{j=1}^{3} y_j^* f_{2j} = 23.85$$

$$\bar{y}|x_3 = \frac{1}{f_{3.}} \sum_{j=1}^{3} y_j^* f_{3j} = 27.49$$

$$\bar{y}|x_4 = \frac{1}{f_{4.}} \sum_{j=1}^{3} y_j^* f_{4j} = 28.20$$

Figura 11.3 Diagramma a dispersione "ridotto" con le medie condizionate

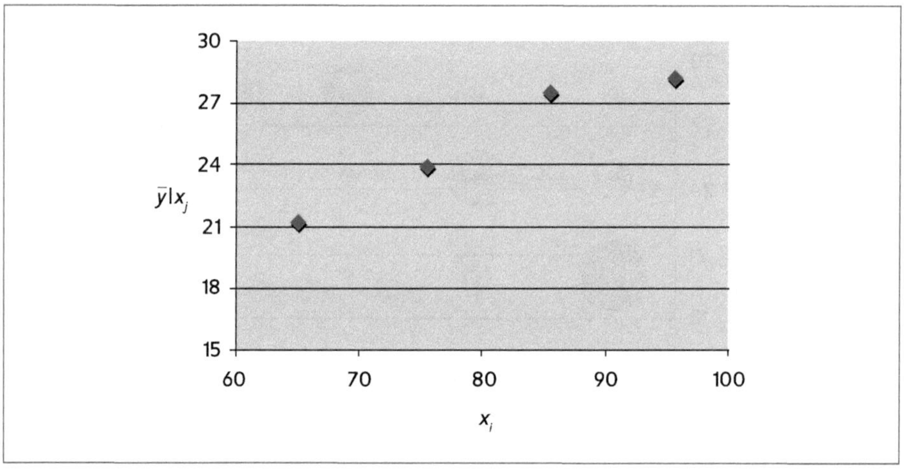

In questo grafico più sintetico è ancora più evidente la struttura crescente e allineata dei dati.

Possiamo allora concludere, sulla base di entrambi i tipi di diagramma a dispersione, che nella popolazione osservata di iscritti al secondo anno di un corso di laurea scientifico, esiste un legame statistico, di tipo crescente e lineare, fra voto di maturità e media dei voti al termine del I anno.

Abbiamo imparato che il diagramma a dispersione (in forma semplice, a bolle e/o ridotto, a seconda dei dati a disposizione) *ci fa vedere* se fra X e Y c'è una relazione statistica e, se c'è, di quale tipologia e forma matematica. Infatti, se fra X e Y *esiste* una relazione statistica, la nuvola di punti si presenta *strutturata*, cioè i punti si dispongono secondo una qualche struttura, e appaiono *più concentrati* in particolari *zone* del diagramma. La struttura con cui si presentano i punti dà indicazioni circa il *tipo* di relazione statistica esistente fra X e Y, cioè la sua **natura/formulazione matematica** semplificata. Diversi sono i casi che possono presentarsi nelle applicazioni pratiche.

La Figura 11.4 ne mostra schematicamente alcuni.

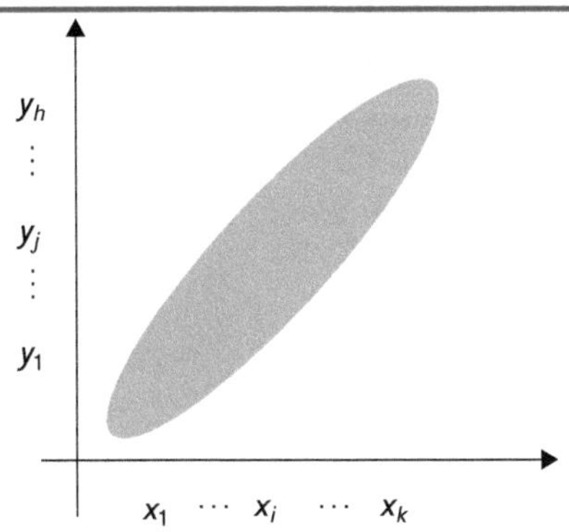

Se la nuvola di punti è strutturata in questo modo (cioè se i punti sono concentrati in questa zona) allora fra X e Y c'è una relazione di tipo **lineare** (crescente).

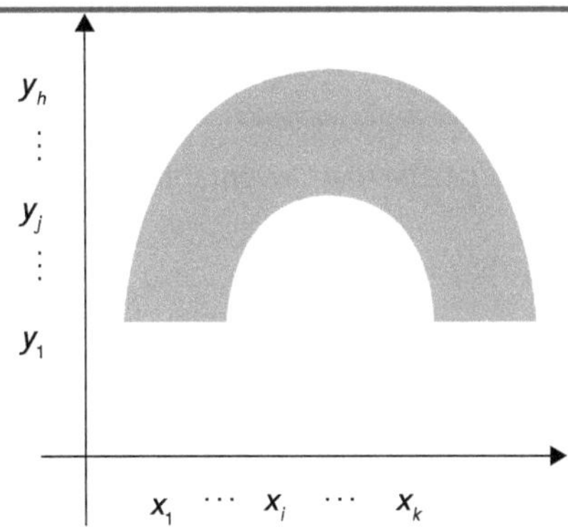

Se i punti sono concentrati in questa zona del diagramma, allora fra X e Y c'è una relazione di tipo **quadratico**.

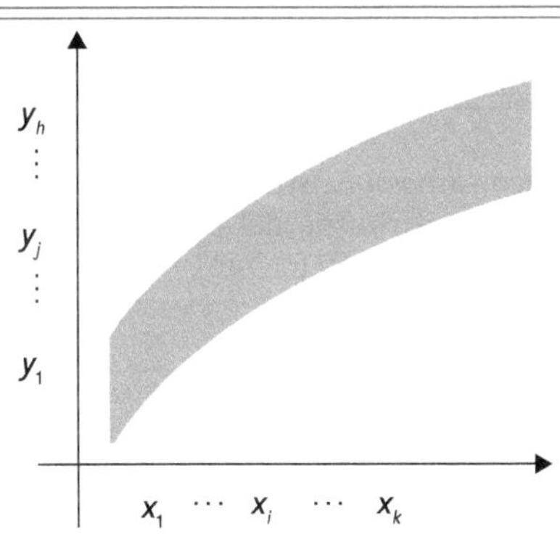

Se i punti sono concentrati in questa zona del diagramma, allora fra X e Y c'è una relazione di tipo **logaritmico**.

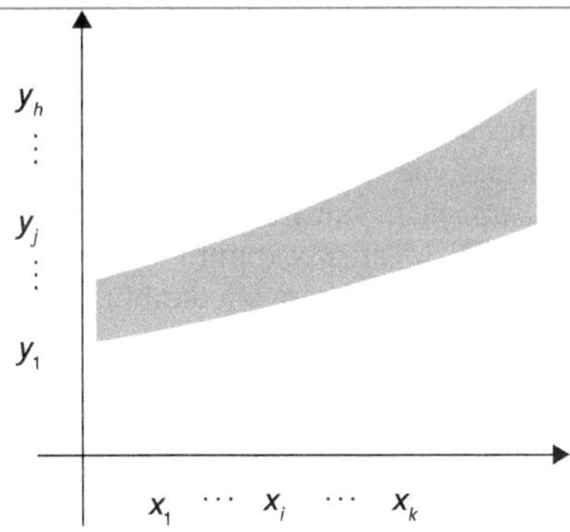

Se i punti sono concentrati in questa zona del diagramma, allora fra X e Y c'è una relazione di tipo **esponenziale**.

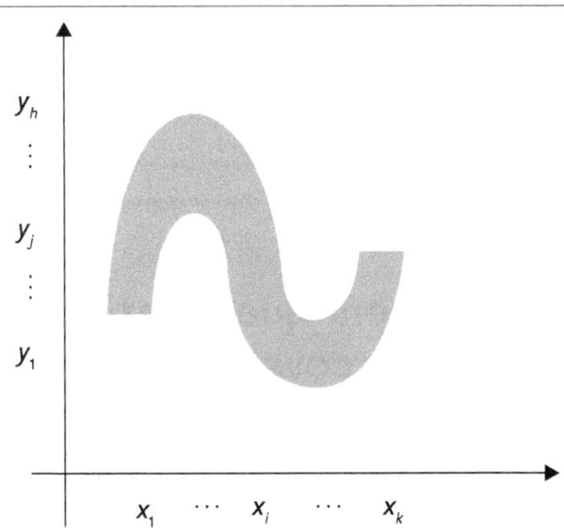

Se i punti sono concentrati in questa zona del diagramma, allora fra X e Y c'è relazione di tipo **cubico**.

Figura 11.4
Esempi di strutturazione della nuvola di punti sul diagramma a dispersione

Quando invece X e Y sono **statisticamente indipendenti**, i punti si presentano *sparpagliati* sul diagramma senza nessuna struttura evidente.

ESEMPIO 11.8

Indipendenza statistica

In questa tabella (dati inventati!)

X \ Y	1	2	3	
12	10	6	4	20
24	20	12	8	40
36	20	12	8	40
	50	30	20	100

tutte le frequenze congiunte f_{ij} coincidono con le frequenze teoriche di i.s. $f_{ij}^* = \dfrac{f_{i.}f_{.j}}{N}$:

$$f_{11} = 10 = \frac{20 \times 50}{100}, \quad f_{12} = 6 = \frac{20 \times 30}{100}, \quad \dots \quad , \quad f_{33} = 8 = \frac{40 \times 20}{100}$$

cioè X e Y, sono statisticamente indipendenti. Proviamo a rappresentare la tabella nel diagramma a dispersione (Figura 11.5); costruiamo il grafico "a bolle" con i punti di coordinate (x_i, y_j) e dimensione f_{ij} e, sullo stesso grafico, mettiamo anche la versione "ridotta" con le medie condizionate, rappresentando i punti di coordinate $(x_i, \bar{y}|x_i)$ (sul grafico appaiono come piccoli punti chiari).

Notiamo che la nuvola di punti (bolle) non evidenzia nessuna struttura, i punti sono tutti *sparpagliati* senza tendenza a concentrarsi in particolari zone del piano. Inoltre, le medie condizionate $\bar{y}|x_i$ (puntini chiari) sono allineate (tutte uguali fra loro), non mostrano cioè tendenza a crescere o a diminuire al variare di X.

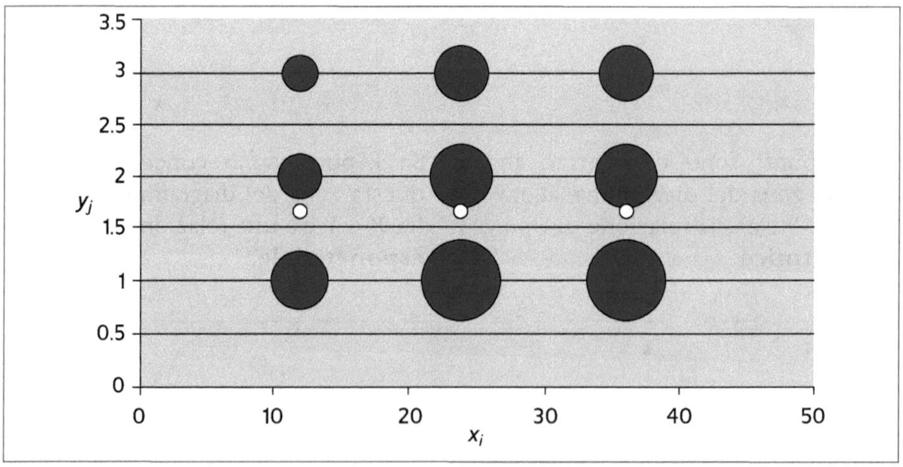

Figura 11.5 Diagramma a dispersione nel caso di indipendenza statistica

11.8 Coppie di fenomeni quantitativi: momento misto e covarianza

Con entrambi i fenomeni X e Y quantitativi è possibile trattare matematicamente anche l'*intera* v.s. bivariata utilizzando le coppie di modalità (x_i, y_j) di entrambi i fenomeni, oltre alle frequenze congiunte f_{ij}. In analogia con i concetti monovariati di medie e varianze (marginali e condizionate), sulla v.s. bivariata si definiscono una sorta di *media bivariata* chiamata **momento misto** e una sorta di *misura di variabilità congiunta* chiamata **covarianza**. Usiamo la lettera greca mu μ per indicare il momento misto e la lettera greca sigma σ per indicare la covarianza; facciamo apparire al deponente entrambi i fenomeni X e Y per ricordare che si tratta di sintesi della v.s. statistica doppia; infine, è necessario usare **somme doppie**, cioè rispetto a *entrambi* gli indici i e j, il che significa *sommare sia per riga sia per colonna*.

Definizione

Momento misto

$$\mu_{XY} = \frac{1}{N}\sum_{i=1}^{k}\sum_{j=1}^{h} x_i y_j f_{ij}$$

Definizione

Covarianza

$$\sigma_{XY} = \frac{1}{N}\sum_{i=1}^{k}\sum_{j=1}^{h} (x_i - \bar{x})(y_j - \bar{y}) f_{ij}$$

Il valore del momento misto μ_{XY} *non* è direttamente interpretabile, ma è utile per il calcolo della covarianza. Facendo qualche passaggio algebrico si dimostra che per la covarianza σ_{XY} vale anche la seguente formula alternativa.

Definizione

Covarianza (formula alternativa)

$$\sigma_{XY} = \mu_{XY} - \bar{x}\cdot\bar{y}$$

Definizione e formula alternativa sono *equivalenti*, cioè danno lo *stesso* risultato. Lo verifichiamo prima con un esempio e poi lo dimostriamo (per convincerci che vale *sempre* e non solo nel nostro esempio).

ESEMPIO 11.9

Lavoro, figli e casa

La tabella riporta dati (liberamente rielaborati) da una recente indagine di un noto istituto di ricerca milanese.

U: collettivo di lavoratori/trici residenti a Milano
$N = 100$
X: numero medio di ore settimanali dedicate alla cura della casa
Y: numero di figli

X \ Y	0	1	2	
12	15	5	10	30
20	20	18	2	40
26	19	10	1	30
	54	33	13	100

X e Y sono entrambi quantitativi (discreti). Sintetizziamo la v.s. bivariata con il momento misto e la covarianza. Per calcolare la covarianza usiamo sia la definizione sia la formula alternativa e vediamo che portano allo stesso risultato.

$$\mu_{XY} = \frac{1}{N}\sum_{i=1}^{3}\sum_{j=1}^{3} x_i y_j f_{ij}$$

$$= \frac{1}{100}(0\times 12\times 15 + 1\times 12\times 5 + 2\times 12\times 10 + \cdots + 26\times 2\times 1) = \frac{1052}{100} = 10.52$$

$$\bar{x} = \frac{1}{N}\sum_{i=1}^{3} x_i f_{i.} = \frac{1}{100}(12 \times 30 + 20 \times 40 + 26 \times 30) = \frac{1940}{100} = 19.4$$

$$\bar{y} = \frac{1}{N}\sum_{j=1}^{3} y_j f_{.j} = \frac{1}{100}(0 \times 54 + 1 \times 33 + 2 \times 13) = \frac{59}{100} = 0.59$$

$$\begin{aligned}
\sigma_{XY} &= \frac{1}{N}\sum_{i=1}^{k}\sum_{j=1}^{h}(x_i - \bar{x})(y_j - \bar{y}) f_{ij} \\
&= \frac{1}{100}[(12 - 19.4)(0 - 0.59) \times 15 + \cdots + (26 - 19.4)(2 - 0.59) \times 1] \\
&= \frac{1}{100}[65.49 + (-15.17) + \cdots + 9.306] = \frac{-92.6}{100} = -0.926 \\
&= \mu_{XY} - \bar{x} \cdot \bar{y} = 10.52 - 19.4 \times 0.59 = -0.926
\end{aligned}$$

Dimostrazione

Partiamo dalla definizione di covarianza e svolgiamo i prodotti "termine a termine":

$$\begin{aligned}
\sigma_{XY} &= \frac{1}{N}\sum_{i=1}^{k}\sum_{j=1}^{h}(x_i - \bar{x})\left(y_j - \bar{y}\right) f_{ij} \\
&= \frac{1}{N}\sum_{i=1}^{k}\sum_{j=1}^{h}\left(x_i y_j f_{ij} - x_i \bar{y} f_{ij} - \bar{x} y_j f_{ij} - \bar{x}\bar{y} f_{ij}\right)
\end{aligned}$$

Applichiamo le sommatorie a ciascun addendo della somma algebrica fra le parentesi (algebricamente stiamo usando la proprietà *distributiva* della somma), e in un unico passaggio (perché ormai siamo diventati abili) "portiamo fuori" dalle sommatorie tutto ciò che è *costante*, cioè quello che non dipende da i lo portiamo fuori dalla somma per i, quello che non dipende da j lo portiamo fuori dalla somma per j e quello che non dipende né da i né da j lo portiamo fuori da entrambe le sommatorie:

$$\begin{aligned}
&= \frac{1}{N}\sum_{i=1}^{k}\sum_{j=1}^{h} x_i y_j f_{ij} - \frac{\bar{y}}{N}\sum_{i=1}^{k} x_i \sum_{j=1}^{h} f_{ij} - \frac{\bar{x}}{N}\sum_{j=1}^{h} y_j \sum_{i=1}^{k} f_{ij} + \\
&+ \frac{\bar{x}\bar{y}}{N}\sum_{i=1}^{k}\sum_{j=1}^{h} f_{ij}
\end{aligned}$$

Adesso riconosciamo le somme di frequenze e le medie note:

$$\begin{aligned}
&= \mu_{XY} - \bar{y}\frac{1}{N}\sum_{i=1}^{k} x_i f_{i.} - \bar{x}\frac{1}{N}\sum_{j=1}^{h} y_j f_{.j} + \frac{\bar{x}\bar{y}}{N} N \\
&= \mu_{XY} - \bar{y}\bar{x} - \bar{x}\bar{y} + \bar{x}\bar{y} = \mu_{XY} - \bar{x}\bar{y}
\end{aligned}$$

La dimostrazione è una serie di uguaglianze (=), dunque il punto di partenza (la definizione di covarianza) è *uguale* al punto di arrivo (la formula alternativa).

La covarianza, che può risultare positiva, negativa o nulla, è utile per l'analisi di una particolare relazione statistica fra due fenomeni quantitativi.

11.9 Interpretazione geometrica della covarianza

La relazione *più semplice*, sia da trattare matematicamente sia da utilizzare e interpretare statisticamente (e pertanto è anche la più utilizzata), è quella **lineare**. Il valore e il segno della covarianza danno indicazioni sulla relazione lineare fra X e Y.

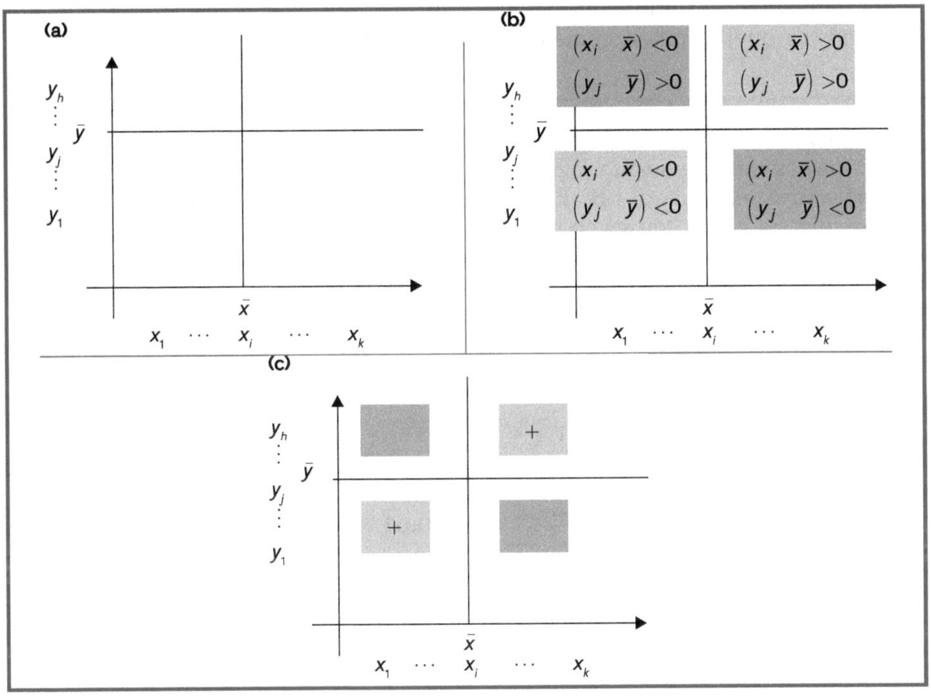

Figura 11.6 Interpretazione geometrica della covarianza

a) Cominciamo a rappresentare sul diagramma le medie marginali $\bar{x}$ e $\bar{y}$ che appaiono nella formula di σ_{XY} (Figura 11.6a).

b) La covarianza è basata sugli scarti $(x_i - \bar{x})$ e $(y_j - \bar{y})$ presi con il loro segno (*non* elevati al quadrato, nè presi in valore assoluto). A seconda che le modalità x_i e y_j siano *sopra-* o *sotto-media*, questi scarti sono positivi o negativi, cioè corrispondono alle zone del diagramma a dispersione (Figura 11.6b).

c) σ_{XY} è basata sui prodotti $(x_i - \bar{x})(y_j - \bar{y})$. Allora, le quattro zone evidenziate sul diagramma contribuiscono al calcolo di σ_{XY} con i segni riportati in Figura 11.6c.

Ora possiamo stabilire i vari tipi di covarianza in funzione del tipo di grafico.

- **Positiva** $\sigma_{XY} > 0$, cioè i punti sono *concentrati* in questa zona del diagramma (Figura 11.7a), poiché gli scarti positivi prevalgono su quelli negativi.

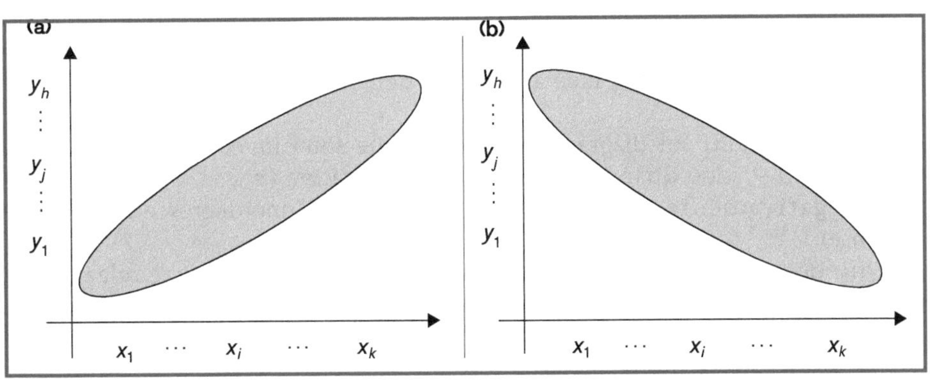

Figura 11.7 Segno della covarianza (positivo o negativo)

- **Negativa** $\sigma_{XY} < 0$, cioè i punti sono *concentrati* in questa zona del diagramma (Figura 11.7b), poiché gli scarti negativi prevalgono su quelli positivi.
- **Nulla** $\sigma_{XY} = 0$, cioè i punti sono disposti in modo che gli scarti positivi e negativi si **compensino**. Ciò accade quando i punti sono *sparpagliati* sul diagramma a dispersione senza struttura alcuna, cioè in caso di **indipendenza statistica**. Succede anche quando i punti sono strutturati secondo una relazione *diversa e lontana* da quella lineare, come quella **quadratica**.

ESEMPIO 11.6

Fertilità e contraccezione (continua)

Abbiamo già notato che il diagramma a dispersione (semplice) della Figura 11.1, mostra una struttura evidente: i punti sono ben concentrati nella zona del grafico che indica una relazione di tipo lineare e decrescente. Ci aspettiamo allora una covarianza diversa da 0 e con segno negativo. In questo esempio di serie doppia i conti sono facilitati dal fatto che le frequenze (marginali e congiunte) sono tutte unitarie. Facciamoli:

$$\bar{x} = \frac{1}{N}\sum_{i=1}^{10} x_i = \frac{38.3}{10} = 3.83$$

$$\bar{y} = \frac{1}{N}\sum_{i=1}^{10} y_i = \frac{465}{10} = 46.5$$

$$\mu_{XY} = \frac{1}{N}\sum_{i=1}^{10} x_i y_i = \frac{1250.03}{10} = 125.03$$

$$\sigma_{XY} = \mu_{XY} - \bar{x} \cdot \bar{y} = 125.03 - 3.83 \times 46.5 = -53.065$$

11.10 Correlazione lineare: concetto e misura

La relazione statistica di tipo lineare fra X e Y (quantitativi) è chiamata **correlazione lineare**. Attenzione: il termine *correlazione* non è da intendersi in senso letterale, come spesso accade nei discorsi di senso comune e nel linguaggio divulgativo. Il significato statistico non è *co-relazione*, che richiama a una *generica* relazione statistica di connessione. Al contrario, stiamo parlando di una relazione statistica mooolto *specifica*: di tipo **lineare**. Capiremo bene in questo capitolo che questa differenza che si vede poco nelle parole è invece grande nella sostanza statistica. E questo vale anche quando la terminologia completa **correlazione lineare** è abbreviata semplicemente in **correlazione**.

Quando i punti sul diagramma a dispersione sono strutturati come illustrato in Figura 11.8, cioè quando la covarianza è positiva ($\sigma_{XY} > 0$), allora X e Y sono **positivamente correlati**, cioè al crescere dell'uno cresce (linearmente) anche l'altro.

Quando i punti sul diagramma a dispersione sono invece strutturati come in Figura 11.9, cioè quando la covarianza è negativa ($\sigma_{XY} < 0$), allora X e Y sono **negativamente correlati**, cioè al crescere dell'uno decresce l'altro (linearmente).

Quando $\sigma_{XY} = 0$ allora X e Y sono **incorrelati**, cioè non esiste relazione di tipo *lineare*. Quando succede questo, allora fra X e Y può esistere una relazione di tipo *diverso* e *lontano* da quella lineare oppure *non esiste* nessuna relazione perché sono statisticamente indipendenti.

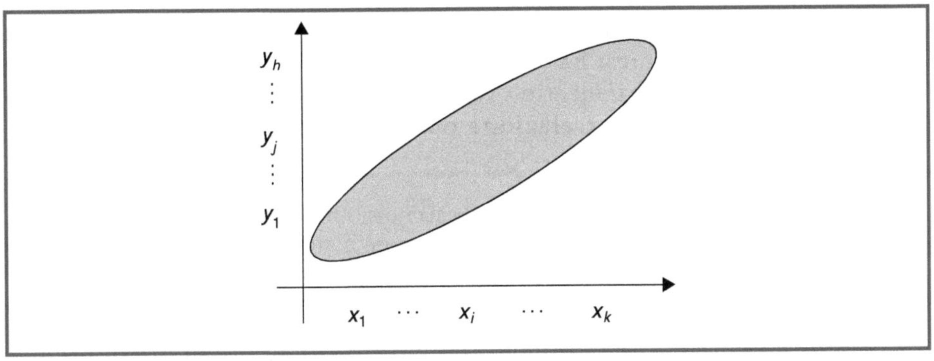

Figura 11.8
Correlazione positiva

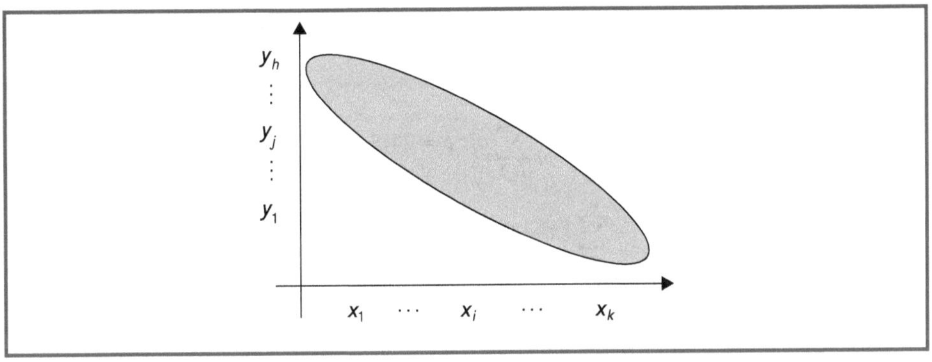

Figura 11.9
Correlazione negativa

Una volta scoperto che X e Y sono correlati (guardando il diagramma a dispersione o calcolando la covarianza) ci interessa *misurarne il grado*, cioè stabilire se la correlazione è *forte* o *debole*. La *misura* della correlazione è basata sulla covarianza.

La più nota misura della correlazione fra X e Y è detta **coefficiente di correlazione lineare** e la indicheremo con la lettera greca rho ρ (attenzione che questa notazione è usata da molti ma non da tutti; molto usata, anche dai software statistici, è la lettera r minuscola o R maiuscola).

Definizione

Coefficiente di correlazione lineare

$$\rho_{XY} = \frac{\sigma_{XY}}{\sqrt{\sigma_X^2 \sigma_Y^2}}$$

Vi faccio osservare (senza dimostrarlo perchè matematicamente un po' troppo complesso) che il coefficiente di correlazione lineare è *normalizzato* perchè diviso per il valore massimo di σ_{XY}. È però un po' diverso dagli indicatori normalizzati che abbiamo già imparato, perchè prende il segno della covarianza e quindi può risultare anche negativo. ρ_{XY} assume valori fra -1 e $+1$ e ci dà indicazioni sia sul *verso* sia sull'*intensità* della correlazione fra X e Y:

- $\rho_{XY} = -1$ quando X e Y sono **perfettamente** e **negativamente** correlati, cioè i punti sul diagramma a dispersione sono perfettamente allineati lungo una retta con pendenza negativa (decrescente);
- $\rho_{XY} = +1$ quando X e Y sono **perfettamente** e **positivamente** correlati, cioè i punti sul diagramma a dispersione sono perfettamente allineati lungo una retta con pendenza positiva (crescente);
- $\rho_{XY} = 0$ quando X e Y sono **incorrelati**.

I valori di ρ_{XY} intermedi sono interpretabili come percentuale di correlazione. In particolare, i valori compresi fra -1 e 0 ($-1 < \rho_{XY} < 0$) indicano **percentuale di correlazione negativa**, mentre i valori compresi fra 0 e $+1$ ($0 < \rho_{XY} < +1$) indicano **percentuale di correlazione positiva**.

ESEMPIO 11.7

Maturità e università (continua)

Entrambi i diagrammi a dispersione, sia a bolle sia quello ridotto con le medie condizionate, ci hanno dato indicazioni circa un legame lineare e crescente fra voto di maturità X e voto medio al I anno Y. Confermiamo questa indicazione grafica con il calcolo degli opportuni indicatori statistici analitici.

Aspettandoci allora una covarianza *positiva*, andiamo a *misurare* la *correlazione* fra X e Y calcolando il coefficiente di correlazione lineare.

$$\bar{x} = \frac{1}{N}\sum_{i=1}^{4} x_i^* f_{i.} = 78.03$$

$$\bar{y} = \frac{1}{N}\sum_{j=1}^{3} y_j^* f_{.j} = 24.54$$

$$\sigma_X^2 = \frac{1}{N}\sum_{i=1}^{4} (x_i^* - \bar{x})^2 f_{i.} = 135.72$$

$$\sigma_Y^2 = \frac{1}{N}\sum_{j=1}^{3} (y_j^* - \bar{y})^2 f_{.j} = 12.31$$

$$\mu_{XY} = \frac{1}{N}\sum_{i=1}^{4}\sum_{j=1}^{3} x_i^* y_j^* f_{ij} = 1947.83$$

$$\sigma_{XY} = \mu_{XY} - \bar{x}\,\bar{y} = 32.97$$

$$\rho_{XY} = \frac{\sigma_{XY}}{\sqrt{\sigma_X^2 \sigma_Y^2}} = \frac{32.97}{\sqrt{135.72 \times 12.31}} = 0.81$$

Il risultato ci dice che la correlazione fra X e Y è pari all'81% della perfetta correlazione positiva. Possiamo concludere che, per il collettivo di studenti osservati, fra voto di maturità e media dei voti al termine del I anno c'è una consistente relazione lineare e crescente: al crescere del voto di maturità cresce (linearmente) la media dei voti all'università.

Concludiamo con un esempio riepilogativo (... che trovo particolarmente interessante).

ESEMPIO 11.10

Occupazione femminile e crescita demografica

È uno stereotipo diffuso che la bassa crescita demografica dipenda dal fatto che le "donne vanno a lavorare". A partire dal 2005 l'OECD (*Organisation for Economic Co-operation and Development*, www.oecd.org) ha pubblicato dati che indicano il contrario. Nella seguente tabella è riportata una semplificazione degli ultimi dati disponibili che mostra chiaramente che i Paesi OECD con la maggiore crescita demografica sono anche quelli con i più alti tassi di occupazione femminile.

U: Paesi OECD
N: 30
X: tasso di disoccupazione femminile; rapporto in percentuale fra disoccupate e popolazione femminile attiva fra i 15 e i 64 anni
Y: crescita demografica; differenza fra tasso di natalità e tasso di mortalità

	Y	≤ 0	$0 \dashv 0.5$	$0.5 \dashv 1$	$1 \dashv 2$	
	y_j^*	0	0.25	0.75	1.5	
X	x_i^*					$f_{i.}$
$0\% \dashv 5\%$	2.5%	0	3	4	3	10
$5\% \vdash\dashv 10\%$	7.5%	2	6	3	1	12
$10\% \vdash\dashv 20\%$	15.0%	3	2	1	2	8
	$f_{.j}$	5	11	8	6	30

Cominciamo a *visualizzare* la relazione fra X e Y costruendo il diagramma a dispersione, sia quello completo "a bolle" (Figura 11.10) sia quello più sintetico con le medie condizionate. Anche questa volta riporto solo formule e risultati finali e lascio per esercizio lo svolgimento dei conti:

$$\bar{y}|x_1 = \frac{1}{f_{1.}} \sum_{j=1}^{3} y_j^* f_{1j} = 0.825$$

$$\bar{y}|x_2 = \frac{1}{f_{2.}} \sum_{j=1}^{3} y_j^* f_{2j} = 0.44$$

$$\bar{y}|x_3 = \frac{1}{f_{3.}} \sum_{j=1}^{3} y_j^* f_{3j} = 0.53$$

Il grafico evidenzia l'esistenza di una relazione *decrescente* fra X e Y: ai più alti livelli di crescita demografica corrispondono i più bassi livelli di disoccupazione femminile. Ci aspettiamo allora una covarianza negativa. Osserviamo, però, che i punti non si dispongono secondo una struttura *lineare*, in maniera più evidente per i Paesi con i più alti tassi di disoccupazione femminile. L'indicazione è quindi di una correlazione negativa, ma di scarsa entità. Confermiamo le impressioni tratte dal grafico con il calcolo del coefficiente di correlazione lineare:

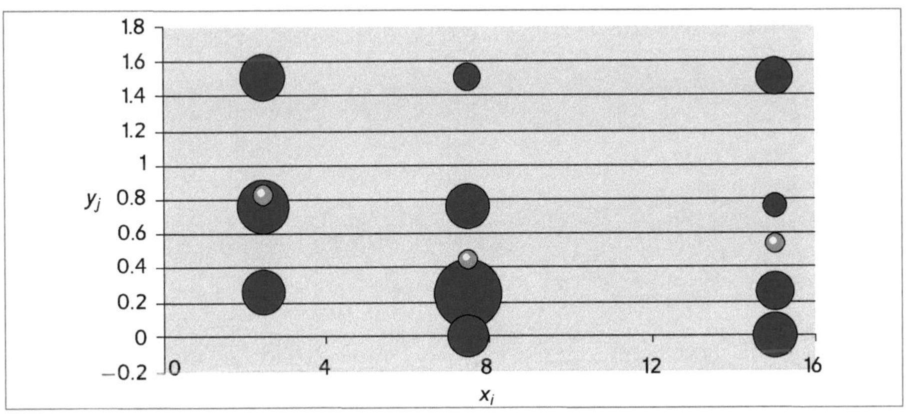

Figura 11.10 Diagramma a dispersione (completo), le bolle hanno coordinate (x_i, y_i); i punti chiari hanno coordinate $(x_i, \bar{y}|x_i)$

$$\bar{x} = \frac{1}{N} \sum_{i=1}^{4} x_i^* f_{i.} = 7.83 \qquad \bar{y} = \frac{1}{N} \sum_{j=1}^{3} y_j^* f_{.j} = 0.59$$

$$\sigma_X^2 = \frac{1}{N} \sum_{i=1}^{4} (x_i^* - \bar{x})^2 f_{i.} = 23.2 \qquad \sigma_Y^2 = \frac{1}{N} \sum_{j=1}^{3} \left(y_j^* - \bar{y}\right)^2 f_{.j} = 0.27$$

$$\mu_{XY} = \frac{1}{N} \sum_{i=1}^{4} \sum_{j=1}^{3} x_i^* y_j^* f_{ij} = 4.125 \qquad \sigma_{XY} = \mu_{XY} - \bar{x}\bar{y} = -0.49$$

$$\rho_{XY} = \frac{\sigma_{XY}}{\sqrt{\sigma_X^2 \sigma_Y^2}} = \frac{-0.49}{\sqrt{23.2 \times 0.27}} = -0.20$$

Come ci aspettavamo, il coefficiente di correlazione lineare fra X e Y è negativo ma pari solo al 20% della perfetta correlazione negativa. Possiamo concludere che per i Paesi OECD la crescita demografica tende ad aumentare al diminuire dei tassi di disoccupazione femminile, ma tale aumento *non* è lineare, segue cioè un andamento curvilineo piuttosto *diverso* da una retta.

Capitolo 12

Approfondimenti sulle relazioni fra variabili statistiche

Cioè come si legano fra loro le diverse relazioni statistiche tra coppie di fenomeni

Nei Capitoli 10 e 11 abbiamo imparato tre differenti tipologie di relazioni statistiche fra coppie di fenomeni: la connessione (tra fenomeni di qualunque natura), la dipendenza (di un fenomeno quantitativo da un altro di qualunque natura) e la correlazione (tra fenomeni quantitativi). In questo breve capitolo riepilogativo le consideriamo nel complesso e ne studiamo le implicazioni sia dal punto di vista formale-matematico sia da quello statistico-interpretativo. Ci concentriamo sulle due **situazioni limite**: *assenza* di relazione e relazione *perfetta* fra X e Y. Guardando le situazioni limite ci poniamo le domande: "Com'è fatta la tabella osservata?", "Com'è fatto il diagramma a dispersione?", "Quanto valgono gli indici χ^2 normalizzato, η^2_X, η^2_Y e ρ_{XY}?". È importante riflettere sulle situazioni limite *teoriche*: aiutano a comprendere le implicazioni statistiche e a chiarire gli aspetti interpretativi.

Nella pratica le situazioni reali sono in genere *intermedie* alle situazioni limite.

12.1 Situazioni limite di assenza di relazione

Mettiamo insieme tutto quello che abbiamo imparato nei Capitoli 10 e 11 e riassumiamo le diverse situazioni limite di assenza di relazione statistica, sia concettualmente sia con riferimento alle misure.

Definizioni (richiami)

- **Indipendenza statistica.** Assenza di qualunque relazione fra X e $Y \Rightarrow \chi^2 = 0$
- **Indipendenza in media di Y da X.** Assenza di condizionamento di X su $Y \Rightarrow \eta^2_Y = 0$
- **Indipendenza in media di X da Y.** Situazione limite analoga alla precedente ma con il condizionamento rovesciato $\Rightarrow \eta^2_X = 0$
- **Incorrelazione.** Assenza di relazione lineare fra X e $Y \Rightarrow \rho_{XY} = 0$

Se X e Y sono statisticamente indipendenti *non* c'è nessuna relazione statistica, perciò sono anche indipendenti in media l'uno dall'altro e anche incorrelati. Le implicazioni matematiche sono allora:

Collegamenti

i.s. ⇒ i.m. di X da Y e di Y da X ⇒ incorrelazione

Le implicazioni fra relazioni statistiche si riflettono sui rispettivi indici:

$$\chi^2 = 0 \quad \Rightarrow \quad \eta^2_Y = \eta^2_X = 0 \quad \Rightarrow \quad \rho_{XY} = 0$$

Prima verifichiamo queste implicazioni con un esempio e poi le dimostriamo (per convincerci che valgono *sempre* e non solo in quel particolare esempio).

ESEMPIO 12.1

Indipendenza statistica, cioè totale assenza di qualunque relazione

Nella tabella seguente, tutte le frequenze congiunte f_{ij} coincidono con le frequenze teoriche di i.s. $f_{ij}^* = f_{i.}f_{.j}/N$.

X \ Y	1	2	3	
12	10	6	4	20
24	20	12	8	40
36	20	12	8	40
	50	30	20	100

Verifichiamolo:

$$f_{11} = 10 = \frac{20 \times 50}{100}, \; f_{12} = 6 = \frac{20 \times 30}{100}, \; \dots, \; f_{33} = 8 = \frac{40 \times 20}{100}$$

cioè X e Y sono *statisticamente indipendenti*. Se proviamo a calcolare l'indice di connessione χ^2 otteniamo zero:

$$\chi^2 = \sum_{i=1}^{3}\sum_{j=1}^{3} \frac{(f_{ij} - f_{ij}^*)^2}{f_{ij}^*} = \sum_{i=1}^{3}\sum_{j=1}^{3} \frac{0}{f_{ij}^*} = 0$$

Se c'è i.s. allora *non* c'è nessun tipo di relazione fra X e Y:

$$\eta_Y^2 = \eta_X^2 = 0 \quad \text{e} \quad \rho_{XY} = 0$$

Se non ci credete (o semplicemente per esercizio) provate a eseguire i conti.

Sul diagramma a dispersione (Figura 12.1), nel caso di i.s. i punti di coordinate (x_i, y_j) si presentano *sparpagliati* e privi di struttura (li rappresentiamo con il sistema di bolle più grandi o più piccole a seconda che la frequenza congiunta sia alta o bassa). Le medie condizionate sono tutte uguali fra loro e sul diagramma a dispersione (rappresentate con i piccoli punti chiari) sono allineate orizzontalmente, a indicare il fatto che al variare di X le medie di Y *non* variano.

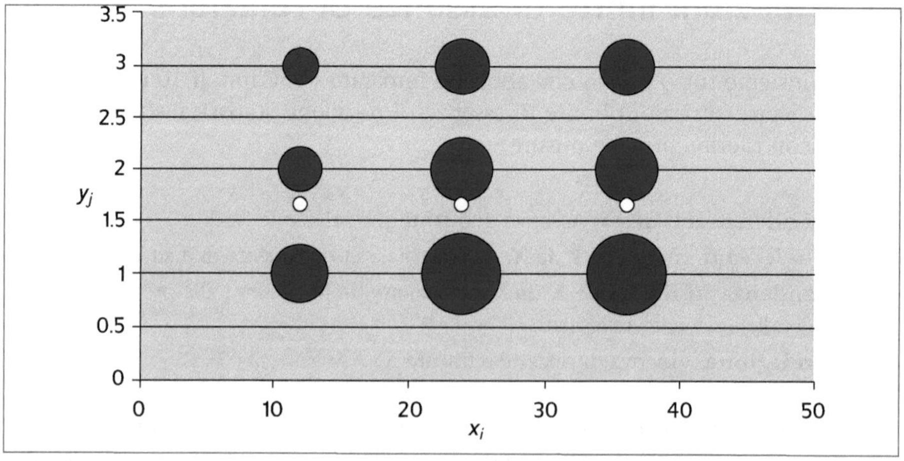

Figura 12.1 Diagramma a dispersione nel caso di indipendenza statistica

Dimostrazione

Abbiamo già dimostrato nel Paragrafo 11.5 "Implicazione tra indipendenza statistica e indipendenza in media" che se X e Y sono statisticamente indipendenti (cioè se nella tabella osservata *tutte* le frequenze congiunte f_{ij} coincidono con le frequenze teoriche di indipendenza f_{ij}^*), allora le medie condizionate sono *tutte* uguali fra loro e uguali alla media marginale. Allora Y è indipendente in media da X e anche X è indipendente in media da Y.

Dimostriamo ora che se X e Y sono statisticamente indipendenti, allora la covarianza è nulla e di conseguenza $\rho_{XY} = 0$, cioè i due fenomeni sono anche incorrelati.

Partiamo dalla definizione di momento misto e ci poniamo nella situazione di i.s., cioè con *tutte* le frequenze congiunte f_{ij} che coincidono con le frequenze teoriche di indipendenza $f_{ij}^* = f_{i.}f_{.j}/N$:

$$\mu_{XY} = \frac{1}{N}\sum_{i=1}^{k}\sum_{j=1}^{h} x_i y_j f_{ij}^* = \frac{1}{N}\sum_{i=1}^{k}\sum_{j=1}^{h} x_i y_j \frac{f_{i.}f_{.j}}{N}$$

Notiamo che ci sono termini che hanno *solo* l'indice i, cioè che sono *costanti* rispetto alla somma per j, altri termini hanno *solo* l'indice j, cioè sono *costanti* rispetto alla somma per i, e, infine, N è costante sia rispetto a i sia rispetto a j. Allora possiamo "portare fuori" (raccogliere a fattore comune) dalla somma rispetto a j i termini che dipendono solo da i e "portare fuori" dalla somma rispetto a i i termini che dipendono solo da j. La costante $1/N$ possiamo metterla dove ci pare (e perciò la mettiamo in posizione *strategica*):

$$= \frac{1}{N}\sum_{i=1}^{k} x_i f_{i.} \cdot \frac{1}{N}\sum_{j=1}^{h} y_j f_{.j}$$

Riscritto in questo modo riconosciamo le medie marginali:

$$= \bar{x} \cdot \bar{y}$$

La conclusione è allora che se fra X e Y esiste i.s., allora il momento misto è dato dal *prodotto* delle medie marginali (tecnicamente si dice **fattorizza**). Di conseguenza se calcoliamo la covarianza, per esempio, usando la formula alternativa, otteniamo zero:

$$\sigma_{XY} = \mu_{XY} - \bar{x} \cdot \bar{y} = \bar{x} \cdot \bar{y} - \bar{x} \cdot \bar{y} = 0$$

Sempre zero risulta anche il coefficiente di correlazione lineare che ha la covarianza al numeratore:

$$\rho_{XY} = \frac{\sigma_{XY}}{\sqrt{\sigma_X^2 \sigma_Y^2}} = \frac{0}{\sqrt{\sigma_X^2 \sigma_Y^2}} = 0$$

cioè X e Y sono anche incorrelati.

Il *viceversa* di queste implicazioni *non* è necessariamente vero, cioè se X e Y sono incorrelati non è detto che l'uno sia indipendente in media dall'altro o che esista indipendenza statistica; potrebbe infatti esistere una relazione *diversa* e *lontana* dalla relazione lineare. Si ha allora:

$$\rho_{XY} = 0 \quad \not\Rightarrow \quad \eta_Y^2 = 0 \quad \not\Rightarrow \quad \eta_X^2 = 0 \quad \not\Rightarrow \quad \chi^2 = 0$$

il simbolo $\not\Rightarrow$ è la *negazione* del simbolo $\Rightarrow$ e si legge "non implica".

ESEMPIO 12.2

Fenomeni connessi ma incorrelati

Nella tabella seguente, $\rho_{XY} = 0$ (provare per credere... e per imparare!), cioè X e Y sono *incorrelati.*

X \ Y	−1	2	5	
1	20	10	10	40
2	0	20	0	20
3	10	30	0	40
	30	60	10	100

Sempre facendo i conti si scopre anche che:

$$\eta^2_Y = 0.03,\ \eta^2_X = 0.2 \qquad \text{e} \qquad \chi^2\,(\text{normalizzato}) = 0.208$$

cioè *esiste* una relazione fra X e Y. Tale relazione è allora, oltre che di modesta intensità, anche *diversa* e *lontana* dalla relazione *lineare.*

Sul diagramma a dispersione di Figura 12.2, la nuvola di punti e, più evidentemente, le medie condizionate mostrano una *struttura*, ma *non* di tipo lineare.

Figura 12.2 Diagramma a dispersione nel caso di fenomeni connessi ma incorrelati

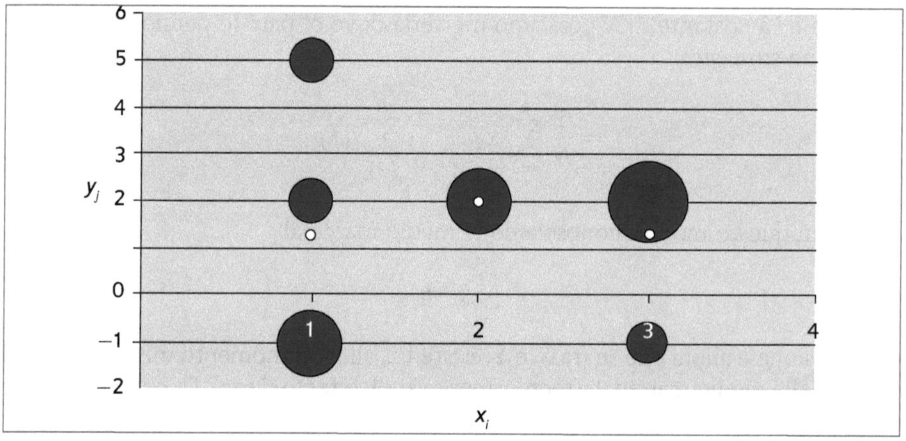

12.2 Situazioni limite di perfetta relazione

Passiamo ora all'altra situazione limite, opposta all'assenza di relazione, cioè la **relazione perfetta**.

Definizione

Massima connessione. Si ha quando esiste un legame perfetto fra X e Y avente qualunque natura (lineare e non).

Legame *perfetto* significa che un fenomeno *determina*, statisticamente, l'altro: fissata una modalità x_i, in U esiste un'unica, predeterminata, modalità y_j e/o viceversa.

- Se la tabella è **quadrata**, cioè $k = h$ ovvero stesso numero di righe e di colonne, la massima connessione è **biunivoca**. In ogni riga e in ogni colonna c'è una sola frequenza congiunta diversa da 0. La massima connessione biunivoca implica la perfetta dipendenza di ciascun fenomeno dall'altro. In formule:

$$\chi^2\ (\text{normalizzato}) = \eta^2_X = \eta^2_Y = 1$$

- Se la tabella è **rettangolare** la massima connessione è **univoca** e si hanno due casi.

  1. Se la tabella ha più righe che colonne, cioè $k > h$, allora in ogni riga c'è una sola frequenza congiunta diversa da 0. La massima connessione univoca di riga implica che *un solo* fenomeno (quello che sta sulle colonne) dipende perfettamente dall'altro (quello che sta sulle righe). In formule:

  $$\chi^2 = \eta_Y^2 = 1 \qquad \text{e} \qquad 0 \leq \eta_X^2 < 1$$

  2. Se la tabella ha più colonne che righe, cioè $k < h$, allora in ogni colonna c'è una sola frequenza congiunta diversa da 0. La massima connessione univoca di colonnaimplica che *un solo* fenomeno (quello che sta sulle righe) dipende perfettamente dall'altro (quello che sta sulle colonne). In formule:

  $$\chi^2 = \eta_X^2 = 1 \qquad \text{e} \qquad 0 \leq \eta_Y^2 < 1$$

ESEMPIO 12.3
"Perfetta" connessione

Siccome la perfezione raramente esiste... i dati sono completamente inventati! Nella tabella seguente, che ha lo stesso numero di righe e di colonne ($k = h = 3$), su ogni riga e su ogni colonna c'è un'*unica* frequenza congiunta *non* nulla.

X \ Y	0	3	12	
2	0	30	0	30
4	0	0	60	60
6	10	0	0	10
	10	30	60	100

Allora, in corrispondenza di ogni valore di X (cioè su ciascuna riga) il valore di Y è *predeterminato*. Però, anche in corrispondenza di ogni valore di Y (cioè su ciascuna colonna) il valore di X è *predeterminato*. Conseguentemente Y dipende perfettamente da X e allo stesso tempo X dipende perfettamente da Y. Allora fra X e Y esiste *massima connessione* **biunivoca**.

Facendo i conti (e consiglio di provaci...) si ottiene:

$$\chi^2 \text{ (normalizzato)} = \eta_Y^2 = \eta_X^2 = 1$$

In questa tabella, invece,

X \ Y	1	3	
−1	0	20	20
0	35	0	35
2	0	25	25
4	20	0	20
	55	45	100

che ha più righe che colonne ($k = 4 > h = 2$), su ogni riga c'è un'*unica* frequenza congiunta diversa da 0: in corrispondenza di ogni valore di X (cioè in corrispondenza di ogni riga) il valore di Y è *predeterminato*. Allora Y dipende perfettamente da X perché *X determina Y*, cioè fra X e Y esiste un *legame perfetto*. Infatti, se provate a fare i conti si ottiene:

$$\chi^2 \text{ (normalizzato)} = \eta_Y^2 = 1$$

La massima connessione è però **univoca**. Sulle colonne infatti la situazione è totalmente diversa. Sempre provando a fare i conti si ottiene:

$$\eta_X^2 = 0.046$$

cioè X dipende da Y *solo* al 4.6%.

Infine ci ricordiamo che cos'è la perfetta correlazione.

Definizione

Perfetta correlazione. Esiste una perfetta relazione *lineare* fra X e Y (positiva o negativa)

$$\rho_{XY} = \pm 1$$

Si tratta cioè di un particolare tipo di legame *perfetto* e *biunivoco*, quello *lineare*. Allora le implicazioni statistiche sono:

Collegamenti

Perfetta correlazione

⇓

perfetta dipendenza di Y da X e di X da Y

⇓

massima connessione

che si riflettono sui corrisponenti indici

$$\rho_{XY} = \pm 1 \quad \Rightarrow \quad \eta^2_Y = \eta^2_X = 1 \quad \Rightarrow \quad \chi^2 = 1$$

In caso di perfetta correlazione, sul diagramma a dispersione i punti si presentano perfettamente *allineati* lungo una retta con pendenza crescente o decrescente a seconda che ρ_{XY} sia pari a $+1$ o pari a -1. Nella tabella osservata le frequenze congiunte si presentano *concentrate* lungo una diagonale (quella principale se $\rho_{XY} = +1$ oppure quella secondaria se $\rho_{XY} = -1$). Vi anticipo (si capirà meglio alla fine del Capitolo 13) che quando X e Y sono perfettamente correlati allora l'uno è *funzione lineare* dell'altro, cioè la relazione fra i due è esprimibile matematicamente con l'equazione di una retta: $Y = a + bX$ con a e b numeri reali e $b \neq 0$.

ESEMPIO 12.4

"Perfetta" correlazione

Nella tabella seguente, le frequenze congiunte sono concentrate sulla diagonale principale e i valori di X e Y si ottengono dall'equazione della retta

$$Y = 3 + 2X$$

X \ Y	5	7	9	
1	20	0	0	20
2	0	65	0	65
3	0	0	35	35
	20	65	35	100

X e Y sono *perfettamente* e *positivamente* correlati. Se calcoliamo il coefficiente di correlazione lineare otteniamo: $\rho_{XY} = +1$. Il diagramma a dispersione di Figura 12.3 mostra chiaramente la perfetta struttura lineare e crescente dei dati. Siccome la perfetta correlazione positiva è un particolare *tipo* di massima connessione si ha anche (provare a fare i conti per credere):

$$\eta^2_Y = \eta^2_X = 1 \qquad \text{e} \qquad \chi^2(\text{normalizzato}) = 1$$

cioè **massima connessione biunivoca**.

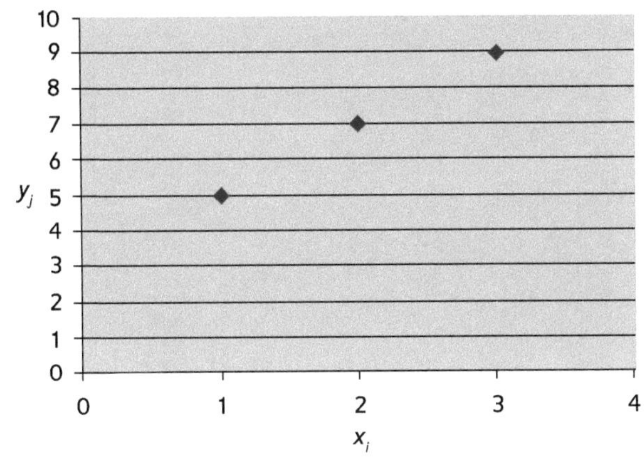

Figura 12.3
Diagramma a dispersione nel caso di X e Y perfettamente e positivamente correlati

Infine, in questa tabella

X \ Y	2.5	3	3.5	
1	0.0	0	30.0	30
2	0.0	30	0.0	30
3	40.0	0	0.0	40
	40.0	30	30.0	100

le frequenze congiunte sono concentrate lungo la diagonale secondaria e i valori di X e Y si ottengono dall'equazione della retta

$$Y = 4 - \frac{1}{2}X$$

cioè X e Y sono *perfettamente* e *negativamente* correlati. Se calcoliamo il coefficiente di correlazione lineare otteniamo: $\rho_{XY} = -1$ (provare per credere!). Il diagramma a dispersione di Figura 12.4 mostra chiaramente la struttura lineare e decrescente dei dati.

Siccome anche la perfetta correlazione negativa è un particolare *tipo* di massima connessione, facendo i conti si ottiene (il consiglio è sempre di provarci):

$$\eta_Y^2 = \eta_X^2 = 1 \quad \text{e} \quad \chi^2\,(\text{normalizzato}) = 1$$

cioè **massima connessione biunivoca**.

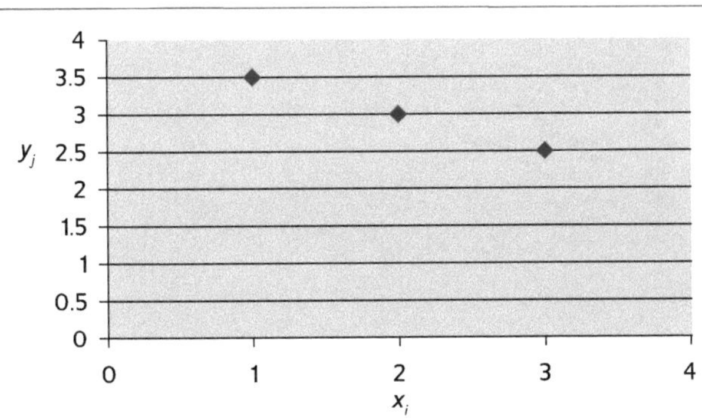

Figura 12.4
Diagramma a dispersione nel caso di X e Y perfettamente e negativamente correlati

Capitolo 13

Regressione

Cioè un assaggio di modelli statistici

Dopo aver imparato a stabilire l'esistenza di una relazione statistica in una coppia di fenomeni, a misurarne l'intensità, analizzarne il verso e studiarne la natura, in questo capitolo ci occupiamo di *modellarla*.

Un *modello* è una rappresentazione semplificata (e perciò approssimata) della realtà. Modellare una relazione statistica significa darle una *formulazione matematica* che ne colga l'andamento di fondo, semplificandolo. In questo modo ci procuriamo uno strumento utile per fare previsioni al di là dei dati osservati e simulazioni di come potrebbe reagire un fenomeno a possibili variazioni dell'altro.

13.1 Modellare la relazione statistica fra due fenomeni: perché e come

Un **modello statistico** è una *formula* che interpreta matematicamente il comportamento congiunto di X e Y. *Costruire* un modello statistico significa utilizzare i dati (quelli della tabella osservata) per individuare questa formula che esprime Y *in funzione* di X. Il modello statistico è una **curva matematica** *semplice, liscia* e *regolare* in grado di *ben approssimare* la realtà osservata, cioè di cogliere *l'andamento di fondo* (in inglese *trend*) del comportamento congiunto di X e Y, smussando le irregolarità e le spigolosità tipiche dell'osservazione empirica.

In questo capitolo cominciamo a concentrarci su coppie di fenomeni quantitativi e introduciamo il più noto metodo statistico per la costruzione di un modello che interpreta la dipendenza di Y da X. Tale metodo è chiamato **regressione**. Nel dettaglio vedremo un solo modello di regressione, il più semplice ma anche il più utilizzato, cioè ci limitiamo al metodo che tecnicamente è chiamato **regressione lineare semplice**. Nell'ultimo paragrafo di questo capitolo parleremo del più semplice (e più utilizzato) modello di regressione per fenomeni qualitativi chiamato **regressione logistica**.

13.2 Regressione (semplice) per fenomeni quantitativi

Un **modello di regressione** è un'interpretazione più approfondita e fruibile della relazione statistica in una coppia di fenomeni, in particolare della dipendenza di Y da X. Una volta calcolato, il modello di regressione è un **algoritmo** utilizzabile per **prevedere** e **simulare** valori di Y *non osservati*, per esempio, per prevedere valori di Y futuri oppure per simulare vari scenari di comportamento di Y al variare di X.

ESEMPIO 13.1

Sonno e stress

Da uno studio degli effetti delle variazioni nelle ore di sonno notturno sui livelli di stress si sono raccolti i seguenti dati.

U: collettivo di soggetti stressati
$N = 100$
X: variazioni nel numero di ore di sonno notturno
Y: livelli di stress (misurati con opportuna scala psicometrica)

Tabella osservata

X \ Y	0	2	4	
−1	0	3	30	33
+1	4	34	2	40
+2	22	4	1	27
	26	41	33	100

Nel Capitolo 11 abbiamo imparato a fare l'analisi (bivariata) della **dipendenza** di *Y* da *X*. Riporto qui le formule da utilizzare e i risultati ottenuti e lascio l'esecuzione dei conti come buon esercizio:

- medie condizionate: $\bar{y}|x_1 = \frac{1}{f_{1.}} \sum_{j=1}^{3} y_j f_{1j} = 3.82$, $\bar{y}|x_2 = 1.9$, $\bar{y}|x_3 = 0.44$;
- media marginale: $\bar{y} = \frac{1}{N} \sum_{j=1}^{3} y_j f_{.j} = 2.14$;
- varianza FRA: $\sigma^2_{\text{FRA}} = \frac{1}{N} \sum_{i=1}^{3} (\bar{y}|x_i - \bar{y})^2 f_{i.} = 1.73$;
- varianza marginale: $\sigma^2_Y = \frac{1}{N} \sum_{j=1}^{3} (y_j - \bar{y})^2 f_{.j} = 2.34$;
- indice di dipendenza di *Y* da *X*: $\eta^2_Y = \frac{\sigma^2_{\text{FRA}}}{\sigma^2_Y} = 0.739$.

I risultati ci indicano che *Y non* è indipendente in media da *X*, infatti le medie condizionate variano al variare di *X* (in particolare decrescono al crescere di *X*) e sono diverse dalla media marginale. La dipendenza di *Y* da *X* è circa il 74% (della dipendenza perfetta). Ne deduciamo che, per il collettivo osservato, le variazioni nelle ore di sonno influiscono (statisticamente) sui livelli di stress per circa il 74%. Quello che vogliamo fare ora è interpretare ulteriormente e *matematicamente* la relazione statistica nella tabella dei dati osservati esprimendola in una formula da applicare a *X* per approssimare valori di *Y* anche non osservati.

Il modello di regressione che interpreta la dipendenza di *Y* da *X* è una formula, una codifica teorica della relazione statistica espressa dai dati:

$$\hat{Y} = f(X)$$

dove *f* indica una qualche *funzione* di *X* (un qualche *calcolo* da applicare a *X*) e il simbolo ^ indica che stiamo *approssimando* la realtà osservata (*Y*) con una curva matematica (*f*) più *semplice* e *regolare*. Nell'Esempio 13.1 "Sonno e stress", una volta che avremo individuato il calcolo *f* da eseguire su *X* per ottenere l'approssimazione $\hat{Y}$ dei valori osservati di *Y*, avremo uno strumento per *prevedere* e *simulare* gli effetti delle variazioni nelle ore di sonno sui livelli di stress; si tratterà di un *modello statistico*, cioè basato sui dati osservati, che ci permetterà di prevedere anche al di là dei dati osservati. Lo chiameremo **modello di regressione**.

Il diagramma a dispersione ci aiuta a individuare l'espressione analitica di *f*. Nel Paragrafo 11.7.2 abbiamo imparato che la *struttura* della nuvola di punti sul diagramma a dispersione dà indicazioni sulla natura della relazione fra X e Y e quindi sulla *forma matematica* del modello che cerchiamo. Se sul diagramma a dispersione ridotto con le medie condizionate si uniscono con dei segmenti i punti di coordinate (x_i, $\bar{y}|x_i$) si ottiene la **spezzata di regressione**. La spezzata di regressione è una curva *empirica*, cioè è basata sui dati osservati nella realtà, e per questo motivo in genere si presenta *irregolare* e *spigolosa*. Con il modello di regressione si va a individuare la curva matematica *liscia* e *regolare* che *meglio approssima* la spezzata di regressione.

ESEMPIO 13.1

Sonno e stress (continua)

Costruiamo il diagramma a dispersione ridotto con le medie condizionate (... e a chi non se lo ricorda consiglio caldamente di rileggere il Paragrafo 11.7.2), cioè rappresentiamo i $k = 3$ punti di coordinate (x_i, $\bar{y}|x_i$) e uniamoli con dei segmenti come in Figura 13.1. Per visualizzare la **spezzata di regressione** mette in evidenza che la dipendenza di Y da X è *decrescente* e fortemente *lineare*. Possiamo anche confermare le indicazioni grafiche con la misura analitica della correlazione, cioè calcoliamo il coefficiente di correlazione lineare che ci aspettiamo elevato e negativo.

$$\bar{x} = \frac{1}{N}\sum_{i=1}^{3} x_i f_{i.} = 0.61 \qquad \sigma_X^2 = \frac{1}{N}\sum_{i=1}^{3} (x_i - \bar{x})^2 f_{i.} = 1.44$$

$$\mu_{XY} = \frac{1}{N}\sum_{i=1}^{3}\sum_{j=1}^{3} x_i y_j f_{ij} = -0.26 \qquad \sigma_{XY} = \mu_{XY} - \bar{x}\cdot\bar{y} = -1.565$$

$$\rho_{XY} = \frac{\sigma_{XY}}{\sqrt{\sigma_X^2 \cdot \sigma_Y^2}} = -0.8533$$

La correlazione fra X e Y è negativa e pari all'85% della perfetta correlazione negativa.

In conclusione, il modello di regressione (teorico) che appare il più adeguato per interpretare la relazione statistica fra Y da X presente nei dati osservati e messo in evidenza dalla spezzata di regressione (cioè un'elevata correlazione negativa) è una **retta**. Per questo esempio la retta sarà decrescente, cioè con pendenza negativa.

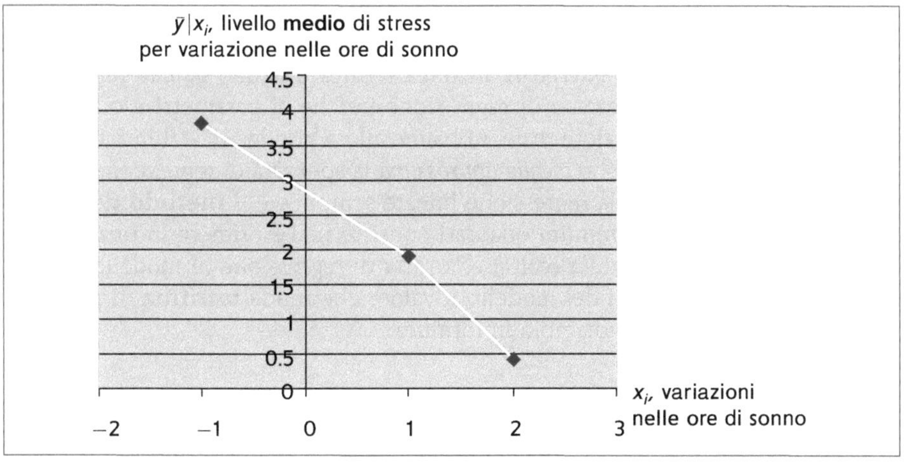

Figura 13.1 Diagramma a dispersione

La regressione ha due obiettivi principali: da un lato vogliamo modellare al meglio la relazione statistica estraibile dai dati e visualizzata dalla spezzata di regressione. Dall'altro, come sempre, la necessità pratica di *semplificare* la realtà per coglierne l'essenza, l'andamento di fondo della dipendenza di Y da X. Un buon compromesso fra questi due obiettivi è la **regressione lineare** che utilizza come modello una retta.

13.3 Retta di regressione dei minimi quadrati

La **retta di regressione** è il modello di regressione adatto a interpretare la **correlazione**, cioè la relazione *lineare* fra X e Y. È anche il modello di regressione più semplice, più utilizzato nella pratica e implementato in tutti i software per fare statistica al computer. Nel modello di regressione lineare, la formula f è l'equazione della retta (... che abbiamo già imparato a scuola, vero⁇!!):

$$\hat{Y} = a + bX$$

Nel linguaggio matematico, Y ha il ruolo di **variabile dipendente** e X quello di variabile indipendente. Dal punto di vista statistico, Y è il fenomeno *condizionato*, è quello che si vuole *spiegare* in funzione dell'altro fenomeno, ed è anche chiamato **variabile risposta** (in inglese **outcome**). Il fenomeno *condizionante* X è anche chiamato **variabile esplicativa**, perché è con X che si cerca di *spiegare* Y (in inglese **covariate**), o anche **regressore**, perché, come si dice, con X si fa la regressione su Y.

a e b sono detti **parametri della retta**. Dalla matematica della scuola superiore ci ricordiamo che il parametro a è l'*intercetta*, cioè il punto in cui la retta interseca l'asse verticale delle ordinate. Il parametro b è il *coefficiente angolare* che determina l'inclinazione della retta e la sua pendenza: se b è positivo la retta è crescente, mentre se b è negativo la retta è decrescente. Valori elevati di b (qualunque sia il segno) rendono la retta *ripida*, cioè con tendenza ad allinearsi all'asse delle ordinate (verticale); valori piccoli di b significano invece retta più *piatta*, cioè che tende ad allinearsi con l'asse delle ascisse (orizzontale).

I parametri a e b della retta di regressione hanno anche una lettura e un significato *statistico* in relazione ai fenomeni X e Y. Lo discuteremo fra poco dopo aver imparato a usare i dati per calcolarli.

Fare la regressione, in questo caso la regressione *lineare*, significa utilizzare i dati per assegnare un **valore** ai parametri a e b della retta. In questo modo si ottiene l'equazione (formula) di una retta che *approssima* la spezzata di regressione (tecnicamente si dice che la *interpola*). In linea teorica esistono *infinite* rette con cui interpolare una stessa spezzata di regressione perché ai parametri a e b possiamo assegnare un qualunque valore reale. Abbiamo allora bisogno di stabilire un **criterio** con cui scegliere la retta che *meglio approssima* la spezzata di regressione. Il criterio (normalmente) usato per la regressione lineare semplice è il **metodo dei minimi quadrati**. Il metodo dei minimi quadrati consiste nell'esprimere in una formula la *distanza* fra i dati osservati (la realtà) e la retta di regressione (il modello teorico) e nell'assegnare ai parametri del modello il valore che rende **minima** (il più piccolo possibile) tale distanza. Vediamolo in formule:

- valori (reali) osservati $\rightarrow y_j$;
- modello $\rightarrow$ retta di regressione $\hat{Y} = a + bX$;
- valori (teorici) approssimati mediante il modello $\rightarrow \hat{y}_i = a + bx_i$;
- **distanza fra dati reali e valori teorici** $\rightarrow$ è la differenza $y_j - \hat{y}_i$, va elevata al quadrato per eliminare l'influenza del segno e va *ponderata* con le frequenze osservate f_{ij};
- **distanza totale** fra dati reali e valori teorici $\rightarrow \sum_{i=1}^{k} \sum_{j=1}^{h} \left(y_j - \hat{y}_i\right)^2 f_{ij}$.

Esprimendo in questo modo la *distanza totale* fra i dati osservati e il modello teorico possiamo dare la **condizione dei minimi quadrati**.

Definizione

Condizione dei minimi quadrati

$$\sum_{i=1}^{k}\sum_{j=1}^{h}(y_j-\hat{y}_i)^2 f_{ij}=\sum_{i=1}^{k}\sum_{j=1}^{h}[y_j-(a+bx_i)]^2 f_{ij}=\min_{a,b}$$

Per risolvere questo problema di minimo serve un po' di matematica avanzata (perciò noi non possiamo farlo), ma si dimostra che per i parametri a e b esiste un'*unica* soluzione. Questa soluzione ci fornisce i valori per i parametri a e b che *soddisfano* la condizione dei minimi quadrati. Fortunatamente questa soluzione è semplice: coinvolge la covarianza, le medie marginali e la varianza marginale della variabile esplicativa.

Definizione

Soluzioni dei minimi quadrati

$$b=\frac{\sigma_{XY}}{\sigma_X^2} \quad \text{e} \quad a=\bar{y}-b\bar{x}$$

Sostituendo le soluzioni dei minimi quadrati nella retta di regressione si ottiene la **retta dei minimi quadrati**, cioè la *sola* retta che, fra le infinite che possono interpolare la spezzata di regressione, rende *minima* la **distanza totale** fra i dati osservati e il modello.

Fermiamoci a guardare la soluzione dei minimi quadrati per il coefficiente angolare della retta: $b=\sigma_{XY}/\sigma_X^2$. Siccome al numeratore (sopra) c'è la covarianza che può essere positiva o negativa e al denominatore (sotto) c'è una varianza (quella della variabile indipendente) che è sempre positiva, allora b prende il segno dalla covarianza. Bene, infatti:

- correlazione positiva $\Rightarrow \sigma_{XY}>0 \Rightarrow b>0 \Rightarrow$ retta dei m.q. crescente;
- correlazione negativa $\Rightarrow \sigma_{XY}<0 \Rightarrow b<0 \Rightarrow$ retta dei m.q. decrescente.

In queste implicazioni il simbolo $\Rightarrow$ si legge "allora" e m.q. è la nostra abbreviazione per "minimi quadrati".

Ora che abbiamo imparato a usare i dati per assegnare un valore ai parametri a e b, ci ricordiamo che rappresentano rispettivamente l'intercetta e la pendenza della retta. Questo ci consente un'interpretazione statistica dei valori calcolati per a e b, il loro potenziale informativo per la previsione di Y al variare di X. Infatti, il valore di a ci dà il valore $\hat{Y}$ restituito dal modello quando a X assegniamo il valore $X=0$, mentre il valore di b ci dice di quanto varia $\hat{Y}$ quando X aumenta di 1, cioè la risposta del modello per una variazione unitaria di X. In altre parole, se consideriamo due valori per X che distano di 1, i corrispondenti valori di $\hat{Y}$ restituiti dal modello differiranno di b; se assegniamo a X due valori che distano di 10, i corrispondenti valori di $\hat{Y}$ differiranno di 10 volte b e così via. Vediamolo nel nostro esempio.

ESEMPIO 13.1

Sonno e stress (continua)

Applichiamo le formule delle soluzioni dei m.q. e troviamo il modello lineare che interpreta l'influenza delle variazioni nel numero di ore di sonno notturno sui livelli di stress.

$$b=\frac{\sigma_{XY}}{\sigma_X^2}=\frac{-1.565}{1.44}=-1.09$$

$$a=\bar{y}-b\bar{x}=2.14-(-1.09)\times 0.61=2.8$$

Abbiamo allora la seguente retta di regressione dei m.q.:

$$\hat{Y}=2.8-1.09X$$

Il valore dell'intercetta $a = 2.8$ ci dice che, nella popolazione osservata, per un soggetto che non abbia subito variazioni nelle ore di sonno notturno ($X = 0$) il modello *prevede* un livello di stress 2.8. Il valore del coefficiente angolare $b = -1.09$ ci dice che per ogni ora di sonno notturno aggiunta, il modello prevede una diminuzione nel livello di stress di -1.09. Come conseguenza della negatività della correlazione fra X e Y, il coefficiente angolare è *negativo* e la retta di regressione è *decrescente*.

Una volta trovata l'equazione della retta di regressione dei m.q., possiamo completare il diagramma a dispersione disegnandola. Per rappresentare graficamente una retta è sufficiente individuarne due punti perché (lo sappiamo dalle scuole medie) da due punti passa un'unica retta. Due punti facili da individuare sono quelli in cui la retta interseca gli assi; si ottengono ponendo prima $X = 0$ (che corrisponde all'intercetta a) e poi $Y = 0$ (che corrisponde alla soluzione dell'equazione $a + bX = 0$). Sono i due punti di coordinate: $(0, a)$ e $(-a/b, 0)$. Un altro punto ancora più semplice è il punto con coordinate date dalle medie marginali $(\bar{x}, \bar{y})$ che appartiene sempre alla retta di regressione dei m.q. (lo capiremo meglio dalle osservazioni al termine di questo capitolo).

ESEMPIO 13.1

Sonno e stress (continua)

Vogliamo rappresentare sul diagramma a dispersione la retta dei m.q. $\hat{Y} = 2.8 - 1.09X$ che interpreta l'influenza delle variazioni nel numero di ore di sonno notturno sui livelli di stress. Utilizziamo il metodo di individuare i due punti (di questa retta) che intersecano gli assi. Poniamo prima $X = 0$ e calcoliamo $\hat{Y} = 2.8 - 1.09 \times 0 = 2.8$. Allora il punto in cui la retta di regressione dei m.q. interseca l'asse delle ordinate (verticale) ha coordinate (0, 2.8). Poi poniamo $\hat{Y} = 0$, cioè $2.8 - 1.09X = 0$, e calcoliamo $X = 2.8/1.09 = 2.57$. Quindi il punto in cui la retta di regressione dei m.q. interseca l'asse delle ascisse (orizzontale) ha coordinate (2.57, 0). Individuiamo questi due punti sul diagramma e tracciamo la (unica) retta che passa attraverso questi due punti (Figura 13.2), abbiamo così rappresentato la retta di regressione dei m.q. $\hat{Y} = 2.8 - 1.09X$. Si vede bene come il modello *teorico* (la retta) *approssima* la spezzata di regressione (che è invece la curva *empirica*, cioè basata su dati osservati nella realtà).

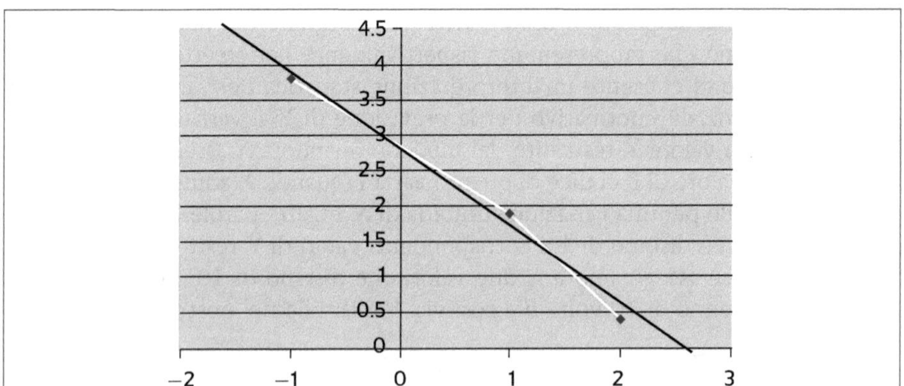

Figura 13.2 Spezzata di regressione "interpolata" con la retta dei m.q.

Infine, la retta dei m.q. può essere utilizzata per *prevedere* e *simulare* valori *non* osservati di Y.

ESEMPIO 13.1

Sonno e stress (continua)

Ci chiediamo: quale effetto avrebbe sul livello di stress un aumento di mezz'ora del sonno notturno? E una diminuzione di mezz'ora? Rispondiamo utilizzando il modello che abbiamo individuato $\hat{Y} = 2.8 - 1.09X$. *Estrapoliamo* dal modello i valori $\hat{Y}$ corrispondenti ai valori $+0.5$ e -0.5 di X:

- effetto di una variazione in aumento di mezz'ora

$$\hat{Y} = 2.8 - 1.09 \times 0.5 = 2.25$$

- effetto di una variazione in diminuzione di mezz'ora

$$\hat{Y} = 2.8 - 1.09 \times (-0.5) = 3.34$$

Attenzione: per utilizzare con obiettivi previsivi o interpretativi valori teorici *non osservati* nella realtà ma *estrapolati* dal modello di regressione, servono come al solito cautela e buon senso.

- L'estrapolazione avviene *assumendo* che il modello *valga* anche per i valori (x, y) *non* osservati, cioè **a parità di trend**. Non è quindi consigliabile *allontanarsi* troppo dall'insieme dei valori osservati, in più o in meno, cioè usare valori di X molto più grandi o molto più piccoli di x_{max} e x_{min} della tabella osservata.
- Quanto sono **affidabili** i valori estrapolati? Dipende da quanto il modello è *buono*, cioè da quanto si *adatta* alla realtà, da quanto cioè i valori teorici $\hat{y}_i$ sono *vicini* (si dice anche *accostati*) ai valori reali y_j.

Ci resta allora da valutare la **bontà** della regressione misurando l'**adattamento** (**accostamento**) della retta dei m.q ai dati reali osservati. Il metodo dei minimi quadrati garantisce che la distanza totale (fra i dati reali osservati e i valori teorici del modello di regressione) sia *minima*, cioè la più piccola possibile. Questo, però, non significa necessariamente che tale distanza sia *piccola* o magari *nulla*. Dobbiamo accertarlo con l'**analisi dei residui**.

13.4 Analisi dei residui della retta di regressione dei minimi quadrati

Una volta sostituiti i parametri a e b con le soluzioni dei m.q., la distanza totale fra i valori reali osservati e la retta ci dà il **residuo** totale della retta, chiamato anche **devianza residua** (della retta).

Definizione

Residuo o devianza residua della retta dei m.q.

$$DR = \sum_{i=1}^{k}\sum_{j=1}^{h}(y_j - \hat{y}_i)^2 f_{ij} = \sum_{i=1}^{k}\sum_{j=1}^{h}[y_j - (a + bx_i)]^2 f_{ij}$$

dove a e b sono le soluzioni dei m.q.: $b = \frac{\sigma_{XY}}{\sigma_X^2}$ e $a = \bar{y} - b\bar{x}$.

Il residuo della retta dei m.q. è nullo ($DR = 0$) quando sono tutte nulle le distanze $y_j - \hat{y}_i$ fra i valori osservati e i valori teorici del modello, cioè quando la retta si *adatta perfettamente* ai dati reali. Questo avviene quando X e Y sono *perfettamente correlati* (positivamente o negativamente) e i punti di coordinate (x_i, y_j) sul diagramma a dispersione si presentano *allineati* lungo una retta (crescente o decrescente).

In tutti gli altri casi la regressione lascia un qualche residuo ($DR > 0$).

ESEMPIO 13.1

Sonno e stress (continua)

Riprendiamo i dati relativi agli effetti delle variazioni nelle ore di sonno notturno (X) sui livelli di stress (Y) e calcoliamo il **residuo** della retta di regressione dei m.q. che abbiamo individuato e disegnato: $\hat{Y} = 2.8 - 1.09X$. Sul diagramma a dispersione aggiungiamo la rappresentazione dei punti osservati di coordinate (x_i, y_j) usando il sistema di disegnare bolle più grandi per quelli "più pesanti in U", cioè con più elevata frequenza congiunta f_{ij} (Figura 13.3).

Applichiamo la formula della devianza residua e calcoliamo la *distanza totale* fra i punti (reali) osservati e i corrispondenti punti sulla retta dei m.q. (teorica):

$$DR = \sum_{i=1}^{k}\sum_{j=1}^{h}(y_j - \hat{y}_i)^2 f_{ij} = \sum_{i=1}^{k}\sum_{j=1}^{h}[y_j - (2.8 - 1.09x_i)]^2 f_{ij} =$$
$$= \{0 - [2.8 - 1.09 \times (-1)]\}^2 \times 0 + \{2 - [2.8 - 1.09 \times (-1)]\}^2 \times 3$$
$$+ \{4 - [2.8 - 1.09 \times (-1)]\}^2 \times 30 + \ldots + [4 - (2.8 - 1.09 \times 2)]^2 \times 1 =$$
$$= 0 + 10.72 + 0.36 + \ldots + 11.42 = 63.62$$

Figura 13.3

Tabella osservata

X \ Y	0	2	4	
−1	0	3	30	33
+1	4	34	2	40
+2	22	4	1	27
	26	41	33	100

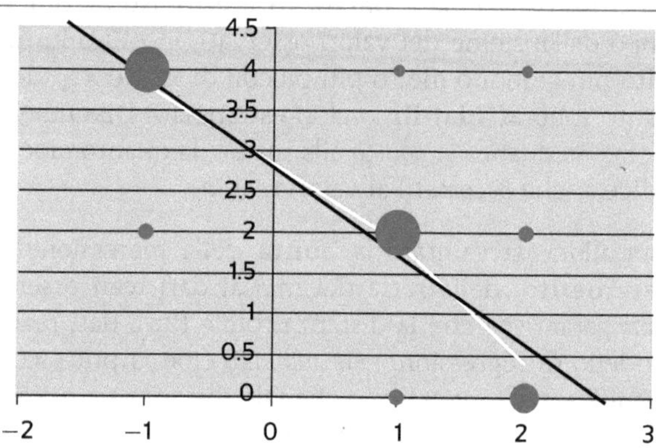

Il residuo non è nullo perché la correlazione fra X e Y è sì elevata ma *non* perfetta e c'è distanza fra i punti osservati e i punti teorici sulle rette. Ma $DR = 63.62$ è *tanto* o *poco*?

La retta dei m.q. è un *buon modello* per interpretare l'influenza delle variazioni nelle ore di sonno notturno sui livelli di stress? Quanto si *adatta* a interpretare la realtà osservata?

La devianza residua DR è una misura *assoluta* del residuo lasciato dalla retta di regressione. Come tutte le misure assolute (ne abbiamo già viste parecchie nei capitoli precedenti) non è *valutabile*. Quando il residuo non è nullo ($DR > 0$), come nell'esempio precedente, non siamo in grado di dire se è *tanto* o *poco* e, quindi, dire se e quanto la retta dei minimi quadrati è un modello *cattivo* o *buono* per interpretare la tabella osservata.

Per rispondere a queste domande dobbiamo costruire una **misura della bontà di adattamento** della retta dei m.q. *normalizzando* il residuo, cioè trasformandolo in una percentuale che ne consenta la *valutazione*.

13.5 Scomposizione della devianza: devianza spiegata e residua

Nel Capitolo 11 abbiamo imparato la scomposizione della varianza in FRA e NEI gruppi. Ci è servita per misurare la dipendenza di un fenomeno dall'altro. Anche la devianza, che è una semplice trasformazione della varianza (... e a chi non se lo ricorda consiglio di rileggere l'ultima parte del Paragrafo 7.2), ha un'importante proprietà di scomposizione che è dimostrabile seguendo un procedimento analogo a quello che abbiamo fatto nel Capitolo 11. È su questa proprietà che si basa la misura della bontà di adattamento di un modello di regressione.

Nel Capitolo 7 abbiamo imparato che la varianza moltiplicata per N è detta **devianza**. La varianza marginale di Y (che noi stiamo usando come variabile dipendente nella retta dei m.q.) moltiplicata per N è chiamata **devianza totale**.

Definizione

Devianza totale

$$DT = N\sigma_Y^2 = \sum_{j=1}^{h} (y_j - \bar{y})^2 f_{.j}$$

La devianza totale (della variabile dipendente nel modello di regressione) si scompone nella somma di due *parti* ciascuna delle quali è a sua volta interpretabile come devianza. Una componente è la **devianza residua** che abbiamo visto nel paragrafo precedente e che misura il residuo della retta dei m.q. L'*altra* componente è chiamata **devianza spiegata**.

Definizione

Devianza spiegata

$$DS = \sum_{i=1}^{k} (\hat{y}_i - \bar{y})^2 f_{i.}$$

Proprietà

Scomposizione della devianza totale (enunciato)

$$DT = DR + DS$$

Le componenti DR e DS della devianza totale ci dicono qualcosa d'importante circa la *bontà* del modello di regressione (nel nostro caso la retta dei m.q.) come modello interpretativo della dipendenza di Y da X.

- DS è la *parte* di variabilità di Y **spiegata** (*catturata*) dalla retta dei m.q.
- DR misura invece la variabilità **residua**, cioè la *parte* di variabilità di Y che *non* è *catturata* dalla retta dei m.q.

Per semplificare il calcolo di DR e DS della *retta dei m.q.* (quando si fanno i conti "a mano", senza un computer) valgono le seguenti formule alternative.

Definizione

Devianza residua della retta dei m.q. (formula alternativa)

$$DR = DT\,(1 - \rho_{XY}^2)$$

Definizione

Devianza spiegata della retta dei m.q. (formula alternativa)

$$DS = DT \cdot \rho_{XY}^2$$

Per la retta dei m.q., le definizioni di DR e DS e le formule alternative sono *equivalenti*, cioè danno lo stesso risultato. Lo verifichiamo con un esempio e poi lo dimostriamo.

ESEMPIO 13.1

Sonno e stress (continua)

Abbiamo già calcolato: $\sigma_Y^2 = 2.34$, $\rho_{XY} = -0.85$ e, usando la definizione, $DR = 63.62$.

Usando la proprietà della scomposizione della devianza calcoliamo anche la devianza spiegata:

$$DT = N\sigma_Y^2 = 100 \times 2.34 = 234$$

$$DS = DT - DR = 2.34 - 63.62 = 170.38$$

Le formule alternative rendono i calcoli molto più veloci e portano allo stesso risultato:

$$DR = DT(1 - \rho_{XY}^2) = 234 \times [1 - (-0.8533)^2] = 63.62$$

$$DS = DT \cdot \rho_{XY}^2 = 234 \times (-0.8533)^2 = 170.38$$

$$DT = DS + DR = 170.38 + 63.62 = 234$$

Fermiamoci a ragionare sulla formula alternativa della devianza residua: contiene (con un segno meno davanti) ρ_{XY}^2, cioè il coefficiente di correlazione lineare elevato al quadrato. Allora DR e ρ_{XY} sono in relazione *inversa*, cioè il residuo della retta dei m.q. è tanto *più piccolo* quanto più è *elevata* la correlazione, indifferentemente negativa o positiva. In particolare si ha $DR = 0$ se (e soltanto se) $\rho_{XY} = \pm 1$, cioè soltanto in caso di *perfetta* correlazione (positiva o negativa) fra X e Y. Un ragionamento analogo, ma di segno contrario, vale, se consideriamo la devianza spiegata: DS e ρ_{XY} sono in relazione *diretta*.

Dimostrazione

Partiamo dalla definizione di devianza residua:

$$DR = \sum_{i=1}^{k}\sum_{j=1}^{h}\left(y_j - \hat{y}_i\right)^2 f_{ij}$$

Sostituiamo ai (generici) valori teorici $\hat{y}_i$ la retta di regressione dei m.q., facendo attenzione ai segni:

$$= \sum_{i=1}^{k}\sum_{j=1}^{h}\left[y_j - (a + bx_i)\right]^2 f_{ij} = \sum_{i=1}^{k}\sum_{j=1}^{h}\left[y_j - \bar{y} + \frac{\sigma_{XY}}{\sigma_X^2}\bar{x} - \frac{\sigma_{XY}}{\sigma_X^2}x_i\right]^2 f_{ij}$$

Adesso mettiamo strategicamente delle parentesi tonde in modo da ottenere il quadrato di un binomio, sempre facendo attenzione ai segni:

$$= \sum_{i=1}^{k}\sum_{j=1}^{h}\left[\left(y_j - \bar{y}\right) - \frac{\sigma_{XY}}{\sigma_X^2}\left(x_i - \bar{x}\right)\right]^2 f_{ij}$$

Svolgiamo il quadrato (... vi ricordate $(a - b)^2 = a^2 + b^2 - 2ab$, vero?!?)

$$= \sum_{i=1}^{k}\sum_{j=1}^{h}\left[\left(y_j - \bar{y}\right)^2 + \frac{\sigma_{XY}^2}{\sigma_X^4}\left(x_i - \bar{x}\right)^2 - \frac{2\sigma_{XY}}{\sigma_X^2}\left(x_i - \bar{x}\right)\left(y_j - \bar{y}\right)\right] f_{ij}$$

e togliamo le parentesi quadre, portandoci dietro somme e coefficienti:

$$= \sum_{i=1}^{k} \sum_{j=1}^{h} \left(y_j - \bar{y}\right)^2 f_{ij} + \frac{\sigma_{XY}^2}{\sigma_X^4} \sum_{i=1}^{k} \sum_{j=1}^{h} (x_i - \bar{x})^2 f_{ij} +$$

$$- \frac{2\sigma_{XY}}{\sigma_X^2} \sum_{i=1}^{k} \sum_{j=1}^{h} (x_i - \bar{x}) \left(y_j - \bar{y}\right) f_{ij}$$

Ora guardiamo i primi due termini dell'espressione: come abbiamo già fatto un sacco di volte, "portiamo fuori" dalle sommatorie (raccogliamo a fattor comune) i termini *costanti*, cioè "portiamo fuori" dalla somma per i i termini che hanno *solo* l'indice j e viceversa. Scambiando le due sommatorie (perché sappiamo dalle elementari che cambiando l'ordine degli addendi la somma non cambia), otteniamo:

$$= \sum_{j=1}^{h} \left(y_j - \bar{y}\right)^2 \sum_{i=1}^{k} f_{ij} + \frac{\sigma_{XY}^2}{\sigma_X^4} \sum_{i=1}^{k} (x_i - \bar{x})^2 \sum_{j=1}^{h} f_{ij} +$$

$$- \frac{2\sigma_{XY}}{\sigma_X^2} \sum_{i=1}^{k} \sum_{j=1}^{h} (x_i - \bar{x}) \left(y_j - \bar{y}\right) f_{ij}$$

Cominciamo a riconoscere un po' di cose note. Al primo termine la somma per i delle frequenze congiunte ci dà le frequenze marginali $f_{.j}$. Analogamente, al secondo termine riconosciamo le frequenze marginali $f_{i.}$ e, infine, all'ultimo termine riconosciamo che se fosse diviso per N sarebbe la covarianza. Procedendo in tal senso si ottiene

$$= \sum_{j=1}^{h} \left(y_j - \bar{y}\right)^2 f_{.j} + \frac{\sigma_{XY}^2}{\sigma_X^4} \sum_{i=1}^{k} (x_i - \bar{x})^2 f_{i.} - \frac{2N\sigma_{XY}^2}{\sigma_X^2}$$

Adesso riconosciamo nei primi due termini le devianze marginali di Y e di X e semplifichiamo quello che c'è da semplificare:

$$\begin{aligned} &= N\sigma_Y^2 + \frac{\sigma_{XY}^2}{\sigma_X^4} N\sigma_X^2 - \frac{2N\sigma_{XY}^2}{\sigma_X^2} \\ &= N\sigma_Y^2 + \frac{N\sigma_{XY}^2}{\sigma_X^2} - \frac{2N\sigma_{XY}^2}{\sigma_X^2} = N\sigma_Y^2 - \frac{N\sigma_{XY}^2}{\sigma_X^2} \end{aligned}$$

Senza alterare il risultato, moltiplichiamo e dividiamo l'ultimo termine per σ_Y^2:

$$= N\sigma_Y^2 - \frac{N\sigma_{XY}^2}{\sigma_X^2} \cdot \frac{\sigma_Y^2}{\sigma_Y^2}$$

Infine, raccogliamo $N\sigma_Y^2$ e riconosciamo il coefficiente di correlazione lineare ρ_{XY} elevato al quadrato:

$$= N\sigma_Y^2 \left(1 - \frac{\sigma_{XY}^2}{\sigma_X^2 \sigma_Y^2}\right) = N\sigma_Y^2 \left(1 - \rho_{XY}^2\right)$$

Siccome tutti questi passaggi sono una serie di *uguaglianze* (c'è sempre il segno =) allora il punto di partenza è *uguale* al punto di arrivo, cioè:

$$DR = N\sigma_Y^2 \left(1 - \rho_{XY}^2\right)$$

Allora vale anche:

$$\begin{aligned} DS = DT - DR &= N\sigma_Y^2 - N\sigma_Y^2 \left(1 - \rho_{XY}^2\right) \\ &= N\sigma_Y^2 \rho_{XY}^2 = DT \rho_{XY}^2 \end{aligned}$$

13.6 Bontà di adattamento della retta dei minimi quadrati

Quello che vogliamo fare adesso è costruire una percentuale che misuri quanto è *buono* il modello costruito, cioè l'**adattamento** della retta dei m.q. ai dati osservati. Quello che abbiamo imparato nel paragrafo precedente ci suggerisce che la strada è quella di utilizzare la scomposizione della devianza totale in *DR* e *DS*. Non ci resta che *normalizzare*.

Definizione

Bontà di adattamento della retta dei m.q.

$$\frac{DS}{DT} = \frac{DT \cdot \rho_{XY}^2}{DT} = \rho_{XY}^2$$

Ne concludiamo che con ρ_{XY} si misura la correlazione lineare fra X e Y, e che elevandolo al quadrato si ha la bontà di adattamento della retta dei m.q. Questo è vero *solo* per la retta dei m.q. ed è anche molto sensato: la retta dei m.q. si adatta tanto *meglio* alla realtà osservata quanto più *elevata* è la correlazione fra X e Y, positiva o negativa.

Sappiamo che ρ_{XY} assume valori fra -1 e $+1$, allora la bontà di adattamento ρ_{XY}^2 assume valori fra 0 e 1.

Proprietà

$\rho_{XY}^2 = 0$ Se $DS = 0$, cioè se $DR = DT$, la retta lascia *tutto* residuo e **non spiega** niente della variabilità di Y (e infatti X e Y sono **incorrelati**)

$\rho_{XY}^2 = 1$ Se $DR = 0$, cioè se $DS = DT$, la retta *non* lascia alcun residuo e **spiega perfettamente** la variabilità di Y (e infatti X e Y sono **perfettamente correlati**)

I valori di ρ_{XY}^2 intermedi fra 0 e 1 sono interpretabili come percentuali di variabilità di Y *spiegata* dalla retta dei m.q.

Dunque, ρ_{XY}^2 misura la *bontà* della retta dei m.q. nel *modellare* la dipendenza di Y da X; è anche una misura dell'*affidabilità* delle previsioni e simulazioni effettuate estrapolando valori teorici dal modello. Attenzione però: elevando al quadrato un numero minore di 1, si ottiene un numero ancora più piccolo. Quindi, per avere una retta dei m.q. con elevata bontà di adattamento (misurata da ρ_{XY}^2) e quindi estrapolazioni affidabili, serve una correlazione fra i due fenomeni (misurata con ρ_{XY}) ancora più elevata.

ESEMPIO 13.1

Sonno e stress (continua)

Concludiamo la nostra regressione calcolandone la bontà di adattamento:

$$\rho_{XY}^2 = (-0.8533)^2 = 0.73$$

$$\frac{DS}{DT} = \frac{170.38}{234} = 0.73$$

La retta dei m.q. che abbiamo calcolato $\hat{Y} = 2.8 - 1.09X$ *spiega* il 73% della variabilità di Y. Di conseguenza, le previsioni che abbiamo effettuato estrapolandole dal modello sono *affidabili* al 73%.

Concludiamo la retta dei m.q. con un paio di osservazioni.

La prima è che la soluzione dei m.q. per l'intercetta $a = \bar{y} - b\bar{x}$ ci consente di dimostrare due **proprietà** della retta di regressione.

Proprietà

La retta di regressione dei m.q. passa sempre per il punto di coordinate $(\bar{x}, \bar{y})$.

Infatti da $a = \bar{y} - b\bar{x}$ segue che il punto $(\bar{x}, \bar{y})$ *appartiene* alla retta (ne soddisfa l'equazione $\bar{y} = a + b\bar{y}$) e, per inciso, ne rappresenta il **baricentro**. Anche la retta di regressione dei m.q. ha una proprietà di annullamento degli scarti. Gli scarti ponderati $(y_j - \hat{y}_i) f_{ij}$ non elevati al quadrato ma presi con il loro segno, quando non sono nulli (come ci piacerebbe in teoria!), possono essere positivi o negativi e se li sommiamo tutti otteniamo sempre 0. È una proprietà della retta dei m.q. il fatto che *in media* scarti ponderati si compensino *sempre*, anche se lasciano un qualche residuo $DR \geq 0$.

Proprietà

Annullamento degli scarti del modello di regressione dei m.q.

$$\sum_{i=1}^{k} \sum_{j=1}^{h} (y_j - \hat{y}_i) f_{ij} = 0$$

Dimostriamolo.

Dimostrazione

$$\sum_{i=1}^{k} \sum_{j=1}^{h} (y_j - \hat{y}_i) f_{ij} = \sum_{i=1}^{k} \sum_{j=1}^{h} [y_j - (a + bx_i)] f_{ij}$$

Sostituiamo la soluzione dei m.q. per l'intercetta a:

$$= \sum_{i=1}^{k} \sum_{j=1}^{h} \{y_j - [(\bar{y} - b\bar{x}) + bx_i]\} f_{ij}$$

Togliamo le parentesi applicando le sommatorie ai vari addendi, stando attenti a cambiare i segni (quando serve) e a non dimenticarci di moltiplicare per il coefficiente di ponderazione f_{ij}:

$$= \sum_{i=1}^{k} \sum_{j=1}^{h} \{y_j - \bar{y} + b\bar{x} - bx_i\} f_{ij}$$

$$= \sum_{i=1}^{k} \sum_{j=1}^{h} y_j f_{ij} - \sum_{i=1}^{k} \sum_{j=1}^{h} \bar{y} f_{ij} + \sum_{i=1}^{k} \sum_{j=1}^{h} b\bar{x} - \sum_{i=1}^{k} \sum_{j=1}^{h} bx_i f_{ij}$$

Portiamo fuori dalle somme i termini costanti (che non dipendono da i o da j o da entrambi):

$$= \sum_{j=1}^{h} y_j \sum_{i=1}^{k} f_{ij} - \bar{y} \sum_{i=1}^{k} \sum_{j=1}^{h} f_{ij} + b\bar{x} \sum_{i=1}^{k} \sum_{j=1}^{h} f_{ij} - b \sum_{i=1}^{k} x_i \sum_{j=1}^{h} f_{ij}$$

Infine riconosciamo le somme note:

$$= \sum_{j=1}^{h} y_j f_{.j} - \bar{y}N + b\bar{x}N - b \sum_{i=1}^{k} x_i f_{i.} = N\bar{y} - \bar{y}N + b\bar{x}N - bN\bar{x} = 0$$

La seconda osservazione è che un'applicazione della regressione lineare particolarmente interessante nelle scienze economiche, politiche e sociali si ha quando la variabile indipendente è il **tempo**, cioè quando i dati osservati formano una **serie storica** (chi non se lo ricorda dia un'occhiata al Capitolo 8). In questi casi la retta di regressione dei m.q. diventa interpretabile come **linea di tendenza** (*trend*) **temporale**.

ESEMPIO 13.2

Liceo classico addio

Negli ultimi anni, si è assistito a un crollo di iscrizioni nei licei classici. Analizziamo i dati apparsi recentemente su *La Repubblica* relativi alle iscrizioni al liceo classico negli anni scolastici 2015-2021 (Tabella 13.1).

U: periodo 2015-2021
$N = 7$ (ogni anno dal 2015 al 2021)
Y: numero di iscritti al IV ginnasio (il primo anno nel liceo classico) ogni 100 iscritti al primo anno di scuola superiore
X: anni

Tabella 13.1

Anni	**2015**	**2016**	**2017**	**2018**	**2019**	**2020**	**2021**
Iscritti al IV ginnasio	10.20	9.77	7.70	8.40	7.52	6.60	6.10

Quando si lavora con il tempo e con gli anni, conviene semplificare considerando una semplice trasformazione di *X*:

$X - 2015$ = istanti di rilevazione (in anni dalla prima osservazione)

per cui l'istante 0 è il primo anno di rilevazione, il secondo dopo 1 anno, il terzo dopo 2... l'ultimo dopo 6 anni dall'inizio dell'osservazione. I nostri dati diventano:

x_i	0	1	2	3	4	5	6
y_j	10.2	9.77	7.7	8.4	7.52	6.6	6.1

e sono rappresentati in Figura 13.4. Con una serie doppia, come è una serie storica, i conti sono facilitati perché le frequenze (congiunte e marginali) sono tutte unitarie. Inoltre serve solo *un* indice e le sommatorie sono semplici anziché doppie:

$$\bar{x} = \frac{1}{N}\sum_{i=1}^{7} x_i = 3 \qquad \text{e} \qquad \bar{y} = \frac{1}{N}\sum_{i=1}^{7} y_i = 8.041$$

$$\sigma_X^2 = \frac{1}{N}\sum_{i=1}^{8} (x_i - \bar{x})^2 = 4 \qquad \text{e} \qquad \sigma_Y^2 = \frac{1}{N}\sum_{i=1}^{8} (y_i - \bar{y})^2 = 2.002$$

$$\mu_{XY} = \frac{1}{N}\sum_{i=1}^{8} x_i y_i = 21.436 \qquad \text{e} \qquad \sigma_{XY} = \mu_{XY} - \bar{x}\cdot\bar{y} = -2.687$$

$$\rho_{XY} = \frac{\sigma_{XY}}{\sqrt{\sigma_X^2 \sigma_Y^2}} = -0.95$$

Figura 13.4
Diagramma a dispersione e spezzata di regressione

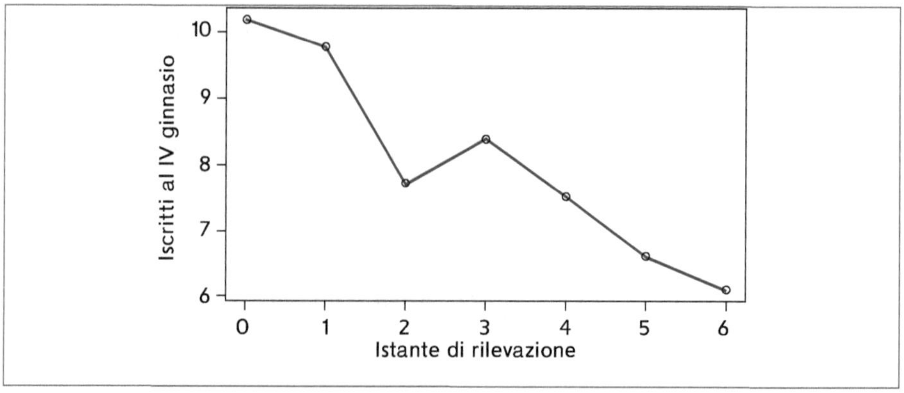

La correlazione fra X (tempo) e Y (numero di iscritti al IV ginnasio ogni 100 iscritti alla I superiore) è negativa e pari al 95% della perfetta correlazione negativa. Allora nel periodo 2015-2021 la percentuale di iscritti al ginnasio è in decrescita e l'andamento è lineare (Figura 13.5).

- **Retta di regressione dei m.q.**

$$b = \frac{\sigma_{XY}}{\sigma_X^2} = \frac{-2.687}{4} = -0.672$$

$$a = \bar{y} - b \cdot \bar{x} = 8.041 - (-0.672) \times 3 = 10.057$$

$$\hat{Y} = 10.057 - 0.672X$$

- **Analisi dei residui**

$$DT = N\sigma_Y^2 = 7 \times 2.002 = 14.014$$

$$DR = DT\,(1 - \rho_{XY}^2) = 14.014 \times [1 - (-0.95)^2] = 1.366$$

$$DS = DT \cdot \rho_{XY}^2 = 14.014 \times (-0.95)^2] = 12.648$$

$$\rho_{XY}^2 = (-0.95)^2] = 0.9025$$

La retta in Figura 13.5 ha un **adattamento** di circa 90%, cioè *spiega* il 90% della variabilità di Y. Tenendone conto, proviamo a *prevedere* il numero di iscritti al IV, per esempio, per gli anni 2022, 2023 e 2024 (cioè dopo 7, 8 e 9 anni dal primo istante di rilevazione).

- Estrapolazione per $X = 2022 - 2015 = 7 \rightarrow \hat{Y} = 10.057 - 0.672 \times 7 = 5.353$
- Estrapolazione per $X = 2023 - 2015 = 8 \rightarrow \hat{Y} = 10.057 - 0.672 \times 8 = 4.681$
- Estrapolazione per $X = 2024 - 2015 = 9 \rightarrow \hat{Y} = 10.057 - 0.672 \times 9 = 4.009$

Le nostre estrapolazioni ci danno indicazioni sull'*ordine di grandezza* della crescita *a parità di trend* e sono *affidabili* al 90%.

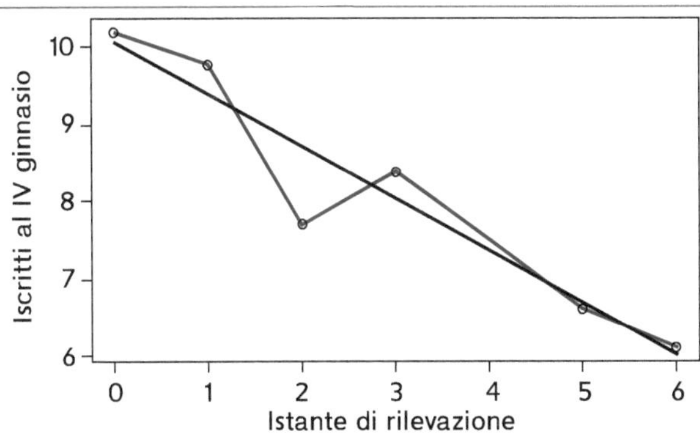

Figura 13.5
Retta di regressione dei m.q.

13.7 Si può andare oltre? Cenni alle analisi successive alla retta di regressione

Se la bontà di adattamento risulta *bassa* o comunque la riteniamo *insufficiente* ai fini della nostra ricerca, la retta di regressione viene giudicata un modello *inadatto* e le estrapolazioni sono *inaffidabili*. Che fare?

La retta non è l'*unico* modello di regressione possibile; esistono molte (moltissime) altre possibilità che seguono essenzialmente due strade.

1. *Cambiare il modello.*
   La retta è modello di grado 1 (lineare). Se non ha un buon adattamento si può provare con un modello di grado 2 (parabola) o di grado superiore. Si parla in questo caso di **regressione polinomiale**. Oppure si può provare a cambiare

totalmente il modello passando dalla retta a un modello più complicato, per esempio moltiplicativo, esponenziale o logaritmico. Si parla in questo caso di **regressione non lineare**. Esiste, però, sia un limite *matematico*, che dipende dal numero di dati a disposizione, sia un limite *pratico*, perché aumentando il grado o rinunciando alla linearità si aumenta anche la *complessità*. Infatti, si dimostra che il residuo *diminuisce* o resta *invariato* (cioè *non* aumenta) all'aumentare del grado del modello. Allora, aumentando il grado della regressione si può *migliorare l'adattamento* e in ogni caso non lo si può peggiorare. Allo stesso tempo, però, si aumenta anche la complessità del modello e del problema da risolvere: un modello di regressione diverso dalla retta è *meno semplice* (da spiegare, da capire e da utilizzare praticamente), ha un numero *maggiore* di parametri (ai quali bisogna trovare un valore), le soluzioni dei m.q. per i parametri sono *più complicate* (non dipendono *solo* da medie, varianza e covarianza) e in generale serve un computer.

2. *Aumentare i dati.*
   Si tratta di osservare congiuntamente 3 o più fenomeni e di porre Y in funzione di *tutti* i fenomeni osservati (X_1, X_2, X_3...) che vengono chiamati **variabili esplicative** o **covariate**.
   Con questa seconda strada, si passa a un'**analisi statistica multivariata** e alla **regressione multipla**. Aumentando le informazioni coinvolte nella regressione ci si aspetta un *miglioramento* nell'adattamento. Anche in questo caso si ha però un aumento della *complessità* e servono maggiori risorse: budget e tempi maggiori per l'osservazione congiunta di più di 2 fenomeni e computer sufficientemente potenti perché i conti "a mano" diventano rapidamente impossibili. Serve anche una strumentazione matematica più avanzata (l'algebra lineare) e uno sviluppo teorico più complesso. Ecco perché noi ci fermiamo qui.

13.8 Scelta del modello

Nel paragrafo precedente abbiamo intuito che esiste un'intera *classe* di modelli di regressione di cui la retta rappresenta il più semplice. Ci si pone allora un ultimo problema: se si dispone di più modelli di regressione per interpretare matematicamente la stessa dipendenza di Y da X (o da più variabili esplicative), quale *scegliere*?

Il modello statisticamente *preferibile* è quello che lascia il residuo inferiore (la DR più piccola) oppure (come si preferisce) quello che presenta la bontà di adattamento maggiore (la DS più elevata). Notate comunque che accanto a questi criteri *analitici*, la scelta del modello va poi basata su considerazioni *pratiche*, particolarmente la semplicità e l'economicità.

ESEMPIO 13.3

Amici ed esami

U: collettivo di studenti iscritti al III anno di una laurea di I livello
$N = 12$
X: numero di esami sostenuti
Y: numero di amici-Facebook

Sulla tabella osservata (che possiamo anche fare a meno di *vedere*) sono stati costruiti due diversi modelli interpretativi della dipendenza del numero di amici-Facebook dal numero di esami sostenuti. Il primo modello è la retta di regressione dei m.q.

$$\hat{Y} = 1.18 + 0.36X \qquad \text{con } \rho^2_{XY} = 0.412 \quad \text{e } \sigma^2_Y = 19.062$$

Un secondo modello, *diverso* dalla retta ma sempre interpretativo della dipendenza di Y da X, ha devianza residua (indichiamola con DR_2) pari a 76. Ci chiediamo: quale dei due modelli è statisticamente preferibile?

Abbiamo due strade, ma che portano alla stessa conclusione!

1. Si sceglie il modello che lascia residuo inferiore:

$$DR_{\text{retta}} = DT\,(1 - \rho^2_{XY}) = N\sigma^2_Y\,(1 - \rho^2_{XY})$$
$$= 12 \times 19.06 \times (1 - 0.412) = 134.49$$

$DR_{\text{retta}} > DR_2$ allora è *preferibile* il secondo modello.

2. Si sceglie il modello con *adattamento maggiore*:

$$\frac{DS_2}{DT} = \frac{DT - DR_2}{DT} = \frac{12 \times 19.06 - 76}{12 \times 19.06} = 0.67$$

$\rho^2_{XY\,\text{retta}} < \frac{DS_2}{DT}$ quindi è *preferibile* il secondo modello.

13.9 Regressione logistica per fenomeni qualitativi

La regressione, che abbiamo visto nella sua forma più semplice (retta) nei paragrafi precedenti, può essere generalizzata in molti modi e, fra questi, al caso di fenomeni qualitativi (ordinali e categoriali). Nelle applicazioni di scienze sociali, ma anche politiche, economiche e bio-mediche, è frequente che la variabile dipendente Y sia dicotomica, cioè con due sole modalità fra loro contrarie ed esaustive (per esempio, sì/no, favorevole/contrario, caratteristica presente/assente, regolare/difettoso, sopravvissuto/non sopravvissuto ecc.). In questi casi si parla anche di **variabile risposta binaria** e convenzionalmente indichiamo le due modalità con i termini *successo* e *insuccesso*, intesi in senso lato (lo abbiamo già visto nel Paragrafo 10.6 "Odds e Odds Ratio"). Ancora, l'obiettivo è quello di *spiegare* Y in funzione di X con un modello statistico, ma lavoreremo sulle frequenze anziché sulle modalità perché Y è ora categoriale. In particolare andremo a esprimere, in termini di variabile indipendente X, la *tendenza* della variabile dipendente Y ad assumere la modalità *successo* o, come si dice comunemente, modelliamo la *probabilità di successo*.

ESEMPIO 13.4
Musica da internet

I seguenti dati sono tratti da un'indagine condotta da una radio privata milanese in collaborazione con un'azienda di telecomunicazione sull'insieme dei 540 ascoltatori di un particolare programma che sono anche titolari di una linea internet.

U: radio-ascoltatori titolari di una linea internet
$N = 540$
Y: risposta alla domanda "Hai scaricato musica illegalmente da internet almeno una volta nell'ultimo mese?"
X: fascia di età in anni compiuti

X \ Y	Sì	No	
18 ⊢ 25	118	2	120
25 ⊢ 35	65	15	80
35 ⊢ 45	42	98	140
45 ⊢ 65	54	146	200
	279	261	540

Il fenomeno Y è dicotomico. Se assumiamo la modalità "Sì" come successo, possiamo pensare la *probabilità di successo* come la propensione a essere scaricatori illegali di musica da internet.

Quello che vogliamo fare ora è interpretare questa tendenza in termini di variabile esplicativa X. Vogliamo costruire un modello che ci dica se, nella popolazione osservata, con l'età questa propensione aumenta o diminuisce e in che misura.

Useremo p come notazione breve per indicare la tendenza a osservare la modalità *successo* di Y, cioè, come si dice, la probabilità di successo. Vogliamo esprimere p in funzione di X. Procediamo in analogia con quello che abbiamo fatto nei paragrafi precedenti con la regressione per coppie di fenomeni quantitativi: usiamo il modello più semplice, cioè il modello *lineare*, e il simbolo ^ per indicare che stiamo *modellando* la realtà osservata

$$\hat{p} = a + bX$$

Attenzione: con questo modello, p è interpretato con una retta (crescente o decrescente) e può quindi risultare negativo o anche più grande dell'unità per valori molto grandi o molto piccoli di X (Figura 13.6).

Siccome ci aspettiamo che la probabilità di successo p assuma valori compresi fra 0 e 1 in modo che sia esprimibile come percentuale (di tendenza per Y a manifestare la modalità successo), abbiamo bisogno di un modello con andamento a "S", cioè una sorta di linea *schiacciata* agli estremi in modo che si trovi sempre forzatamente in (0, 1) (Figura 13.7).

Per ottenere questa curva a "S", che si chiama **logistica**, anziché modellare p si deve modellare una sua trasformazione basata sui logaritmi e chiamata **trasformazione logit**:

$$\log\left(\frac{p}{1-p}\right) = a + bX$$

Questo modello è detto di **regressione logistica** o anche **modello logit**. Serve per modellare una variabile risposta binaria Y in funzione *lineare* di una variabile esplicativa X.

A questo punto ci siamo accorti tutti e tutte (e chi non se n'è accorto rilegga il Paragrafo 10.6 "*Odds e Odds Ratio*") che la probabilità di successo p ha molto a che fare con i "casi favorevoli al successo", che $1 - p$ ha a che fare con i "casi favorevoli all'insuccesso" e che

$$\frac{p}{1-p} = Odds$$

Allora la trasformazione logit coincide con il logaritmo degli *Odds* e infatti è anche chiamata **log-odds**. Con il modello di regressione logistica non è p che viene interpretata con una retta, ma è il *log-odds* che viene modellato con una retta.

Figura 13.6

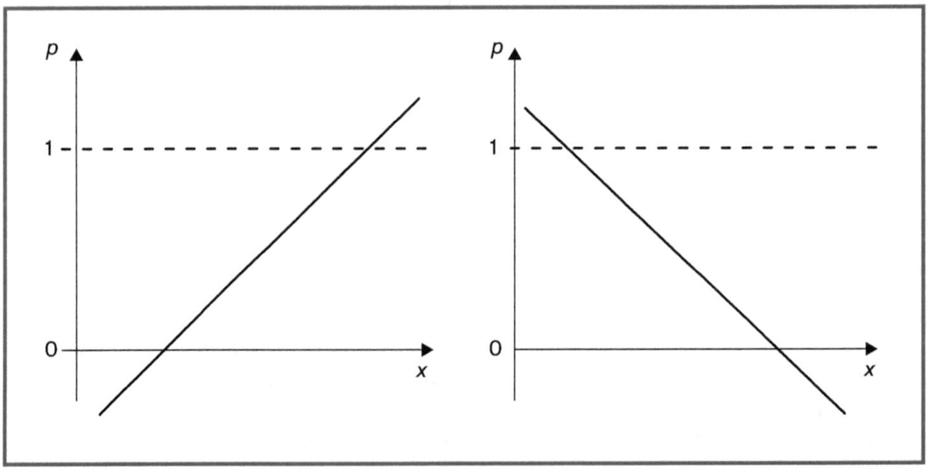

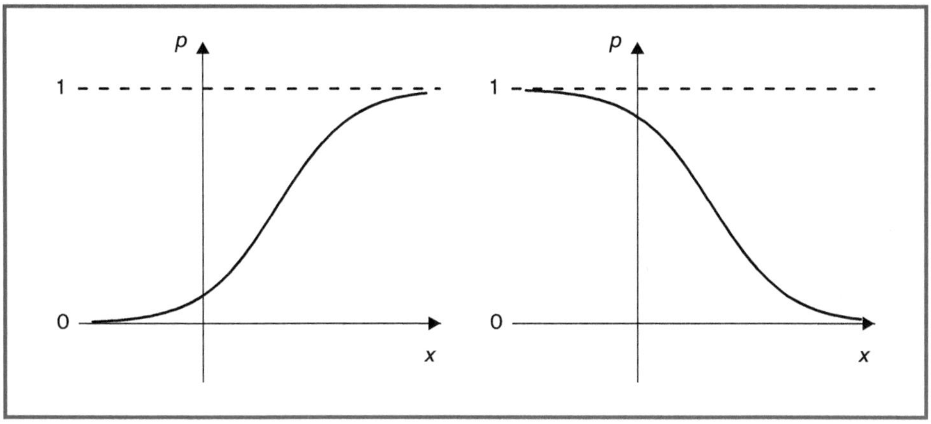

Figura 13.7

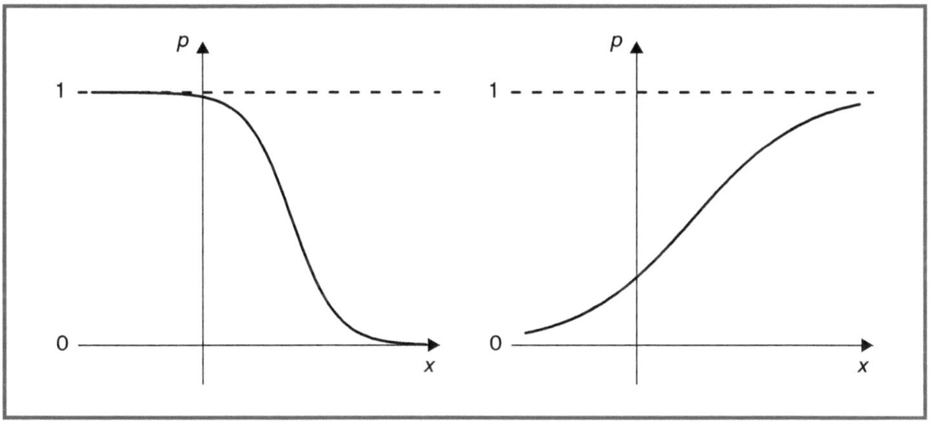

Figura 13.8

Quando il *log-odds* ha andamento rettilineo, allora la probabilità di successo p ha quell'andamento a "S" limitato in (0, 1) che vogliamo.

In analogia con la regressione semplice per coppie di fenomeni quantitativi, anche nel modello logit il parametro b controlla l'inclinazione e la pendenza della curva logistica (Figura 13.8):

- quando $b > 0$ la "S" è crescente (parte da 0 e arriva a 1); indica che la probabilità di successo p aumenta all'aumentare della variabile esplicativa X e diminuisce al diminuire di X;
- quando $b < 0$ la "S" è decrescente (parte da 1 e arriva a 0); indica che la tendenza della variabile risposta Y ad assumere la modalità *successo* è in relazione inversa con la variabile esplicativa X, quando una cresce l'altra decresce e viceversa;
- valori elevati di b (qualunque sia il segno + o −) sono tipici di una "S" ripida e con curve pronunciate, mentre valori piccoli di b determinano una "S" con curve poco pronunciate e più simile a una retta.

Il ruolo del parametro a in una curva logistica è un po' meno evidente. Osserviamo, però, che quanto più la curva a "S" è ripida tanto più elevato è $Odds = p/(1-p)$, cioè tanto più elevate sono le *chances* di successo rispetto all'insuccesso. In situazione di *equilibrio*, cioè quando successo e insuccesso si equivalgono, succede questo:

$$p = 1 - p = \frac{1}{2} \Rightarrow Odds = \frac{p}{1-p} = 1 \Rightarrow log\text{-}odds = \log(1) = 0 = a + bX$$

da cui, infine,

$$X = -\frac{a}{b}$$

Allora, il *punto di equilibrio* nel modello logit è il punto di coordinate $(-a/b, 0)$.

Fare la regressione logistica, cioè usare i dati (quelli della tabella osservata) per assegnare un valore ai parametri a e b del modello logit, **non** è così semplice come per la retta di regressione, anzi è molto complicato. Qui di semplice c'è solo la variabile dipendente Y dicotomica e questo consente di usare un metodo più efficiente dei minimi quadrati chiamato di **massima verosimiglianza**. È più efficiente ma anche più complesso: richiede un bel po' di matematica avanzata e l'esecuzione di un algoritmo di ottimizzazione iterativo detto **IRLS** (acronimo dell'inglese *Iteratively Re-weighted Least Squares*). Per fare la regressione logistica serve quindi un computer.

ESEMPIO 13.4

Musica da internet (continua)

Il seguente modello è stato prodotto utilizzando la funzione *glm* di R (un ambiente di calcolo statistico e programmazione molto efficiente, molto usato e soprattutto molto gratuito, che si può trovare sul sito http://www.r-project.org/)

$$\log\left(\frac{p}{1-p}\right) = 4.033 - 0.1X$$

Il parametro b è risultato negativo e ci dice che la propensione a essere scaricatori illegali di musica da internet diminuisce all'aumentare dell'età. Il punto di equilibrio si ha per $X = -a/b = -4.033 \;/\; -0.1 = 40.33$, cioè nella popolazione osservata l'età 40 anni (e, a voler essere pignoli, 0.33 anni che corrisponde a circa 4 mesi) segna il *cambiamento di tendenza*: per età inferiori le chances di essere scaricatori illegali superano quelle di non esserlo, mentre per età superiori la tendenza si inverte.

Una volta determinato il modello logit, cioè ottenuti i valori per i parametri a e b (in inglese si dice *fit* e di solito il computer parla inglese), possiamo usarlo per *simulare* e *prevedere* la tendenza al successo al variare della variabile esplicativa. Siccome il modello logit è matematicamente più complesso della retta di regressione (per via di quel logaritmo), siamo costretti a fare prima un po' di conti, in particolare, una trasformazione che dal *log-odds* (quello che abbiamo di fatto modellato) ci riporti alla probabilità di successo p (quello che ci interessa veramente). Tecnicamente si tratta di applicare la trasformazione *inversa* del logaritmo (l'operazione che alle scuole medie chiamavamo *anti-logaritmo*). Il logaritmo che appare nel modello di regressione logistica può essere in una base qualunque, per esempio alle scuole medie eravamo abituati a usare la base 10. In statistica e in matematica si usano invece i logaritmi *naturali*, cioè in base e (e così fa anche il computer). Per chi non se lo ricorda, e è un numero speciale (un po' come il π): è compreso fra 2 e 3, ha un numero infinito di decimali (e per questo lo indichiamo con una lettera), ma è facile da usare perché lo troviamo in tutti i computer e nelle macchinette calcolatrici. Usando i logaritmi naturali la trasformazione inversa è l'elevamento a potenza del numero e:

$$\textbf{modello logit: } \log\left(\frac{p}{1-p}\right) = a + bX \;\Leftrightarrow$$

$$\Leftrightarrow\; \textbf{trasformazione inversa: } \frac{\hat{p}}{1-\hat{p}} = e^{a+bX}$$

qui il simbolo $\Leftrightarrow$ va letto "è equivalente a" e come al solito il simbolo ^ ci serve per ricordarci che stiamo *approssimando* la realtà osservata con un modello. Facendo un po' di passaggi algebrici (che vi risparmio) otteniamo la formula che cerchiamo per *estrapolare* dal modello previsioni su p al variare di X:

$$\hat{p} = \frac{e^{a+bX}}{1+e^{a+bX}}$$

ESEMPIO 13.4

Musica da internet (continua)

Mia nipote di 23 anni e sua madre di 49 sono titolari di una linea internet. Mi chiedo: che propensione hanno a essere/diventare scaricatrici illegali di musica da internet? Utilizziamo il nostro modello (con la trasformazione inversa) e determiniamo $\hat{p}$ per i valori 23 e 49 della variabile esplicativa X:

$$\hat{p}|(X=23) = \frac{e^{4.033-0.1\times 23}}{1+e^{4.033-0.1\times 23}} = 0.85$$

$$\hat{p}|(X=49) = \frac{e^{4.033-0.1\times 49}}{1+e^{4.033-0.1\times 49}} = 0.30$$

(come al solito il simbolo | si legge "dato" o "condizionatamente a").

I valori estrapolati dal modello ci dicono che mia nipote a 23 anni ha l'85% di probabilità di scaricare musica illegalmente da internet, mentre sua madre (mia sorella) a 49 anni ha (solo) il 30%.

Concludiamo con qualche osservazione.

Come per la retta di regressione, anche il parametro b del modello logit controlla l'inclinazione e la pendenza della curva a "S", **non** ammette però la stessa interpretazione. Nella retta di regressione dei m.q. $\hat{Y} = a + bX$, il parametro b ci dice di quanto varia Y (in + o in −) per una variazione unitaria di X. Nel modello logit invece sappiamo che succede questo:

$$\textit{log-odds} = a + bX \quad \Rightarrow \quad \textit{Odds} = \frac{\hat{p}}{1-\hat{p}} = e^{a+bX}$$

cioè, proprio perché il modello **non** è rettilineo, una variazione unitaria di X ha un effetto *esponenziale* sull'*Odds*. La variazione è dell'ordine e^b, cioè è molto piccola se $b < 0$ e molto grande se $b > 0$.

Anche per l'utilizzo del modello logit ai fini previsivi e simulativi vale l'avvertenza che abbiamo già sollevato nel Paragrafo 13.3 "Retta di regressione dei minimi quadrati" a proposito della retta di regressione dei minimi quadrati: usare sempre cautela e buon senso, assegnando alla variabile esplicativa valori non eccessivamente distanti dall'insieme dei valori osservati.

La regressione logistica può essere generalizzata: al caso in cui anche il fenomeno condizionante X è dicotomico (variabile esplicativa a sua volta binaria); al caso in cui la variabile risposta Y manifesta $h > 2$ modalità ordinabili o meno; al caso in cui il *log-odds* di Y viene *spiegato* mediante più variabili esplicative (X_1, X_2, X_3 ...), cioè la **regressione logistica multipla**. Per queste generalizzazioni serve, però, una matematica più avanzata di quella che usiamo noi in questo libro e i problemi da risolvere sono più complessi. Ecco perché noi ci fermiamo qui.

Parte III

STRUMENTI di INFERENZA STATISTICA

Capitolo 14

Dalla descrizione all'inferenza

Cioè come cambiano obiettivi e strumenti

...e siamo arrivati all'ultima parte del libro. Gli strumenti statistici *descrittivi* mono e bivariati che abbiamo imparato nelle Parti I e II si applicano quando si dispone di dati *completi*, cioè relativi all'*intera* popolazione di numerosità N. Dati completi permettono di porsi il più semplice obiettivo di *descrivere* il comportamento del fenomeno X, o della coppia di fenomeni X e Y, su U. Più spesso, però, per necessità o convenienza, si dispone solo di dati *parziali*, cioè relativi a un *sottoinsieme* di U, un **campione** di numerosità n con $n < N$. L'obiettivo diventa allora arditissimo: *estendere* l'analisi del comportamento di X dal campione all'*intera* U. Tecnicamente si tratta di *inferire* dal campione-sottoinsieme di U all'intera popolazione. I metodi statistici adeguati a questo scopo costituiscono la **Statistica inferenziale**. Questo brevissimo capitolo serve a piazzarci nella giusta direzione verso il passaggio dalla *descrizione* all'*inferenza*.

14.1 Rilevazione campionaria: perché solo una parte e non tutto?

L'osservazione *esaustiva* della popolazione U, cioè la rilevazione del fenomeno X su *tutte* le N unità di U, è chiamata **censimento**. Quando invece l'osservazione di X avviene solo su una *parte* di U si effettua una **rilevazione campionaria** (Figura 14.1).

Le ragioni che rendono più frequenti e spesso preferibili le rilevazioni campionarie sono facili da intuire.

- Ragioni di **budget**. Una rilevazione campionaria richiede risorse *ridotte* rispetto a un censimento, in termini di costi e di tempi di realizzazione.
- Ragioni di **precisione**. La limitata dimensione di una rilevazione campionaria consente maggiore cura, precisione e profondità dell'indagine rispetto a una rilevazione esaustiva.

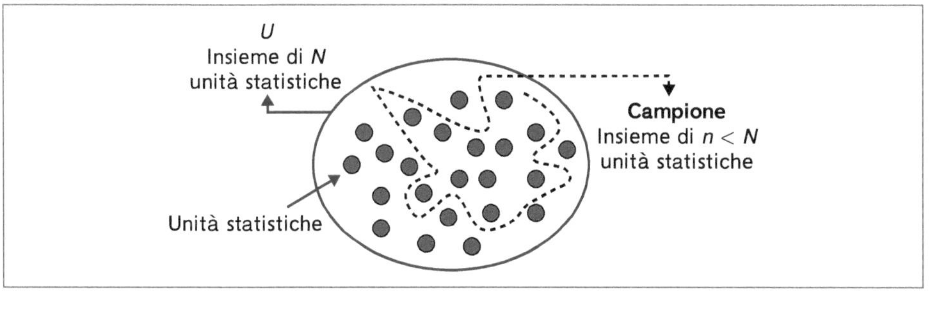

Figura 14.1 Una rappresentazione grafica di un campione come sottoinsieme di ampiezza n dell'intera popolazione di numerosità N

- In certi casi la rilevazione parziale si *impone* rispetto alla rilevazione esaustiva perché quest'ultima è *impossibile* o *sconveniente*. Il caso limite sono le rilevazioni **distruttive**, cioè quando osservare la manifestazione di X comporta il deterioramento o la distruzione dell'unità statistica. Per esempio, rilevare la durata di una lampadina, per stabilire se la produzione della giornata è conforme allo standard europeo, significa accenderla e spegnerla fino a che non si fulmina. È ovvio che per questo fenomeno la rilevazione esaustiva non è conveniente! Un caso in cui la rilevazione esaustiva è impossibile si ha quando la popolazione statistica è talmente numerosa da essere **virtualmente infinita**. Per esempio, osservare il fenomeno "rischio di malattie cardiovascolari" significa pensare a una U composta da tutti i soggetti "a rischio" passati, presenti e futuri. In questo caso una rilevazione parziale è l'unica via percorribile.

14.2 Inferenza e rappresentatività: quando il caso gioca a favore

Il termine **inferenza** indica il generico processo logico di passaggio dalla *premessa* alla *conclusione*. Un caso speciale è l'**inferenza induttiva**, che procede dal *particolare* al *generale*. L'**inferenza statistica** è un'inferenza *induttiva* che procede dal **campione** (una *parte*) alla **popolazione** (il *tutto*).

È ragionamento di senso comune che per fare *buona* inferenza statistica sia *strategico* che il campione abbia la caratteristica della **rappresentatività**, cioè sia un'immagine in scala ridotta ma possibilmente fedele dell'intera U. Una discussione rigorosa e approfondita del concetto di rappresentatività del campione richiederebbe strumenti logici e statistici un po' più avanzati; noi usiamo l'intuizione. L'inferenza statistica classica si basa su **campioni casuali**. Un campione è **casuale** se è una *parte* di U scelta **a caso** da U stessa, cioè selezionata senza criteri o sistematicità o ragioni per privilegiare una parte piuttosto che un'altra. L'idea è che il caso *giochi a favore* della produzione di un campione, per il quale non c'è motivo di credere che sia speciale o con caratteristiche *diverse* dall'intera U. La **casualità** del campione è garanzia della sua rappresentatività.

Il seguente esempio (rielaborato da Aron A., Aron E.N. e Coups J., 2002, *Statistics for the Behavioral and Social Sciences*, Pearson International Edition) è perfetto per afferrare i concetti di casualità, rappresentatività e inferenza.

ESEMPIO 14.1

Casualità, rappresentatività e inferenza

Sarà capitato a tutti e a tutte, almeno una volta nella vita, di cucinare un bel piatto di spaghetti. Immaginiamoci mentre li guardiamo fluttuare nell'acqua bollente e veniamo colti dai fatidici dubbi: "Ho salato l'acqua?" oppure "Saranno già pronti al dente o li sto scuocendo?". A nessuno viene in mente di scolare l'intera pentola per controllare, ma chiunque sceglierà a caso un unico spaghetto, lo assaggerà, deciderà ed eventualmente prenderà le contromisure del caso. Molto bene! L'intera pentola di spaghetti che cuociono è la U di riferimento sulla quale ci interessa studiare il fenomeno "X: grado di cottura o di salatura". Quell'unico spaghetto assaggiato è un *campione casuale*: è una *parte* di U scelta *a caso* dall'intera pentola. Ragionevolmente riteniamo che quello spaghetto sia *rappresentativo* dell'intera U. Perché? L'abbiamo scelto *a caso*, senza *cercare* con regole lo spaghetto *più rappresentativo*, quello *più giusto* per osservare ciò che ci interessa e non abbiamo ragioni per credere che le caratteristiche di quello spaghetto siano diverse o particolari rispetto alle caratteristiche di tutti gli altri spaghetti dentro la pentola. Quello che stiamo facendo è pura inferenza statistica: non ci interessa stabilire se quell'unico spaghetto è salato o cotto al punto giusto, che nei fatti è *tutto ciò che sappiamo*! Ci interessa invece *estendere* all'intera pentola di spaghetti le conclusioni che ci ispira quell'unico spaghetto assaggiato. *Inferire*, appunto, dal campione alla popolazione.

Il campione rappresenta dunque tutte e sole le informazioni *note* circa il fenomeno *X* su *U*, cioè i **dati**. È *parziale* e *casuale*. Allora l'inferenza statistica, cioè l'estensione dell'analisi dei dati campionari all'intera *U*, avviene sempre in condizioni di *incertezza*. Avviene anche sotto **l'effetto del caso** ed è questo che ci consente di utilizzare un potente strumento scientifico per *controllare* e *valutare* il rischio che deriva da questa incertezza. Lo strumento scientifico per trattare il caso e i suoi effetti è la **teoria delle probabilità**. L'inferenza statistica avviene su base probabilistica.

Per introdurre gli strumenti di inferenza statistica abbiamo allora bisogno di imparare (o forse solo richiamare) qualche elemento essenziale di teoria delle probabilità. Ecco il perché del prossimo capitolo.

Capitolo 15

Caso, probabilità e variabili casuali

Cioè gli ingredienti matematici per fare buona inferenza statistica

Lo strumento formale per fare qualunque inferenza statistica è la **variabile casuale**. In questo capitolo richiamo *esclusivamente* gli elementi di **probabilità** che ci servono per appropriarci di questo strumento al livello adeguato a questo libro di base. Si tratta di *preliminari*: senza questi non capiremmo niente di inferenza statistica. Si tratta anche di concetti e strumenti *matematici*, perciò questo capitolo è piuttosto *matematicizzato*. Richiede un po' più di sforzo e di pazienza ma, come ho detto, è essenziale per imparare l'inferenza statistica e raggiungere l'obiettivo di usarne più consapevolmente i metodi. Come al solito, però, privilegeremo l'intuizione al rigore formale... almeno tutte le volte che potremo farlo senza scadere nella scorrettezza ed eventualmente prendendoci qualche licenza. Fortunatamente la teoria delle probabilità si presta a essere presentata con il linguaggio e i disegni dell'**insiemistica**, che abbiamo imparato tutti alle elementari e che in questo capitolo userò ampiamente.

15.1 Determinismo e casualità

Cominciamo con il considerare la dicotomia fra **situazione deterministica** e **situazione casuale**. Rappresentiamo con il tradizionale disegno l'insieme di *circostanze* che sono causa di (determinano) un certo *risultato*. Chiamiamo il risultato **evento** e lo indichiamo con E. Ci si trova in **situazione deterministica** quando è noto l'*intero* insieme di circostanze che determinano E. In questo caso E è prevedibile *a priori* con certezza (Figura 15.1).

ESEMPIO 15.1
Acqua e ghiaccio situazione deterministica

Sappiamo tutti che se in particolari condizioni di pressione atmosferica facciamo raggiungere a dell'acqua distillata una temperatura uguale o inferiore a zero gradi centigradi otteniamo il ghiaccio. Non abbiamo bisogno di *farlo*, lo sappiamo prevedere *a priori* con certezza.

Circostanze note ↓		E ↓
Acqua distillata Pressione atmosferica (760 millibar) Temperatura $\leq 0\,^\circ C$	→	L'acqua solidifica in ghiaccio

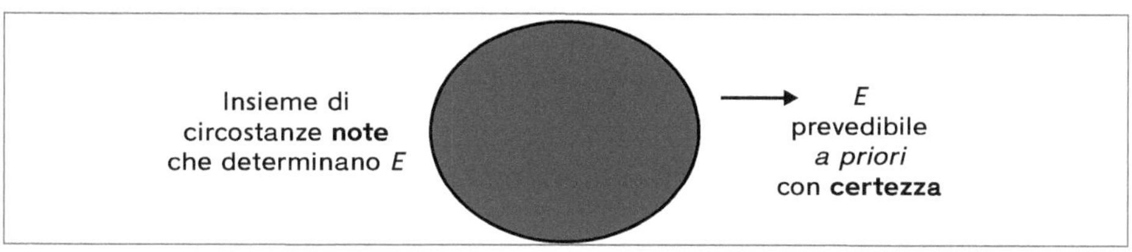

Figura 15.1 Rappresentazione grafica di una situazione deterministica

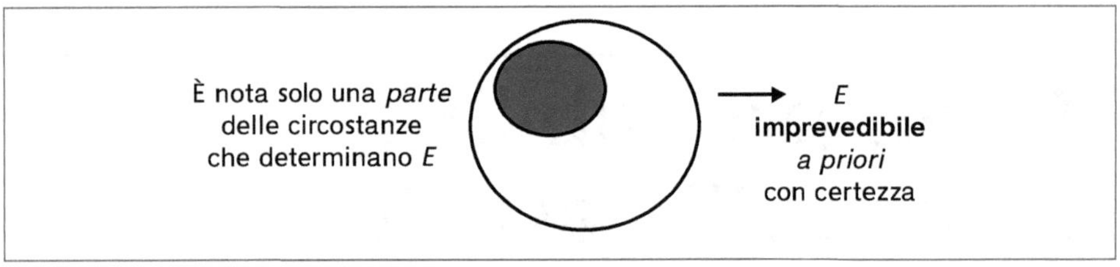

Figura 15.2 Rappresentazione grafica di una situazione casuale

Ci si trova in **situazione casuale** quando l'insieme di circostanze che determinano E è noto solo *parzialmente*. In questo caso E *non* è prevedibile *a priori* con certezza (Figura 15.2).

ESEMPIO 15.2

Testa o croce situazione casuale

Lanciamo in aria una moneta regolare, cioè con due facce che chiamiamo tipicamente testa e croce. Possiamo escludere che la moneta cadendo rimanga sul dorso e possiamo prevedere che mostrerà una delle due facce.

Nessuno comunque è in grado di prevedere con certezza *a priori* (cioè prima che cada) se uscirà testa o se uscirà croce. C'è qualcosa che determina la faccia che uscirà che ci rimane **ignoto**.

Circostanze note ↓ Moneta regolare con due facce (testa e croce) → E ↓ Testa o croce **(???)**

15.2 Definizioni di base

Possiamo identificare il **caso** con la parte di circostanze ignote che impediscono di prevedere *a priori* con certezza il risultato.

Ci servono altre quattro definizioni fondamentali.

Definizione

Esperimento casuale. È un esperimento condotto sotto l'*effetto del caso*, cioè quando è nota solo una *parte* delle circostanze che consentirebbero di prevederne il risultato con certezza *a priori*, cioè *prima* di effettuare fisicamente l'esperimento.

Di un esperimento casuale è possibile solo elencare a priori l'*insieme dei possibili esiti*. I giochi d'azzardo (con monete, dadi, carte, estrazioni del lotto, roulette e tutto il resto), eseguiti regolarmente e senza barare, sono esempi perfetti di esperimenti casuali.

Definizione

Evento elementare. Ciascuno dei possibili esiti di un esperimento casuale. Qualcuno lo chiama **singoletto** dall'inglese **singleton**.

Definizione

Spazio campionario. È l'insieme di *tutti* i possibili esiti di un esperimento casuale, quindi l'insieme di *tutti* gli eventi elementari elencabili *a priori*.

Più velocemente, useremo la lettera greca omega (maiuscola) Ω per denotare lo spazio campionario.

Definizione

Evento casuale. È un (qualunque) *sottoinsieme* dello spazio campionario Ω.
Anche per l'evento casuale ci serve una notazione breve; di solito si usano le lettere latine maiuscole, tipicamente E.

$$E \subseteq \Omega$$

che si legge: "E è sottoinsieme di Ω" o, anche, "E è *contenuto* in Ω".

Notate che il concetto di evento casuale è *più generale* del concetto di evento elementare. Un evento elementare è un *singolo* elemento di Ω. Un evento casuale è un *sottoinsieme* di Ω, cioè un *insieme di eventi elementari* (di *singoletti*) che può contenerne molti, alcuni, tutti, uno solo o anche nessuno. Gli elementi di E sono eventi elementari; un evento elementare (che *è* contenuto in Ω per definizione) può *appartenere* ($\in$) o *non appartenere* ($\notin$) a E.

ESEMPIO 15.3
Tiriamo i dadi

Siccome i giochi d'azzardo sono perfetti per parlare di caso e probabilità, prendiamone uno semplice: il lancio di un dado con sei facce numerate da 1 a 6. Riconosciamo gli elementi fondamentali definiti sopra.

Esperimento casuale: lancio del dado.
Evento elementare: faccia con il numero 3 (o una qualunque altra faccia numerata del dado).

Ora ci ricordiamo (dalle scuole medie) che gli insiemi si possono rappresentare in 3 modi: con il disegno, elencandone gli elementi fra parentesi graffe o descrivendone a parole il generico elemento. Lo spazio campionario è un insieme, l'insieme di tutti gli eventi elementari. In questo esempio Ω è molto semplice e possiamo rappresentarlo nel secondo modo.

Spazio campionario: $\Omega = \{\boxed{1}, \boxed{2}, \boxed{3}, \boxed{4}, \boxed{5}, \boxed{6}\}$.
Evento casuale: E = esce un numero pari.

Anche l'evento casuale è un insieme (di eventi elementari). In questo esempio lo possiamo rappresentare elencandone gli elementi (fra parentesi graffe):

$$E = \{\boxed{2}, \boxed{4}, \boxed{6}\}$$

L'evento casuale è un sottoinsieme dello spazio campionario:

$$E = \{\boxed{2}, \boxed{4}, \boxed{6}\} \subset \{\boxed{1}, \boxed{2}, \boxed{3}, \boxed{4}, \boxed{5}, \boxed{6}\} = \Omega$$

I seguenti eventi sono *casi particolari* di eventi casuali.

- Gli eventi elementari, che sono sottoinsiemi *unitari* di Ω (*singoletti* appunto). Nell'Esempio 15.3 "Tiriamo i dadi": $E = \{3\}$ = "esce la faccia con il 3".
- Ω stesso, che è un sottoinsieme *improprio* di se stesso. Nell'Esempio 15.3 "Tiriamo i dadi": Ω = "esce un numero da 1 a 6".
- L'insieme vuoto $\emptyset$, che è sottoinsieme *improprio* di qualunque insieme e dunque anche di Ω. Nell'Esempio 15.3 "Tiriamo i dadi": $\emptyset = \{\}$ = "non esce alcun numero".

Infine ci serve il concetto di **realizzazione** *di un evento casuale*, che è un concetto *a posteriori*, cioè *dopo* aver eseguito l'esperimento casuale.

ESEMPIO 15.3

Tiriamo i dadi (continua)

Finora abbiamo giocato con i *possibili* risultati del lancio del dado, cioè *a priori*. Ora lanciamolo davvero, cioè ragioniamo *a posteriori*. Uscirà una qualche faccia del dado, cioè uno degli eventi elementari appartenenti a Ω. Tale evento elementare può appartenere o non appartenere all'evento casuale $E = \{2, 4, 6\}$ = "esce un numero pari":

- se è uscita la faccia con 4 (o, equivalentemente, con 2 o con 6) allora l'evento $E = \{2, 4, 6\}$ è **verificato** perché $4 \in E$;
- se invece è uscita la faccia con 3 (o, equivalentemente, con 1 o con 5) allora l'evento $E = \{2, 4, 6\}$ **non è verificato** perché $3 \notin E$.

Un evento casuale E è **realizzato** o **verificato** se *a posteriori* è risultato uno degli eventi elementari che lo compongono. Uno degli eventi elementari ($\in \Omega$) *necessariamente* si verifica. Allora, visti come eventi casuali, Ω è l'**evento certo** e $\emptyset$ è l'**evento impossibile**.

Adesso che abbiamo gli elementi base, possiamo dedicarci al concetto di probabilità di un evento casuale.

15.3 Probabilità

Quello che facciamo ora è *formalizzare* qualcosa che informalmente siamo già abituati a fare: *misurare l'incertezza* connaturata a un evento casuale, cosa che facciamo tutti/e e tutti i giorni nel nostro mondo di rarissime certezze.

La probabilità di un evento casuale E è un **numero** associato a E che ne *quantifica a priori* il grado d'incertezza ovvero la possibilità di realizzazione. La notazione che useremo è $P(E)$, che si legge "P di E".

La definizione matematica rigorosa di $P(E)$ è una faccenda delicata che ha fatto discutere parecchio (... e c'è chi ne discute ancora). Noi ci limitiamo a richiamare due **definizioni di probabilità**, le più note e largamente usate:

- la **definizione classica**, che è la più antica e semplice ed è applicabile a spazi campionari finiti;
- la **definizione frequentista**, detta anche **statistica**, che è più recente e più ampia perché applicabile a qualunque spazio campionario e a situazioni non simmetriche.

Definizione

Probabilità, definizione classica. $P(E)$ è il **rapporto** (cioè una frazione) fra il numero di **casi favorevoli** a E e il numero di tutti i **casi possibili**, posto che possano ritenersi *tutti* **ugualmente possibili**.

ESEMPIO 15.3

Tiriamo i dadi (continua)

Esperimento casuale: lancio di un dado a 6 facce. Aggiungiamo che il dado deve essere *regolare* e *bilanciato*.

Casi possibili: sono tutti gli eventi elementari contenuti in Ω. Sono 6.

Poiché abbiamo richiesto che il dado sia *regolare* e *bilanciato* non c'è motivo di credere che il dado tenda a mostrare una faccia piuttosto che un'altra, cioè possiamo ritenere che i 6 casi possibili siano **tutti ugualmente possibili**.

L'evento casuale E = esce un numero pari = $\{\boxed{2}, \boxed{4}, \boxed{6}\}$ è composto da 3 eventi elementari. Allora i casi favorevoli a E sono 3. Applichiamo la definizione classica di probabilità e otteniamo:

$$P(E) = \frac{\text{casi favorevoli}}{\text{casi possibili}} = \frac{3}{6} = \frac{1}{2} = 0.5$$

Sono *casi particolari* la probabilità di Ω visto come l'**evento certo** e la probabilità di $\varnothing$ visto come l'**evento impossibile**:

$$P(\Omega) = \frac{6}{6} = 1 \quad \text{e} \quad P(\varnothing) = \frac{0}{6} = 0$$

cioè l'evento certo ha probabilità 1 e l'evento impossibile ha probabilità 0. Qualunque altro evento casuale, diverso da questi due casi limite, ha probabilità compresa fra 0 e 1 (eventualmente, in certi casi speciali rilevanti solo matematicamente, può essere *uguale* a 0 anche se l'evento *non* è proprio impossibile).

Usando la definizione classica di probabilità è facile verificare qual'è la probabilità degli eventi *estremi*, cioè l'evento certo Ω. e l'evento impossibile $\varnothing$.

Definizione

La **probabilità dell'evento impossibile** è nulla:

$$P(\varnothing) = \frac{\text{casi favorevoli: nessuno}}{\text{casi possibili}} = 0$$

La **probabilità dell'evento certo** è unitaria:

$$P(\Omega) = \frac{\text{casi favorevoli: tutti}}{\text{casi possibili}} = 1$$

Capiamo allora che gli eventi casuali qualunque sono intermedi fra questi due estremi, così che la loro probabilità è un numero compreso fra 0 e 1. In formule:

$$0 \leq P(E) \leq 1 \text{ sempre!}$$

La definizione classica di probabilità è nata nella seconda metà del '600 a uso prevalentemente dei nobili giocatori d'azzardo (è così che si è cominciato a sentire l'esigenza di una definizione e di una teoria delle probabilità...). Presenta però delle ambiguità logico-matematiche che sono ineliminabili e che ne limitano l'applicazione pratica. Fra queste le più evidenti sono:

- parte integrante della definizione classica di probabilità è la richiesta che i casi possibili siano *tutti ugualmente possibili*. Questo sottende già un'idea di *equiprobabilità* e dunque una circolarità della definizione;
- è necessario *contare* sia il numero dei casi favorevoli sia il numero dei casi possibili. Nell'esempio del dado (e per la gran parte dei giochi d'azzardo) è stato facile, ma se si cerca di calcolare la probabilità di eventi diversi e più complessi, la definizione classica spesso non funziona.

Già nei primi dell'800 con il costituirsi dei banchi di mutuo soccorso, delle assicurazioni e con il progredire della ricerca bio-medica, la definizione classica di probabilità si rivela insufficiente: è impratico o impossibile *contare* i casi possibili e i casi favorevoli al verificarsi di eventi quali la "morte entro una certa età", la "grandinata che distruggerà il raccolto", "contrarre una certa malattia" ecc. Si viene così a formare una nuova definizione di probabilità basata sull'*osservazione* e su *grandi casistiche*.

Questa definizione riferisce alla cosiddetta **legge empirica del caso**, cioè una regola che non si può *dimostrare* matematicamente ma che si *osserva* sistematicamente nella pratica. L'evento E di cui si vuole calcolare la probabilità $P(E)$ è pensato come il risultato di un esperimento casuale ripetibile un *gran numero* N di volte *sempre nelle stesse condizioni*. Al termine di tali N prove, E si sarà verificato f volte (e *non* si sarà verificato le rimanenti $N - f$ volte). La legge empirica del caso dice che la frequenza relativa f/N del verificarsi di E tende a *stabilizzarsi* intorno a un certo valore man mano che aumenta il numero N di ripetizioni dell'esperimento (sempre nelle stesse condizioni). La definizione frequentista o statistica di probabilità si basa su questa legge empirica e stabilisce che la probabilità di E è proprio quel valore, intorno al quale tende a stabilizzarsi la frequenza relativa dopo un numero *sufficientemente grande* di prove.

Definizione

Probabilità: definizione frequentista o statistica

$$P(E) = \lim_{N \to \infty} \frac{f}{N}$$

ESEMPIO 15.4

Lanciamo la moneta

Immaginiamo di avere il tempo e la voglia di lanciare una moneta un gran numero di volte, diciamo $N = 10\,000$, e di osservare la frequenza con cui si verifica l'evento "testa". Man mano che effettuiamo i lanci, otteniamo "testa" o "croce" in sequenze più o meno irregolari. Se la moneta è *regolare* e *bilanciata*, tutti e tutte ci aspettiamo che la frequenza relativa di "testa" $f/10000$ tenda a stabilizzarsi intorno a 0.5, cioè circa la metà dei lanci darà "testa" e l'altra metà darà "croce". Secondo la definizione frequentista di probabilità si ha allora $P(\text{testa}) = 0.5$.

Questo è un caso facile in cui è applicabile anche la definizione classica:

$$P(\text{testa}) = \frac{\text{casi favorevoli a "testa"}}{\text{casi possibili ("testa" o "croce")}} = \frac{1}{2} = 0.5$$

La definizione frequentista di probabilità è più *ampia* di quella classica: ci permette di considerare spazi campionari (virtualmente) infiniti e di calcolare la probabilità di eventi anche quando i casi possibili non sono tutti ugualmente possibili. Riprendiamo l'Esempio 15.4 "Lanciamo la moneta" e togliamo la richiesta che la moneta sia regolare e bilanciata. Per esempio, permettiamo di usare una moneta truccata che pesa di più dalla parte della "testa": la definizione classica non è più applicabile perché i casi possibili ("testa" o "croce") *non* sono più ugualmente possibili. Invece, osservando i risultati di un *gran numero* di lanci di questa moneta, la legge empirica del caso metterà in evidenza che $P(\text{testa}) > P(\text{croce})$ e la definizione frequentista si può applicare. La definizione frequentista permette, poi, di probabilizzare eventi più complessi e di applicare il concetto di probabilità a fatti naturali e sociali più interessanti dei giochi d'azzardo.

ESEMPIO 15.5

Speriamo che sia femmina o auguri e figli maschi

Da quando si effettuano rilevazioni ufficiali sistematiche è noto che la frequenza di nascite "maschio" è circa il 51% dei parti e quella delle nascite "femmina" è il rimanente 49%, ovunque nel mondo e indipendentemente da altre condizioni. Per la definizione frequentista di probabilità si può allora assumere:

$$P(\text{maschio}) = 0.51 \qquad \text{e} \qquad P(\text{femmina}) = 0.49$$

Anche la definizione frequentista di probabilità ha però i suoi problemi. Fra questi, i più intuitivi sono:

- la *ripetibilità* delle prove effettuate tutte nelle *stesse condizioni*;
- che cosa significa esattamente un *gran numero* di prove? Quando è *sufficientemente* grande?

Se facciamo lavorare la fantasia è facile scovare eventi di cui ci potrebbe interessare la probabilità ma per i quali anche la definizione frequentista non basta. Qual è la probabilità che ci sia vita su Marte? Quali e quanti sono i casi possibili e i casi favorevoli a un evento del genere? Dov'è il gran numero di prove condotte tutte nelle stesse condizioni? Qual'è la grande casistica su cui possiamo contare? Per risolvere casi anche meno estremi di questo sono state sviluppate e proposte altre definizioni.

Ai nostri fini però ci conviene fermarci qui: la probabilità di un qualunque evento casuale E è un **numero** compreso fra 0 e 1 calcolato secondo la definizione classica o secondo la definizione frequentista che, nel caso siano entrambe applicabili, conducono in genere allo stesso risultato. Queste saranno sufficienti per risolvere un'ampia classe di problemi di inferenza statistica.

15.4 Variabile casuale

In una situazione casuale lo spazio campionario Ω e le probabilità che possiamo definirci sopra rappresentano una descrizione probabilistica *completa* dell'esperimento casuale. Nelle situazioni pratiche si è in genere interessati solo ad *alcune* caratteristiche dell'esperimento o a un insieme più *ristretto* e *strutturato* dei suoi possibili risultati. Inoltre, gli eventi elementari appartenenti allo spazio campionario Ω, con i quali possiamo comporre qualunque evento casuale E, non sono necessariamente **numeri** ma possono avere la natura più varia. Negli esempi abbiamo infatti incontrato "teste", "croci", maschi, femmine, marziani...

Affidandoci più all'intuizione (che abbiamo tutti) che al rigore matematico (per cui ci mancano gli strumenti che servirebbero), possiamo pensare la **variabile casuale** come lo strumento matematico che permette di *concentrarsi* sulle sole caratteristiche dell'esperimento che interessano e che *trasforma* gli eventi casuali in numeri reali, *conservandone* comunque la probabilità (che è già un numero). In questo modo le caratteristiche dell'esperimento che interessano (legate al problema in esame), gli eventi (di natura qualunque) e le loro probabilità, divengono *trattabili matematicamente.*

Una definizione adeguata per i nostri fini (ma non totalmente rigorosa!) è la seguente.

Definizione

Variabile casuale. È una **funzione** con dominio nello spazio campionario Ω e codominio nell'insieme dei numeri reali, a cui rimangono *associate* le probabilità degli eventi di Ω.

La nostra abbreviazione per variabile casuale sarà v.c. Una lettura intuitiva della nostra definizione di v.c. è la seguente: abbiamo imparato alle scuole medie che una funzione è una **regola** che prende ciascun elemento da un insieme (che si chiama dominio) e lo *trasforma* in elemento di un altro insieme (che si chiama codominio). Gli elementi dell'insieme d'arrivo sono i **valori** della funzione. La v.c. prende gli elementi di Ω e suoi sottoinsiemi (cioè gli eventi) e li trasforma in numeri reali, cioè in **valori** della v.c. In questa trasformazione non si perdono però di vista le probabilità, che dagli eventi passano (vedremo come!) ai corrispondenti valori della v.c.

Vista in questo modo la **v.c.**, con cui si fa l'inferenza statistica, formalizza le situazioni casuali, cioè gli eventi E e le loro probabilità $P(E)$, in analogia alla **variabile statistica** (v.s.) con cui abbiamo imparato a fare la statistica descrittiva (Figura 15.3).

Figura 15.3
Interpretazione di variabile casuale in analogia alla variabile statistica

Statistica descrittiva	Inferenza statistica
↓	↓
Variabile statistica formata dalle coppie	**Variabile casuale** formata dalle coppie
↓	↓
Modalità, frequenza relativa	**Valori della v.c., probabilità del corrispondente evento**

Nel prossimo esempio costruiremo fiscamente una v.c. a partire da un esperimento casuale e il suo spazio campionario probabilizzato. Lo faremo usando, come al solito, più l'intuizione che il rigore matematico e sfruttando questa analogia con la v.s.

ESEMPIO 15.6

Lanciamo due monete

Esperimento casuale: lancio di 2 monete (insieme) *regolari* e *bilanciate*

Eventi elementari: coppie di "teste" e "croci" assortite. Chiamiamole per brevità T e C.

Spazio campionario: $\Omega = \{TT, TC, CT, CC\}$

Poiché abbiamo preso due monete regolari e bilanciate, i 4 eventi elementari che formano Ω sono ugualmente possibili (*equiprobabili*), dunque le probabilità sono assegnabili secondo la definizione classica:

$$P(TT) = P(TC) = P(CT) = P(CC) = \frac{1}{4}$$

Decidiamo che ci interessa solo una particolare *struttura* dei risultati del nostro esperimento casuale, per esempio il "numero di T". Costruiamo la v.c. X interprete del "numero di T nel lancio di due monete regolari e bilanciate".

La v.c. X *trasforma* gli eventi elementari di Ω (che sono coppie di T e C) in numeri reali (il numero di T nelle coppie di Ω) conservandone le probabilità. In questo modo si ottiene una struttura *analoga* alla variabile statistica (Tabella 15.1).

Tabella 15.1
Dallo spazio campionario alla variabile casuale

Eventi di Ω	Valori della v.c. X	***Conservazione*** **delle probabilità**
TT	2	$P(X = 2) = P(TT) = 1/4 = 0.25$
TC	1	$P(X = 1) = P(TC \text{ oppure } CT) = 2/4 = 0.5$
CT	1	
CC	0	$P(X = 0) = P(CC) = 1/4 = 0.25$

Mantenendo l'analogia con la v.s. della statistica descrittiva, indichiamo con la lettera maiuscola la v.c. e con la corrispondente lettera minuscola i suoi valori. Nella Tabella 15.2 abbiamo rappresentato la v.c. con la solita struttura tabellare.

Tabella 15.2
Variabile casuale

Valori della v.c. X	Probabilità $P(X = x)$
0	0.25
1	0.50
2	0.25
	1.00

La somma delle probabilità associate a *tutti* i valori della v.c. corrisponde alla probabilità dell'intero Ω e dunque è *sempre* 1.

La v.c. X dell'Esempio 15.6 "Lanciamo due monete" è **discreta**, cioè assume un numero **finito** di valori (in quel caso 3 valori) e tali valori sono **numeri interi**. La somma delle probabilità di tutti i valori x della v.c. X è pari a 1 in perfetta analogia con la somma delle frequenze relative per una v.s.

Le probabilità associate ai valori di una v.c. discreta nell'esempio precedente (la colonna di destra della Tabella 15.2) costituiscono la **funzione di probabilità**. Abbiamo allora altre due definizioni.

Definizione

V.c. discreta X. V.c. che assume un numero **finito** (o comunque **numerabile**) di valori x che di solito sono numeri **interi**.

Definizione

Funzione di probabilità di X. È associata a una v.c. **discreta**, ne descrive *completamente* le probabilità e ha *sempre* somma 1. In formule:

$$P(X = x)$$

che si legge "probabilità che la v.c. X assuma il valore x". Il valore "x" sarà uno dei particolari valori assumibili della v.c. X e in totale:

$$\sum_{x} P(X = x) = 1$$

Sfruttando l'analogia fra v.s. e v.c. è poi possibile *trasferire* sulla v.c. parecchi concetti della statistica descrittiva. Particolarmente interessanti per l'inferenza statistica sono i concetti di:

- **funzione di ripartizione**, detta anche funzione di distribuzione o funzione di probabilità cumulativa. Si definisce in analogia con le frequenze cumulate della statistica descrittiva;
- **media**, che quando è riferita a una v.c. viene anche detta **valore atteso** o in inglese *expectation*;
- **varianza** e **deviazione standard** (in inglese *standard deviation*).

Definiamoli formalmente.

Definizione

Funzione di ripartizione. È la probabilità che la v.c. X assuma valori minori o uguali a un (generico) valore x. In formule:

$$P(X \leq x) \quad \text{dove } x \text{ è un numero (reale) qualunque}$$

Definizione

Media o valore atteso della v.c. X. È definita e calcolata come per la v.s. ma usando le probabilità al posto delle frequenze. Il simbolo per indicare la media di una v.c. X è standard e fa riferimento all'inglese **expectation**:

$$E(X) = \sum_{x} x \cdot P(X = x)$$

$E(X)$ si legge "E di X" e significa "media della v.c. X" (in particolare, la formula vale per le v.c. discrete).

Definizione

Varianza. È definita e calcolata come per la v.s. ma usando le probabilità al posto delle frequenze. È una misura della variabilità di X, cioè della *dispersione* dei suoi valori intorno al suo valore atteso, *ponderata* con le probabilità. In formule:

$$V(X) = \sum_x [x - E(X)]^2 \cdot P(X = x)$$

$V(X)$ si legge "V di X" e significa "varianza della v.c. X" (in particolare, la formula vale per le v.c. discrete). In generale, vale $V(X) = E(X^2) - E(X)^2$ (vi ricordate la formula alternativa del Capitolo 7?). La varianza è elevata al quadrato. Quando serve ripristinare ordine di grandezza e unità di misura di X, si prende la radice quadrata e si ottiene la deviazione standard. Parlando di v.c. useremo il simbolo SD (dall'inglese **standard deviation**).

Definizione

Deviazione standard

$$SD(X) = \sqrt{V(X)}$$

ESEMPIO 15.6

Lanciamo due monete (continua)

Riprendiamo la nostra v.c. X interprete del numero di "teste" nel lancio di due monete regolari e bilanciate e costruiamo la sua funzione di ripartizione (Tabella 15.3).

La funzione di ripartizione di una v.c. ci dà informazioni analoghe alle frequenze cumulate di una v.s. Siamo però in situazione casuale, perciò parliamo di probabilità anziché di frequenze. Per esempio, $P(X \leq 1) = 0.75$ ci informa che la probabilità che lanciando due monete (regolari e bilanciate) si ottengano non più di 1 "testa" (cioè una "testa" oppure nessuna "testa") è 0.75. Notate che $X \leq 1$ è la *traduzione numerica* dell'evento "non più di 1 T".

Tabella 15.3
Funzione di ripartizione della v.c. "X: numero di "teste" nel lancio di due monete"

Valori di X	Funzioni di probabilità $P(X = x)$	Funzione di ripartizione $P(X \leq x)$
0	0.25	$P(X \leq 0) = P(X = 0) = 0.25$
1	0.50	$P(X \leq 1) = P(X = 0) + P(X = 1) = 0.75$
2	0.25	$P(X \leq 2) = P(X = 0)+P(X = 1)+P(X = 2) = 1$
	1.00	

Ora calcoliamo anche media, varianza e deviazione standard di X:

$$E(X) = \sum_x x \cdot P(X = x) = 0 \times 0.25 + 1 \times 0.5 + 2 \times 0.25 = 1$$

Lanciando due monete (regolari e bilanciate) ci si *attende* (cioè *mediamente si ottiene*) 1 "testa".

$$\begin{aligned} V(X) &= \sum_x [x - E(X)]^2 \cdot P(X = x) \\ &= (0-1)^2 \times 0.25 + (1-1)^2 \times 0.5 + (2-1)^2 \times 0.25 = 0.5 \\ &= E(X^2) - E(X)^2 = (0^2 \times 0.25 + 1^2 \times 0.5 + 2^2 \times 0.25) - 1^2 \\ &= 1.5 - 1 = 0.5 \end{aligned}$$

$$SD(X) = \sqrt{V(X)} = \sqrt{0.5} = 0.7071$$

Varianza e deviazione standard sono misure della *variabilità* di X calcolate come *scostamento medio* dal suo valore atteso. In particolare, la deviazione standard è espressa nella stessa unità di misura e con lo stesso ordine di grandezza di X. Ci informa che lanciando due monete (regolari e bilanciate) *in media* ci si attende 1 ± 0.7071 "teste".

Ora che abbiamo imparato che le v.c. modellano matematicamente le situazioni casuali, ci concentriamo su *una* particolare situazione casuale, quella che ha a che fare con le rilevazioni campionarie e l'inferenza statistica.

Per fare inferenza statistica si usano alcune v.c. *speciali*. Una speciale v.c. discreta molto utile nella ricerca sociale ed economica, ma anche bio-medica e ingegneristica, è la v.c. **binomiale**.

15.5 Variabile casuale binomiale

È una particolare v.c. **discreta**. Serve per modellare situazioni casuali che hanno 3 caratteristiche.

1. L'esperimento casuale consiste nell'esecuzione di (un certo numero) n di passi in sequenza, chiamati **prove**. Queste prove debbono essere fra loro **indipendenti**, cioè l'esito di ciascuna prova *non* influenza l'esito della prova successiva e, a sua volta, *non* è influenzato dall'esito della prova precedente. Un esperimento di questo genere è, per esempio, l'estrazione *a caso* di un certo numero n di unità statistiche da una popolazione di interesse, condotte tutte nelle stesse condizioni dalla popolazione inalterata, cioè *con il reinserimento* dell'unità estratta prima di effettuare l'estrazione successiva.
2. Ciascuna prova può avere come esito uno (e soltanto uno) di due eventi fra loro *contrari* ed *esaustivi*. Per intenderci chiamiamo questi eventi **successo** e **insuccesso**. In questo modo si possono modellare i fenomeni **dicotomici**, cioè i fenomeni statistici che si manifestano con 2 sole modalità *contrarie* ed *esaustive*; per esempio, sì/no, vero/falso, favorevole/contrario, quelli tipici dei sondaggi di opinione ecc.
3. In ciascuna prova, la **probabilità del successo**, che denoteremo con p, è *nota* ed è *costante* (cioè sempre la stessa). Poiché p è una probabilità, è un numero compreso fra 0 e 1 e conseguentemente è nota anche la probabilità dell'insuccesso. In formule:

$$P(\text{successo}) = p \qquad 0 < p < 1 \qquad \Rightarrow \qquad P(\text{insuccesso}) = 1 - p$$

ESEMPIO 15.7

L'elezione del sindaco

Dai risultati delle scorse elezioni amministrative di una certa città risulta che il 35% dei cittadini-elettori ha votato per il candidato sindaco A. Consideriamo un gruppo di 20 cittadini-elettori estratti a caso e con reinserimento nell'insieme di tutti i cittadini-elettori di quella città. Siamo in una situazione casuale del tipo modellabile con la v.c. **binomiale**. Infatti abbiamo le seguenti tre caratteristiche.

1. **Esperimento casuale**. L'estrazione di 20 cittadini-elettori a caso e con reinserimento configura una serie di $n = 20$ **prove indipendenti**.
2. Ciascun cittadino-elettore estratto può essere soltanto o elettore di A o non-elettore di A. Chiamiamo, per esempio:

   successo = elettore di A e **insuccesso** = non-elettore di A

3. Usiamo la definizione frequentista di probabilità. Dal 35% di cittadini-elettori di A derivante dalla passata esperienza si ricava che la probabilità che un cittadino-elettore sia elettore di A è 0.35:

$$P\,(\text{successo}) = p = 0.35 \qquad \text{e} \qquad P\,(\text{insuccesso}) = 1 - p = 0.65$$

Tali probabilità sono le stesse per ciascun cittadino-elettore estratto. Allora la probabilità del successo è **nota** e **costante** in ciascuna prova.

Per questo tipo di esperimenti casuali, modellabili con la v.c. binomiale, come è fatto lo spazio campionario Ω? Come sono fatti gli eventi elementari? La situazione è un po' più complicata di semplici giochi di sorte come il lancio della moneta o del dado con cui abbiamo lavorato nei paragrafi precedenti e non possiamo rappresentare Ω elencandone *tutti* gli elementi. Possiamo però *immaginare* la generica struttura dei nostri eventi elementari. Ciascuna prova può avere come esito o un successo o un insuccesso, e di prove ne facciamo n. Allora il generico risultato della serie di n prove, cioè il generico evento elementare, è una n-upla (si legge "ennupla") di successi e insuccessi assortiti:

$$\underbrace{\text{S I S} \cdots \text{S I I} \cdots \text{S}}_{n}$$

Ogni n-upla può contenere 0 successi (cioè tutti insuccessi), oppure 1 successo e $n - 1$ insuccessi, oppure 2 successi e $n - 2$ insuccessi e così via fino a n successi, il tutto *in qualunque ordine*.

La v.c. binomiale X concentra l'attenzione sul **numero di successi** nelle n prove indipendenti. I suoi possibili **valori** x sono allora i numeri interi da 0 (se la n-upla è composta da tutti insuccessi) a n (se la n-upla è composta da tutti successi).

Per indicare brevemente la v.c. binomiale useremo la notazione $X \sim Bin(n, p)$, che si legge "X è una v.c. binomiale con parametri n e p". Il numero di prove indipendenti n e la probabilità del successo p sono infatti chiamati **parametri** della v.c. Avremo allora:

$$n > 0 \text{ intero, } 0 < p < 1 \text{ e } x = 0, 1, 2, \dots, n$$

La **funzione di probabilità** $P(X = x)$ della v.c. $X \sim Bin(n, p)$ dà la probabilità di ottenere x successi sulle n prove con $x = 0, 1, 2, \dots, n$. Quello che vogliamo ora è individuarne la *formula*. Consideriamo una n-upla che contiene x successi e $(n - x)$ insuccessi nell'ordine più semplice: prima tutti i successi e poi tutti gli insuccessi. Ciascun successo si verifica con probabilità p e ciascun insuccesso con probabilità $(1 - p)$:

$$\underbrace{\begin{matrix} \text{S} & \text{S} & \text{S} & \cdots & \text{S} \\ p & p & p & \cdots & p \end{matrix}}_{x} \quad \underbrace{\begin{matrix} \text{I} & \text{I} & \cdots & \text{I} \\ 1-p & 1-p & \cdots & 1-p \end{matrix}}_{n-x}$$

Scritta in maniera più compatta, usando l'elevamento a potenza per il prodotto di valori ripetuti, la probabilità di *questa* n-upla è:

$$p^x \cdot (1 - p)^{n-x}$$

Tuttavia, una n-upla che contiene x successi e $(n - x)$ insuccessi può presentarsi in molti ordini diversi, molte diverse combinazioni e ordinamenti. Per contare il numero di possibili combinazioni di x successi e $(n - x)$ insuccessi in ordine diverso, si usa il **coefficiente binomiale** $\binom{n}{x}$, che si legge "n su x". Si calcola così:

$$\binom{n}{x} = \frac{n!}{x!\,(n - x)!}$$

Dove $n!$ (che si legge "n fattoriale") è un modo più compatto di scrivere il prodotto dei primi n numeri interi:

$$n! = n \cdot (n - 1) \cdot (n - 2) \cdot \ldots \cdot 3 \cdot 2 \cdot 1$$

Il coefficiente binomiale è proprio quello che ci serve per tener conto di tutti i possibili diversi ordinamenti in cui può presentarsi una n-upla contenente x successi e $(n - x)$ insuccessi. Non ci resta che mettere insieme tutti i pezzi e finalmente abbiamo la **funzione di probabilità** di $X \sim Bin(n, p)$:

$$P(X = x) = \binom{n}{x} p^x (1-p)^{n-x} \quad \text{con} \quad x = 0, 1, \dots, n$$

Questa formula è il metodo per calcolare la probabilità di x successi su n prove indipendenti, con probabilità di successo p in ciascuna prova... e così rimane anche svelato perché si chiama proprio v.c. binomiale: perché per calcolare le sue probabilità serve il coefficiente binomiale.

ESEMPIO 15.7

L'elezione del sindaco (continua)

Il numero di cittadini-elettori che nel gruppo dei 20 estratti casualmente è elettore di A è interpretato dalla v.c. $X \sim Bin(n = 20, p = 0.35)$ con valori $x = 0, 1, 2, \dots, 20$ e con funzione di probabilità:

$$P(X = x) = \binom{n}{x} p^x (1-p)^{n-x} = \binom{20}{x} \times 0.35^x \times 0.65^{n-x}$$

La funzione di probabilità descrive *completamente* le probabilità della nostra X. Se, per esempio, ci interessa sapere con che probabilità il gruppo di 20 estratti contiene 10 elettori di A, si tratta di calcolare la probabilità che la X assuma il valore 10 utilizzando la sua funzione di probabilità:

$$P(X = 10) = \binom{20}{10} 0.35^{10} \times 0.65^{20-10} = \frac{20!}{10!(20-10!)} \times 0.35^{10} \times 0.65^{10}$$
$$= 184756 \times 0.35^{10} \times 0.65^{10} = 0.0686$$

Se invece volessimo sapere con che probabilità *non più* di 10 cittadini fra i 20 estratti sono elettori di A, si tratta di calcolare la probabilità che X assuma tutti i valori x inferiori o uguali a 10:

$$P(X \le 10) = \sum_{x=0}^{10} P(X = x) = P(X = 0) + P(X = 1) + \dots + P(X = 10)$$
$$= \binom{20}{0} \times 0.35^0 \times 0.65^{20} + \binom{20}{1} \times 0.35^1 \times 0.65^{19} +$$
$$+ \dots + \binom{20}{10} \times 0.35^{10} \times 0.65^{10} = 0.9468$$

La nostra v.c. $X \sim Bin(n, p)$ ha anche la media, la varianza e la standard deviation.

Noi non possiamo farlo perché serve un po' di matematica avanzata, ma si possono dimostrare le seguenti definizioni per qualunque valore di n e p.

Definizione

Media di $X \sim Bin(n, p)$

$$E(X) = n \cdot p$$

La media informa sul numero *atteso* di successi nelle n prove.

Definizione

Varianza di $X \sim Bin(n, p)$

$$V(X) = \cdot\ p \cdot (1 - p)$$

Definizione

Standard deviation di $X \sim Bin(n, p)$

$$SD(X) = \sqrt{n \cdot p \cdot (1 - p)}$$

La varianza e la standard deviation misurano la *dispersione* del numero di successi *intorno* al valore medio atteso. In particolare, la deviazione standard ci dice di quanto, in media su tutte le possibili n-uple, il numero di successi si discosta dal numero medio atteso.

ESEMPIO 15.7

L'elezione del sindaco (continua)

Concludiamo il nostro esempio, imparando a calcolare (e interpretare!) media, varianza e standard deviation della nostra $X \sim Bin(n = 20, p = 0.35)$ interprete del numero di elettori di A fra i 20 cittadini-elettori estratti. Si tratta di applicare le formule sostituendo ai parametri i rispettivi valori:

$$E(X) = n \cdot p = 20 \times 0.35 = 7$$

il numero atteso di elettori di A fra i 20 cittadini-elettori estratti è 7.

$$V(X) = n \cdot p \cdot (1 - p) = 20 \times 0.35 \times 0.65 = 4.55$$

$$SD(X) = \sqrt{4.55} = 2.13$$

in media, il numero di elettori di A nel gruppo dei 20 estratti si discosta in più o in meno dal numero atteso 7 di 2.13 cittadini-elettori.

15.6 Variabile casuale continua

Per fare inferenza statistica su fenomeni statistici **continui**, cioè quelli che *non* si possono *contare* ma si possono **misurare**, servono le **v.c. continue** (per chi non se lo ricorda il consiglio è di rileggere la classificazione dei fenomeni statistici nel Paragrafo 2.4!).

Per le v.c. continue valgono gli accorgimenti analoghi a quelli che abbiamo già visto trattando i fenomeni continui nella statistica descrittiva.

- Le v.c. continue assumono **infiniti** valori. Tali valori sono talmente *tanti* e *densi* da non poter essere identificati *singolarmente* né si è in grado di "vederne" la probabilità. Nel continuo occorre fare riferimento a *insiemi* di valori, cioè **intervalli**. I singoli punti perdono di significato e la probabilità è calcolabile solo per gli intervalli.
- Siccome nel continuo i singoli valori non sono "visibili", le v.c. continue *non* hanno la funzione di probabilità $P(X = x)$. Hanno invece la **funzione di densità**, che indicheremo con la lettera greca fi φ. La funzione di densità serve per calcolare le probabilità di **intervalli** di valori di una v.c. X continua (vi ricorda qualcosa? ... forse serve una ripassata veloce al Paragrafo 4.6?).
- Nel continuo le probabilità sono **aree**. L'**area** sottesa al grafico della funzione di densità $\varphi(x)$ (si legge "φ di x") in *un qualche* intervallo è la probabilità che X assuma valori in *quel* intervallo.

ESEMPIO 15.8
Il dado alternativo

Il gioco dell'oca di mio figlio, in alternativa al solito dado a 6 facce, ha un disco di cartoncino liscio diviso in 6 settori di uguale dimensione (Figura 15.4). Al centro del disco è fissata una freccia di metallo. I giocatori fanno ruotare la freccia e il risultato è lo stesso che lanciare un dado.

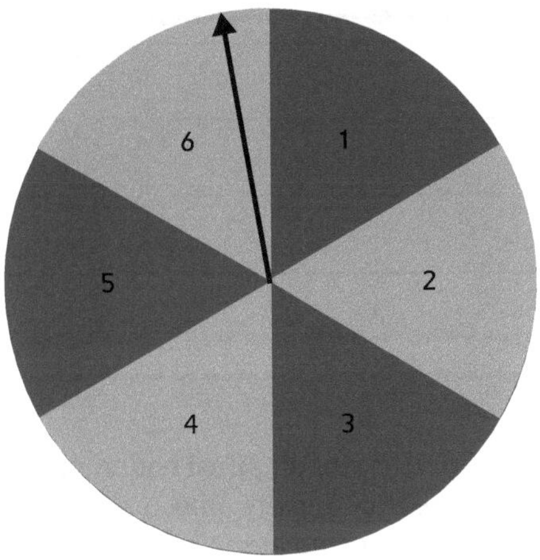

Figura 15.4
Disco alternativo al dado

La freccia si fermerà su un qualche punto della circonferenza esterna, identificherà *uno* dei settori numerati del disco e sarà uscito *quel* numero. L'esperimento è casuale perché nessuno è in grado di prevedere con certezza a priori su *quale punto* si fermerà la freccia. Non ci interessa il *punto esatto*, ma il *settore*, identificato da un *pezzo* della circonferenza, cioè un **intervallo** di punti. Rispetto al dado, siamo passati dal discreto al continuo.

Chiamiamo X la v.c. interprete del "risultato della rotazione della freccia". I valori della v.c. X sono gli infiniti punti che formano la circonferenza esterna del disco su cui punta la freccia, quindi perde di significato la probabilità dei singoli punti e occorre ragionare per intervalli, cioè è calcolabile solo la probabilità di intervalli di valori di X.

Se (come si spera!) il disco è ben costruito, il cartoncino è liscio e la freccia gira morbida e senza intoppi, la probabilità si distribuisce *uniformemente* lungo tutta la circonferenza e i 6 settori sono *equiprobabili* (esattamente come le 6 facce di un dado regolare e bilanciato). Per capirci meglio "srotoliamo" il disco e mettiamolo su un grafico con i valori di X sull'asse delle ascisse come mostrato in Figura 15.5.

La nostra v.c. X assume valori nell'intervallo (0, 6). I punti dell'intervallo (0, 1) identificano il settore 1 del disco e, dunque, l'evento "esce l'1", quelli dell'intervallo (1, 2) identificano il settore 2 e, dunque, l'evento "esce il 2" e così via...

Sul grafico di Figura 15.5 è rappresentata (con la linea orizzontale) la funzione di densità $\varphi(x)$. Poiché la probabilità è uniforme sull'intero intervallo (0, 6) dei valori di X, la sua funzione di densità ha andamento *costante* (vale sempre $1/6 = 0.16666$!).Tutti gli altri valori di ascissa, quelli più piccoli di 0 o più grandi di 6, non corrispondono a nessun settore del disco, cioè sono **eventi impossibili**; per questi la probabilità vale 0 e la funzione di densità non si vede perché è "schiacciata" sull'asse delle ascisse.

La probabilità è rappresentata dall'**area** sotto la funzione di densità. L'area evidenziata sul grafico rappresenta la probabilità che X assuma valori nell'intervallo (4, 5), che corrisponde all'evento "la freccia si ferma sul settore 5 e quindi esce il 5". Si calcola facilmente perché è l'area di un rettangolo. In formule:

$$P(\text{esce il } 5) = P(4 < X < 5)$$

$$= \text{base} \times \text{altezza del rettangolo evidenziato} = 1 \times 0.16666 = \frac{1}{6}$$

esattamente come per le facce del dado tradizionale!

Figura 15.5
Funzione di densità della v.c. "*X*: risultato della rotazione della freccia"

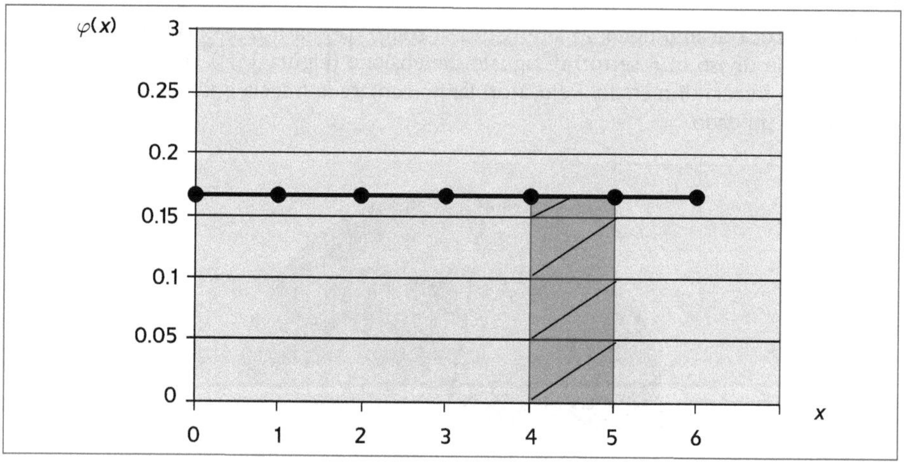

Notate che, poiché nel continuo i singoli punti hanno probabilità 0 (sotto un *singolo* punto *non c'è area*!), aggiungere o togliere uno o più *singoli* punti a un intervallo (che ne contiene infiniti) non fa cambiare la sua probabilità. Nell'Esempio 15.8 "Il dado alternativo":

$$P(4 < X < 5) = P(4 \leq X < 5) = P(4 < X \leq 5) = P(4 \leq X \leq 5)$$

e, in generale, con le v.c. continue non fa differenza $\leq$ oppure $<$ (mentre può fare una grande differenza con le v.c. discrete!).

Non tutte le v.c. continue sono così semplici come quella dell'Esempio 15.8 "Il dado alternativo". La funzione di densità ha, in genere, una formula più complessa e solitamente il suo grafico non è costante e lineare. Per calcolare l'area sotto una $\varphi(x)$ curvilinea e, così, calcolare la probabilità di **intervalli**, diventa necessaria un'operazione particolare e mooolto complicata: l'operazione di integrale $\int$. In questo libro (l'ho promesso!) non ci sogniamo nemmeno di calcolare integrali. Considereremo, invece, solo casi *semplici*, come quello dell'Esempio 15.8 "Il dado alternativo" e casi *speciali*, per i quali esistono *trucchi di calcolo* come quello dei prossimi paragrafi. Nonostante questa limitazione, riusciremo comunque a vedere una gamma di strumenti statistici inferenziali sufficientemente vasta per i nostri obiettivi.

Una speciale (specialissima!) v.c. continua è la v.c. **Normale**.

15.7 Variabile casuale Normale

È la più *nota* fra le v.c. continue ed è anche la più *utile* nell'inferenza statistica. Molti la chiamano **v.c. di Gauss** o **Gaussiana**, perché lui, per primo, l'ha usata per risolvere un problema reale, ma l'origine e l'assegnazione dei meriti non è così chiara, perciò noi (come molti altri del resto) la chiameremo v.c. **Normale**.

Normalmente si presta a ben interpretare un grande insieme di fenomeni statistici continui, quelli interessanti nelle applicazioni di ricerca sociale (e non solo...). Inoltre (lo capiremo nei prossimi capitoli), quando si fa inferenza statistica e qualunque sia il campo di applicazione, *normalmente* è lì che si va a parare. Per esempio, la v.c. binomiale, che abbiamo visto nel paragrafo precedente, diventa sempre più simile a una v.c. Normale quando il parametro *n*, cioè il numero delle prove indipendenti, è molto grande (a volte anche solo *abbastanza* grande), fino a confondersi totalmente con una Normale quando $n \to \infty$.

Useremo la notazione $X \sim N(\mu; \sigma^2)$ che si legge "X è una v.c. normale di parametri mu e sigma quadro". Il parametro μ può essere un numero reale qualunque mentre il parametro σ^2 è un numero reale positivo. I simboli non sono scelti a caso perché i parametri della Normale ne rappresentano anche la media e la varianza.

La Normale e la sua funzione di densità hanno *caratteristiche* e *proprietà* che la rendono particolarmente importante e utile per l'inferenza statistica. Ne vediamo 10, senza dimostrarle (sarebbe matematicamente troppo complesso) e nei prossimi capitoli vedremo come usarle.

Proprietà

1. È v.c. **continua** e assume *tutti* i possibili valori reali: $-\infty < x < +\infty$.
2. Essendo continua *non* ha la funzione di probabilità ma ha la **funzione di densità** $\varphi(x)$.

L'**area** sottesa al grafico della $\varphi(x)$ in un certo intervallo rappresenta la **probabilità** che la v.c. X assuma valori in quell'intervallo. Possiamo fare a meno di esplicitare la *formula* di $\varphi(x)$ (è brutta e complicata!), ma ci sarà utile la sua **rappresentazione grafica**, che è la famosa **curva a campana** centrata sul valore μ (Figura 15.6).

Proprietà

3. L'area *totale* sottesa all'*intera* curva $\varphi(x)$ corrisponde alla probabilità dell'*intero* intervallo $(-\infty, +\infty)$ ed è pari a 1.
4. Il parametro μ è la media di $X \sim N(\mu; \sigma^2)$. In formule: $E(X) = \mu$.
5. il parametro σ^2 è la **varianza** di $X \sim N(\mu, \sigma^2)$. In formule: $V(X) = \sigma^2$ e dunque $SD(X) = \sqrt{\sigma^2} = \sigma$.
6. La curva a campana è **simmetrica** rispetto a μ, cioè l'area sottesa alla curva a destra e a sinistra di μ è **uguale** e dunque è pari a 0.5 (perché l'area totale è 1). In termini di probabilità questo significa:
$$P(X \leq \mu) = P(X \geq \mu) = 0.5$$
e in termini statistici questo significa che X assume valori *sotto-media* e *sopra-media* con la stessa probabilità.

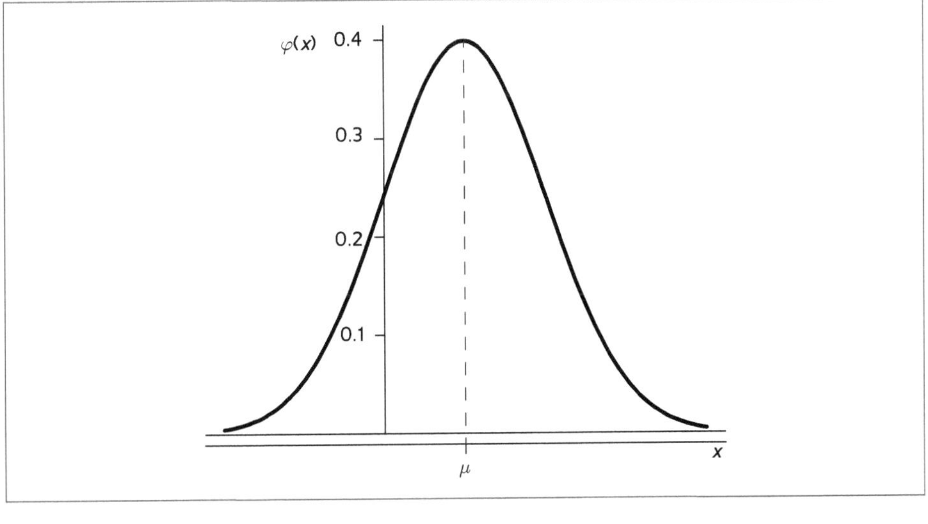

Figura 15.6
Curva a campana (funzione di densità) di una Normale con media μ

Figura 15.7
Flessi della curva a campana di $X \sim N(\mu, \sigma^2)$

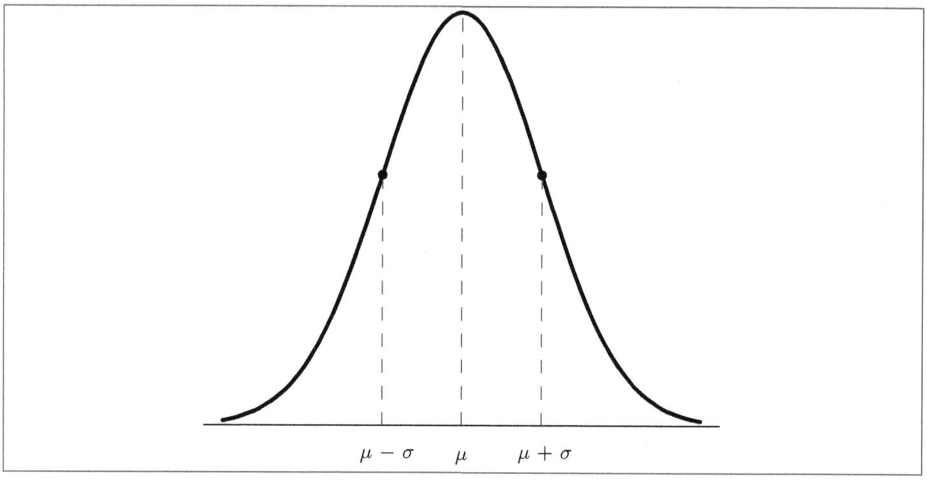

Proprietà

7. Sempre in termini statistici, per la simmetria di $\varphi(x)$ il parametro μ rappresenta anche la **mediana** di X. Per la forma di $\varphi(x)$ che ha un (unico!) picco, μ è anche la sua **moda**, cioè il valore *più probabile.*
8. La curva a campana ha una parte con concavità verso il basso (la *pancia* centrale) e due tratti con concavità verso l'alto (le due *code*). I punti in cui la campana cambia concavità (tecnicamente si chiamano *flessi*) corrispondono ai punti $\mu - \sigma$ e $\mu + \sigma$, cioè *una* deviazione standard dal valore medio, intorno a cui si concentrano i valori più probabili (la pancia), come mostrato in Figura 15.7.
9. I parametri μ e σ^2 della Normale, oltre che a rappresentare media, moda, mediana e varianza di X, determinano anche la **posizione** e la **forma** della *campana.*

Variando μ in più o in meno (a parità di σ^2) si determinano **traslazioni** (in inglese *shift*) della *campana* a destra o a sinistra (Figura 15.8). La campana resta sempre *centrata* su μ, dunque, aumentandone o diminuendone il valore il grafico cambia posizione (ma non forma!) viaggiando di conseguenza lungo l'asse delle ascisse.

Variando σ^2 in più o in meno (a parità di μ) si determinano **appiattimenti** o **innalzamenti** della *campana* (Figura 15.9), che rimane comunque *centrata* su μ e con area totale pari a 1. In particolare, con σ^2 *maggiore* i valori sono **più dispersi** intorno a μ, i flessi $\mu - \sigma$ e $\mu + \sigma$ sono più lontani fra loro e la curva appare **appiattita**. Al contrario, con σ_2 *minore* i valori sono **più concentrati** intorno a μ, i flessi $\mu - \sigma$ e $\mu + \sigma$ sono più vicini fra loro e la curva si **innalza**.

Figura 15.8
Traslazione della campana per effetto della variazione di μ

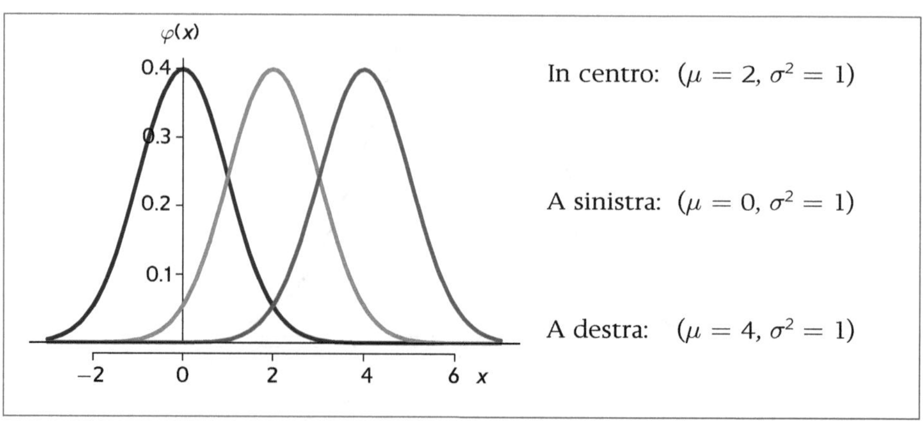

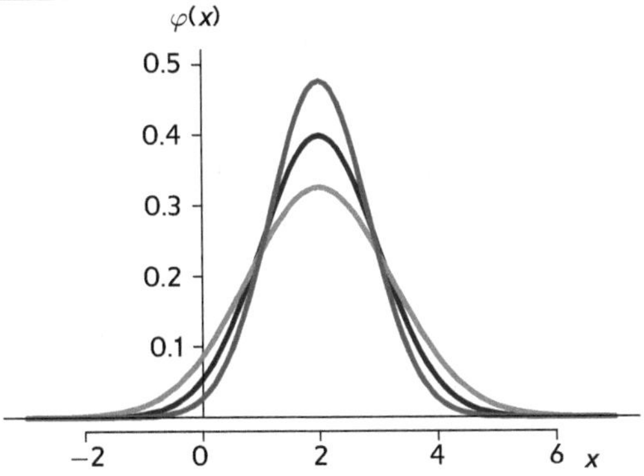

Figura 15.9
Appiattimento e innalzamento della campana per effetto della variazione di σ^2

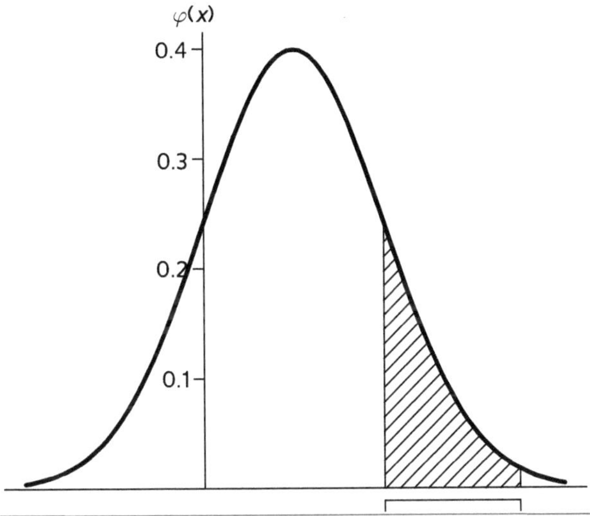

Figura 15.10
Probabilità come area

Proprietà

10. La **probabilità** di un qualunque intervallo (a, b) di valori di X è l'**area** sottesa alla campana in quell'intervallo (Figura 15.10).

Infine, usiamo l'intuizione per afferrare perché la Normale si presta a modellare un'ampia gamma di fenomeni reali. In particolare funziona bene quando il fenomeno ha le seguenti caratteristiche:

- tende a manifestarsi con un valore **sistematico** prevalente (μ);
- i valori **più probabili** sono *vicini* a tale valore prevalente (tanta area *intorno* a μ);
- i valori *lontani* da μ sono **rari** e poco probabili (poca area sotto le *code* della curva);
- ciò accade indifferentemente in più o in meno (*simmetria* della curva).

ESEMPIO 15.9
Speriamo che sia femmina

Il peso delle neonate femmine (a termine) italiane alla nascita tende a essere pari a 3000 grammi (valore sistematico prevalente) con scostamenti in più (neonate *sovrappeso*) e in meno (neonate *sottopeso*) simmetricamente meno probabili: una distribuzione tipicamente *campanulare*.

Il fenomeno "peso alla nascita" nella popolazione delle neonate italiane a termine è allora *interpretabile* da una v.c. $X \sim N(3000, \sigma^2)$.

15.8 Standardizzazione di una variabile casuale

Standardizzare una quantità statistica significa operare una *trasformazione* (un'operazione matematica) con lo scopo di *depurarla* da unità di misura e ordine di grandezza, rendendola *confrontabile* con altri dati standardizzati perché tutti riferibili a un'unica *situazione standard.*

Definizione

Standardizzare una v.c. X significa toglierle (sottrarre) la sua media $E(X)$ e dividerla per la sua standard deviation $SD(X) = \sqrt{V(X)}$. in formule:

$$\boldsymbol{X} \textbf{ standard } = \frac{X - E(X)}{\sqrt{V(X)}}$$

Mentre la X originale ha una qualche sua media, varianza, unità di misura e ordine di grandezza, una volta standardizzata non ha più unità di misura, ha media nulla e varianza pari a 1 e dunque anche standard deviation pari a 1. È cioè diventata riferibile a un'unica *situazione standard.* In formule:

$$E(X \text{ standard}) = 0 \qquad \text{e} \qquad V(X \text{ standard}) = SD(X \text{ standard}) = 1$$

ESEMPIO 15.10

Lanciamo due dadi

In quasi tutti i giochi di società ci sono due dadi da tirare (sperando che siano regolari e bilanciati) e il *punteggio* è dato dalla somma delle due facce ottenute. La v.c. X interprete del punteggio ottenuto nel lancio di due dadi è discreta, assume i valori $x = 2, 3, 4, \dots, 12$ e ha funzione di probabilità fatta così:

x	2	3	4	5	6	7	8	9	10	11	12
$P(X = x)$	$\frac{1}{36}$	$\frac{2}{36}$	$\frac{3}{36}$	$\frac{4}{36}$	$\frac{5}{36}$	$\frac{6}{36}$	$\frac{5}{36}$	$\frac{4}{36}$	$\frac{3}{36}$	$\frac{2}{36}$	$\frac{1}{36}$

Valore atteso, varianza e standard deviation valgono:

$$\begin{aligned} E(X) &= \sum_x xP(X = x) \\ &= 2 \times \frac{1}{36} + 3 \times \frac{2}{36} + \dots + 12 \times \frac{1}{36} = 7 \end{aligned}$$

$$\begin{aligned} V(X) &= \sum_x [x - E(X)]^2 P(X = x) \\ &= (2-7)^2 \times \frac{1}{36} + (3-7)^2 \times \frac{2}{36} + \dots + (12-7)^2 \times \frac{1}{36} = 5.83 \end{aligned}$$

$$SD(X) = \sqrt{V(X)} = \sqrt{5.83} = 2.42$$

Per inciso, questi valori ci dicono che se lanciamo due dadi regolari bilanciati ci attendiamo il punteggio 7 con *deviazioni medie* da tale punteggio *atteso* di 2.42 in più o in meno. Adesso standardizziamo X trasformandola in un'altra v.c., che chiameremo per esempio Y, attraverso il seguente calcolo (standardizzazione):

$$Y = \frac{X - E(X)}{SD(X)} = \frac{X - 7}{2.42}$$

La standardizzazione altera i valori ma non le probabilità. La standardizzata Y ha infatti questa struttura:

y	−2.07	−1.66	−1.24	−0.83	−0.41	0.00	0.41	0.83	1.24	1.66	2.07
$P(Y = y)$	$\frac{1}{36}$	$\frac{2}{36}$	$\frac{3}{36}$	$\frac{4}{36}$	$\frac{5}{36}$	$\frac{6}{36}$	$\frac{5}{36}$	$\frac{4}{36}$	$\frac{3}{36}$	$\frac{2}{36}$	$\frac{1}{36}$

La standardizzata y ha valore atteso nullo e varianza unitaria. Infatti:

$$\begin{aligned}
E(Y) &= \sum_y yP(Y=y) \\
&= -2.07 \times \frac{1}{36} + (-1.66) \times \frac{2}{36} + \cdots + 2.07 \times \frac{1}{36} = 0 \\
V(Y) &= \sum_y [y - E(Y)]^2 P(Y=y) = \sum_y y^2 P(Y=y) \\
&= (-2.07)^2 \times \frac{1}{36} + (-1.66)^2 \times \frac{2}{36} + \cdots + 2.07^2 \times \frac{1}{36} \\
&= 1 = SD(Y)
\end{aligned}$$

Noi useremo la standardizzazione per calcolare le probabilità di una Normale.

15.9 Variabile casuale Normale standard(izzata)

Standardizzando una v.c. Normale $X \sim N(\mu, \sigma^2)$ con la sua media μ e la sua standard deviation $\sqrt{\sigma^2} = \sigma$ si ottiene la **v.c. Normale standardizzata** o semplicemente **standard** indicata (praticamente da tutti) con Z. Useremo allora la notazione $Z \sim N(0, 1)$. La Normale standard si ottiene standardizzando una qualunque v.c. normale $X \sim N(\mu, \sigma^2)$:

$$Z = \frac{X - \mu}{\sqrt{\sigma^2}} = \frac{X - \mu}{\sigma}$$

Essendo standardizzata, ha media nulla e varianza/standard deviation unitarie:

$$E(Z) = 0 \qquad \text{e} \qquad V(Z) = SD(Z) = 1$$

Calcolare le **probabilità** di intervalli della $Z \sim N(0, 1)$ è matematicamente molto complesso. Fortunatamente qualcuno ci ha pensato per noi e ha prodotto le **tavole**. Se abbiamo un computer e un software statistico non ci sono problemi, i conti li fa lui. Se però non abbiamo un computer, dobbiamo usare le tavole. Le tavole della $Z \sim N(0, 1)$ sono pubblicate in tutti i manuali di Statistica, sono facilmente reperibili su internet e sono anche riportate alla fine di questo capitolo.

Passando attraverso la $Z \sim N(0, 1)$ e la sua tavola è possibile calcolare la probabilità di *qualunque* intervallo di valori (a, b) di *qualunque* v.c. $X \sim N(\mu, \sigma^2)$. È questo il *trucco di calcolo* per calcolare le probabilità di qualunque Normale.

15.10 Come si leggono le tavole della Normale standard

Facendo riferimento alla Tavola della v.c. Normale standardizzata riportata alla fine di questo capitolo, la **prima colonna a sinistra** della tavola riporta i **valori** z della $Z \sim N(0, 1)$ con la prima cifra decimale; la **prima riga** riporta la seconda cifra decimale dei valori z; all'**interno** della tavola, all'incrocio della riga e della colonna che identificano un particolare valore z con due cifre decimali, si legge la **probabilità** che Z assuma valori inferiori o uguali a *quel* valore z; ciò è espresso graficamente nella Figura 15.11.

Figura 15.11
Probabilità fornita dalle tavole $P(Z \leq z)$

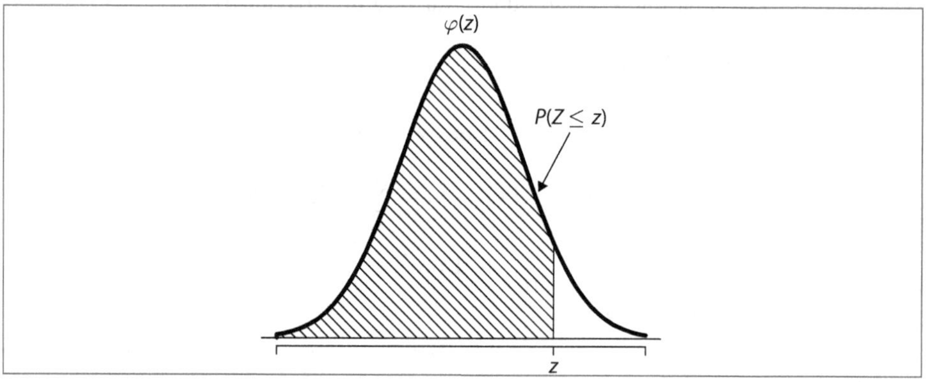

ESEMPIO 15.11

La probabilità che la $Z \sim N(0, 1)$ assuma valori inferiori o uguali al valore $z = 2.12$ si legge all'interno della tavola all'incrocio fra la riga intestata a 2.1 e la colonna intestata a .02:

$$P(Z \leq 2.12) = 0.983$$

Notate che le tavole della Z riportano le probabilità $P(Z \leq z)$ solo per valori z positivi e inferiori a (in genere) 3.5.

Le caratteristiche della Z, in particolare la simmetria della curva rispetto allo 0 e il fatto che l'area totale sotto la curva vale 1, fanno sì che questi valori siano sufficienti per calcolare la probabilità di *qualunque* intervallo, anche con gli estremi negativi o superiori a 3.5.

In questi casi bisogna ragionare un po' e fare qualche passaggio matematico intermedio.

15.11 Come si calcola la probabilità di un (qualunque) intervallo di una (qualunque) Normale

ESEMPIO 15.12

Assolutamente inventato

Un controllo sulle pompe di benzina di un'area comunale ha evidenziato che la quantità (espressa in litri) di benzina *effettivamente* erogata dalla pompa quando il segnalatore segna "1 litro" è ben *interpretata* da una Normale con media 1 (litri) e varianza 0.5. Ci interessano le seguenti probabilità:

a) la pompa eroghi meno di 1.10 litri;

b) la pompa eroghi più di 1.20 litri;

c) la pompa eroghi con una tolleranza del 5% in più o in meno;

d) la pompa eroghi fino al 15% in meno.

Indichiamo con X la Normale che interpreta la "quantità effettivamente erogata da una pompa di quel comune quando il segnalatore segna 1 litro". In formule: $X \sim N(1, 0.5)$.

Quando si lavora con la Normale è mooolto utile fare prima un disegno della campana e capire bene qual è la probabilità (area) che si vuole calcolare. Poi, tutto quello che bisogna fare sono due passi:

1) standardizzare;

2) trovare la probabilità sulle tavole della Z.

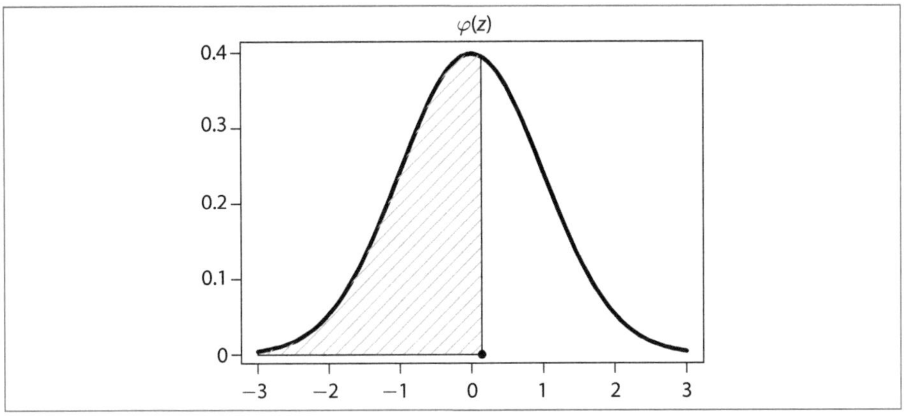

Figura 15.12 Probabilità da cercare sulle tavole della $Z \sim N(0, 1)$ corrispondente alla probabilità che la pompa eroghi meno di 1.10 litri

a) Probabilità che la pompa eroghi meno di 1.10 litri = $P(X < 1.10)$

1. Si *standardizza* (Figura 15.12)

$$P\left(\frac{X-\mu}{\sigma} < \frac{1.10-\mu}{\sigma}\right) = P\left(Z < \frac{1.10-1}{\sqrt{0.5}}\right) = P(Z < 0.14)$$

.2. Si cerca questa probabilità sulla tavola all'incrocio fra la riga intestata a 0.1 e la colonna intestata a 0.04

$$\text{valore trovato} = 0.5557$$

In certi casi la probabilità cercata non è *subito* nella forma $P(Z \leq z)$ che si trova nella tavola. È allora necessario un passo intermedio formato da passaggi matematici che sfruttano la simmetria e il fatto che l'area totale sotto la campana è sempre 1.

b) Probabilità che la pompa eroghi più di 1.20 litri = $P(X > 1.20)$

1. Si standardizza (Figura 15.13)

$$P\left(\frac{X-\mu}{\sigma} > \frac{1.20-\mu}{\sigma}\right) = P\left(Z > \frac{1.20-1}{\sqrt{0.5}}\right) = P(Z > 0.28)$$

La probabilità che cerchiamo non è della forma $P(Z \leq z)$ che si trova sulle tavole. Serve allora il passo intermedio. Sappiamo che l'intera area sottesa alla campana vale 1. Allora

$$= 1 = P(Z \leq 0.28)$$

2. Si cerca questa probabilità sulla tavola

$$1 = 0.6103 = 0.3897$$

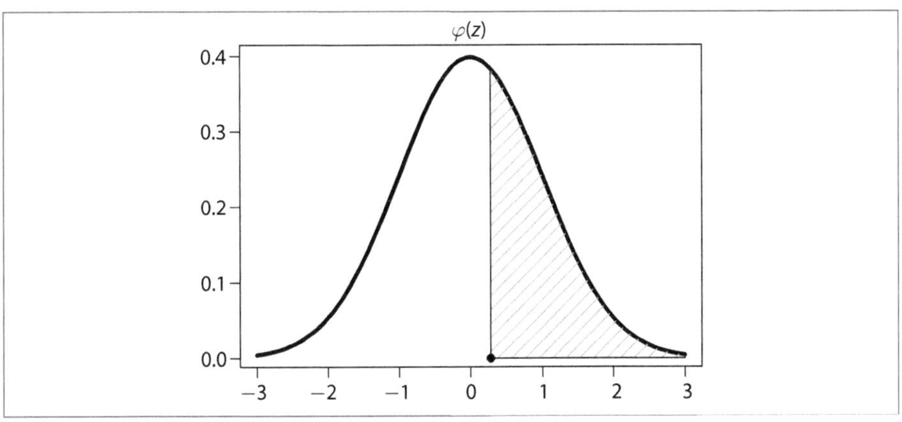

Figura 15.13 Probabilità della $Z \sim N(0, 1)$ corrispondente alla probabilità che la pompa eroghi più di 1.20 litri

c) Probabilità che la pompa eroghi con una tolleranza del 5% in più o in meno. 5% di 1 litro significa 0.05 litri; 5% in più o in meno significa:

$$1 - 0.05 \leq X \leq 1 + 0.05$$

Allora la probabilità che cerchiamo è $P(0.95 \leq X \leq 1.05)$.

1. Si *standardizza*

$$\begin{aligned} P(0.95 \leq X \leq 1.05) &= P(X \leq 1.05) - P(X \leq 0.95) \\ &= P\left(\frac{X-\mu}{\sigma} \leq \frac{1.05-\mu}{\sigma}\right) - P\left(\frac{X-\mu}{\sigma} \leq \frac{0.95-\mu}{\sigma}\right) \\ &= P\left(Z \leq \frac{1.05-1}{\sqrt{0.5}}\right) - P\left(Z \leq \frac{0.95-1}{\sqrt{0.5}}\right) \\ &= P(Z \leq 0.07) - P(Z \leq -0.07) \end{aligned}$$

Sulle tavole della Z troviamo solo le probabilità per valori z positivi. Serve allora il passo intermedio che sfrutta la *simmetria*

$$= P\,(Z \leq 0.07) - [1 - P\,(Z \leq 0.07)]$$

2. Si cercano le probabilità sulle tavole

$$= 0.5279 - (1 - 0.5279) = 0.0558$$

d) Probabilità che la pompa eroghi fino al 15% in meno. 15% di 1 litro significa 0.15 litri; fino al 15% in meno significa:

$$1 - 0.15 \leq X \leq 1$$

Allora la probabilità che cerchiamo è: $P(0.85 \leq X \leq 1)$

1. Si *standardizza*

$$\begin{aligned} P(0.85 \leq X \leq 1) &= P(X \leq 1) - P(X \leq 0.85) \\ &= P\left(\frac{X-\mu}{\sigma} \leq \frac{1-\mu}{\sigma}\right) - P\left(\frac{X-\mu}{\sigma} \leq \frac{0.85-\mu}{\sigma}\right) \\ &= P\left(Z \leq \frac{1-1}{\sqrt{0.5}}\right) - P\left(Z \leq \frac{0.85-1}{\sqrt{0.5}}\right) \end{aligned}$$

Si fa il passo intermedio

$$= P\,(Z \leq 0) - P\,(Z \leq -0.21) = 0.5 - [1 - P\,(Z \leq 0.21)]$$

2. Si cercano le probabilità sulla tavola

$$= 0.5 - (1 - 0.5832) = 0.0832$$

15.12 Intervalli tipici della Normale

Ora che sappiamo come calcolare la probabilità di qualunque intervallo per qualunque Normale, ci concentriamo su tre intervalli particolarmente interessanti e che per questo sono chiamati **intervalli tipici** della Normale. Sono intervalli *metrici* intorno al parametro μ su cui è centrata la campana (lo 0 per la Normale standard) ottenuti aggiungendo e togliendo *multipli* di σ, cioè multipli di deviazioni standard dal valore medio (e più probabile). In formule:

$$(\mu - \sigma, \mu + \sigma) \qquad (\mu - 2\sigma, \mu + 2\sigma) \qquad (\mu - 3\sigma, \mu + 3\sigma)$$

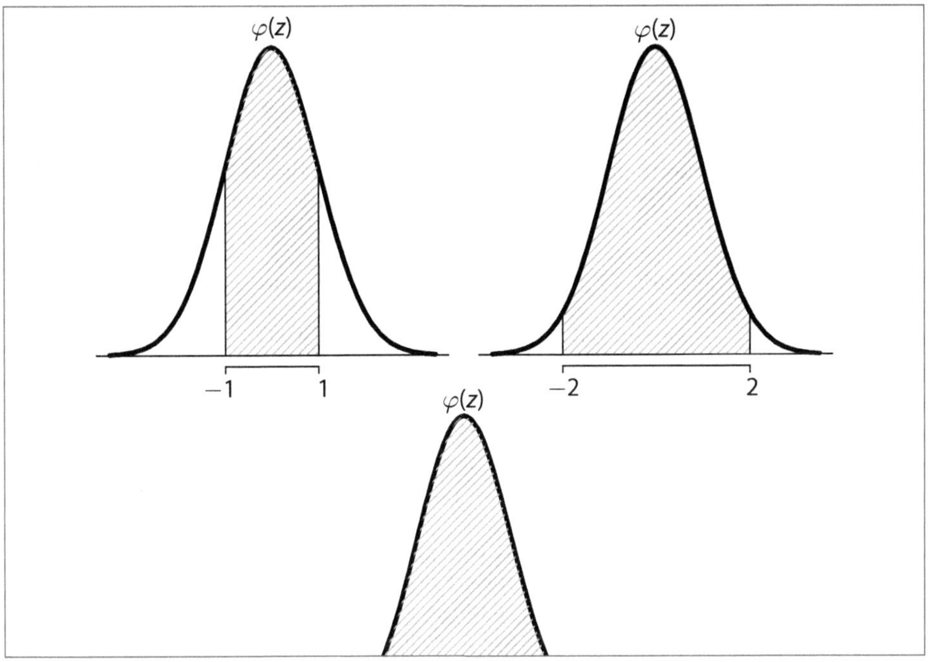

Figura 15.14
Intervalli tipici della $Z{\sim}N(0, 1)$

Per la $Z{\sim}N(0, 1)$ gli intervalli tipici (rappresentati nella Figura 15.14) sono allora:

$$(-1, +1) \qquad (-2, +2) \qquad (-3, +3)$$

Calcoliamo le probabilità degli intervalli tipici per una qualunque $X{\sim}N(\mu, \sigma^2)$ e dunque anche per la $Z{\sim}N(0, 1)$ che è sempre una Normale, ma con i parametri 0 e 1. Ormai abbiamo imparato quando servono i passaggi intermedi e andiamo più spediti:

$$P(\mu - \sigma \leq X \leq \mu + \sigma) \text{ standardizzando} = P(-1 \leq Z \leq +1)$$

$$= P(Z \leq 1) - P(Z < -1) = P(Z \leq 1) - [1 - P(Z \leq 1)] = 2 \cdot P(Z \leq 1) - 1$$

Cambiando quel che c'è da cambiare (provare per credere!):

$$P(\mu - 2\sigma \leq X \leq \mu + 2\sigma) = P(-2 \leq Z \leq +2) = 2 \cdot P(Z \leq 2) - 1$$

$$= 2 \times 0.9772 - 1 = 0.9544$$

$$P(\mu - 3\sigma \leq X \leq \mu + 3\sigma) = P(-3 \leq Z \leq +3) = 2 \cdot P(Z \leq 3) - 1$$

$$= 2 \times 0.9987 - 1 = 0.99974$$

In conclusione, per qualunque Normale (e dunque anche per Z) il primo intervallo tipico *contiene* circa il 68% di probabilità e il secondo intervallo tipico circa il 95%. Il terzo intervallo tipico contiene praticamente *tutta* la probabilità, che è oltre il 99%, mentre la probabilità che rimane *sotto le code* è quasi niente.

... ed è così svelato perché di solito le tavole della Normale standard non riportano valori superiori a 3.5: sotto le code di una Z, oltre il valore 3, c'è *pochissima* probabilità

$$P(Z \leq -3) = P(Z \geq 3) \cong 0$$

ESEMPIO 15.13

Cereali a colazione

In un processo produttivo programmato per inscatolare cereali pronti per la colazione in confezioni da 250 g, il peso delle scatole prodotte è ben interpretato da una Normale di media 250 e varianza 36. Il processo funziona correttamente (cioè è *a regime*) se almeno il 95% delle scatole prodotte ha peso che non si discosta da quello previsto per più di 5 g.

Per controllare se il nostro processo funziona a regime, prendiamo la v.c. $X \sim N(\mu = 250, \sigma^2 = 36)$ che interpreta il peso delle scatole prodotte dal processo e calcoliamo con che probabilità le scatole hanno peso 250 ± 5 g:

$$\begin{aligned} & P(250 - 5 \leq X \leq 250 + 5) \text{ standardizziamo} \\ & = P\left(-\frac{5}{6} \leq Z \leq \frac{5}{6}\right) = P(-0.83 \leq Z \leq 0.83) \\ & = P(Z \leq 0.83) - P(Z \leq -0.83) \\ \text{per la simmetria } & = P(Z \leq 0.83) - P(Z \geq 0.83) \\ & = P(Z \leq 0.83) - [1 - P(Z \leq 0.83)] \\ \text{dalle tavole } & = 0.7967 - (1 - 0.7967) = 0.5934 \end{aligned}$$

Quindi il nostro processo necessita di una revisione perché produce solo il 59.34% delle scatole con il peso previsto. Dalla proprietà degli intervalli tipici ci ricordiamo che il 95.44% della probabilità di qualunque Normale è contenuta nei valori $\mu \pm 2\sigma$. Allora, per il nostro problema, trovare la varianza *a regime* significa porre $2\sigma = 5$, ricavando $\sigma = 5/2 = 2.5$ da cui $\sigma^2 = 6.25$.

Per funzionare a regime il nostro processo ha allora bisogno di una revisione che porti la varianza del peso delle scatole prodotte dall'attuale 36 al livello 6.25 o inferiore.

Tavola della v.c. normale standardizzata

La *prima colonna* riporta i valori z con la prima cifra decimale.
La *prima riga* riporta la seconda cifra decimale.
All'*interno* della tavola si legge la probabilità $P(Z \leq z)$ evidenziata sul grafico.

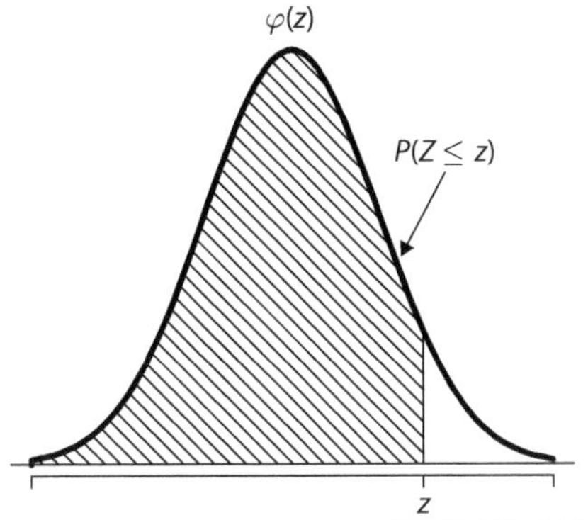

z	.00	.01	.02	.03	.04	.05	.06	.07	.08	.09
0.0	.5000	.5040	.5080	.5120	.5160	.5199	.5239	.5279	.5319	.5359
0.1	.5398	.5438	.5478	.5517	.5557	.5596	.5636	.5675	.5714	.5753
0.2	.5793	.5832	.5871	.5910	.5948	.5987	.6026	.6064	.6103	.6141
0.3	.6179	.6217	.6255	.6293	.6331	.6368	.6406	.6443	.6480	.6517
0.4	.6554	.6591	.6628	.6664	.6700	.6736	.6772	.6808	.6844	.6879
0.5	.6915	.6950	.6985	.7019	.7054	.7088	.7123	.7157	.7190	.7224
0.6	.7257	.7291	7324	.7357	.7389	.7422	.7454	.7486	.7517	.7549
0.7	.7580	.7611	.7642	.7673	.7704	.7734	.7764	.7794	.7823	.7852
0.8	.7881	.7910	.7939	.7967	.7995	.8023	.8051	.8078	.8106	.8133
0.9	.8159	.8186	.8212	.8238	.8264	.8289	.8315	.8340	.8365	.8389
1.0	.8413	.8438	.8461	.8485	.8508	.8531	.8554	.8577	.8599	.8621
1.1	.8643	.8665	.8686	.8708	.8729	.8749	.8770	.8790	.8810	.8830
1.2	.8849	.8869	.8888	.8907	.8925	.8944	.8962	.8980	.8997	.9015
1.3	.9032	.9049	.9066	.9082	.9099	.9115	.9131	.9147	.9162	.9177
1.4	.9192	.9207	.9222	.9236	.9251	.9265	.9279	.9292	.9306	.9319
1.5	.9332	.9345	.9357	.9370	.9382	.9394	.9406	.9418	.9429	.9441
1.6	.9452	.9463	.9474	.9484	.9495	.9505	.9515	.9525	.9535	.9545
1.7	.9554	.9564	.9573	.9582	.9591	.9599	.9608	.9616	.9625	.9633
1.8	.9641	.9649	.9656	.9664	.9671	.9678	.9686	.9693	.9699	.9706
1.9	.9713	.9719	.9726	.9732	.9738	.9744	.9750	.9756	.9761	.9767
2.0	.9772	.9778	.9783	.9788	.9793	.9798	.9803	.9808	.9812	.9817
2.1	.9821	.9826	.9830	.9834	.9838	.9842	.9846	.9850	.9854	.9857
2.2	.9861	.9864	.9868	.9871	.9875	.9878	.9881	.9884	.9887	.9890
2.3	.9893	.9896	.9898	.9901	.9904	.9906	.9909	.9911	.9913	.9916
2.4	.9918	.9920	.9922	.9925	.9927	.9929	.9931	.9932	.9934	.9936
2.5	.9938	.9940	.9941	.9943	.9945	.9946	.9948	.9949	.9951	.9952
2.6	.9953	.9955	.9956	.9957	.9959	.9960	.9961	.9962	.9963	.9964
2.7	.9965	.9966	.9967	.9968	.9969	.9970	.9971	.9972	.9973	.9974
2.8	.9974	.9975	.9976	.9977	.9977	.9978	.9979	.9979	.9980	.9981
2.9	.9981	.9982	.9982	.9983	.9984	.9984	.9985	.9985	.9986	.9986
3.0	.9987	.9987	.9987	.9988	.9988	.9989	.9989	.9989	.9990	.9990
3.1	.9990	.9991	.9991	.9991	.9992	.9992	.9992	.9992	.9993	.9993
3.2	.9993	.9993	.9994	.9994	.9994	.9994	.9994	.9994	.9995	.9995
3.3	.9995	.9995	.9995	.9996	.9996	.9996	.9996	.9996	.9996	.9997
3.4	.9997	.9997	.9997	.9997	.9997	.9997	.9997	.9997	.9997	.9998

Capitolo 16

Campionamento ed errore campionario

Cioè dove si inizia e dove si va a finire

Se abbiamo appreso i concetti del capitolo precedente, abbiamo gli ingredienti che ci servono per introdurre, comprendere e poi usare consapevolmente gli strumenti base della statistica inferenziale.

Anche quando l'obiettivo è *inferire* e non solo *descrivere*, il primo passo consiste nel procurarci i **dati**. In ambito inferenziale questo significa procurarci il **campione** che, come abbiamo imparato, è un *sottoinsieme* dell'intera popolazione U su cui ci interessa studiare il fenomeno X. In questo capitolo, breve ma fondamentale, cominceremo anche a capire quali sono i rischi e le *conseguenze* di utilizzare dati parziali per inferire il comportamento di X sull'intera U e come tenere queste conseguenze *sotto controllo* statisticamente. Infine impareremo a esprimere tutto questo in formule, cioè ne daremo una *formalizzazione* quale *metodo* generale ma, come promesso, privilegiando l'intuizione al rigore matematico.

16.1 Dalla popolazione al campione giocando con il caso

L'operazione di *scelta casuale* del campione di n unità statistiche fra le N che compongono l'*intera* U è chiamata **campionamento**. Il numero n è detto **numerosità** o **ampiezza campionaria**; di solito è *prefissato*, cioè è scelto *a priori* prima di effettuare fisicamente il campionamento, ed è *più piccolo* di N ($n < N$), in genere *molto* più piccolo. Sappiamo già, dal breve Capitolo 14 che ci ha introdotti alla statistica inferenziale, che l'inferenza statistica si basa su **campioni casuali**. Il campionamento è allora un **esperimento casuale** trattabile con la teoria delle probabilità e con le v.c. che abbiamo imparato nel Capitolo 5.

Si conoscono molti metodi per effettuare il campionamento, più o meno complessi e sofisticati. Nel loro insieme formano una branca della Statistica separata e in espansione: la **teoria dei campioni** (in inglese *survey sampling* o anche *sampling statistics*), a cui sono dedicati interi corsi universitari avanzati. Gli elementi di inferenza (classica) che vedremo noi sono basati sul tipo *più semplice* di campione casuale, che chiamiamo **bernoulliano** (dal probabilista del XVII secolo Jacob Bernoulli). Un **campione bernoulliano** è il risultato di n estrazioni casuali da U condotte *tutte* nelle stesse condizioni, cioè fra loro *indipendenti*. In pratica, si tratta di effettuare n estrazioni **con reinserimento** fra le N unità di U tra loro **equiprobabili**. I campioni bernoulliani sono tipici della ricerca sperimentale, di laboratorio e del controllo di qualità dei processi produttivi. Nella ricerca sociale ed economica i campioni casuali sono però estratti *senza* reinserimento, per evitare di intervistare più volte la stessa unità statistica e di ottenere informazioni duplicate. Quando il campione è estratto senza reinserimento si parla di **campione casuale semplice** o anche **SRS**, dall'inglese *Simple Random Sample*. Un campione bernoulliano è diverso da un SRS perché può contenere duplicazioni (anche indicati con *WR* e *WOR* dall'Inglese *With* e *WithOut Replacement*). Ci sono però teoremi di teoria delle probabilità, che noi ci limiteremo a enunciare in maniera intuitiva, che, quando valgono certe condizioni applicative, garantiscono un'equivalenza fra i due.

Teorema

Condizioni di equivalenza fra campioni casuali con e senza reinserimento

Se sia N sia n sono "sufficientemente grandi" ($N \to \infty$ e $n \to \infty$) e allo stesso tempo n è "piccolo rispetto a N", come accade per esempio per le indagini su larga scala, le due tecniche con o senza reinserimento portano a risultati *equivalenti*.

Possiamo infatti intuire che quando estraiamo una unità da una popolazione *molto grande*, se la reinseriamo in U prima di effettuare un'altra estrazione, la probabilità di ri-estrarla è molto piccola, diciamo pure 0. Allo stesso tempo, se *non* la reinseriamo, la probabilità di estrarre una qualunque delle rimanenti unità rimane praticamente invariata. Perciò, quando la popolazione è "molto grande" e la **frazione di campionamento** n/N è "sufficientemente piccola", tutti gli strumenti di inferenza statistica che richiedono un campione bernoulliano si possono applicare anche a campioni senza reinserimento perché tendono a produrre risultati equivalenti. Notate, però, che non c'è una regola teorica che ci dica quando n è *sufficientemente* grande e quando n/N è *sufficientemente* piccolo. La teoria ci dice che n deve *tendere all'infinito* e che n/N deve *mantenersi limitato*. Nella pratica, in cui i campioni sono ovviamente finiti, dobbiamo usare il buon senso e, quando c'è, l'esperienza.

16.2 Variabilità campionaria ed errore campionario: come tenerli sotto controllo usando il campione casuale

Quando facciamo *inferenza statistica* il nostro interesse non è mutato, è sempre quello di studiare il comportamento di X su U. Ma le nostre condizioni di lavoro sono molto cambiate, piú complesse e **incerte**. I soli dati di cui disponiamo sono quelli del campione bernoulliano, una *parte* di U, e da tali dati **parziali** e **casuali** vogliamo estrarre informazione e conoscenza valida per l'*intera* U. Possiamo pensare il processo di inferenza statistica come composto da una *andata* dalla popolazione al campione per produrre i dati (il *campionamento*) e da un *ritorno* dal campione alla popolazione per estendere i risultati dell'analisi dei dati campionari all'intera U, *inferire* appunto. Fermarci a ragionare su ciascuna di queste due fasi ci aiuta a introdurre due pilastri concettuali dell'inferenza statistica: la *variabilitá campionaria* nella fase di andata e l'**errore campionario** nella fase di ritorno (Figura 16.1).

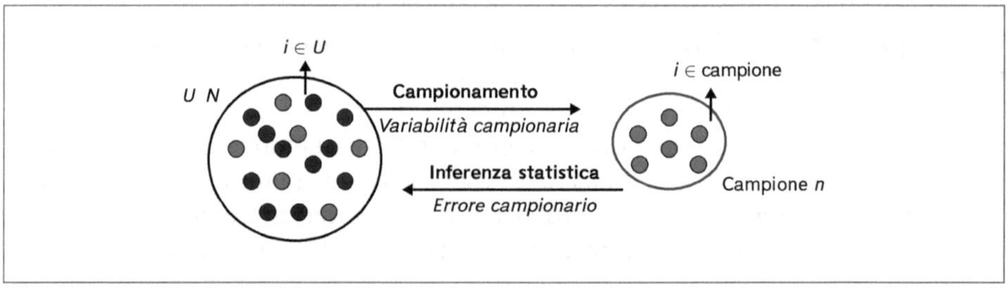

Figura 16.1
Una rappresentazione grafica di campionamento, variabilità campionaria, errore campionario e inferenza (i indica una (qualunque) unità statistica, $\in$ si legge "appartiene")

Poiché il campione è scelto casualmente dalla popolazione, dalla stessa U sono estraibili *molti diversi* campioni. Ciascuno dei differenti campioni estraibili da U può darci un'immagine *più o meno fedele* di U perché fornisce un'informazione *parziale* e potenzialmente *differente* circa il comportamento su U del fenomeno che ci interessa. Questo è il concetto di **variabilità campionaria**.

L'inferenza statistica avviene sotto l'effetto della variabilità campionaria, perché i soli dati noti sono quelli del campione effettivamente estratto, che è *uno* fra i tanti possibili. La *conseguenza*, cioè "la faccia scura" della variabilità campionaria, è che l'inferenza statistica comporta necessariamente *incertezza* e *rischio di errore*. Chiameremo questo concetto: **errore campionario**. L'errore campionario è pertanto connaturato all'inferenza ed è ineliminabile. Fare *buona* inferenza significa *controllare e misurare* l'errore campionario. Nell'inferenza statistica, che si basa su campioni casuali, l'errore campionario è controllato e misurato scientificamente con *probabilità* e variabili casuali v.c.

ESEMPIO 16.1

L'età delle matricole

Prendiamo un caso semplice. Immaginiamo di essere interessati all'età (in anni compiuti) delle matricole di un piccolo corso di laurea, che ha solo 10 matricole.

U: matricole della piccola facoltà
$N = 10$
Fenomeno d'interesse: età in anni compiuti

Matricole	1	2	3	4	5	6	7	8	9	10
Età	19	20	19	21	20	22	21	19	20	20

Se effettuassimo un censimento e disponessimo di *tutte* le N informazioni circa il fenomeno su U, potremmo calcolare, per esempio:

$$\text{età } \textbf{media} \text{ in } U = \frac{19 + 20 + \cdots + 20}{10} = 20.1 \text{ anni}$$

e la variabilità dell'età in U:

$$\textbf{varianza} \text{ dell'età in } U = \frac{1}{10}\left[(19-20.1)^2+(20-20.1)^2+\cdots+(20-20.1)^2\right] = 0.89$$

Immaginiamo che, per ragioni di budget o per ragioni logistiche o per quel che vi pare, si decida che *non* sia possibile osservare il fenomeno età su *tutte* le $N = 10$ unità di U. Allora, sempre con l'obiettivo di raccogliere informazioni circa l'età media e la variabilità dell'età delle matricole nell'*intera* U, procediamo all'estrazione di un campione di soli 3 soggetti. I possibili campioni bernoulliani di numerosità $n = 3$ estraibili da U sono molti. Se pensiamo a *tutti* i possibili, anche quelli eventualmente formati sempre dallo stesso soggetto, sono in totale:

$$N^n = 10^3 = 1000$$

L'insieme di questi 1000 possibili campioni costituisce lo **spazio campionario** dell'esperimento casuale di **campionamento** da U. Il campione che costituirà i nostri dati sarà uno di questi 1000 e sarà *tutto ciò che sappiamo* circa il fenomeno "età" su U. Ora che abbiamo deciso di *non* osservare tutta U, infatti, le informazioni della tabella precedente, la *vera* età media e la *vera* varianza dell'età in U sono **ignote**. Ciascun campione offre un'informazione *ristretta* e potenzialmente *diversa* circa l'età media e la varianza dell'età. Il campionamento comporta **variabilità campionaria** ed **errore campionario**.

Prendiamo, per esempio, i seguenti 4 fra i possibili 1000 campioni di ampiezza $n = 3$ e indichiamoli con a), b), c) e d). Vediamo che pur essendo estratti tutti dalla stessa U con la stessa procedura (campione bernouliiano), sono più o meno diversi fra di loro (variabilità campionaria) e ciascuno offre una propria informazione circa l'età media in U, più o meno *vicina* alla realtà (errore campionario):

a)

Matricole estratte	1	3	8
Età	19	19	19

Questo campione porterebbe a una sotto-stima dell'età media e della variabilità dell'età in U.

b)

Matricole estratte	6	8	6
Età	22	19	22

Questo campione porterebbe a una sotto-stima dell'età media e della variabilità dell'età in U.

c)

Matricole estratte	4	2	10
Età	21	20	20

d)

Matricole estratte	10	7	9
Età	20	21	20

Questi ultimi due campioni sono tra loro diversi, ma forniscono le stesse informazioni circa età media e variabilità dell'età in U.

Il metodo statistico per tenere sotto controllo l'errore campionario si basa sul considerare *tutti i possibili* campioni che ci possono capitare e sull'usare delle speciali v.c. **campionarie** per *interpretare* (formalizzare) la variabilità campionaria. Lo impareremo nel prossimo paragrafo e ne faremo un grande uso nei prossimi capitoli.

16.3 Formalizzazione della variabilità campionaria

Formalizziamo, cioè traduciamo in *formule*, il contesto in cui lavoreremo nei prossimi capitoli. Faremo grande uso delle nozioni di v.c., valore atteso E, varianza V e probabilità che abbiamo imparato nel Capitolo 15 e ci creeremo il *quadro teorico* per introdurre i principali strumenti di inferenza statistica.

Quando si dispone solo di dati campionari (*parziali* e *casuali*), la distribuzione del fenomeno di interesse su U e i *reali* valori di tutte le sue sintesi statistiche (quali la media, la varianza ma anche la mediana, le percentuali ecc.) sono **ignoti**. Ma, anche se ignoti, sono quantità di popolazione di potenziale interesse circa X su U e li chiameremo **parametri**. I parametri sono dunque l'*oggetto* dell'inferenza statistica. Attenzione: non si possono *calcolare* dai dati campionari, perché sono parziali e casuali e consentono solo di *stimarli*. Abbiamo quindi bisogno di una simbologia nuova per indicare questi parametri ignoti oggetto dell'inferenza, che li distingua chiaramente dalle *stime* e dai risultati delle analisi campionarie. In questo libro useremo la lettera greca mu μ per indicare la (vera) media di X in U e (al solito) la lettera greca σ^2 per indicare la (vera) varianza di X su U. Media e varianza sono sintesi statistiche di base per il fenomeno di interesse ma anche quantità di popolazione spesso rilevanti nelle applicazioni di ricerca sociale, politica ed economica (... e non solo); nei prossimi capitoli ce ne occuperemo parecchio.

L'esperimento casuale di campionamento fornisce (solo) n osservazioni del fenomeno e, dunque, (solo) n dei possibili valori di X fra quelli che esistono nell'intera U. Indicheremo il campione (bernoulliano) con la n-upla di valori:

$$x_1 \ldots x_i \ldots x_n$$

Ciascuna **osservazione campionaria** x_i è il risultato di un esperimento casuale; è pertanto un *evento casuale* e può coincidere con uno (qualunque) dei possibili valori di X che esistono in U. Allora, il risultato di *ogni* estrazione campionaria è interpretato da una v.c. X_i che chiameremo **v.c. estrazione campionaria**, di cui il dato campionario x_i rappresenta *uno* dei possibili valori. Poiché nel campione bernoulliano le estrazioni sono *indipendenti*, allora le v.c. estrazioni campionarie X_i sono tra loro **indipendenti**. Infine, poiché x_i non può che coincidere con uno dei possibili valori di X presenti in U, si ha anche che ciascuna v.c. campionaria X_i è **identica** a X. E in quanto identica, ha la *stessa* media, la *stessa* varianza, la *stessa* distribuzione... identica appunto. Riassumiamo i simboli e capiamo la (grossa) differenza concettuale fra X, x_i e X_i.

Definizioni e Proprietà

- **Campione (bernoulliano)** cioè i dati: $x_1 \ldots x_i \ldots x_n$.
- **Osservazione campionaria**: x_i, uno qualunque dei valori di X che si possono trovare in U.
- **V.c. estrazione campionaria**: X_i, di cui x_i rappresenta *uno* dei possibili valori. Ma i possibili valori assumibili da X_i sono *tutti* e *soli* i valori di X che esistono in U. Ne segue:
- X_i è **identica** a X (in U) con

$$E(X_i) = \mu \quad \text{e} \quad V(X_i) = \sigma^2$$

ecc. per tutte le estrazioni campionarie, cioè per $i = 1, \ldots, n$.
- In complesso abbiamo n v.c. $X_1 \ldots X_i \ldots X_n$ **identiche** fra loro, **identiche** a X e **indipendenti**. Si dice anche *iid*, dall'inglese *independent and identically distributed*.

ESEMPIO 16.1

L'età delle matricole (continua)

Il fenomeno di interesse X è l'età in anni compiuti nell'intera U di $N = 10$ matricole; la reale età media μ e varianza dell'età σ^2 rappresentano **ignoti parametri**.

Estrarre un campione **bernoulliano** di ampiezza $n = 3$ da U genera un insieme di dati di questo tipo:

x_1	x_2	x_3
↓	↓	↓
età del I studente estratto	età del II studente estratto	età del III studente estratto

Guardiamo i 4 campioni presi come esempio nel precedente paragrafo. La **prima osservazione campionaria** x_1 nel campione a) vale 19, in b) vale 22, in c) 21 e in d) 20. Se pensiamo a **tutti** i possibili campioni estraibili, x_1 può valere una qualunque delle età dei 10 studenti in U, cioè x_1 è *uno* dei possibili valori della v.c. X_1 **prima estrazione campionaria**, i cui valori sono tutti i valori di X in U. Ecco che X_1 è **identica** a X, dunque ha la **stessa media** $\mu = 20.1$ e la **stessa varianza** $\sigma^2 = 0.89$.

Lo stesso ragionamento vale per la seconda e per la terza osservazione campionaria. In complesso abbiamo un sistema di 3 v.c. estrazioni campionarie X_1, X_2, X_3, che *inglobano* tutti i possibili campioni bernoulliani estraibili da U, sono **identiche** fra loro, **identiche** a X e **indipendenti**, cioè:

$$E(X_1) = E(X_2) = E(X_3) = \mu = 20.1$$

$$V(X_1) = V(X_2) = V(X_3) = \sigma^2 = 0.89$$

Per concludere invito a riflettere sull'utilità del quadro formale che abbiamo imparato in questo paragrafo (... e sul perché di questo ulteriore sforzo teorico). Con la n-upla di v.c. *iid* $X_1, \ldots, X_n$ ci siamo dotati dello strumento analitico che interpreta l'intero spazio dei campioni (bernoulliani e di ampiezza n) estraibili da U, tutti i possibili campioni che ci possono capitare. È cioè lo strumento per *interpretare la variabilitá campionaria.* Avere lo strumento analitico per rappresentare la variabilità campionaria ci apre la strada per *controllare e misurare l'errore campionario*, cioè il vero obiettivo dell'inferenza statistica.

16.4 Inferenza statistica: oggetto, funzioni e le diverse facce dell'errore campionario

Abbiamo capito che l'inferenza avviene sempre sotto l'azione della variabilità campionaria e comporta sempre l'errore campionario. L'inferenza statistica, come qualunque induzione, è *incerta* perché sottoposta alla variabilità campionaria, ma allo stesso tempo è validata da controllo e quantificazione probabilistica dell'errore campionario. È quello che impareremo nei prossimi capitoli.

La statistica inferenziale (di base) offre metodologie per risolvere due grandi classi di problemi di inferenza:

1. la **stima** dei parametri, con l'obiettivo di usare i dati campionari per inferire il *valore* dei parametri ignoti;
2. la **verifica di ipotesi statistiche**, con l'obiettivo di usare i dati campionari per inferire se è accettabile o meno un valore che si ipotizza per i parametri ignoti o un qualche altro assunto circa il comportamento (statistico!) di X sulla U di studio.

Nei prossimi capitoli impareremo le classiche metodologie di stima e di verifica di ipotesi, in particolare quelle di base per le scienze sociali. A seconda della metodologia che tratteremo, l'errore campionario assumerà facce diverse: sarà "errore di stima" nel primo caso, sarà "rifiutare un'ipotesi vera" nel secondo. Diverso sarà anche il modo in cui lo *formalizzeremo* (tradurremo in formule) e in cui lo *misureremo*. Sempre, però, utilizzeremo campioni *casuali* così da *controllare* l'errore in termini di *probabilità*, ricorrendo a opportune v.c.

Capitolo 17

Stime e stimatori

Cioè come trasformare i dati campionari in informazioni statisticamente affidabili

Nel Capitolo 16 ci siamo costruiti l'impianto teorico-probabilistico per utilizzare i campioni casuali. Ora impariamo a *stimare* i parametri ignoti. Esistono due grandi classi di metodi per stimare un parametro ignoto: con un *unico* valore, e in questo caso si parla di stima **puntuale**, oppure con un *intervallo* di valori, e si parla allora di stima **intervallare**. In questo capitolo cominciamo a parlare di stima puntuale. Impareremo come costruire una *buona* stima e come valutarne *affidabilità* e *precisione*. Qui l'errore campionario assume l'aspetto di **errore di stima**: quanto più piccolo è l'errore di stima tanto più *precisa, accurata* e *affidabile* è la stima, qualunque sia il campione che ci è capitato.

17.1 Stima puntuale

È la metodologia statistica che utilizza i dati del campione per:

- calcolare un (unico) valore **puntuale** per *sostituirlo* alla quantità di U che interessa, cioè all'ignoto parametro oggetto dell'inferenza;
- controllare in termini di probabilità se e quanto tale sostituzione è *affidabile* e *accurata*, qualunque sia il campione che ci è capitato.

Questa *sostituzione* rappresenta l'inferenza nel processo di stima.

Utilizzeremo gli elementi teorici che abbiamo introdotto nel Capitolo 16 e lavoreremo col quadro formale per interpretare la variabilità campionaria. Precisamente useremo il campione bernoulliano $x_1 \dots x_i \dots x_n$ di pre-scelta ampiezza n, cioè i *dati*, e la n-upla di v.c. $X_1 \dots X_i \dots X_n$, identiche e indipendenti, generata dall'estrazione casuale, equiprobabile e indipendente, del campione bernoulliano.

In questo capitolo impariamo a stimare (puntualmente) i 3 parametri ignoti più semplici, che sono anche i più ricorrenti nella ricerca applicata di tipo sociale e politica:

1. la **media** del fenomeno X in U, che indichiamo con μ;
2. la **varianza** del fenomeno in U, che corrisponde alla varianza σ^2 di X;
3. una **percentuale** (o frequenza relativa) di modalità di X di interesse, che indicheremo con p e che vedremo più avanti a cosa corrisponde.

Con le nostre conoscenze teoriche possiamo introdurre un solo metodo per stimare puntualmente un parametro ignoto, il più semplice, che consiste nel procedere per analogia: per stimare l'ignota media della popolazione useremo la media dei dati campionari, per stimare l'ignota varianza della popolazione useremo la varianza del campione (o qualcosa di molto simile) e per stimare una percentuale useremo la corrispondente percentuale campionaria. Vedremo che questo metodo è sufficiente per coprire un'ampia gamma di problemi di ricerca sociale e capiremo anche che in generale produce *buone* stime.

La stima di un parametro è il risultato di un *calcolo*, un'*elaborazione* eseguita sugli n dati $x_1 \ldots x_i \ldots x_n$, per ottenere un *unico numero* da sostituire al parametro in U (che è e rimane *ignoto*).

Definizione

Stima puntuale. La stima puntuale di un ignoto parametro è una qualche *funzione* dei (formula da applicare ai) dati campionari $x_1 \ldots x_i \ldots x_n$.

Un po' più complicato è, invece, stabilire se la stima calcolata è *affidabile* e sufficientemente *precisa* (in inglese *accurate*) per gli scopi della nostra ricerca. Significa, infatti, misurare e controllare l'errore campionario in termini di probabilità. Per capire questo, è strategico imparare a distinguere la stima dallo stimatore.

Abbiamo imparato nel Capitolo 16 che esiste la variabilità campionaria, cioè che il campione su cui lavoriamo e su cui calcoliamo la stima è *uno* fra i *molti* possibili e diversi, e che lo strumento formale che interpreta la variabilità campionaria è la n-upla delle v.c. estrazioni campionarie $X_1 \ldots X_i \ldots X_n$. Abbiamo poi imparato che il riflesso della variabilità campionaria è l'errore campionario: ogni diverso campione può darci un valore *diverso* della stima, più o meno *vicino* all'ignoto valore del parametro (... e se non lo ricordate, provate a rivedere l'Esempio 16.1 "L'età delle matricole"). Per controllare l'errore di stima dobbiamo tener conto di *tutte* le possibili stime ottenibili da *tutti* i possibili campioni che potrebbero capitare. Per fare questo affianchiamo al concetto di stima il concetto di **stimatore** o **statistica campionaria**.

Definizione

Stimatore o **statistica campionaria.** È la stessa funzione (formula) che definisce la stima, ma applicata alle v.c. estrazioni campionarie $X_1 \ldots X_i \ldots X_n$.

Lo stimatore è quindi una v.c. È la v.c. che interpreta *tutti* i possibili valori della stima su *tutti* i possibili campioni estraibili da quella U. Lo stimatore è definito sull'*intero* spazio campionario. La stima calcolata sul (unico) campione che abbiamo effettivamente estratto, è *uno* dei possibili valori dello stimatore.

Dunque, la **stima** è un **numero**, ottenuto sul campione che ci è capitato. Lo **stimatore** è invece una **variabile casuale**, che tiene conto di *tutte* le possibili stime ottenibili su tutti i possibili campioni (bernoulliani e con la prefissata ampiezza n) estraibili in U. Lo stimatore serve per interpretare la *variabilità campionaria* e per controllare l'*errore campionario*.

Quando scriveremo le formule distingueremo stima e stimatore con lo stesso trucco che abbiamo usato nella statistica descrittiva per distinguere la v.s. X da una qualunque delle sue modalità x e lo stesso che abbiamo usato nella teoria delle probabilità per distinguere la v.c. X da uno qualunque dei suoi valori x. Useremo la lettera maiuscola per indicare lo stimatore e la corrispondente lettera minuscola per indicare la stima. Visivamente fa pochissima differenza, ma nella sostanza e nel metodo fa una differenza enorme. Lo stimatore è una v.c., fa riferimento all'intero spazio campionario, cattura e interpreta la variabilità campionaria. La stima è un numero, uno dei possibili valori dello stimatore, fa riferimento a un solo campione, quello dei dati effettivamente a disposizione, ed è soggetta all'errore campionario.

17.2 Stima della media

Per stimare (puntualmente) l'ignota media μ di U usiamo la media (aritmetica) degli n dati campionari. Chiameremo questa stima **media campionaria** e la indicheremo con $\bar{x}$, che si legge "x sopra-segnato" o anche "x medio". È unsimbolo molto usato e siamo già abituati ad usarlo per indicare la media dei dati a disposizione. Ma in formule, la definizione della media campionaria non è una novità. Quello che cambia rispetto a quando lavoravamo con dati completi è che ora i dati sono quelli del campione.

Definizione

Media campionaria (stima)

$$\bar{x} = \frac{1}{n}\sum_{i=1}^{n} x_i$$

ESEMPIO 17.1

L'età delle matricole (continua da Capitolo 16)

Vogliamo fare inferenza sull'età media dei 10 studenti del piccolo corso di laurea sulla base di un campione bernoulliano di ampiezza $n = 3$. Quindi il nostro parametro ignoto oggetto di stima è μ. Supponiamo di aver estratto, per esempio, il campione indicato con d): $x_1, x_2, x_3 = 20, 21, 20$.

Stimare puntualmente μ significa usare i dati campionari per determinare un *unico* valore *ragionevolmente sostituibile* all'ignoto valore dell'età media in U. In via naturale calcoliamo l'età media dei 3 studenti campionati:

$$\frac{20 + 21 + 20}{3} = 20.3$$

Fino a qui è facile. Più difficile è rispondere alla domanda: che cosa ci garantisce che la stima $\bar{x}$, calcolata sul campione effettivamente estratto, sia una *buona* stima per μ? Nell'Esempio 17.1 "L'età delle matricole (continua dal Capitolo 16)", usando il campione d) abbiamo calcolato la stima: $\bar{x} = \sum_{i=1}^{n} x_i / n = 20.3$. Che cosa ci dà garanzie che l'età media 20.3 del campione che ci è capitato si possa *sostituire* all'ignoto valore dell'età media nell'intera U? Quanto è "precisa", "accurata" questa inferenza? Quanto $\bar{x}$ è "vicina" al vero (ignoto) valore di μ?

Per rispondere, dobbiamo considerare il corrispondente stimatore che, con il trucco delle lettere minuscole/maiuscole, è la seguente v.c.

Definizione

Media campionaria (stimatore)

$$\bar{X} = \frac{1}{n}\sum_{i=1}^{n} X_i$$

Lo stimatore $\bar{X}$ interpreta la variabilità campionaria su tutti i possibili campioni, *ingloba* tutte le possibilità. Studiando le caratteristiche statistiche dello stimatore, cioè la sua media, la sua varianza, la sua funzione di probabilità o di densità ecc., si definiscono le **proprietà statistiche di uno stimatore**. Le proprietà dello stimatore servono a controllare l'errore campionario e interpretano formalmente (cioè in formule) i concetti di *bontà, affidabilità, accuratezza* e *precisione*. Tali proprietà si riflettono poi sulla stima, cioè sul valore ottenuto dal campione effettivamente estratto, e costituiscono la **garanzia probabilistica** di questo tipo di inferenza, cioè la stima puntuale.

Vediamo tre fondamentali proprietà formali di uno stimatore prendendo come esempio-guida lo stimatore media campionaria $\bar{X}$.

17.3 Proprietà degli stimatori: non distorsione

La più nota e semplice proprietà richiesta a uno stimatore è di **non** essere **distorto**, cioè di non avere tendenza né a sovra-stimare né a sotto-stimare (in inglese *unbiasedness*). Lo stimatore è una v.c. e come tale ha un suo valore atteso. La proprietà di non distorsione riguarda il valore atteso dello stimatore.

Proprietà

Non distorsione. Uno stimatore è non distorto (*unbiased*) se il suo valore atteso *coincide* con il parametro oggetto di stima (qualunque esso sia). Se questo non succede, lo stimatore è *distorto* (*biased*).

La non distorsione è una proprietà auspicabile per uno stimatore perché si presta alla seguente interpretazione.

Interpretazione della non distorsione. Fra tutti i possibili campioni ve ne sono alcuni che forniscono *sotto-stime* del parametro, altri che forniscono *sovra-stime* del parametro e altri ancora che forniscono valori *vicini* o magari *identici* al parametro oggetto di stima. Richiedere che uno stimatore sia *non distorto* significa garantire che *in media* lo stimatore ci azzecchi perfettamente, coincida con ciò che si vuole stimare. Su tutti i possibili campioni sovra-stime e sotto-stime si compensano.

Uno stimatore distorto è viceversa uno stimatore che tende alla sotto-stima o alla sovra-stima perché, fra tutti i possibili campioni, le sotto-stime (o le sovra-stime) prevalgono. Quando questo succede, lo stimatore, in media, *non* coincide con ciò che si vuole stimare.

Poiché lo stimatore è un oggetto *teorico*, il parametro che si vuole stimare è ignoto (altrimenti non esisterebbe il problema di stimarlo!) e il campione effettivamente estratto (cioè gli unici dati a disposizione) è solo *uno* fra i molti possibili, allora la non distorsione si può accertare solo *teoricamente*. Quando è verificata, questa proprietà passa alla stima effettivamente calcolata sull'unico campione estratto. Poiché tale stima è uno dei possibili valori di uno stimatore non distorto, si parlerà di **stima non distorta** a garanzia proprio della sua affidabilità e della validità dell'inferenza. Vediamolo per la media campionaria.

17.4 Non distorsione della media campionaria

La media campionaria è stima per l'ignota media μ in U. Il corrispondente stimatore è **non distorto** per μ perché il suo valore atteso è proprio uguale a μ.

Proprietà

Non distorsione della media campionaria

$$E(\bar{X}) = \mu$$

sempre! Qualunque sia l'ampiezza n del campione, qualunque sia il fenomeno X e il vero valore della sua media μ.

Dimostriamolo.

Dimostrazione

Verificare se uno stimatore è non distorto significa calcolarne il valore atteso e controllare che coincida con il parametro ignoto che si vuole stimare. Calcoliamo allora il valore atteso dello stimatore media campionaria:

$$E(\bar{X}) = E\left(\frac{1}{n}\sum_{i=1}^{n} X_i\right)$$

Il valore atteso non è altro che una media aritmetica; la media di una somma è la somma delle medie, perciò si possono scambiare i simboli di valore atteso E e di sommatoria Σ:

$$= \frac{1}{n}\sum_{i=1}^{n} E(X_i)$$

Le v.c. estrazioni campionarie X_i sono tutte identiche a X, cioè hanno tutte la stessa media μ:

$$= \frac{1}{n}\sum_{i=1}^{n} E(X) = \frac{1}{n}\sum_{i=1}^{n} \mu = \frac{1}{n} n \cdot \mu = \mu$$

ESEMPIO 17.1

L'età delle matricole (continua)

Pensiamo a tutti i 1000 campioni di ampiezza $n = 3$ estraibili dalle $N = 10$ matricole del piccolo corso di laurea. Intuitivamente:

- alcuni campioni fornirebbero una stima $\bar{x}$ più piccola della reale μ, cioè una *sotto-stima*. Per esempio, sul campione a): $x_1, x_2, x_3 = 19, 19, 19$ si calcola la stima:

$$\bar{x} = \frac{1}{n}\sum_{i=1}^{n} x_i = \frac{1}{3}(19 + 19 + 19) = 19$$

  che porta a sottostimare la reale (ma ignota) media della popolazione $\mu = 20.1$;
- altri campioni fornirebbero una stima $\bar{x}$ più grande della reale μ, cioè una *sovra-stima*. Per esempio, sul campione b): $x_1, x_2, x_3 = 22, 19, 22$ si calcola

$$\bar{x} = \frac{1}{n}\sum_{i=1}^{n} x_i = \frac{1}{3}(22 + 19 + 22) = 21$$

  che sovrastima $\mu = 20.1$;
- altri campioni fornirebbero una stima $\bar{x}$ vicina o coincidente con la reale μ. Per esempio, i campioni c): $x_1, x_2, x_3 = 21, 20, 20$ e d): $x_1, x_2, x_3 = 20, 21, 20$ anche se diversi, forniscono gli stessi dati e la stessa stima $\bar{x} = 20.3$, che stima $\mu = 20.1$ *con poco* errore.

Immaginiamo di estrarre tutti i 1000 possibili campioni. Su ciascun campione calcoliamo la stima $\bar{x}$ e infine calcoliamo la media di tutte queste stime: otterremmo 20.1, che è proprio μ, cioè sotto-stime e sovra-stime si *compensano*. Infatti, considerare tutti i possibili campioni e il valore della stima $\bar{x}$ su ciascuno significa costruire la v.c. **stimatore** $\bar{X}$; calcolare la media aritmetica di tutte le possibili stime $\bar{x}$ su tutti i possibili campioni significa calcolarne il **valore atteso** $E(\bar{X})$; $\bar{X}$ è stimatore **non distorto** per μ, dunque il suo valore atteso coincide con il reale valore μ (qualunque esso sia!).

Se lo stimatore è **distorto** allora il suo valore atteso *non* coincide con il parametro da stimare, ma risulta più grande (sovra-stima) o più piccolo (sotto-stima). Questo succede quando, su tutti i possibili campioni che possono capitare, sovra-stime e sotto-stime *non* si compensano ma prevalgono le sovra-stime o, viceversa, le sotto-stime. Alcuni autori e alcuni testi in italiano chiamano questa proprietà **correttezza** e parlano di stimatore corretto e di stima corretta. Sconsiglio di usare questa terminologia che trovo un po' fuorviante: la non distorsione, infatti, è una *buona* proprietà, ma *non basta* per garantire una *corretta* inferenza. Consiglio invece di utilizzare, come faccio qui, la traduzione letterale del termine inglese, cioè "non distorsione", anche se non è bellissima in italiano.

Una stima non distorta è *affidabile* perché è uno dei possibili valori di uno stimatore che *in media coincide* con ciò che si vuole stimare, *in media* centra l'obiettivo inferenziale. Questo, però, non ci dice nulla riguardo a quanto la stima è *precisa* o *accurata*, cioè quanto è *vicina* al valore vero del parametro che si vuole stimare. In teoria, uno stimatore può essere non distorto ma, allo stesso tempo, non essere *mai vicino* a ciò che si vuole stimare e dunque *non* essere un *buon* stimatore.

ESEMPIO 17.2

Uno stimatore non distorto ma anche inaccurato

Un laureando ha un sacco di esami registrati sul suo libretto e un voto medio di $\mu = 24$ trentesimi. Lui, però, non lo sa, perché non ha una calcolatrice e non ha voglia di fare conti. Ha però idea che sia compresa fra 20 e 28. Per stimare la sua ignota media μ (che noi sappiamo essere 24, ma lui no!) decide di procedere casualmente lanciando una moneta (regolare e bilanciata!): se viene "testa" allora stima μ con 20, se invece viene "croce" stima μ con 28. Sta allora usando uno stimatore che assume solo due valori: il 20 e il 28. Assume valore 20 con la probabilità che venga "testa", cioè 0.5, e assume valore 28 con la probabilità che venga "croce", cioè ancora 0.5. È allora uno stimatore che sotto-stima μ nella metà dei casi e sovra-stima nell'altra metà. Il suo valore atteso è però: $20 \times 0.5 + 28 \times 0.5 = 24 = \mu$, cioè sovra-stime e sotto-stime si compensano sull'intero spazio campionario. Perciò è uno stimatore non distorto, ma, evidentemente, *non* è un stimatore *accurato*: non è mai *vicino* alla media reale 24!

L'osservazione e l'esempio precedenti ci suggeriscono che la non distorsione è sì una *buona* proprietà, ma *non basta*. È necessario definire altre proprietà. Ancora, prendiamo la media campionaria (l'unico tipo di stima e stimatore che per ora conosciamo) come esempio-guida.

17.5 Precisione o accuratezza di uno stimatore: errore quadratico medio

Quello che vogliamo fare adesso è misurare l'errore campionario associato all'inferenza nel processo di stima, cioè l'**errore di stima**. Per farlo abbiamo bisogno di una nuova sintesi statistica di uno stimatore: l'**errore quadratico medio** che esprime in formule l'errore intrinseco nella sostituzione dell'ignota μ con la stima $\bar{x}$.

Un buon punto di partenza è allora la differenza: $(\bar{x} - \mu)$.

Sappiamo che i possibili campioni sono molti e che ciascuno può fornire un diverso valore della stima per effetto della variabilità campionaria. Teniamo allora conto di *tutti* i possibili campioni facendo riferimento allo stimatore $\bar{X}$ e definiamo un *errore totale*: $(\bar{X} - \mu)$.

Tale errore può risultare positivo su alcuni campioni (sovra-stime) e negativo su altri campioni (sotto-stime), ma sempre di *errore* si tratta. Eliminiamo allora l'influenza del segno elevando al *quadrato*: $(\bar{X} - \mu)^2$. Infine, consideriamo l'*errore medio* di stima, mediando su tutti i possibili campioni estraibili: $E(\bar{X} - \mu)^2$. Questa quantità è chiamata **errore quadratico medio** (in inglese *Mean Squared Error*) e la indicheremo con *MSE*. È *quadratico* perché basato sul *quadrato* delle differenze fra lo stimatore e ciò che si vuole stimare; è *medio* perché considera il valore atteso di tutte le possibili differenze su tutti i possibili campioni.

Definizione

MSE di uno stimatore

$$MSE = E(\text{stimatore} - \text{parametro})^2$$

È il valore atteso della differenza al quadrato fra lo stimatore e il parametro che si vuole stimare.

MSE è una quantità *teorica* perché considera tutti i possibili campioni e misura la **dispersione** dei valori dello stimatore (cioè tutte le possibili stime) intorno all'oggetto della stima (cioè il parametro ignoto). Quanto più *piccola* è tale dispersione, tanto più *preciso* e *accurato* è lo stimatore: le possibili stime saranno *tutte vicine* al parametro da stimare e, dunque, anche la stima che si ottiene dal (unico) campione che è capitato, cioè i dati a disposizione.

MSE ha un'importante proprietà: per qualunque stimatore è composto sia dalla sua varianza sia dalla sua (eventuale) distorsione. Definiamo questa proprietà, poi la discutiamo e infine la dimostriamo.

Proprietà

$$MSE = MSE = V + Dist^2$$

Innanzitutto osserviamo che se uno stimatore è non distorto, cioè $Dist = 0$, allora il suo *MSE* coincide con la sua varianza. È allora una buona cosa usare stimatori *non distorti*, perché in questo modo conteniamo l'errore azzerandone un "pezzo". Non sempre è possibile utilizzare stimatori non distorti, per esempio quando l'oggetto della stima è un parametro più complesso della media o quando la popolazione è, come si dice, "difficile da campionare" (per esempio immigrazione clandestina, casi di Covid-19 asintomatici...) e necessita di un meccanismo più complesso del campione bernoulliano. In questi casi pratici, la proprietà dell'*MSE* ci dice che possiamo controllare l'errore di stima anche tollerando una certa distorsione dello stimatore e cercando un bilanciamento con la sua varianza. Osserviamo anche che per ridurre l'errore di stima va *controllata* la varianza *V* dello stimatore (lo capiremo meglio nei prossimi paragrafi). Infine, per convincerci di questa proprietà dell'*MSE*, la dimostriamo.

Dimostrazione

Indichiamo con T uno stimatore per un qualche ignoto parametro θ. Il suo *MSE* è, come abbiamo definito sopra a parole, il valore atteso della differenza al quadrato fra stimatore e parametro che vogliamo stimare. In formule è più compatto e più chiaro:

$$MSE(T) = E(T - \theta)^2$$

Svolgiamo il quadrato (è il quadrato del binomio che abbiamo imparato alle scuole medie):

$$= E(T^2 + \theta^2 - 2T\theta)$$

Il valore atteso di una somma (algebrica) è la somma dei valori attesi perché il valore atteso non è altro che una media aritmetica (lo abbiamo appena visto quando abbiamo dimostrato la non distorsione dello stimatore media campionaria):

$$= E(T^2) + E(\theta^2) - E(2T\theta)$$

Ora ci ricordiamo la formula indiretta della varianza: $V(T) = E(T^2) - E(T)^2$, perciò $E(T^2) = V(T) + E(T)^2$. Poi osserviamo che θ è un numero, il valore ignoto che vogliamo stimare; è dunque una costante, e il valore atteso della costante, anche elevata al quadrato, è sempre la costante stessa, perciò avremo $E(\theta^2) = \theta^2$ e $E(2T\theta) = 2\theta E(T)$. Allora:

$$= V(T) + E(T)^2 + \theta 2 - 2\theta E(T)$$

Infine, ci ricordiamo che il valore atteso di uno stimatore è uguale al parametro che vogliamo stimare a cui si aggiunge (l'eventuale) distorsione:

$$= V(T) + (\theta + Dist)^2 + \theta^2 - 2\theta(\theta + Dist)$$

Svolgiamo (l'ulteriore) quadrato del binomio, togliamo le parentesi all'ultimo termine e semplifichiamo quello che c'è da semplificare:

$$=V(T) + \theta^2 + Dist^2 + 2\theta Dist + \theta^2 - 2\theta^2 - 2\theta Dist =$$
$$=V(T) + 2\theta^2 + Dist^2 + 2\theta Dist - 2\theta^2 - 2\theta Dist =$$
$$=V(T) + Dist^2$$

17.6 Errore quadratico medio della media campionaria

Vogliamo vedere "com'è fatto" l'*MSE* della media campionaria. Conoscere la formula dell'errore di stima è il passo necessario per capirne le determinanti e dunque le possibilità di *controllarlo* e *ridurlo*.

Innanzitutto ci ricordiamo (dal Paragrafo 17.4 "Non distorsione della media campionaria") che $\bar{X}$ è stimatore non distorto per μ, dunque il suo *MSE* coincide con la varianza.

Proprietà

MSE della media campionaria

$$MSE(\bar{X}) = E(\bar{X} - \mu)^2 = V(\bar{X})$$

Poi usiamo un importante risultato (che dimostriamo più sotto).

Proprietà

Varianza della media campionaria

$$V(\bar{X}) = \frac{\sigma^2}{n}$$

dove σ^2 indica la varianza del fenomeno in U e n è l'ampiezza campionaria.

Dimostriamolo.

Dimostrazione

Calcoliamo la varianza della media campionaria:

$$V(\bar{X}) = V\left(\frac{1}{n}\sum_{i=1}^{n} X_i\right)$$

L'*indipendenza* delle v.c. estrazioni campionarie X_i ci garantisce (algebricamente) che la varianza della somma coincide con la somma delle varianze: si può allora scambiare il simbolo V con il simbolo di sommatoria Σ. Anche la costante $1/n$ può essere scambiata con il simbolo V, ma bisogna ricordare che la varianza è una quantità al quadrato e dunque va *elevata al quadrato*:

$$= \left(\frac{1}{n}\right)^2 \sum_{i=1}^{n} V(X_i)$$

Le v.c. estrazioni campionarie X_i sono tutte identiche fra loro e identiche a X, perciò hanno la stessa varianza σ^2:

$$= \left(\frac{1}{n}\right)^2 \sum_{i=1}^{n} \sigma^2 = \left(\frac{1}{n}\right)^2 n\sigma^2 = \frac{\sigma^2}{n}$$

La varianza della media campionaria è dunque anche il suo *MSE* perché è stimatore non distorto. Allora

$$V(\bar{X}) = MSE(\bar{X}) = \frac{\sigma^2}{n}$$

misura l'*errore di stima* che si commette sostituendo $\bar{x}$ all'ignoto μ. Osserviamo che tale errore è:

- in relazione *diretta* con σ^2 (perché σ^2 sta al numeratore). Allora l'errore di stima della media campionaria è tanto maggiore quanto più grande è σ^2, cioè tanto più variabile (e dunque *difficile* da stimare) è il fenomeno in U;
- in relazione *inversa* con n (perché n sta al denominatore). Allora l'errore di stima della media campionaria è tanto minore quanto più è *grande* (numeroso) il campione.

Prima di procedere, fermiamoci a osservare che abbiamo dimostrato due risultati importanti e centrali nell'inferenza statistica. *Qualunque* sia il fenomeno di interesse in U, *qualunque* siano la sua ignota distribuzione, la sua media μ e la sua varianza σ^2, lo stimatore media campionaria ha *sempre* valore atteso che coincide con μ e varianza che coincide con σ^2/n.

Attenzione: tutto questo è vero, si dimostra e scientificamente sta in piedi *solo* se il campione è casuale (e bernoulliano). Senza caso, infatti, non ci sarebbero né probabilità né v.c. stimatore di cui controllare le proprietà statistiche!

17.7 Proprietà degli stimatori: consistenza

Un'altra proprietà auspicabile per uno stimatore è la **consistenza** che riguarda la precisione (o accuratezza).

È una proprietà molto importante perché è il *minimo* che si possa richiedere a uno stimatore. La definizione rigorosa di stimatore consistente è però matematicamente complessa e coinvolge l'operazione di limite in termini di probabilità. Si deve infatti pensare all'ampiezza campionaria n che cresce tendendo all'infinito. Tecnicamente si parla di proprietà **asintotica**. Noi ci limitiamo a intuirla: a un *buon* stimatore si richiede che sia sempre *più preciso*, riducendo l'errore di stima, all'*aumentare* dell'ampiezza campionaria n, quando cioè aumentano i dati introdotti nel processo di stima. Quando ciò non succede, lo stimatore non merita neanche di essere chiamato tale: uno stimatore non consistente è da buttare via!

Se lo stimatore è già non distorto come la media campionaria, per essere consistente basta che la sua varianza diventi sempre più piccola (fino a diventare 0) al crescere dell'ampiezza campionaria n. Notate che uno stimatore non distorto con varianza nulla è uno stimatore perfetto, che *non* comporta errore di stima. Per uno stimatore non distorto e consistente, questo succede con un campione di ampiezza *teoricamente* infinita. Usando uno stimatore non distorto e consistente e un campione *sufficientemente* ampio, si approssima questa ideale situazione teorica.

17.8 Consistenza della media campionaria

Sappiamo che $MSE(\bar{X}) = V(\bar{X})$ perché la media campionaria è non distorta. Abbiamo anche dimostrato che $V(\bar{X}) = \sigma^2/n$. Aumentando il denominatore di una frazione si ottiene un numero più piccolo. Allora la $V(\bar{X})$ diventa sempre più piccola all'aumentare di n. Quindi, la media campionaria, oltre che non distorta, è anche **consistente** per μ. È tanto *più precisa* quanto più è *grande* il campione, qualunque sia il campione estratto e qualunque sia il reale ma ignoto valore di μ.

Proprietà

Consistenza della media campionaria

La media campionaria è consistente per μ perché per il corrispondente stimatore $\bar{X}$ valgono le due condizioni (sufficienti) seguenti.

1) $\bar{X}$ è non distorto, cioè $E(\bar{X}) = \mu$.
2) La sua varianza diventa sempre più piccola all'aumentare dell'ampiezza campionaria, in formule: $\lim_{n\to\infty} V(\bar{X}) = 0$.

17.9 Proprietà degli stimatori: efficienza relativa

Anche la proprietà di **efficienza relativa** riguarda la *precisione* di uno stimatore. È un *criterio di scelta* quando si dispone di due (o più) diversi stimatori per lo stesso ignoto parametro. Ovviamente è *preferibile* lo stimatore *più preciso,* cioè quello che garantisce l'errore di stima *inferiore*. Abbiamo imparato che l'errore di stima si può misurare con l'*MSE*: lo stimatore con *MSE* inferiore è detto il **più efficiente** fra i due (o più) a disposizione ed è pertanto quello *preferibile*. Se si tratta di stimatori non distorti, l'*MSE* coincide con la varianza e dunque il confronto avviene fra le varianze: lo stimatore non distorto con varianza *inferiore* è il **più efficiente** fra i due (o più) a disposizione.

17.10 Efficienza della media campionaria

Un importante teorema (che ci limitiamo a *enunciare* perché per dimostrarlo serve un po' di matematica avanzata) garantisce che lo stimatore $\bar{X}$ è il **più efficiente** fra *tutti* i possibili stimatori non distorti per μ.

ESEMPIO 17.3

Proprietà della media campionaria

Un'amministrazione comunale vuole promuovere una campagna d'informazione/educazione alla mobilità ciclabile. Per stimare il numero medio di ore trascorse in bicicletta nel tempo libero nell'ultimo anno dai residenti, intervista 3 residenti estratti a caso fra i cittadini di quel comune. Chiamiamo X la v.c. interprete del "numero di ore trascorse in bicicletta nel tempo libero nell'ultimo anno dai residenti del comune"; l'obiettivo è stimarne l'ignota media $E(X) = \mu$. L'ufficio statistico del comune propone due stimatori alternativi, chiamiamoli T_1 e T_2, fatti così:

$$T_1 = \frac{X_1 + X_2 + X_3}{3} \qquad \text{e} \qquad T_2 = \frac{4}{3}X_1 - X_2 + \frac{2}{3}X_3$$

Il primo stimatore è la solita media campionaria $\bar{X}$, mentre il secondo stimatore è un'elaborazione più strana delle 3 osservazioni campionarie: alla prima si dà "peso" 4/3, alla seconda si dà "peso negativo" −1 e infine alla terza si dà "peso" 2/3. Calcolare l'uno o l'altro sul nostro campione di 3 residenti significa ottenere due stime diverse per il numero medio di ore trascorse in bicicletta nell'ultimo anno dai residenti di quel comune. Quale scegliere? Qual è preferibile? Statisticamente, dipende dalle loro proprietà.

Cominciamo con la non distorsione. Abbiamo già dimostrato che $E(\bar{X}) = \mu$, dunque T_1 è non distorto per μ. Con analoghi passaggi algebrici controlliamo se anche T_2 è non distorto per μ. Si tratta di calcolarne il valore atteso:

$$E(T_2) = E\left(\frac{4}{3}X_1 - X_2 + \frac{2}{3}X_3\right)$$

Il valore atteso E è una media: la media di una somma (algebrica) è la somma (algebrica) delle medie:

$$= \frac{4}{3}E(X_1) - E(X_2) + \frac{2}{3}E(X_3)$$

Le v.c. estrazioni campionarie X_i sono tutte identiche a X, perciò hanno la stessa media μ:

$$= \frac{4}{3}\mu - \mu + \frac{2}{3}\mu = \frac{4\mu - 3\mu + 2\mu}{3} = \mu$$

cioè anche T_2 è non distorto per μ. Entrambi gli stimatori posseggono l'auspicabile proprietà della non distorsione, in media coincidono con ciò che vogliamo stimare e dunque da questo punto di vista sono *ugualmente affidabili*. Valutiamone allora la *precisione*. Poiché sono entrambi non distorti, il loro *MSE* coincide con la varianza. Abbiamo già dimostrato che la varianza della media campionaria è sempre

$$V(\bar{X}) = \frac{\sigma^2}{n}$$

Quindi, nel nostro esempio, in cui il campione è di ampiezza $n = 3$, si ha:

$$V(T_1) = \frac{\sigma^2}{3}$$

Calcoliamo la varianza di T_2:

$$V(T_2) = V\left(\frac{4}{3}X_1 - X_2 + \frac{2}{3}X_3\right)$$

Il comune è abbastanza grande, perciò i risultati dell'estrazione a caso di 3 cittadini fra *tutti* i residenti (con o senza reinserimento) possono ragionevolmente considerarsi *indipendenti*; possiamo allora scambiare la varianza della somma (algebrica) con la somma delle varianze. Dobbiamo però ricordarci che la varianza è una quantità *al quadrato*, dunque bisogna elevare al quadrato anche le costanti e trasformare i segni − in +:

$$= \left(\frac{4}{3}\right)^2 V(X_1) + V(X_2) + \left(\frac{2}{3}\right)^2 V(X_3)$$

Le v.c. estrazioni campionarie X_i sono tutte identiche a X, cioè hanno tutte la stessa varianza σ^2:

$$= \left(\frac{4}{3}\right)^2 \sigma^2 + \sigma^2 + \left(\frac{2}{3}\right)^2 \sigma^2 = \frac{16\sigma^2 + 9\sigma^2 + 4\sigma^2}{9} = \frac{29}{9}\sigma^2$$

Sappiamo che la media campionaria è consistente per μ perché è non distorta e ha varianza che tende a 0 al tendere di n all'infinito. Anche la varianza dello stimatore T_2 ha l'ampiezza campionaria n al denominatore, infatti:

$$V(T_2) = \frac{29\sigma^2}{n^2}$$

che dunque si riduce quando n tende all'infinito. Allora anche T_2 è consistente per μ. Per scegliere fra i due usiamo il criterio dell'efficienza relativa:

$$V(T_1) = \frac{\sigma^2}{3} < V(T_2) = \frac{29}{9}\sigma^2$$

allora $T_1 = \bar{X}$ è **più efficiente** di T_2 (... e non dobbiamo stupirci: la media campionaria è *il più efficiente* fra tutti gli stimatori non distorti per μ).

È allora *preferibile* $T_1 = \bar{X}$ perché, oltre che non distorto e consistente, è anche *più preciso*, cioè garantisce un errore di stima inferiore.

Concludiamo con la stima della media riassumendo quello che abbiamo imparato: usare la media del campione è un modo molto *naturale* per stimare l'ignota media della popolazione, ma è anche un buon metodo dal punto di vista statistico/scientifico: la media campionaria è non distorta, consistente ed efficiente per μ (sempre che il campione sia casuale e bernoulliano!). Adesso impariamo a stimare gli altri parametri.

17.11 Stima della varianza σ^2

Il parametro ignoto oggetto dell'inferenza è ora la **varianza** del fenomeno X di interesse nella popolazione che, come al solito, indichiamo con σ^2. Sulla base dei soli dati disponibili, cioè il campione bernoulliano: x_1 ... x_i ... x_n, la stima *più naturale* per la varianza di U è la varianza del campione

$$\frac{1}{n}\sum_{i=1}^{n} (x_i - \bar{x})^2$$

Questa volta, però, le cose non funzionano così facilmente. Infatti si può dimostrare che il corrispondente stimatore è **distorto** per σ^2, cioè ha valore atteso che *non coincide* con ciò che si vuole stimare e ha tendenza a **sotto-stimare**.

Dimostrazione

Partiamo dalla varianza del campione e lavoriamo sullo stimatore:

$$\frac{1}{n}\sum_{i=1}^{n}(X_i-\bar{X})^2$$

È una varianza, quindi vale anche la formula alternativa:

$$=\frac{1}{n}\sum_{i=1}^{n}X_i^2-\bar{X}^2$$

Per controllare se questo stimatore è non distorto per la vera varianza di X in U, dobbiamo calcolarne il valore atteso, per vedere se coincide con σ^2:

$$E\left[\frac{1}{n}\sum_{i=1}^{n}X_i^2-\bar{X}^2\right]$$

Il valore atteso della somma algebrica fra parentesi quadre è uguale alla somma (algebrica) delle singole componenti. Questo è vero perché il valore atteso E non è altro che la media aritmetica applicata alle v.c. (lo abbiamo già ricordato nelle precedenti dimostrazioni di questo capitolo). Allora, il prossimo passaggio è "togliere" le parentesi quadre e applicare E alle due v.c. della somma algebrica:

$$=\frac{1}{n}\sum_{i=1}^{n}E(X_i^2)-E(\bar{X}^2)$$

Ora usiamo la formula alternativa della varianza "al contrario" su ciascuno dei due addendi, cioè:

$$E(X_i^2)=V(X_i)+E(X_i)^2 \quad \text{e} \quad E(\bar{X}^2)=V(\bar{X}^2)+E(\bar{X})^2$$

Sostituiamo facendo attenzione al segno negativo del secondo addendo:

$$=\frac{1}{n}\sum_{i=1}^{n}\left[V(X_i)-E(X_i)^2\right]-\left[V(\bar{X}^2)+E(\bar{X})^2\right]$$

Guardiamo con attenzione: i primi due addendi sono la varianza σ^2 e la media μ di X in U. Gli altri addendi sono la varianza e il valore atteso della media campionaria che ci ricordiamo dai paragrafi precedenti. Sostituiamo e facciamo qualche passaggio togliendo le parentesi, eliminando quello che c'è da eliminare e raccogliendo a fattore comune quello che c'è da raccogliere:

$$=\frac{1}{n}\sum_{i=1}^{n}\left(\sigma^2+\mu^2\right)-\left(\frac{\sigma^2}{n}+\mu^2\right)$$

$$=\frac{1}{n}n\left(\sigma^2+\mu^2\right)-\left(\frac{\sigma^2}{n}+\mu^2\right)$$

$$=\sigma^2+\mu^2-\frac{\sigma^2}{n}-\mu^2=\sigma^2\frac{n-1}{n}$$

Abbiamo dimostrato che la varianza dei dati campionari è **distorta** per la varianza della popolazione. Osserviamo anche che $\frac{n-1}{n}$ è più piccolo di 1, quindi il suo valore atteso $\sigma^2 \frac{n-1}{n}$ è più piccolo di σ^2. In termini inferenziali, questo significa che la varianza campionaria è distorta perché sotto-stima il vero valore σ^2, ma la sotto-stima è sempre meno grave quanto più grande è il campione, cioè tanto più vicino a 1 diventa il fattore di distorsione.

Fortunatamente, ottenere uno stimatore **non distorto** è semplice: basta dividere per $(n - 1)$ anziché per n nel calcolo della varianza del campione. Chiameremo questa stima **varianza campionaria corretta** e la indicheremo con s^2 (si legge "esse quadro").

Definizione

Varianza campionaria corretta

$$s^2 = \frac{1}{n-1} \sum_{i=1}^{n} (x_i - \bar{x})^2$$

La quantità $(n - 1)$ che va posta al denominatore della stima s^2 per garantirne la non distorsione, è chiamata **gradi di libertà**.

Rispetto alla media campionaria, la varianza campionaria corretta è una funzione dei dati campionari un po' più complessa (quadratica), perciò valutarne altre proprietà (oltre a non-distorsione) non è semplice. Ci limitiamo a discuterle e a dare le indicazioni pratiche che seguono dai risultati teorici. Stimare la varianza è infatti *più difficile* che stimare la media e servono delle precauzioni.

Si può dimostrare che la varianza campionaria corretta, oltre che **non distorta** per σ^2, è anche **consistente**, cioè l'errore di stima che si commette stimando σ^2 con s^2 *diminuisce* al crescere dell'ampiezza campionaria. Questa *diminuzione* è, però, *più lenta* rispetto a quella della media campionaria e, conseguentemente, per ottenere stime *sufficientemente precise* occorrono campioni *più grandi*. Se poi l'obiettivo è stimare, anziché la varianza, la deviazione standard del fenomeno in U, cioè stimare $\sigma = \sqrt{\sigma^2}$, bisogna ricordare che $\sqrt{s^2}$ in generale è **distorta** per σ (... e l'unico modo per cercare di *correggerla* è aumentare l'ampiezza del campione n).

ESEMPIO 17.1

L'età delle matricole (continua)

Supponiamo di aver estratto il campione $x_1, x_2, x_3 = 20, 22, 22$ che fornisce la stima $\bar{x} = 21.3$ per l'età media μ. L'obiettivo è ora stimare la varianza dell'età σ^2. Usiamo la varianza campionaria corretta dividendo per $n - 1 = (3 - 1) = 2$ gradi di libertà:

$$\begin{aligned} s^2 &= \frac{1}{n-1} \sum_{i=1}^{n} (x_i - \bar{x})^2 \\ &= \frac{1}{2} \left[(20 - 21.3)^2 + (22 - 21.3)^2 + (22 - 21.3)^2 \right] = 1.33 \end{aligned}$$

Non siamo in una situazione pratica reale, ma stiamo facendo un esempio e quindi conosciamo il vero valore $\sigma^2 = 0.89$. Possiamo allora verificare che abbiamo ottenuto una sovra-stima $s^2 - \sigma^2 = 1.33 - 0.89 = 0.44$ che in percentuale (di ciò che vogliamo stimare) è pari a

$$\frac{s^2 - \sigma^2}{\sigma^2} \times 100 = \frac{0.44}{0.89} \times 100 = 49\% \text{ circa}$$

Per ottenere una stima *più precisa* della reale (ma ignota) varianza della popolazione occorre aumentare la numerosità del campione.

Supponiamo di poter estrarre un campione di $n = 5$ matricole, per esempio:

$$x_1, x_2, x_3, x_4, x_5 = 20, 22, 22, 20, 21$$

Otteniamo nuove stime:

$$\bar{x} = \frac{1}{n}\sum_{i=1}^{n} x_i = \frac{1}{5}(20 + 22 + 22 + 20 + 21) = 21$$

$$\begin{aligned} s^2 &= \frac{1}{n-1}\sum_{i=1}^{n}(x_i - \bar{x})^2 = \\ &= \frac{1}{4}\left[(20-21)^2 + (22-21)^2 + (22-21)^2 + \right. \\ &\left. + (20-21)^2 + (21-21)^2\right] = 1 \end{aligned}$$

Entrambe sono migliorate rispetto al campione più piccolo, ma s^2 migliora *più lentamente* di $\bar{x}$. Abbiamo ancora una sovra-stima $s^2 - \sigma^2 = 1 - 0.89 = 0.11$, che in percentuale risulta

$$\frac{s^2 - \sigma^2}{\sigma^2} \times 100 = \frac{-0.11}{0.89} \times 100 = -12\% \text{ circa}$$

Aggiungiamo ancora un dato e prendiamo un campione di ampiezza $n = 6$:

$$x_1, x_2, x_3, x_4, x_5, x_6 = 20, 22, 22, 20, 21, 20$$

otteniamo (provare per credere!): $\bar{x} = 20.8$ e $s^2 = 0.97$. Ancora una sovra-stima della varianza, ma più ridotta: $s^2 - \sigma^2 = 0.97 - 0.89 = 0.08$, e in percentuale

$$\frac{s^2 - \sigma^2}{\sigma^2} \times 100 = \frac{0.08}{0.89} \times 100 = 9\% \text{ circa}$$

17.12 Stima della precisione (accuracy) di uno stimatore: standard error

Abbiamo imparato che l'errore quadratico medio di uno stimatore è una **misura** dell'errore di stima e dunque della sua *precisione* (in inglese *accuracy*). L'*MSE* considera tutti i possibili campioni (cioè l'intero spazio campionario) e, quindi, è un oggetto *teorico*. Nella pratica si usa il (unico) campione a disposizione per **stimare** l'errore di stima.

Saper stimare la varianza della popolazione σ^2 è importante sia quando proprio σ^2 è l'oggetto dell'inferenza, sia quando si vuole *stimare* l'errore di stima associato all'inferenza su qualunque altro parametro di U. Infatti, quanto più il fenomeno X è *variabile* in U, tanto più *difficile* e *rischiosa* è l'inferenza basata su dati parziali, cioè tanto maggiore sarà il rischio di errore campionario.

Qualunque sia il parametro che vogliamo stimare, in genere la precisione dello stimatore dipende da n e da σ^2. Mentre l'ampiezza campionaria n è nota (la decidiamo a priori!) ed è controllabile sulla base delle risorse disponibili (tempo e budget), σ^2 *non* è controllabile (il fenomeno è quello che è in U) e di solito è ignota. Vediamo allora come usare la varianza campionaria corretta s^2 (che stima σ^2) per stimare l'errore campionario associato a un (qualunque) stimatore. Come al solito useremo la media campionaria come caso-guida.

Cominciamo a osservare che l'*MSE* è *quadratico*, cioè misura l'errore di stima prendendo le differenze fra stimatore e parametro elevate al quadrato. Questo produce degli *effetti collaterali*.

ESEMPIO 17.4

Studio quotidiano di Statistica

Vogliamo stimare il numero medio μ di ore quotidiane necessarie alla preparazione dell'esame di Statistica. Ci procuriamo un campione bernoulliano di studenti che hanno superato l'esame al primo appello e a ciascuno chiediamo quante ore di studio quotidiano hanno dedicato alla preparazione dell'esame di Statistica. Usiamo la media campionaria, cioè la media aritmetica del numero di ore di studio quotidiano dichiarate dagli studenti campionati. Abbiamo imparato nel Paragrafo 17.6 "Errore quadratico medio della media campionaria" che l'errore di stima per la media campionaria è misurabile con $MSE(\bar{X}) = V(\bar{X}) = \sigma^2/n$. $MSE(\bar{X})$ è sì una misura teorica del nostro errore di stima, ma presenta le seguenti problematiche.

- L'unità di misura risulta elevata al quadrato: $MSE(\bar{X})$ è espresso in "ore quotidiane al quadrato" (?!?).
- Le differenze "piccole" (<1) elevate al quadrato diventano ancora "più piccole": se il nostro campione produce, per esempio, una sovra-stima di mezz'ora, $MSE(\bar{X})$ lo registra come $0.5^2 = 0.25$, cioè un quarto d'ora.
- Le differenze "grandi" (>1) elevate al quadrato diventano ancora "più grandi": se il nostro campione è particolarmente sfortunato e produce una sotto-stima di due ore e mezzo, $MSE(\bar{X})$ lo registra come $(-2.5)^2 = 6.25$, cioè 6 ore e un quarto.

Per rimediare a questi effetti collaterali prendiamo la radice quadrata $\sqrt{MSE}$ che è una misura *teorica* dell'**errore medio di stima** con la stessa *unità di misura* e con lo stesso *ordine di grandezza* del fenomeno in U. La **stima** dell'errore medio di stima, calcolata sugli stessi dati campionari, è detta **standard error** dello stimatore e la indicheremo con SE.

Definizione

Standard error di uno stimatore

$$SE = \text{stima per } \sqrt{MSE}$$

oppure, se lo stimatore è non distorto:

$$SE = \text{stima } \sqrt{V}$$

Definizione

Standard error della media campionaria

Poiché X è stimatore non distorto, si tratta di stimare $\sqrt{V(\bar{X})} = \sqrt{\frac{\sigma^2}{n}}$ stimando ^{2} con la varianza campionaria corretta:

$$SE(\bar{x}) = \sqrt{\frac{s^2}{n}}$$

SE è un **numero** calcolato sul campione che *stima* l'errore medio che si commette sostituendo all'ignoto parametro la stima calcolata sul medesimo campione. Nella pratica è buona regola associare a ogni stima il suo SE che, utilizzando gli stessi dati campionari, ne quantifica *probabilisticamente* la precisione.

ESEMPIO 17.4

Studio quotidiano di Statistica (continua)

Il nostro campione bernoulliano di studenti che hanno superato l'esame di Statistica al primo appello è di ampiezza $n = 12$ e ci ha fornito i seguenti dati riguardo al numero di ore di studio:

7.5	5	3	4	7	5	6	6.5	3	6	4	3

Con tali dati calcoliamo le stime:

$$\bar{x} = \frac{1}{12}\sum_{i=1}^{n} x_i = \frac{7.5 + 5 + \cdots + 3}{12} = 5$$

$$s^2 = \frac{1}{n-1}\sum_{i=1}^{n}(x_i - \bar{x})^2$$
$$= \frac{1}{11}\left[(7.5-5)^2 + (5-5)^2 + \cdots + (3-5)^2\right] = 2.59$$

Sugli stessi dati calcoliamo anche lo standard error della stima $\bar{x} = 5$:

$$SE(\bar{x}) = \sqrt{\frac{s^2}{n}} = \sqrt{\frac{2.59}{12}} = 0.46$$

Questo risultato ci dice che stimando l'ignoto numero medio μ di ore di studio con la media del campione $\bar{x} = 5$ si commette un errore campionario stimabile in media in 0.46 ore, cioè $\pm$ 28 minuti circa.

17.13 Stima della percentuale (frequenza relativa) *p*

Nella ricerca sociale, aziendale e bio-medica interessano particolarmente i fenomeni **categoriali** e in special modo quelli **dicotomici**, cioè quelli che si manifestano con due sole modalità contrarie ed esaustive: sì/no, favorevole/contrario, regolare/difettoso, sopravvissuto/non sopravvissuto ecc. (e se questo non risveglia qualche ricordo, consiglio di rileggere la classificazione dei fenomeni statistici nel Capitolo 2). L'oggetto della stima è qui la **percentuale** o la **frequenza relativa** di unità statistiche o *casi* che, fra tutte quelle che compongono la *U* di riferimento, è *classificabile* in una data categoria.

ESEMPIO 17.5

La mappa della felicità

Su "Il Venerdì di Repubblica" è stata pubblicata la "Mappa della felicità" mostrata in Figura 17.1 prodotta a seguito di un sondaggio Demos di qualche anno fa.

Formalmente: *U* è l'insieme di tutta la popolazione residente in Italia e *X* è lo "stato d'animo". Si tratta di un fenomeno qualitativo rilevato con $k = 5$ modalità: "molto felice", "abbastanza felice", "poco felice", "per niente felice" e "non sa/non risponde". Di tale fenomeno ci interessa la percentuale di persone che si dichiarano molto felici o abbastanza felici. Questa percentuale in *U* è ignota e rappresenta il parametro oggetto di inferenza. Le percentuali riportate sulla mappa e pubblicate da Repubblica sono *stime* per tali parametri calcolate sulla base dei 1022 italiani *intervistati*, cioè un campione di ampiezza $n = 1022$.

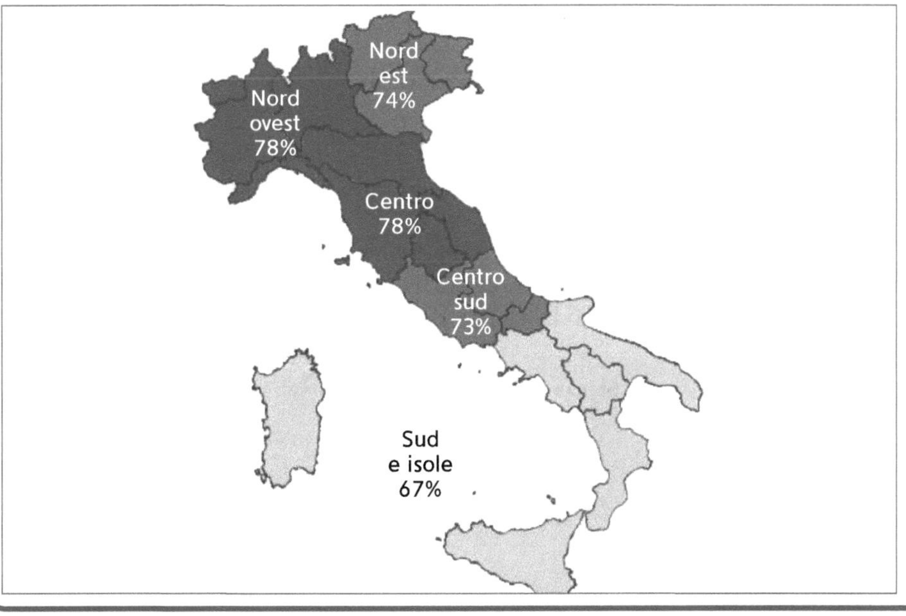

Figura 17.1 Mappa della felicità in Italia

Fissiamo allora l'attenzione su un **fenomeno categoriale** (anche se tutto quello che diremo potrà essere applicato a dati di qualunque natura). Oggetto di inferenza è ora la **percentuale** associata a *una* particolare categoria in U. Gli statistici preferiscono lavorare con le frequenze relative (che hanno somma 1) anziché con le percentuali (che hanno somma 100) per semplificare i conti "togliendo due zeri" (serve forse una rilettura del Paragrafo 4.3?). Per indicare questo parametro, anziché una lettera dell'alfabeto greco, è molto diffuso il simbolo p che useremo anche noi. Scelta l'ampiezza campionaria n, si estrae da U un campione bernoulliano. Il risultato sarà un insieme di unità statistiche *classificabili* o *non classificabili* nella categoria che ci interessa. La stima più *naturale* per l'ignota frequenza relativa p di soggetti classificabili nella categoria di interesse, è la corrispondente frequenza relativa nel campione, cioè la **frequenza relativa campionaria** che indicheremo con $\hat{p}$ (si legge "pi cappuccio", o "pi cappello" o come volete).

ESEMPIO 17.6

La prima volta degli Italiani

Il settimanale "Diva e Donna", in un numero di qualche anno fa, ha pubblicato i risultati di un sondaggio riguardo "La prima volta degli italiani" (intesa come prima esperienza sessuale) su un campione di $n = 400$ adulti.

Tra i vari (interessantissimi!) dati si scopre che 176 intervistati dichiararono che la propria "prima volta" era stata con un coetaneo/a, mentre i rimanenti 224 dichiararono che la propria "prima volta" era stata con una persona più grande o più giovane.

Posto che l'interesse sia sull'ignota frequenza relativa p di italiani per i quali la "prima volta" è stata con una persona coetanea, il campione fornisce la seguente *stima* per p:

$$\hat{p} = \frac{176}{400} = 0.44 \quad \text{frequenza relativa campionaria}$$

$$100 \cdot \hat{p} = 44\% \quad \text{percentuale campionaria}$$

È facile quindi stimare (puntualmente) p con la frequenza relativa del campione $\hat{p}$, moltiplicata per il fattore 100 se si vuole stimare una percentuale. Ora ne studiamo l'affidabilità. Come abbiamo imparato, l'affidabilità della stima $\hat{p}$ risiede nelle proprietà statistiche del corrispondente **stimatore** $\hat{P}$.

Cominciamo a capire che quando si raccolgono dati circa X categoriale, con lo scopo di *conteggiare* quanti casi sono associati alla categoria di interesse, operativamente si considerano due soli valori:

- valore 1 in corrispondenza di soggetti *classificabili* nella categoria di interesse;
- valore 0 in corrispondenza di soggetti *non classificabili* nella categoria di interesse.

Allora il campione è un insieme di n valori di tipo 0 oppure 1 assortiti:

$$x_1 \ldots x_i \ldots x_n = 0 \ldots 1 \ldots 0$$

La somma dei dati campionari $\sum_{i=1}^{n} x_i$ ci dà il numero di soggetti campionati che, fra gli n estratti, sono classificabili nella categoria che ci interessa. Dividendo tale somma per l'ampiezza del campione si ottiene la stima cercata. In formule la stima $\hat{p}$ ha allora la stessa forma della media campionaria.

Definizione

Stima della frequenza relativa $\hat{p}$

$$\hat{p} = \frac{1}{n}\sum_{i=1}^{n} x_i$$

dove x_i può valere solo 0 o 1.

Stima della percentuale

$$100\,\hat{p}$$

Per capire com'è fatto il corrispondente stimatore osserviamo che:

- gli n soggetti campionati sono anche il risultato di *n prove indipendenti*, perché il campione è bernoulliano;
- per ciascun soggetto estratto possiamo chiamare *successo* il fatto di essere *classificabile* nella categoria di interesse e *insuccesso* il fatto di essere *non classificabile*;
- allora $\sum_{i=1}^{n} x_i$ è il numero di successi su n prove indipendenti, cioè è uno dei possibili valori di una v.c. **binomiale** di parametri n e p (vi ricordate la v.c. binomiale dal Capitolo 15?).

Siccome la frequenza relativa campionaria $\hat{p}$ si ottiene dividendo tale somma per n, allora il corrispondente stimatore è:

$$\hat{P} = \frac{Bin(n, p)}{n}$$

Quando abbiamo parlato della v.c. binomiale nel Capitolo 15, abbiamo anche detto che ha valore atteso pari a $n \cdot p$ e varianza pari a $n \cdot p \cdot (1 - p)$ (chi non se lo ricorda, fa bene a rileggerlo). Allora si determinano velocemente il valore atteso, la varianza e lo standard error dello stimatore per valutarne proprietà e precisione.

Proprietà

Non distorsione della frequenza relativa (percentuale) campionaria

$$E(\hat{P}) = E\left(\frac{Bin(n, p)}{n}\right) = \frac{1}{n} E\left[Bin(n, p)\right] = \frac{n \cdot p}{n} = p$$

cioè $\hat{P}$ è stimatore **non distorto** per p.

Allora il suo *MSE* coincide con la varianza.

Proprietà

Precisione (*accurancy*) della frequenza relativa campionaria

$$MSE(\hat{P}) = V(\hat{P}) = V\left[\frac{Bin(n, p)}{n}\right] =$$

$$= \left(\frac{1}{n}\right)^2 V\left[Bin(n, p)\right] = \frac{n \cdot p \cdot (1 - p)}{n^2} = \frac{p \cdot (1 - p)}{n}$$

Poiché lo stimatore frequenza relativa campionaria $\hat{P}$ è non distorto e la sua varianza ha n al denominatore, allora è anche **consistente** per p. Inoltre, siccome $\hat{p}$ ha la stessa forma della media campionaria, è anche **il più efficiente** fra *tutti* gli stimatori non distorti per p.

Infine, il suo standard error si ottiene stimando $\sqrt{V(\hat{P})} = \sqrt{\frac{p\,(1 - p)}{n}}$, cioè usando la stessa stima $\hat{p}$.

Definizione

Standard error della frequenza relativa campionaria

$$SE(\hat{p}) = \text{stima}\sqrt{\frac{p(1 - p)}{n}} = \sqrt{\frac{\hat{p} \cdot (1 - \hat{p})}{n}}$$

Anche per stimare una percentuale abbiamo quindi un metodo molto *naturale* perché si usa la corrispondente percentuale campionaria $(100 \cdot \hat{p})$. È anche un buon metodo sotto il profilo statistico scientifico poiché $\hat{p}$ è una stima non distorta, consistente ed efficiente per p. Attenzione però: tutto questo è vero *se* il campione *è* bernoulliano. Man mano che ci si allontana da questa situazione teorica ideale vengono meno le proprietà della stima, l'*effettivo* errore di stima si allontana dall'errore *puramente* campionario stimato con lo standard error e non si è più in grado di valutarlo e controllarlo probabilisticamente.

ESEMPIO 17.6

La prima volta degli Italiani (continua)

Decidiamo di fidarci che i sondaggisti abbiano fatto le cose per bene e che il campione sia bernoulliano (o almeno una *buona approssimazione* di tale situazione ideale). Allora la stima $\hat{p} = 0.44$ ha associato il seguente standard error:

$$SE(\hat{p}) = \sqrt{\frac{\hat{p} \cdot (1 - \hat{p})}{n}} = \sqrt{\frac{0.44 \times (1 - 0.44)}{400}} = \sqrt{0.000616} = 0.025$$

che ci dice che stimando in $100 \cdot \hat{p} = 44\%$ la (ignota!) percentuale di italiani per i quali la "prima volta" è stata con una persona coetanea, si commette *in media* un errore *stimabile* in ± 2.5 punti percentuali, cioè $\pm 2.5\%$ della popolazione.

17.14 Stima della retta di regressione

Alla fine della Parte II di questo libro abbiamo imparato come e perché *modellare* la relazione in una coppia di fenomeni statistici X e Y e, per fenomeni entrambi quantitativi, abbiamo imparato a fare la regressione lineare semplice (a chi non se lo ricorda consiglio caldamente di rileggere il Capitolo 13). Si tratta di uno strumento di statistica bivariata utilizzatissimo in pratica, non solo in ambito sociale a cui principalmente mi rivolgo in questo libro, ma anche bio-medico, ingegneristico, politico, economico e aziendale. Nel Capitolo 13, però, abbiamo lavorato assumendo di disporre di dati *completi*, relativi all'intera popolazione U di riferimento, e abbiamo costruito il modello statistico con obiettivi *descrittivi*, in particolare una retta di regressione che interpreta la dipendenza di Y da X. Un modello di regressione di tipo descrittivo, basato su dati completi, tecnicamente è chiamato **modello deterministico**.

Definizione

Retta di regressione deterministica

$$\hat{Y} = a + bX$$

Ora ci poniamo nella situazione (forse più frequente e realistica) in cui disponiamo di dati (quantitativi) *campionari*, cioè parziali e casuali, e impariamo a fare inferenza sul modello di regressione. In particolare, vedremo il modello più semplice ma anche più utilizzato, cioè la retta, che chiameremo semplicemente *modello lineare*. Lavoriamo ora con un campione bernoulliano di n coppie di osservazioni (x_i, y_j), $i = 1, ..., k$, $j = 1, ..., h$, di solito organizzati in una tabella a doppia entrata con k righe e h colonne.

Tabella a doppia entrata campionaria

$X \backslash Y$	$y_1 \cdots y_j \cdots y_h$	
x_1	$f_{11} \cdots f_{1j} \cdots f_{1h}$	$f_{1.}$
$\vdots$	$\vdots \quad \vdots \quad \vdots$	$\vdots$
x_i	$f_{i1} \cdots f_{ij} \cdots f_{ih}$	$f_{i.}$
$\vdots$	$\vdots \quad \vdots \quad \vdots$	$\vdots$
x_k	$f_{k1} \cdots f_{kj} \cdots f_{kh}$	$f_{k.}$
	$f_{.1} \cdots f_{.j} \cdots f_{.h}$	n

dove i conteggi f_{ij}, $f_{i.}$ e $f_{.j}$ sono ora *stime* delle corrispondenti (ma ignote) frequenze congiunte e marginali nell'intera popolazione.

Sappiamo che lavorando con dati campionari esiste sempre il rischio di errore dovuto alla parzialità dei dati, cioè l'**errore campionario**. Sappiamo anche che se utilizziamo un campione casuale possiamo *controllare* questo errore probabilisticamente. Ma che faccia ha l'errore campionario nel modello lineare semplice (cioè bivariato) e come possiamo controllarlo? Il nostro obiettivo non è cambiato: vogliamo *spiegare, prevedere* e *simulare* la **variabile risposta** Y (o variabile dipendente) mediante una **variabile esplicativa** X (o variabile indipendente, o regressore, o predittore). Accanto alla parzialità e casualità dei dati, *modellare* Y in termini di X è un'attività prona ad altri tipi di errore. Per esempio errori di misura (risposte insincere, rilevatori inaccurati, strumenti imprecisi ecc.), oppure la variabile esplicativa X che stiamo utilizzando non è realisticamente in grado *da sola* di spiegare Y e rimangono fuori altre variabili esplicative *non osservate*, oppure ancora un modello lineare non è proprio adeguato perché la realtà ha forma "lontana" da una retta e così via. Si tratta allora di *aggiungere* al modello deterministico un'ulteriore componente che congloba e formalizza tutti questi possibili errori, siano essi il *caso*, gli errori di misura, le variabili non osservate ecc.

Definizione

Modello lineare (casuale)

$$Y = a + bX + \varepsilon$$

ε (lettera greca "epsilon") è il simbolo standard per indicare la componente *aggiunta* al modello deterministico che formalizza (traduce in formule) la casualità dei dati, i vari tipi di errore e, sostanzialmente, tutto ciò che non è *osservabile*. Sappiamo infatti che il modello è una *semplificazione* della realtà e che, in generale, si verifica una differenza fra la realtà e il modello. ε interpreta e formalizza questa differenza o **errore**. È una **variabile casuale** talvolta chiamata anche **componente erratica** del modello. Osservate il modello: l'erraticità di ε impatta su Y (che diviene a sua volta casuale), ma non sulla variabile esplicativa X (che rimane deterministica). Di questa v.c. di solito non sappiamo nulla oltre ai dati campionari. Perciò (e non è la prima volta che succede) per procedere nell'inferenza non ci resta che avanzare delle ipotesi. Le ipotesi-base sono due.

1. L'effetto del caso e i possibili errori conglobati nella v.c. ε agiscono in maniera diversa sulle diverse unità statistiche. Le differenze fra i valori reali e i corrispondenti valori assegnati dal modello possono essere positive (cioè il modello tende a *sovra-stimare*) oppure negative (cioè il modello tende a *sotto-stimare*). Possono poi essere di entità nulla, vicina o lontana da 0. Un assunto diffuso è che questi errori avvengano "a caso" e dunque che *in media* tali *errori* si compensino. In formule: $E(\varepsilon) = 0$.
2. Il caso e i possibili errori agiscono *indipendentemente* su ciascuna unità statistica. Prendiamo, per esempio, due diverse unità statistiche, chiamiamole i e j, su cui sono osservabili due diversi *punti* (x_i, y_i) e (x_j, y_j) e le modelliamo: $a + bx_i + \varepsilon_i$ e $y_j = a + bx_j + \varepsilon_j$. L'ipotesi che facciamo è che le due v.c. ε_i e ε_j siano fra loro **incorrelate** (vi ricordate che cosa significa? No? Consiglio allora di rileggere il Capitolo 11 e anche il 12, è utile!). In formule

$$Cov(\varepsilon_i, \varepsilon_j) = 0 \text{ per } i \neq j = 1, \dots, n.$$

I parametri a e b del modello lineare (casuale) hanno lo stesso significato già visto nel Capitolo 13 per la retta di regressione deterministica (ve lo ricordate?).

- a è l'intercetta della retta; ci dice il valore che il modello assegna alla variabile risposta Y quando la variabile esplicativa X vale 0. Se disegniamo il modello su un grafico, il punto di coordinate $(0, a)$ è il punto in cui la retta interseca l'asse delle ordinate (verticale).
- b controlla l'inclinazione e la pendenza della retta: per $b > 0$ la retta è crescente, per $b < 0$ la retta è decrescente; valori elevati di b (qualunque sia il segno + o −) determinano una retta *ripida*, che tende ad *allinearsi* all'asse verticale, mentre valori piccoli di b determinano una retta più *piatta* con tendenza ad allinearsi all'asse orizzontale. Il valore di b ci dice la variazione che il modello prevede per Y quando X aumenta di 1.

Fare inferenza sul modello lineare significa *stimare* i parametri (ignoti) a e b dai dati campionari. Useremo il simbolo ^ per denotare le stime, e $\hat{Y} = \hat{a} + \hat{b}X$ sarà il **modello stimato**. Anche se ora abbiamo obiettivi inferenziali, il metodo dei minimi quadrati che abbiamo usato per la retta di regressione deterministica (ve lo ricordate dal Capitolo 13?) è ancora un buon metodo: cerchiamo i valori per a e b che realizzano (rendono vera) la seguente condizione.

Definizione

Condizione dei minimi quadrati

$$\sum_{i=1}^{k}\sum_{j=1}^{h}(y_j - \hat{y}_i)^2 f_{ij} = \sum_{i=1}^{k}\sum_{j=1}^{h}[y_j - (a + bx_i)]^2 f_{ij} = \min_{a,b}$$

Come già sappiamo (sempre dal Capitolo 13), la condizione dei m.q. traduce in formule la *distanza* fra la realtà (i dati osservati y_j) e il modello stimato con cui modelliamo la realtà (cioè i valori $\hat{y}_i$). Le stime che cerchiamo per gli ignoti parametri a e b sono quelli che minimizzano questa distanza (la rendono il più piccolo possibile). Le soluzioni di questo problema di minimo sono analoghe a quelle viste nel Capitolo 13 per il modello deterministico, con il solo accorgimento, quando serve, di usare i gradi di libertà per garantire la non distorsione.

Definizione

Stime dei minimi quadrati

$$\hat{a} = \bar{y} - \hat{b}\bar{x} \quad \text{e} \quad \hat{b} = \frac{\sum_{i=1}^{k}\sum_{j=1}^{h}(x_i - \bar{x})(y_j - \bar{y})f_{ij}}{\sum_{i=1}^{k}(x_i - \bar{x})^2} = \frac{s_{XY}}{s_X^2}$$

dove

$$s_{XY} = \frac{1}{n-1}\sum_{i=1}^{k}\sum_{j=1}^{h}(x_i - \bar{x})(y_j - \bar{y})f_{ij}$$

è la stima della covarianza σ_{XY} corretta con $(n - 1)$ gradi di libertà, mentre

$$s_X^2 = \sum_{i}^{k}(x_i - \bar{x})^2 f_{i.}/(n-1)$$

è la (solita) varianza campionaria, corretta con i gradi di libertà, stima non distorta della varianza marginale di X.

Quando si dispone della matrice dei dati grezzi (o serie doppia):

i	x_i	y_i
1	x_1	y_1
⋮	⋮	⋮
n	x_n	y_n

conviene usarla (anche al posto della tabella a doppia entrata). Infatti, i conti sono facilitati dal fatto che le frequenze sono tutte unitarie, le f_{ij} spariscono dalle formule e le somme doppie $\sum_{i=1}^{k}\sum_{j=1}^{h}$ si riducono a somme semplici $\sum_{i=1}^{n}$.

ESEMPIO 17.7

Il rapporto fra DP e PIL

Spesso si parla del debito pubblico italiano che cresce velocemente negli ultimi anni. A partire da (una semplificazione dei) più recenti dati ISTAT disponibili (arrotondati a numeri interi per semplicità!) riportati nella Tabella 17.1, analizziamo l'incidenza percentuale del debito pubblico sul PIL in funzione del tempo.

Tabella 17.1

Anno	2010	2012	2014	2016	2018	2019	2020	2021
Percentuale DP su PIL	105	103	106	106	119	121	127	133

Proviamo a *modellare* l'andamento dell'incidenza (rapporto) percentuale fra DP e PIL in Italia in funzione (solo!) del tempo con questi dati (ovviamente!) parziali. Usiamo allora un modello lineare, cioè il più semplice modello statistico con l'aggiunta della componente erratica/casuale. Formalmente:

Y: incidenza percentuale DP su PIL
X = anno −2010: istanti di rilevazione (a partire dal dato più antico a disposizione 2010 che identifichiamo con "l'istante zero")
n: 8

Modello da stimare: $Y = a + bX + \varepsilon$

Assumiamo che la realtà sia *vicina* alle due ipotesi base: $E(\varepsilon) = 0$ e $Cov(\varepsilon_i, \varepsilon_j) = 0$ per ogni coppia di unità statistiche $i \neq j$, e con i dati a disposizione *stimiamo* il modello usando i minimi quadrati, arrotondando i calcoli alla terza cifra decimale. Siccome abbiamo i dati grezzi (non organizzati in una tabella a doppia entrata) non ci sono frequenze (o meglio sono tutte unitarie) e le somme sono semplici (Tabella 17.2).

Tabella 17.2

x_i	y_i	$(x_i - \bar{x})(y_i - \bar{y})$	$(x_i - \bar{x})^2$
0	105	62.50	39.063
2	103	51.00	18.063
4	106	20.25	5.063
6	106	2.25	0.063
8	119	7.00	3.063
9	121	16.50	7.563
10	127	45.00	14.063
11	133	85.50	22.563
50	920	290.00	109.504

Le medie campionarie risultano:

$$\bar{x} = \frac{1}{n}\sum_{i=1}^{n} x_i = \frac{50}{8} = 6.25 \quad \text{e} \quad \bar{y} = \frac{1}{n}\sum_{i=1}^{n} y_i = \frac{920}{8} = 115$$

La stima (non distorta) della covarianza è:

$$s_{XY} = \frac{1}{n-1}\sum_{i=1}^{n}(x_i - \bar{x})\left(y_j - \bar{y}\right) = \frac{290}{7} = 41.429$$

La stima (non distorta) della varianza marginale di X è:

$$s_X^2 = \frac{1}{n-1}\sum_{i=1}^{n}(x_i - \bar{x})^2 = \frac{109.504}{7} = 15.643$$

Le stime dei m.q. risultano:

$$\hat{b} = \frac{\sum_{i=1}^{n}(x_i - \bar{x})(y_i - \bar{y})}{\sum_{i_1}^{n}(x_i - \bar{x})^2} = \frac{290}{109.504} = 2.648$$

oppure indifferentemente:

$$\hat{b} = \frac{s_{XY}}{s_X^2} = \frac{41.429}{15.643} = 2.648$$

e

$$\hat{a} = \bar{y} - \hat{b}\bar{x} = 115 - 2.648 \times 6.25 = 98.45$$

Finalmente!

Modello stimato:

$$\hat{Y} = 98.45 + 2.648X$$

La retta stimata è crescente ($\hat{b} > 0$), cioè dice che l'incidenza percentuale del debito pubblico sul PIL cresce con il tempo. Possiamo *visualizzare* dati e modello stimato usando la metodologia che abbiamo già imparato per il modello deterministico (Figura 17.2) (per chi non se lo ricorda consiglio di rileggere nel Capitolo 13 il diagramma a dispersione e come disegnare la retta di regressione dei m.q.).

I valori ottenuti $\hat{a}$ e $\hat{b}$ quali stime per i parametri a e b del modello si possono interpretare così: nel periodo di osservazione e con gli 8 dati a disposizione, a partire dal livello $a = 98.45$ all'istante 0 (abbastanza vicino al dato reale osservato 105) l'incidenza percentuale del DP sul PIL cresce di 2.648 punti percentuali ogni anno.

Figura 17.2
Spezzata di regressione e retta di regressione stimata con i minimi quadrati

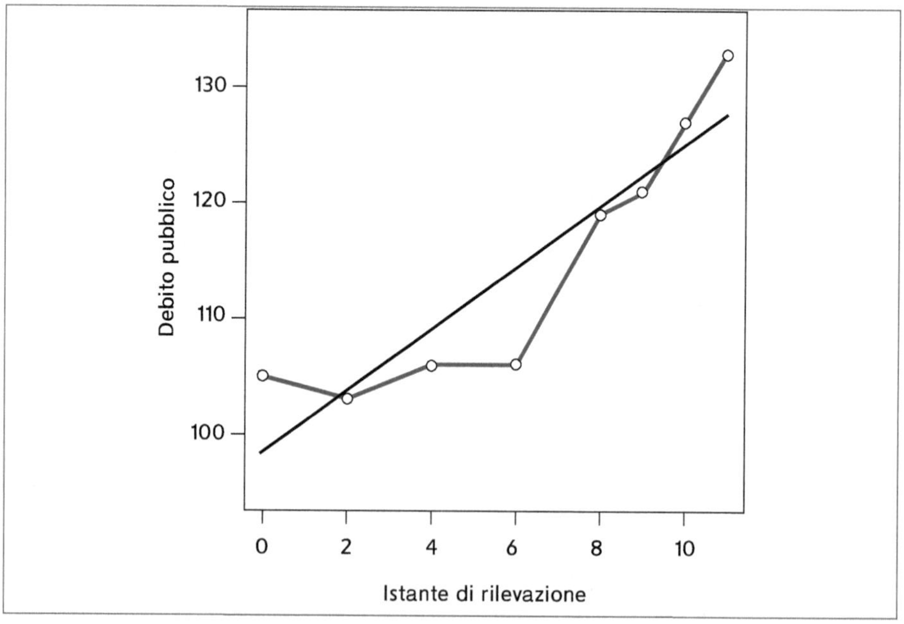

Ora dobbiamo osservare che la componente erratica del modello lineare, formalizzata nella v.c. ε, porta con sé un ulteriore fonte di variabilità, cioè $V(\varepsilon)$. Abbiamo già osservato che la v.c. ε si riflette su Y (e non su X), dunque $V(\varepsilon)$ ha un impatto sulla variabile risposta Y. Che cosa interpreta? Il modello deterministico (nel Capitolo 13) $\hat{Y} = a + bX$ assegna la stessa *risposta* $\hat{y}_i$ a ogni unità statistica che manifesti lo stesso valore x_i di X. Per esempio, se X è il reddito mensile e Y è la spesa per cultura e intrattenimento, il modello deterministico assegnerebbe a ogni soggetto con il medesimo reddito esattamente la medesima spesa per cultura e intrattenimento. Ora, con il modello casuale $Y = a + bX + \varepsilon$, l'aggiunta della componente erratica ε di fatto introduce $V(\varepsilon)$ per modellare la variabilità che più realisticamente esiste fra i soggetti su cui è osservabile lo stesso valore di X. Nella formulazione base del modello lineare (quella a cui noi ci limitiamo) si avanza l'ulteriore ipotesi (e con le 2 che abbiamo emesso prima sono 3!) che la componente erratica agisca però *allo stesso modo* su ciascuna osservazione. Formalmente questo significa che la varianza della v.c. ε è **costante** per ogni unità statistica i ed è **indipendente** da X. In formule (e con il simbolo che siamo abituati a usare): $V(\varepsilon) = \sigma^2$.

Statisticamente, allora, abbiamo un ulteriore parametro ignoto da stimare: σ^2. È una varianza, perciò la stimiamo con la varianza (campionaria) corretta con i gradi di libertà. Poiché la componente erratica ε formalizza e congloba l'*errore* che rischiamo di commettere interpretando l'ignota realtà Y con il modello stimato $\hat{Y}$, la cosa più naturale è stimarne la varianza mediante la varianza (campionaria) degli **errori** o **residui campionari**: $(y_j - \hat{y}_i)$. Per non confonderci, poi, manteniamo l'indicazione della v.c. di cui stiamo stimando la varianza.

Definizione

Stima della varianza degli errori

$$s_\varepsilon^2 = \frac{1}{n-2}\sum_{i=1}^{k}\sum_{j=1}^{h}(y_j - \hat{y}_i)^2 f_{ij} = \frac{DR}{n-2}$$

Qui il simbolo DR è lo stesso che abbiamo già usato nel Capitolo 13 per la regressione semplice e significa **devianza residua** del modello. Il denominatore $(n - 2)$ rappresenta i **gradi di libertà** che ci sono rimasti, a partire dagli n dati campionari disponibili, dopo aver stimato i due parametri a e b del modello.

Ora che abbiamo imparato a stimare il modello lineare, osserviamo che il metodo dei m.q. si rivela un *buon* metodo di stima perché produce stimatori con buone **proprietà**. Usando il nostro solito *trucco* di indicare le stime con la lettera minuscola e gli stimatori con la corrispondente lettera maiuscola, con i simboli $\hat{A}$ e $\hat{B}$ denotiamo gli **stimatori dei minimi quadrati** degli ignoti parametri a e b del modello lineare. Vi ricordo che gli stimatori interpretano la variabilità campionaria, cioè tutti i possibili valori di $\hat{a}$ e $\hat{b}$ ottenibili da tutti i possibili campioni (bernoulliani e di ampiezza n) che ci possono capitare. Con un po' di nozioni di statistica matematica in più (e noi perciò non possiamo farlo!) si possono calcolare il valore atteso e l'errore quadratico medio degli stimatori $\hat{A}$ e $\hat{B}$:

$$E(\hat{A}) = a \text{ e } E(\hat{B}) = b$$

da cui deduciamo che gli stimatori dei m.q. sono **non distorti** per i corrispondenti parametri del modello lineare. Circa l'accuratezza di tali stimatori, ci ricordiamo poi che l'MSE di uno stimatore non distorto coincide con la sua varianza e abbiamo:

$$MSE(\hat{A}) = V(\hat{A}) = \sigma^2\left[\frac{1}{n} + \frac{\bar{x}^2}{(n-1)s_X^2}\right]$$

e

$$MSE(\hat{B}) = V(\hat{B}) = \frac{\sigma^2}{(n-1)s_X^2}$$

da cui deduciamo che gli stimatori dei m.q. sono anche **consistenti** per i corrispondenti parametri del modello lineare perché la loro varianza tende a diminuire all'aumentare dell'ampiezza campionaria n, cioè più è *grande* il campione più $\hat{a}$ e $\hat{b}$ sono *precise*. Sostituendo la stima s_ε^2 all'ignota varianza σ^2 otteniamo stime per la varianza degli stimatori dei m.q., cioè lo **standard error** associabile alle stime $\hat{a}$ e $\hat{b}$ dei parametri del modello lineare:

$$SE(\hat{a}) = \sqrt{s_\varepsilon^2\left[\frac{1}{n} + \frac{\bar{x}^2}{(n-1)s_X^2}\right]} \quad \text{e} \quad SE(\hat{b}) = \sqrt{\frac{s_\varepsilon^2}{(n-1)s_X^2}}$$

Se infine emettiamo l'ulteriore ipotesi di **normalità degli errori**, cioè in formule: $\varepsilon \sim N(0, \sigma^2)$ (e con questa, le ipotesi-base sul modello lineare sono in tutto 4!), allora si dimostra che gli stimatori dei m.q. per i parametri del modello lineare sono anche i **più efficienti** perché hanno la varianza più piccola fra tutti i possibili stimatori non distorti, pertanto fra questi sono i *più precisi* e *più accurati*.

ESEMPIO 17.7

Il rapporto fra DP e PIL (continua)

Assumiamo come *vere* le ulteriori ipotesi-base di normalità e varianza costante per la componente erratica: $\varepsilon \sim N(0, \sigma^2)$.

Allora possiamo *fidarci* delle stime dei m.q. $\hat{a} = 98.45$ e $\hat{b} = 2.648$: i corrispondenti stimatori (che tengono conto dell'intero spazio campionario) sono non distorti (non tendono a sotto- o sovra-stimare), consistenti (più grande è il campione più sono precisi) ed efficienti (il più possibile accurati). Possiamo poi affiancare una valutazione numerica dall'*affidabilità* delle stime $\hat{a} = 98.45$ e $\hat{b} = 2.648$ calcolandone lo standard error, e per far questo ci serve prima la stima della varianza degli errori σ^2 (Tabella 17.3).

Tabella 17.3

x_i	y_i	$\hat{y}_i = 98.45 + 2.648x_i$	$(y_i - \hat{y}_i)$	$(y_i - \hat{y}_i)^2$
0	105	98.450	6.550	42.903
2	103	103.746	−0.746	0.557
4	106	109.042	−3.042	9.254
6	106	114.338	−8.338	69.522
8	119	119.634	−0.634	0.402
9	121	122.282	−1.282	1.644
10	127	124.930	2.070	4.285
11	133	127.578	5.422	29.398
			0.000	157.965

Notiamo, per inciso, che la somma degli errori/residui presi con il loro segno (quarta colonna della Tabella 17.3) è nulla: $\sum_{i=1}^{n}(y_i - \hat{y}_i) = 0$. Questa è una *proprietà* del modello stimato con i m.q. che vale *sempre* (e non solo per questo esempio) e corrisponde all'analoga proprietà che abbiamo dimostrato nel Capitolo 13 per la retta dei m.q. deterministica. Se invece sommiamo i residui elevati al quadrato otteniamo la devianza residua *DR*.

Stima della varianza degli errori σ^2:

$$s_\varepsilon^2 = \frac{DR}{n-2} = \frac{1}{n-2}\sum_{i=1}^{n}(y_i - \hat{y}_i)^2 = \frac{157.965}{6} = 26.328$$

Standard error delle stime $\hat{a}$ e $\hat{b}$:

$$SE(\hat{a}) = \sqrt{s_\varepsilon^2\left[\frac{1}{n} + \frac{\bar{x}^2}{(n-1)s_X^2}\right]} = \sqrt{26.328 \times \left[\frac{1}{8} + \frac{6.25^2}{7 \times 15.643}\right]} = 3.561$$

$$SE(\hat{b}) = \sqrt{\frac{s_\varepsilon^2}{(n-1)s_X^2}} = \sqrt{\frac{26.328}{7 \times 15.643}} = 0.49$$

Questi risultati ci dicono che, stimando il nostro modello con $\hat{Y} = 98.45 + 2.648X$, commettiamo un *errore medio* a sua volta stimabile in $\pm$ 3.561 per l'intercetta e $\pm$ 0.49 per il coefficiente angolare.

Una volta stimato, si può usare il modello lineare per fare *previsioni* e *simulazioni* su valori non osservati della variabile risposta Y assegnando valori arbitrari (cioè scelti da noi!) alla variabile *predittore* X. Ma quanto sono affidabili queste previsioni? Ci siamo già posti questa domanda nel Capitolo 13 e sappiamo che la risposta sta nell'**adattamento** o **accostamento** del modello ai dati osservati. Non ci resta, quindi, che usare i dati campionari per *stimare* la bontà di adattamento del modello. In analogia con il modello deterministico del Capitolo 13 (serve forse una rilettura?), il metodo generale consiste nello stimare innanzitutto la devianza spiegata del modello e la devianza totale (di Y), per poi farne il rapporto per ottenere una stima della quota di variabilità di Y *spiegata* dal modello. Anche per il modello lineare (casuale) (e lo abbiamo già dimostrato nel Capitolo 13 per la retta dei m.q. deterministica) esiste un (ovvio!) legame fra la bontà di adattamento e la correlazione esistente fra X e Y. Indichiamo con r il coefficiente di correlazione lineare campionario con cui si *stima* l'ignoto ρ.

Definizione

Stima della bontà di adattamento o indice di determinazione

$$r^2 = \frac{DS}{DT} = \frac{\sum_{i=1}^{k} (\hat{y}_i - \bar{y})^2 f_{i.}}{\sum_{j=1}^{h} (y_j - \bar{y})^2 f_{.j}} = \frac{s_{XY}^2}{s_X^2 s_Y^2}$$

r^2 (che a volte i software indicano con la lettera maiuscola R^2) ci dice quanto il modello stimato sulla base dei dati campionari è un *buon* modello per interpretare Y in funzione di X sull'intera U. r^2 è *normalizzato*, cioè assume valori fra 0 e 1, e, quindi, moltiplicato per 100 è interpretabile come percentuale di bontà di adattamento: stima la percentuale di variabilità della variabile risposta Y *catturata* dal modello lineare con X come variabile esplicativa.

Accanto alla stima analitica r^2 dell'adattamento del modello, è poi utile un'analisi grafica degli n residui (ponderati) $(y_j - \hat{y}_i)f_{ij}$ disegnati su un grafico nell'ordine che preferite, per esempio per riga, per colonna o come vi pare. Sappiamo che i residui possono essere positivi, negativi o nulli e che se li sommiamo otteniamo sempre 0 (è una proprietà del metodo dei minimi quadrati!). Il grafico dei residui, perciò, ha l'aspetto di una *nuvola di punti* più o meno *sparpagliati* intorno allo 0. Residui *ben* sparpagliati, che si dispongono *a caso* intorno allo 0, senza mostrare alcuna struttura o sistematicità, sono residui con un *buon* comportamento: ci indicano che le 4 ipotesi-base avanzate sulla componente erratica del modello ε sono *vicine* alla (ignota) realtà, che il modello *lineare* è un *buon* modello per interpretare la variabile Y in funzione di X e, in generale, corrispondono a un valore di r^2 *vicino* a 1. Viceversa, se i residui non sono ben sparpagliati intorno allo 0, mostrano una qualche struttura, tendono a concentrarsi in alcune zone del grafico lasciando buchi vuoti in altre zone, allora danno indicazione di una *sistematicità*, cioè una *non* casualità nei residui (potremmo dire una *non residualità*!): ci dicono che il modello lineare è *poco* o per nulla adatto a interpretare Y in funzione di X e/o le 4 ipotesi base sulla v.c. ε sono *lontane* dalla realtà. Residui sistematici si associano a valori dell'indice di determinazione r^2 *vicini* a 0.

L'uso congiunto dell'**analisi grafica dei residui** e di r^2 dà anche una misura dell'*affidabilità* delle previsioni su Y estrapolate dal modello stimato.

ESEMPIO 17.7

Il rapporto fra DP e PIL (continua)

Vogliamo utilizzare il nostro modello

$\hat{Y} = 98.45 + 2.648X$

che abbiamo stimato sulla base dei dati di 8 anni, per prevedere e/o simulare l'incidenza percentuale del DP sul PIL in anni per i quali non disponiamo di dati osservati. Andiamo innanzitutto a valutarne la bontà di adattamento sia attraverso l'analisi grafica dei residui sia con il calcolo e l'interpretazione dell'indice di determinazione (sempre con i conti facilitati dal fatto che le frequenze sono tutte unitarie) (Tabella 17.4).

Tabella 17.4

i	$(y_i - \hat{y}_i)$	$(y_i - \bar{y})^2$
1	6.550	100
2	−0.746	144
3	−3.042	81
4	−8.338	81
5	−0.634	16
6	−1.282	36
7	2.070	144
8	5.422	324
	0.000	926

Disegniamo su un grafico gli 8 residui $(y_i - \hat{y}_i)$, per esempio nell'ordine di osservazione (Figura 17.3).

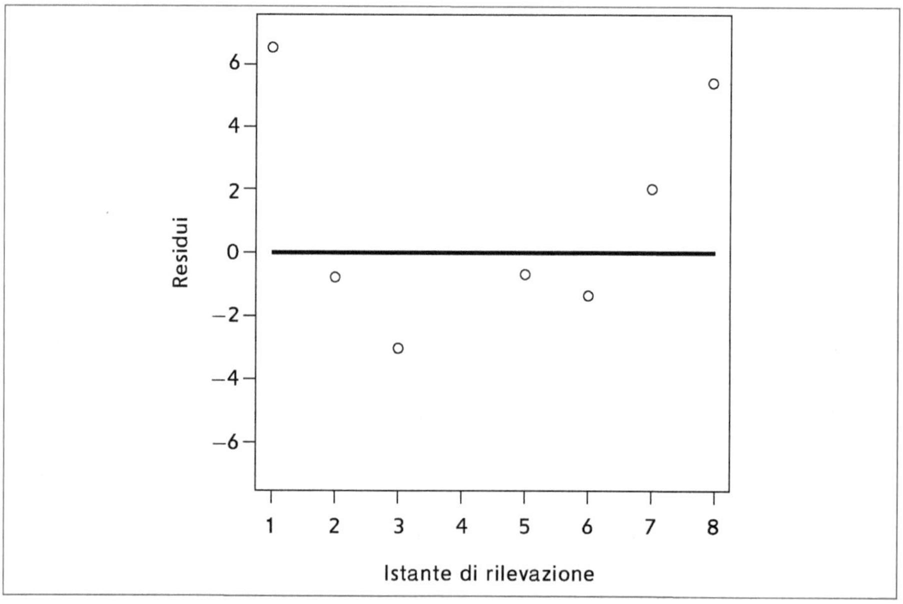

Figura 17.3 Rappresentazione grafica dei residui della retta dei m.q. in Figura 17.2

I residui mostrano un buon comportamento: sono piuttosto sparpagliati intorno allo 0, non mostrano sistematicità evidenti, appaiono *casuali, residuali* appunto. L'indicazione è che le ipotesi-base assunte sulla componente erratica ε sono vicine all'ignota realtà e che il modello lineare stimato ha un buon adattamento ai dati.

Confermiamo l'impressione tratta dall'osservazione del grafico con il calcolo dell'indice di determinazione.

Stima (non distorta) della **varianza marginale** di Y:

$$s_Y^2 = \frac{1}{n-1}\sum_{i=1}^{n}(y_i - \bar{y})^2 = \frac{926}{7} = 132.286$$

Indice di determinazione:

$$r^2 = \frac{s_{XY}^2}{s_X^2 s_Y^2} = \frac{(41.429)^2}{15.643 \times 132.286} = 0.829$$

Il modello stimato è adatto all'82.9%, spiega circa l'83% della variabilità della variabile risposta, le previsioni ed estrapolazioni sulla base di tale modello sono affidabili all'82.9%. Naturalmente, però, sono ancora valide le avvertenze che abbiamo già discusso nel Capitolo 13: le estrapolazioni avvengono **a parità di trend**, cioè assumendo che il modello interpreti la *tendenza* anche per valori non osservati della variabile risposta Y, pertanto non è consigliabile allontanarsi troppo dall'insieme dei dati osservati. Il rischio che si corre è di ottenere previsioni insensate!

Proviamo a estrapolare dal nostro modello l'incidenza percentuale del DP sul PIL per l'anno 2013 (che manca dal nostro insieme dei dati) e a prevederlo, per esempio, per l'anno 2025. Si tratta di assegnare alla variabile esplicativa X, che qui stiamo usando come *predittore*, i valori $2013 - 2010 = 3$ e $2025 - 2010 = 15$.

Previsoni ed estrapolazioni dal modello stimato:

$$\hat{Y}(2013) = 98.45 + 2.648 \times 3 = 106.394$$
$$\hat{Y}(2025) = 98.45 + 2.648 \times 15 = 138.17$$

Capitolo 18

Intervalli di confidenza

Cioè come trarre ancora più informazioni dai dati campionari

Nel Capitolo 17 abbiamo imparato a stimare *puntualmente* i parametri ignoti. In questo capitolo introduciamo un altro metodo di stima: la *stima intervallare*. A differenza della stima puntuale che produce un *unico* valore, la stima intervallare utilizza i dati campionari per produrre un intero *insieme* di valori che *ragionevolmente* contiene l'ignoto valore del parametro. Impareremo a tradurre e quantificare quel *ragionevolmente* in termini probabilistici. La teoria che impareremo ci consentirà anche, alla fine del capitolo, di dare un metodo per stabilire quanto deve essere grande il campione (casuale!) per garantirci (con buona probabilità!) che l'errore di stima non superi una soglia di tolleranza prestabilita.

Cominciamo con il confrontare e valutare i pro e i contro fra stima puntuale e stima intervallare.

18.1 Stima puntuale e stima intervallare: pro e contro

A favore della stima puntuale osserviamo quanto segue.

- È un metodo generale *sempre applicabile*, cioè la stima puntuale è sempre calcolabile a partire dai *soli* dati campionari. Non richiede informazioni *ausiliarie* né assunzioni a priori sul fenomeno X nella U di studio.
- È *semplice*. Abbiamo visto infatti che basta procedere *in analogia*: la media μ si stima con la media del campione $\bar{x}$, la varianza σ^2 si stima con la varianza del campione s^2 (con il semplice accorgimento di dividere per i gradi di libertà $(n-1)$ al fine di lavorare con uno stimatore non distorto) e la frequenza relativa p (o la percentuale $100 \cdot p$) si stima con la corrispondente frequenza relativa campionaria $\hat{p}$ (o la percentuale campionaria $100 \cdot \hat{p}$).

Alla stima puntuale si riconoscono però degli inconvenienti.

- È *difficile* avvicinarsi e "azzeccare" l'ignoto valore del parametro con un *unico* valore puntuale.
- L'*affidabilità* della stima puntuale risiede tutta nella garanzia probabilistica offerta dalle **proprietà** teorico-formali del corrispondente stimatore. A livello pratico, l'errore *medio* di stima lo si può solo (a sua volta) *stimare* con lo **standard error** e ri-utilizzando gli stessi dati campionari: un po' una fregatura!

Più interessante è, invece, il metodo di stima che produce un *insieme* di possibili valori *ragionevolmente sostituibili* all'ignoto parametro, cioè una **stima intervallare**.

A garanzia della sua *affidabilità*, alla stima intervallare è poi associabile un numero (anche trasformabile in percentuale) che *misura* la probabilità con cui il corrispondente stimatore (intervallare) *contiene* effettivamente l'ignoto parametro (vedremo come!). Infatti, qual è la faccia che assume l'errore campionario in questo tipo di inferenza? È il rischio di costruire un insieme di valori che *non* contiene l'ignoto valore del parametro che stiamo stimando. Questo errore è qui quantificato in termini di probabilità e soprattutto è *scelto*, cioè possiamo pre-fissarlo piccolo quanto ci pare.

ESEMPIO 18.1

Le polveri inquinanti

Ci interessa stimare l'ignota percentuale di giorni in cui il livello delle polveri inquinanti supererà il "livello di allarme" il prossimo anno a Milano. Sulla base di dati campionari provenienti dalle rilevazioni dell'anno in corso, la procedura di stima puntuale ci fornisce il valore $\hat{p} = 0.47$ (47%) e sui medesimi dati campionari calcoliamo lo standard error $SE(\hat{p}) = 0.012$. A *garanzia* (probabilistica) di tale stima *puntuale*, abbiamo il fatto che lo stimatore $\hat{P}$ è non distorto e consistente per l'ignota p e che l'errore medio di stima commesso è (a sua volta) stimabile in ± 1.2 punti percentuali. Una procedura di stima intervallare applicata agli stessi dati fornirebbe invece (impareremo come!) l'intervallo (0.45, 0.49), cioè fra il 45% e il 49%. È un'informazione *meno precisa* ma di *più facile utilizzo* ed è un'affermazione *meno rischiosa* di quella basata sulla stima puntuale. Inoltre, anziché affidarci a teoriche proprietà formali del corrispondente stimatore (puntuale), all'intervallo (0.45, 0.49) è associabile il numero 95% che misura probabilisticamente (vedremo come!) quanto ci si può *fidare* di tale stima intervallare. Tale valore 95% è *prescelto*, cioè lo fissiamo noi *a priori* al livello che più ci piace, ci interessa o ci conviene.

La stima intervallare che vedremo in questo libro è la più nota e più utilizzata. È detta **intervallo di confidenza** e la indicheremo brevemente con **IC**.

Definizione

Intervallo di confidenza per un ignoto parametro. È un intervallo di valori calcolato sui dati campionari, per il quale si può *confidare*, a un prescelto livello probabilistico, che *contenga* l'ignoto valore del parametro oggetto di stima.

A favore degli IC, rispetto alla stima puntuale, possiamo allora fare le seguenti osservazioni.

- In un certo senso, sono *meno rischiosi* perché è più facile avvicinarsi all'ignoto valore del parametro con un **intervallo**, cioè un *insieme* di valori, piuttosto che con un unico valore puntuale.
- Non sono "puntuali" ma in un certo senso sono *più informativi* poiché un intervallo offre un'informazione più ampia di un unico valore.
- L'*affidabilità* della stima intervallare è quantificata con una **probabilità**, scelta *a priori*, cioè fissata prima di costruire la stima, al livello che più ci piace, ci interessa o ci conviene.

Per contro, rispetto alla stima puntuale, con gli IC si ha un aumento della **complessità** della procedura di stima. Non basta procedere "per analogia" (come ha funzionato nel Capitolo 17 per stimare puntualmente parametri-base). Inoltre servono più informazioni *oltre* ai dati campionari. Sono infatti necessarie **informazioni ausiliarie** *a priori* sulla distribuzione di X sulla U di studio. Si tratta di informazioni *esogene, extra-campione.* A volte queste informazioni sono note o facili da reperire; in altri casi sono solo *ipotizzabili,* con il concreto rischio, più o meno elevato, di basarci su un assunto iniziale azzardato, che può essere più o meno lontano dalla realtà (che è e rimane ignota!). Un IC, infatti, non è *sempre* producibile sulla base dei *soli* dati campionari, ma è calcolabile *soltanto* qualora ci si trovi nell'una o nell'altra delle due seguenti situazioni.

1. È *noto,* oppure si può ragionevolmente *assumere* con un *buon* grado di sicurezza che il fenomeno X in U è ben interpretato da una v.c. **Normale**. Indicheremo più brevemente questa situazione con la dizione: **popolazione normale**.
2. La numerosità del campione n è *sufficientemente grande* perché valgano opportuni *teoremi* di teoria delle probabilità (a cui ci limiteremo ad accennare!). Ci riferiremo più brevemente a questo caso come di **grandi campioni**.

Prima di tutto impareremo la metodologia per costruire IC a partire da un caso semplificato e dunque poco realistico, ma che, grazie alla sua semplicità, è una buona base di partenza per introdurre la teoria e capirne il *come* e il *perché*. Subito dopo ci riavvicineremo alla realtà abbandonando gli assunti iniziali meno convincenti.

18.2 Intervallo di confidenza per la media μ con popolazione normale e σ^2 nota

Cominciamo con il caso più semplice, anche se poco realistico: *sappiamo,* oppure siamo in grado di *assumere* con un buon grado di sicurezza, che il fenomeno di interesse X su U è *ben interpretato* da una v.c. Normale con media μ, che è il nostro parametro ignoto, e con varianza σ^2, che invece conosciamo. In formule: $X \sim N(\mu, \sigma^2$ nota). Siamo allora nel caso di popolazione normale con in più l'informazione circa il valore di σ^2 (è qui la semplificazione ma anche la scarsa realisticità del caso in cui ci poniamo!). Sotto queste condizioni, vogliamo costruire una stima intervallare per l'ignoto parametro μ. La metodologia di costruzione di un IC, prevede 5 passi di cui i primi 2 sono gli stessi della stima puntuale.

Passo 1. Si estrae un campione bernoulliano di ampiezza n e ci si procura i dati (campionari) $x_1 \dots x_i \dots x_n$.

Passo 2. Si calcola la stima puntuale per μ, cioè si calcola la media del campione:

$$\bar{x} = \frac{1}{n}\sum_{i=1}^{n} x_i$$

L'intervallo di confidenza si costruisce *intorno* alla stima puntuale, utilizzando le informazioni extra-campione disponibili e controllandone l'affidabilità. In particolare, al passo 3 si *decide* il livello di precisione per la nostra stima intervallare.

Passo 3. Si sceglie la **probabilità di sbagliare**, cioè di costruire un IC che *non* contiene μ. Indicheremo questa probabilità con la lettera greca alpha α. Allora la **probabilità di fare bene**, cioè di costruire un IC che *effettivamente* contiene l'ignoto parametro μ, è $(1 - \alpha)$. Notate che la probabilità di sbagliare α si *sceglie* e, quindi, si può fissare piccola quanto si vuole! Sceglierla uguale a 0 non è però un'idea furba: sappiamo che il rischio di errore campionario esiste sempre ed è ineliminabile. Nella pratica α è generalmente fissato a un livello standard pari a 0.05 oppure 0.1 oppure 0.01. Così la probabilità di *fare bene* $(1 - \alpha)$ è il 95% oppure il 90% oppure il 99%.

Al passo 4, si utilizzano le informazioni ausiliarie e si costruisce lo stimatore intervallare.

Passo 4. Un teorema di teoria delle probabilità garantisce che se X è Normale anche lo stimatore media campionaria $\bar{X}$ è a sua volta Normale, con media μ (sappiamo che è non distorta) e varianza σ^2/n (lo abbiamo dimostrato nel Capitolo 17). Quest'ultima, nota σ^2, è a sua volta nota. In formule: $\bar{X} \sim N(\mu\ , \sigma^2/n$ nota). Notate che questa è l'**informazione ausiliaria** (in più) e *a priori* (prima di estrarre il campione), cioè che deve giungere dall'esterno e *non* dai dati campionari. Possiamo allora standardizzare $\bar{X}$ per ottenere la v.c. Z Normale standard

$$\frac{\bar{X} - \mu}{\sqrt{\sigma^2/n}} = Z \sim N(0, 1)$$

Della Z sappiamo calcolare la probabilità di qualunque intervallo utilizzando le sue tavole (per chi non se lo ricorda, il consiglio è rileggere il Paragrafo 15.11). Usiamo il metodo "al contrario" per individuare due valori z che siano estremi di un intervallo con la probabilità $1 - \alpha$ che abbiamo deciso. Soprattutto mentre si sta imparando (poi velocemente si acquista pratica), conviene fare un disegno come quello mostrato nella Figura 18.1, aiuta a capire bene di quale probabilità e di quale intervallo si sta parlando.

Sappiamo che per la Normale (e per tutte le v.c. continue) le probabilità sono **aree** (per chi non se lo ricorda il consiglio è rileggersi il Capitolo 15). L'intervallo ha dunque probabilità (area) pari a $(1 - \alpha)$, mentre all'esterno rimane la probabilità che dividiamo equamente in $\alpha/2$ a sinistra e $\alpha/2$ a destra. Gli estremi di tale intervallo (che si leggono sull'asse orizzontale delle ascisse) sono due *valori* della $Z \sim N(0, 1)$ *simmetrici* rispetto allo 0. Li indichiamo allora più chiaramente con $-z_{\alpha/2}$ e $z_{\alpha/2}$. Questa simbologia è standard e molti li chiamano con l'inglese **Z-score** (che si legge "zeta scoor" con la "o" lunga e chiusa). Usiamo le tavole della $Z \sim N(0, 1)$ (o, se ce l'abbiamo, il computer) per trovare lo Z-score positivo $z_{\alpha/2}$; quello negativo si ottiene cambiando semplicemente il segno.

Figura 18.1

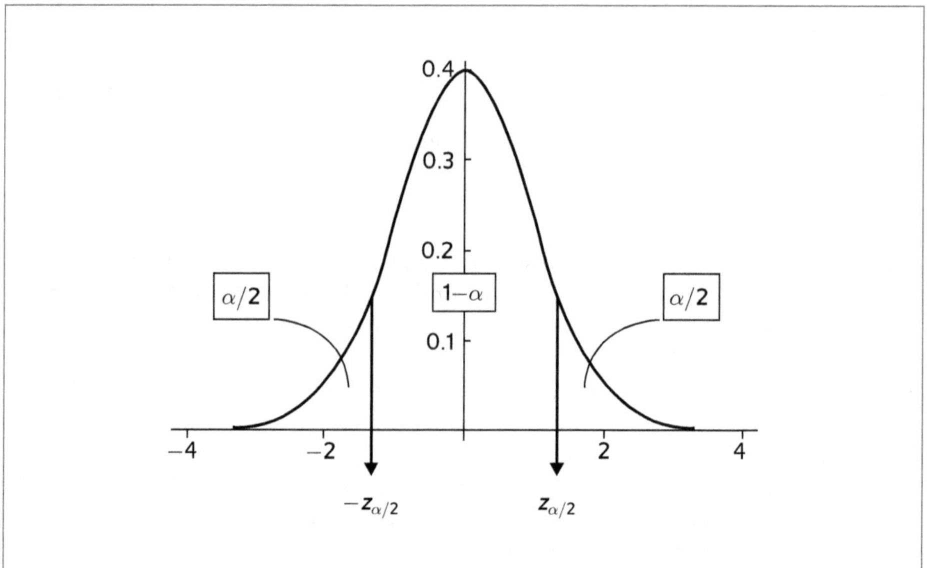

Scriviamo in formule quello che abbiamo letto sul grafico

$$1-\alpha = P\left(-z_{\alpha/2} \leq \frac{\bar{X}-\mu}{\sqrt{\sigma^2/n}} \leq z_{\alpha/2}\right)$$

Infine si *inverte* questa relazione probabilistica in modo da ottenere l'intervallo *centrato* sul parametro che si vuole stimare. Si tratta di usare le regole dell'algebra (che abbiamo imparato alle medie) sulla (doppia) disuguaglianza all'interno delle parentesi tonde. Otteniamo di poterla riscrivere così:

$$1-\alpha = P\left(\bar{X} - z_{\alpha/2}\sqrt{\frac{\sigma^2}{n}} \leq \mu \leq \bar{X} + z_{\alpha/2}\sqrt{\frac{\sigma^2}{n}}\right)$$

Questo è esattamente ciò che cerchiamo: uno stimatore intervallare, basato sullo stimatore puntuale $\bar{X}$, che contiene l'oggetto di stima μ con la probabilità di fare bene $1-\alpha$ che abbiamo scelto (e quindi *non* lo contiene con la probabilità di sbagliare α).

All'ultimo passo, finalmente, usiamo i dati per calcolare l'IC a cui rimane associato il numero $(1-\alpha)$ a *garanzia* probabilistica della sua *affidabilità*. Per questo motivo $(1-\alpha)$ è anche chiamato **livello di confidenza** (dall'inglese *confidence*, che significa fiducia); noi lo indicheremo brevemente con **l.c.**

Definizione

Livello di confidenza $(1-\alpha)$**.** È una misura di quanto possiamo fidarci (*confidare*) che l'IC contenga (davvero!) l'ignoto valore del parametro.

Passo 5. Partendo dagli estremi dell'intervallo individuato al passo 4, si sostituiscono i valori campionari e si ottiene un intervallo che è l'**IC** che cerchiamo con il **l.c.** che abbiamo scelto.

Definizione

IC per μ a l.c. $(1-\alpha)$ con popolazione normale e σ^2 nota

$$\left[\bar{x} - z_{\alpha/2}\sqrt{\frac{\sigma^2}{n}},\ \bar{x} + z_{\alpha/2}\sqrt{\frac{\sigma^2}{n}}\right]$$

Notate che dei 5 passi descritti, il passo 4, dove c'è la teoria sottostante la costruzione di un IC, nella pratica rimane *nascosto*, soprattutto quando, come succede, si lavora al computer. Una volta che ci si è assicurati che la situazione in cui si sta lavorando garantisce (o è almeno una *buona approssimazione*) il rispetto delle assunzioni iniziali, cioè popolazione normale e σ^2 nota, si passerà direttamente dal passo 3 al passo 5.

ESEMPIO 18.2

Il tempo dell'esame

L'esperienza degli anni passati ci dice che il tempo (in minuti) che gli studenti del corso di laurea in Sociologia di Milano-Bicocca impiegano per completare l'esame scritto di Statistica è ben interpretato da una Normale con tempo medio μ e deviazione standard intorno a tale tempo medio $\pm\sqrt{1400}$. Allo scorso appello erano iscritti 92 studenti. Per questi, il tempo medio per completare l'esame scritto è stato di 85 minuti. Vogliamo costruire una stima intervallare a livello 95% del tempo medio necessario per completare l'esame scritto di Statistica, per l'intera popolazione di studenti del corso di laurea in Sociologia di Milano-Bicocca, usando lo scorso appello come un campione.

L'insieme dei 92 studenti iscritti allo scorso appello si può ragionevolmente pensare come scelto a caso dall'intera popolazione di studenti (passati, presenti e futuri). Lo assumiamo allora come campione bernoulliano di ampiezza $n = 92$.

Le informazioni ausiliarie a priori ci autorizzano a modellare il fenomeno di interesse "tempo in minuti necessario al completamento dell'esame scritto" con la v.c.: $X \sim N(\mu, \sigma^2 = 1400)$. Il **tempo medio** μ è il parametro da stimare. La stima puntuale per μ ottenuta dai dati campionari è $\bar{x} = 85$. Quello che vogliamo è un IC per l'ignoto tempo medio μ a l.c. 95%. Poniamo allora:

$$(1-\alpha) = 0.95 \quad \alpha = 0.05 \quad \alpha/2 = 0.025$$

Siamo nelle condizioni iniziali di popolazione normale e σ^2 nota; allora andiamo sulle tavole della $Z \sim N(0, 1)$ (oppure, se ce l'abbiamo, usiamo un computer) e cerchiamo lo Z-score: $z_{\alpha/2} = z_{0.025} = 1.96$. Tale valore lascia a *sinistra* una probabilità pari a $0.95 + 0.025 = 0.975$, in formule:

$$P(Z \leq 1.96) = 1 - \alpha + \alpha/2 = 0.975$$

Il suo simmetrico negativo $-z_{0.025} = -1.96$ lascia a *sinistra* la probabilità $\alpha/2 = 0.025$ e quindi *in mezzo* ai due valori -1.96 e 1.96 resta la prefissata probabilità $1 - \alpha = 0.95$. Si vede bene (con più sintesi e più chiarezza che a parole...) con il grafico di Figura 18.2.

L'IC per μ a l.c. 0.95 è allora:

$$\left[\bar{x} - z_{\alpha/2}\sqrt{\frac{\sigma^2}{n}},\ \bar{x} + z_{\alpha/2}\sqrt{\frac{\sigma^2}{n}}\right]$$

$$= \left[85 - 1.96 \times \sqrt{\frac{1400}{92}},\ \ 85 + 1.96 \times \sqrt{\frac{1400}{92}}\right] = [77.35,\ 92.65]$$

Possiamo allora *fidarci* al 95% che l'intervallo fra 77.35 e 92.65 minuti (cioè fra 1 ora e 17 minuti e 1 ora e 32 minuti) *contenga* il tempo medio necessario per completare l'esame scritto di Statistica.

Figura 18.2

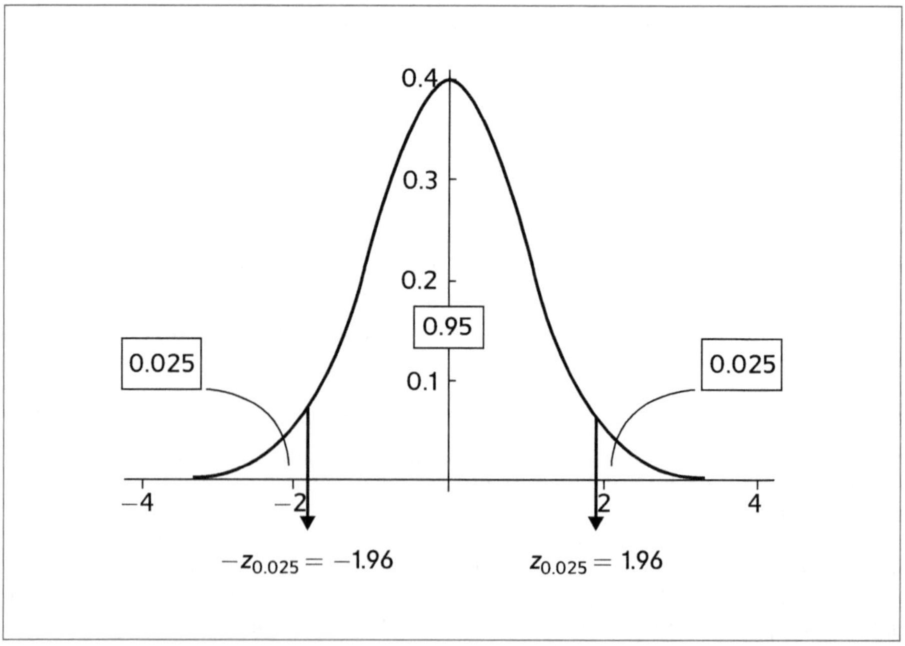

Sin qui abbiamo assunto di conoscere il valore della varianza σ^2, lo abbiamo utilizzato per standardizzare e per calcolare l'IC per μ. Questa situazione ci è stata utile per impostare il problema teorico e per dare la metodologia generale di costruzione della stima intervallare. Ma è anche una situazione che difficilmente si incontra in pratica. Un caso più realistico è quello in cui entrambi μ e σ^2 sono ignoti. Dobbiamo allora considerare ancora il caso di popolazione normale, ma con anche σ^2 **ignota**. Rispetto al caso semplificato, ora l'informazione ausiliaria a priori è che sia *noto*, oppure sia *realisticamente ipotizzabile*, che il fenomeno di interesse è interpretabile dalla v.c. $X \sim N(\mu, \sigma^2)$ con *entrambi* i parametri ignoti.

Per trattare questo caso più realistico abbiamo bisogno di un nuovo trucco di calcolo (la *studentizzazione* al posto della *standardizzazione*) e di una nuova v.c. (la T di Student al posto della Z).

18.3 Studentizzazione e variabile casuale *T* di Student

Siamo ancora sotto la condizione iniziale: $X \sim N(\mu , \sigma^2)$. Allora vale ancora il teorema $\bar{X} \sim N(\mu , \sigma^2/n)$. Ora, però, non conosciamo il valore σ^2 e così non possiamo più standardizzare e usare le tavole della Z. Che cosa facciamo di fronte a un parametro ignoto? Lo stimiamo! La stima per σ^2 è la varianza campionaria corretta con i gradi di libertà (chi non se lo ricorda, vada a rileggersi il Paragrafo 17.11 "Stima della varianza σ^2"):

$$s^2 = \frac{1}{n-1} \sum_{i=1}^{n} (x_i - \bar{x})^2$$

Se nella standardizzazione sostituiamo la stima s^2 all'ignota σ^2 non si tratta più di standardizzare ma di una diversa trasformazione che chiamiamo **studentizzazione**.

Definizione

Studentizzazione di $\bar{X}$

$$\frac{\bar{X} - \mu}{\sqrt{S^2/n}}$$

Notate che per essere del tutto corretti dal punto di vista teorico, abbiamo scritto la formula della studentizzazione usando le lettere maiuscole. Dovrebbe essere chiaro a questo punto che ciò significa usare gli *stimatori*, cioè tenere sotto controllo *tutti* i possibili campioni di ampiezza n che ci potrebbero capitare. Se non è ancora del tutto chiaro, consiglio di ripartire dal Capitolo 16.

Un altro teorema di teoria delle probabilità ci assicura che lo stimatore media campionaria studentizzata (anziché standardizzata) non è più una $Z \sim N(0, 1)$ ma è un'altra v.c. chiamata ***T* di Student**.

La T di Student è una v.c. *diversa* dalla $Z \sim N(0, 1)$, ma la sua funzione di densità è molto simile: ha sempre forma **campanulare** ed è centrata sullo 0, ma ha varianza più grande di 1. Rispetto alla Z ha, come si dice, le code *più pesanti*, cioè le code della campana sono un po' più lontane dall'asse delle ascisse, c'è più area sotto le code per effetto di una maggiore variabilità della T rispetto alla Z (Figura 18.3).

La v.c. T di Student ha un solo parametro, detto **gradi di libertà**. Per popolazione normale con entrambi i parametri ignoti, studentizzando lo stimatore media

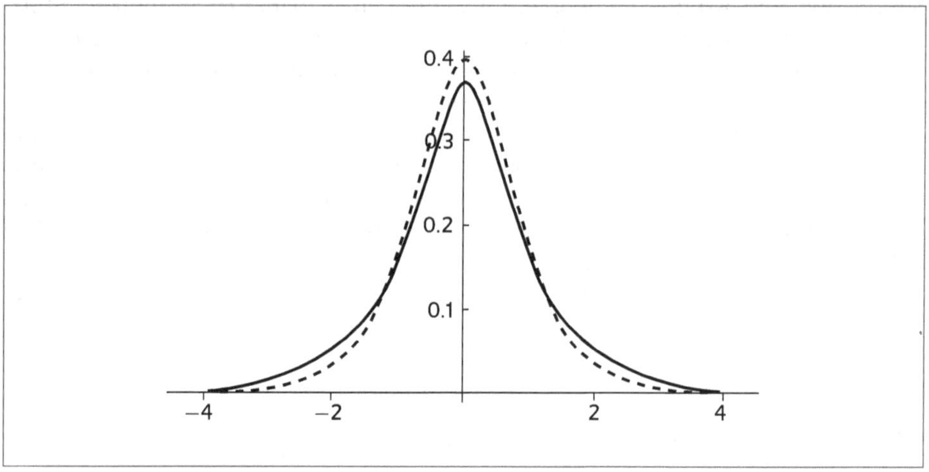

Figura 18.3
La linea continua è la campana della T di Student, la linea tratteggiata è la $Z \sim N(0, 1)$. Si notano le *code più pesanti* della T

campionaria si ottiene una T di Student con $(n - 1)$ gradi di libertà, pari, cioè, a quelli che mettiamo al denominatore per *correggere* la varianza campionaria s^2:

$$\frac{\bar{X} - \mu}{\sqrt{S^2/n}} = T_{n-1}$$

Anche per la v.c. T di Student esistono le **tavole** per individuarne probabilità e valori (quando non abbiamo sottomano un computer). Le tavole della T di Student sono pubblicate su qualunque manuale di Statistica, si trovano facilmente su internet e sono anche riportate alla fine di questo capitolo.

18.4 Intervallo di confidenza per la media μ con popolazione normale

La metodologia di costruzione è analoga a quella con σ^2 nota. La differenza principale consiste nell'utilizzare la T di Student con $(n - 1)$ gradi di libertà anziché la $Z \sim N(0, 1)$.

Passo 1. Si estrae un campione bernoulliano di ampiezza n e ci si procura i dati (campionari) $x_1 \dots x_i \dots x_n$.

Passo 2. Si calcolano le stime puntuali per *entrambi* i parametri ignoti:

- la media campionaria

$$\bar{x} = \frac{1}{n}\sum_{i=1}^{n} x_i \quad \text{per} \quad \mu$$

- la varianza campionaria (corretta)

$$s^2 = \frac{1}{n-1}\sum_{i=1}^{n} (x_i - \bar{x})^2 \quad \text{per} \quad \sigma^2$$

Passo 3. Si sceglie il livello di confidenza $(1 - \alpha)$ da cui si ottiene la probabilità di sbagliare α e le probabilità $\alpha/2$ delle code.

Passo 4. Si studentizza lo stimatore media campionaria $\bar{X}$ e si ottiene la v.c. T di Student con $(n - 1)$ gradi di libertà:

$$\frac{\bar{X}-\mu}{\sqrt{S^2/n}} = T_{n-1}$$

Sulla T (anziché sulla Z) si applica una teoria in tutto simile (passaggi e ragionamenti) a quella che abbiamo visto al passo 4 del paragrafo precedente. Quello che cambia è che salteranno fuori dei ***T*-score** (anziché degli Z-score):

$$P\left(-t_{\alpha/2} \leq \frac{\bar{X}-\mu}{\sqrt{S^2/n}} \leq t_{\alpha/2}\right) = 1-\alpha$$

Graficamente questo è illustrato nella Figura 18.4.

Il T-score positivo $t_{\alpha/2}$ si trova sulle tavole della T di Student. Il suo simmetrico $-t_{\alpha/2}$ si ottiene cambiando semplicemente il segno.

Ora invertiamo la (doppia) disuguaglianza all'interno delle parentesi tonde e riscriviamo la probabilità in modo che l'intervallo sia *centrato* sul parametro μ che vogliamo stimare:

$$P\left(\bar{X}-t_{\alpha/2}\sqrt{\frac{S^2}{n}} \leq \mu \leq \bar{X}+t_{\alpha/2}\sqrt{\frac{S^2}{n}}\right) = 1-\alpha$$

Passo 5. Sostituendo i dati campionari si ottiene finalmente l'IC che cerchiamo.

Definizione

IC per μ a l.c. $(1 - \alpha)$ con popolazione normale e σ^2 ignota

$$\left[\bar{x}-t_{\alpha/2}\sqrt{\frac{s^2}{n}},\ \bar{x}+t_{\alpha/2}\sqrt{\frac{s^2}{n}}\right]$$

Figura 18.4

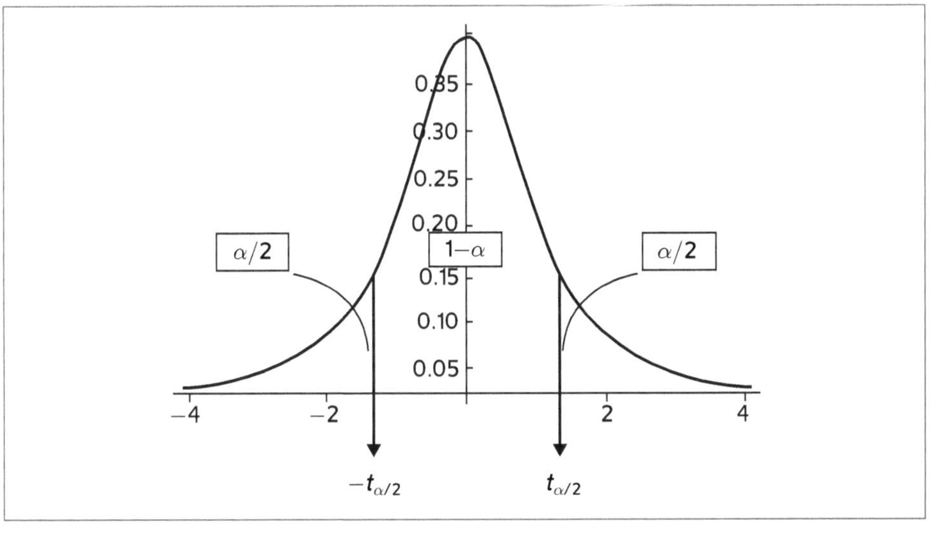

ESEMPIO 18.3

Una nuova didattica

Una docente universitaria sta sperimentando una nuova metodologia didattica. Per valutare gli effetti della sua nuova metodologia vuole una stima (intervallare) della votazione media riportata agli esami scritti dagli studenti sottoposti alla nuova didattica. Seleziona casualmente 10 studenti e ne rileva il voto all'esame scritto (in 30-esimi).

Tabella 18.1

Studente	1	2	3	4	5	6	7	8	9	10
Voto/30	26	21	26	19	23	23	30	19	28	21

La docente assume che la votazione agli esami scritti per tutti i suoi studenti segua realisticamente una distribuzione normale. Per la stima intervallare sceglie il 99% di confidenza.

Chiamiamo (come al solito) X la v.c. che interpreta il fenomeno di interesse "voto all'esame scritto" sulla U di studenti sottoposti alla nuova didattica. Siamo nel caso di popolazione normale (σ^2 ignota). La votazione media μ è il parametro che si vuole stimare. Il sottoinsieme di 10 studenti selezionati casualmente rappresenta un campione bernoulliano di ampiezza $n = 10$; la Tabella 18.1 fornisce i dati campionari:

$$x_1, x_2, x_3, x_4, \dots, x_{10} = 26, 21, 26, 16, \dots, 21$$

Calcoliamo le stime (puntuali) per entrambi i parametri ignoti:

$$\bar{x} = \frac{1}{n}\sum_{i=1}^{n} x_i = \frac{1}{10}(26 + 21 + 26 + \dots + 28 + 21) = 23.6 \quad \text{per } \mu$$

$$s^2 = \frac{1}{n-1}\sum_{i=1}^{n}(x_i - \bar{x})^2$$

$$= \frac{1}{9}\left[(26 - 23.6)^2 + (21 - 23.6)^2 + \cdots (21 - 23.6)^2\right] = 14.267$$

Studentizziamo:

$$\frac{\bar{X} - \mu}{\sqrt{S^2/n}} = T_{n-1} \qquad \text{con } (n-1) = 9 \text{ gradi di libertà}$$

Il l.c. è scelto pari a 99%; calcoliamo allora la probabilità $(1 - \alpha)$ e le probabilità $\alpha/2$ delle code:

$$1 - \alpha = 0.99 \qquad \alpha = 0.01 \qquad \alpha/2 = 0.005$$

Sulle tavole della T di Student, alla riga 9 gradi di libertà e colonna 0.005 (oppure con il computer) troviamo il T-score $t_{\alpha/2} = t_{0.005} = 3.2498$ che lascia a destra una probabilità pari a 0.005. Nella Figura 18.5 è rappresentato il grafico.

Infine calcoliamo l'IC per μ:

$$\left[\bar{x} - t_{\alpha/2}\sqrt{\frac{s^2}{n}},\ \bar{x} + t_{\alpha/2}\sqrt{\frac{s^2}{n}}\right]$$

$$= \left[23.6 - 3.2498\sqrt{\frac{14.267}{10}},\ 23.6 + 3.2498\sqrt{\frac{14.267}{10}}\right]$$

$$= [19.72,\ 27.48]$$

L'IC calcolato ci dice che la docente può *confidare* al 99% che l'intervallo di voti compresi fra 19.72 e 27.48 *contenga* la votazione media all'esame scritto per i suoi studenti sottoposti alla nuova didattica.

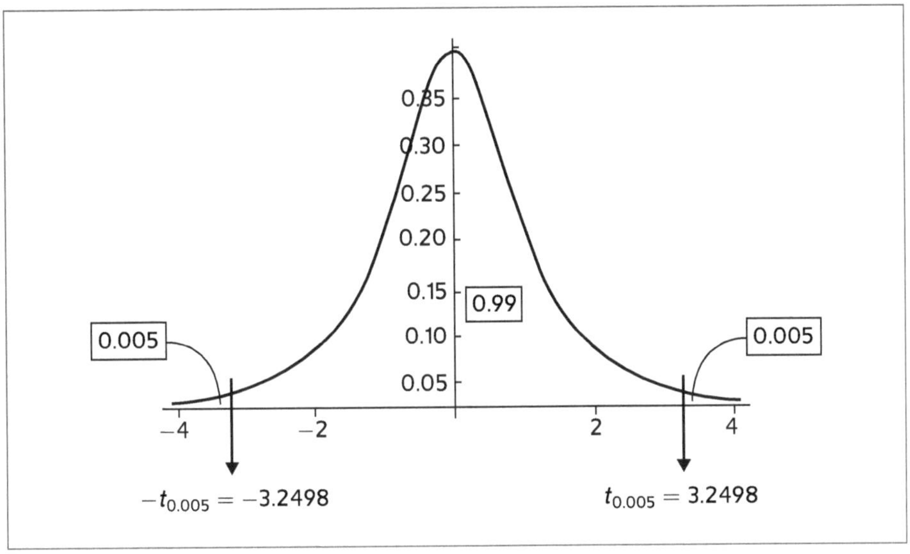

Figura 18.5

18.5 TCL e intervalli di confidenza (approssimati) per grandi campioni per la media e per la percentuale

Ora consideriamo tutte le situazioni non previste nei paragrafi precedenti. Ci mettiamo, cioè, nel caso in cui non si sa *nulla* circa il fenomeno X in U, non si hanno informazioni ausiliarie a priori, oppure si ritiene che l'assunto di popolazione normale sia azzardato, oppure si sa che la popolazione *non è* normale.

Nonostante la v.c. Normale funzioni bene per modellare molti fenomeni (l'abbiamo visto nel Capitolo 15), nelle applicazioni molti altri casi rimangono fuori. Pensiamo, per esempio, al fenomeno "reddito netto mensile da lavoro dipendente in Italia" oppure "risparmio annuo delle famiglie italiane" oppure "voto finale dei laureati italiani in un certo anno accademico". Sono realisticamente modellabili con una curva a campana e simmetrica? Sarebbe come dire che in Italia i lavoratori dipendenti percepiscono in massa uno stipendio più o meno *medio* e quelli che guadagnano tantissimo sono tanti quanto quelli vicino o al di sotto della soglia di povertà; sarebbe come assumere che le famiglie più ricche risparmiano come le famiglie più povere o che i bravi che si laureano con la lode sono tanti quanto quelli che si laureano con il minimo dei voti (... invece i dati ci dicono che sono di più i bravi, anzi le brave). Siamo poi certamente in un caso di popolazione *non* normale quando vogliamo stimare una percentuale o una frequenza relativa di un fenomeno dicotomico. Sappiamo infatti che in questo caso la v.c. adeguata è la binomiale (... e chi non lo ricorda rilegga i Paragrafi 15.5 e 17.3).

Abbiamo imparato nei paragrafi precedenti che costruire un IC richiede, rispetto alla stima puntuale, delle informazioni *in più*. Se non abbiamo informazioni ausiliarie a priori su X, cioè se non siamo nel caso di popolazione normale, diventa necessario *compensare* con molti dati, cioè essere nel caso di **grandi campioni.** Solamente se il campione è, come si dice, *sufficientemente grande* possiamo infatti appellarci a un teorema di teoria delle probabilità fondamentale (centrale!) nell'inferenza statistica, perché consente di *recuperare* la normalità degli stimatori (studentizzati). Questo teorema si chiama (appunto) **teorema centrale** del **limite** e lo indicheremo brevemente con TCL. Noi non abbiamo abbastanza matematica per dimostrare il TCL e neanche per enunciarlo rigorosamente. Ci limitiamo a intuire *come* e *quando* utilizzarlo per risolvere il nostro problema di costruzione degli IC.

Qualunque sia la distribuzione del fenomeno X in U, se l'ampiezza campionaria n tende all'infinito, in formule $n \to \infty$, allora gli stimatori (standardizzati) media campionaria $\bar{X}$ (stimatore per μ) e frequenza relativa campionaria $\hat{P}$ (stimatore per p o anche per la percentuale $100 \cdot p$) sono Normali (in linguaggio tecnico si dice: **asintoticamente normali**).

Questo è il risultato teorico. Nella pratica, i campioni possono essere grandi, ma (ovviamente) non sono infiniti. Inoltre, abbiamo imparato che è in genere necessario ricorrere alla studentizzazione (anziché la standardizzazione). Allora, il risultato teorico si può usare così: quando n è **sufficientemente grande** gli stimatori $\bar{X}$ e $\hat{P}$ studentizzati sono **approssimativamente** normali. Nelle formule indicheremo la normalità approssimata con il simbolo $\approx$, per distinguerla da quella esatta $\sim$).

Definizione

Per il **TCL**, se n è **sufficientemente grande** vale:

$$\frac{\bar{X}-\mu}{\sqrt{s^2/n}} \approx N(0,1) \qquad \text{e} \qquad \frac{\hat{P}-p}{\sqrt{\hat{p}(1-\hat{p})/n}} \approx N(0,1)$$

Siccome con n sufficientemente grande, grazie al TCL, ritroviamo *approssimativamente* la Normale, allora per *grandi campioni* possiamo usare la metodologia degli IC basata sulla $Z \sim N(0,1)$. Attenzione: qui la normalità è *approssimata* e conseguentemente si tratterà di **IC approssimati per grandi campioni** con un *effettivo* l.c. **approssimativamente** pari all'$(1-\alpha)$ scelto.

Gli IC approssimati per grandi campioni si usano per la media μ quando non si può assumere la normalità della popolazione.

Definizione

IC approssimato per grandi campioni per μ a l.c. approssimativamente pari a $(1-\alpha)$

$$\left[\bar{x}-z_{\alpha/2}\cdot\sqrt{\frac{s^2}{n}},\ \bar{x}+z_{\alpha/2}\cdot\sqrt{\frac{s^2}{n}}\right]$$

Gli IC approssimati per grandi campioni si usano anche per la frequenza relativa p (o per la percentuale $100 \cdot p$) di una particolare categoria, modalità o valore di X.

Definizione

IC approssimato per grandi campioni per p a l.c. approssimativamente pari a $(1-\alpha)$

$$\left[\hat{p}-z_{\alpha/2}\cdot\sqrt{\frac{\hat{p}(1-\hat{p})}{n}},\ \hat{p}+z_{\alpha/2}\cdot\sqrt{\frac{\hat{p}(1-\hat{p})}{n}}\right]$$

ESEMPIO 18.4

Probabilità di sopravvivenza all'infarto

Su una rivista medica di qualche anno fa (abbandonata nella sala d'attesa del dentista) ho letto che su una casistica di 800 pazienti affetti da infarto miocardico e trattati con un medicinale chiamato "proprandolo", si è osservato che i sopravvissuti a un mese dall'infarto erano 640. Per ingannare l'attesa ho pensato di usare questi dati per costruire una stima intervallare a livello 95% della probabilità di sopravvivenza con il trattamento.

La popolazione U di riferimento è l'insieme di *tutti* gli infartuati trattabili con "proprandololo" (passati, presenti e futuri; in linea teorica è una popolazione infinita). Il parametro ignoto da stimare è la "probabilità di sopravvivenza con il trattamento". Usando la definizione frequentista di probabilità (e se questo vi dà ancora qualche problema, rivedere il Capitolo 15), questa si può pensare come la **percentuale** (o meglio la **frequenza relativa**) p di sopravvissuti a un mese dall'infarto fra i trattati con "proprandololo". Assumo la casistica di 800 pazienti come un campione bernoulliano e ritengo l'ampiezza campionaria $n = 800$ *sufficientemente grande*.

Dai dati campionari si ricava la stima:

$$\hat{p} = \frac{640}{800} = 0.8 \quad (80\%)$$

Il livello di confidenza scelto è il 95%. Allora:

$$(1 - \alpha) = 0.95 \qquad \alpha = 0.05 \qquad \alpha/2 = 0.025$$

e dalle tavole della $Z \sim N(0,1)$ (... lì per lì non avevo un computer) si ricava il valore $z_{\alpha/2} = z_{0.025} = 1.96$ che lascia a *sinistra* una probabilità pari a $0.95 + 0.025 = 0.975$, come mostrato graficamente nella Figura 18.6.

Finalmente, l'IC approssimato per grandi campioni per l'ignota p a livello 95% è:

$$\left[\hat{p} \pm z_{\alpha/2} \cdot \sqrt{\frac{\hat{p}\,(1-\hat{p})}{n}}\right] = \left[0.8 \pm 1.96 \times \sqrt{\frac{0.8 \times 0.2}{800}}\right] = [\ 0.77,\ 0.83]$$

Non vi sarà sfuggito che per arrivare a questo IC ho fatto due assunzioni iniziali notevoli: che il campione sia *bernoulliano* e che $n = 800$ sia *sufficientemente grande*. Si tratta di ipotesi *ragionevoli* (in questo caso), ma che richiedono comunque cautela: solo *sotto queste ipotesi*, cioè *solo* se tali ipotesi sono *vicine* alla realtà (che è ignota!) si può *confidare* al 95% che l'intervallo (77%, 83%) contenga l'ignota probabilità di sopravvivenza, a un mese dall'infarto, per infartuati trattati con "proprandololo".

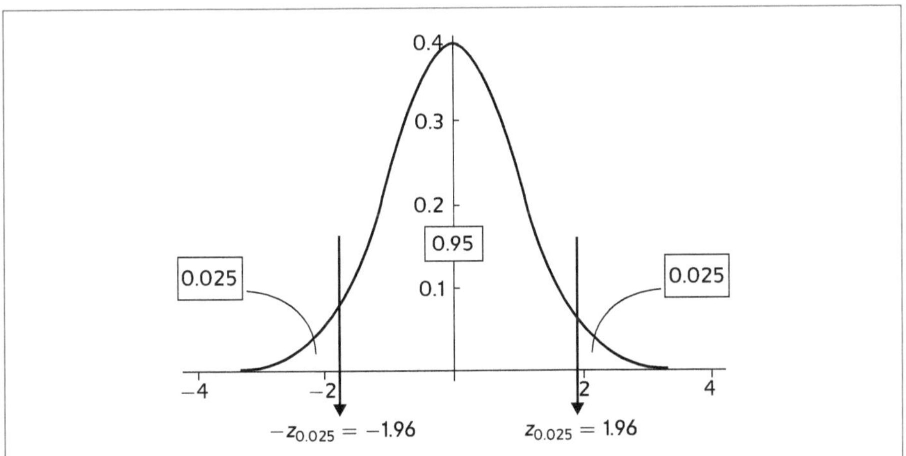

Figura 18.6

18.6 Intervalli di confidenza per la previsione estrapolata dal modello lineare

Ora complichiamo un po' le cose e usiamo la metodologia per la costruzione di IC in situazione bivariata. Nel Capitolo 17 abbiamo discusso la retta di regressione con obiettivi inferenziali e abbiamo imparato a stimare i parametri del modello lineare

$$Y = a + bX + \varepsilon$$

per modellare una variabile risposta (o variabile dipendente) Y in funzione di una variabile esplicativa (o variabile indipendente o regressore o predittore) X. La v.c. ε congloba e formalizza l'errore campionario dovuto alla parzialità dei dati, gli errori di misura, le variabili non osservate e così via (per chi non ricorda bene, il consiglio è di rileggere il Paragrafo 17.14). Le stime dei m.q. per i parametri del modello lineare (intercetta e coefficiente angolare):

$$\hat{a} = \bar{y} - \hat{b}\bar{x} \quad \text{e} \quad \hat{b} = \frac{\sum_{i=1}^{k} \sum_{j=1}^{h} (x_i - \bar{x})(y_j - \bar{y}) f_{ij}}{\sum_{i=1}^{k} (x_i - \bar{x})^2} = \frac{s_{XY}}{s_X^2}$$

sono stime *puntuali*. La loro affidabilità risiede nelle proprietà teorico-formali dei corrispondenti stimatori (che abbiamo discusso nel Paragrafo 17.14) e queste proprietà discendono dalle 4 assunzioni-base avanzate *a priori* sulla componente erratica ε.

Definizione

Ipotesi-base sul modello lineare (riassunto).

1. Compensazione *in media* degli errori (positivi e negativi): $E(\varepsilon) = 0$.
2. Incorrelazione degli errori: $Cov(\varepsilon_i, \varepsilon_j) = 0$ per ogni coppia $i \neq j$.
3. Costanza della varianza $V(\varepsilon) = \sigma^2$, cioè si assume (con le ipotesi 2 e 3) che la componente erratica del modello agisca indipendentemente sulle diverse unità statistiche, allo stesso modo e indipendentemente da X.
4. Normalità degli errori: $\varepsilon \sim N(0, \sigma^2)$.

L'utilizzo più naturale del modello lineare stimato $\hat{Y} = \hat{a} + \hat{b}X$ è l'estrapolazione di *previsioni* su valori non osservati di Y assegnando valori arbitrari al predittore X. Quello che vogliamo fare ora è costruire un IC per la previsione estrapolata dal modello lineare stimato, cioè una **previsione intervallare** con accuratezza adeguata agli scopi della ricerca, cioè il l.c. che abbiamo scelto. Abbiamo bisogno di un simbolo per indicare il valore che (arbitrariamente) decidiamo di far assumere alla variabile esplicativa X: chiamiamolo x^*. La previsione su Y si ottiene sostituendolo nel modello stimato.

Definizione

Previsione su Y per $X = x^*$ estrapolata dal modello stimato

$$\hat{Y}|x^* = \hat{a} + \hat{b} \cdot x^*$$

Il simbolo |, che abbiamo già incontrato, si legge "dato" o "condizionatamente a".

Sotto le stesse 4 ipotesi-base su ε, possiamo costruire un IC per la previsione estrapolata dal modello lineare al prescelto l.c. $(1 - \alpha)$.

Una volta scelto un modello *lineare* per interpretare Y in funzione di X, dopo averlo *stimato* con i m.q. e considerando gli stimatori (che interpretano tutta la variabilità campionaria), chiamiamo **errore di previsione** la differenza fra il *vero*, ma *ignoto*, valore di Y quando $X = x^*$ e la previsione estrapolata dal modello.

Definizione

Errore di previsione per $X = x^*$

$$Y|x^* - \hat{Y}|x^* = a + bx^* + \varepsilon - \hat{A} - \hat{B}x^* = (a - \hat{A}) + (b - \hat{B})\, x^* + \varepsilon$$

Anche l'errore di previsione è una v.c., con il suo valore atteso, la sua varianza e la sua funzione di densità. Grazie al metodo dei m.q., l'errore di previsione in media è zero. Sappiamo infatti che gli stimatori dei m.q. $\hat{A}$ e $\hat{B}$ sono non distorti per l'intercetta e per il coefficiente angolare del modello lineare, cioè: $E(a - \hat{A}) = 0$ e $E(b - \hat{B}) = 0$. Inoltre, per la prima delle ipotesi-base su ε abbiamo anche $E(\varepsilon) = 0$. Quindi, possiamo dare la seguente proprietà.

Proprietà

Valore atteso dell'errore di previsione

$$E(Y|x^* - \hat{Y}|x^*) = E(a - \hat{A}) + x^* \cdot E(b - \hat{B}) + E(\varepsilon) = 0$$

La proprietà ci dice che *in media*, sull'intero spazio campionario (cioè su tutti i possibili campioni bernoulliani di n osservazioni su X e Y che possiamo estrarre dalla popolazione) l'errore di previsione è nullo.

Con nozioni di statistica matematica un po' più avanzate (... e noi quindi non possiamo farlo) si dimostra quanto segue.

Definizione

Varianza dell'errore di previsione

$$V(Y|x^* - \hat{Y}|x^*) = \sigma^2 \left[1 + \frac{1}{n} + \frac{(x^* - \bar{x})^2}{(n-1)s_X^2} \right]$$

Possiamo stimare questa varianza sostituendo all'ignota σ^2 la stima s_ε^2 che abbiamo imparato nel Capitolo 17:

$$s_\varepsilon^2 = \frac{1}{n-2} \sum_{i=1}^{k} \sum_{j=1}^{h} (y_j - \hat{y}_i)^2 f_{ij} = \frac{DR}{n-2}$$

Infine, l'ipotesi-base 4 sulla normalità di ε garantisce che anche l'errore di previsione è una v.c. Normale, con la ben nota forma campanulare, la possibilità di studentizzare e di calcolare la probabilità per qualunque intervallo.
Ecco dunque la strada per costruire la **previsione intervallare** che cerchiamo: si tratterà di studentizzare e individuare l'opportuno T-score! Con la stima del modello e il calcolo di s_ε^2 abbiamo esaurito i passi 1 e 2 della procedura generale di costruzione di un IC, ora vediamo i rimanenti tre.

Passo 3. Scegliamo il l.c. $(1 - \alpha)$ e calcoliamo la probabilità di sbagliare α e la probabilità delle code $\alpha/2$.

Passo 4. Si studentizza l'errore di previsione (che vi ricordo ha media nulla):

$$\frac{Y|x^* - \hat{Y}|x^*}{\sqrt{S_\varepsilon^2 \left[1 + \frac{1}{n} + \frac{(x^* - \bar{X})^2}{(n-1)S_X^2} \right]}} = T_{n-2}$$

Notate che i gradi di libertà della T di Student che si ottiene sono $n - 2$. Lo abbiamo già osservato nel Capitolo 17: sono i gradi di libertà che ci rimangono dopo che, a partire dagli n dati campionari, abbiamo stimato i 2 parametri a e b del modello lineare. Inoltre, quando si studentizza l'errore di previsione, al denominatore appaiono gli stimatori di due varianze: s_ε^2 per la varianza totale del modello σ^2 e s_X^2 per la varianza marginale della variabile esplicativa σ_X^2. Su questa T di Student con $n - 2$ gradi di libertà applichiamo teoria, passaggi e ragionamenti che abbiamo già visto (più volte!) nei paragrafi precedenti. Giungiamo a individuare il T-score $t_{\alpha/2}$ sulle tavole della T oppure (se ce l'abbiamo) con un computer.

Passo 5. Infine.

Definizione

IC a l.c. $(1 - \alpha)$ per la previsione estrapolata dal modello lineare stimato

$$\left[\hat{Y}|x^* \pm t_{\alpha/2}\sqrt{s_\varepsilon^2\left[1 + \frac{1}{n} + \frac{(x^* - \bar{x})^2}{(n-1)s_X^2}\right]}\right]$$

ESEMPIO 18.5

Il rapporto fra DP e PIL (continua dal Capitolo 17)

Nel Capitolo 17 abbiamo utilizzato i dati ISTAT sull'incidenza percentuale del debito pubblico (DP) sul prodotto interno lordo (PIL) rilevato in 8 istanti temporali nel periodo 2010-2021 (Tabella 18.2), e abbiamo stimato la retta $\hat{Y} = 98.45 + 2.648X$ per modellare l'incidenza percentuale del DP sul PIL Y in funzione del tempo espresso come anni trascorsi dall'inizio del periodo considerato $X = \text{anno} - 2010$.

Tabella 18.2

Anno	2010	2012	2014	2016	2018	2019	2020	2021
Percentuale DP su PIL	105	103	106	106	119	121	127	133

Abbiamo poi usato il modello stimato per estrapolare la previsione (puntuale) per Y per gli anni 2013 e 2025 entrambi non osservati. Abbiamo inserito nel modello stimato i valori (arbitrari) $2013 - 2010 = 3$ e $2025 - 2010 = 15$ per la variabile esplicativa e abbiamo ottenuto:

$$\hat{Y}(2013) = \hat{Y}|3 = 106.394 \qquad \text{e} \qquad \hat{Y}(2025) = \hat{Y}|15 = 138.17$$

Poiché (sempre nel Capitolo 17) avevamo calcolato l'indice di determinazione $r^2 = 0.829$, avevamo concluso che queste previsioni *puntuali* sono *affidabili* all'83% circa sulla base della bontà di adattamento del modello.

Ora scegliamo noi il livello di confidenza, per esempio 95%, e costruiamo le medesime previsioni, ma di tipo *intervallare*. Riprendiamo le stime che ci servono fra quelle già calcolate nel Capitolo 17:

$$\bar{x} = 6.25 \quad s_\varepsilon^2 = 26.328 \quad s_X^2 = 15.643$$

e applichiamo i rimanenti tre passi della nostra procedura di costruzione dell'IC:

$$(1 - \alpha) = 0.95 \quad \alpha = 0.05 \quad \alpha/2 = 0.025$$

Sulle tavole della T di Student, alla riga $(n - 2) = 6$ e colonna 0.025, leggiamo il valore $t_{\alpha/2} = 2.4469$. Infine:

Previsione: come IC per $\hat{Y}|x^*$

$$\left[\hat{Y}|x^* \pm t_{\alpha/2}\sqrt{s_\varepsilon^2\left[1+\frac{1}{n}+\frac{(x^*-\bar{x})^2}{(n-1)s_X^2}\right]}\right]$$

IC per $\hat{Y}|3$ (previsione per il 2013)

$$= \left[\hat{Y}|3 \pm 2.4469\sqrt{26.328\left[1+\frac{1}{8}+\frac{(3-6.25)^2}{7\times 15.643}\right]}\right] = [92.518, 120.27]$$

IC per $\hat{Y}|15$ (previsione per il 2025)

$$= \left[\hat{Y}|15 \pm 2.4469\sqrt{26.328\left[1+\frac{1}{8}+\frac{(15-6.25)^2}{7\times 15.643}\right]}\right] = [121.213, 155.127]$$

Con questi IC possiamo fare previsioni *più ampie* e *meno rischiose* rispetto alle previsioni puntuali. Ci dicono che possiamo *fidarci* al 95% che l'intervallo di [92.518%, 120.27%] contenga l'incidenza del DP sul PIL per l'anno 2013 e l'intervallo [121.213%, 155.127%] contenga l'analoga previsione per l'anno 2025.

18.7 Istruzioni d'uso e avvertenze per gli intervalli di confidenza (IC)

Che cosa succede se le ipotesi non sono rispettate? Quali rischi si corrono se la realtà è *lontana* dalle condizioni iniziali che abbiamo ipotizzato? Se la popolazione non è normale come crediamo o se il campione non è bernoulliano o, ancora, se n non è sufficientemente grande perché cominci a funzionare il TCL, allora il problema è che non c'è più garanzia probabilistica che l'IC abbia il l.c. $(1-\alpha)$ che abbiamo scelto. La conseguenza è che l'inferenza statistica *non ha* l'affidabilità che vogliamo, l'errore che commettiamo non è più *puramente campionario* e non è più *quantificabile* in termini probabilistici.

L'uso degli IC a fini inferenziali richiede sempre consapevolezza e cautela, soprattutto quando, come succede, si lavora al computer. Il computer *non sa* quali condizioni servono, quali assunzioni a priori sono state avanzate, *non conosce* i risultati teorici e pecoramente sputa fuori l'IC in qualunque situazione. Fermiamoci ora a riflettere sui rischi che si corrono, sugli abusi più frequenti e diamo alcune indicazioni pratiche.

Ogni IC ha associato un l.c. *nominale*, che coincide con l'$(1-\alpha)$ scelto, ma anche un l.c. *effettivo* chiamato **copertura**. La copertura effettiva dipende dalla *reale* distribuzione di X. Solo se X è *certamente* Normale allora la copertura *coincide* con il l.c. nominale e l'IC è, come si dice, **esatto**. In tutti gli altri casi, cioè quando la popolazione normale è *solo* un'assunzione che si ritiene *vicina* alla realtà oppure quando si suppone che il campione sia *sufficientemente grande* per applicare il TCL, allora l'IC è **approssimato**, cioè la sua copertura è (solo!) un'*approssimazione* dell'$(1-\alpha)$nominale. La copertura di un IC approssimato sarà tanto più *vicina* all'$(1-\alpha)$ nominale quanto più *vicina alla normalità* è la popolazione oppure quanto più è *grande* il campione (ricordiamoci sempre che il TCL vale con $n \to \infty$!).

Quando n è *sufficientemente grande* anche la v.c. T di Student si avvicina sempre di più alla v.c. Normale (fino a confondersi totalmente). Potete verificarlo facilmente mettendo a confronto le tavole della T e quelle della Z: al crescere dei gradi di libertà $(n - 1)$ i T-score $t_{\alpha/2}$ sono sempre più vicini ai corrispondenti Z-score $z_{\alpha/2}$. Allora, all'aumentare di n e conseguentemente all'aumentare dei gradi di libertà $(n - 1)$, diventa *indifferente* utilizzare la T di Student o la Z. Nella pratica, quando il campione è *grande*, per costruire un IC per μ, anche se σ^2 è ignota e viene stimata con s^2, si usa *sempre* la $Z \sim N(0, 1)$.

Non esiste una regola teorica per stabilire quando n è *sufficientemente grande* da giustificare il ricorso al TCL (che vale con $n \to \infty$). Non esiste una regola teorica che garantisca che la copertura effettiva sia *sufficientemente vicina* al l.c. $(1 - \alpha)$ scelto. Esistono delle indicazioni pratiche basate sull'esperienza e sulle simulazioni al computer. Nelle applicazioni può essere già sufficiente un campione di ampiezza $n \geq 100$ per costruire un IC per μ e un campione di ampiezza $n \geq 30$ per costruire un IC di p. Ampiezze campionarie di 1000 o 1500 sono standard nei sondaggi di opinione e nelle ricerche di mercato e, purché si tratti di *campioni casuali*, garantiscono in genere il rispetto delle condizioni teoriche. Vedremo degli esempi alla fine di questo capitolo.

Al l.c. $(1 - \alpha)$ si possono dare due interpretazioni probabilistiche.

1. **Interpretazione *analitica* del l.c.** È l'interpretazione usata nei nostri esempi fino a qui. Corrisponde alla **probabilità** con cui l'intervallo costruito con lo *stimatore* (che tiene conto di tutti i possibili campioni e dunque di tutta la variabilità campionaria) *contenga* effettivamente l'ignoto parametro. Sostituendo i dati campionari, cioè calcolando l'IC con la *stima* ottenuta dal (unico) campione effettivamente estratto, tale probabilità *passa* all'IC, ma sotto forma di *livello di confidenza*. A essere rigorosi, il l.c. non è più una probabilità. Data la teoria sottostante alla costruzione dell'IC, è però una misura della *fiducia* che si può riporre nel fatto che l'IC contenga *davvero* l'ignoto parametro.
2. **Interpretazione statistico-frequentista del l.c,** anche detta **del long run**. Immaginiamo di poter estrarre da U un *grande numero* di campioni bernoulliani (o magari *tutti* i campioni) di ampiezza n. Su ciascun campione costruiamo l'IC per l'ignoto parametro. Alcuni di tali IC conterranno realmente il parametro, altri *non* lo conterranno. Ma quanti? Su un gran numero di campioni bernoulliani, ci si può attendere che l'$(1 - \alpha)$% contenga *davvero* l'ignoto parametro e che il rimanente α% *non* lo contenga.

Abbiamo capito che il l.c. è una *garanzia* (probabilistica) dell'*affidabilità* dell'IC, ma non è l'*unico* aspetto importante da considerare.

18.8 Precisione degli intervalli di confidenza

Un IC è tanto *più preciso* quanto più è *stretto*, cioè quanto meno è *ampio*. L'**ampiezza** di un IC ne definisce quindi la *precisione* (in inglese *accuracy*). L'ampiezza di un intervallo è la differenza fra l'estremo superiore e l'estremo inferiore. Meno l'IC è ampio, più è utile per fare inferenza sul parametro ignoto.

ESEMPIO 18.6

L'IC più preciso

Immaginiamo di dover costruire un IC per una percentuale.

L'IC [40%, 58%] dà intuitivamente un'informazione più precisa, più accurata e più utile ai fini inferenziali del seguente IC: [10%, 90%]. Il primo intervallo ha ampiezza = 58 − 40 = 18 punti percentuali; il secondo intervallo ha ampiezza = 90 − 10 = 80 punti percentuali. Il primo intervallo è *meno ampio* del secondo.

Da quanto abbiamo imparato nei paragrafi precedenti, sappiamo ora che un IC ha una *struttura generale* di questo tipo:

$$\text{stima (puntuale)} \pm \text{score} \times SE(\text{stima})$$

dove il valore di score sarà uno Z-score o un T-score a seconda dell'oggetto e delle condizioni di stima. Allora l'ampiezza di un IC ha la seguente forma generale.

Ampiezza di un IC

Definizione

$$(\text{stima} + \text{score} \times SE) - (\text{stima} - \text{score} \times SE) = 2 \text{ score} \times SE$$

Ne deduciamo che la precisione della stima intervallare dipende dalla precisione della stima puntuale, a sua volta stimata mediante lo standard error SE: più piccolo è SE, meno ampio e dunque più preciso è l'IC.

Prendiamo per esempio l'IC per la media μ nel caso di grandi campioni:

$$\bar{x} \pm z_{\alpha/2}\sqrt{\frac{s^2}{n}} \quad \text{che ha ampiezza} \quad 2z_{\alpha/2}\sqrt{\frac{s^2}{n}}$$

minore è $\sqrt{\frac{s^2}{n}}$, minore è l'ampiezza dell'IC e dunque maggiore la sua precisione e accuratezza. Osserviamo, infine, che l'ampiezza dell'IC dipende dal livello di confidenza (attraverso il valore di score) e dall'ampiezza campionaria n (attraverso SE). Allora il l.c. e la precisione di un IC sono fra loro legati e, a loro volta, sono legati all'ampiezza campionaria n, cioè alla quantità di dati coinvolti nel processo di stima.

18.9 Relazione fra livello di confidenza, numerosità campionaria e precisione dell'intervallo di confidenza

Si tratta di relazioni *teoriche* che per essere enunciate rigorosamente (e per essere dimostrate) richiedono un po' di matematica avanzata. Fortunatamente sono anche risultati molto intuitivi. Qui scegliamo questa seconda strada e usiamo (prevalentemente) l'intuito.

La precisione di un IC è in relazione *inversa* con il livello di confidenza e in relazione *diretta* con la numerosità campionaria. Cioè:

- a parità di ampiezza campionaria n, un aumento del l.c. $(1 - \alpha)$ provoca una diminuzione di precisione (cioè un aumento di ampiezza dell'IC) e viceversa;
- a parità di livello di confidenza $(1 - \alpha)$, un aumento della numerosità campionaria n provoca un aumento della precisione (cioè una diminuzione dell'ampiezza dell'IC) e viceversa.

ESEMPIO 18.4

Probabilità di sopravvivenza all'infarto (continua)

Nell'Esempio 18.4 "Probabilità di sopravvivenza all'infarto", con gli $n = 800$ dati a disposizione avevamo costruito l'IC a livello 95%: [0.77, 0.83], cioè con ampiezza $0.83 - 0.77 = 0.06$ (6 punti percentuali). Immaginiamo di non essere soddisfatti della *precisione* di questo IC e di voler costruire un intervallo *più stretto*. Con gli *stessi* $n = 800$ dati a disposizione, possiamo ottenerlo *rinunciando* a un po' di confidenza; per esempio, fissandola al 90%:

$$(1-\alpha) = 0.90 \quad \alpha = 0.10 \quad \alpha/2 = 0.05$$

Dalle tavole della $Z \sim N(0, 1)$ (o, se ce l'abbiamo, con un computer) si ricava lo Z-score $z_{\alpha/2} = z_{0.05} = 1.65$ che lascia a sinistra una probabilità pari a $0.90 + 0.05 = 0.95$. Si calcola, quindi, l'IC (approssimato per grandi campioni):

$$\left[\hat{p} \pm z_{\alpha/2} \cdot \sqrt{\frac{\hat{p}(1-\hat{p})}{n}}\right] = \left[0.8 \pm 1.65 \times \sqrt{\frac{0.8 \times 0.2}{800}}\right] = (0.78,\ 0.82)$$

Questo nuovo IC, con l.c. ridotto al 90%, ha ampiezza $0.82 - 0.78 = 0.04$ (4 punti percentuali), cioè è *più preciso* del precedente a livello 95%.

Se invece non fossimo soddisfatti del livello di confidenza e volessimo portarlo al 99%, dovremmo *rinunciare* a un po' di precisione e accontentarci di un IC *più ampio*:

$$(1-\alpha) = 0.99 \quad \alpha = 0.01 \quad \alpha/2 = 0.005$$

Dalle tavole della $Z \sim N(0, 1)$ (o con il computer) si ricava lo Z-score $z_{\alpha/2} = z_{0.005} = 2.58$ che lascia a sinistra una probabilità pari a $0.99 + 0.005 = 0.995$. Si calcola, quindi, l'IC (approssimato per grandi campioni):

$$\left[\hat{p} \pm z_{\alpha/2} \cdot \sqrt{\frac{\hat{p}(1-\hat{p})}{n}}\right] = \left[0.8 \pm 2.58 \times \sqrt{\frac{0.8 \times 0.2}{800}}\right] = [0.76,\ 0.84]$$

Questo nuovo IC, con l.c. aumentato al 99%, ha ampiezza $0.84 - 0.76 = 0.08$ (8 punti percentuali), cioè è *meno preciso* di quello a livello 95%.

Infine, se (mai contenti) volessimo aumentare la precisione dell'IC, riducendone l'ampiezza, *senza* però rinunciare alla confidenza o magari addirittura aumentandola, non ci resterebbe che tornare sul campo e procurarci altre informazioni, cioè sarebbe necessario un campione *più grande*. Campioni più grandi danno, infatti, IC più precisi senza perdita di livello di confidenza.

A questo punto siamo in grado di utilizzare la teoria sottostante alla costruzione degli IC per dare una metodologia di *pianificazione* dell'ampiezza campionaria. Impariamo a decidere quale n scegliere mantenendo sotto controllo l'errore di stima.

18.10 Errore assoluto di stima e come decidere l'ampiezza del campione

Nel Capitolo 17, quando abbiamo imparato la stima puntuale, abbiamo parlato di errore *medio* di stima introducendone una misura (teorica e quadratica) MSE e imparando a stimarla dai dati campionari con SE (lo standard error). Abbiamo anche imparato che l'errore medio di stima può essere controllato fissando n *sufficientemente grande* (per chi non se lo ricorda o ha ancora qualche dubbio, il consiglio è di rileggere il Capitolo 17). E ancora, abbiamo imparato che n *sufficientemente grande* è condizione necessaria per usare il TCL, cioè il teorema fondamentale per fare valida inferenza tutte le volte che non possiamo assumere la normalità della popolazione. Ma *quanto* deve essere grande n per essere *sufficientemente grande*? Come decidere quanto campionare?

La **pianificazione di *n*** è strategica per l'inferenza statistica.

Cominciamo con l'introdurre una nuova misura dell'errore di stima: l'*errore assoluto*. Si tratta del modo più semplice per misurare l'errore di stima, senza alterarne ordine di grandezza e unità di misura e senza distinguere fra sovra-stime e sotto-stime (che infatti sono entrambe errori di stima). Partiamo dalla differenza fra stima e parametro ignoto presa in *valore assoluto* per eliminare il segno.

Definizione

Errore assoluto di stima

| stima − parametro |

Per esempio, se stiamo stimando la media μ e usiamo la media campionaria $\bar{x}$, allora l'*errore assoluto* di stima è: $|\bar{x} - \mu|$.

Ora, teniamo conto di *tutti* i possibili campioni (bernoulliani e di ampiezza n) che ci possono capitare, cioè passiamo allo *stimatore* per interpretare la variabilità campionaria.

Per esempio, se stiamo stimando la media μ, consideriamo $|\bar{X} - \mu|$. Con una teoria simile a quella che ci è servita per costruire gli IC, è possibile scegliere a priori, cioè *prima* di estrarre il campione, sia l'**errore massimo** che siamo disposti a tollerare (che indicheremo con *Err*) sia il livello di **probabilità** con cui vogliamo che questo accada. Poiché questa probabilità è del tipo *fare bene*, la indicheremo come siamo abituati con $(1 - \alpha)$.

18.11 Pianificazione di *n* per la stima della media e della percentuale

Cominciamo con il caso della media. Sappiamo che la media del campione $\bar{x}$ è una *buona* stima per l'ignota media dell'intera popolazione (a chi ha ancora dubbi o non ricorda bene consiglio la rilettura delle proprietà della media campionaria nel Capitolo 17). Ora vogliamo decidere quanto deve essere grande il campione affinché, usando la media $\bar{x}$ del campione per stimare la media μ dell'intera popolazione, commettiamo un errore assoluto $|\bar{X} - \mu|$ *non superiore* a un certo margine massimo tollerato, qualunque sia il campione che ci potrebbe capitare. Siamo in condizioni d'incertezza a causa della parzialità e casualità dei dati campionari. Cerchiamo allora di fare una *buona* stima con *buona* probabilità:

1. scegliamo la probabilità $(1 - \alpha)$ di *fare bene*, per esempio, ai livelli standard 90% oppure 95% o 99%;

2. scegliamo il nostro margine di errore massimo tollerato. Attenzione: come abbiamo imparato nel Capitolo 16 (e ribadito più volte nei capitoli successivi), lavorando con dati campionari il rischio di errore esiste sempre, perciò lo zero non è una scelta "furba". Possiamo però sceglierlo *piccolo* quanto ci pare e lo chiamiamo *Err*.

Ora scriviamo in formule quello che vogliamo, e cioè che la probabilità di mantenere l'errore assoluto di stima al di sotto del livello *Err* che tolleriamo sia pari all' $1 - \alpha$ che abbiamo deciso:

$$1 - \alpha = P(|\bar{X} - \mu| \leq Err)$$

Applicando le regole dell'algebra (sul valore assoluto e sulla disuguaglianza), questa probabilità si può riscrivere così:

$$1 - \alpha = P(-Err \leq \bar{X} - \mu \leq +Err)$$

Poiché stiamo cercando n sufficientemente grande, possiamo standardizzare e usare la $Z \sim N(0, 1)$:

$$1-\alpha = P\left(\frac{-Err}{\sqrt{\sigma^2/n}} \leq \frac{\bar{X}-\mu}{\sqrt{\sigma^2/n}} \leq \frac{+Err}{\sqrt{\sigma^2/n}}\right) = P\left(\frac{-Err}{\sqrt{\sigma^2/n}} \leq Z \leq \frac{Err}{\sqrt{\sigma^2/n}}\right)$$

Abbiamo così ritrovato il solito intervallo di valori della $Z \sim N(0, 1)$ di probabilità $(1-\alpha)$ con estremi

$$\frac{-Err}{\sqrt{\sigma^2/n}} \quad \text{e} \quad \frac{Err}{\sqrt{\sigma^2/n}}$$

che corrispondono ai soliti Z-score. Si vede bene graficamente in Figura 18.7.

Vale allora l'uguaglianza:

$$\frac{Err}{\sqrt{\sigma^2/n}} = z_{\alpha/2}$$

Risolvendo questa uguaglianza nella nostra incognita n finalmente otteniamo l'ampiezza campionaria che con probabilità $(1-\alpha)$ garantisce un errore assoluto di stima non superiore al nostro margine di errore Err.

Figura 18.7

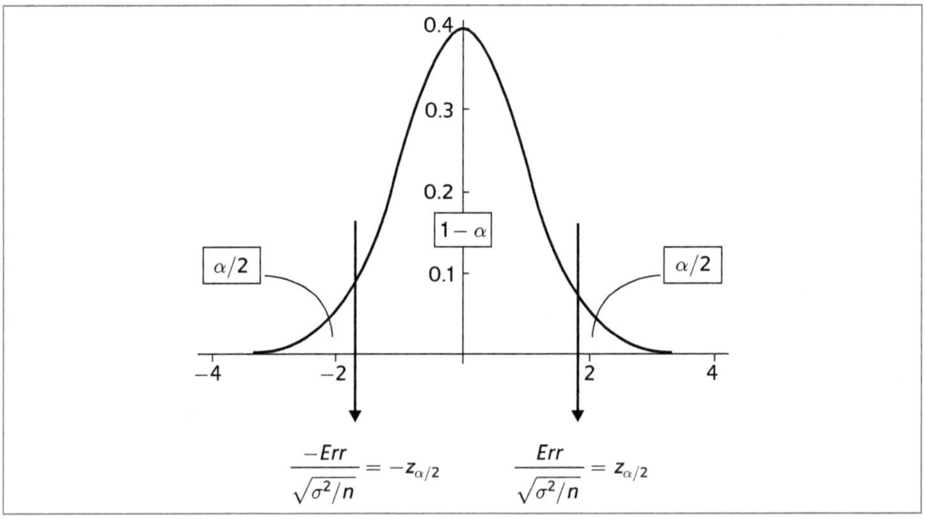

Definizione

Ampiezza campionaria n per stimare μ con errore (assoluto) di stima max pari a Err con pre-scelta probabilità $(1-\alpha)$

$$n = \frac{z_{\alpha/2}^2 \cdot \sigma^2}{Err^2}$$

In questa formula, i valori Err e α sono numeri che abbiamo scelto noi, lo Z-score $z_{\alpha/2}$ si ricava dalle tavole (o con il computer), ma σ^2 è *ignoto*. È un'ulteriore conferma di ciò che abbiamo già osservato più volte: la variabilità di X su U (qui misurata con σ^2) è una fonte principale di incertezza da controllare. In pratica, la formula si può utilizzare solo se si dispone di informazioni ausiliarie a priori sulla variabilità del fenomeno X nella popolazione U di interesse. Sappiamo, infatti, che l'errore di stima dipende da quanto è *variabile* X. Lo abbiamo già osservato nel Capitolo 17: più grande è la varianza di X, più *difficile* sarà stimarne qualunque parametro. Se vogliamo tenere sotto controllo l'errore campionario (addirittura fissando noi la soglia massima tollerata *Err*), dobbiamo disporre di una stima *preventiva* di σ^2, che di solito deriva da informazioni passate (indagini precedenti), da fonti ufficiali (per esempio i censimenti decennali ISTAT) oppure, come si dice, da un *campione-pilota*.

ESEMPIO 18.7

L'età media degli studenti umanistici

Si vuole stimare l'età media degli studenti iscritti alle facoltà umanistiche degli atenei milanesi. In sede di pianificazione dell'indagine si decide che si è disposti a tollerare un errore massimo di stima di un anno e mezzo (in più o in meno, cioè *assoluto*) con probabilità 90%. Sulla base di dati ufficiali passati sulle facoltà umanistiche italiane si stima che la varianza dell'età degli studenti è 36. Formalmente abbiamo allora:

$$\sigma^2 = 36 \quad Err = 1.5 \quad (1-\alpha) = 0.9 \quad \alpha = 0.1 \quad \alpha/2 = 0.05$$

Dalle tavole della $Z \sim N(0, 1)$ (o con il solito computer) si ricava lo Z-score, cioè il valore $z_{\alpha/2} = z_{0.05} = 1.65$ che lascia a sinistra una probabilità pari a $0.9 + 0.05 = 0.95$. Usando la nostra stima *preventiva*, assumiamo $\sigma^2 = 36$ e applichiamo la formula della pianificazione di n per la stima di μ:

$$n = \frac{z^2_{\alpha/2} \cdot \sigma^2}{Err^2} = \frac{1.65^2 \times 36}{1.5^2} = 43.56$$

Questo risultato ci dice che per stimare l'età media degli studenti delle facoltà umanistiche milanesi con un errore assoluto di stima *non superiore* a un anno e mezzo e livello di probabilità 90%, è necessario un campione di (almeno) 44 studenti.

Un caso speciale si ha quando il fenomeno di interesse è qualitativo (dicotomico, categoriale o ordinale) e il parametro oggetto di stima è la frequenza relativa p di soggetti che appartengono a una data categoria (o equivalentemente la percentuale $100 \cdot p$). Sappiamo (dal Paragrafo 17.13) che la corrispondente frequenza relativa del campione $\hat{p}$ è una *buona* stima. Ora vogliamo decidere quanto deve essere grande il campione affinché usando $\hat{p}$ per stimare p commettiamo un errore assoluto non superiore a un certo livello massimo tollerato *Err*. Questo è un caso semplice perché possiamo ricavare una formula per la pianificazione di n anche *senza* avere informazioni ausiliarie a priori sulla variabilità di X in U. Ci metteremo nello **scenario peggiore**, quello in cui è *più difficile* stimare p. In questo modo riusciamo a determinare l'ampiezza campionaria n che ci tutela, per così dire, *al massimo*.

Come abbiamo già fatto nel Capitolo 17, chiamiamo convenzionalmente *successo* la categoria di interesse, quella di cui vogliamo stimare la frequenza relativa p, e chiamiamo *insuccesso* tutte le altre (o "l'altra" nel caso di fenomeno dicotomico) con frequenza relativa $(1-p)$. Intuiamo che la situazione più difficile da stimare è quella in cui successo e insuccesso hanno la stessa probabilità $p = (1-p) = 0.5$, da cui segue che la variabilità di X su U è $p \cdot (1-p) = 0.5^2 = 0.25$.

Sostituendo nella formula per la pianificazione di n, che abbiamo ricavato più sopra per la media, otteniamo la formula che vale nel caso particolare della stima di p nello scenario peggiore.

Definizione

Ampiezza campionaria n per stimare p con errore (assoluto) di stima max pari a *Err* con pre-scelta probabilità $1-\alpha$, nello scenario peggiore

$$n = \frac{z^2_{\alpha/2} \cdot \sigma^2}{Err^2} = \frac{z^2_{\alpha/2} \cdot 0.25}{Err^2} = \frac{z^2_{\alpha/2}}{4 \cdot Err^2}$$

Questa è l'ampiezza campionaria che garantisce la *massima tutela* sull'errore di stima, perché assume la situazione peggiore. Se nella realtà p e $1 - p$ sono piuttosto diversi e la variabilità di X è più contenuta, l'errore di stima sarà inferiore.

ESEMPIO 18.8

L'Italia non si droga (o quasi)

Il titolo di questo esempio è preso da un sondaggio pubblicato su *Vanity Fair* nell'ottobre di qualche anno fa. Alla domanda "lei conosce, direttamente o indirettamente, qualcuno che fa o ha fatto uso di sostanze stupefacenti (a eccezione degli *spinelli*)?" sono state ottenute le risposte riportate in Tabella 18.3.

Tabella 18.3

No, nessuno	77%
Sì, qualcuno	17%
Sì, molti	5%
Non risponde	1%

Nella nota metodologica è precisato che il sondaggio è stato realizzato su un *campione casuale nazionale* e che sono state ottenute 800 interviste (a seguito di 4345 contatti). Assumiamo, per semplicità, che il campione sia bernoulliano di ampiezza $n = 800$ (anche se è dichiarata una tecnica di campionamento più sofisticata, ma comunque *casuale*).

Scegliamo, per esempio, la categoria "no, nessuno" come "successo" e mettiamo tutte le altre nella categoria contraria che chiamiamo convenzionalmente "insuccesso". Il parametro ignoto oggetto di stima è la percentuale $100 \cdot p$ degli italiani che non conoscono nessuno che, direttamente o indirettamente, fa o ha fatto uso ecc. Il risultato 77% è la stima $100 \cdot \hat{p}$. Mettiamoci nella situazione peggiore di massima variabilità e usiamo *al contrario* la formula per la pianificazione di n:

$$n = \frac{z^2_{\alpha/2}}{4 \cdot Err^2}$$

Allora possiamo calcolare l'errore assoluto di stima garantito dalle 800 interviste. Fissiamo, per esempio, la probabilità al 95% che corrisponde allo Z-score $z_{\alpha/2} = 1.96$ (... ormai dovremmo ricordarcelo tutti ... ma se non è così, controllare la tavola). Sostituiamo nella formula:

$$800 = \frac{1.96^2}{4 \times Err^2}$$

e risolviamo rispetto alla nostra (nuova) incognita Err:

$$Err = \frac{1.96}{2 \times \sqrt{800}} = 0.035$$

Posto che il campione sia, come dichiarato, *casuale*, l'ampiezza $n = 800$ garantisce che stimando l'ignota percentuale d'interesse con 77% si commette, con probabilità 95%, un errore non superiore a ± 3.5 punti percentuali. Se poi osserviamo che i risultati campionari indicano una situazione piuttosto lontana da quella di massima variabilità, allora l'errore ± 3.5 punti percentuali è una soglia di *abbondante tutela*.
Immaginiamo di tenere particolarmente a questa stima e di voler mantenere l'errore al di sotto di ± 1 punto percentuale, sempre con probabilità 95%. Cioè scegliamo ancora $(1 - \alpha) = 0.95$, perciò lo Z-score rimane invariato, ma imponiamo $Err = 0.01$ e determiniamo l'n che sarebbe necessario:

$$n = \left(\frac{z_{\alpha/2}}{2 \cdot Err}\right)^2 = \left(\frac{1.96}{2 \cdot 0.01}\right)^2 = 9604$$

drasticamente superiore, poiché drastica è stata la riduzione dell'errore.

ESEMPIO 18.9

L'ampiezza campionaria standard

Nei sondaggi di opinione e nelle ricerche di mercato si usano ampiezze campionarie standard di 1000 o 1500 soggetti per stimare una percentuale.

Usando, come nell'esempio precedente, la formula della pianificazione di n al contrario e fissando, per esempio, il livello di probabilità 95%, possiamo verificare qual è l'errore assoluto massimo di stima garantito da tali standard.

Nella *situazione peggiore* e tutelandosi *al massimo*, un campione di ampiezza 1000 garantisce con probabilità 95%:

$$Err = \frac{1.96}{2 \times \sqrt{1000}} = 0.03$$

cioè un errore di stima *non superiore* a ± 3 punti percentuali, corrispondenti a $\pm 3\%$ di popolazione.
Un campione di ampiezza 1500 garantisce con probabilità 95%:

$$Err = \frac{1.96}{2 \times \sqrt{1500}} = 0.025$$

cioè un errore di stima *non superiore* a ± 2.5 punti percentuali (2.5% di popolazione).

Attenzione: tutto questo è vero *solo* se il campione è *casuale*!

Vale infatti sempre la stessa osservazione: tutta la teoria e le formule che abbiamo visto *funzionano* se il campione è *casuale*. L'errore massimo assoluto di stima Err e il relativo livello di probabilità $(1 - \alpha)$ sono garantiti *esattamente* se il campione, e dunque l'errore campionario, sono *puramente casuali*. Ci si avvicina a questa situazione ideale facendo in modo che il campione realmente usato nella pratica sia almeno una *buona approssimazione* di quanto richiesto in teoria. Man mano che ci si allontana da questa situazione ideale (o quando addirittura il campione *non* è casuale), i risultati che si ottengono non hanno più questo fondamento teorico e non c'è modo di quantificare probabilisticamente l'errore campionario.

Concludiamo con un'osservazione che risulta utile quando la pianificazione dell'ampiezza campionaria riguarda una popolazione di dimensione non troppo elevata, diciamo intorno a 1000 o inferiore. Le formule che abbiamo imparato in questo paragrafo sono applicabili a indagini su larga scala, quando la dimensione N della popolazione U di interesse è molto grande, come, per esempio, nel caso di stime a livello nazionale o regionale. Quando invece la popolazione U è piccola, il valore di n, calcolato con le formule che abbiamo appena imparato, va *corretto* con la cosiddetta **correzione per popolazioni finite** o per **piccole popolazioni**:

Definizione

***n* corretto per popolazioni finite**

$$\frac{Nn}{N+n-1}$$

Tavola della v.c. T di Student con g gradi di libertà

g è il numero di gradi di libertà (si legge sulle righe).
α è la probabilità (area) evidenziata sul grafico (si legge sulle colonne).
All'interno della tavola si legge il valore t_α di una v.c. T di Student con g gradi di libertà che lascia a destra una probabilità pari a α (area evidenziata sul grafico).

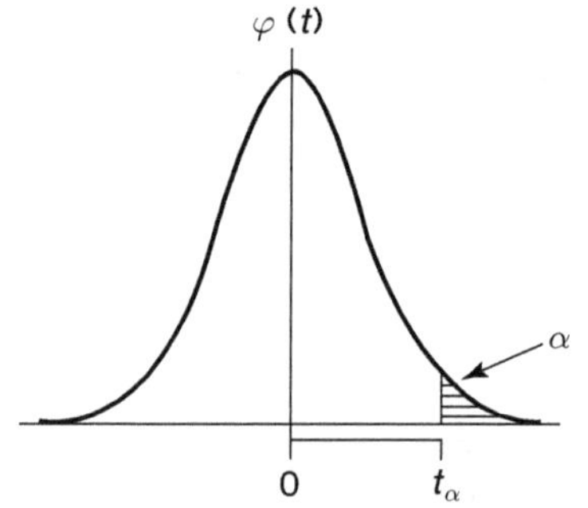

g \ α	.20	.10	.05	.025	.01	.005	.001	.0005
1	1.3764	3.0777	6.3138	12.7062	31.8205	63.6567	318.3088	636.6192
2	1.0607	1.8856	2.9200	4.3027	6.9646	9.9248	22.3271	31.5991
3	.9785	1.6377	2.3534	3.1824	4.5407	5.8409	10.2145	12.9240
4	.9410	1.5332	2.1318	2.7764	3.7469	4.6041	7.1732	8.6103
5	.9195	1.4759	2.0150	2.5706	3.3649	4.0321	5.8934	6.8688
6	.9057	1.4398	1.9432	2.4469	3.1427	3.7074	5.2076	5.9588
7	.8960	1.4149	1.8946	2.3646	2.9980	3.4995	4.7853	5.4079
8	.8889	1.3968	1.8595	2.3060	2.8965	3.3554	4.5008	5.0413
9	.8834	1.3830	1.8331	2.2622	2.8214	3.2498	4.2968	4.7809
10	.8791	1.3722	1.8125	2.2281	2.7638	3.1693	4.1437	4.5869
11	.8755	1.3634	1.7959	2.2010	2.7181	3.1058	4.0247	4.4370
12	.8726	1.3562	1.7823	2.1788	2.6810	3.0545	3.9296	4.3178
13	.8702	1.3502	1.7709	2.1604	2.6503	3.0123	3.8520	4.2208
14	.8681	1.3450	1.7613	2.1448	2.6245	2.9768	3.7874	4.1405
15	.8662	1.3406	1.7531	2.1314	2.6025	2.9467	3.7328	4.0728
16	.8647	1.3368	1.7459	2.1199	2.5835	2.9208	3.6862	4.0150
17	.8633	1.3334	1.7396	2.1098	2.5669	2.8982	3.6458	3.9651
18	.8620	1.3304	1.7341	2.1009	2.5524	2.8784	3.6105	3.9216
19	.8610	1.3277	1.7291	2.0930	2.5395	2.8609	3.5794	3.8834
20	.8600	1.3253	1.7247	2.0860	2.5280	2.8453	3.5518	3.8495
21	.8591	1.3232	1.7207	2.0796	2.5176	2.8314	3.5271	3.8192
22	.8583	1.3212	1.7171	2.0739	2.5083	2.8187	3.5050	3.7921
23	.8575	1.3195	1.7139	2.0687	2.4999	2.8073	3.4850	3.7676
24	.8569	1.3178	1.7109	2.0639	2.4922	2.7969	3.4668	3.7454
25	.8562	1.3163	1.7081	2.0595	2.4851	2.7874	3.4502	3.7251
26	.8557	1.3150	1.7056	2.0555	2.4786	2.7787	3.4350	3.7066
27	.8551	1.3137	1.7033	2.0518	2.4727	2.7707	3.4210	3.6896
28	.8546	1.3125	1.7011	2.0484	2.4671	2.7633	3.4081	3.6739
29	.8542	1.3114	1.6991	2.0452	2.4620	2.7564	3.3962	3.6594
30	.8538	1.3104	1.6973	2.0423	2.4573	2.7500	3.3852	3.6460
40	.8507	1.3031	1.6839	2.0211	2.4233	2.7045	3.3069	3.5510
50	.8489	1.2987	1.6759	2.0086	2.4033	2.6778	3.2614	3.4960
60	.8477	1.2958	1.6706	2.0003	2.3901	2.6603	3.2317	3.4602
120	.8446	1.2886	1.6577	1.9799	2.3578	2.6174	3.1595	3.3735
∞	.8416	1.2816	1.6449	1.9600	2.3263	2.5758	3.0902	3.2905

Capitolo 19

Test statistici

Cioè come verificare ipotesi statistiche utilizzando i dati campionari

In questo capitolo, che conclude la nostra carrellata di Statistica di base, introduciamo la seconda grande classe di metodi di inferenza: la **verifica di ipotesi** mediante i **test statistici**. Qui l'obiettivo non è più utilizzare il campione per costruire un valore o un intervallo di valori ragionevolmente sostituibili all'ignoto parametro. Lavoreremo invece in un contesto applicativo che ci permette di formulare un'**ipotesi** circa il valore dell'ignoto parametro in *U* o, più in generale, circa un qualche aspetto statistico del fenomeno nella popolazione. I dati campionari sono allora impiegati per stabilire se tale ipotesi è *ragionevolmente* **accettabile** o **rifiutabile**. Impareremo a tradurre e quantificare quel "ragionevolmente" in termini probabilistici. Il numero di test statistici noti a oggi, sviluppati per verificare parecchi tipi diversi di ipotesi statistiche in svariate tipologie di applicazioni, sono molti (diciamo pure oltre 100). In questo capitolo ci occupiamo del tipo più *classico* di test statistico (e anche il primo in ordine di tempo): i **test di significatività**. Usando molta intuizione e poca matematica, vedremo la teoria sottostante la costruzione di un test di significatività e impareremo nel dettaglio *alcuni* test. Ci concentreremo su quelli più tradizionali e più utilizzati nella ricerca sociale, politica, economica e implementati in tutti i software per fare statistica al computer. Cominciamo con il capire che cosa si intende per *ipotesi statistica*.

19.1 Ipotesi statistica e ipotesi nulla

Ci poniamo ancora in situazione di tipo inferenziale. Siamo, cioè, interessati alle caratteristiche statistiche di un qualche fenomeno per il quale non si dispone di un'osservazione completa sulla *U* di studio, ma solo dei dati parziali di un campionamento casuale. Ma rispetto ai capitoli precedenti abbiamo già ben formulata, nel contesto della nostra ricerca, una qualche idea preconcetta sulla caratteristica statistica di interesse, una qualche supposizione da vagliare sulla base di dati e di rigorosa strumentazione statistica. In linguaggio più tecnico, una congettura di cui vogliamo verificare la *significatività statistica*. È questo il concetto di **ipotesi statistica**.

Definizione

Ipotesi statistica. È una *congettura* riguardante una qualche caratteristica statistica del fenomeno allo studio nella *U* di riferimento. Tale congettura è formulata *a priori*, cioè *prima* di estrarre il campione. Proviene, per così dire, dall'*esterno*, dipende dal contesto applicativo e dagli obiettivi di ricerca, non dai dati campionari.

L'ipotesi statistica è dunque specifica e mooolto statistica. Può riguardare il *valore* di un parametro di X su U. Per esempio quelli che abbiamo già imparato a stimare sia puntualmente sia con un IC: la media μ o una frequenza relativa p (o una percentuale $100 \cdot p$). Ma anche qualunque altro parametro ignoto di interesse come la varianza, la mediana ecc. L'ipotesi statistica può essere anche più ampia, riguardare per esempio l'esistenza o meno di una relazione statistica in una coppia di fenomeni congiuntamente osservati sulla stessa U, oppure il *tipo* di v.c. più adatta a interpretare il fenomeno in U (Normale o meno).

Lo strumento statistico per validare (o meno) le ipotesi statistiche è il **test statistico**. Il primo passo della procedura di test statistico è quello di dare all'ipotesi statistica una struttura formale rigorosa, in linguaggio più tecnico, si tratta di formulare l'**ipotesi nulla**.

Definizione

Ipotesi nulla. È la *formalizzazione*, cioè la traduzione in simboli e formule, dell'ipotesi statistica che abbiamo congetturato e che vogliamo sottoporre a verifica con un test statistico. Indicheremo l'ipotesi nulla con la notazione standard H_0, che si legge "acca con zero" o semplicemente "acca zero".

ESEMPIO 19.1

Donne e lauree scientifiche

È opinione comune che alle lauree scientifiche, le così dette STEM, in inglese *Science, Technology, Engeneering, Mathematics,* tendano a immatricolarsi poche donne. Per esprimere questa congettura in forma statistica, consideriamo il fenomeno "X: genere" in termini dicotomici sulla U di interesse costituita dalle matricole dei corsi di laurea STEM degli atenei italiani dello scorso a.a. Allora la frequenza relativa delle matricole femmine in U è il parametro (ignoto) p oggetto dell'inferenza, mentre $1 - p$ rappresenta la frequenza relativa (anch'essa ignota) di tutte le altre matricole non di genere femminile. L'ipotesi statistica è che $1 - p$ sia maggiore di p e dunque che p sia inferiore al 50%. La sua formalizzazione in ipotesi nulla diventa:

$$H_0 : p < 0.5$$

Come ulteriore esempio, potremmo avere un'idea più specifica della quota femminile nella U di interesse e congetturare che sia 1 su 4. L'ipotesi nulla che formuliamo in questo caso è $H_0 : p = 0.25$.

L'ipotesi statistica emessa e la sua formalizzazione nell'ipotesi nulla H_0 hanno a che fare con il più generale concetto di *ipotesi di ricerca,* ma in generale non coincidono. Difficilmente, infatti, l'interrogativo di ricerca potrà essere perfettamente e completamente espressa nei termini di un'ipotesi statistica. Quando abbiamo parlato di *relazioni* fra variabili statistiche (nella Parte II di questo libro), abbiamo rimarcato che la relazione statistica rilevata e misurata sulla base di dati osservati è un *ausilio* a un (generalmente più articolato) interrogativo di ricerca che riguardi un'eventuale relazione di causa-effetto. Analogamente, i test statistici per la verifica di ipotesi forniscono *sostegno* empirico, cioè basato su dati osservati nella realtà, a un più generale interrogativo di ricerca.

La **verifica di ipotesi** (statistiche) è la *metodologia inferenziale* che, a partire dai dati campionari, porta a decidere se *rifiutare* o meno l'ipotesi nulla H_0, controllando probabilisticamente l'errore campionario. Il **test statistico** è la *regola pratica* che porta a questa decisione. Con la nostra strumentazione matematica ci concentreremo sul tipo più *classico* (e anche più noto e utilizzato) di test statistico, detto **test di significatività**. In particolare introdurremo i test di significatività per la verifica di ipotesi sulla media μ e sulla frequenza relativa p (o, equivalentemente, sulla percentuale $100 \cdot p$). In ambito *bivariato* impareremo i più classici fra i test di significatività per la verifica dell'esistenza o meno di indipendenza statistica in una coppia di fenomeni qualitativi e di correlazione (lineare) in una coppia di fenomeni quantitativi.

19.2 Errore campionario e livello di significatività

Anche la verifica di ipotesi, così come la stima, è una procedura di inferenza statistica e i concetti di *variabilità campionaria* e di *errore campionario* sono sempre validi. Ma che aspetto assume qui l'errore campionario?

Un test statistico, cioè la regola che porta a rifiutare o meno H_0, è basato sui dati campionari, cioè su un'osservazione *parziale* dell'intera U di riferimento. È dunque condotto in *condizioni d'incertezza*: quando il test porta al *rifiuto* di H_0 questo non significa necessariamente "H_0 *falsa*", ma solo che "i dati campionari *non suffragano sufficientemente* H_0". Quando invece il test porta all'*accettazione* di H_0 questo non significa necessariamente "H_0 *vera*", ma soltanto che "i dati campionari *sono consistenti con e supportano* H_0". Ne segue che l'inevitabile rischio di errore campionario, connaturato a qualunque procedura di inferenza statistica, qui si compone di un *doppio rischio incrociato*. Nella realtà (ignota) H_0 è vera o falsa. Sulla base di dati parziali (e casuali) possiamo sbagliare rifiutando oppure sbagliare accettando. Si sbaglia rifiutando H_0 quando sull'intera U di studio H_0 è vera, ma ci è capitato un campione che ci ha dato l'indicazione contraria. Tecnicamente si parla di *errore di I specie*.

Definizione

Errore di I specie. L'errato rifiuto, cioè sbagliare *rifiutando* H_0 *vera*.

Si può anche sbagliare accettando H_0, quando sull'intera U di studio H_0 è falsa ma, ancora, i dati campionari che ci sono capitati depongono per il contrario. L'errata accettazione è detta *errore di II specie*. Per tenere conto di entrambi gli errori è necessaria una teoria dei test avanzata, che richiede più matematica e che, quindi, va oltre i nostri scopi introduttivi. Concentriamoci allora sui test di significatività che si limitano a considerare e controllare probabilisticamente l'errore di I specie. Con un test di significatività, infatti, si *sceglie a priori* (e quindi la si tiene sotto controllo) la *probabilità* di commettere l'errore di I specie, cioè di sbagliare rifiutando H_0. Possiamo sceglierla piccola quanto ci piace e quanto ci conviene, ma non zero perché (ormai dovremmo saperlo...) il rischio di errore esiste sempre ed è ineliminabile. Siccome questa probabilità è del tipo *probabilità di sbagliare*, la indichiamo con il nostro simbolo abituale α.

Definizione

Probabilità dell'errore di I specie (errato rifiuto)

$$\alpha = P(\text{rifiutare } H_0|H_0)$$

Il simbolo $|H_0$ si legge "dato che H_0 è vera" o più brevemente "data H_0" o anche "con H_0 vera".

Siccome α è la probabilità di sbagliare, ne segue che $(1 - \alpha)$ è la probabilità di *fare bene*, cioè di non sbagliare accettando H_0 perché H_0 è vera. $(1 - \alpha)$ è chiamato **livello di significatività** del test, e noi lo indicheremo brevemente con **l.s.**

Definizione

Livello di significatività di un test statistico

$$1 - \alpha = P(\text{accettare } H_0|H_0)$$

La probabilità di errore di I specie α è, in genere, fissata a uno dei livelli standard 0.05 oppure 0.1 o 0.01; conseguentemente il test avrà l.s. 95% oppure 90% o 99%.
Oltre alle informazioni *esterne* che servono per emettere l'ipotesi statistica e formalizzarla nell'ipotesi nulla H_0, per costruire ed eseguire un test statistico servono anche *informazioni ausiliarie a priori* sulla v.c. X che interpreta il fenomeno d'interesse in U. Un test statistico si può infatti costruire ed eseguire *soltanto* se ci si trova nel caso di **popolazione normale** oppure nel caso di **grandi campioni** (e non dovrebbe essere una novità perché lo abbiamo già visto per gli IC; serve forse una veloce rilettura del Capitolo 18?). Per imparare la metodologia di costruzione ed esecuzione di un test statistico seguiremo la logica che già ha funzionato con gli IC nel Capitolo 18: partiremo dal caso più *semplice*, anche se poco *realistico*, per capire il *come* e il *perché*. Successivamente ci riavvicineremo alla realtà facendo cadere gli assunti meno convincenti dal punto di vista pratico.

19.3 Z-test per la verifica di ipotesi su μ per popolazione normale con σ^2 nota

Ci ricordiamo dal Capitolo 18 il caso di popolazione normale: sappiamo, oppure possiamo assumere con sufficiente grado di sicurezza, che il fenomeno di interesse X nella U di studio è *ben interpretato* da una v.c. **Normale** con media μ ignota, ma con l'informazione circa il valore della varianza σ^2. In formule: $X \sim N(\mu, \sigma^2 \text{ nota})$.

Con queste stesse assunzioni abbiamo già imparato a costruire un IC per μ. Adesso la nostra ricerca ci ha portato a emettere l'ipotesi statistica che il valore dell'ignoto parametro μ sia "un certo numero". Il simbolo standard per indicare "questo numero" è μ_0, che si legge "mu con zero". In formule:

Definizione

Ipotesi nulla

$$H_0 : \mu = \mu_0$$

La metodologia per costruire ed eseguire test di significatività consiste di sei passi, molto simili ai cinque passi che abbiamo visto nel Capitolo 18 per costruire gli IC. Ancora, i primi due passi sono gli stessi della stima puntuale.

Passo 1. Si estrae il (solito) campione bernoulliano di ampiezza n e ci si procurano i dati campionari $x_1 \dots x_i \dots x_n$.

Passo 2. Si calcola la stima puntuale per μ, cioè la media del campione:

$$\bar{x} = \frac{1}{n}\sum_{i=1}^{n} x_i$$

Il passo successivo, come per gli IC, riguarda il controllo dell'errore campionario fissando la probabilità di sbagliare. Con i test di significatività si fissa la probabilità dell'errore di I specie.

Passo 3. Si sceglie la *probabilità di sbagliare* α, cioè di commettere l'errore di I specie, cioè di errato rifiuto di H_0. Allora la *probabilità di fare bene*, cioè di accettare H_0 quando è vera, ovvero il **l.s.** del test, è $(1 - \alpha)$.

Il prossimo passo riguarda la costruzione del test utilizzando le informazioni ausiliarie a priori.

Passo 4. Utilizziamo ancora il teorema di probabilità che abbiamo utilizzato per gli IC per popolazione normale. Questo teorema garantisce che la normalità della popolazione passi anche allo stimatore media campionaria $\bar{X}$, in formule: $\bar{X}\sim N(\mu, \sigma^2/n)$. Con questa informazione ausiliaria a priori, possiamo standardizzare per usare la $Z\sim N(0, 1)$. Attenzione; si standardizza assumendo che H_0 sia *vera*. È questo che ci garantirà che l'errato rifiuto abbia la probabilità (di sbagliare) α e che il test abbia il l.s. $1 - \alpha$ che abbiamo deciso. Standardizzare assumendo H_0 vera (si dice anche standardizzare *sotto* H_0) significa utilizzare, al posto dell'ignota μ, il valore μ_0 postulato in H_0. Standardizzando sotto H_0 si ottiene lo strumento base di un test statistico: la **statistica test**.

Definizione

Statistica test per lo *Z-test* per la media con popolazione normale e varianza nota

$$\frac{\bar{X} - \mu_0}{\sqrt{\sigma^2/n}} = Z\sim N(0, 1)$$

Il fatto che la media campionaria sia una *buona* stima per μ (e un bel po' di sue proprietà le abbiamo imparate nel Capitolo 17), ci autorizza a fare i (con)seguenti ragionamenti:

- se $H_0 : \mu = \mu_0$ è **vera**, allora la differenza $\bar{x} - \mu_0$ tende a risultare *piccola* (*vicina* a 0);
- se invece $H_0 : \mu = \mu_0$ è **falsa**, allora la differenza $\bar{x} - \mu_0$ tende a risultare *grande* (*lontana* da 0, in più o in meno).

Ne deduciamo che i valori della statistica test $Z = \dfrac{\bar{X} - \mu_0}{\sqrt{\sigma^2/n}}$ *nei dintorni* dello 0 depongano a favore dell'accettazione di H_0, mentre quelli *lontani* da 0 (in più o in meno) sono *inusuali* e *non consistenti* con H_0, ci danno cioè indicazioni per il suo rifiuto. Adesso trasportiamo questi ragionamenti sul grafico della statistica test $Z \sim N(0, 1)$. Con le probabilità scelte di errato rifiuto α e di fare bene $(1 - \alpha)$, si divide in *zone* la probabilità rappresentata dall'area sotto la curva a campana (Figura 19.1 ... ce la ricordiamo, vero?):

- la zona di valori a favore dell'accettazione di H_0. Sono i valori intorno allo 0, con probabilità pari a $(1 - \alpha)$. Chiameremo questa zona **zona di accettazione**;
- la zona di valori che, viceversa, depongono per il *rifiuto* di H_0. Sono i valori lontani da 0 in più e in meno, cioè quelli corrispondenti alle due **code** della campana. Sotto ciascuna coda la probabilità di sbagliare α viene divisa equamente in $\alpha/2$ e $\alpha/2$.Chiameremo l'insieme delle due code **zona di rifiuto** o anche **regione critica**.

Definizione

Zona di accettazione

È la zona dei valori della statistica test che supportano l'accettazione di H_0, rappresentata sulla curva a campana dalla probabilità (area) di fare bene $(1 - \alpha)$.

Zona di rifiuto o regione critica

È la zona dei valori della statistica test che depongono per il rifuto di H_0, rappresentata sulla curva a campana dalle due code, con probabilità (area) di sbagliare $(\alpha/2 + \alpha/2 = \alpha)$.

Figura 19.1
Zona di accettazione e regione critica di uno *Z*-test.
Sull'asse delle ascisse (orizzontale) si posizionano i valori critici $\pm z_{\alpha/2}$. Le aree sotto la campana corrispondono alla probabilità $1-\alpha$ di **fare bene** e alla probabilità α **di sbagliare** (errore di I specie) spezzato in $\alpha/2$ sotto ciascuna delle due code che formano la regione critica

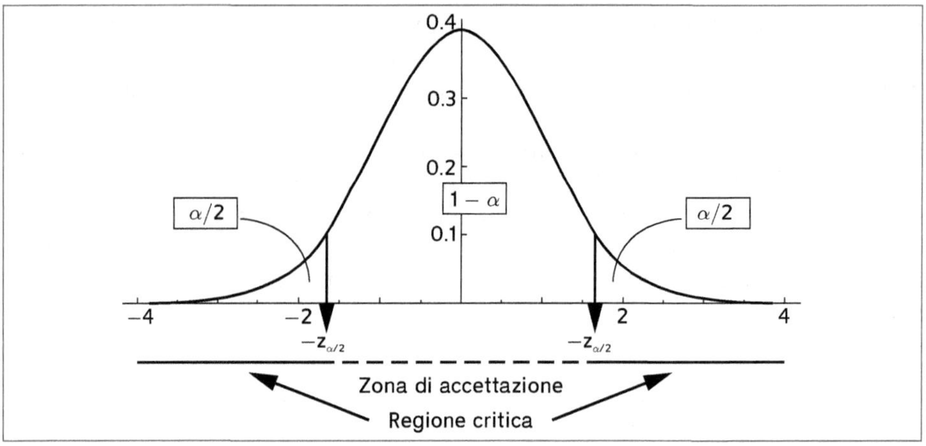

Sull'asse delle ascisse (orizzontale) si leggono il valore $z_{\alpha/2}$ e il suo simmetrico $-z_{\alpha/2}$ che dividono la zona di accettazione dalla regione critica. Sono i valori **soglia** del test, al di là (e al di qua) dei quali il test si concluderà con il rifiuto (o meno) di H_0.

In linguaggio tecnico si chiamano **valori critici.**

Definizione

Valore critico. È il valore che identifica la *soglia* fra la zona di accettazione e la regione critica. È un punto sull'asse delle ascisse del grafico della statistica test.

Possiamo scrivere in formule quello che vediamo sul grafico:

$$P(\text{rifiutare } H_0|H_0) = P\left(\frac{\bar{X}-\mu_0}{\sqrt{\sigma^2/n}} \le -z_{\alpha/2} \text{ oppure } \frac{\bar{X}-\mu_0}{\sqrt{\sigma^2/n}} \ge z_{\alpha/2}\right)$$
$$= \alpha/2 + \alpha/2 = \alpha$$

e, analogamente:

$$P(\text{accettare } H_0|H_0) = P\left(-z_{\alpha/2} \le \frac{\bar{X}-\mu_0}{\sqrt{\sigma^2/n}} \le z_{\alpha/2}\right) = 1-\alpha$$

Infine, quello che ci serve è identificare in numero i valori critici. Stiamo costruendo uno *Z*-test per la verifica di $H_0 : \mu = \mu_0$ con popolazione normale e σ^2 nota; allora i due valori critici sono degli *Z*-score, che andremo a cercare sulle tavole della *Z* (oppure con un computer) in base all'α che abbiamo scelto. Sulla tavole troviamo il valore critico positivo $z_{\alpha/2}$, e il suo simmetrico si ottiene semplicemente cambiando il segno. Nei due passi conclusivi utilizziamo i dati campionari.

Passo 5. S i determina il valore che la statistica assume sul campione che ci è capitato. Per farlo, nella statistica test $\frac{\bar{X}-\mu_0}{\sqrt{\sigma^2/n}}$ sostituiamo i valori noti, cioè μ_0, σ^2 e n, e la stima $\bar{x}$ calcolata al passo 2. Facciamo il conto e otteniamo un numero che chiameremo **valore sperimentale** o anche **valore empirico** del test.

Definizione

Valore sperimentale o empirico
È il valore che la statistica test assume sui dati a disposizione. Si calcola sostituendo i numeri ai simboli

$$\frac{\bar{x}-\mu_0}{\sqrt{\sigma^2/n}}$$

Finalmente siamo pronti per eseguire il test, cioè la *regola* per decidere se rifiutare (o meno) l'ipotesi nulla.

Passo 6. L'ultimo passo consiste nel vedere se i dati campionari indicano di rifiutare (o meno) H_0, andando a controllare se il valore sperimentale cade (o non cade) nella regione critica (o nella zona di accettazione).

Definizione

Z-test per $H_0 : \mu = \mu_0$ con popolazione normale e σ^2 nota

Si rifiuta $H_0 : \mu = \mu_0$, con probabilità di sbagliare α, se il valore sperimentale cade nella regione critica, cioè se:

$$\frac{\bar{x} - \mu_0}{\sqrt{\sigma^2/n}} \leq -z_{\alpha/2} \quad \text{oppure se:} \quad \frac{\bar{x} - \mu_0}{\sqrt{\sigma^2/n}} \geq z_{\alpha/2}$$

La probabilità di fare bene $1-\alpha$, cioè di accettare H_0 quando è vera, rimane associata alla decisione finale come l.s. del test. Notate (l'abbiamo già fatto nel Capitolo 18) che dei sei passi descritti, il passo 4, che evidenzia la teoria sottostante la metodologia di costruzione di un test statistico, nella pratica rimane in gran parte *nascosto*, soprattutto quando, come succede, si lavora al computer.

ESEMPIO 19.2

L'età dei frequentanti

Dai questionari di valutazione di un ateneo italiano, lo scorso a.a. è emerso che l'età media dei frequentanti l'ultimo anno dei corsi di laurea triennali è 23 anni. Vogliamo verificare se questo dato medio vale anche per gli iscritti al III anno a un particolare corso di laurea (in Scienze politiche) di quell'ateneo per il corrente a.a. Si sceglie il livello di significatività 95% e si hanno ragioni per ritenere che l'età degli studenti attualmente iscritti al III anno di Scienze politiche sia *ben interpretato* da una Normale con la varianza nota da dati passati: $\sigma^2 = 9$.

Il parametro oggetto di inferenza è l'ignota età media μ degli studenti attualmente iscritti al III anno del corso di laurea d'interesse. Di conseguenza, emettiamo l'ipotesi nulla: $H_0 : \mu = 23$. Le condizioni iniziali sono quelle di popolazione normale e σ^2 nota.

Per verificare H_0 eseguiremo allora uno Z-test. Estraiamo un campione bernoulliano di $n = 18$ studenti attualmente iscritti al III anno di Scienze politiche. Tali dati campionari ci forniscono la stima puntuale $\bar{x} = 21.5$.

Usando il prescelto livello 95% calcoliamo il l.s. $(1 - \alpha)$, la probabilità dell'errore di I specie α e la probabilità delle code $\alpha/2$:

$$(1 - \alpha) = 0.95 \quad \alpha = 0.05 \quad \alpha/2 = 0.025$$

Dalle tavole della Normale standard (oppure con il solito computer, per chi ce l'ha) ricaviamo il **valore critico** $z_{\alpha/2} = z_{0.025} = 1.96$ che lascia *a sinistra* una probabilità (area) pari a $0.95 + 0.025 = 0.975$.

Tale valore corrisponde alle seguenti probabilità di *fare bene* e di *sbagliare*:

$$P(\text{accettare } H_0|H_0) = P\left(-1.96 \leq \frac{\bar{X} - \mu_0}{\sqrt{\sigma^2/n}} \leq 1.96\right) = 0.95$$

$$P(\text{rifiutare } H_0|H_0) = P\left(\frac{\bar{X} - \mu_0}{\sqrt{\sigma^2/n}} \leq -1.96 \text{ oppure } \frac{\bar{X} - \mu_0}{\sqrt{\sigma^2/n}} \geq 1.96\right)$$
$$= 0.025 + 0.025 = 0.05$$

Graficamente, questo è mostrato nella Figura 19.2.

Figura 19.2

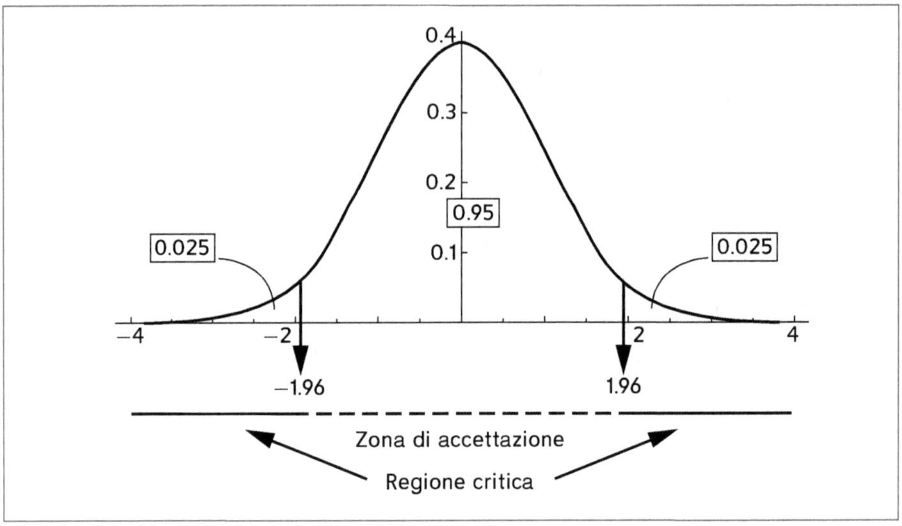

Calcoliamo il **valore sperimentale**:

$$\frac{\bar{x}-\mu_0}{\sqrt{\sigma^2/n}} = \frac{21.5-23}{\sqrt{9/18}} = -2.12$$

E infine il **test**: si rifiuta H_0 con probabilità di sbagliare 5% se il valore sperimentale cade nella regione critica:

$$\frac{\bar{x}-\mu_0}{\sqrt{\sigma^2/n}} \leq -1.96 \qquad \text{oppure} \qquad \frac{\bar{x}-\mu_0}{\sqrt{\sigma^2/n}} \geq 1.96$$

Poiché: $-2.12 < -1.96$, allora il valore sperimentale cade nella regione critica (controllare Figura 19.3) e si **rifiuta** $H_0 : \mu = 23$ con probabilità di sbagliare 5%.

Concludiamo che, con probabilità di sbagliare 5%, cioè di rifiutare un'ipotesi vera, l'età media degli studenti (attualmente iscritti al III anno di Scienze politiche) **non è uguale** all'età media 23 anni (dei frequentanti il III anno dei corsi di laurea triennali dell'intero ateneo dello scorso anno).

Figura 19.3

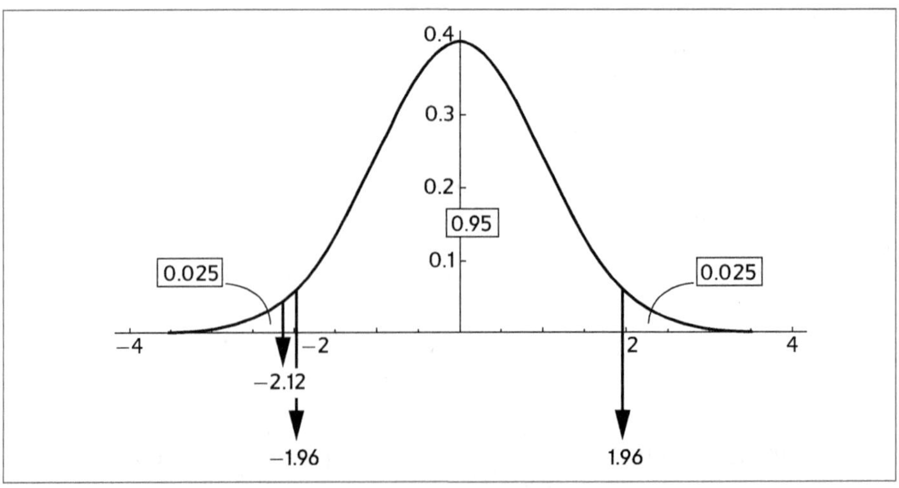

19.4 *T*-test per la verifica di ipotesi su μ per popolazione normale e σ^2 ignota

La condizione iniziale di popolazione normale non è difficile da riscontrare nella pratica (ne abbiamo già discusso nel Paragrafo 15.7, e a chi non se lo ricorda consiglio di andare a rileggere là). Invece l'assunto che la varianza sia nota è piuttosto irrealistico: se non abbiamo informazioni su μ, che è il nostro parametro ignoto oggetto dell'inferenza, è verosimile che manchino anche, e forse a maggior ragione, informazioni sull'esatto valore di σ^2. Nel caso più generale, piuttosto che rischiare assunzioni poco realistiche è preferibile affidarci ai dati e stimare anche σ^2 dal campione insieme a μ. In pratica, la situazione più frequente è questa: il fenomeno X nella popolazione di interesse U è ancora interpretabile con la v.c. Normale, ma con *entrambi* i parametri μ e σ^2 ignoti.

Ancora, l'obiettivo è di verificare l'ipotesi nulla $H_0 : \mu = \mu_0$, perciò la procedura di costruzione del test vista nel paragrafo precedente rimane valida nel suo impianto generale, ma servono dei piccoli *aggiustamenti* dovuti alla *riduzione* di informazione ausiliaria. Ripercorriamo velocemente i 6 passi e soffermiamoci su questi aggiustamenti.

Passo 1. Si estrae il campione bernoulliano di ampiezza n e si ottengono i dati campionari $x_1 \dots x_i \dots x_n$.

Passo 2. Si calcola la stima puntuale per tutto ciò che è ignoto, dunque per *entrambi* i parametri μ e σ^2. La media del campione

$$\bar{x} = \frac{1}{n}\sum_{i=1}^{n} x_i \quad \text{per} \quad \mu$$

e la varianza del campione (corretta con i gradi di libertà per garantirci la non distorsione):

$$s^2 = \frac{1}{n-1}\sum_{i=1}^{n} (x_i - \bar{x})^2 \quad \text{per} \quad \sigma^2$$

Passo 3. Si sceglie il l.s. $(1 - \alpha)$ da cui si ricava la probabilità di sbagliare α e la probabilità delle code $\alpha/2$.

Passo 4. Siamo nel caso di popolazione normale, perciò abbiamo anche la normalità della media campionaria $\bar{X} \sim N(\mu, \sigma^2/n)$ (abbiamo già usato più volte questo teorema di probabilità... è forse necessario rileggere i Paragrafi 18.2 e 19.3?). Ora, però, ci manca il valore vero di σ^2 per standardizzare, ma possiamo usare la sua stima (non distorta) s^2 e **studentizzare** (... e a chi non lo ricorda consiglio di rileggersi il Paragrafo 18.3). Effettuiamo la studentizzazione sempre *sotto* H_0, cioè usando il valore ipotizzato μ_0 al posto dell'ignoto valore vero μ. La statistica test che otteniamo non è più una Z ma una T di Student con $(n - 1)$ gradi di libertà, cioè quelli con cui abbiamo *corretto* s^2.

Definizione

Statistica test

$$\frac{\bar{X} - \mu_0}{\sqrt{S^2/n}} = T_{n-1}$$

Notate che per essere rigorosi abbiamo usato le lettere maiuscole, cioè gli stimatori. Abbiamo già discusso il perché nell'analoga situazione nel Capitolo 18: usando gli stimatori consideriamo tutti i possibili valori di stima su tutti i possibili campioni che ci possono capitare. È in questo modo che sulla statistica test possiamo individuare zona di accettazione e regione critica con le probabilità che abbiamo deciso.

Come per lo Z-test del paragrafo precedente, possiamo allora individuare le zone di accettazione e di rifiuto sotto la curva a campana della statistica test, che questa volta sarà una T di Student. I **valori critici** soglia saranno dei T-score: $\pm\, t_{\alpha/2}$ (Figura 19.4).

Scriviamo in formule quello che leggiamo sul grafico della statistica test:

$$P(\text{rifiutare } H_0|H_0) = P\left(\frac{\bar{X}-\mu_0}{\sqrt{S^2/n}} \le -t_{\alpha/2} \quad \text{oppure} \quad \frac{\bar{X}-\mu_0}{\sqrt{S^2/n}} \ge t_{\alpha/2}\right)$$
$$= \alpha/2 + \alpha/2 = \alpha$$

e, equivalentemente:

$$P(\text{accettare } H_0|H_0) = P\left(-t_{\alpha/2} \le \frac{\bar{X}-\mu_0}{\sqrt{S^2/n}} \le t_{\alpha/2}\right) = 1-\alpha$$

Infine, andremo a cercare sulle tavole della T (o, se ce l'abbiamo, con un computer) il valore critico positivo $t_{\alpha/2}$ in base alla probabilità α che abbiamo deciso al passo 3; il suo simmetrico si ottiene semplicemente cambiando il segno.

Passo 5. Si calcola il **valore sperimentale** sostituendo nella statistica test i valori noti, cioè μ_0 e n, e le due stime $\bar{x}$ e s^2. Si ottiene un *numero*.

Definizione

Valore sperimentale

$$\frac{\bar{x}-\mu_0}{\sqrt{s^2/n}}$$

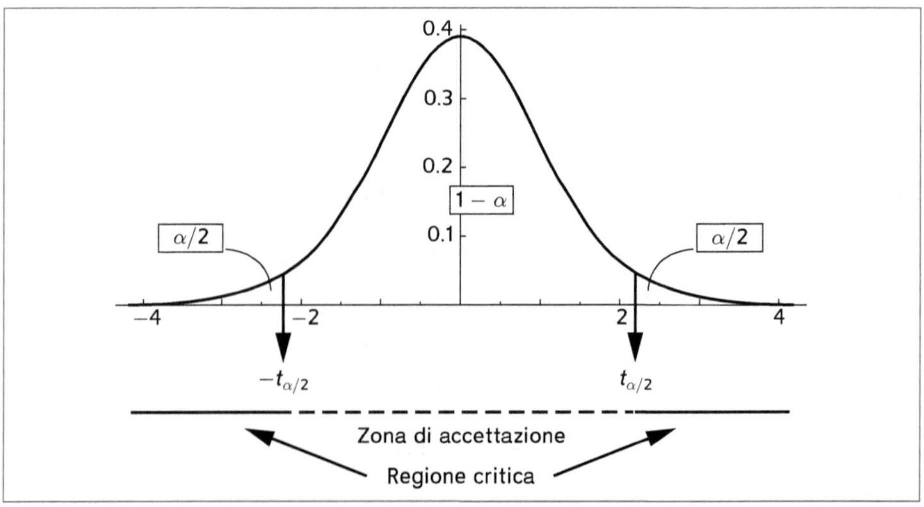

Figura 19.4
Zona di accettazione e regione critica di uno *T*-test.
Sull'asse delle ascisse (orizzontale) si posizionano i valori critici $\pm\, t_{\alpha/2}$. Le aree sotto la campana corrispondono alla probabilità $1-\alpha$ di **fare bene** e alla probabilità α **di sbagliare** (errore di I specie) spezzato in $\alpha/2$ sotto ciascuna delle due code che formano la regione critica

Passo 6. Finalmente il **test**.

Definizione

***T*-test per $H_0 : \mu = \mu_0$ con popolazione normale**

Si rifiuta $H_0 : \mu = \mu_0$, con probabilità di sbagliare α, se il valore sperimentale cade nella regione critica, cioè se:

$$\frac{\bar{x} - \mu_0}{\sqrt{s^2/n}} \leq -t_{\alpha/2} \quad \text{oppure se:} \quad \frac{\bar{x} - \mu_0}{\sqrt{s^2/n}} \geq t_{\alpha/2}$$

ESEMPIO 19.3

Finanziamento regionale

Per ottenere un finanziamento pubblico destinato ai SERT (Servizi per le tossicodipendenze), alle regioni è richiesto che il numero medio di casi trattati dai servizi sia 10 alla settimana. Si sono osservati 5 servizi, scelti casualmente fra tutti i SERT della Lombardia, ottenendo i dati illustrati in Tabella 19.1.

Tabella 19.1

SERT della Lombardia	1	2	3	4	5
N. casi/settimana	2	18	20	3	5

Si vuole verificare a livello 99% se, sulla base dei dati osservati, la regione Lombardia otterrà il finanziamento. Si ritiene che il numero di casi trattati settimanalmente nei SERT lombardi sia ben interpretato da una Normale. Siamo allora nelle condizioni iniziali di popolazione normale senza informazioni sul valore di σ^2. Il parametro oggetto di inferenza è il numero medio μ di casi trattati settimanalmente dai SERT lombardi. Emettiamo l'ipotesi nulla $H_0 : \mu = 10$ e andiamo a eseguire un T-test.

I dati a disposizione rappresentano un campione bernoulliano di ampiezza $n = 5$. Con tali dati calcoliamo le stime (puntuali) per entrambi i parametri ignoti:

$$\bar{x} = \frac{1}{n}\sum_{i=1}^{n} x_i = \frac{2 + 18 + 20 + 3 + 5}{5} = 9.6$$

$$s^2 = \frac{1}{n-1}\sum_{i=1}^{n} (x_i - \bar{x})^2 = \frac{1}{4}[(2 - 9.6)^2 + (18 - 9.6)^2 + \cdots +5\,(-9.6)^2] = 75.3$$

Con il livello di significatività scelto 99% calcoliamo:

$$(1 - \alpha) = 0.99 \quad \alpha = 0.01 \quad \alpha/2 = 0.005$$

Dalle tavole della T di Student con $(n - 1) = 4$ gradi di libertà (oppure, se ce l'abbiamo, con un computer) ricaviamo il **valore critico** $t_{\alpha/2} = t_{0.005} = 4.6041$, che lascia *a destra* una probabilità (area) pari a 0.005.

Tale valore corrisponde alle probabilità (di "fare bene" e di "sbagliare"):

$$P(\text{accettare } H_0|H_0) = P\left(-4.6041 \leq \frac{\bar{X} - \mu_0}{\sqrt{S^2/n}} \leq 4.6041\right) = 0.99$$

$$P(\text{rifiutare } H_0|H_0) = P\left(\frac{\bar{X} - \mu_0}{\sqrt{S^2/n}} \leq -4.6041 \text{ oppure } \frac{\bar{X} - \mu_0}{\sqrt{S^2/n}} \geq 4.6041\right)$$

$$= 0.005 + 0.005 = 0.01$$

Graficamente lo si può esprimere come in Figura 19.5.

Figura 19.5

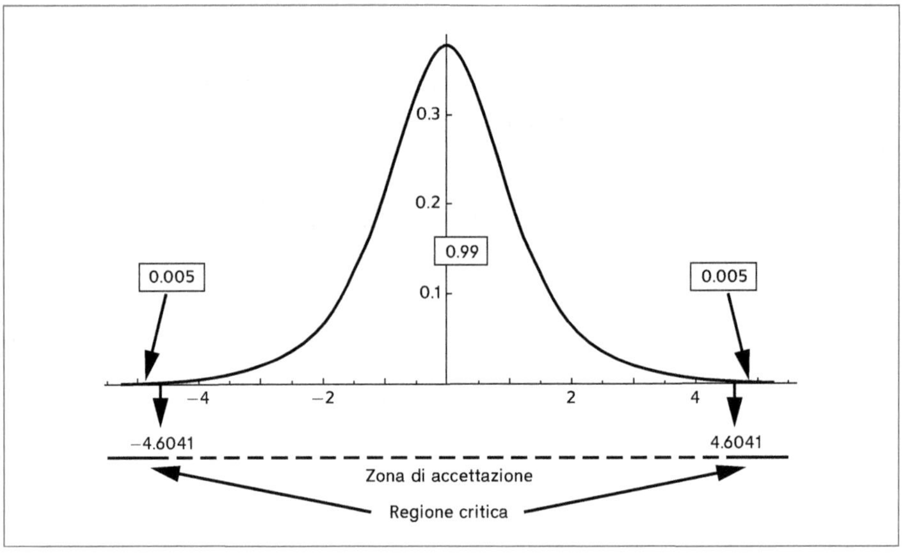

Calcoliamo il **valore sperimentale**:

$$\frac{\bar{x}-\mu_0}{\sqrt{s^2/n}} = \frac{9.6-10}{\sqrt{75.3/5}} = -0.10307$$

Infine il **test**: si rifiuta H_0 con probabilità di sbagliare 1% se il valore sperimentale cade nella regione critica:

$$\frac{\bar{x}-\mu_0}{\sqrt{s^2/n}} \leq -4.6041 \quad \text{oppure} \quad \frac{\bar{x}-\mu_0}{\sqrt{\sigma^2/n}} \geq 4.6041$$

Poiché $-4.6041 < -0.10307 < 4.6041$, cioè il valore sperimentale cade nella zona di accettazione, si **accetta** $H_0 : \mu = 10$ (Figura 19.6). Con l.s. 99%, sulla base del campione osservato, si conclude che il numero medio di casi trattati settimanalmente dai SERT lombardi è **uguale** a 10 e, dunque, ci si attende che la regione Lombardia ottenga il finanziamento.

Figura 19.6

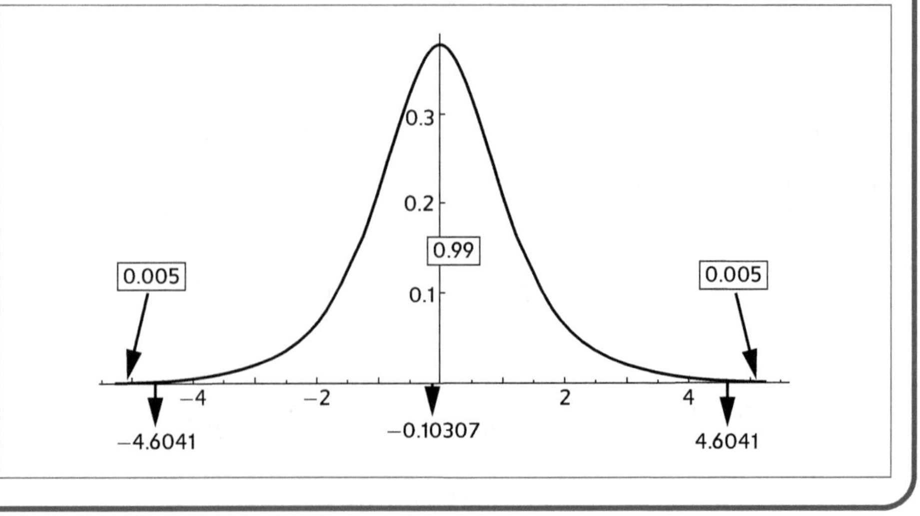

Sappiamo dal Capitolo 18 (e se ancora non lo sappiamo consiglio di rileggerlo) che all'aumentare dell'ampiezza campionaria n e, dunque, all'aumentare dei gradi di libertà $(n-1)$, diviene *indifferente* lavorare con la Z o con la T perché le due curve a campana tendono a coincidere per grandi campioni. Allora, quando i gradi di libertà *sono tanti* (diciamo più di 30) si può usare lo Z-test anche se σ^2 è ignoto (provate a controllare confrontando le tavole della Z e della T: i valori di Z-score e T-score a parità di α quando $n > 30$ sono mooolto *vicini*).

19.5 Test a una coda

Fino a qui abbiamo imparato a verificare ipotesi nulle del tipo $H_0 : \mu = \mu_0$. Se il test porta all'accettazione di H_0 si conclude che μ è *uguale* al valore ipotizzato μ_0 a livello di significatività $(1-\alpha)$. Se viceversa il test porta al rifiuto di H_0 si conclude che μ possa essere maggiore o minore di μ_0. Chiameremo allora questo tipo di ipotesi **bilaterali**. Un test statistico per la verifica di ipotesi bilaterale ha la regione critica formata dalle *due* zone sotto le due code della statistica test, ciascuna di probabilità $\alpha/2$. Chiameremo questo tipo di test, come si usa, **a due code**.

Nella pratica sono utili anche ipotesi **unilaterali**.

Definizione

Ipotesi nulla unilaterale

$H_0 : \mu \leq \mu_0$ oppure $H_0 : \mu \geq \mu_0$

ESEMPIO 19.3
Finanziamento regionale (continua)

Nell'Esempio 19.3 "Finanziamento regionale", l'ipotesi più interessante non è "*esattamente* 10 casi in media alla settimana" corrispondente all'ipotesi nulla **bilaterale** $H_0 : \mu = 10$, ma è l'ipotesi "*almeno* 10 casi in media alla settimana" corrispondente all'ipotesi nulla **unilaterale** $H_0 : \mu \geq 10$.

Per verificare ipotesi nulle unilaterali si pone la regione critica sotto un'unica coda della statistica test, quella *più lontana* dall'ipotesi nulla, e si esegue un test **a una coda**. Per esempio, se vogliamo verificare l'ipotesi unilaterale $H_0 : \mu \leq \mu_0$ nel caso di popolazione normale, useremo ancora un T-test con la statistica test (*studentizzata* sotto H_0):

$$\frac{\bar{X} - \mu_0}{\sqrt{S^2/n}} = T_{n-1}$$

Però osserviamo che:

- oltre alle differenze $\bar{x} - \mu_0$ *vicine* allo zero, anche tutte le differenze *negative* (corrispondenti a $\bar{x} < \mu_0$) depongono a favore dell'**accettazione** di $H_0 : \mu \leq \mu_0$;
- le differenze $\bar{x} - \mu_0$ *positive* (corrispondenti a $\bar{x} > \mu_0$) e *troppo grandi* depongono, invece, per il **rifiuto** di $H_0 : \mu \leq \mu_0$.

Allora, per verificare l'ipotesi unilaterale $H_0 : \mu \leq \mu_0$, si usa un T-test **a una coda** ponendo la regione critica **tutta** sotto la *coda di destra*, mentre la coda di sinistra farà parte della zona di accettazione. Inoltre, non sarà più necessario, come facevamo per un test a due code, dividere la probabilità di sbagliare in $\alpha/2$ sotto una coda e $\alpha/2$ sotto l'altra: in un test a una coda, la regione critica è (appunto) composta da una sola coda di probabilità α.

Quando l'ipotesi unilaterale è del tipo $H_0 : \mu \geq \mu_0$ si ribalta il ragionamento:

- oltre alle differenze $\bar{x} - \mu_0$ *vicine* allo zero, anche tutte le differenze *positive* (corrispondenti a $\bar{x} > \mu_0$) depongono *a favore* dell'**accettazione** di $H_0 : \mu \geq \mu_0$;
- le differenze $\bar{x} - \mu_0$ *negative* (corrispondenti a $\bar{x} < \mu_0$) e *troppo grandi* depongono per il **rifiuto** di $H_0 : \mu \geq \mu_0$.

Ne segue che, per verificare l'ipotesi unilaterale $H_0 : \mu \geq \mu_0$, si pone la regione critica *tutta* sotto la *coda di sinistra*, mentre la coda di destra farà parte della zona di accettazione, cioè ancora un **test a una coda**.

ESEMPIO 19.3

Finanziamento regionale (continua)

Per verificare l'ipotesi nulla **unilaterale** $H_0 : \mu \geq 10$ utilizziamo ancora un T-test ma **a una coda**; infatti:

- oltre alle differenze $\bar{x} - 10$ *vicine* allo zero, anche tutte le differenze *positive* (corrispondenti a $\bar{x} > 10$) depongono a favore dell'**accettazione** di $H_0 : \mu \geq 10$;
- le differenze $\bar{x} - 10$ *negative* (corrispondenti a $\bar{x} < 10$) e *troppo piccole* depongono, invece, per il **rifiuto** di $H_0 : \mu \geq 10$.

Allora, per verificare l'ipotesi unilaterale $H_0 : \mu \geq 10$, si pone la regione critica **tutta** sotto la *coda di sinistra*, mentre la coda di destra farà parte della zona di accettazione (Figura 19.7).

Questo porta a un cambiamento del valore critico rispetto al test a due code della parte precedente di questo esempio. Fissando ancora il livello di significatività al 99% abbiamo:

$$(1 - \alpha) = 0.99 \quad \alpha = 0.01$$

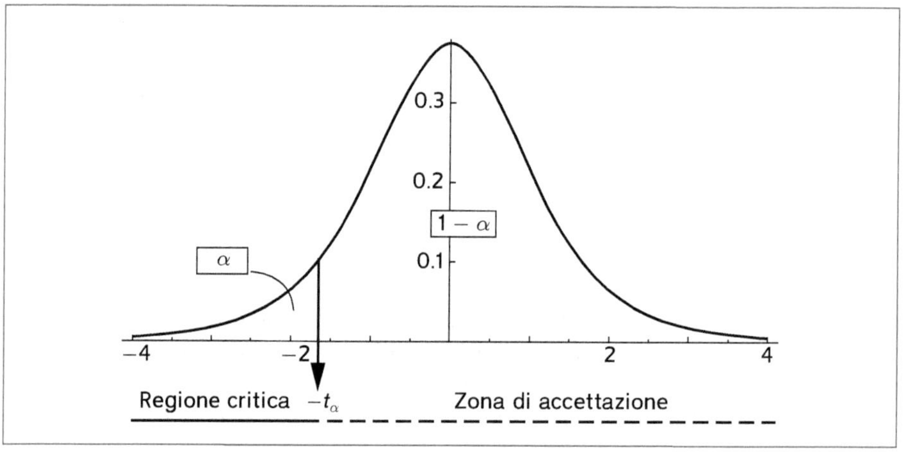

Figura 19.7 **Zona di accettazione e regione critica per un T-test a una coda.** Sull'asse delle ascisse (orizzontale) abbiamo un solo valore critico e la regione critica è composta dalla sola coda di sinistra a cui è assegnata tutta la probabilità di sbagliare α

Notate che non c'è più bisogno di dividere la probabilità α di errato rifiuto in $\alpha/2$ e $\alpha/2$ sotto le due code; ora il test ha un'unica coda sotto la quale si pone *tutta* la probabilità di sbagliare α.

Dalle tavole della T di Student con 4 gradi di libertà (che fornisce solo i valori positivi) si ricava il valore $t_\alpha = t_{0.01} = 3.7469$, che lascia *a destra* una probabilità pari a 0.01; il **simmetrico** $-t_\alpha = -t_{0.01} = -3.7469$ è il T-score che ci interessa, cioè il valore che lascia *a sinistra* una probabilità pari a 0.01 e rappresenta il nostro **valore critico.**

Infine, il **test (a una coda)**: si rifiuta $H_0 : \mu \geq 10$ a livello 99% se il valore sperimentale cade nella regione critica (che sta tutta sotto la coda di sinistra), cioè se:

$$\frac{\bar{x} - \mu_0}{\sqrt{s^2/n}} \leq -3.7469$$

I dati campionari sono sempre gli stessi della parte precedente di questo esempio, perciò il **valore sperimentale** non cambia ed è ancora −0.10307.

Poiché $-0.10307 > -3.7469$, cioè il valore sperimentale cade nella zona di accettazione, si **accetta** $H_0 : \mu \geq 10$ (Figura 19.8).

Con significatività 99%, sulla base del campione osservato, si conclude che il numero medio di casi trattati settimanalmente dai SERT lombardi è **almeno** 10 dunque ci si attende che la regione Lombardia ottenga il finanziamento.

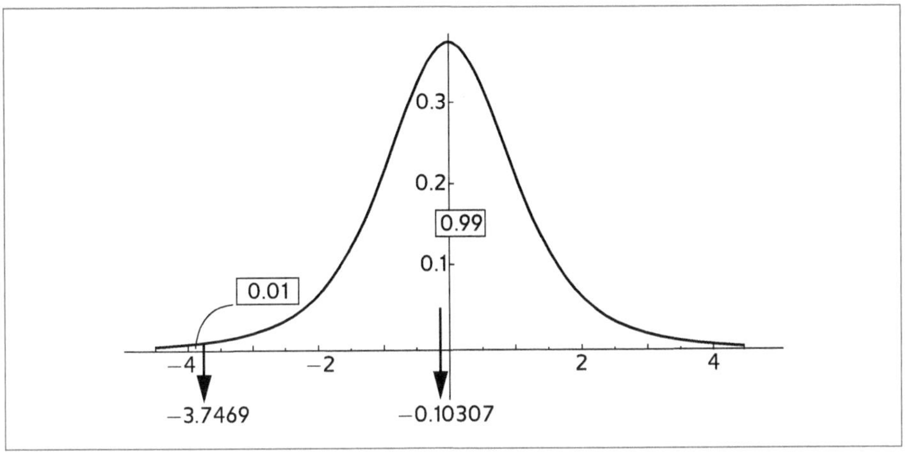

Figura 19.8

19.6 Ipotesi uni- o bilaterali e test a una o due code: riepilogo

- **Ipotesi bilaterale.** È del tipo "= oppure ≠", per esempio: $H_0 : \mu = \mu_0$.
- **Test a due code.** La regione critica è composta dalle **due** zone sotto le due code; la probabilità di "sbagliare" α è equamente ripartita in $\alpha/2$ e $\alpha/2$ con due valori critici simmetrici, uno positivo e l'altro negativo (Figura 19.9).
- **Ipotesi unilaterale.** È del tipo "≤ oppure ≥", per esempio: $H_0 : \mu \leq \mu_0$ oppure $H_0 : \mu \geq \mu_0$.
- **Test a una coda.** La regione critica è composta da **una** zona sotto la sola coda corrispondente ai valori *lontani* dall'ipotesi nulla. La probabilità di "sbagliare" α è posta **tutta** sotto la coda *lontana* da H_0 con un unico valore critico. Il valore critico è positivo se H_0 prevede "≤", è negativo se H_0 prevede "≥" (Figura 19.10).

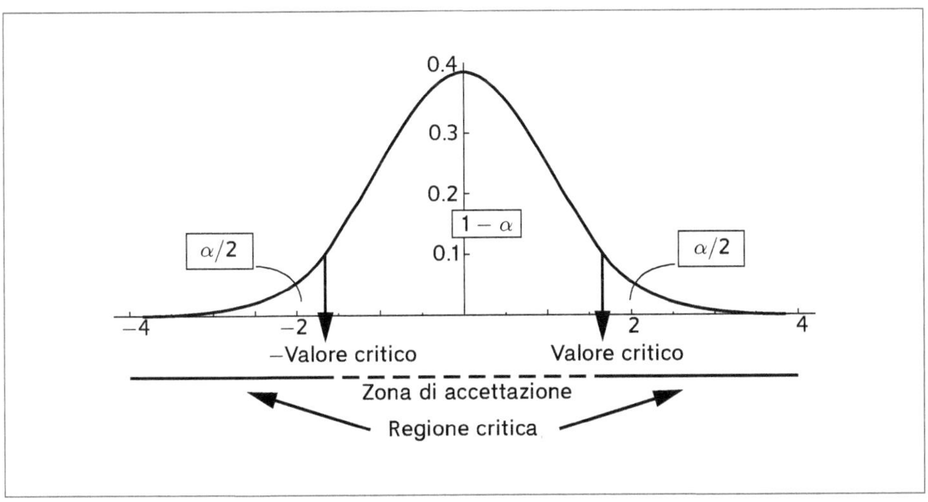

Figura 19.9 Zona di accettazione e regione critica di un test a due code. Sull'asse delle ascisse (orizzontale) abbiamo 2 valori critici, uno positivo e il suo simmetrico negativo. Le aree sotto la campana corrispondono alla probabilità $1 - \alpha$ di **fare bene** e alla probabilità α **di sbagliare** (errore di I specie) spezzato in $\alpha/2$ sotto ciascuna delle due code che formano la regione critica

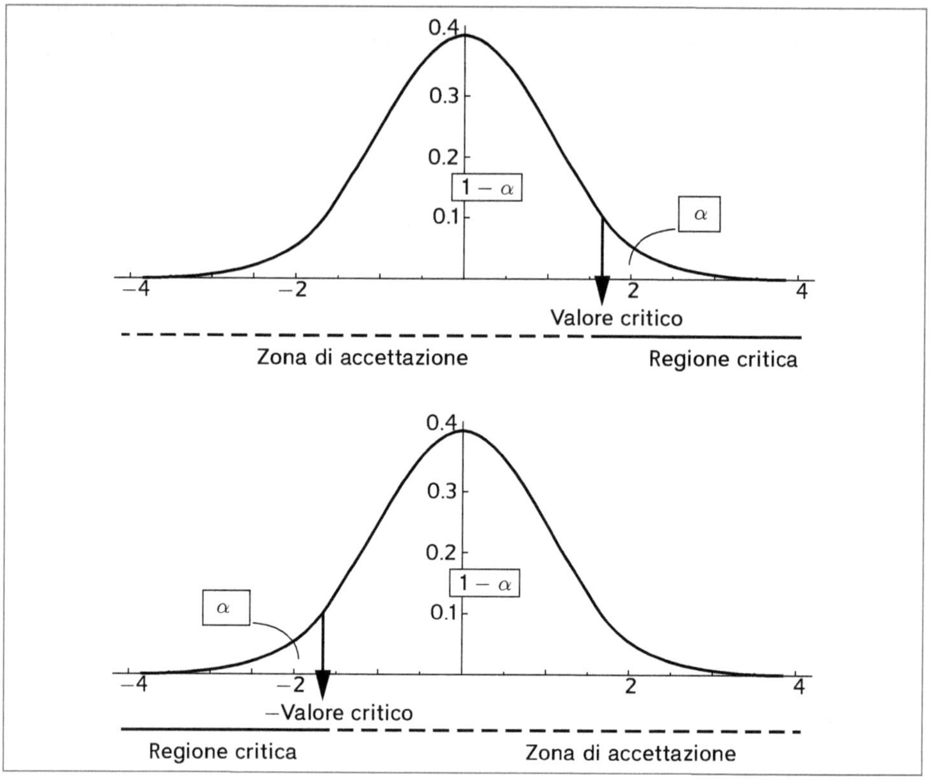

Figura 19.10 Zona di accettazione e regione critica di un test a una coda. Sull'asse delle ascisse (orizzontale) abbiamo un solo valore critico, positivo quando H_0 è di tipo $\leq$ oppure negativo quando H_0 è di tipo $\geq$. Tutta la probabilità di sbagliare α corrisponde all'area sotto una sola coda, quella che identifica la regione critica

19.7 Test approssimati per grandi campioni

Consideriamo ora tutte le situazioni non previste nei paragrafi precedenti. Consideriamo, cioè, i casi in cui non si hanno informazioni ausiliarie a priori circa il fenomeno X in U, oppure si ritiene che l'assunto di popolazione normale sia azzardato, o ancora è noto che la popolazione *non è* normale. Abbiamo già discusso e fatto esempi di questi casi parlando di IC nel Capitolo 18. Sono tutte le situazioni che non possiamo catalogare come "popolazione normale", inclusi i fenomeni qualitativi e quando l'oggetto della stima è una frequenza (relativa o percentuale). Sempre nel Capitolo 18 abbiamo già osservato che in mancanza della normalità della popolazione è necessario *compensare* con una quantità di dati campionari *sufficientemente grande*. Tecnicamente si parla di **grandi campioni**. Per una discussione su cosa si intende per *n sufficientemente grande* e sui teoremi di teoria delle probabilità su cui si può far conto quando si dispone di un *grande campione*, consiglio (caldamente) di tornare indietro al Capitolo 18 (... so che andare avanti e indietro sulle pagine di un libro è molto scomodo e poco divertente! So anche però che afferrare alla prima lettura questo tipo di concetti non è una pretesa realistica per nessuno!).

Solo se il campione è *sufficientemente grande* possiamo applicare il TCL (... e se non è ancora chiaro, si riveda il Paragrafo 18.5) e recuperare la normalità degli stimatori sia per la media μ sia per la frequenza relativa p.

Proprietà

Per il **TCL**, se n è **sufficientemente grande** valgono le seguenti approssimazioni:

$$\frac{\bar{X}-\mu}{\sqrt{s^2/n}} \approx N(0,1) \quad \text{e} \quad \frac{\hat{P}-p}{\sqrt{\hat{p}(1-\hat{p})/n}} \approx N(0,1)$$

Ne abbiamo già discusso nel Capitolo 18 ma lo ribadiamo qui: quando usiamo il TCL per grandi campioni stiamo usando risultati *approssimati* e per questo abbiamo usato il simbolo $\approx$, che si legge "è *approssimativamente*". Siccome ci basiamo su risultati approssimati, possiamo costruire test in tutti i casi in cui non si ha la normalità della popolazione, ma si tratterà di test **approssimati per grandi campioni**.

La conseguenza è che l'effettivo livello di significatività è solo *approssimativamente* il valore $(1-\alpha)$ scelto. Tale approssimazione *migliora* all'aumentare dell'ampiezza campionaria n, avvicinandosi sempre più all'$(1-\alpha)$ stabilito.

Per la verifica di ipotesi (uni- o bilaterali) sulla media μ, il test approssimato per grandi campioni è sempre **Z-test**, anche quando σ^2 è ignoto e va stimato dai dati del campione. Nel prossimo paragrafo vediamo in dettaglio la verifica di ipotesi sulla frequenza relativa p.

19.8 *Z*-test per grandi campioni per la verifica di ipotesi sulla frequenza relativa *p* (o sulla percentuale 100 · *p*)

Quando il fenomeno X d'interesse è qualitativo (categoriale o dicotomico o ordinale, o anche quantitativo *dicotomizzato*... se necessario rivedere la classificazione dei fenomeni nel Capitolo 3 e la dicotomizzazione nel Paragrafo 10.5) siamo certamente in un caso di popolazione *non* normale. Il parametro ignoto oggetto di inferenza è la frequenza relativa p (o la percentuale $100 \cdot p$) di soggetti che in U sono classificabili nella particolare modalità di X che ci preme (convenzionalmente *successo*). L'ipotesi nulla potrà essere uni o bi-laterale:

Definizione

Ipotesi nulla

$H_0 : p = p_0$ (bilaterale) oppure $H_0 : p \leq p_0$ o $H_0 : p \geq p_0$ (unilaterali)

Se n è *sufficientemente grande*, possiamo verificare questo tipo di ipotesi con uno Z-test rispettivamente a due o a una coda. Dal punto di vista pratico, ragionamenti e tecnica sono quelli dello Z-test che abbiamo già visto nel Paragrafo 19.3 "Z-test per la verifica di ipotesi su μ per popolazione normale con σ^2 nota". Ora, però, non dobbiamo dimenticare che si tratta di uno Z-test **approssimato per grandi campioni** che, pertanto, avrà livello di significatività *approssimativamente* pari al prescelto $(1-\alpha)$. Ripercorriamo la procedura generale in sei passi e facciamo i necessari adattamenti.

Passo 1. Il punto di partenza sono sempre i dati campionari da un campione bernoulliano di ampiezza n. In particolare, avremo dati *dicotomici*, cioè 1, quando osserviamo un caso della modalità di interesse, oppure 0 nel caso contrario.

Passo 2. Si calcola la stima (puntuale) per p. Siccome p è (l'ignota) frequenza relativa di unità statistiche che nella popolazione sono classificate nella categoria *successo*, allora la sua stima è la corrispondente frequenza $\hat{p}$ nel campione.

Passo 3. Si sceglie il l.s. del test $(1-\alpha)$ da cui si ricava la probabilità di errato rifiuto α (ed eventualmente, per il test a due code, la probabilità delle code $\alpha/2$).

Passo 4. Abbiamo imparato nel Paragrafo 17.13 che lo stimatore $\hat{P}$ è legato alla v.c. binomiale. Per *grandi campioni* e grazie al TCL, anche lo stimatore $\hat{P}$ tende, approssimativamente, alla Normale. Allora, la **statistica test** si ottiene con la **standardizzazione** e, come al solito, assumendo H_0 vera:

Definizione

Statistica test

$$\frac{\hat{P}-p_0}{\sqrt{p_0\,(1-p_0)\,/n}} \cong Z{\sim}N(0,\,1)$$

Siamo nel caso di grandi campioni, perciò la statistica test è *approssimativamente* una $Z{\sim}N(0,\,1)$, e questo è il significato del simbolo $\cong$ anziché il simbolo esatto $=$. Il **valore critico** sarà allora uno Z-score da cercare sulle tavole della Z oppure con un computer (se ce l'abbiamo). Attenzione: sarà $\pm\, z_{\alpha/2}$ per il test a due code, ma sarà z_α per i test a una coda (con segno meno o con segno più a seconda del verso di H_0).

Definizione

Valore critico

Per $H_0 : p \leq p_0$ e test **a una coda** (regione critica a destra)

$$P(\text{rifiutare } H_0|H_0) = P\left(\frac{\hat{P}-p_0}{\sqrt{p_0(1-p_0)/n}} \geq z_\alpha\right) = \alpha$$

Per $H_0 : p \geq p_0$ e test **a una coda** (regione critica a sinistra)

$$P(\text{rifiutare } H_0|H_0) = P\left(\frac{\hat{P}-p_0}{\sqrt{p_0(1-p_0)/n}} \leq -z_\alpha\right) = \alpha$$

Per $H_0 : p = p_0$ e test **a due code**

$$P\left(\frac{\hat{P}-p_0}{\sqrt{p_0(1-p_0)/n}} \geq z_{\alpha/2}\right) + P\left(\frac{\hat{P}-p_0}{\sqrt{p_0(1-p_0)/n}} \leq -z_{\alpha/2}\right) = \alpha/2+\alpha/2=\alpha$$

Passo 5. Il **valore sperimentale** si calcola, come al solito, sostituendo nella statistica test i valori noti e le stime campionarie.

Definizione

Valore sperimentale

$$\frac{\hat{p}-p_0}{\sqrt{p_0\,(1-p_0)\,/n}}$$

Passo 6. Infine per costruire il test come regola di rifiuto, ci ricordiamo che stiamo lavorando con un test *approssimato per grandi campioni*. La probabilità di sbagliare rifiutando un'ipotesi che invece è vera, è *approssimativamente* pari al prescelto α, se il valore sperimentale cade nella regione critica, e la regione critica sarà sotto una (test a una coda) o sotto tutte due le code (test a due code), a seconda che la nostra ipotesi nulla sia uni- o bilaterale.

Definizione

Z-test per ipotesi su p approssimato per grandi campioni

Per test a una coda

si rifiuta $H_0 : p \leq p_0$ se: $\dfrac{\hat{p}-p_0}{\sqrt{p_0(1-p_0)/n}} \geq z_\alpha$

oppure si rifiuta $H_0 : p \geq p_0$ se: $\dfrac{\hat{p}-p_0}{\sqrt{p_0(1-p_0)/n}} \leq -z_\alpha$

Per test a due code, si rifiuta $H_0 : p = p_0$ se:

$$\frac{\hat{p}-p_0}{\sqrt{p_0(1-p_0)/n}} \geq z_{\alpha/2} \quad \text{oppure se} \quad \frac{\hat{p}-p_0}{\sqrt{p_0(1-p_0)/n}} \leq -z_{\alpha/2}$$

ESEMPIO 19.4

Alcol al volante

L'attuale limite di legge del tasso alcolemico per non incorrere nelle sanzioni previste per la guida in stato di ebbrezza (fino a 6000 euro di multa, fino a un anno di carcere e sospensione della patente fino a due anni) è di 0.5 grammi di alcol per litro di sangue (www.aci.it).

A un campione casuale di 120 soggetti, omogenei per genere, età e peso corporeo, è stato chiesto se, secondo loro, guidare dopo aver bevuto due lattine di birra (da 33 cl) comporta il rischio di incorrere nelle sanzioni di legge. Il 69% dei soggetti intervistati ha risposto "no".

Con l'obiettivo di verificare se la percezione di non essere a rischio di sanzioni per guida in stato di ebbrezza dopo aver bevuto due lattine di birra corrisponde alla realtà, allo stesso campione di 120 soggetti è stato allora misurato il tasso alcolemico dopo l'assunzione di due lattine di birra; 54 soggetti sono risultati al di fuori del limite di legge.

L'ipotesi statistica riguarda la frequenza relativa p di individui che dopo l'assunzione di due lattine di birra risultano *fuori* dal limite di legge e dunque a rischio di sanzioni. Se la percezione degli individui è aderente alla realtà, allora ci si attende che p non superi $1 - 0.69 = 0.31$.

Emettiamo allora l'ipotesi nulla (unilaterale) $H_0 : p \leq 0.31$. Assumiamo che il campione casuale di ampiezza $n = 120$ sia *sufficientemente grande* per applicare il TCL ed eseguiamo uno Z-test approssimato per grandi campioni, a una coda con la zona di rifiuto concentrata sotto la coda *di destra*.

Fissiamo il livello di significatività al 95%; allora abbiamo: $1 - \alpha = 0.95$ e $\alpha = 0.05$. Dalle tavole della v.c. Normale standard ricaviamo il **valore critico** $z_\alpha = z_{0.05} = 1.65$ che lascia *a sinistra* una probabilità pari a 0.95 (Figura 19.11).

Figura 19.11

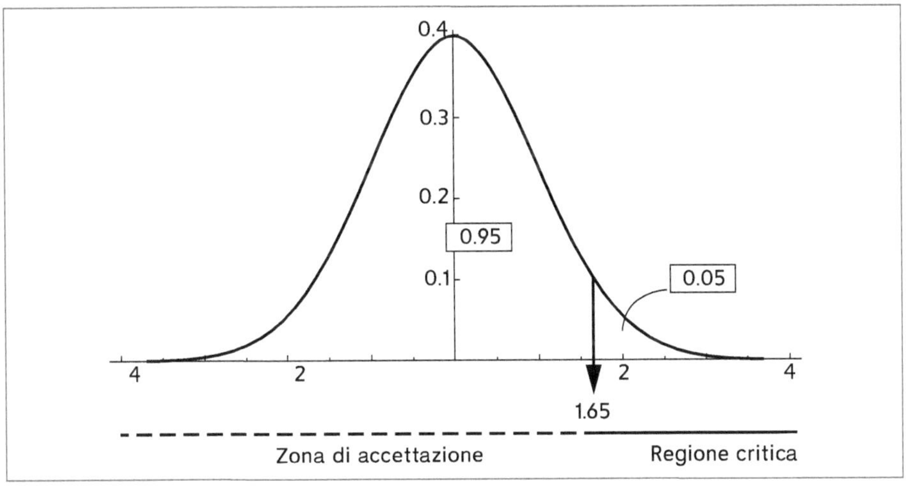

Dai dati campionari calcoliamo la frequenza relativa campionaria

$$\hat{p} = \frac{54}{120} = 0.45$$

e il **valore sperimentale**:

$$\frac{\hat{p} - p_0}{\sqrt{p_0 (1 - p_0)/n}} = \frac{0.45 - 0.31}{\sqrt{\dfrac{0.31 \times 0.69}{120}}} = 3.316$$

Infine, il **test**: si rifiuta $H_0 : p \leq 0.31$ con probabilità di sbagliare *approssimativamente* pari al 5%, se il valore sperimentale cade nella regione critica, cioè se risulta:

$$\frac{\hat{p} - p_0}{\sqrt{p_0 (1 - p_0)/n}} \geq 1.65$$

Poiché $3.316 > 1.65$ cade nella regione critica, allora rifiutiamo H_0. Concludiamo che, sulla base dei dati campionari e assunto *n sufficientemente grande*, a l.s. *approssimativamente* 95% la percezione degli individui di non essere a rischio di sanzioni di legge guidando dopo aver bevuto due lattine di birra non è aderente alla realtà.

19.9 Concetto di *p-value*

Nei paragrafi precedenti abbiamo imparato a fare i test statistici confrontando il valore sperimentale con il valore critico, cioè in base a regione critica e zona di accettazione. Ci è servito per capire la metodologia sottostante la costruzione di un test statistico e imparare bene *come, quando, perché*. Di solito le analisi statistiche si fanno al computer e, nella pratica, i test statistici non si eseguono "a mano" usando le tavole. I software non usano valore critico, zona di accettazione e regione critica perché tutti e tre dipendono dall'α e dal l.s. scelto. Se decidessimo di cambiare scelte, dovremmo necessariamente cercare nuovi valori critici e ri-eseguire il test.

I software, invece, utilizzano un metodo più efficiente: il computer esegue il test producendo un *unico* numero con il quale possiamo decidere se rifiutare o meno H_0 *qualunque* sia il livello di significatività che vogliamo fissare. Tale valore si chiama ***p-value*** o **significatività empirica** del test. Il *p-value* è, innanzitutto, una **probabilità**, dunque un numero compreso fra 0 e 1 identificato da un'*area* sotto la curva della statistica test. La sua **definizione** può variare da software a software e consiglio di controllare sempre il manuale del software che si sta utilizzando per accertarsi della definizione di *p-value prima* di eseguire il test e di decidere la sorte dell'ipotesi nulla. Qui ci concentriamo sulla definizione di *p-value* più diffusa e sostanzialmente standard.

Definizione

p-value

È il *minimo* livello α per *rifiutare* H_0 (sotto H_0 vera).

Come si usa il *p-value*. Se il *p-value* risulta *più piccolo* del livello prescelto α (per un test a una coda) o di $\alpha/2$ (per un test a due code) allora si *rifiuta* H_0.

ESEMPIO 19.4

Alcol al volante (continua)

Se avessimo eseguito il test con un computer, anziché "a mano" come abbiamo fatto nella parte precedente di questo esercizio, il computer ci avrebbe dato il valore:

$$p\text{-}value = 0.000456579$$

Con il l.s. $(1 - \alpha) = 0.95$ che avevamo scelto, poiché il *p-value* è *inferiore* a $\alpha = 0.05$ allora si rifiuta $H_0 : p \leq 0.36$ con probabilità di sbagliare 5% (*approssimativamente* perché stiamo eseguendo un test approssimato per grandi campioni).

Se desideriamo cambiare il l.s. del test, non abbiamo bisogno di ri-eseguire il test per individuare un *nuovo* valore critico, ma utilizziamo il *p-value* del test, che è sempre lo stesso a *qualunque* l.s. Scegliamo, per esempio, il nuovo livello 99%. Abbiamo: $1 - \alpha = 0.99$ e $\alpha = 0.01$. Poiché ancora risulta: $p\text{-}value = 0.000456579 < \alpha = 0.01$, allora rifiutiamo $H_0 : p \leq 0.36$ anche al livello (approssimativamente) 99%.

Attenzione: α si sceglie, il *p-value* no! Il *p-value* è il *risultato* del test (al computer) e per non rifiutare H_0 deve risultare *sufficientemente* piccolo. Fermi restando H_0, la statistica test, i dati e il valore sperimentale, il *p-value* del test ci indica l'α dal quale "si comincia" a rifiutare: da lì in poi qualunque α scegliamo si rifiuta sempre.

Come sappiamo, α è probabilità di sbagliare (errato rifiuto) ed è quindi bene e sensato sceglierla piccola. È anche opportuno scegliere α *a priori*, prima di vedere l'esito del test (... infatti abbiamo imparato che la scelta si fa al passo 3 della procedura!). Cercare di *barare* scegliendo α condizionatamente al valore del *p-value* che ci fornisce il computer, oltre che poco etico, può portare a scelte irragionevoli: α eccessivi (pur di accettare) o troppo vicini a 0 (per rifiutare a ogni costo). Ecco la ragione per cui *p-value* è anche detto **significatività empirica** del test.

Da dove salta fuori questo *p-value*? A parte il fatto che è "sputato fuori" automaticamente dal computer, come si lega alla metodologia di costruzione dei test statistici che abbiamo imparato? Qual è la relazione con il passo 4 della procedura?

Il computer fornisce il *p-value in sostituzione* del valore critico. Il valore critico *dipende* sempre dall'α scelto ed è diverso per diversi livelli di significatività, come, per esempio, quelli che abbiamo visto basati sugli *Z*-score z_α o $z_{\alpha/2}$ oppure sui *T*-score t_α o $t_{\alpha/2}$. Il *p-value*, invece, dipende *solo* dal valore sperimentale del test, cioè dai dati campionari, dunque rimane sempre lo stesso a *qualunque* livello di significatività.

Quando si esegue il test in maniera tradizionale (così come abbiamo imparato nei paragrafi precedenti) si decide se rifiutare o meno H_0 confrontando due *valori*: il valore sperimentale e il valore critico. Nel grafico della statistica test questi valori sono punti sull'asse delle ascisse e il valore critico si recupera sulle tavole una volta scelto il livello di significatività. Viceversa, quando si esegue il test al computer, si decide se rifiutare o meno H_0 confrontando due *probabilità*: il livello α o $\alpha/2$ (scelto da noi) con il *p-value* (fornito dal computer) che nel grafico della statistica test sono invece due aree. Per esemplificare guardiamo il grafico in Figura 19.12 che illustra uno *Z*-test a una coda per H_0 di tipo $\leq$ con la regione critica (tutta) sotto la coda destra. L'esempio sul grafico illustra bene che le due procedure di test, quella *tradizionale* e quella con *p-value* sono **equivalenti**, cioè portano sempre allo stessa conclusione. Basta ricordarsi che sul grafico le probabilità α e *p-value* sono *aree*. Se succede *p-value* $\leq \alpha$ significa che il valore sperimentale cade nella regione critica, dunque il test si concluderà con il rifiuto di H_0 con entrambe le procedure. Lo stesso ragionamento ci fa vedere che se succede *p-value* $> \alpha$ allora il valore sperimentale sta nella zona di accettazione, cioè entrambe le procedure portano all'accettazione di H_0. Succede questo perché, nell'esempio che stiamo considerando, tecnicamente il computer ha prodotto il *p-value* calcolando la probabilità *a destra* del valore sperimentale (Figura 19.12).

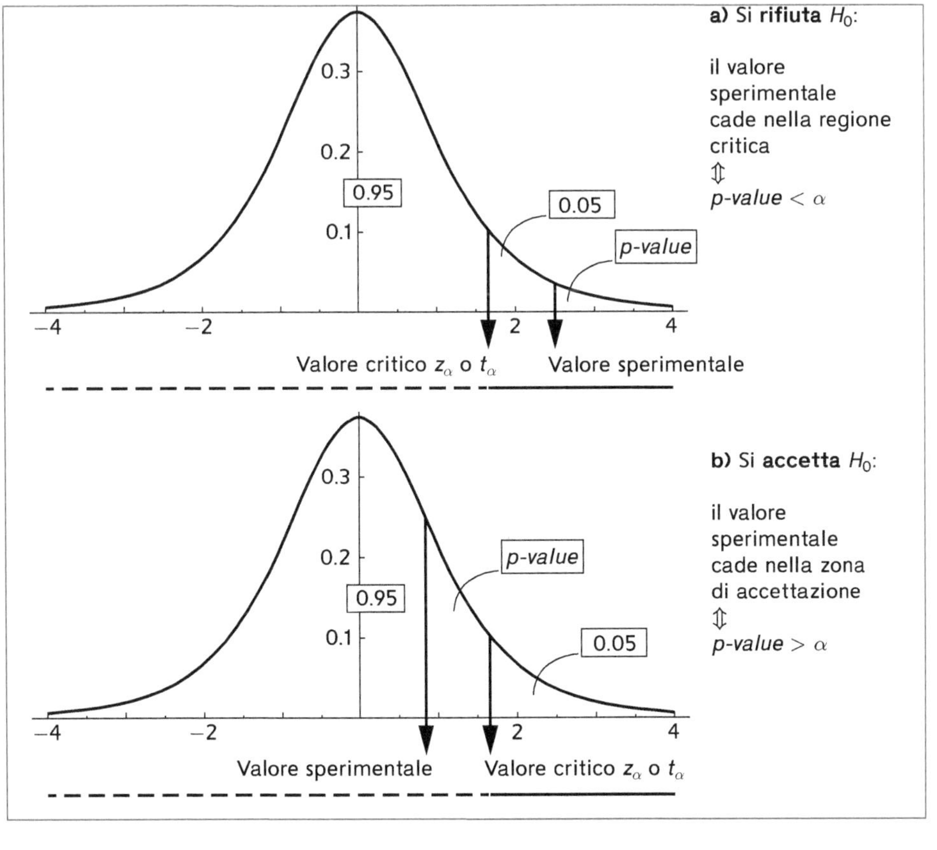

Figura 19.12
***p*-value.**
Il simbolo ⇕ si legge "se e soltanto se" oppure "equivalentemente"

Quando H_0 è del tipo $\geq$ e la regione critica è sotto la coda sinistra, graficamente si ribalta il ragionamento simmetricamente sulla coda sinistra. Per test a 2 code con H_0 bilaterale, semplicemente si ragiona con $\alpha/2$ (su entrambe le code).

19.10 Avvertenze e osservazioni sul *p-value*

Quando si usano il computer e il *p-value* (come fanno praticamente tutti) eseguire un test statistico diventa automatico e molto facile. Questo (che è bene!) induce, però, in tentazione di abusi ed errori d'interpretazione (che è male!). Si tratta di una tendenza (purtroppo) diffusa, come dimostra l'acceso dibattito internazionale aperto nel 2016 dalla dichiarazione ufficiale su "Significatività statistica e *p-value*" della Società Americana di Statistica con il documento "Provides Principles to Improve the Conduct and Interpretation of Quantitative Science" (https://www.amstat.org/asa/files/pdfs/p-valuestatement.pdf).

Qui richiamiamo alcuni punti su cui riflettere con mooolta attenzione.

- Il *p-value* **non è** la probabilità che H_0 sia vera, dunque (1 — *p-value*) **non è** la probabilità che H_0 sia falsa. La falsità o meno di H_0 è un fatto certo nella popolazione, ma ignoto (... se non è chiaro, rileggere il Paragrafo 19.2).
- Il *p-value* **non è** l'affidabilità del test, né il livello di significatività, e neppure una misura di quanto sia *buona* H_0 (... non è chiaro? rileggere il paragrafo precedente).
- Quando il *p-value* è molto piccolo e la prima cifra non nulla è oltre il quarto decimale, per esempio 0.00001 o 0.000001, si rifiuta H_0 *praticamente* a qualunque livello vogliamo fissare α. In questi casi, il computer restituisce 0 oppure 0.0000 e nel linguaggio comune si parla di **test non significativo**. Attenzione: questo **non** significa "*p-value* = 0" (che corrisponderebbe a un valore sperimentale uguale a "infinito"), ma solo "*p-value* molto, molto *piccolo*".
- Quando si rifiuta H_0 perché *p-value* è minore di α (test a una coda) oppure di $\alpha/2$ (test a due code) oppure quando, come si dice, il test è *non significativo*, bisogna fare mooooolta attenzione a *che cos'è* H_0.

Un esempio di test non significativo in cui ci si può confondere facilmente è quello interessante nel caso di dati campionari bivariati che vedremo nel prossimo paragrafo: il test per la verifica dell'indipendenza statistica in una coppia di fenomeni. In questo caso, quando si rifiuta H_0 e il test è *non significativo* si conclude che fra i due fenomeni *non c'è* indipendenza statistica, cioè *c'è* una qualche relazione statistica.

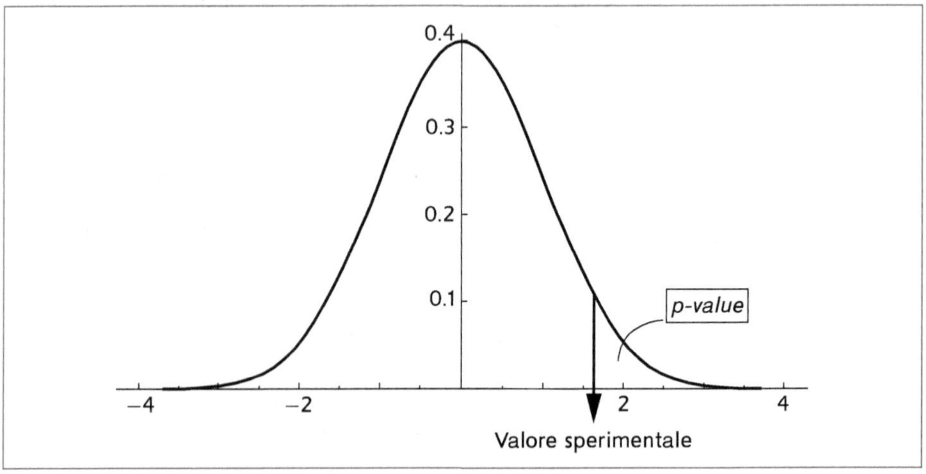

Figura 19.13
Esempio per test a una coda, con H_0 di tipo $\leq$ e regione critica sotto la coda destra. Il ***p-value*** come probabilità a destra del valore sperimentale, sotto la curva della statistica test

19.11 Dati campionari qualitativi bivariati: tabelle di contingenza

Tutta la Parte II di questo libro è dedicata all'analisi statistica descrittiva di una coppia di fenomeni congiuntamente (e completamente) rilevati sulla stessa popolazione. Ora consideriamo la situazione di dati bivariati campionari (parziali e casuali) e ci poniamo obiettivi *inferenziali*.

Nei sondaggi di opinione, nelle ricerche di mercato, nella sperimentazione biomedica (e non solo...) è frequente l'osservazione di *coppie* di fenomeni *qualitativi* (categoriali, dicotomici o ordinali). Quando una coppia di fenomeni qualitativi è osservata su un campione bernoulliano di soggetti, i dati campionari sono di tipo **bivariato** e si ottengono dal *conteggio* dei soggetti che appartengono alle diverse combinazioni di categorie. Il risultato è una tabella a doppia entrata chiamata **tabella di contingenza** (dall'inglese *contingency table*). Usando la stessa notazione dei Capitoli dal 9 al 13, chiamiamo k il numero di differenti modalità (categorie) del fenomeno X, che convenzionalmente mettiamo sulle righe della tabella; chiamiamo h il numero di categorie dell'altro fenomeno, Y, che mettiamo convenzionalmente sulle colonne. Usiamo poi i come indice di riga e j come indice di colonna.

ESEMPIO 19.5
Preservativo libero

La seguente tabella si ispira ai risultati di un sondaggio di opinione pubblicato dal settimanale *Vanity Fair* di qualche anno fa su un campione casuale di 800 soggetti equamente suddivisi in "cattolici" e "non cattolici".

U: popolazione italiana adulta
X: orientamento religioso, $k = 2$
Y: risposte alla domanda: "Sarebbe favorevole a un'apertura della chiesa cattolica sull'uso degli anticoncezionali?"
$h = 3$
$n = 800$

Dati campionari: tabella di contingenza

Y / X	Si	No	Non so	
Cattolici	272	88	40	400
Non cattolici	344	24	32	400
	616	112	72	800

I valori interni alla tabella di contingenza si ottengono *contando* le unità statistiche che fra le n campionate si classificano nelle $k \times h$ coppie di categorie (x_i, y_j). Si tratta quindi di **frequenze congiunte campionarie** dette anche **casi campionari**. E siccome sono conteggi effettuati nel campione (non nella popolazione) sono delle *stime* $\hat{f}_{ij}$ delle corrispondenti (ignote) frequenze congiunte f_{ij} della popolazione. Analogamente, sulla riga e sulla colonna marginali della tabella di contingenza si leggono le **frequenze marginali campionarie** $\hat{f}_{i.}$ di X e $\hat{f}_{.j}$ di Y, che sono *stime* delle corrispondenti frequenze marginali f_i e f_j in U.

Su una tabella di contingenza l'interrogativo interessante è l'*esistenza* (o meno) di **indipendenza statistica** fra X e Y. Se disponessimo di dati completi, sapremmo (l'abbiamo imparato nel Paragrafo 10.2) che l'indicatore statistico che può darci una risposta è l'indice di connessione Chi quadrato χ^2. Ora disponiamo di dati campionari, il vero valore di χ^2 è un parametro ignoto della popolazione e quello che possiamo fare è *stimarlo* dai dati campionari della tabella di contingenza.

Definizione

Stima della connessione

(formula alternativa) $$\hat{\chi}^2 = n \cdot \left(\sum_{i=1}^{k} \sum_{j=1}^{h} \frac{\hat{f}_{ij}^2}{\hat{f}_{i.}\hat{f}_{.j}} - 1 \right)$$

$\hat{\chi}^2$ è una stima ed è (dovremmo saperlo!) soggetta all'errore campionario. Può risultare diversa da 0 per effetto della *parzialità* e *casualità* dei dati, anche se in realtà nella popolazione i due fenomeni *sono* statisticamente indipendenti e il vero $\chi^2 = 0$. In presenza di dati campionari è dunque importante verificare l'ipotesi nulla di indipendenza statistica. Verificare tale ipotesi costituisce, infatti, il passo-base per l'inferenza bivariata. Se si accetta l'ipotesi di indipendenza, l'analisi termina qui, perché non c'è evidenza empirica statisticamente significativa che supporti l'esistenza di una qualche relazione da analizzare e su cui inferire. Viceversa, quando si rifiuta l'ipotesi nulla di indipendenza, allora i dati campionari depongono a favore dell'esistenza di **connessione** nella coppia di fenomeni allo studio, e ha dunque senso procedere con l'inferenza bivariata.

$\hat{\chi}^2$ è una stima ed è (dovremmo saperlo!) uno dei possibili valori del corrispondente stimatore. Un teorema di teoria delle probabilità garantisce che, per *n sufficientemente grande*, tale stimatore è *approssimativamente* una v.c. chiamata (anche lei!) **Chi quadrato** con gradi di libertà $(k-1) \cdot (h-1)$ (ricordiamo che k è il numero di righe e h è il numero di colonne della tabella di contingenza con i dati campionari).

19.12 Variabile casuale Chi quadrato

È una variabile casuale *continua* ma molto diversa dalla Z e dalla T di Student che abbiamo usato finora. Assume valori **positivi** (> 0) e ha grafico (funzione di densità) **asimmetrico** con una *pancia* in corrispondenza dei valori più piccoli (che dunque sono più probabili) e una sola coda per i valori più grandi (che dunque sono meno probabili), come mostrato nella Figura 19.14.

In analogia alla T di Student, anche la v.c. Chi quadrato ha un solo parametro chiamato **gradi di libertà** e anche per la v.c. Chi quadrato esistono le **tavole**. Le tavole della Chi quadrato, che si leggono come quelle della T, sono pubblicate su qualunque manuale di Statistica inferenziale, si trovano facilmente su internet e sono anche riportate alla fine di questo capitolo.

19.13 Test Chi quadrato di indipendenza statistica

Abbiamo capito che in presenza di dati campionari qualitativi bivariati è importante verificare se fra X e Y *esiste* una qualche relazione oppure se X e Y sono statisticamente indipendenti. L'ipotesi nulla che formalizza (cioè esprime in formule) l'ipotesi statistica "X e Y sono indipendenti" è allora:

Definizione

Ipotesi nulla di indipendenza

$$H_0 : \chi^2 = 0$$

Impariamo il **test di indipendenza** per la verifica di questo tipo di ipotesi nulla con la nostra solita procedura in sei passi. Si tratta di un Chi quadro-test a una coda approssimato per grandi campioni.

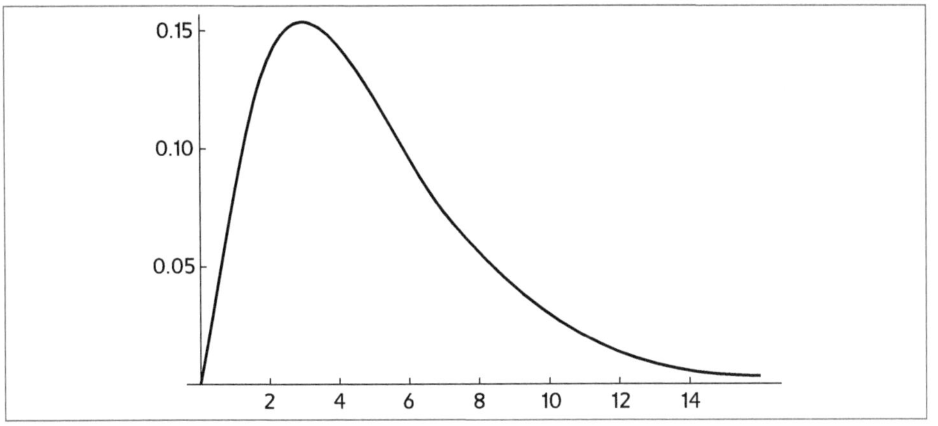

Figura 19.14 Curva asimmetrica (pancia e una sola coda) della v.c. Chi quadrato. Notiamo che la curva, a differenza della Normale e della T di Student, non è simmetrica e la probabilità (area sotto la curva) esiste solo per valori positivi > 0

Passo 1. Il punto di partenza è come sempre un campione bernoulliano che ora è di dati bivariati, cioè di n coppie di dati bivariati del tipo (x_i, y_j) con $i = 1 \ldots k$ e $j = 1 \ldots h$ organizzati in una tabella di contingenza composta da k righe e h colonne.

Passo 2. Si stima il parametro ignoto χ^2 in U con il Chi quadrato campionario $\hat{\chi}^2$ calcolato sulla tabella di contingenza, che abbiamo imparato nel Paragrafo 19.11.

Passo 3. Si sceglie il l.s. $(1 - \alpha)$, da cui la probabilità di sbagliare α. Qual è l'errore di prima specie qui? L'errato rifiuto dell'ipotesi di indipendenza significa concludere che X e Y sono connessi perché così ci hanno indicato i dati (parziali e casuali), quando in realtà nella U di studio i due fenomeni sono statisticamente indipendenti.

Passo 4. La statistica test è basata sul $\hat{\chi}^2$ e coincide con il corrispondente stimatore che, come abbiamo imparato nel Paragrafo 19.1, per grandi campioni è approssimativamente Chi quadrato.

Definizione

Statistica test. V.c. Chi quadrato con $(k - 1) \cdot (h - 1)$ gradi di libertà.

Ora osserviamo che:

- valori della statistica test *piccoli* e *vicini* allo 0 depongono a favore dell'*accettazione* di H_0, cioè della conclusione: X e Y *sono* statisticamente indipendenti;
- valori positivi della statistica test e *troppo grandi* depongono per il *rifiuto* di H_0, cioè della conclusione: X e Y sono connessi.

Si tratterà quindi di un **test a una coda** con la **regione critica** tutta sotto la coda destra. Si tratta anche di un **test approssimato** per **grandi campioni**, applicabile, cioè, se *n è sufficientemente grande* e con livello di significatività *approssimativamente* pari al valore $(1 - \alpha)$ scelto.

Il (unico) **valore critico** o **soglia** del test si va quindi a cercare sulle tavole della Chi quadrato con $(k - 1) \cdot (h - 1)$ gradi di libertà (ma se ce l'abbiamo usiamo il computer). È il valore che lascia *a destra* la prescelta probabilità di sbagliare α (Figura 19.15).

Passo 5. Il valore sperimentale coincide con la stima puntuale $\hat{\chi}^2$ già calcolata al passo 2.

Passo 6. Infine per costruire il test come (l'ormai solita!) regola di rifiuto, ci ricordiamo che stiamo lavorando con un test *approssimato per grandi campioni*, quindi con probabilità di sbagliare *approssimativamente* pari al prescelto α.

Figura 19.15
Zona di accettazione e regione critica del test Chi quadrato.
Il test è a una coda: sull'asse delle ascisse (orizzontale) abbiamo un solo valore critico e tutta la probabilità di sbagliare α è sotto la coda di destra che identifica la regione critica del test

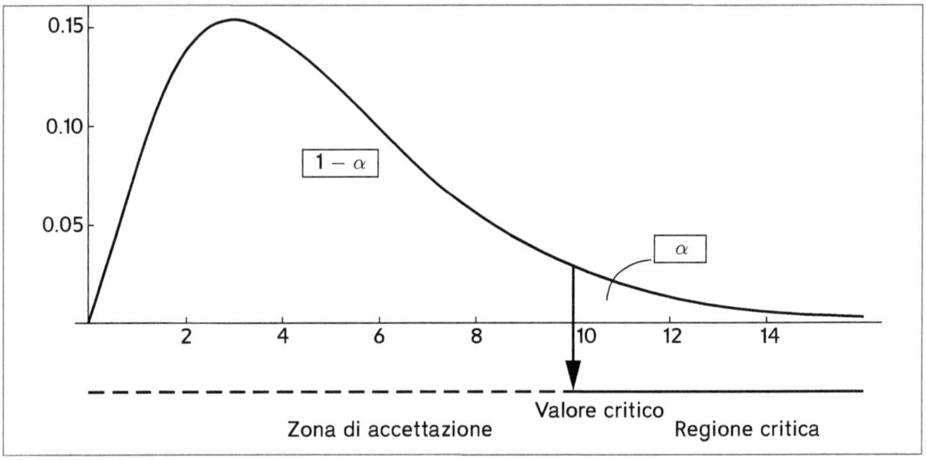

Definizione

Test Chi quadrato di indipendenza

Si rifiuta $H_0 : \chi^2 = 0$ se il valore sperimentale cade nella regione di rifiuto, cioè se: $\hat{\chi}^2 \geq$ valore critico.

Se, come succede, si esegue il test con un computer, sull'output leggiamo il *p-value*. Il test di indipendenza, che è a una coda con la regione critica sotto la coda di destra, si esegue a *qualunque* livello di significatività confrontando il *p-value* con α.

Definizione

Test Chi quadrato di indipendenza con *p-value*

Si rifiuta $H_0 : \chi^2 = 0$ con probabilità di sbagliare *approssimativamente* pari al prescelto α se *p-value* $\leq \alpha$.

ESEMPIO 19.5

Preservativo libero (continua)

Il primo passo nell'analisi della relazione statistica fra il dichiararsi o meno cattolici (X) e l'essere o meno favorevoli all'uso degli anticoncezionali (Y) consiste nella verifica dell'*esistenza* di una qualche relazione statistica fra X e Y e, dunque, nell'*esclusione* dell'indipendenza statistica fra i due fenomeni. Emettiamo allora l'ipotesi "X e Y sono indipendenti" e la formalizziamo nell'**ipotesi nulla** $H_0 : \chi^2 = 0$. Assumiamo che i dati della tabella di contingenza provengano da un campione *bernoulliano* di ampiezza $n = 800$ *sufficientemente grande* ed eseguiamo un **test Chi quadrato di indipendenza** per grandi campioni. Sulla tabella di contingenza calcoliamo il **valore sperimentale** (usando, per esempio, la formula alternativa):

$$\hat{\chi}^2 = n \cdot \left(\sum_{i=1}^{k} \sum_{j=1}^{h} \frac{\hat{f}_{ij}^2}{\hat{f}_{i.}\hat{f}_{.j}} - 1 \right) =$$

$$= 800 \times \left(\frac{272^2}{400 \times 616} + \frac{88^2}{400 \times 112} + \cdots + \frac{32^2}{400 \times 72} - 1 \right) = 45.88$$

Se disponessimo dei dati completi relativi all'intera popolazione, questo valore indicherebbe l'esistenza di connessione. I dati sono però parziali e soggetti a errore campionario. Il $\hat{\chi}^2$ campionario è risultato diverso da 0 per effetto della parzialità e casualità dei dati o perché effettivamente in U i due fenomeni sono connessi? Con il test statistico rispondiamo a questa domanda, controllando *probabilisticamente* l'errore di rifiutare l'ipotesi di indipendenza quando invece nella realtà è vera. Scegliamo, per esempio, il l.s. 95% e calcoliamo:

$$1 - \alpha = 0.95 \quad \alpha = 0.05$$

Sulle tavole della v.c. Chi quadrato, alla riga $(h-1) \cdot (k-1) = (2-1) \times (3-1) = 2$ gradi di libertà, leggiamo il **valore critico** = 5.9915, che lascia *a destra* una probabilità pari a 0.05 come mostrato nella Figura 19.16

Finalmente abbiamo il **test**: si rifiuta $H_0 : \chi^2 = 0$ con probabilità "di sbagliare", *approssimativamente* pari al 5% se il valore sperimentale, cioè la stima $\hat{\chi}^2$ calcolata sulla tabella di contingenza, risulta maggiore del valore critico 5.9915.

Poiché $45.88 > 5.9915$ cade nella regione critica, allora rifiutiamo H_0 a livello 95% e concludiamo che X e Y *non* sono indipendenti, cioè che orientamento religioso e opinione circa l'uso degli anticoncezionali sono *connessi* nella U di interesse.

Se lavorassimo al computer (anziché "a mano" usando le tavole come abbiamo fatto finora) sull'output leggeremmo un *p-value* piccolissimo, in genere stampato così:

p-value
0.0000

Un *p-value* così è praticamente inferiore a *qualunque* α si voglia fissare, cioè siamo nel caso di test *non significativo*. Concludiamo che l'ipotesi di indipendenza statistica fra X e Y, sulla base dei nostri dati campionari, si rifiuterebbe a *qualunque* (sensato) livello di significatività.

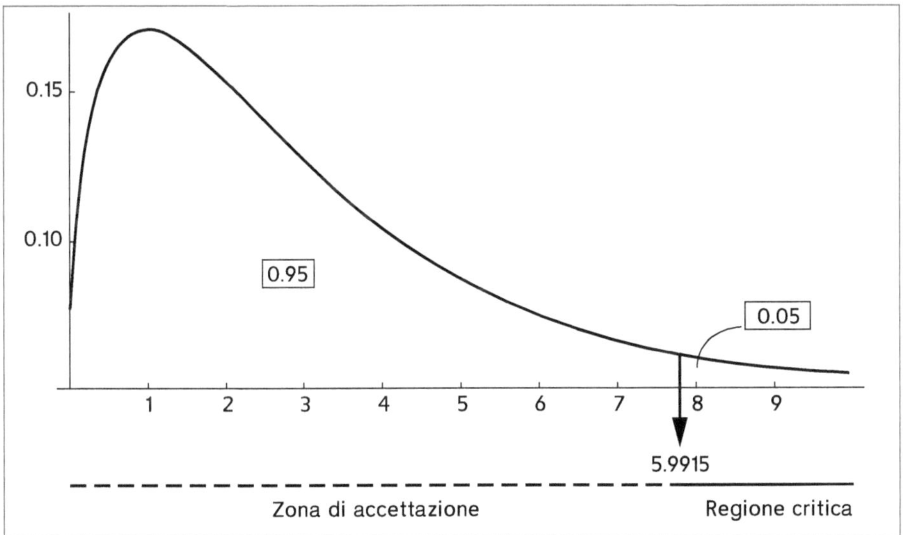

Figura 19.16

Terminiamo con un paio di osservazioni.

- Anche per il test Chi quadrato vale la solita avvertenza circa i test approssimati per grandi campioni. Come abbiamo imparato nel Paragrafo 19.7, un test approssimato per grandi campioni è, appunto, *approssimato*. Si basa su un teorema *asintotico* cioè che vale per $n \to \infty$. Ovviamente nella pratica possiamo usare solo campioni con ampiezza finita, perciò usiamo il teorema asintotico in maniera approssimata quando l'ampiezza campionaria n è *sufficientemente* grande, che agisce come informazione ausiliaria, a priori. L'effetto di questa approssimazione migliora quanto più grande è il campione, ma condiziona il l.s. Il Chi quadrato-test di indipendenza ha *approssimativamente* il l.s. $(1-\alpha)$ scelto. L'*effettivo* l.s. è sempre *più prossimo* a $(1-\alpha)$ al crescere di n, cioè all'aumentare della quantità di dati campionari inseriti nel processo inferenziale.
- Non c'è una regola teorica per stabilire quando n è *sufficientemente grande*. Si può contare sull'esperienza, sul buon senso e sulle particolari condizioni applicative in cui si sta lavorando. Ci sono invece ragioni teoriche e pratiche che *sconsigliano*

di eseguire il test Chi quadrato se la tabella di contingenza contiene una o più frequenze campionarie congiunte *inferiori* a 5. Quando si esegue il test al computer, nell'output è di solito segnalato il numero di *celle* della tabella (incroci di righe e colonne) in cui si verifica $\hat{f}_{ij} \leq 5$. Per rimediare a questo inconveniente, la pratica suggerisce di *accorpare* (*prima* di eseguire il test) una o più categorie dei fenomeni X e Y, in modo da ottenere una tabella di contingenza con un numero inferiore di righe e di colonne, ma con frequenze congiunte *tutte* maggiore di 5.

- L'ipotesi nulla $H_0 : \chi^2 = 0$ del test di indipendenza ci dà l'occasione per capire da dove viene fuori l'idea di chiamare "nulla" l'ipotesi che si vuole sottoporre a verifica con un test statistico. Di solito si sottopone a test un valore nullo, uno zero, l'*assenza* di relazione o di effetto. Ricordiamoci che i test di significatività sono *regole per rifiutare* e che il controllo probabilistico è sull'errato rifiuto. Ecco perché, nel postulare H_0 l'attenzione deve andare a ciò che si rifiuta. Questo è anche il caso del prossimo test.

19.14 Dati campionari quantitativi bivariati: *T*-test sul coefficiente angolare del modello lineare o test di incorrelazione

Nel Capitolo 13 abbiamo imparato come e perché *modellare*, con obiettivi descrittivi, la relazione statistica in una coppia di fenomeni X e Y quantitativi. Nel Capitolo 17 abbiamo poi imparato a usare un *campione* di dati quantitativi bivariati per *fare inferenza* sul modello, concentrandoci, in particolare, sul modello più utilizzato, cioè il modello lineare con componente erratica:

$$\hat{Y} = a + bX + \varepsilon$$

Abbiamo visto come *stimare* puntualmente l'intercetta e il coefficiente angolare del modello lineare con il metodo dei minimi quadrati e abbiamo anche imparato (nel Capitolo 18) come utilizzare il modello stimato per costruire una *previsione intervallare* su Y a un prescelto livello di confidenza $(1 - \alpha)$ (e se tutto questo risveglia poco o nulla allora è proprio necessario rileggere il Capitolo 13 e i Paragrafi 17.13 e 18.6).

Ora concludiamo la nostra inferenza (di base) sul modello lineare con la verifica di ipotesi sui parametri del modello, limitandoci al parametro più interessante, cioè il coefficiente angolare.

L'obiettivo ultimo è sempre quello di usare i dati per interpretare con una formula matematica (il modello) la relazione fra X e Y, procurandoci così uno strumento statistico (il modello stimato) con cui prevedere e simulare valori non osservati della variabile risposta (convenzionalmente Y), assegnando valori arbitrari alla variabile esplicativa o predittore X. Il modello lineare stimato, quello che abbiamo visto nel Paragrafo 17.14:

$$\hat{Y} = \hat{a} + \hat{b}X$$

è appunto *stimato*, cioè è basato su dati campionari (parziali e casuali) (oltre che sotto 4 condizioni-base che, se non ricordate, vi invito a rileggere). La scelta di utilizzare un modello *lineare* sottintende l'assunzione iniziale che fra X e Y esista un certo grado di *correlazione* e che, perciò, è sensato utilizzare una retta. Esiste quindi il rischio che nell'intera popolazione i fenomeni X e Y siano in realtà **incorrelati** e che il modello lineare sia inadatto, eppure il campione ci dia un'indicazione diversa con stime $\hat{b}$ e r^2 diverse da (maggiori di) zero per il solo effetto della casualità e parzialità dei dati campionari. È allora importante imparare a verificare l'ipotesi nulla.

Definizione

Ipotesi nulla

$$H_0 : b = 0$$

Sappiamo che, nel modello lineare, b misura la variazione di Y a fronte di una variazione unitaria di X, perciò $b = 0$ significa che qualunque variazione di X ha effetto nullo su Y. Notiamo allora che accettare questa ipotesi significa concludere che $Y = \hat{a} + \varepsilon$, cioè che X *non* è esplicativa di Y e Y *non dipende linearmente* da X, in altre parole che X e Y sono *incorrelati*. L'ipotesi nulla $H_0 : b = 0$ è allora *equivalente* a $H_0 : \rho = 0$ e il test sul coefficiente angolare del modello lineare è anche un test di incorrelazione.

Nel Capitolo 17 abbiamo anche discusso le 4 condizioni-base sulla v.c. ε (e anziché ripeterle qui, consiglio a chi non le ricorda di andare a rileggerle là). Qui è particolarmente importante che valga: $\varepsilon \sim N(0, \sigma^2)$. Da questo infatti, per un teorema di statistica matematica, segue che anche gli stimatori dei m.q. per l'intercetta a e per il coefficiente angolare b sono a loro volta v.c. Normali. Sempre nel Capitolo 17 abbiamo imparato che sono stimatori non distorti (cioè il loro valore atteso coincide con il vero valore dei parametri a e b nella popolazione) e abbiamo anche imparato a stimarne la varianza (... e forse serve una veloce rilettura).

Conseguentemente, possiamo concentrarci sullo stimatore dei m.q. $\hat{B}$. Questo stimatore è la v.c. che tiene conto di tutte le possibili stime che possiamo ottenere da tutti i possibili campioni bernoulliani e di ampiezza n che ci possono capitare. Possiamo allora studentizzarlo e usarlo come statistica test per la verifica della nostra ipotesi sul coefficiente angolare b del modello lineare ovvero per la verifica dell'ipotesi di incorrelazione fra X e Y. Si tratta, perciò, di un T-test e, siccome l'ipotesi nulla è bilaterale, di un **test a due code**. Vediamone i sei passi.

Passo 1. Si parte dal campione bernoulliano di ampiezza n di dati quantitativi bivariati. I dati possono essere *grezzi*, cioè una serie (doppia) di n coppie di valori (x_i, y_i), oppure organizzati in una tabella a doppia entrata composta da k righe e h colonne, cioè $k \times h$ coppie di valori (x_i, y_j) ciascuno con frequenza campionaria $f_{i,j}$ per $i = 1, \ldots, k$ e $j = 1, \ldots, h$.

Passo 2. Si calcolano le stime puntuali per *tutto* ciò che è ignoto. Ricordiamole dal Capitolo 17, sono le stime dei minimi quadrati per i parametri del modello e la varianza campionara corretti con i gdl:

$$\hat{a} = \bar{y} - \hat{b}\bar{x} \quad \text{per l'intercetta } a$$

$$\hat{b} = \frac{\sum_{i=1}^{k} \sum_{j=1}^{h} (x_i - \bar{x})(y_j - \bar{y}) f_{ij}}{\sum_{i=1}^{k} (x_i - \bar{x})^2} = \frac{s_{XY}}{s_X^2} \quad \text{per la pendenza } b$$

$$s_\varepsilon^2 = \frac{1}{n-2} \sum_{i=1}^{k} \sum_{j=1}^{h} (y_j - \hat{y}_i)^2 f_{ij} = \frac{DR}{n-2} \quad \text{per la varianza } \sigma^2 \text{ degli errori}$$

Passo 3. Si sceglie il l.s. del test $(1 - \alpha)$ da cui la probabilità di sbagliare (rifiutando l'ipotesi di incorrelazione quando invece nella realtà è vera) α e la probabilità delle code $\alpha/2$.

Attenzione: se si può ritenere con ragionevole sicurezza che l'assunto iniziale $\varepsilon \sim N(0, \sigma^2)$ sia realizzato nell'intera popolazione (cioè siamo nel caso di **popolazione normale**), allora il test è **esatto**, cioè ha *esattamente* il l.s $(1 - \alpha)$ e la probabilità di errato rifiuto è esattamente l'α che abbiamo scelto. Se invece questo assunto iniziale è azzardato o notoriamente violato, è necessario (lo sappiamo già dal Capitolo 18) compensare con un campione di ampiezza *n sufficientemente grande*. Una versione generalizzata del TCL garantisce che il medesimo *T*-test funzioni anche come **test per grandi campioni**. In questo caso, però, avrà (solo!) *approssimativamente* il l.s. scelto.

Passo 4. La statistica test si ottiene studentizzando lo stimatore $\hat{B}$ sotto H_0, assumendo cioè che il vero, ma ignoto, coefficiente angolare b nella popolazione sia nullo. La T di Student che si ottiene ha $(n - 2)$ gradi di libertà.

Definizione

Statistica test

$$\frac{\hat{B}}{\sqrt{S_\varepsilon^2/[(n-1)S_X^2]}} = T_{n-2}$$

Notate che, come al solito per essere più rigorosi, abbiamo utilizzato le lettere maiuscole, cioè gli stimatori, per indicare che la statistica test è una v.c., una T appunto.

Il **valore critico** o **soglia** del test è allora un T-score $t_{\alpha/2}$ da ricavare dalle tavole della T (oppure con un computer). Con il suo simmetrico $-t_{\alpha/2}$, che si ottiene semplicemente cambiando il segno, individuiamo sotto la curva a campana della T la **zona di accettazione** e la **regione critica** (Figura 19.17).

Definizione

Valore critico del test. È il T-score $t_{\alpha/2}$ che ci garantisce la probabilità di sbagliare α che abbiamo scelto, in formule:

$$P\left(\frac{\hat{B}}{\sqrt{S_\varepsilon^2/[(n-1)S_X^2]}} \geq t_{\alpha/2}\right) + P\left(\frac{\hat{B}}{\sqrt{S_\varepsilon^2/[(n-1)S_X^2]}} \leq -t_{\alpha/2}\right) = \alpha/2 + \alpha/2 = \alpha$$

Passo 5.

Definizione

Valore sperimentale. Si ottiene sostituendo nella statistica test i valori noti (n) e le stime ($\hat{b}$, s_0^2 e s_X^2):

$$\frac{\hat{b}}{\sqrt{s_\varepsilon^2/[(n-1)s_X^2]}} = \frac{\hat{b}}{SE(\hat{b})}$$

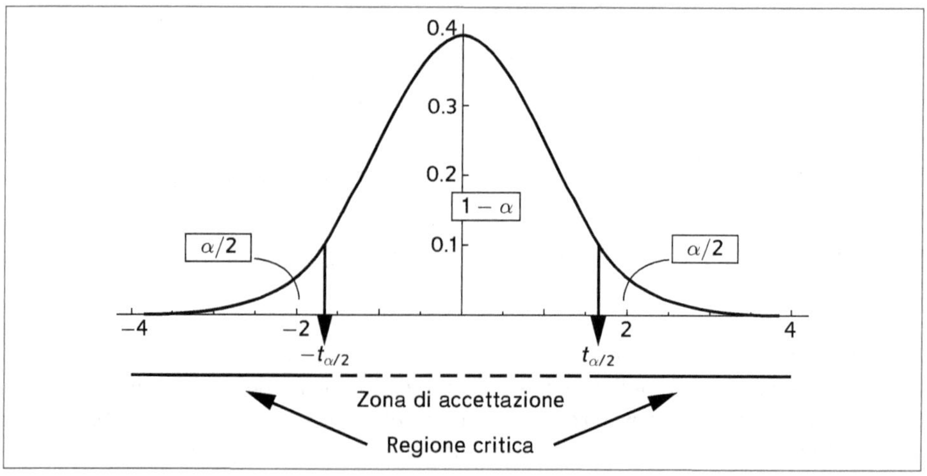

Figura 19.17
Zona di accettazione e regione critica del *T*-test di incorrelazione (a due code)

Passo 6. Finalmente costruiamo il test come (la solita!) regola di rifiuto ricordandoci che l'ipotesi è bilaterale, dunque il test è a due code.

Definizione

Test. Si rifiuta $H_0 : b = 0$ se il valore sperimentale cade nella regione critica, cioè:

$$\frac{\hat{b}}{SE(\hat{b})} \geq t_{\alpha/2} \quad \text{oppure se} \quad \frac{\hat{b}}{SE(\hat{b})} \leq -t_{\alpha/2}$$

Se invece si esegue il test con un computer, sull'output leggiamo il *p-value*. Il T-test di incorrelazione, che è a due code, si esegue a *qualunque* livello di significatività confrontando il *p-value* con $\alpha/2$: si rifiuta $H_0 : b = 0$ con probabilità di sbagliare pari al prescelto α se *p-value* $\leq \alpha/2$.

ESEMPIO 19.6

Il rapporto fra DP e PIL (continua dai Capitoli 17 e 18)

Nel Capitolo 17 avevamo la seguente situazione con i dati raffigurati nella Tabella 19.2.

Y: incidenza percentuale del debito pubblico (DP) sul prodotto interno lordo (PIL)
X = anno −2010: istanti di rilevazione (a partire dal dato più antico a disposizione 2010 che identifichiamo con "l'istante zero")

Tabella 19.2

Anno	2010	2012	2014	2016	2018	2019	2020	2021
Percentuale DP su PIL	105	103	106	106	119	121	127	133
X = anno − 2010	0	2	4	6	8	9	10	11

Abbiamo stimato la retta

$$\hat{Y} = 98.45 + 2.648X$$

per modellare l'incidenza percentuale del DP sul PIL in funzione del tempo. Con gli stessi dati campionari ne abbiamo stimato la bontà di adattamento $r^2 = 0.829$. Ancora con questi dati, nel Capitolo 18 abbiamo costruito previsioni intervallari per l'incidenza percentuale del DP sul PIL per gli anni non osservati 2013 e 2025 scegliendo a priori il livello di confidenza delle previsioni al 95%. Adesso, concludiamo la nostra inferenza sul modello ponendoci le seguenti domande. L'aver ottenuto con questi dati il coefficiente angolare e la bontà di adattamento non nulli, è dovuto alla casualità e parzialità dei dati? Nell'intera popolazione (che è ignota perché non l'abbiamo osservata tutta), X e Y sono davvero correlati? Usando una retta per modellarne la relazione e aggiungendo una componente erratica su cui abbiamo fatto le 4 ipotesi-base iniziali, siamo *vicini* o *lontani* dalla realtà? Formalizziamo questi interrogativi nell'ipotesi nulla $H_0 : b = 0$ ed eseguiamo il T-test di incorrelazione, scegliendo ancora il l.s. 95%. Abbiamo allora:

$$(1 - \alpha) = 0.95 \qquad \alpha = 0.05 \qquad \alpha/2 = 0.025$$

Oltre alle stime puntuali per l'intercetta $\hat{a} = 98.45$ e per la pendenza $\hat{b} = 2.648$, dai dati campionari (e con i conti già fatti nel Capitolo 17) si calcolano le stime $s_X^2 = 15.643$ e $s_\varepsilon^2 = 26.328$. Dalle tavole della T di Student alla riga $(n - 2) = 6$ gradi di libertà e colonna 0.025 ricaviamo il valore critico $t_{\alpha/2} = 2.4469$.

Il valore sperimentale risulta allora:

$$\frac{\hat{b}}{\sqrt{s_\varepsilon^2/[(n-1)s_X^2]}} = \frac{2.648}{\sqrt{26.328/(7 \times 15.643)}} = 5.4$$

che cade nella regione critica perché più grande di 2.4469. Graficamente questo è mostrato nella Figura 19.18.

Rifiutiamo allora l'ipotesi nulla $H_0 : b = 0$ e concludiamo che, con probabilità di sbagliare 5%, l'incidenza del DP sul PIL rispetto al tempo è modellabile con una retta con inclinazione positiva (crescente).

Figura 19.18

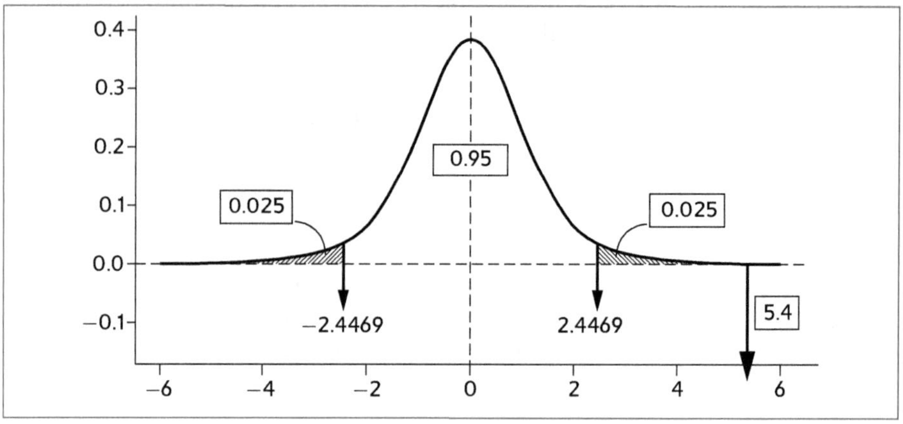

19.15 Avvertenza finale

Ho già invitato a riflettere su questo concetto più volte nel corso dei capitoli precedenti e voglio ribadirlo qui a conclusione dei test e del nostro viaggio nella Statistica di base. Anche per eseguire correttamente un test statistico (uno qualunque di quelli presentati in questo capitolo o uno dei tanti altri disponibili in letteratura) servono *consapevolezza* e *cautela*. Per giungere alla conclusione circa l'accettazione o il rifiuto di H_0 al l.s. che abbiamo *scelto* e così *controllare* probabilisticamente il rischio di errato rifiuto, abbiamo fatto delle assunzioni notevoli: che il campione sia *bernoulliano* e che la popolazione sia *normale* oppure, in mancanza di questo, che n sia *sufficientemente grande*. Che cosa succede se questi pre-requisiti, necessari perché il metodo "funzioni", non sono rispettati? Cosa si rischia se la realtà è *lontana* da quanto è richiesto dalla teoria perché il metodo abbia fondamento e sostegno scientifico? Se la popolazione *non* è normale come crediamo oppure se n *non* è sufficientemente grande perché cominci a funzionare il TCL o gli altri risultati asintotici, o se addirittura il campione *non* è casuale, allora *non* c'è più garanzia probabilistica che il test abbia il l.s. $(1 - \alpha)$ che abbiamo scelto. Di conseguenza, l'inferenza *non ha* l'affidabilità che vogliamo. In particolare, se il campione non è casuale, l'errore che rischiamo di commettere **non** è quantificabile in termini probabilistici e, in sostanza, non è più valida l'inferenza *statistica*.

Tavola della v.c. Chi quadrato con g gradi di libertà

g è il numero di gradi di libertà (si legge sulle righe)

α è la probabilità (area) evidenziata sul grafico (si legge sulle colonne)

All'interno della tavola si legge il valore di una v.c. Chi quadrato con g gradi di libertà che lasci a destra una probabilità (area evidenziata) pari a α

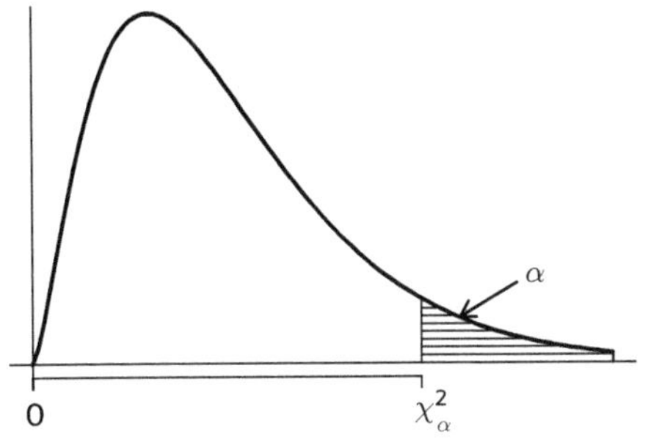

g \ α	0.10	0.05	0.0250	.010	.005	0.0010	.00050	.0001
1	2.70553	.84155	.02396	.63497	.8794	10.8274	12.1153	15.1343
2	4.60525	.99157	.37789	.2104	10.5965	13.8150	15.2014	18.4247
3	6.25147	.81479	.3484	11.3449	12.8381	16.2660	17.7311	21.1040
4	7.77949	.4877	11.1433	13.2767	14.8602	18.4662	19.9977	23.5064
5	9.2363	11.0705	12.8325	15.0863	16.7496	20.5147	22.1057	25.7507
6	10.6446	12.5916	14.4494	16.8119	18.5475	22.4575	24.1016	27.8527
7	12.0170	14.0671	16.0128	18.4753	20.2777	24.3213	26.0179	29.8814
8	13.3616	15.5073	17.5345	20.0902	21.9549	26.1239	27.8674	31.8268
9	14.6837	16.9190	19.0228	21.6660	23.5893	27.8767	29.6669	33.7247
10	15.9872	18.3070	20.4832	23.2093	25.1881	29.5879	31.4195	35.5572
11	17.2750	19.6752	21.9200	24.7250	26.7569	31.2635	33.1382	37.3647
12	18.5493	21.0261	23.3367	26.2170	28.2997	32.9092	34.8211	39.1306
13	19.8119	22.3620	24.7356	27.6882	29.8193	34.5274	36.4768	40.8735
14	21.0641	23.6848	26.1189	29.1412	31.3194	36.1239	38.1085	42.5752
15	22.3071	24.9958	27.4884	30.5780	32.8015	37.6978	39.7173	44.2596
16	23.5418	26.2962	28.8453	31.9999	34.2671	39.2518	41.3077	45.9255
17	24.7690	27.5871	30.1910	33.4087	35.7184	40.7911	42.8808	47.5591
18	25.9894	28.8693	31.5264	34.8052	37.1564	42.3119	44.4337	49.1853
19	27.2036	30.1435	32.8523	36.1908	38.5821	43.8194	45.9738	50.7873
20	28.4120	31.4104	34.1696	37.5663	39.9969	45.3142	47.4977	52.3832
21	29.6151	32.6706	35.4789	38.9322	41.4009	46.7963	49.0096	53.9599
22	30.8133	33.9245	36.7807	40.2894	42.7957	48.2676	50.5105	55.5244
23	32.0069	35.1725	38.0756	41.6383	44.1814	49.7276	51.9995	57.0668
24	33.1962	36.4150	39.3641	42.9798	45.5584	51.1790	53.4776	58.6071
25	34.3816	37.6525	40.6465	44.3140	46.9280	52.6187	54.9475	60.1360
26	35.5632	38.8851	41.9231	45.6416	48.2898	54.0511	56.4068	61.6666
27	36.7412	40.1133	43.1945	46.9628	49.6450	55.4751	57.8556	63.1660
28	37.9159	41.3372	44.4608	48.2782	50.9936	56.8918	59.2990	64.6561
29	39.0875	42.5569	45.7223	49.5878	52.3355	58.3006	60.7342	66.1524
30	40.2560	43.7730	46.9792	50.8922	53.6719	59.7022	62.1600	67.6230
35	46.0588	49.8018	53.2033	57.3420	60.2746	66.6192	69.1975	74.9253
40	51.8050	55.7585	59.3417	63.6908	66.7660	73.4029	76.0963	82.0551
45	57.5053	61.6562	65.4101	69.9569	73.1660	80.0776	82.8734	89.0704
50	63.1671	67.5048	71.4202	76.1538	79.4898	86.6603	89.5597	95.9713
55	68.7962	73.3115	77.3804	82.2920	85.7491	93.1671	96.1607	102.7735
60	74.3970	79.0820	83.2977	88.3794	91.9518	99.6078	102.6971	109.4967
70	85.5270	90.5313	95.0231	100.4251	104.2148	112.3167	115.5766	122.7443
80	96.5782	101.8795	106.6285	112.3288	116.3209	124.8389	128.2636	135.7728
90	107.5650	113.1452	118.1359	124.1162	128.2987	137.2082	140.7804	148.6198
100	118.4980	124.3421	129.5613	135.8069	140.1697	149.4488	153.1638	161.3297

Indice analitico

I numeri di pagina in **bold** rappresentano le pagine dove l'argomento è definito o trattato più approfonditamente.

E

F

N

O

P

Q

R

S

T

U

V

Y

Z

gli eserciziari

McGraw-Hill

STATISTICA DI BASE

ESERCIZI DI FINE CAPITOLO E DI FINE PARTE

oltre

200

esercizi

Definizioni e notazione (simboli) di base • Rilevazione • Distribuzioni di frequenza, tabelle e grafici • Valori medi • Variabilità • Numeri indice • Tabelle a doppia entrata • Indipendenza, connessione e associazione • Dipendenza e correlazione • Regressione • Caso, probabilità e variabili casuali • Stime e stimatori • Intervalli di confidenza • Test statistici

Mc Graw Hill

Gli esercizi sono a cura di Rosa Falotico [capitoli 2-10] e Elena Siletti [capitoli 11, 13, 15, 17-19]. L'aggiornamento per questa edizione è a cura di Emanuela Furfaro.

Capitolo 2

Definizioni e notazione (simboli) di base

Esercizio 2.1

La proprietaria di un negozio di coiffeur è interessata a conoscere il colore più richiesto del 2009. Ha quindi preso nota per tutto l'anno delle tonalità delle 288 tinture effettuate classificandole in: biondo, rosso, castano, bruno. Formalizzare statisticamente tale situazione individuando: la popolazione di riferimento, la sua numerosità, la singola unità statistica, il fenomeno di interesse e le sue modalità.

Esercizio 2.2

Un imprenditore che impiega 324 persone, decide di informarsi sul titolo di studio dei propri dipendenti. Individuare le unità e la popolazione statistica di riferimento, la numerosità di tale popolazione, il fenomeno e le modalità osservabili su ciascuna unità statistica.

Esercizio 2.3

Il professore di Lettere di un liceo milanese vuole indagare sull'interesse per la sua materia da parte dei suoi 23 alunni. Decide di misurare tale interesse contando il numero di libri letti negli ultimi 6 mesi da parte di ciascun alunno. Per tale situazione, determinare la popolazione statistica di riferimento, la sua numerosità, il fenomeno di interesse e le modalità osservabili su ciascuna unità statistica.

Esercizio 2.4

Nonna Aracne intende fare a mano un golfino per ciascuno dei suoi 9 nipotini. A tale scopo prende la misura in centimetri del girovita dei bimbi. Formalizzare statisticamente il contesto determinando: le unità statistiche e la popolazione di riferimento, la sua numerosità, il fenomeno statistico di interesse e le sue modalità.

Esercizio 2.5

Il dirigente del salone di auto usate "Fast&Furious" nello scorso esercizio ha veduto 371 vetture. Vuole effettuare un'analisi su: marca, stato (decoroso, buono, ottimo), cilindrata (piccola, media, grande) e capienza del bagagliaio (in litri) del suo venduto. Per tale contesto individuare e discutere: la o le popolazioni statistiche di riferimento e le relative numerosità, i fenomeni statistici di interesse e le modalità osservabili per ciascun fenomeno.

Esercizio 2.6

Una professoressa di Matematica insegna in 4 diverse classi prime: IA, IB, IC e ID. All'inizio dell'anno decide di testare, con una verifica scritta in ciascuna delle sue classi, il livello iniziale delle conoscenze dei propri alunni. Discutere statisticamente tale situazione individuando: la o le popolazioni statistiche di riferimento, le relative numerosità, i fenomeni statistici di interesse, le modalità di ogni fenomeno osservabili su ciascuna unità statistica.

Esercizio 2.7

Vero o falso? Corretto o no?

1. La popolazione statistica è un insieme di informazioni.
2. La popolazione statistica di riferimento è l'insieme delle unità statistiche.

3. Un fenomeno statistico è una caratteristica della popolazione di riferimento.
4. L'unità statistica è un numero.
5. Un fenomeno statistico si manifesta con la stessa modalità su ciascuna unità.
6. Una popolazione statistica è necessariamente finita.
7. La numerosità della popolazione corrisponde al numero di unità statistiche che la compongono.
8. La statistica è un insieme di metodologie per il trattamento scientifico dei dati.
9. L'età dei miei amici è un fenomeno statistico, l'età della mia amica Marina è una delle modalità di tale fenomeno.
10. L'insieme delle persone che navigano in internet è un esempio di popolazione statistica virtualmente infinita.
11. Rilevare dati significa osservare la manifestazione del fenomeno di interesse su ciascuna delle unità statistiche che compongono la popolazione di riferimento.
12. Il censimento è l'osservazione dell'intera popolazione.

Esercizio 2.8 Scegliere la risposta (più) corretta.

1. L'insieme dei metodi statistici per la raccolta, l'organizzazione, la sintesi e la presentazione dei dati osservati sull'intera popolazione è:
   - statistica descrittiva.
   - un esempio di statistica.
   - inferenza statistica.
   - lo studio della statistica.
2. L'unità statistica è:
   - una caratteristica della popolazione di riferimento.
   - un numero.
   - il supporto delle manifestazioni del fenomeno di interesse.
   - una persona.
3. Un fenomeno statistico è:
   - una misura.
   - un insieme di unità statistiche.
   - un insieme di modalità osservabili.
   - un'osservazione.
4. La modalità di un fenomeno è:
   - un campione statistico.
   - la manifestazione del fenomeno su una singola unità statistica.
   - una caratteristica della popolazione di riferimento.
   - il supporto delle manifestazioni del fenomeno.

Rilevazione

Esercizio 3.1

Sui pazienti ricoverati nel reparto malattie infettive di un ospedale lombardo nel mese di settembre 2014 sono stati registrati i seguenti dati:

- generalità;
- comune di residenza;
- genere;
- età in anni compiuti;
- peso (in chilogrammi);
- temperatura corporea (in gradi centigradi);
- stato di salute (scala: cattivo, discreto, buono);
- numero di ricoveri precedenti per la stessa malattia.

Classificare ciascun fenomeno secondo la tipologia e indicare il tipo di scala più opportuna per la rilevazione.

Esercizio 3.2

Un'azienda che produce macchine utensili raccoglie i dati relativi alle commesse dell'anno 2013 utilizzando come unità statistica ciascuno dei propri clienti. In particolare sono osservati i fenomeni:

- nome dell'azienda cliente;
- tipo di società;
- anno di fondazione;
- numero commesse 2013;
- fatturato commesse 2013 (in migliaia di euro);
- stato del pagamento.

Classificare ciascun fenomeno secondo la tipologia e dare indicazioni circa la scala di rilevazione.

Esercizio 3.3

Un'indagine sul rapporto fra anziani e computer, su un gruppo di 50 ultra settantenni, rileva i seguenti fenomeni:

- genere;
- regione di residenza;
- anno di nascita;
- età in anni compiuti;
- titolo di studio;
- ultima professione esercitata;
- reddito annuo (in migliaia di euro);
- tempo medio quotidiano al computer durante l'ultimo anno del periodo di attività lavorativa;
- tempo medio quotidiano al computer durante l'ultimo mese;
- conoscenze informatiche;
- numero di acquisti su internet nell'ultimo mese.

Classificare ciascun fenomeno secondo la tipologia e indicare il tipo di scala più opportuna per la rilevazione.

Esercizio 3.4 Per la rilevazione di ciascuno dei seguenti fenomeni, indicare la popolazione di riferimento, un'opportuna scala di modalità e chiarire le operazioni effettuabili fra le modalità della scala indicata:

- numero di figli per famiglia degli immigrati regolari in Italia, anno 2013;
- età degli immigrati maschi regolari in Italia, anno 2013;
- anno di nascita dei dipendenti ATM;
- voto finale in matematica per gli scolari milanesi che hanno concluso la I elementare nel giugno 2013;
- voto di laurea dei laureati (triennali) in Sociologia a Milano-Bicocca nel 2013.

Esercizio 3.5 Per ciascuno dei seguenti casi, indicare la popolazione di riferimento, il fenomeno di interesse, una scala di modalità adatta alla sua rilevazione e chiarire le operazioni effettuabili fra le modalità della scala scelta:

- regione di nascita dei "migliori" 30 manager italiani del 2013;
- titolo di studio degli inoccupati italiani di età inferiore ai 35 anni;
- capacità (in litri) del bagagliaio dei taxi milanesi;
- numero di incidenti in Italia nel 2013 in cui almeno uno dei conducenti coinvolti aveva un tasso alcolemico superiore al limite di legge;
- modello di auto Alfa Romeo più venduto nel mondo, rilevato per nazione.

Esercizio 3.6 Determinare quali delle seguenti modalità *non* sono adatte per la misurazione del fenomeno "età al momento della morte dei deceduti italiani nel 2013" e giustificare la risposta:

- $(0, \infty)$;
- $(0, 1, 2, \ldots)$;
- (infantile, adolescenziale, adulta, anziana);
- (giovane, adulta).

Esercizio 3.7 Un ricercatore deve rilevare il fenomeno "età al matrimonio" sulla popolazione degli sposi per i matrimoni celebrati in Italia nel 2013. Nella costruzione del questionario considera le seguenti alternative:

- indicare l'età in anni compiuti al momento del matrimonio;
- indicare la classe di età al momento del matrimonio;
- indicare la classe di età in anni compiuti al momento del matrimonio;
- indicare la data di nascita.

Fornire una scala di modalità per ciascuna delle domande alternative e classificarla secondo la tipologia.

Esercizio 3.8

Durante una gara di atletica un allenatore prende nota dei risultati di una disciplina mista. I fenomeni osservati sono:

- voto finale dei giudici;
- tempo di "tenuta" della figura A (secondi in cui l'atleta riesce a restare nella posizione denominata A);
- secondi di "tenuta" della figura B;
- genere dell'atleta;
- età dell'atleta, in anni compiuti;
- nazionalità dell'atleta.

Fornire e classificare una scala (o le possibili scale) di rilevazione per ciascun fenomeno.

Esercizio 3.9

Scegliere la scala di modalità più adatta per rilevare il fenomeno "prezzo medio di 1 kg di pane comune, città di Bari luglio 2014" e chiarire i motivi della scelta:

- da 0 a 1 euro, da 1 a 2 euro, più di 2 euro;
- $(0 \vdash 1), (1 \vdash 2), (> 2)$;
- ≤ 2 €, >3 €.

Esercizio 3.10

Scegliere la scala di modalità opportuna per la rilevazione del fenomeno "competenze informatiche" di un/a candidato/a a un colloquio di lavoro:

- 0, 1, ..., 10;
- $\leq$ sufficiente, $\geq$ sufficiente;
- scarso, sufficiente, medio, buono, ottimo.

Esercizio 3.11

Vero o falso? Corretto o no?

1. Le modalità di una scala qualitativa sono categorie.
2. La scala di modalità riguarda il fenomeno indagato mentre la scala di rilevazione riguarda la struttura del questionario.
3. La scala delle modalità con cui si rileva un fenomeno X è l'insieme di tutte le possibili manifestazioni x di X.
4. Esistono due tipologie di scala qualitativa e un solo tipo di scala quantitativa.
5. Non tutte le operazioni che si posso effettuare sui dati rilevati con scala qualitativa si possono effettuare su fenomeni rilevati con scala quantitativa.
6. Il livello di analisi effettuabile sui dati non dipende dalla scala di rilevazione utilizzata, ma solo dalla natura del fenomeno.
7. I fenomeni quantitativi misurabili, come il peso e l'altezza, sono detti continui.
8. L'analisi statistica di un fenomeno discreto, richiede, il più delle volte, la riclassificazione in intervalli per essere meglio interpretabile.
9. Il fatto che una scala di modalità sia esaustiva implica che abbia la proprietà della mutua esclusività delle modalità.
10. Un fenomeno qualitativo ordinale può sempre essere trattato come quantitativo rilevato con modalità a scala rapporto.

11. Un fenomeno quantitativo può essere sempre rilevato con una scala qualitativa ordinale.
12. La tipologia di scale di modalità con cui è rilevato il fenomeno determina il livello dell'analisi statistica dei dati.

Esercizio 3.12 Scegliere la risposta (più) corretta.

1. Quale di questi insiemi di modalità non è utilizzabile per una rilevazione statistica?
   - Modalità esaustive per fenomeni discreti.
   - Modalità a scala ordinale per fenomeni continui.
   - Modalità a scala rapporto per fenomeni qualitativi sconnessi.
2. Un fenomeno dicotomico:
   - non è ordinabile.
   - si manifesta con due sole modalità.
   - ha una scala di misurazione particolare.
3. La caratteristica della continuità per un fenomeno quantitativo:
   - richiede un'unità di misura per la rilevazione.
   - cambia a seconda del livello di approssimazione del fenomeno.
   - consente di conteggiare il fenomeno.
4. Su quale tipo di dati sono eseguibili tutte le 4 operazioni elementari ($+ - \times /$)?
   - Su qualsiasi dato numerico.
   - Solo su dati numerici rilevati su fenomeni quantitativi.
   - Solo su dati rilevati con scala rapporto.
5. Cosa distingue una scala rapporto da una non rapporto?
   - L'ordinamento delle modalità.
   - L'arbitrarietà dello (0) nella scala.
   - Il fatto di poter assumere anche valori negativi.

Capitolo 4

Distribuzioni di frequenze, tabelle e grafici

Esercizio 4.1

I seguenti tre fenomeni sono stati rilevati su 16 famiglie mononucleari residenti nel nord Italia.

X: regione di provenienza (F = Friuli, L = Lombardia, P = Piemonte, V = Veneto)

L	V	V	L	P	F	F	L	V	F	F	P	L	F	L	V

Y: titolo di studio del/la capofamiglia (N = nessuno, E = licenza elementare, M = licenza media, D = diploma, L = laurea, A = titolo post laurea)

D	E	M	L	A	M	M	L	D	D	D	E	D	N	E	D

Z: numero di immobili di proprietà

0	1	2	1	1	0	0	0	1	3	2	0	1	0	0	2

Per ciascun fenomeno organizzare il risultato della rilevazione in forma tabellare costruendo la variabile statistica con le distribuzioni di frequenze assolute e relative e rappresentarle graficamente.

Esercizio 4.2

L'azienda agrituristica "Aria Fresca" ha condotto una rilevazione su un gruppo di 30 liceali osservando il numero di ciliegie consumate durante una gita, ottenendo i seguenti dati (grezzi):

49	28	50	31	24	27	31	47	52	46	14	18	57	10	41
23	48	37	57	9	20	22	11	54	36	44	59	40	7	56

Organizzare i dati grezzi in una variabile statistica utilizzando le classi ($0 \vdash 20$), ($20 \vdash 40$), ($40 \vdash 60$); fornire la distribuzione di frequenze percentuali e rappresentarle graficamente.

Esercizio 4.3

Presso una scolaresca di 20 bimbi di I elementare è stato rilevato il fenomeno X: litri di succo di frutta consumati mediamente in una settimana, ottenendo i seguenti dati grezzi:

5.5	4	1.5	4.5	3.5	5	4	2.5	3.5	5.5
7	5.5	3.5	3.5	5	5	6.5	6	1	4

Costruire la variabile statistica classificando il fenomeno nei seguenti intervalli: ($0 \vdash 2$), ($2 \vdash 4$), ($4 \vdash 6$), ($6 \vdash 8$); fornire la distribuzione di frequenze relative e rappresentarla graficamente; fornire la distribuzione di frequenze cumulate e commentarle.

Esercizio 4.4

I due paesi Casteldeilonghi e Altecime si contendono il primato per i giovani maschi più alti. Per dirimere la contesa vengono rilevate le altezze dei maschi residenti di età compresa tra 20 e 25 anni compiuti. I dati, in metri, sono di seguito riportati.

Casteldeilonghi:

1.87	1.93	1.95	1.85	1.82	1.79	1.78	1.98	1.91	1.88

Altecime:

1.95	1.82	1.78	1.75	1.88	1.73	1.91	1.79	1.95	1.76	1.92	1.75

Costruire la variabile statistica per il fenomeno X: altezza, in ciascuna delle due popolazioni, utilizzando 5 intervalli di uguale ampiezza. Effettuare un confronto grafico e stabilire il paese vincitore della contesa.

Esercizio 4.5 Su un collettivo di 10 ragazze impiegate al giornale "Giovani e Belle" sono stati rilevati i seguenti fenomeni.

X: numero di scarpe possedute

8	8	5	7	7	8	8	6	7	6

Y: colore dei capelli (B = biondo, R = rosso, C = castano)

c	b	b	r	c	b	b	b	c	c

Z: misura del piede

36	38	35	36	38	37	39	37	40	38

K: titolo di studio (m = scuole medie, s = scuole superiori, u = università)

m	s	m	u	u	s	u	s	s	s

Per ciascun fenomeno costruire la variabile statistica e fornire una distribuzione a piacere fra frequenze relative e percentuali. Costruire, ove sensato, la distribuzione di frequenze cumulate chiarendo i motivi della scelta.

Esercizio 4.6 Il responsabile del personale di un'azienda tessile intende analizzare lo stipendio mensile percepito dai propri dipendenti. A tal fine effettua una rilevazione ottenendo, per i 24 operai che lavorano nella fabbrica, i seguenti risultati (in migliaia di euro).

1.522	1.715	1.751	1.225	1.349	1.672	1.525	1.585
1.314	1.433	1.599	1.419	1.491	1.463	1.374	1.428
1.260	1.214	1.223	1.225	1.627	1.258	1.269	1.335

Organizzare i dati in una variabile statistica classificata come segue: (1.200 ⊣ 1.300), (1.300 ⊣ 1.400), (1.400 ⊣ 1.500), (1.500 ⊣ 1.600), (1.600 ⊣ 1.700). Fornire la distribuzione di frequenze relative e rappresentarle graficamente con un istogramma. Utilizzare poi l'istogramma per determinare il livello massimo di stipendio percepito dal 25% dei dipendenti che percepiscono gli stipendi più bassi.

Esercizio 4.7 Uno studente diligente registra quanto tempo impiega a risolvere esercizi di Statistica in preparazione dell'esame scritto. I risultati riguardo a 12 esercizi (espressi in minuti) sono i seguenti.

8	8	10	11	9	10	6	5	15	17	9	7

Organizzare i dati grezzi in una variabile statistica usando gli intervalli: $(0 \dashv 10)$, $(10 \dashv 15)$, $(15 \dashv 18)$; fornire la distribuzione di frequenze relative e rappresentarle con un istogramma; fornire la distribuzione di frequenze cumulate relative e commentarla. Infine utilizzare l'istogramma per determinare la percentuale di esercizi che richiedono almeno 12 minuti per essere risolti e la percentuale di esercizi che non richiedono più di 13 minuti.

Esercizio 4.8

In un negozio di dolciumi si vogliono analizzare le vendite stagionali di una linea di caramelle gommose in quattro gusti: C = cioccolato, F = fragola, L = limone, M = menta. Le tabelle seguenti riportano i dati delle vendite (in numero di confezioni) in una tipica giornata invernale e in una tipica giornata estiva.

Confezioni vendute il 31 gennaio:

L	C	F	M	C	F	L	C	C	L
M	C	L	M	M	M	F	F	M	M
M	C	F	M	F	M	L	M	M	C
L	L	F	M	C	L	C	F	M	L
C	C	M	C	M	C	C	L	L	C

Confezioni vendute il 30 giugno:

M	M	C	M	M	M	L	F	M	F
C	F	L	C	L	M	F	L	F	M
L	L	L	F	F	L	L	L	F	F
L	F	F	L	L	L	M	M	L	C

Organizzare i dati grezzi nelle due variabili statistiche. Confrontare le due distribuzioni rappresentandole entrambe con un unico grafico e commentare la eventuale stagionalità delle vendite.

Esercizio 4.9

I risultati di un'indagine sul gradimento, da parte di un gruppo di 30 adulti, di un nuovo programma televisivo sono i seguenti.

molto noioso	noioso	interessante
noioso	interessante	interessante
noioso	noioso	molto noioso
interessante	interessante	interessante
interessante	molto interessante	molto interessante
noioso	molto noioso	interessante
interessante	noioso	molto interessante
noioso	molto noioso	interessante
interessante	noioso	molto interessante
noioso	molto noioso	interessante

Organizzare i dati nella variabile statistica e rappresentare graficamente la distribuzione di frequenze percentuali. Determinare il numero e la percentuale di risposte non superiori a "interessante".

Esercizio 4.10 Il libro di nuova uscita *Io amo la statistica, e tu?* ha avuto un'ampia diffusione tra gli studenti delle scuole medie di Milano. Di seguito sono riportate le età (in anni compiuti) di 50 giovani acquirenti.

12	14	11	12	11	11	14	13	13	14
11	13	14	13	14	11	12	12	14	14
12	14	14	14	11	14	14	15	14	13
13	13	14	11	14	12	14	14	14	11
11	14	14	14	11	13	12	11	12	12

Costruire la variabile statistica e rappresentare graficamente la distribuzione di frequenze relative. Fornire la distribuzione di frequenze cumulate e determinare la percentuale di acquirenti aventi almeno 13 anni e la percentuale di acquirenti di età non superiore a 14 anni.

Esercizio 4.11 Un negozio di elettrodomestici intende ingrandirsi con un settore ad alta tecnologia e raccoglie dati sui consumi tecnologici dei propri clienti. In una tipica settimana di vendite, classifica la propria clientela nelle categorie "utenti base" e "utenti professionali" e rileva i seguenti dati (in euro) relativi a 70 vendite di prodotti tecnologici.

Utenti base:

474	226	388	258	235	221	389	354	365	263
309	608	378	248	419	448	178	345	303	209
67	410	371	518	415	447	248	332	226	233
222	755	317	224	55	988	82	322	871	300
215	336	312	235	236	345	365	314	408	485

Utenti professionali:

624	411	999	340	891	214	199	490	450	271
313	870	475	377	712	770	913	479	950	456

Organizzare i dati grezzi nelle due variabili statistiche, utilizzando le classi $(0 \dashv 200)$, $(200 \dashv 300)$, $(300 \dashv 400)$, $(400 \dashv 500)$, $(500 \dashv 1000)$. Confrontare le due tipologie di utenti rappresentando le due distribuzioni di frequenze su uno stesso grafico. Confrontare e commentare la percentuale di vendite inferiori a 400 € nelle due categorie di utenza.

Esercizio 4.12 Vero o falso? Corretto o no?

1. La variabile statistica è l'insieme delle modalità osservate con le corrispondenti frequenze.
2. La colonna contenente le sole frequenze viene definita variabile stocastica.
3. Per i fenomeni categoriali non è possibile la costruzione delle frequenze relative.
4. Nella variabile statistica le modalità si riferiscono al fenomeno e le frequenze alle unità/popolazione.
5. Le frequenze assolute sono numeri interi la cui somma riproduce la numerosità della popolazione.

6. Le frequenze relative sono sempre comprese fra 0 e 1 e la loro somma è unitaria.
7. Per effettuare confronti sono sempre necessarie le frequenze relative (o percentuali).
8. Le frequenze cumulate sono calcolabili e interpretabili per qualunque fenomeno.
9. Un grafico a barre e un istogramma sono la stessa cosa.
10. Per rappresentare graficamente un fenomeno quantitativo continuo (rilevato in intervalli di diversa ampiezza) si devono utilizzare le densità e non le frequenze.

Esercizio 4.13

Scegliere la risposta (più) corretta.

1. La definizione di frequenza relativa è:
- il rapporto fra frequenza assoluta e numerosità della popolazione, in formule: $p_i = f_i/N$.
- il rapporto fra due frequenze assolute consecutive, in formule: $p_i = f_i/f_{i-1}$.
- la somma delle frequenze assolute associate alle modalità più piccole, in formule: $p_i = \sum_{j=1}^{i} f_j$.
2. La definizione di frequenze cumulate (assolute) è:
- la somma di due frequenze assolute consecutive, in formule: $f_i + f_{i+1}$.
- la somma delle frequenze assolute associate alle modalità inferiori nell'ordinamento, in formule: $\sum_{j=1}^{i} f_j$.
- la somma delle frequenze assolute associate alle modalità superiori nell'ordinamento, in formule: $\sum_{j=i}^{k} f_j$.
3. La somma delle frequenze relative è:
- dipendente dal fatto se il fenomeno è qualitativo o quantitativo.
- N.
- 1.
- 100.
4. Il grafico più corretto per rappresentare la distribuzione di frequenze di un fenomeno quantitativo continuo è:
- un diagramma a bastoncini con le modalità sulle ascisse e le frequenze sulle ordinate.
- un istogramma con gli intervalli sulle ascisse e le densità sulle ordinate.
- un istogramma con gli intervalli sulle ascisse e le frequenze sulle ordinate.
- un diagramma a torta.
5. Il valore centrale di un intervallo è:
- $x_i^* = \dfrac{N-1}{2}$.
- $x_i^* = \dfrac{x_L - x_l}{2}$.
- $x_i^* = \dfrac{x_L + x_l}{2}$.

Capitolo 5

Valori medi

Esercizio 5.1 Da una rilevazione effettuata su 30 falegnami, si sono ottenuti i seguenti risultati.

X: età, in anni compiuti

26	35	33	26	26	30	29	26	26	33	25	30	34	30	30
28	31	30	35	29	25	30	25	33	35	25	30	27	32	31

Y: competenza nel proprio mestiere (A = alta, M = media, B = bassa)

M	A	M	A	M	A	M	A	A	B	M	A	M	B	A
A	B	A	M	A	M	A	A	B	A	B	M	A	B	A

Z: genere (F = femmina, M = maschio)

M	M	M	F	M	F	F	M	M	F	F	M	M	F	M
F	M	M	M	F	M	M	F	F	M	M	F	M	M	M

Di ciascun fenomeno calcolare la moda, associarne una misura di rappresentatività e commentare il risultato.

Esercizio 5.2 Il corso di laurea in Scienze e tecnologie agrarie dell'Università di Milano ha effettuato un esperimento su 50 piante di zucchine sulle quali ha rilevato i seguenti dati.

X: peso medio delle zucchine prodotte da ciascuna pianta

Peso medio zucchine (g)	N. piante
$0 \vdash 50$	17
$50 \vdash 100$	21
$100 \vdash 150$	12

Y: lunghezza media delle zucchine prodotte da ciascuna pianta

Lunghezza media zucchine (cm)	N. piante
$0 \vdash 10$	23
$10 \vdash 12$	12
$12 \vdash 18$	9
$18 \vdash 24$	6

Per ciascun fenomeno, calcolare e commentare la moda e confrontarne la capacità di sintesi dell'intera distribuzione.

Esercizio 5.3 Su 50 studenti iscritti al primo anno di Marketing di un'università milanese nel 2014 sono stati rilevati i seguenti dati.

X: provenienza territoriale (S = sud, C = centro, N = nord)

Provenienza territoriale	N. iscritti
N	15
C	17
S	18

Z: voto di maturità

Voto di maturità	N. iscritti
60 ⊢ 70	16
70 ⊢ 80	11
80 ⊢ 85	9
85 ⊢ 90	7
90 ⊢ 95	5
95 ⊢ 100	2

W: genere (0 = maschio, 1 = femmina)

Genere	N. iscritti
0	23
1	27

Sintetizzare le variabili statistiche mediante la moda e, quando possibile, la mediana. Confrontare e commentare i risultati.

Esercizio 5.4

Su 21 studenti fuori corso di un corso di laurea in Sociologia nel 2014 sono state rilevate le seguenti informazioni.

Y: reddito (netto mensile)

Reddito (€)	N. studenti
0 ⊢ 500	9
500 ⊢ 800	7
800 ⊢ 1000	4
1000 ⊢ 1500	1

Z: voto medio

Voto medio	N. studenti
22	6
23	5
24	2
25	3
26	5

W: numero crediti maturati

N. crediti	N. studenti
80 ⊢ 100	2
100 ⊢ 120	3
120 ⊢ 140	9
140 ⊢ 160	5
160 ⊢ 180	2

Per ciascun fenomeno, rappresentare graficamente la distribuzione delle frequenze relative, calcolare la mediana e posizionarla sul grafico. Confrontare e commentare i risultati.

Esercizio 5.5 Una piccola casa editrice intende analizzare i titoli che ha in catalogo, prendendo in considerazione l'aspetto legato alla voluminosità dei testi. A tale scopo rileva il numero di pagine di ogni opera in catalogo nel 2014, classificando i libri secondo le categorie 1 = piccolo, 2 = medio, 3 = grande, 4 = mammut, ottenendo i seguenti risultati:

Dimensione libro	N. libri
1	6
2	5
3	8
4	1

Calcolare e commentare i 3 quartili del fenomeno X: voluminosità.

Esercizio 5.6 Un professore di ginnastica deve scegliere quale sport insegnare ai suoi alunni tra quelli che si possono praticare nella palestra della scuola: pallavolo e pallacanestro. A tale scopo effettua un'indagine di gradimento fra gli alunni chiedendo di esprimere un voto da 1 a 10 per ciascuno dei due sport. I risultati sono riportati di seguito.

Voto per pallavolo	Alunni
3	1
4	1
5	1
6	3
7	4
8	4
9	2

Voto per pallacanestro	Alunni
3	1
4	2
5	3
6	4
7	3
8	2
9	1

Sintetizzare le due variabili statistiche mediante i 5 numeri e disegnare i due box-plot sullo stesso grafico per confrontare e commentare i risultati.

Esercizio 5.7 Un'emittente radiofonica intende analizzare l'età della propria utenza e a tale scopo intervista 65 ascoltatori della fascia diurna e 50 ascoltatori della fascia notturna. Il risultato della rilevazione è riportato nelle due tabelle seguenti.

Età	N. ascoltatori diurni
$10 \vdash 20$	6
$20 \vdash 30$	12
$30 \vdash 40$	5
$40 \vdash 50$	18
$50 \vdash 60$	24

Età	N. ascoltatori notturni
$10 \vdash 20$	19
$20 \vdash 30$	12
$30 \vdash 40$	9
$40 \vdash 50$	8
$50 \vdash 60$	2

Rappresentare graficamente le distribuzioni di frequenza relative e utilizzando l'istogramma sintetizzare le due variabili statistiche mediante i 5 numeri. Infine disegnare i due box-plot su uno stesso grafico confrontando e commentando i risultati.

Esercizio 5.8

L'azienda produttrice di confetti "Cerimonia perfetta" vende bomboniere "miste", che contengono, in un'unica confezione, confetti di diverso tipo fra cui la qualità più pregiata è quella al cioccolato bianco. Per controllare l'efficienza della macchina che confeziona le bomboniere miste, si effettua il conteggio del numero di confetti pregiati per ogni bomboniera su un lotto di 45 bomboniere miste.

N. confetti cioccolato bianco	Bomboniere
0	1
1	18
2	4
3	3
4	17
5	2

Sintetizzare la variabile statistica con moda, mediana e media aritmetica. Confrontare e commentare i risultati.

Esercizio 5.9

L'analista finanziario di una banca intende valutare l'incidenza dell'acquisto a credito sulla spesa dei propri clienti. A tale scopo rileva il fenomeno su 12 dei propri clienti ottenendo i seguenti risultati (in euro).

440	330	340	420	340	340	420	310	410	380	240	270

Sintetizzare la variabile statistica con moda, mediana e media aritmetica. Confrontare e commentare i risultati.

Esercizio 5.10

Il responsabile delle risorse umane di un'azienda deve analizzare 21 candidature per il posto di assistente del direttore marketing. Dispone delle seguenti tabelle in cui ha registrato alcuni dati fondamentali dei candidati.

W: titolo di studio (D = diploma, LT = laurea triennale, LM = laurea magistrale)

Titolo di studio	N. candidati
D	5
LT	10
LM	6

X: età in anni compiuti

Età	N. candidati
23	2
24	1
25	3
26	4
27	2
28	3
29	1
30	5

Y: voto di laurea in 110mi

Voto di laurea	N. candidati
66 ⊢ 90	4
90 ⊢ 95	8
95 ⊢ 100	5
100 ⊢ 105	2
105 ⊢ 110	2

Z: principale lingua straniera (F = francese, I = inglese, S = spagnolo, T = tedesco)

Lingua straniera	N. candidati
F	3
I	9
S	4
T	5

Per ciascun fenomeno calcolare i possibili valori medi, giustificando le scelte e commentando i risultati.

Esercizio 5.11 Vero o falso? Corretto o no?

1. Sintetizzare una variabile statistica con un valore medio non produce alcuna perdita d'informazione.
2. Qualunque variabile statistica può essere sintetizzata mediante la moda.
3. La mediana ha significato solo per fenomeni almeno ordinali.
4. Ogni v.s. possiede i tre quartili.
5. La media aritmetica è molto sensibile ai valori anomali mentre la mediana è un valore medio meno sensibile.
6. È sempre indifferente usare moda, mediana e media perché forniscono la stessa informazione sintetica sul fenomeno.
7. La moda è poco informativa se le frequenze sono fra loro omogenee.
8. Se un fenomeno categoriale è codificato in valori numerici (per esempio, 0 = maschio, 1 = femmina), allora è sintetizzabile con la mediana.
9. Un fenomeno qualitativo ordinale, rilevato con scala quantitativa, è sintetizzabile con la media aritmetica.
10. La media aritmetica è sempre il miglior valore medio e quindi è preferibile utilizzarlo in ogni occasione.

Esercizio 5.12 Scegliere la risposta (più) corretta.

1. La moda di una variabile statistica è:
- la modalità più elevata o l'intervallo più ampio nel caso di fenomeni continui.
- il valore più vicino alla media aritmetica.
- la frequenza o la percentuale più elevata.
- la modalità a cui è associata la frequenza più elevata o la densità più elevata nel caso di intervalli.

2. La mediana di una variabile statistica è:
- la modalità $x_{0.5}$ tale che il 50% delle osservazioni sono $\leq x_{0.5}$ e l'altro 50% sono $\geq x_{0.5}$.
- l'osservazione che occupa la posizione centrale della tabella dei dati grezzi.
- la frequenza cumulata relativa pari a 0.5.

- la modalità che nell'ordinamento si trova tra la media e la moda.

3. La formula per il calcolo della mediana di un fenomeno continuo sotto l'ipotesi di distribuzione uniforme delle frequenze all'interno degli intervalli è:

- $x_{0.5} = x_l + (0.5 - \Phi_{i-1}) \dfrac{x_L - x_l}{f_i}$
- $x_{0.5} = x_l + \left(\dfrac{N}{2} - F_{i-1}\right) \dfrac{x_L - x_l}{p_i}$
- $x_{0.5} = x_l + \left(\dfrac{N}{2} - F_{i-1}\right) \dfrac{x_L - x_l}{f_i}$
- $x_{0.5} = x_L + \left(\dfrac{N}{2} - F_{i-1}\right) \dfrac{x_l - x_L}{f_i}$

4. Per calcolare la media di un fenomeno rilevato in intervalli è necessario:

- sostituire le frequenze con le densità: $\bar{x} = \dfrac{1}{N} \sum_{i=1}^{k} x_i \varphi_i$
- sostituire le modalità con il valore centrale degli intervalli:

$$\bar{x} = \frac{1}{N} \sum_{i=1}^{k} x_i^* f_i \quad \text{con} \quad x_i^* = \frac{x_l + x_L}{2}$$

- utilizzare le frequenze relative: $\bar{x} = \dfrac{1}{N} \sum_{i=1}^{k} x_i p_i$
- utilizzare gli estremi inferiori delgi intervalli: $\bar{x} = \sum_{i=1}^{k} x_l f_i$

5. L'unità di misura in cui è espressa la media è:

- uguale a quella del fenomeno oggetto di studio.
- diversa da quella del fenomeno oggetto di studio.
- quella della mediana elevata al quadrato.
- la media non ha unità di misura.

Capitolo 6

Approfondimenti sui valori medi

Esercizio 6.1 Avendo intenzione di acquistare un particolare modello di chiavetta USB, avete iniziato a fare un'indagine tra i vari rivenditori della vostra città, ottenendo il seguente risultato:

5.5 €	6 €	4.2 €	3 €	5.9 €	3.2 €	4.2 €	3.6 €	3 €	5.2 €	4 €	4.9 €

Un amico vi suggerisce di cercare su internet, soprattutto sui siti inglesi, dato che il tasso di cambio è abbastanza favorevole (1 £ = 1.18 €). Da questa ulteriore indagine ottenete la seguente serie di dati.

4.9 £	3.6 £	3.2 £	5 £	2.2 £	4.4 £	3.1 £	2.3 £	2.3 £	3.1 £

Calcolare e confrontare il prezzo medio (aritmetico) del prodotto in Italia e sui siti inglesi chiarendo le proprietà della media utilizzate in tale operazione.

Esercizio 6.2 In un appezzamento di terreno sono presenti 20 ulivi di tre diverse varietà: Cannellina (C), Majatica (M), Ogliarola (O). La tabella riporta la produzione annua di olio (in litri) per ciascuna pianta.

Varietà	O	M	C	M	M	O	M	O	M	C
Litri	2.87	1.72	2.29	3.12	3.44	3.47	2.19	2.16	3.41	2.09

Varietà	C	C	M	O	M	C	M	M	O	M
Litri	1.36	3.03	1.62	1.91	2.81	1.22	3.94	1.84	2.95	3.05

Calcolare e confrontare la produzione media (aritmetica) per ciascuna varietà e la produzione media dell'intero appezzamento. Enunciare e verificare la proprietà associativa della media aritmetica.

Esercizio 6.3 I seguenti dati sono tratti da uno studio sulla garanzia per il diritto allo studio e riguardano le borse di studio (in euro) percepite da un gruppo di 15 studenti di diverse sedi italiane:

350	760	180	310	580	890	170	610	480	850	810	460	420	810	110

È allo studio un aumento degli attuali finanziamenti del 25% e l'aggiunta a tutti di una quota fissa di 50 euro. Calcolare e commentare la borsa di studio media nel gruppo di studenti osservato, prima e dopo l'aumento. Enunciare e verificare la proprietà di linearità della media aritmetica.

Esercizio 6.4 Un consorzio agricolo che riunisce 12 aziende vinicole di una zona della Toscana ha rilevato la propria produzione complessiva di uva nel 2014 pari a 2.438 tonnellate. Determinare e commentare la resa media del consorzio. Utilizzando poi la seguente produzione (in kg) delle singole aziende:

144	256	125	276	157	294	132	171	191	242	187	263

verificare che si ottiene la stessa resa media. Enunciare e commentare le proprietà della media aritmetica appena verificate.

Esercizio 6.5

Per la pasticceria mantovana "Dolce Forno", il mese di marzo è stato eccellente per la vendita di offelle. Di seguito viene riportato (in kg) il venduto per ogni giorno lavorativo.

3	2	2	4	1	5	2	3	3	2	5	1	3	2	2	4	4	4	2	3	1	2

Determinare la media aritmetica dei chilogrammi di offelle che la pasticceria ha venduto ogni giorno. Verificare che lo stesso risultato si sarebbe ottenuto conoscendo solo i chilogrammi venduti in totale a marzo e il numero di giorni lavorativi di questo mese. Commentare il risultato facendo riferimento alle opportune proprietà della media aritmetica.

Esercizio 6.6

Il consorzio agricolo "Sardo&Pecorino" ha una produttività di formaggio annua in chilogrammi per azienda riassunta nella seguente tabella:

48	46	48	54	51	54	47	47	48

Calcolare e commentare moda, media e mediana della produttività. Definire, quindi, la funzione di perdita basata sugli scarti quadratici e verificare su questi dati quale dei tre valori medi calcolati è l'ottimo (cioè minimizza tale funzione di perdita).

Esercizio 6.7

Sull'insieme dei bambini residenti in un piccolo condominio è stato rilevato il numero X di ore passate a giocare all'aperto nel giugno scorso, ottenendo i seguenti dati:

2	4	2	4	1	3	1	4	3	4	2	3

Calcolare e commentare moda, media e mediana di X. Definire quindi la funzione di perdita basata sugli scarti assoluti e verificare su questi dati quale dei tre valori medi calcolati è l'ottimo (cioè minimizza tale funzione di perdita).

Esercizio 6.8

Un allevamento di struzzi ha avuto nel 2014 la seguente produttività settimanale di uova:

4	4	3	5	3	4	4	5	3	2

Calcolare moda, media e mediana della produttività. Definire poi la funzione di perdita minimizzata dalla moda e verificarla su questi dati.

Esercizio 6.9

Per analizzare un brano russo dei primi del '900, un filologo deve registrare la lunghezza di ciascuna parola. Considera quindi il numero X di lettere di ogni parola componente il brano e ottiene il seguente risultato:

3	2	2	5	6	2	6	2	3	4	6	5	2	6	3	2	4	2	6	2

Determinare la lunghezza media delle parole del brano utilizzando una media alla Chisini che non altera la lunghezza totale del brano misurata in numero di lettere. Verificare poi che tale media sostituita ai valori osservati riproduce la lunghezza effettiva del brano.

Esercizio 6.10 Un laboratorio artigianale di abiti da sposa ha prodotto 9 abiti nel 2014 impiegando 9 diverse sarte. La seguente tabella mostra i tempi di confezionamento (in giorni) da parte di ciascuna sarta:

62	65	64	68	66	68	64	65	63

Organizzare i dati nella variabile statistica. Calcolare e commentare il tempo medio di confezionamento utilizzando una media alla Chisini che lascia invariato il numero di giorni lavorativi complessivamente pagati dal laboratorio per la produzione dei 9 abiti. Verificare quindi che la media calcolata, una volta sostituita ai dati osservati riproduce l'invariante utilizzato.

Esercizio 6.11 Vero o falso? Corretto o no?

1. Un valore medio che appartiene alla classe delle medie potenziate ha delle buone proprietà.
2. Per la proprietà di internalità, la media aritmetica è sempre un valore che si trova esattamente al centro della distribuzione.
3. La proprietà di omogeneità è un caso particolare della proprietà di linearità.
4. Una trasformazione di scala consiste nel passaggio da un tipo di scala di modalità a un altro, compatibilmente con la tipologia del fenomeno.
5. Per la proprietà associativa, la media aritmetica sui dati aggregati è uguale alla somma delle medie parziali nelle sottopopolazioni.
6. Per una proprietà della media aritmetica, i valori sopra-media sono sempre compensati da quelli sotto-media.
7. Le medie potenziate sono anche medie alla Chisini.
8. La proprietà di equidistribuzione del totale garantisce che sostituendo la media aritmetica a ciascun dato, si ottiene lo stesso totale dei dati di partenza.
9. L'invariante è una funzione dei dati che si vuole lasciare inalterato nella sintesi della variabile statistica in un unico valore medio.
10. La media alla Chisini che lascia inalterata la somma dei reciproci si chiama media armonica.

Esercizio 6.12 Scegliere la risposta (più) corretta.

1. La moda x_0 di un fenomeno quantitativo rende minima la seguente funzione dei dati:

- $\lim_{s \to 0} \sum_{i=1}^{k} |x_i - x_0|^s f_i$
- $\lim_{s \to 0} \sum_{i=1}^{k} |x_i - x_0| f_i^s$

- $\sum_{i=1}^{k} |x_i - x_0| f_i$
- $\sum_{i=1}^{k} (x_i - x_0)^2 f_i$

2. La funzione di perdita è una funzione dei dati che:

- rappresenta la quantità che si vuole lasciare invariata nella sintesi della v.s. mediante il valore medio.
- formalizza la perdita di informazioni in cui si incorre sintetizzando l'intera v.s. con un unico valore medio.
- coincide con l'informazione minima fornita dal valore medio.
- individua il valore medio più vicino alla media aritmetica.

3. La mediana $x_{0.5}$ di un fenomeno quantitativo minimizza la seguente funzione di perdita:

- $\sum_{i=1}^{k} |x_i - x_{0.5}| f_i$
- $\sum_{i=1}^{k} |x_i - x_{0.5}|^2 f_i$
- $\sum_{i=1}^{k} (x_i - x_{0.5})$
- $\lim_{s \to 0} \sum_{i=1}^{k} |x_i - x_{0.5}|^s f_i$

4. La definizione di media armonica è:

- $\dfrac{N}{\dfrac{n}{\sum_{i=1}^{n} x_i}}$
- $\dfrac{N}{\bar{x}}$
- $\dfrac{N}{\sum_{i=1}^{k} \dfrac{f_i}{x_i}}$
- $\dfrac{1}{\sum_{i=1}^{k} x_i f_i}$

5. La media aritmetica è anche media alla Chisini con invariante:

- la somma dei reciproci, $\sum_{i=1}^{f} \dfrac{f_i}{x_i}$
- il totale, $\sum_{i=1}^{k} x_i f_i$
- la numerosità totale, N
- la somma degli scarti al quadrato, $\sum_{i=1}^{k} (x_i - \bar{x})^2 f_i$

Capitolo 7

Variabilità

Esercizio 7.1 L'azienda agricola "Adamo&Eva", rinomata nel mondo per la produzione di mele, ha registrato l'altezza X delle prime 10 mele raccolte. I dati (in cm) sono riportati nella seguente tabella:

Altezza mele, x_i	9.5	8.9	7.8	8.1	8.7	9.3	7.7	7.9	9.1	8.8

Calcolare il range e la differenza interquartile di X.

Esercizio 7.2 I gestori del sito internet "Me4U" hanno somministrato a un insieme di 487 dei loro utenti un questionario sulla difficoltà di navigazione con le seguenti modalità: 1 = estremamente semplice, 2 = semplice, 3 = di media difficoltà, 4 = complicato, 5 = estremamente complicato.

I risultati ottenuti sono riportati nella seguente tabella:

Livello di difficoltà	1	2	3	4	5
N. utenti	121	130	112	80	44

Calcolare la deviazione standard del livello di difficoltà.

Esercizio 7.3 Il professor Gauss ha effettuato un'indagine con l'intenzione di rilevare il numero di ore di presenza a lezione dei propri studenti. I risultati ottenuti sono riportati nella seguente tabella:

N. ore di presenza	$0 \vdash 20$	$20 \vdash 40$	$40 \vdash 60$	$60 \vdash 80$
N. studenti	17	32	59	42

Calcolare e interpretare la deviazione standard del numero di ore di presenza a lezione degli studenti del professor Gauss. Utilizzare sia la definizione sia la formula alternativa verificando che sono equivalenti, cioè portano allo stesso risultato.

Esercizio 7.4 L'azienda "Scarpe&Ciabatte" ha commissionato un'indagine sul grado di soddisfazione della propria clientela. L'indagine impiega la tecnica del voto da 1 (totale insoddisfazione) a 10 (soddisfazione massima). Sono stati intervistati tutti i clienti forniti dall'azienda ottenendo i seguenti risultati:

Livello di soddisfazione	4	5	6	7	8	9
N. clienti	9	10	14	18	13	11

Calcolare e interpretare la deviazione standard della soddisfazione della clientela.

Esercizio 7.5 Il proprietario della serra "CampoFiorito" ha curato la crescita di 11 bonsai. Dopo 5 anni di lavoro ne rileva il diametro del fusto (in cm), ottenendo i risultati riportati nella seguente tabella:

Fusto (cm)	1.67	1.66	1.74	1.75	1.77	1.73	1.63	1.70	1.81	1.75	1.58

Calcolare e interpretare la deviazione standard del diametro del fusto dei bonsai e, da questa, derivare anche la varianza e la devianza.

Esercizio 7.6

L'azienda ospedaliera milanese "Bonum et Salus" ha registrato l'età X di tutti i suoi pazienti dello scorso mese di gennaio. I valori ottenuti sono riportati nella seguente tabella, classificati in fasce d'età:

Età, x_i	N. pazienti
0 ⊢ 10	34
10 ⊢ 20	26
20 ⊢ 30	11
30 ⊢ 40	14
40 ⊢ 50	19
50 ⊢ 60	28
60 ⊢ 70	35
70 ⊢ 80	47
80 ⊢ 90	25
90 ⊢ 100	9

Calcolare la deviazione standard e la varianza dell'età dei pazienti utilizzando per entrambe sia la definizione sia la formula alternativa e verificando che forniscono lo stesso risultato. Infine calcolare la devianza dell'età della popolazione considerata.

Esercizio 7.7

L'azienda "DaDo" è interessata al numero di figli di ciascuno dei propri dipendenti e, a tale scopo, effettua un'indagine i cui risultati sono raccolti nella tabella che segue:

N. figli	0	1	2	3	4
N. dipendenti	48	37	16	9	1

Calcolare la deviazione standard e la varianza del numero di figli per i dipendenti dell'azienda, utilizzando prima la definizione e poi la formula alternativa in modo da verificare che i risultati coincidono. Infine ricavare la devianza.

Esercizio 7.8

Il professor Bernoulli tiene le lezioni di "Statistica base" sia per il corso di laurea di Sociologia sia per quello di Scienze politiche. I voti ottenuti dai suoi studenti nello scorso appello di aprile sono riportati nella tabella seguente:

Voti per Scienze politiche	Voti per Sociologia
26	25
21	29
23	25
21	25
20	21
26	21
23	23
24	24
26	25
21	24
26	23
22	28
19	26
22	26
23	23
26	23

Stabilire quale dei due corsi di laurea presenta maggiore variabilità nei voti all'esame del professor Bernoulli nello scorso appello di aprile.

Esercizio 7.9 Nella tabella seguente sono riportati i voti finali in matematica ottenuti nell'anno 2014 dagli studenti di due classi di I liceo scientifico:

Voti IA	10	5	5	5	5	5	5	10	5	5
Voti IB	6	5	7	5	5	7	7	6	6	6

Stabilire quale classe presenta maggiore variabilità nei voti in matematica.

Esercizio 7.10 L'azienda vinicola "Cicchetto&Figli" ha intenzione di introdurre sul mercato una nuova tipologia di vitigno. A tale scopo, ha prodotto un lotto di 13 bottiglie del nuovo vino rosso e del nuovo vino bianco. Per tutte le bottiglie prodotte ha misurato il fenomeno "gradazione alcolica" ottenendo i dati riportati nella seguente tabella:

Gradazione alcolica vino rosso	Gradazione alcolica vino bianco
8.83	11.15
9.54	14.76
10.46	15.01
10.47	15.23
10.57	13.81
10.52	14.42
11.01	15.21
9.97	12.42
11.94	12.48
11.42	14.09
10.31	13.97
7.43	14.39
9.94	13.85

Confrontare la variabilità della gradazione alcolica per ciascuna delle due tipologie di vino e commentare il risultato ottenuto.

Esercizio 7.11 L'istituto per il diritto allo studio della prestigiosa università "Magna Cum Laude" deve distribuire le borse di studio dell'anno accademico 2013-2014. In base all'idoneità degli studenti candidati, le assegnazioni (in migliaia di euro) sono le seguenti:

Ammontare borsa (migliaia di euro)	0 (= non idonei)	1	2	3	4	5
N. Studenti	15	17	18	21	16	13

Calcolare la percentuale di variabilità raggiunta con questa ripartizione dei fondi disponibili per borse di studio.

Esercizio 7.12 L'UE ha stanziato dei fondi per le regioni depresse dell'Unione. Il consuntivo degli stanziamenti (in milioni di euro) è riportato nella seguente tabella:

Fondi stanziati (milioni di euro)	1	1.5	2	2.5	3	3.5	4
N. Regioni	3	6	9	13	7	4	2

Valutare, costruendo un'opportuna percentuale, la variabilità di questa ripartizione.

Esercizio 7.13

Vero o falso? Corretto o no?

1. La dispersione è un concetto applicabile ai soli fenomeni quantitativi.
2. In assenza di variabilità un indice di variabilità assoluto assume valore 0 mentre un indice di variabilità relativo assume valore 1.
3. L'assenza di variabilità di un fenomeno produce una variabile statistica costante e quindi degenere.
4. Il range è un indice di variabilità poco sensibile ai valori anomali perché non utilizza la media aritmetica.
5. La differenza interquartile è il range della metà centrale delle osservazioni.
6. Le formule alternative per la deviazione standard e per la varianza danno risultati solo approssimativamente uguali all'applicazione delle definizioni.
7. Il coefficiente di variazione è indispensabile per i confronti di variabilità.
8. Il coefficiente di variazione è interpretabile come percentuale della media.
9. La devianza è la radice quadrata della varianza.
10. La *deviazione standard* si chiama così perché è la media di quanto ogni modalità devia da $\bar{x}$.

Esercizio 7.14

Scegliere la risposta (più) corretta.

1. Quale delle seguenti è la definizione di deviazione standard:

- $\sigma = \sqrt{\frac{1}{N}\sum_{i=1}^{k} x_i^2 f_i - \bar{x}^2}$
- $\sigma = \sqrt{\frac{1}{N}\sum_{i=1}^{k} (x_i - \bar{x})^2 f_i^2}$
- $\sigma = \frac{1}{N}\sum_{i=1}^{k} (x_i - \bar{x}) f_i$
- $\sigma = \sqrt{\frac{1}{N}\sum_{i=1}^{k} x_i^2 f_i - \frac{\bar{x}^2}{N}}$

2. Quale delle seguenti è la definizione del coefficiente di variazione:

- $cv = \frac{\bar{x}}{\sigma^2}$
- $cv = \frac{\bar{x}}{\sigma}$
- $cv = \frac{\sigma}{\bar{x}}$
- $cv = \frac{\sigma^2}{\bar{x}}$

3. Il box-plot rappresenta anche la variabilità del fenomeno perché:

- sono rappresentati sia il range sia la differenza interquartile IQR.
- i valori anomali sono segnalati separatamente.
- si può dedurre il valore della varianza.
- il box-plot non dice niente sulla variabilità del fenomeno.

4. La situazione di massima variabilità:

- è pensabile solo per fenomeni continui.
- si verifica quando su ogni unità è stato rilevato un valore diverso dalle altre.
- si manifesta quando il fenomeno si presenta con due sole modalità massimamente distanti ($x_{\min}$ e $x_{\max}$).
- si ottiene quando le frequenze sono tutte uguali (omogenee) fra loro.

5. Una percentuale di variabilità si può ottenere a partire dalla deviazione standard σ calcolando:
- $\sqrt{\dfrac{\sigma}{\sigma_{\max}}}$
- $\sqrt{\dfrac{\sigma^2}{\sigma_{\max}}}$
- $\sqrt{\dfrac{\sigma}{\sigma^2_{\max}}}$
- $\dfrac{\sigma}{\sigma_{\max}}$

6. La varianza e la devianza:
- sono indici assoluti di variabilità alternativi alla deviazione standard.
- sono semplici trasformazioni di σ molto utili nell'analisi statistica, ma non per misurare la variabilità in sostituzione di σ.
- sono espresse nella stessa unità di misura con cui è rilevato il fenomeno.
- sono sinonimi di deviazione standard.

Numeri indice

Esercizio 8.1

L'indagine di un'università sul numero di laureati negli ultimi 10 anni in corsi a indirizzo scientifico ha prodotto la seguente serie storica:

Anno	Laureati facoltà scientifiche
2005	103
2006	134
2007	107
2008	125
2009	103
2010	105
2011	129
2012	92
2013	129
2014	98

Analizzare l'evoluzione annua del fenomeno nel periodo considerato e l'evoluzione rispetto al 2005 costruendo le serie di numeri indice a base fissa e a base mobile. Commentare i risultati.

Esercizio 8.2

La sezione locale di un partito ha effettuato un'indagine sull'accesso dei giovani (età < 35 anni) alle cariche dirigenziali negli ultimi 8 anni. I risultati ottenuti sono i seguenti:

Anno	Giovani
2007	7
2008	9
2009	10
2010	13
2011	11
2012	9
2013	7
2014	8

Analizzare l'evoluzione del fenomeno nel periodo considerato e l'evoluzione rispetto al 2007 costruendo le serie di numeri indice a base fissa e mobile e commentando i risultati.

Esercizio 8.3

Nelle pagine locali di un quotidiano economico è riportata un'indagine sulla ricchezza degli abitanti della città di "Fiorino". La seguente tabella contiene la serie dei numeri indice a base mobile relativi al fenomeno "numero di residenti milionari", cioè con reddito dichiarato superiore al milione di euro.

Anno	*NI* a base mobile
2008	-
2009	87.50
2010	121.43
2011	117.65
2012	120.00
2013	79.17
2014	115.79

Analizzare l'evoluzione annua del fenomeno fra il 2009 e il 2014. Sapendo che nel 2008 il numero di milionari di "Fiorino" era 16, fornire la serie dei numeri indice a base 2008 e commentare l'evoluzione del fenomeno rispetto a tale anno. Infine, ricavare la serie dei dati originari x_t, $t = 2009, \dots, 2014$, sia dalla serie a base mobile sia da quella a base fissa '08 verificando che si ottiene lo stesso risultato.

Esercizio 8.4 L'ufficio anagrafe di un comune italiano fornisce per il periodo 2009-2014 la seguente serie dei *NI* a base fissa 2009 dei nati e la seguente serie dei *NI* a base mobile dei morti:

Anno	*NI* a base fissa 2009 (nati)
2009	100.00
2010	97.62
2011	104.76
2012	109.52
2013	95.24
2014	100.00

Anno	*NI* a base mobile (morti)
2009	-
2010	106.82
2011	95.74
2012	77.78
2013	111.43
2014	94.87

Costruire la serie dei numeri indice a base mobile per i nati (sapendo che nel 2009 si sono verificate 42 nascite) e la serie dei numeri indice a base fissa 2009 per i morti (sapendo che nel 2009 si sono verificati 44 decessi). Infine, effettuare un confronto dell'evoluzione temporale dei due fenomeni per il periodo considerato.

Esercizio 8.5 La seguente serie storica deriva da dati raccolti dal responsabile alle politiche sociali di una grande città italiana e riguarda il numero delle badanti straniere impiegate nel periodo 2004-2013.

Anno	Badanti
2004	98
2005	104
2006	107
2007	104
2008	109
2009	113
2010	121
2011	124
2012	120
2013	130

Costruire la serie dei numeri indici a base 2004 e la serie dei numeri indice a base mobile, confrontarle e commentarle. Costruire, poi, la serie delle variazioni percentuali annue e commentare il risultato. Infine, calcolare il tasso medio di variazione annua e interpretarlo.

Esercizio 8.6

Sul sito del Senato della Repubblica italiana (http://www.senato.it) sono pubblicati i dati relativi alla presenza femminile nel Senato italiano nelle ultime 8 legislature.

Legislatura	Percentuale donne nel Senato italiano
10^a	6.16
11^a	9.12
12^a	8.71
13^a	7.69
14^a	7.69
15^a	13.43
16^a	17.93
17^a	28.44

Costruire la serie dei numeri indici a base fissa relativamente alla 10^a legislatura e la serie dei numeri indice a base mobile, confrontarle e commentarle. Costruire, poi, la serie delle variazioni percentuali rispetto alla legislatura base e commentare il risultato. Infine, calcolare il tasso medio di variazione per legislatura e interpretarlo.

Esercizio 8.7

Un ente non governativo ha raccolto negli ultimi 12 trimestri i dati relativi alle esportazioni di un Paese dell'Africa centrale. I risultati (in miliardi di euro) sono sintetizzati nella seguente tabella:

Trimestre	Esportazioni (mld di €)
1	37
2	40
3	47
4	45
5	45
6	41
7	48
8	43
9	47
10	46
11	44
12	39

Analizzare l'evoluzione del fenomeno rispetto al primo trimestre di osservazione (mediante i *NI* a base fissa) e l'evoluzione trimestrale del fenomeno (mediante i *NI* a base mobile). Confrontare e commentare le due serie. Costruire, poi, la serie delle variazioni percentuali rispetto al trimestre base e commentare il risultato. Infine, calcolare il tasso medio di variazione trimestrale e interpretarlo.

Esercizio 8.8

Il risultato ottenuto rilevando il reddito minimo mensile al primo impiego (in euro) negli ultimi 7 anni dei laureati di una prestigiosa università romana è il seguente:

Anno	Reddito (€)
2008	780
2009	640
2010	610
2011	570
2012	640
2013	620
2014	610

Costruire e commentare la serie delle variazioni percentuali annue e rispetto all'anno 2008. Calcolare, poi, il tasso di variazione medio annuo e interpretarlo. Infine, verificare che tale tasso medio lascia invariata la variazione totale del periodo considerato.

Esercizio 8.9 Un piccolo cinema d'essai ha proiettato per 6 settimane un film *cult* registrando il numero di ingressi settimanali.

Settimana	Spettatori
1	89
2	90
3	81
4	88
5	87
6	78

Costruire e commentare la serie delle variazioni percentuali settimanali e delle variazioni percentuali rispetto alla prima settimana di proiezione. Calcolare, poi, il tasso di variazione medio settimanale e interpretarlo. Infine, verificare che tale tasso medio lascia invariata la variazione totale dell'intero periodo di proiezione del film *cult*.

Esercizio 8.10 Un'indagine condotta da un'azienda sui profitti degli ultimi 10 anni ha prodotto i seguenti dati espressi in migliaia di euro:

Anno	Utili
2005	77
2006	91
2007	71
2008	93
2009	93
2010	97
2011	85
2012	81
2013	94
2014	91

Analizzare l'evoluzione temporale dei profitti dell'azienda. Calcolare il tasso di variazione medio annuo degli utili nel decennio osservato e commentare il risultato. Confrontare il risultato ottenuto con la media aritmetica delle variazioni e verificare che tale valore, se sostituito ai dati reali, non garantisce una variazione totale dei profitti nel decennio pari a quella realmente osservata.

Vero o falso? Corretto o no?

Esercizio 8.11

1. Una serie storica è il risultato (ordinato) dell'osservazione ripetuta nel tempo di un fenomeno quantitativo.
2. I numeri indice a base fissa rappresentano l'evoluzione di X nel tempo ma non i numeri indice a base mobile.
3. In un numero indice a base fissa la base riguarda l'istante di osservazione precedente.
4. Un numero indice che risulti maggiore di 100 è sbagliato.
5. La variazione percentuale (annua o rispetto all'anno-base) è il complemento a 100 del corrispondente NI.
6. La variazione percentuale rispetto all'anno-base è un numero compreso tra -1 e 1.
7. Su una serie storica sono calcolabili infinite variazioni percentuali.
8. Una variazione percentuale annua negativa indica una diminuzione rispetto all'anno precedente.
9. Il tasso medio di variazione annuo è la media alla Chisini delle variazioni percentuali annue che lascia inalterata la variazione totale del periodo.
10. Il tasso medio di variazione annuo è una media di tipo geometrico, non aritmetico.

Scegliere la risposta (più) corretta.

Esercizio 8.12

1. La definizione di numero indice a base fissa con istante-base 1 è:
- $NI = \frac{x_t}{x_1} \times 100 \quad \text{con } t = T$
- $NI = \frac{x_t}{x_1} \times 100 \quad \text{con } t = 1$
- $NI = \frac{x_t}{x_1} \times 100 \quad \text{con } t = 1, ..., T-1$
- $NI = \frac{x_t}{x_1} \times 100 \quad \text{con } t = 1, ..., T$

2. La definizione di numero indice a base mobile è:
- $NI = \frac{x_{1-t}}{x_{t-1}} \times 100 \quad \text{con } t = 2, ..., T$
- $NI = \frac{x_t}{x_{1-t}} \times 100 \quad \text{con } t = 0, ..., 1$
- $NI = \frac{x_t}{x_{t-1}} \times 100 \quad \text{con } t = 2, ..., T$
- $NI = \frac{x_1}{x_t} \times 100 \quad \text{con } t = 2, ..., T$

3. Se un NI a base mobile risulta pari a 100 significa che:
- il fenomeno è raddoppiato rispetto all'anno-base.
- il fenomeno non è variato rispetto all'anno precedente.
- nessuna evoluzione del fenomeno nel periodo considerato.
- il fenomeno è aumentato del 100% in un anno.

4. La definizione di variazione percentuale annua è:
- $v = (NI \text{ a base mobile} \times 100)$
- $v = (NI \text{ a base mobile} - 100)$
- $v = (NI \text{ a base mobile} \times 100)$
- $v = (NI \text{ a base fissa} - 100)$

5. La definizione (formula) del tasso di variazione media annuo è:

- $\bar{v} = \frac{1}{T-1} \sum_{i=1}^{T-1} v_i$
- $\bar{v} = \frac{T-1}{\sum_{i=2}^{T} \frac{1}{v_i}}$
- $\bar{v} = \left(\sqrt[T-1]{\frac{x_T}{x_1}} - 1 \right) \times 100$
- $\bar{v} = \left[\left(\frac{x_T}{x_1} \right)^{(T-1)} - 1 \right] \times 100$

Esercizi di riepilogo

Esercizio P.I.1

Nella cittadina statunitense di Consumville si vuole effettuare un'indagine sui consumi nell'ultimo mese di un collettivo di 300 cittadini. A tal proposito ci si concentra prima sulla spesa per abbigliamento e, successivamente, sulla spesa per generi alimentari. La seguente tabella mostra i dati relativi alla spesa per abbigliamento (in dollari) dell'ultimo mese.

Spesa abbigliamento x_i	N. cittadini f_i
$0 \dashv 50$	150
$50 \dashv 100$	90
$100 \dashv 200$	30
$200 \dashv 1000$	15
$1000 \dashv 3000$	15

a) Indicare il tipo di variabile e rappresentare con un grafico opportuno i dati in tabella.
b) Indicare l'intervallo modale e calcolare la mediana commentando opportunamente i risultati ottenuti.
c) Indicare qual è la spesa media per l'abbigliamento degli abitanti della cittadina in questione.
d) Discutere quale/i fra i tre indici calcolati è più adatto a sintetizzare i dati osservati.

Si vuole ora confrontare la spesa per l'abbigliamento con la spesa per generi alimentari. I dati relativi alla spesa per generi alimentari dello scorso mese, per lo stesso collettivo di cittadini, sono riportati nella seguente tabella:

Spesa generi alimentari x_i	N. cittadini f_i
$0 \dashv 500$	60
$500 \dashv 750$	120
$750 \dashv 1000$	60
$1000 \dashv 1500$	60

e) Considerare la spesa per generi alimentari, indicare l'intervallo modale e calcolare il valore della mediana e della media. Commentare i risultati ottenuti confrontandoli con quelli della spesa per l'abbigliamento.
f) Confrontare, infine, la variabilità della spesa per abbigliamento con quella della spesa per generi alimentari commentando i risultati ottenuti.

Esercizio P.I.2

Un gruppo di sociologi vuole analizzare i matrimoni in Italia, focalizzandosi sull'età degli uomini al matrimonio. A tal fine sono stati raccolti i dati su 150 uomini che si sono sposati nel 2012 in una certa città italiana. I dati sono riportati di seguito:

Età dello sposo	$18 \dashv 24$	$24 \dashv 30$	$30 \dashv 36$	$36 \dashv 45$	$45 \dashv 55$
N. di sposi	6	30	60	42	12

a) Fornire la distribuzione delle frequenze relative e delle frequenze relative cumulate.
b) Indicare l'intervallo modale e calcolare il valore della mediana e della media, commentando i risultati ottenuti.
c) Calcolare il valore della deviazione standard.

Il gruppo di sociologi ritiene interessante inserire nella ricerca una valutazione sull'andamento temporale dei matrimoni nella città in considerazione. Si è deciso di considerare i matrimoni celebrati dal 2005 al 2012.

Anno	2005	2006	2007	2008	2009	2010	2010	2011	2012
N. matrimoni	295	280	300	260	230	195	160	150	150

d) Costruire la serie dei numeri indice a base fissa (2005) e le variazioni percentuali rispetto all'anno-base. Commentare i risultati.
e) Calcolare il tasso di variazione medio annuo e commentare il risultato ottenuto.

Esercizio P.I.3 Al fine di utilizzare dati deducibili dai social network per lo studio delle relazioni amorose, si decide di analizzare lo scambio di messaggi su un noto social network fra una neo coppia di fidanzati. Gli studiosi hanno raccolto i dati circa il numero di messaggi scambiati negli otto giorni precedenti e negli otto giorni successivi l'inizio della relazione. I dati sono raccolti nella tabella seguente:

Giorno	N. messaggi	Status
1	32	Single
2	34	Single
3	38	Single
4	39	Single
5	42	Single
6	43	Single
7	44	Single
8	50	Single
9	21	In una relazione
10	20	In una relazione
11	19	In una relazione
12	15	In una relazione
13	17	In una relazione
14	16	In una relazione
15	15	In una relazione
16	15	In una relazione

a) Classificare ciascun fenomeno secondo la tipologia e dare indicazioni circa la scala di rilevazione.
b) Calcolare separatamente il numero medio di messaggi scambiati con lo status di "single" e il numero medio di messaggi scambiati con lo status di "in una relazione". Commentare i risultati ottenuti.
c) Confrontare la variabilità prima e dopo l'inizio della relazione.
d) Considerando solo i giorni dal 5 al 13, si calcoli la serie dei numeri indice a base mobile.
e) Considerando solo i giorni dal 5 al 13, calcolare il tasso di variazione medio annuo. Cosa si può dire guardando il segno del tasso di variazione medio annuo?

Esercizio P.I.4

In una quinta elementare si vuole valutare l'abitudine dei bambini a consumare snack durante la giornata. Per ciascuno dei 16 bambini si raccolgono i dati circa il numero di snack consumati ogni giorno e l'abitudine a svolgere attività sportiva.

N. snack	Sport
1	No
2	Sì
3	No
1	Sì
1	Sì
1	No
2	No
3	No
4	No
3	No
3	No
2	Sì
2	Sì
1	Sì
2	No
4	No

a) Classificare ciascun fenomeno secondo la tipologia e dare indicazioni circa la scala di rilevazione.
b) Rappresentare opportunamente ciascun fenomeno con un grafico.
c) Qual è il consumo medio di snack della classe?
d) Elencare e commentare le proprietà della media aritmetica. *Facoltativo*. Che cosa si intende per media di Chisini?

Si supponga ora di avere i dati dal 1990 al 2010 relativi al numero medio di snack consumati dai bambini in quella scuola.

Anno	1990	1995	2000	2005	2010
N. medio di snacks	1.0	1.5	2.5	2.0	2.3

e) Costruire la serie dei numeri indice a base mobile commentando i risultati ottenuti.

Capitolo 9

Tabelle a doppia entrata

Esercizio 9.1 In un'indagine sulla prevenzione del fumo, 20 soggetti sono stati intervistati riguardo al luogo di residenza in Italia (Sud = S, Centro = C, Nord = N) e alla propensione al fumo (Sì/No) ottenendo i seguenti risultati:

Fumo	Sì	No	No	Sì	No	No	Sì	Sì	Sì	Sì
Residenza	N	C	C	N	S	S	S	S	N	S

Fumo	Sì	No	No	Sì	No	No	Sì	Sì	Sì	Sì
Residenza	N	C	C	N	S	S	S	S	N	S

Organizzare i dati grezzi in una tabella a doppia entrata. Utilizzando gli stessi dati grezzi costruire le due variabili statistiche per i due fenomeni separatamente e verificare che coincidono con le due distribuzioni marginali della tabella.

Esercizio 9.2 L'ufficio ERASMUS di un'università effettua un'indagine fra gli studenti stranieri che si trovano in scambio nella città, allo scopo si ottenere una valutazione del servizio offerto. Sono osservati congiuntamente i due fenomeni "nazionalità" (F = Francia, G = Germania, I = Inghilterra, N = Norvegia) e "giudizio sul servizio erogato dall'ufficio", quest'ultimo secondo la scala: S = scadente, B = buono, O = ottimo. I risultati ottenuti sono i seguenti:

Nazionalità	G	I	N	I	N	F	F	I	G	I	N	N	N	I	G
Giudizio	O	B	O	S	O	S	S	O	O	B	O	B	O	B	O

Nazionalità	I	F	N	N	F	G	G	N	N	I	F	F	N	F	I
Giudizio	S	B	O	S	O	S	O	O	O	S	O	O	S	S	B

Organizzare i dati grezzi in una tabella a doppia entrata. Individuare e interpretare due frequenze congiunte e due frequenze marginali a scelta. Verificare quindi che:

- la somma delle frequenze congiunte riproduce la numerosità della popolazione;
- la somma delle frequenze congiunte che stanno su una stessa riga coincide con la frequenza della modalità di riga nell'insieme dei dati grezzi;
- la somma delle frequenze congiunte che stanno su una stessa colonna coincide con la frequenza della modalità di colonna nell'insieme dei dati grezzi;
- la somma delle frequenze marginali sia di riga sia di colonna riproduce la numerosità della popolazione.

Esercizio 9.3 Il signor Pio possiede un allevamento di galline da uova e intende effettuare una rilevazione sulla produzione mensile. A tale scopo registra il numero di uova deposte e il colore (A = arancione, G = giallo, R = rosso) del piumaggio di ogni gallina, ottenendo i seguenti risultati:

Colore	G	A	A	R	G	A	R	R	A	G	A	R
N. uova	26	29	28	27	26	26	27	28	26	28	29	26

Colore	A	G	A	R	R	A	A	A	R	A	A	G
N. uova	29	29	29	26	26	27	26	29	29	26	29	29

Colore	G	R	G	G	G	A	G	A	G	R	G	G
N. uova	26	29	26	27	29	28	29	26	28	26	27	28

Colore	A	A	A	R	A	G	R	A	G	G	G	R
N. uova	28	28	28	27	29	28	28	27	28	26	29	26

Organizzare i dati grezzi in una tabella a doppia entrata. Affiancare la corrispondente tabella di frequenze relative, quindi individuare e commentare due frequenze congiunte relative e due frequenze marginali relative a vostra scelta.

Esercizio 9.4

Il dirigente di una squadra di calcio italiana registra l'ingaggio annuale (in milioni di euro) dei propri giocatori e il loro ruolo in campo (A = attaccante, C = centrocampista, D = difensore, P = portiere), ottenendo i seguenti risultati:

Ruolo	D	C	P	C	C	C	D	A	D	P
Ingaggio	2.97	2.01	1.14	2.64	3.24	0.25	4.35	2.09	3.54	4.94

Ruolo	A	D	A	A	A	D	C	D	D	C
Ingaggio	2.03	2.21	4.89	1.29	4.39	0.64	2.36	0.47	1.33	1.92

Ruolo	D	C	D	P	D	C	A	D	C	C
Ingaggio	1.40	1.27	0.18	0.45	1.02	2.13	3.73	2.19	1.26	0.19

Organizzare i dati grezzi in una tabella a doppia entrata, utilizzando per il fenomeno "ingaggio annuale" le modalità $(0 \vdash 1)$, $(1 \vdash 2)$, $(2 \vdash 3)$, $(3 \vdash 4)$, $(4 \vdash 5)$. Fornire separatamente le v.s. ingaggio condizionate dal ruolo "portiere" e dal ruolo "attaccante", commentarle e confrontarle fra loro e con la marginale relativa del fenomeno ingaggio.

Esercizio 9.5

La piscina "Splash" rileva per tutta la stagione estiva la temperatura massima giornaliera e il numero di ingressi giornalieri nello stabilimento, ottenendo i seguenti risultati:

Temp.	29	32	31	29	28	30	31	28	31	29	30	28	31	29
Ingressi	13	14	16	20	21	36	36	42	44	45	45	46	46	47

Temp.	31	32	31	32	31	28	30	32	32	31	32	32	30	29
Ingressi	47	47	48	48	61	62	63	63	63	64	64	65	67	70

Temp.	32	29	31	30	32	31	30	29	30	31	32	32	32	30
Ingressi	70	71	71	72	87	91	92	93	93	93	93	93	94	98

Organizzare i dati grezzi in una tabella a doppia entrata, utilizzando per il fenomeno "numero di ingressi" le modalità $(0 \dashv 25)$, $(25 \dashv 50)$, $(50 \dashv 75)$, $(75 \dashv 100)$. Individuare e commentare due frequenze congiunte e due frequenze marginali a scelta. Affiancare le due tabelle contenenti le percentuali di riga e le percentuali di colonna e commentare i risultati.

Esercizio 9.6 L'agenzia immobiliare "Domus" effettua un'indagine sui prezzi dei piccoli appartamenti a Milano osservando i fenomeni "prezzo" (in migliaia di euro) e "superficie calpestabile" (in m^2):

Metratura	45	28	26	58	28	27	51	38
Prezzo	316	236	99	399	180	238	308	297

Metratura	56	25	62	23	72	85	24	59
Prezzo	390	220	413	136	588	679	263	436

Organizzare i dati grezzi in una tabella a doppia entrata, utilizzando per il fenomeno "prezzo" le classi $(0 \vdash 100)$, $(100 \vdash 300)$, $(300 \vdash 500)$, $(500 \vdash 700)$ e per il fenomeno "superficie calpestabile" gli intervalli $(0 \vdash 30)$, $(30 \vdash 60)$, $(60 \vdash 90)$. Costruire tutte le v.s. "prezzo" condizionate dalle modalità del fenomeno "superficie calpestabile" e la marginale relativa del fenomeno "prezzo". Confrontare e commentare tutti i risultati.

Esercizio 9.7 La compagnia aerea "LikeAbird" ha incaricato le assistenti del volo Milano-Francoforte del 10 maggio 2014 di registrare, per ogni passeggero, il numero di voli effettuato nell'ultima settimana e il motivo più frequente dei loro viaggi (L = lavoro, S = studio, T = turismo). I risultati ottenuti sono i seguenti:

Motivazione	L	T	S	T	S	L	L	T	T	L
N. viaggi	4	2	4	4	4	2	6	4	6	8

Motivazione	L	S	T	S	L	T	S	S	T	S
N. viaggi	8	4	2	2	8	2	2	2	2	6

Organizzare i dati grezzi in una tabella a doppia entrata. Costruire le due v.s. "numero viaggi" condizionate dalle modalità "lavoro" e "turismo" del fenomeno "motivazione". Fornire la marginale relativa del fenomeno "prezzo". Confrontare e commentare le 3 v.s. costruite.

Esercizio 9.8 I clienti della stazione sciistica "Candide Vette" in una settimana di alta stagione del 2014 sono stati registrati secondo la provincia di residenza (Bg = Bergamo, Bs = Brescia, Mb = Monza Brianza, Mi = Milano) e l'attività lavorativa (D = attività dirigenziale, I = attività imprenditoriale, Q = quadri), ottenendo i seguenti risultati:

Prov.	Bs	Mb	Mi	Bg	Bs	Bs	Bs	Bs	Mi	Mb	Bs	Mb	Mi
Attiv.	Q	I	D	D	Q	D	I	D	D	D	Q	I	I

Prov.	Bs	Mb	Bg	Mi	Mb	Mb	Mi	Bg	Mb	Mb	Bg	Bg	Mi
Attiv.	Q	Q	I	D	I	I	D	Q	D	Q	I	Q	Q

Prov.	Mi	Mb	Mi	Mb	Bg	Mb	Bg	Mb	Mb	Mi	Mi	Mi	Mi
Attiv.	I	D	Q	I	I	Q	Q	Q	Q	I	D	D	Q

Organizzare i dati grezzi in una tabella a doppia entrata ponendo il fenomeno "provincia" sulle righe. Utilizzando gli stessi dati grezzi, costruire la v.s. per il solo fenomeno "provincia", verificare che coincide con la marginale di riga della tabella e costruire la distribuzione delle frequenze marginali relative. Affiancare quindi le tabella delle percentuali di riga, confrontarla con la marginale relativa e commentare i risultati.

Esercizio 9.9

Vero o falso? Corretto o no?

1. In una rilevazione congiunta, due fenomeni vengono osservati su soggetti diversi e poi riuniti in un'unica tabella di frequenze.
2. La rilevazione congiunta di due fenomeni sulla medesima popolazione fornisce, come dati grezzi, un elenco di coppie.
3. È possibile ricavare le frequenze congiunte dalle frequenze marginali.
4. In una tabella a doppia entrata, la somma delle frequenze congiunte coincide con la somma delle frequenze marginali e con il numero di unità statistiche osservate.
5. Considerando le sole frequenze marginali si possono costruire variabili statistiche monovariate.
6. In una tabella a doppia entrata, le frequenze congiunte sono bivariate mentre le frequenze marginali sono monovariate.
7. Le distribuzioni di frequenza condizionate descrivono il comportamento di una v.s. all'interno di una sotto-popolazione omogenea rispetto all'altra variabile.
8. Le frequenze condizionate sono date dal prodotto fra le frequenze congiunte e la marginale della modalità condizionante.
9. La modalità condizionante è quella che determina l'omogeneità della sotto-popolazione.
10. Fenomeno "risposta" è sinonimo di fenomeno condizionato e fenomeno "esplicativo" è sinonimo di fenomeno condizionante.

Esercizio 9.10

Scegliere la risposta (più) corretta.

1. Una volta organizzati i dati grezzi in una tabella a doppia entrata:
   - non è più possibile analizzare il comportamento di un fenomeno indipendentemente dall'altro.
   - è possibile individuare e studiare l'eventuale relazione statistica esistente fra i due fenomeni.
   - diventa più difficoltoso analizzare le relazioni statistiche esistenti fra i due fenomeni.
   - non sono più applicabili gli strumenti di statistica descrittiva monovariata.
2. La variabile statistica doppia:
   - è costituita dalla somma delle frequenze di due v.s. semplici.
   - è data dall'accostamento delle frequenze di due v.s. semplici.
   - si legge all'interno della tabella a doppia entrata.
   - è costituita dal prodotto di due v.s. semplici.
3. La definizione di frequenze condizionate è:
   - il prodotto fra la frequenza congiunta e la corrispondente marginale.
   - la frequenza congiunta relativa, f_{ij}/N.

- il rapporto fra frequenze congiunte e marginale della modalità condizionante, $f_{ij}/f_{i.}$ per la v.s. condizionata $Y|x_i$ e $f_{ij}/f_{.j}$ per la v.s. condizionata $X|y_j$.
- la somma delle frequenze congiunte che stanno sulla stessa riga $\sum_{i=1}^{k} f_{ij}$ o sulla stessa colonna $\sum_{j=1}^{h} f_{ij}$.

4. Le percentuali di riga e di colonna:

- informano sul comportamento di un fenomeno indipendentemente dall'altro.
- danno la stessa informazione delle frequenze condizionate, ma hanno somma 100 anziché somma 1.
- non vanno mai calcolate perché confondono l'analisi congiunta.
- coincidono con le frequenze congiunte relative moltiplicate per 100.

5. Il simbolo $Y|x_i$ si legge:

- fenomeno condizionante categoriale.
- Y è indipendente da X.
- Y è approssimativamente pari a x_i.
- Y dato x_i oppure Y condizionato dalla modalità x_i di X.

Capitolo 10

Indipendenza, connessione e associazione

Esercizio 10.1

Il professor Yule sospetta una legame tra le abitudini di lettura e il rendimento scolastico dei suoi alunni. Effettua allora un'indagine osservando il numero X di libri letti nell'ultimo anno e misurando il rendimento tramite la media Y dei voti. I risultati sono i seguenti:

Libri	1	1	0	2	3	1	3	1	0	1	1	3	2	2	2	2	1	1	2	0
Voti	6	8	8	6	8	7	5	6	6	6	5	6	7	6	6	5	7	6	6	5

Libri	3	1	0	0	1	2	2	0	2	0	3	0	3	3	2	3	3	3	1	0
Voti	7	6	6	6	6	5	7	7	8	6	6	5	6	6	6	8	5	7	5	7

Dopo aver organizzato i dati grezzi in una v.s. doppia, stabilire se il sospetto del professor Yule è statisticamente fondato costruendo tutte le v.s. $Y|x_i$ e confrontandole con la marginale relativa di Y. Affiancare, poi, alla tabella osservata la tabella teorica di indipendenza statistica e commentare il risultato.

Esercizio 10.2

Il responsabile marketing di una nota casa automobilistica intende studiare la possibile relazione statistica tra la potenza (B = bassa, M = media, A = alta) delle auto vendute e il colore delle stesse (R = rosso, G = grigio, N = nero) e, a tale scopo, analizza i dati sulle vendite dello scorso mese di marzo.

Colore	N	N	G	R	R	G	N	G	R	N	G	R	G	R	G
Potenza	B	M	A	M	A	B	M	B	A	A	M	B	B	A	M

Dopo aver organizzato i dati grezzi, affiancare alla tabella osservata le due tabelle teoriche di indipendenza statistica e di massima connessione. Commentare il risultato e trarre una conclusione circa la relazione ipotizzata. Infine, confermare le proprie affermazioni calcolando e interpretando un opportuno indice di connessione.

Esercizio 10.3

Nell'ambito di una ricerca sulla relazione fra lettura e televisione, i due fenomeni X: numero di libri letti mensilmente, e Y: ore settimanali passate davanti alla televisione, sono stati congiuntamente rilevati su 45 ragazzi di età compresa tra i 12 e i 19 anni.
I risultati ottenuti sono i seguenti:

Libri	0	1	0	2	1	1	0	2	1	2	0	0	0	2	2
Ore	7	8	7	9	6	9	9	7	8	6	7	6	6	8	7

Libri	2	1	0	0	1	1	2	1	2	1	1	1	1	0	2
Ore	6	7	8	8	8	7	6	6	9	8	6	9	8	8	9

Libri	0	1	0	2	0	1	0	1	2	1	1	0	2	1	1
Ore	8	6	8	8	7	7	8	9	6	9	7	9	6	7	7

Organizzare i dati grezzi in una tabella a doppia entrata, affiancare la tabella delle percentuali di riga e, confrontando le due tabelle, stabilire se, nel collettivo di giovani osservato, esiste connessione fra ore passate davanti alla televisione e numero di libri letti mensilmente. Calcolare quindi l'indice di connessione χ^2 utilizzando sia la definizione sia la formula alternativa e verificare che forniscono il medesimo risultato. Infine, sulla base del χ^2, confermare la conclusione precedente circa la connessione esistente fra X e Y.

Esercizio 10.4 I fenomeni "reddito netto mensile" (in migliaia di euro) e "attività professionale" (D = dipendente, A = autonomo) sono stati congiuntamente rilevati su un collettivo di 283 individui, ottenendo i seguenti risultati:

	A	D
≤ 500	23	62
$500 \dashv 1000$	38	52
$1000 \dashv 1500$	33	24
> 1500	37	14

Costruire le due v.s. condizionate reddito|D e reddito|A, confrontarle fra loro e con la marginale del reddito. Sulla base di tale confronto stabilire se i due fenomeni sono statisticamente indipendenti nel collettivo osservato. In caso di risposta negativa, valutare il grado di connessione.

Esercizio 10.5 È opinione diffusa che il forte legame fra il numero di figli e la situazione economica familiare osservato in passato, sia più debole negli ultimi decenni. Allo scopo di verificare tale affermazione un ricercatore osserva congiuntamente su 400 coppie i fenomeni "numero di figli" e "reddito mensile" ottenendo i seguenti risultati:

	0	1	2	3
Alto	11	14	24	18
Medio	45	31	48	4
Basso	76	85	32	12

Affiancare alla tabella osservata la tabella delle opportune v.s. condizionate e confrontandole con la corrispondente marginale stabilire se nel collettivo di coppie osservate i due fenomeni sono indipendenti o meno. In caso di risposta negativa, valutare il grado di connessione mediante un opportuno indice.

Esercizio 10.6 In un istituto superiore di Pescara vengono rilevati i risultati scolastici (P = promosso, R = rimandato, B = bocciato) nelle classi terze delle 4 sezioni dell'istituto, ottenendo:

	III A	III B	III C	III D
P	26	22	18	24
R	4	3	3	2
B	2	3	3	1

Stabilire se esiste una qualche relazione statistica (globale) fra risultato e sezione. Quindi valutare e commentare il grado di associazione (locale) fra la sezione C e la promozione e fra la sezione A e la non promozione.

Esercizio 10.7

Il proprietario di un negozio ritiene che sia possibile mettere in relazione il fenomeno "taccheggio" con l'"età dei propri clienti" e che la propensione al taccheggio aumenti con l'età. Per un'intera settimana intensifica i controlli e classifica i propri clienti secondo l'età (≤ 30 anni, fra 30 e 60 anni, ≥ 60 anni) e a seconda che siano sorpresi o meno a taccheggiare (Sì/No) ottenendo:

	≤ 30	$30 - 60$	≥ 60
Sì	10	1	3
No	65	36	23

Valutare il grado di connessione (globale) fra i due fenomeni nel collettivo osservato. Discutere le affermazioni del proprietario del negozio tramite il calcolo e l'interpretazione degli opportuni *Odds*. Infine confermare le proprie conclusioni valutando, mediante l'*Odds Ratio* e l'indice di Yule, il grado di associazione (locale) fra taccheggio e l'età più anziana.

Esercizio 10.8

Con uno studio su 120 laureati in Sociologia si vuole valutare l'incidenza del curriculum accademico sul reddito (in euro) del primo anno di lavoro mediante i seguenti dati:

	≤ 90	$90 \dashv 100$	$100 \dashv 110$ & lode
$700 \vdash 900$	23	22	2
$900 \vdash 1100$	11	25	16
$1100 \vdash 1300$	2	7	12

dove X è la classe di reddito (mensile, in migliaia di euro) e Y la classe di voto di laurea (in centodecimi).
Valutare il grado di associazione (locale) tra un reddito mensile "medio" (fra 800 e 1000 €) e voto "basso" (≤ 90 su 110). Confermare la conclusione mediante il calcolo e l'interpretazione dell'opportuno *Odds Ratio*.

Esercizio 10.9

Un allibratore dispone dei dati relativi agli ultimi 27 incontri di box in Italia e li ha classificati in modo da avere le seguenti informazioni:

- risultato del pugile alla fine dell'incontro attuale (V = vittoria, S = sconfitta).
- risultato del pugile alla fine dell'incontro precedente (VP = vittoria, SP = sconfitta).

Ottiene, quindi, la seguente tabella di frequenze congiunte:

	V	S
VP	7	3
SP	1	16

L'allibratore ritiene che una sconfitta influisca negativamente sull'incontro successivo favorendo un'altra sconfitta. Discutere l'opinione dell'allibratore calcolando e commentando gli *Odds* nelle due sotto-popolazioni dei vincitori e degli sconfitti dell'incontro precedente. Valutare, quindi, l'associazione fra le due modalità S e SV sia con l'indice di Yule sia con l'opportuno *Odds Ratio*.

Esercizio 10.10

L'attuario di un'agenzia assicurativa ha a disposizione i dati relativi a 580 incidenti stradali catalogati secondo la gravità (L = lieve, G = grave) e il genere del responsabile (F = femmina, M = maschio). I dati sono riportati nella seguente tabella:

	L	G
F	192	107
M	83	198

Valutare il grado di associazione tra le modalità M e G con l'indice di Yule e commentare il risultato. Enunciare e verificare su questi dati la relazione fra indice di Yule e *Odds Ratio*.

Esercizio 10.11 Vero o falso? Corretto o no?

1. Quando la relazione fra due fenomeni è molto debole, si dice che i fenomeni sono statisticamente indipendenti.
2. La connessione è una generica relazione fra due fenomeni.
3. Se le v.s. condizionate sono uguali fra loro e uguali alla marginale, allora i due fenomeni sono perfettamente connessi.
4. La normalizzazione dell'indice χ^2 è necessaria per la valutazione del grado di connessione.
5. L'indice di Yule misura in percentuale il grado di associazione o repulsione fra due modalità.
6. Se esiste massima associazione fra le modalità in posizione (1, 1) nella tabella osservata, allora risulta: $f_{12} \cdot f_{21} = 0$
7. La massima repulsione in una coppia di modalità corrisponde all'assenza di associazione.
8. L'analisi di associazione (locale) è effettuabile solo su tabelle dicotomiche o dicotomizzate.
9. Gli *Odds* sono anche denominati rischio relativo.
10. L'*Odds* è il rapporto fra i casi favorevoli e sfavoravoli al successo.

Esercizio 10.12 Scegliere la risposta (più) corretta.

1. La definizione di frequenze teoriche di indipendenza è:
   - $\dfrac{f_{i\cdot} - f_{\cdot j}}{N}$
   - $N\dfrac{f_{i\cdot}}{f_{\cdot j}}$
   - $N\left(f_{i\cdot}f_{\cdot j}\right)$
   - $\dfrac{f_{i\cdot}f_{\cdot j}}{N}$
2. L'indice di connessione χ^2 è basato sulle differenze $f_{ij} - f_{ij}^*$ elevate al quadrato per:
   - contenere le differenze eccessive.
   - enfatizzare le differenze.
   - eliminare il segno evitando compensazioni fra differenze positive e negative.
   - trasformarle in percentuali.

3. Il valore massimo del χ^2 ($N \cdot \min\{k-1,\ h-1\}$) è:
- un'approssimazione della massima connessione.
- il valore che l'indice assumerebbe se i due fenomeni fossero statisticamente indipendenti.
- vero solo se la tabella è quadrata.
- il valore che l'indice assumerebbe in caso di massima connessione fra i due fenomeni.

4. L'indice di Yule è anche interpretabile:
- come misura di connessione (associazione globale) per fenomeni qualitativi.
- come misura di concordanza o discordanza fra coppie di modalità per fenomeni almeno ordinali.
- come percentuale di variabilità congiunta per fenomeni quantitativi.
- come *Odds* perché coincide con l'*Odds Ratio*.

5. L'*Odds Ratio* può essere anche interpretato:
- come misura di variabilità.
- come misura di associazione.
- come misura di connessione.
- come valore medio.

Capitolo 11

Dipendenza e correlazione

Esercizio 11.1 Nell'ambito di un'inchiesta sulle attività finanziarie tra i dipendenti di una data azienda, 10 dipendenti sono stati classificati in base al numero dei componenti la famiglia (Y) e se nell'ultimo anno abbiano acceso almeno un mutuo (X), ottenendo i seguenti dati:

Dipendenti	1	2	3	4	5	6	7	8	9	10
X	Sì	No	Sì	No	Sì	No	No	No	No	Sì
Y	3	3	4	2	2	1	4	3	2	1

Organizzare i dati grezzi nella tabella a doppia entrata, evidenziare le distribuzioni marginali di X e di Y e rappresentare graficamente la distribuzione marginale di X. Calcolare e commentare la media marginale di Y, le medie e le varianze di Y condizionato dalle modalità Sì e No di X.

Esercizio 11.2 Sulla seguente variabile statistica doppia del fenomeno X qualitativo e del fenomeno Y quantitativo

X \ Y	1	1.5	2	2.5	$f_{i.}$
a	1	1	1	1	4
b	1	2	2	1	6
c	2	1	3	2	8
$f_{.j}$	4	4	6	4	18

calcolare e commentare la media e la varianza marginale di Y, le medie e le varianze condizionate di $Y|a$, $Y|b$ e $Y|c$.

Esercizio 11.3 Dopo aver intervistato 10 studenti che frequentano la palestra universitaria, i dati riguardanti il fenomeno *età* (in anni compiuti) e il fenomeno *abitudine al fumo* sono stati sintetizzati nella seguente tabella:

X \ Y	25	30	32	$f_{i.}$
Non fumatore	4	2	1	7
Fumatore	0	1	2	3
$f_{.j}$	4	3	3	10

Calcolare e commentare la media marginale di Y, calcolare e commentare le medie di Y condizionate dalle due categorie di *fumatore* e *non fumatore*, enunciare la proprietà di associatività delle medie condizionate e verificarla su questi dati. Calcolare e commentare la varianza marginale di Y, calcolare e commentare le varianze dell'età condizionate dalle categorie *fumatore* e *non fumatore*, enunciare la proprietà di scomposizione della varianza marginale in FRA e NEI gruppi e verificarla con questi dati per la varianza marginale di Y.

Esercizio 11.4

Nella seguente tabella sono riportati i dati inerenti il numero di anni di attività (Y) e il genere (X) di 48 agenti di commercio della filiale italiana di una multinazionale.

X \ Y	1	5	10	$f_{i.}$
M	8	12	6	26
F	6	10	6	22
$f_{.j}$	14	22	12	48

Y è indipendente in media da X? X è indipendente in media da Y? In caso di risposta negativa, valutare l'intensità della dipendenza calcolando e commentando l'opportuno indice η^2.

Esercizio 11.5

In una società sportiva sono stati rilevati l'*altezza degli atleti* e il *numero di gare vinte* nei primi 2 mesi di attività di ogni atleta. Alla società sono iscritti 100 atleti e i loro dati sono stati organizzati nella seguente tabella a doppia entrata:

X: altezza atleti \ Y: gare vinte	0	1	2	$f_{i.}$
160 ⊣ 175	30	0	0	30
175 ⊣ 185	20	20	0	40
185 ⊣ 195	10	10	10	30
$f_{.j}$	60	30	10	100

Stabilire se, per la società osservata, il numero di gare vinte è indipendente in media dall'altezza dall'atleta e, in caso di risposta negativa, valutare la dipendenza con un indice opportuno. Calcolare la covarianza dei due fenomeni utilizzando sia la definizione sia la formula alternativa e verificare che forniscono lo stesso risultato. Valutare la correlazione fra i due fenomeni con l'opportuno indice, costruire il diagramma a dispersione e commentarlo coerentemente.

Esercizio 11.6

L'ufficio personale di una grande azienda vuole valutare se la mancata puntualità dei 103 dipendenti possa dipendere dal reparto di appartenenza. A tal fine su ciascun dipendente e separatamente nei tre reparti dell'azienda è stato rilevato il numero di ritardi in una tipica settimana lavorativa. I risultati aggregati per reparto sono i seguenti:

Reparto	Ritardi medi di reparto	Varianze di reparto	Numero di dipendenti
A	0.32	0.48	38
B	0.93	0.47	15
A	2.40	0.44	50
			103

Rispondere al quesito dell'ufficio calcolando e commentando gli opportuni indicatori statistici.

Esercizio 11.7

Una società immobiliare vuole valutare se esiste una relazione tra la *superficie* X e il *fatturato mensile* Y delle sue 200 agenzie in franchising. La tabella ottenuta dalla rilevazione congiunta dei due fenomeni è riportata di seguito:

X \ Y	$10 \vdash 50$	$50 \vdash 90$	$90 \vdash 130$	$f_{i.}$
$10 \dashv 50$	14	28	14	56
$50 \dashv 100$	0	80	0	80
$100 \dashv 200$	32	0	32	64
$f_{.j}$	46	108	46	200

Disegnare il diagramma a dispersione e commentare l'esistenza e la natura dell'eventuale relazione fra X e Y. Calcolare la covarianza e commentarla coerentemente con il diagramma a dispersione. Calcolare il coefficiente di correlazione lineare e commentare il valore ottenuto coerentemente con le risposte ai quesiti precedenti.

Esercizio 11.8 Nell'ambito di uno studio sui fattori di rischio per l'endocardiosi, 8 pazienti sono stati sottoposti alla misurazione della *circonferenza vita* e dell'ammontare di *tessuto adiposo*, ottenendo la seguente tabella:

Pazienti	1	2	3	4	5	6	7	8
X: circonferenza vita	74	73	82	84	75	72	81	83
Y: tessuto adiposo	75	71	68	71	69	73	74	72

Disegnare il diagramma a dispersione e commentare l'esistenza e la tipologia dell'eventuale relazione statistica fra X e Y nella popolazione osservata. Calcolare la covarianza e commentarla coerentemente con il diagramma a dispersione. Calcolare il coefficiente di correlazione lineare e commentare il valore ottenuto coerentemente con le risposte ai quesiti precedenti.

Esercizio 11.9 Dopo aver intervistato 80 individui, i dati riguardanti i due fenomeni X e Y sono stati sintetizzati nella seguente tabella:

X \ Y	1	2	$f_{i.}$
10	20	2	22
20	3	40	43
30	5	10	15
$f_{.j}$	28	52	80

Stabilire se Y è indipendente in media da X e, in caso di risposta negativa, valutare il grado di dipendenza. Stabilire se i due fenomeni sono correlati e, in caso di risposta affermativa, valutarne il verso e il grado calcolando l'indice opportuno. Fornire il diagramma a dispersione nella versione "a bolle" e commentarlo. Fornire poi il diagramma a dispersione con le medie condizionate, confrontarlo con il precedente grafico a bolle e commentare anche coerentemente con gli indici calcolati ai precedenti quesiti.

Esercizio 11.10 Sono stati raccolti dati sulle 100 abitazioni di un'antica zona residenziale del nord Italia. In particolare il *numero di vani* (X) e il *numero di bagni* (Y) presenti nelle abitazioni oggetto dell'indagine. Sapendo che:

- il 60% sono abitazioni con 3 vani; di queste l'80% ha 1 bagno e il 10% ha 2 bagni;

- delle abitazioni con 2 vani, che costituiscono il 20% delle abitazioni osservate, il 95% ha 1 bagno e il 5% ha 2 bagni;
- le rimanenti sono abitazioni di 4 o 5 vani e in totale sono state osservate 18 abitazioni con 3 bagni e 12 abitazioni con 2 bagni.

Ricostruire la tabella a doppia entrata riconoscendo, fra le informazioni date, le frequenze congiunte, marginali e condizionate. Stabilire se Y dipende da X e, in caso di risposta positiva, misurare e commentare il grado della dipendenza. Stabilire se X è indipendente in media da Y e, in caso di risposta negativa, misurare e commentare il grado della dipendenza. Disegnare il diagramma a dispersione e stabilire se i due fenomeni sono positivamente o negativamente correlati. Infine misurare il grado della correlazione con l'opportuno indice.

Esercizio 11.11

Vero o falso? Corretto o no?

1. Due fenomeni incorrelati non hanno alcuna relazione statistica.
2. Se $\eta^2_Y = 0$ allora Y dipende perfettamente da X.
3. Se l'indice di dipendenza η^2_Y risulta negativo allora Y è in relazione inversa con X.
4. Se la covarianza è nulla i due fenomeni sono statisticamente indipendenti.
5. Se l'indice di dipendenza η^2 risulta maggiore di 1, ho sbagliato i conti.
6. Il diagramma a dispersione mette in evidenza se esiste relazione statistica nella tabella osservata e di che natura (lineare, quadratica ecc.).
7. La proprietà associativa delle medie condizionate vale anche per le varianze condizionate.
8. Quando Y è indipendente in media da X allora anche X è indipendente in media da Y.
9. Per coppie di fenomeni quantitativi è possibile sia l'analisi di dipendenza sia di correlazione.
10. Il segno della covarianza informa sul verso della correlazione.
11. Le medie marginali sono le medie aritmetiche calcolate con le frequenze marginali.

Esercizio 11.12

Scegliere la risposta (più) corretta.

1. $\rho_{XY} = -1$ significa:
   - che ho sbagliato i conti.
   - che X e Y sono incorrelati.
   - che X e Y sono in perfetta relazione lineare e inversa.
   - che fra X e Y esiste una qualche relazione statistica ma non di tipo lineare.
2. $\sigma^2_{\text{FRA}} = \frac{1}{N} \sum_{i=1}^{k} (\bar{y}|x_i - \bar{y})^2 f_{i.}$:
   - è la media delle varianze condizionate.
   - è la parte di variabilità di Y residua, cioè che non dipende da X.
   - è la parte di variabilità di Y che dipende da X.
   - vale 0 se Y dipende perfettamente da X.
3. Se nella definizione di medie condizionate $\bar{y}|x_i = \frac{1}{f_{i.}} \sum_{j=1}^{h} y_i f_{ij}$ si sostituiscono le frequenze osservate f_{ij} con le frequenze teoriche di indipendenza statistica $f^*_{ij} = \frac{f_{i.} f_{.j}}{N}$:
   - si ottiene 0 perché è ciò che accade quando X e Y sono statisticamente indipendenti.

- si ottiene la media marginale perché quando X e Y sono indipendenti allora Y è indipendente in media da X.
- l'indice di dipendenza η_Y^2 vale 1.
- la varianza FRA coincide con la varianza marginale.

4. Il coefficiente di correlazione lineare $\rho_{XY} = \dfrac{\sigma_{XY}}{\sqrt{\sigma_X^2 \sigma_Y^2}}$ è sempre compreso fra -1 e $+1$ perché:

- $-\sqrt{\sigma_X^2 \sigma_Y^2} \leq \sigma_{XY} \leq +\sqrt{\sigma_X^2 \sigma_Y^2}$.
- ha la covarianza al numeratore.
- ha il prodotto di quantità positive al denominatore.
- è sempre positivo.

5. Se la nuvola di punti sul diagramma a dispersione ha una *struttura*, cioè è concentrata in una particolare zona del piano, allora:

- la covarianza è nulla.
- risulta $\rho_{XY} \geq \eta_Y^2$.
- nella tabella osservata esiste una relazione statistica fra i due fenomeni e la forma della nuvola di punti informa sulla natura matematica di tale relazione.
- la covarianza coincide con il prodotto delle medie marginali.

Approfondimenti sulle relazioni fra variabili statistiche

Esercizio 12.1

In una società sportiva sono state congiuntamente rilevate *l'altezza* e *il numero di gare vinte* nei primi 2 mesi di attività di ciascuno dei 40 atleti iscritti. I dati, organizzati in una tabella a doppia entrata, sono i seguenti:

Y: gare vinte / X: altezza atleti	0	1	$f_{i.}$
160 ⊣ 175	5	5	10
175 ⊣ 185	10	10	20
185 ⊣ 195	5	5	10
$f_{.j}$	20	20	40

Senza effettuare calcoli, ma chiarendo il processo logico, stabilire se ciascun fenomeno è indipendente in media dall'altro e stabilire se la varianza FRA è nulla oppure è uguale alla varianza marginale di Y. Infine, calcolare e commentare l'indice di connessione χ^2.

Esercizio 12.2

Le 100 aziende iscritte alla Camera di Commercio di una determinata provincia hanno ottenuto nell'anno 2014 gli *utili netti* e i *fatturati* riassunti nella seguente tabella a doppia entrata:

Y: utile netto / X: fatturato (in migliaia di euro)	20 ⊣ 200	200 ⊣ 400	400 ⊣ 600	$f_{i.}$
100 ⊣ 300	9	18	3	30
300 ⊣ 600	15	30	5	50
600 ⊣ 1000	6	12	2	20
$f_{.j}$	30	60	10	100

Senza effettuare calcoli, ma chiarendo il processo logico:

- stabilire se i due fenomeni sono statisticamente indipendenti;
- stabilire il valore degli indici di dipendenza η^2_Y e η^2_X;
- disegnare il diagramma a dispersione e commentarlo con gli opportuni collegamenti alle risposte precedenti;
- stabilire l'esistenza, il verso e il grado dell'eventuale correlazione fra X e Y.

Esercizio 12.3

30 studenti iscritti a due differenti corsi di laurea sono stati classificati in base al *numero di esami* sostenuti nel primo semestre del secondo anno di corso.

Y: numero esami / X: CDL	0	1	$f_{i.}$
A1	5	20	25
A2	0	5	5
$f_{.j}$	5	25	30

Senza effettuare calcoli, ma chiarendo il processo logico, scegliere il valore corretto per ciascuno dei seguenti indici e interpretare il valore scelto:

1. $\chi^2 = 0$ oppure $\chi^2 > 0$
2. $\eta^2_Y = 1$ oppure $\eta^2_Y = 0$
3. $\sigma_{NEI} = 0$ oppure $\sigma_{NEI} = \sigma^2_Y$
4. $\rho_{XY} = +1$ oppure $\rho_{XY} = 0$

Esercizio 12.4 Date le seguenti v.s. marginali:

X \ Y	5	10	$f_{i.}$
10			60
20			40
$f_{.j}$	70	30	100

Completare la tabella in modo che:

- Y sia indipendente in media da X mantenendo fissa la marginale di X;
- X sia indipendente in media da Y mantenendo fissa la marginale di Y;
- X e Y siano statisticamente indipendenti.

Esercizio 12.5 Sulla seguente tabella sono organizzati i dati di due fenomeni quantitativi osservati su una popolazione di 100 individui.

X \ Y	0	1	2	$f_{i.}$
10	30	10	10	50
20	15	10	05	30
30	5	0	15	20
$f_{.j}$	50	20	30	100

Mantenendo fisse le v.s. marginali affiancare alla tabella osservata, la tabella di indipendenza statistica, una tabella di indipendenza in media di Y da X, la tabella di massima connessione.

Esercizio 12.6 In un negozio gli acquisti di un particolare prodotto sono stati monitorati attraverso l'utilizzo di 70 carte fedeltà. Il *numero di acquisti* in negozio e il *numero di confezioni* del prodotto acquistati dello scorso mese di marzo sono stati classificati nella seguente tabella:

X: confezioni \ Y: acquisti	1	5	10	$f_{i.}$
1	40	0	0	40
2	0	0	25	25
3	0	5	0	5
$f_{.j}$	40	5	25	70

Senza effettuare calcoli, ma chiarendo il processo logico:

- stabilire se la tabella mostra una situazione di indipendenza o di perfetta relazione statistica fra i due fenomeni;

- stabilire i valori per l'indice di connessione χ^2 e χ^2 (normalizzato) e commentarli;
- stabilire il valore degli indici di dipendenza η^2_X e η^2_Y e commentarli;
- disegnare il diagramma a dispersione e commentarlo in relazione alle risposte date ai punti precedenti;
- è possibile stabilire il valore del coefficiente di correlazione lineare?

Esercizio 12.7

Nella seguente tabella sono organizzati i dati provenienti dalla rilevazione congiunta di due fenomeni quantitativi su una popolazione di 200 unità statistiche.

X \ Y	1	5	10	$f_{i.}$
1	90	0	0	90
2	0	27	0	27
3	0	0	83	83
$f_{.j}$	90	27	83	200

Senza effettuare calcoli, ma chiarendo il processo logico:

- stabilire se la tabella mostra una situazione di indipendenza o di perfetta relazione statistica fra i due fenomeni;
- stabilire i valori per l'indice di connessione χ^2 e χ^2 (normalizzato) e commentarli;
- stabilire il valore degli indici di dipendenza η^2_X e η^2_Y e commentarli;
- disegnare il diagramma a dispersione e commentarlo in relazione alle risposte date ai punti precedenti;
- è possibile stabilire il valore del coefficiente di correlazione lineare?

Esercizio 12.8

Partendo dalla seguente tabella osservata:

X \ Y	1	5	10	$f_{i.}$
1	40	0	0	40
2	0	60	0	60
3	0	0	80	80
$f_{.j}$	40	60	80	180

Affiancare le tabelle teoriche che realizzano i seguenti valori degli indici e per ciascuna disegnare e commentare il diagramma a dispersione:

1. $\chi^2 = 0$ e $\rho_{XY} = 0$;
2. $\eta^2_X = 0$ e $\eta^2_Y > 0$;
3. $\rho_{XY} = +1$;
4. $\eta^2_Y = 1$ e $\rho_{XY} \neq \pm 1$;
5. interpretare per la tabella osservata il valore $\chi^2 = 400$ e indicare in quali si verifica fra le tabelle teoriche costruite ai punti precedenti.

Esercizio 12.9

Vero o falso? Corretto o no?

1. Se l'indice di connessione χ^2 è nullo allora entrambi gli indici di dipendenza η^2_X e η^2_Y sono nulli.

2. Se η_Y^2 è nullo allora X e Y sono indipendenti e χ^2 sarà nullo.
3. Se $\rho_{XY} = 0$ allora $\eta_Y^2 = \eta_X^2 = 0$.
4. Se X e Y sono incorrelati allora $\rho_{XY} = 0$ e $\chi^2 = 0$.
5. Se η_Y^2 è negativo, ho sbagliato i conti.
6. Se $\rho_{XY} = -1$ allora i due indici di dipendenza di Y da X e di X da Y valgono entrambi 1 e fra i due fenomeni c'è massima connessione.
7. Quando due fenomeni sono statisticamente indipendenti allora ρ è pari a ± 1.
8. Se due fenomeni sono incorrelati, sono anche indipendenti in media l'uno dall'altro.
9. L'i.s. implica l'i.m. di ciascun fenomeno dall'altro, ma non è necessariamente vero il viceversa.
10. La perfetta correlazione, positiva o negativa, implica la massima connessione.

Esercizio 12.10 Scegliere la risposta (più) corretta.

1. Quando χ^2(normalizzato) $= -1$:
- i due fenomeni sono incorrelati.
- ho sbagliato i conti.
- c'è massima connessione.
- c'è perfetta correlazione negativa.
2. Se il fenomeno X è indipendente in media dal fenomeno Y:
- non esiste alcun tipo di relazione statistica tra i due fenomeni.
- i due fenomeni sono incorrelati.
- tra i due fenomeni c'è una relazione statistica di tipo lineare.
- i due fenomeni potrebbero comunque essere connessi.
3. Se $\chi^2 = \eta_Y^2 = \eta_X^2 = \rho_{XY} = 0$:
- i fenomeni sono perfettamente correlati.
- Y è indipendente in media da X, ma non è vero il viceversa.
- non c'è alcun legame statisticamente rilevabile tra i due fenomeni.
- fra i due fenomeni c'è massima connessione.
4. Se fra due fenomeni congiuntamente osservati c'è massima connessione, significa che:
- $\rho_{XY} = \pm 1$.
- la varianza FRA di entrambi i fenomeni vale zero.
- tutte le unità statistiche, che manifestano una certa modalità di un fenomeno, manifestano anche una data modalità dell'altro fenomeno.
- nella tabella c'è un'unica frequenza congiunta nulla.

Capitolo 13

Regressione

Esercizio 13.1

Nelle sottostanti tabelle sono riportati i dati di alcune regioni italiane riguardo a: X: quoziente di nuzialità (matrimoni per 1000 abitanti); Y: quoziente di natalità (nati per 1000 abitanti).

Regione	Piemonte	Lombardia	Emilia Romagna	Toscana
X	4.7	4.9	4.2	4.7
Y	7.2	8.1	6.5	7.1

Regione	Campania	Puglia	Calabria	Sicilia
X	6.6	6.3	6.0	6.1
Y	14.2	12.8	11.0	12.9

Fornire il diagramma a dispersione e stabilire se la retta di regressione potrebbe essere un modello adatto a interpretare la natalità in funzione della nuzialità. Calcolare, poi, la retta di regressione dei minimi quadrati e rappresentarla sul diagramma a dispersione. Infine, valutarne la bontà di adattamento coerentemente con le impressioni grafiche tratte inizialmente.

Esercizio 13.2

Nella tabella sono riportate le quotazioni Y di chiusura giornaliere (in euro) dell'azione XXX alla Borsa di Milano.

Lunedì	Martedì	Mercoledì	Giovedì	Venerdì
2.13	2.10	2.16	2.20	2.20

Costruire la v.s. X quantitativa che a partire dal lunedì (inteso come primo istante rilevazione) interpreta il tempo (in giorni) dal primo istante di rilevazione; disegnare il diagramma a dispersione per X e Y e valutare se Y tende a variare linearmente con il tempo nel periodo di osservazione; determinare la retta di regressione dei minimi quadrati che interpreta l'andamento della quotazione nel tempo; calcolare i 5 residui della retta e verificare che hanno somma 0; valutare la bontà di adattamento del modello ai dati osservati; disegnare la retta calcolata sul diagramma a dispersione e commentarla coerentemente con la valutazione data ai punti precedenti.

Esercizio 13.3

Si consideri la seguente tabella a doppia entrata che raccoglie i dati provenienti dalla rilevazione congiunta di due fenomeni quantitativi:

X \ Y	100	200	300	$f_{i.}$
10	18	36	6	60
20	30	60	10	100
30	12	24	4	40
$f_{.j}$	12	24	4	40

Disegnare il diagramma a dispersione e la spezzata di regressione; calcolare e interpretare i parametri della retta di regressione dei minimi quadrati che modella Y in funzione di X; disegnare la retta calcolata sul diagramma a dispersione, verificare che passa per il punto di coordinate pari alle due medie marginali $\bar{x}$ e $\bar{y}$ e dare una prima valutazione "a occhio" della bontà di adattamento; confermare la valutazione visiva con il calcolo dell'opportuno indice; sulla base delle risposte date, prevedere e commentare i valori assumibili da Y per X uguale a 5, 15, 25, e 45.

Esercizio 13.4 La seguente tabella raccoglie i dati relativi alla rilevazione congiunta di due fenomeni quantitativi:

X \ Y	10	20	30	$p_{i.}$
1	0.03	0.17	0.08	0.28
2	0.02	0.25	0.15	0.42
3	0.10	0.06	0.14	0.30
$p_{.j}$	0.15	0.48	0.37	1

Disegnare il diagramma a dispersione e la spezzata di regressione; calcolare e interpretare i parametri della retta di regressione dei minimi quadrati che modella Y in funzione di X; disegnare la retta calcolata sul diagramma a dispersione, verificare che passa per il punto di coordinate pari alle due medie marginali $\bar{x}$ e $\bar{y}$ e dare una prima valutazione "a occhio" della bontà di adattamento; confermare la valutazione visiva con il calcolo dell'opportuno indice; sulla base delle risposte date, prevedere e commentare i valori assumibili da Y per X uguale a 1.5 e 4.

Esercizio 13.5 Due fenomeni quantitativi sono stati congiuntamente osservati su 5 coppie eterosessuali. I risultati separatamente per maschi e femmine sono i seguenti.

Femmine:

X	14	20	24	30	42
Y	42	60	72	90	126

Maschi:

X	14	20	24	30	42
Y	36	24	16	4	−20

Disegnare il diagramma a dispersione e la spezzata di regressione e confrontare la relazione fra X e Y fra le componenti maschile e femminile delle coppie osservate; calcolare le due rette di regressione dei minimi quadrati e interpretare il valore dei parametri ottenuti per le componenti maschile e femminile delle coppie osservate. Per ciascuna delle due popolazioni calcolare la serie dei 5 residui della retta, verificare che hanno somma nulla, disegnarli su un grafico e trarre una prima valutazione circa l'adattamento dei modelli ai dati osservati. Confermare la valutazione data al punto precedente mediante il calcolo della bontà di adattamento delle due rette; sulla base dei risultati ottenuti, prevedere e confrontare il valore di Y quando X vale 50 per le componenti maschile e femminile delle coppie osservate.

Esercizio 13.6 165 studenti iscritti al primo e al secondo anno di un certo corso di laurea sono stati classificati in base al numero di esami sostenuti nell'a.a. in corso.

Y: numero esami / X: anno	0	1	2	3	$f_{i.}$
1	5	15	100	25	145
2	0	5	10	5	20
$f_{.j}$	5	20	110	30	165

Disegnare il diagramma a dispersione e commentare l'opportunità di una retta di regressione per modellare il numero di esami in funzione dell'anno di corso. Calcolare quindi tale retta di regressione dei minimi quadrati e valutarne la bontà di adattamento ai dati. Sulla base dei risultati ottenuti, cosa si può dire riguardo alla dipendenza di Y da X? Si può affermare che X e Y sono statisticamente indipendenti?

Esercizio 13.7

Una società immobiliare vuole valutare se esiste una relazione tra la *superficie* X e il *fatturato mensile* Y delle sue 200 agenzie in franchising. La tabella ottenuta dalla rilevazione congiunta delle due variabili è riportata di seguito:

Y / X	10 ⊢ 50	50 ⊢ 90	90 ⊢ 130	$f_{i.}$
10 ⊢ 50	14	28	14	56
50 ⊢ 100	0	80	0	80
100 ⊢ 200	32	0	32	64
$f_{.j}$	46	108	46	200

Disegnare il diagramma a dispersione e commentare la tipologia dell'eventuale relazione statistica fra i due fenomeni. Calcolare e interpretare i parametri della retta di regressione dei m.q. che modella il fatturato in funzione della superficie e valutarne la bontà di adattamento ai dati. Sulla base dell'impressione grafica e dei risultati ottenuti, commentare la dipendenza di Y dato X e di X dato Y.

Esercizio 13.8

Un collettivo di 85 coppie di sposi è stato classificato in base al reddito mensile (in migliaia di euro) percepito dal marito (Y) e dalla moglie (X).

Y: r. mogli / X: r. mariti	1.0 ⊣ 2.0	2.0 ⊣ 2.5	2.5 ⊣ 3.0	3.0 ⊣ 5.0	$f_{i.}$
1.0 ⊣ 2.0	10	7	5	3	25
2.0 ⊣ 2.5	5	10	9	3	27
2.5 ⊣ 3.0	3	5	13	2	23
3.0 ⊣ 5.0	2	2	5	1	10
$f_{.j}$	20	24	32	9	85

Costruire e commentare il diagramma a dispersione. Calcolare la retta di regressione dei minimi quadrati che modella il reddito dei mariti in funzione del reddito delle mogli, interpretare il valore dei parametri, rappresentarla sul diagramma a dispersione e valutarne la bontà di adattamento ai dati.

Esercizio 13.9

Con i dati di 200 studenti che hanno sostenuto il test d'ingresso ai corsi di laurea triennale di una certa università è stato calcolato il seguente modello di regressione che assume come *successo* il superamento del test e il voto di maturità come variabile esplicativa:

$$\log\left(\frac{p}{1-p}\right) = -8.5 + 0.1X$$

Interpretare il modello e il valore dei parametri; individuare il punto di equilibrio e commentarlo; estrapolare dal modello la *chance* di superare il test di ingresso per il voti di maturità minimo e massimo.

Esercizio 13.10 Il personale dipendente di un'azienda è stato classificato rispetto al consumo di caffè (X_1, numero di caffè al giorno), al consumo di super-alcolici (X_2, numero di bicchieri al giorno) e alla presenza o meno di patologie coronariche (Y, con 1 = presente e 0 = assente). Ritenendo che la probabilità p di contrarre una patologia cardiaca possa dipendere dal livello di assunzione di caffè e/o dal livello di assunzione di super-alcolici, sono stati individuati i seguenti modelli di regressione logistica:

$$\log\left(\frac{p}{1-p}\right) = -3.5 + 0.8X_1 \quad \text{e} \quad \log\left(\frac{p}{1-p}\right) = -3.5 + 1.1X_2$$

Interpretare e confrontare i due modelli e il valore dei parametri e stabilire quale delle due variabili influisce maggiormente sulla probabilità di avere patologie coronariche fra il personale dell'azienda osservato.

Esercizio 13.11 Vero o falso? Corretto o no?

1. Se $\rho^2_{XY} < 0$ allora la retta di regressione dei m.q. che modella la relazione fra X e Y è decrescente.
2. Lo scatter plot è un grafico a barre.
3. Il criterio dei minimi quadrati consiste nel minimizzare distanze in valore assoluto.
4. La devianza totale del modello di regressione misura quanto dista il modello dai punti reali osservati.
5. La bontà di adattamento della retta dei m.q. dipende dal grado di correlazione fra i due fenomeni.
6. La devianza spiegata della retta dei m.q. è la parte di variabilità della variabile dipendente che non è catturata dal modello.
7. Il parametro b della retta di regressione $Y = a + bX$ stabilisce la pendenza e l'inclinazione della retta.
8. Le soluzioni dei minimi quadrati assicurano il residuo minimo del modello.
9. Se la retta di regressione ha un cattivo adattamento bisogna rinunciare a modellare la relazione fra X e Y perché non è sufficientemente forte.
10. Con la regressione logistica si interpreta la tendenza al successo di una variabile risposta binaria in funzione di una variabile indipendente.

Esercizio 13.12 Scegliere la risposta (più) corretta.

1. La spezzata di regressione unisce i punti di coordinate:
- $(x_i,\ \bar{x})$.
- $(y_j,\ \bar{y}|x_i)$.
- $(x_i,\ \bar{y}|x_i)$.

- $(x_i, \log y_j)$.

2. Il coefficiente angolare b della retta dei m.q. $Y = a + bX$:

- è sempre positivo.
- misura la variazione di Y quando X aumenta di 1.
- è il punto in cui la retta interseca l'asse verticale.
- è il valore di Y quando X vale 0.

3. Se X e Y sono incorrelati:

- la retta di regressione dei m.q. ha una bassa bontà di adattamento.
- sul diagramma a dispersione la retta di regressione dei m.q. è parallela all'asse verticale.
- l'intercetta a della retta dei m.q. vale 0.
- il coefficiente angolare b della retta dei m.q. vale 0.

4. Nella regressione logistica è necessario modellare il logaritmo dell'*Odds* per:

- garantire che il modello interpreti probabilità di successo comprese fra 0 e 1.
- garantire che il modello abbia soluzione.
- permettere estrapolazioni dal modello.
- garantire un buon adattamento del modello ai dati osservati.

Parte II

Esercizi di riepilogo

Esercizio P.II.1 Nell'ambito di EXPO 2015, si vuole identificare l'interesse di studenti e studentesse universitari/e verso la manifestazione. In particolare, si vuole studiare se il grado di interesse è influenzato dal genere. È stato sottoposto un questionario ai 90 studenti del primo anno del corso di laurea in Statistica ottenendo i seguenti risultati divisi per genere:

Y: interesse / X: genere	Alto	Medio	Basso	$f_{i.}$
M	18	30	12	60
F	12	12	6	30
$f_{.j}$	30	45	15	90

a) Fornire la distribuzione condizionata relativa del grado d'interesse dato il genere.
b) Trovare, fra coloro che dichiarano un alto livello d'interesse, la percentuale di ragazze.
c) Scrivere la condizione di indipendenza statistica.
d) I due fenomeni sono statisticamente indipendenti? Nel caso di risposta negativa, calcolare un indice di connessione e commentarlo.
e) *Facoltatvo*. Dicotomizzare la tabella osservata unendo le categorie media e bassa. Calcolare l'indice di Yule e l'*Odds Ratio*.

Esercizio P.II.2 Un albergatore di San Bendetto del Tronto, nota località marittima marchigiana, vuole analizzare la durata dei soggiorni dei suoi clienti stranieri nel 2013 per prepararsi meglio all'accoglienza di clienti stranieri. A tal fine organizza i propri dati sui clienti stranieri nella seguente tabella:

Y: numero notti / X: provenienza	$2 \vdash 4$	$5 \vdash 7$	$8 \vdash 12$	$f_{i.}$
Germania	0	10	40	50
Spagna	20	5	0	25
Regno Unito	0	5	10	15
Francia	10	10	10	30
$f_{.j}$	30	30	60	120

a) Calcolare il numero medio di notti trascorse nell'albergo condizionato alla nazione di provenienza. Chi soggiorna in media più a lungo nell'albergo in questione?
b) Scrivere la condizione di indipendenza in media di Y da X. Y è indipendente in media da X?
c) Costruire la tabella teorica con le frequenze attese nel caso di indipendenza statistica.
d) Valutare la connessione con un opportuno indice normalizzato.

Esercizio P.II.3

Si consideri la seguente tabella che raccoglie i dati al 2003 sull'aspettativa di vita e il PIL pro capite in 10 Paesi europei. Il PIL è espresso in migliaia di dollari e l'aspettativa di vita alla nascita in anni, arrotondata alla cifra intera.

Paese	Y: aspettativa di vita	X: PIL pro capite
Lituania	69	10.2
Estonia	70	12.3
Polonia	74	11.1
Slovenia	76	19.0
Danimarca	77	31.1
Lussemburgo	78	55.1
Austria	78	30.0
Grecia	79	20.0
Spagna	79	22.0
Svezia	80	26.8

a) Calcolare l'aspettativa di vita media nel collettivo di Paesi e la sua varianza.
b) Calcolare il PIL pro capite medio dei Paesi europei considerati e la varianza.
c) Valutare se al crescere del PIL pro capite aumenta anche l'aspettativa di vita alla nascita, calcolando la covarianza.
d) Valutare se esiste correlazione lineare fra le due variabili X e Y.
e) Calcolare la retta di regressione per spiegare l'aspettativa di vita al variare del PIL e rappresentarla sul piano cartesiano.
f) Il modello proposto si adatta ai dati osservati? Valutarlo con l'opportuno indice.

Esercizio P.II.4

Un istituto di ricerca italiano vuole vedere se dosi massicce di un certo farmaco provocano abbassamento di pressione. A tal fine vengono scelti 12 topi uguali per pressione, peso ed età, a cui vengono somministrate dosi crescenti del farmaco. Dopo un'ora dalla somministrazione, viene rilevata la pressione di ogni topo e viene annotata in una tabella insieme alla dose di farmaco somministrata.

X: dose (mg)	Y: pressione arteriosa (mm/Hg)
0.5	114
1.0	110
1.5	120
2.0	115
2.5	102
3.0	100
3.5	105
4.0	98
4.5	96
5.0	94
5.5	92
6.0	96

a) Calcolare il valore della covarianza e commentare il risultato ottenuto.
b) Disegnare il diagramma a dispersione e commentarlo facendo riferimento al risultato di cui sopra. Guardando il grafico, stabilire se la retta di regressione lineare potrebbe essere un modello adatto a interpretare la pressione arteriosa in funzione della dose di farmaco somministrata.

c) Calcolare la retta di regressione e commentare i parametri ottenuti.
d) Valutare la bontà di adattamento della retta e commentare coerentemente con le impressioni grafiche tratte inizialmente.

Si supponga ora di organizzare gli stessi dati sui 12 topi, nella seguente tabella di contingenza:

Y: pressione / X: dose	90 ⊣ 100	100 ⊣ 120	$f_{i.}$
0 ⊣ 2	0	4	4
2 ⊣ 4	2	2	4
4 ⊣ 6	4	0	4
$f_{.j}$	6	6	12

e) Fornire la distribuzione condizionata relativa di Y dato X, commentando il risultato.
f) Calcolare un indice di connessione normalizzato e commentare il risultato ottenuto confrontandolo con l'indice di correlazione.
g) Prevedere la pressione arteriosa di un topo a cui è stata somministrata una dose pari a 7 mg di farmaco.

Capitolo 15

Caso, probabilità e variabili casuali

Esercizio 15.1

Da un'urna che contiene 1000 biglietti numerati da 1 a 1000, se ne estrae a caso uno. Riconoscere e descrivere i seguenti elementi fondamentali:

- esperimento casuale;
- eventi elementari;
- spazio campionario;
- dare un esempio di evento casuale.

Esercizio 15.2

Per ognuna delle seguenti tabelle indicare, giustificando la risposta, se si tratta di variabili casuali.

Valori x	Probabilità $P(X = x)$
-3	0.30
-2	0.25
0	0.15
-1	0.30

Valori x	Probabilità $P(X = x)$
1	0.10
3	0.20
5	0.30
7	0.05

Valori x	Probabilità $P(X = x)$
10	-0.10
12	0.10
14	0.60
16	0.40

Esercizio 15.3

Calcolare e commentare la funzione di ripartizione, il valore atteso, la varianza e la deviazione standard della seguente variabile casuale:

Valori x	Probabilità $P(X = x)$
0	0.30
1	0.50
3	0.20

Esercizio 15.4

La seguente v.c. X interpreta il "numero dei biglietti vincenti" tra quelli acquistati da un gruppo di amici. Costruire la funzione di ripartizione e calcolare la probabilità che tra tutti i biglietti acquistati dal gruppo di amici ci sia non più di un biglietto vincente.

Valori x	Probabilità $P(X = x)$
0	0.40
1	0.30
2	0.20
3	0.10

Esercizio 15.5

Dato lo spazio campionario $\Omega = \{TC, TT, CT, CC\}$ risultato dell'esperimento casuale "lancio di due monete", costruire le variabili casuali X: numero di "teste" e Y: numero di "croci" meno numero di "teste". Per entrambe, calcolare e interpretare la funzione di ripartizione, il valore atteso e la deviazione standard.

Esercizio 15.6 In un gioco di società è necessario lanciare 6 volte un dado regolare. Qual è la probabilità che:

- esca la faccia 6 una volta;
- esca la faccia 4 sei volte;
- esca un numero pari almeno 5 volte;
- esca un numero minore di 3 non più di una volta.

Esercizio 15.7 Da un mazzo di 52 carte ne vengono estratte 5 *con reinserimento* (cioè ognuna delle 5 carte è estratta dall'intero mazzo di 52). Si è interessati alla variabile casuale X: numero di carte di fiori ottenute nelle estrazioni. Calcolare e interpretare il valore atteso e la varianza di X, la probabilità di estrarre tre carte di fiori, la probabilità di estrarre almeno tre carte di fiori, la probabilità di estrarre non più di tre carte di fiori, la probabilità di non estrarre carte di fiori, la probabilità di estrarre almeno una carta di fiori.

Esercizio 15.8 Da un'urna contenente 40 biglietti perdenti, 10 biglietti vincenti di fascia media e 5 biglietti vincenti di fascia alta, vengono estratti 5 biglietti con reinserimento (cioè a ogni estrazione, dopo aver preso nota dell'esito, il biglietto è reintrodotto nell'urna). Detta X la variabile casuale che conta il numero di biglietti vincenti di fascia alta fra i 5 estratti, calcolare e commentare la media e la varianza di X e la probabilità che si estragga almeno un biglietto vincente di fascia alta.

Esercizio 15.9 Tra i bambini di una scuola materna il 60% consuma il pranzo a scuola. Si intervistano 10 mamme della scuola materna scelte a caso. Calcolare e commentare la probabilità che almeno il 90% delle mamme abbia bambini che consumano il pranzo a scuola, la probabilità che nessuna delle mamme abbia bambini che consumano il pranzo a scuola, il numero atteso di mamme con bambini che pranzano a scuola fra le 10 intervistate e la deviazione standard da tale numero atteso.

Esercizio 15.10 Sia X una Normale con valore atteso $\mu = 2$ e varianza $\sigma^2 = 1$. Calcolare ed evidenziare sul grafico della sua funzione di densità le seguenti probabilità $P(X > \mu)$ e $P(-1 \leq X \leq 1)$.

Esercizio 15.11 Un'azienda distribuisce riviste su tutto il territorio nazionale; il tempo di consegna a domicilio è interpretabile con una Normale di media $\mu = 48$ e varianza $\sigma^2 = 4$. Estratta a caso una consegna tra quelle effettuate lo scorso mese, si calcoli la probabilità che il tempo:

1. sia inferiore a 45 ore;
2. sia superiore a 50 ore;
3. sia uguale a 45 ore;
4. sia compreso tra 45 e 50 ore.

Esercizio 15.12

Un artigiano produce vasi in vetro soffiato la cui altezza si distribuisce come una Normale. I vasi prodotti hanno altezza media 30 cm con deviazione standard 1.5 cm. Estratto a caso un vaso dalla produzione, si calcoli:

1. la probabilità che la sua altezza sia superiore a 32 cm;
2. ipotizzando un'altezza media di 31 cm, a parità di varianza, qual è la $P(X > 32)$;
3. ipotizzando un'altezza media di 29 cm, a parità di varianza, qual è la $P(X > 32)$;
4. ipotizzando una varianza $\sigma^2 = 4$, a parità di media, qual è la $P(X > 32)$;
5. ipotizzando una varianza $\sigma^2 = 3$, a parità di media, qual è la $P(X > 32)$.

Esercizio 15.13

Il tempo necessario per fare il pieno a un'automobile segue una distribuzione normale di media 6 minuti e deviazione standard di 2 minuti. Determinare la probabilità che un'automobile richieda meno di 4 minuti oppure più di 6 minuti per fare il pieno.

Esercizio 15.14

La v.c. X è normale con media $\mu = 19$ e varianza $\sigma^2 = 49$. Determinare il valore X in modo che:

1. $P(X \leq x) = 0.2$;
2. $P(-x \leq X \leq x) = 0.6$.

Esercizio 15.15

Il voto ottenuto al primo appello d'esame segue una distribuzione normale con media $\mu = 23$ e varianza $\sigma^2 = 4$. Determinare la probabilità di prendere un voto maggiore di 21 e inferiore a 25 e la probabilità di prendere un voto maggiore di 28.

Esercizio 15.16

Vero o falso? Corretto o no?

1. Se $X \sim N(\mu, \sigma^2)$ allora
$$P(X \leq x) = P\left(Z \leq \frac{x - \mu}{\sigma}\right)$$
2. La v.c. binomiale modella il numero di successi su n prove indipendenti con probabilità di successo/insuccesso costante in ogni prova.
3. La v.c. è una funzione che trasforma gli eventi in numeri conservandone la probabilità.
4. La v.c. binomiale è continua perché la probabilità di successo è un valore reale nell'intervallo $(0, 1)$.
5. Se $P(E) > 1$ allora l'evento E è altamente probabile.
6. Tutti i prevedibili risultati di un esperimento casuale formano un insieme chiamato spazio campionario.
7. Con la definizione frequentista di probabilità si riesce a probabilizzare un insieme più ampio di eventi casuali rispetto alla definizione classica.
8. Il valore atteso di una Normale è anche il suo valore più probabile (moda) e il suo centro di simmetria (mediana).
9. La deviazione standard di una variabile casuale ha un'interpretazione analoga a quella di una variabile statistica.
10. Standardizzare una v.c. significa trasformarla in modo che abbia valore atteso nullo e varianza unitaria.

Esercizio 15.17 Scegliere la risposta (più) corretta.

1. Se lanciamo un dado con sei facce numerate da 1 a 6, l'esperimento casuale è:
   - le facce del dado.
   - esce un numero pari.
   - Ω.
   - il lancio del dado.
2. Seguendo la definizione classica la probabilità di un evento casuale è:
   - il prodotto fra il numero di casi possibili e il numero di casi favorevoli all'evento.
   - il rapporto fra il numero di casi favorevoli e il numero di casi possibili all'evento.
   - la frequenza relativa del verificarsi dell'evento su un gran numero di prove.
   - una funzione dello spazio campionario.
3. La variabile casuale è:
   - un numero.
   - una funzione.
   - una probabilità.
   - sinonimo di variabile statistica.
4. La definizione di funzione di ripartizione di una v.c. X è:
   - $P(X \leq 0)$
   - $P(X \leq x)$
   - $P(X = x)$
   - $\sum_x x \cdot P(X = x)$

Capitolo 17

Stime e stimatori

Esercizio 17.1

Dato un campione bernoulliano di ampiezza 3 da una ignota popolazione X con varianza $V(X) = \sigma^2$, si considerano i seguenti due stimatori per la media della popolazione $E(X) = \mu$:

$$T_1 = \frac{X_1 + 2X_2 + 2X_3}{5} \quad \text{e} \quad T_2 = \frac{X_1 + 2X_2 + X_3}{4}$$

Stabilire, motivando la risposta in base alle proprietà, quale stimatore è preferibile per stimare il valore di μ.

Esercizio 17.2

Una grande libreria effettua un'indagine per stimare il numero medio di copie vendute del proprio catalogo nei mesi estivi. Estratto un campione bernoulliano di 10 libri dalla popolazione di tutti i titoli presenti a catalogo, nella seguente tabella sono riportati i dati campionari riguardo le *centinaia di copie vendute* (Y) nell'ultimo trimestre giugno-agosto.

Titolo	α	β	a	b	γ	δ	c	d	φ	λ
Y	3.35	3.30	3.24	3.01	2.94	2.77	2.54	2.46	2.21	2.00

I seguenti sono due diversi stimatori per il parametro che interessa:

$$T_1 = \frac{3Y_4 + 4Y_5 + 3Y_6}{10} \quad \text{e} \quad T_2 = \frac{1}{10}\sum_{i=1}^{10} Y_i$$

Scegliere lo stimatore più opportuno chiarendo i criteri adottati e utilizzarlo per ottenere la stima puntuale. Usando gli stessi dati, stimare e interpretare l'errore standard di stima.

Esercizio 17.3

I seguenti dati riguardano un campione bernoulliano di 10 osservazioni da una ignota popolazione X.

Classi	1.8-2.2	2.2-2.4	2.4-2.6	2.6-3
Frequenze	2	3	3	2

Fornire una stima non distorta della media della popolazione. Enunciare e interpretare le proprietà della stima calcolata e valutarne la precisione calcolando e commentando il suo standard error.

Esercizio 17.4

Volendo studiare l'*età* media degli studenti di un corso universitario e sapendo, da dati passati, che la deviazione standard dell'*età* nella popolazione è 2.21, si estrae casualmente un campione di $n = 40$ studenti. La tabella riassume i dati forniti dagli studenti intervistati.

Età	20	22	24	28
N. studenti	12	10	14	4

Fornire una stima dell'età media degli studenti del corso di laurea di interesse; enunciare e interpretare le proprietà della stima calcolata; calcolare e commentare la varianza dello stimatore utilizzato; infine, determinare quanti studenti occorre intervistare se si vuole che la deviazione standard dello stimatore utilizzato non superi 0.3.

Esercizio 17.5 Estratti a caso 30 studenti del corso di laurea $\alpha\beta\delta$ tra tutti quelli che hanno già superato l'esame di Statistica, si osserva che di questi 6 hanno ottenuto una votazione pari a 30. Utilizzare questi dati campionari per stimare la percentuale di studenti del corso $\alpha\beta\delta$ che superano l'esame di Statistica con 30; enunciare e interpretare le proprietà della stima calcolata; calcolare e commentare lo standard error.

Esercizio 17.6 Da uno studio teso a valutare l'impatto della crisi economica sulla popolazione italiana, analizzando alcune caratteristiche rilevanti, sono stati selezionati i seguenti dati sui *consumi mensili in migliaia di euro* (Y) relativi a un campione bernoulliano di 12 individui.

Individui	1	2	3	4	5	6	7	8	9	10	11	12
Consumi	1.1	1.4	1.6	2.2	2.9	2.8	2.6	2.4	2.9	1.9	2.2	0.9

Fra i seguenti due diversi stimatori per la media del fenomeno di interesse nell'intera popolazione italiana:

$$T_1 = \frac{Y_1 + Y_{12}}{2} \qquad \text{e} \qquad T_2 = \frac{1}{12}\sum_{i=1}^{12} Y_i$$

scegliere lo stimatore più opportuno, chiarendo i criteri adottati, e utilizzarlo per ottenere la stima puntuale. Usando gli stessi dati, stimare e interpretare l'errore standard di stima.

Esercizio 17.7 Un network televisivo, ha effettuato un sondaggio su un campione bernoulliano di 100 individui riguardo i programmi preferiti dai telespettatori durante le ore mattutine. 62 intervistati dichiarano che i talk show d'intrattenimento sono i preferiti, mentre i restanti 38 suggeriscono altre trasmissioni. Fornire una stima della percentuale di telespettatori che preferiscono i talk show d'intrattenimento nell'intera popolazione degli utenti del network e quantificarne la precisione calcolando e interpretando lo standard error.

Esercizio 17.8 Date le seguenti coppie di valori osservate su un campione bernoulliano di 5 unità statistiche:

X	1	2	5	6	9
Y	0.9	1.6	6.6	7.7	8.5

stimare, con il metodo dei minimi quadrati, il modello lineare utilizzando X come variabile esplicativa e Y come variabile risposta. Enunciare e interpretare le proprietà degli stimatori dei parametri del modello e valutarne la precisione calcolando e commentando lo standard error.

Esercizio 17.9

La tabella che segue riporta la resa Y di un prodotto chimico per tintoria (espressa in grammi per 100 kg) ottenuta su altrettante partite di filato, caratterizzate ciascuna dall'impiego di differenti quantità X (espresse in grammi) di un particolare stabilizzante del colore.

X	50	55	60	70	75	80	85	90	95	100
Y	80	83	90	92	95	100	102	105	102	98

Disegnare il diagramma a dispersione e valutare "a occhio" l'opportunità di un modello lineare per prevedere la resa in funzione della quantità di prodotto utilizzata. Stimare, quindi, il modello lineare e valutarne la bontà di adattamento ai dati con l'indice opportuno. Calcolare, poi, i residui puntuali del modello, controllare che abbiano somma zero, rappresentarli graficamente e commentare il grafico ottenuto coerentemente con l'indice di bontà di adattamento calcolato in precedenza.

Esercizio 17.10

La seguente tabella riporta i dati relativi al fatturato (espresso in milioni di euro) degli ultimi otto anni di una azienda di accessori per ufficio.

Anno	1	2	3	4	5	6	7	8
Fatturato	9	11.2	9.8	11.8	14	12.6	13.4	16

Si determini un modello di regressione lineare semplice per prevedere l'andamento temporale del fatturato. Disegnare il modello individuato sul diagramma a dispersione e verificare che passa per il punto di coordinate (*fatturato medio del periodo, istante centrale del periodo*). Interpretare le stime ottenute per l'intercetta e la pendenza del modello e valutarne la precisione mediante lo standard error. Valutare la bontà di adattamento del modello stimato ai dati e, sulla base di questo, prevedere il fatturato per i prossimi due anni.

Esercizio 17.11

Vero o falso? Corretto o no?

1. La varianza del campione è stima non distorta della varianza della popolazione.
2. Lo media del campione stima la media della popolazione con ottime proprietà statistiche.
3. La percentuale campionaria è stima della percentuale nell'intera popolazione con ottime proprietà statistiche.
4. La stima è un numero calcolato sui dati campionari.
5. Lo stimatore è la v.c. interprete di tutte le possibili stime su tutti i possibili campioni.
6. L'errore quadratico medio (*MSE*) di uno stimatore coincide con la sua varianza.
7. Lo standard error è la stima dell'errore medio di stima.
8. Il metodo dei minimi quadrati fornisce stime per i parametri del modello lineare con ottime proprietà statistiche.
9. La varianza campionaria corretta con i gradi di libertà sottostima la varianza della popolazione.
10. Uno stimatore è consistente se l'errore di stima diminuisce all'aumentare della numerosità campionaria.

Esercizio 17.12 Scegliere la risposta (più) corretta.

1. Uno stimatore è:
- un numero calcolato sui dati campionari.
- la variabile casuale interprete della variabilità campionaria.
- una funzione della popolazione.
- una quantità ignota della popolazione.

2. La definizione di errore quadratico medio di uno stimatore T per il parametro ignoto θ è:
- $MSE(T) = V(T) - E(T)^2$.
- $MSE(T) = V(T - \theta)^2$.
- $MSE(T) = E(T - \theta)^2$.
- $MSE(T) = E(T - \theta)$.

3. Nel modello lineare $Y = a + bX + \varepsilon$:
- ε è la componente erratica del modello, cioè una variabile casuale interprete dell'errore campionario, degli errori di misura e delle variabili esplicative non osservate.
- a è il punto di equilibrio del modello.
- X è la variabile dipendente o risposta.
- b misura il residuo del modello.

4. Indicando con μ e σ^2 la media e la varianza della popolazione, la media e la varianza dello stimatore media campionaria sono:
- μ/n e σ^2.
- μ e σ^2/n.
- μ e σ^2.
- $\mu-\sigma$ e $\mu+\sigma$.

Capitolo 18

Intervalli di confidenza

Esercizio 18.1

Il diametro dei bulloni di una partita è ben interpretato da una Normale; il diametro medio μ è incognito mentre la varianza è nota e pari a 0.01. Si estrae un campione di $n = 1000$ bulloni dalla partita sui quali si osserva un diametro medio pari a 1.2 cm. Determinare l'intervallo di confidenza per μ con livello di confidenza del 95%; interpretare il risultato ottenuto e discuterne la precisione. Determinare l'intervallo di confidenza per μ a livello di confidenza 99%, interpretarlo e, confrontandolo con il precedente, discuterne la precisione. Che cosa succede al diminuire di n (per esempio con $n = 100$)? Che cosa succede se nella popolazione la varianza aumenta (per esempio se $\sigma^2 = 0.1$)?

Esercizio 18.2

Il peso (in grammi) delle colombe pasquali prodotte artigianalmente in una pasticceria è modellato da una Normale. Con l'obiettivo di avere informazioni sul peso medio delle colombe prodotte in aprile, si rileva il peso di 6 colombe scelte casualmente dall'intera produzione del mese.

Colombe	1	2	3	4	5	6
Peso in grammi	1010	1005	995	990	1010	1005

Fornire un intervallo di confidenza a livello 90% per il peso medio delle colombe prodotte in aprile e commentare il risultato; stabilire di quanto dobbiamo aumentare il numero n di colombe campionate se vogliamo raddoppiare la precisione della stima (dimezzando l'ampiezza dell'IC) mantenendo lo stesso livello di confidenza.

Esercizio 18.3

Un'azienda di piccola utensileria in ferro, effettua un controllo sulla produzione di una macchina rilevando la lunghezza (in mm) di 100 pezzi selezionati a caso. Su tale campione si calcola una lunghezza media pari a 35 mm. Da indagini precedenti è invece noto che la deviazione standard della lunghezza dei pezzi prodotti dalla macchina controllata è pari a 4 mm. Calcolare e interpretare un intervallo di confidenza a livello 98% per la lunghezza media della produzione della macchina sotto controllo; determinare quanto si perderebbe in livello di confidenza per costruire, sugli stessi dati campionari, un IC che sia il 25% più preciso di quello al 98%; enunciare la definizione di errore assoluto di stima e determinare il numero di pezzi che è necessario selezionare per garantire la stima della lunghezza media con un errore non superiore a 1 mm con il 96% di probabilità.

Esercizio 18.4

Sia p la quota di consumatori che preferiscono il prodotto di marca A agli altri prodotti della stessa categoria. Intervistati 250 consumatori di prodotti di tale categoria, è emerso che 130 dichiarano di preferire A. Determinare la numerosità campionaria necessaria affinché, stimando p con la corrispondente quota nel campione, si commetta un potenziale errore di non più di ± 0.05 con il 98% di probabilità; fornire e commentare l'intervallo di confidenza per p a livello di confidenza 97%; fornire e commentare l'intervallo di confidenza per p a livello 99%; chiarire la metodologia statistica e i teoremi sottostanti il calcolo delle precedenti due stime intervallari, confrontarle e commentarle.

Esercizio 18.5 Su 100 fiale scelte casualmente dalla produzione di un'azienda farmaceutica, 90 risultano conformi allo standard imposto da una direttiva europea. Enunciare la definizione di errore assoluto di stima per la percentuale di fiale conformi e determinare quale dovrebbe essere la numerosità campionaria per garantire al 95% un errore non superiore a 2 punti percentuali; costruire e commentare un intervallo di confidenza a livello 96% per la percentuale di fiale non conformi; stabilire la perdita di confidenza necessaria per aumentare del 30% la precisione (in termini di riduzione dell'ampiezza dell'IC precedente) a parità di dati campionari; valutare il guadagno di precisione se si riducesse la confidenza al 90%.

Esercizio 18.6 La tabella mostra le quotazioni Y di chiusura giornaliere (in euro) dell'azione XXX alla Borsa di Milano.

Lunedì	Martedì	Mercoledì	Giovedì	Venerdì
2.13	2.10	2.16	2.20	2.20

Usando la variabile esplicativa X come interprete del tempo in giorni dal lunedì è stato stimato il seguente modello lineare:

$$\hat{Y} = 2.11 + 0.024X$$

Calcolare e interpretare la previsione intervallare per i successivi lunedì e martedì a livello di confidenza del 95%.

Esercizio 18.7 La lunghezza dei petali delle rose *tea* si distribuisce come una Normale. Un campione casuale di $n = 100$ rose da un vivaio fornisce la lunghezza media 3.2 cm e la varianza campionaria (corretta con i gradi di libertà) 0.16. Calcolare e interpretare l'intervallo di confidenza per la lunghezza media dei petali fissato il livello di confidenza 99%. Discutere cosa succederebbe se fissassimo il livello di confidenza al 90%. Stabilire quanto dovrebbe essere grande il campione per stimare la lunghezza media dei petali sbagliando per non più di un decimo di centimetro con probabilità 95%.

Esercizio 18.8 Con i seguenti dati campionari:

X	1	3	5	7	13
Y	0.9	8.6	26.1	52.7	160.5

è stato stimato il modello lineare che utilizza X come variabile esplicativa e Y come variabile risposta. Il metodo dei m.q. ha fornito i seguenti risultati:

$$\hat{a} = -30.233 \qquad \hat{b} = 13.792$$

e varianza degli errori pari $s_{\varepsilon}^2 = 260.89$. Determinare una previsione intervallare a livello 99% della variabile risposta per $X = 2.7$ e $X = 11.5$. Interpretare e commentare i risultati.

Esercizio 18.9

In una piccola casa editrice un'indagine si basa su un campione bernoulliano di ampiezza 10 dalla popolazione di tutti i titoli presenti a catalogo. Nella seguente tabella sono riportati i dati riguardo il tipo di libro (R: per ragazzi; A: per adulti).

Libro campionato	1	2	3	4	5	6	7	8	9	10
Tipo di libro	R	R	A	R	A	R	A	R	A	A

Determinare l'ampiezza campionaria necessaria per stimare la percentuale di libri per adulti con un errore assoluto di stima non superiore a 0.9 punti percentuali con probabilità 98%; fornire l'intervallo di confidenza a livello 95% per la percentuale di libri per ragazzi chiarendo se si tratta di IC esatto o approssimato e interpretando conseguentemente il livello di confidenza; stabilire a quanto si dovrebbe rinunciare di confidenza per aumentare la precisione della precedente stima intervallare riducendone di un terzo l'ampiezza.

Esercizio 18.10

Uno studio intende valutare l'impatto della crisi economica sulla popolazione italiana analizzando, fra alcune caratteristiche rilevanti, i *consumi* Y mensili per abbigliamento (in migliaia di euro). I dati da un campione bernoulliano di 12 soggetti single ambosesso sono riportati nella seguente tabella.

Individui	1	2	3	4	5	6	7	8	9	10	11	12
Y	1.1	1.4	1.6	2.2	2.9	2.8	2.6	2.4	2.9	1.9	2.2	0.9

Da studi precedenti si può assumere che il fenomeno Y sia ben interpretato da una Normale con deviazione standard 0.7: costruire e commentare l'intervallo di confidenza al 95% per i consumi medi mensili per abbigliamento nell'intera popolazione di single italiani; valutare la precisione della stima intervallare calcolata al punto precedente e l'errore assoluto di stima con i dati campionari a disposizione; determinare l'ampiezza campionaria necessaria per stimare i consumi medi per abbigliamento dei single italiani con un errore assoluto di stima pari a un decimo di quello calcolato al punto precedente.

Esercizio 18.11

Vero o falso? Corretto o no?

1. L'errore di stima dipende solo dall'ampiezza del campione.
2. Al crescere della numerosità campionaria, a parità di livello di confidenza, l'ampiezza dell'IC aumenta.
3. Una stima intervallare è più informativa di una stima puntuale, ma richiede informazioni in più rispetto ai dati campionari.
4. Se non si hanno informazioni ausiliarie sulla normalità del fenomeno nella popolazione allora una stima intervallare è calcolabile solo se si dispone di un grande campione.
5. In genere $n = 100$ è sufficientemente grande.
6. Scegliendo il livello di confidenza 100% si elimina ogni possibilità di errore di stima anche se i dati sono campionari.
7. Per grandi campioni la Normale standard Z e la T di Student diventano indistinguibili.
8. Sotto le ipotesi standard del modello lineare si può calcolare un intervallo di confidenza per la previsione estrapolata dal modello.

9. Se le condizioni teoriche non sono rispettate o se il campione non è casuale, non c'è garanzia probabilistica che la stima abbia il livello di confidenza scelto.
10. Se il campione è numeroso si utilizza sempre la T di Student.

Esercizio 18.12 Scegliere la risposta (più) corretta.

1. Il livello di confidenza è:
- la probabilità che la stima sia vera.
- una misura probabilistica dell'affidabilità di una stima intervallare.
- la rappresentatività del campione.
- la probabilità di sbagliare stimando il parametro.
2. Lo Z-score $z_{\alpha/2}$:
- serve per aumentare la precisione dell'IC.
- è il valore di una Normale standard che lascia a sinistra probabilità $\alpha/2$.
- non và utilizzato se si hanno informazioni ausiliarie a priori.
- è una probabilità della Normale standard Z.
3. Per stimare la percentuale di *successo* p contro la probabilità di *insuccesso* $(1-p)$ il rischio di errore è massimo quando:
- p è inferiore al 10%.
- le probabilità di successo e di insuccesso sono entrambe vicine al 50%.
- $p(1-p)$ tende a 1.
- la numerosità campionaria è inferiore a 30.
4. Se scegliamo il livello di confidenza $(1-\alpha)$ allora α rappresenta:
- la probabilità di successo.
- la probabilità di sbagliare.
- la percentuale di campioni non rappresentativi.
- l'errore di stima.

Test statistici

Esercizio 19.1

Secondo le indicazioni della casa farmaceutica, una dose di un certo farmaco ha effetto dopo 25 minuti dall'assunzione. Su un campione casuale di 25 individui si è osservato un tempo medio (fra l'assunzione e l'effetto) di 30 minuti. La casa farmaceutica garantisce che il tempo che interessa X ha distribuzione normale con varianza 2.49. Tradurre in ipotesi nulla le indicazioni della casa farmaceutica e, con i dati a disposizione, verificarla con un test statistico a livello di significatività 95%. Calcolare il *p-value* del test e verificare che si giunge alla stessa conclusione circa il rifiuto o l'accettazione dell'ipotesi nulla.

Esercizio 19.2

Il contenuto (in litri) dei barattoli riempiti automaticamente in una catena di montaggio, segue un modello normale di media $\mu = 2$ litri e varianza $\sigma^2 = 0.1$. Si teme che, a causa di una momentanea sospensione dell'energia elettrica, si sia verificato un mal funzionamento dell'impianto e che il contenuto possa essere diverso da quello dichiarato. Per controllare si analizzano 25 barattoli scelti casualmente in quella catena di montaggio che presentano un contenuto medio di 2.2 litri. Con tali dati e scelto il livello di significatività 90%, verificare con l'opportuno test statistico se si può ritenere che il guasto abbia modificato il regolare funzionamento della catena di montaggio. Si riesegua il test allo stesso livello di significatività, ma senza la certezza che la varianza sia rimasta invariata. Infine, eseguire il test al livello 99%. Confrontare e commentare i risultati dei tre test.

Esercizio 19.3

In occasione delle ultime elezioni amministrative il partito A ha ottenuto una percentuale di voti pari al 30%. In vista delle prossime elezioni, per stabilire se si è verificata una perdita nelle preferenze per il partito A, si estrae un campione bernoulliano di $n = 100$ elettori ottenendo una percentuale di preferenze per A pari al 29%. Stabilire se lo scarto osservato fra la percentuale delle ultime elezioni e quella del campione può essere considerato casuale o, invece, è indicatore di una perdita di consensi, fissando in $(1 - \alpha) = 0.95$ il livello di significatività del test.

Esercizio 19.4

Nell'ambito di un'indagine sulla qualità della vita, è necessario verificare se sussiste una connessione significativa tra il *reddito medio mensile delle famiglie residenti* e la *dimensione delle famiglie* stesse. A tale scopo si dispone di un campione di famiglie la cui distribuzione bivariata è riportata nella seguente tabella:

Numero componenti / Classi di reddito	1	2	3	4	$f_{i.}$
500 ⊣ 750	600	7850	9700	650	18800
750 ⊣ 1200	540	9050	9250	600	19440
1200 ⊣ 1700	300	2150	3750	450	6650
1700 ⊣ 3000	60	250	500	10	820
$f_{.j}$	1500	19300	23200	1710	45710

Emettere l'opportuna ipotesi statistica e verificarla con un test a livello di significatività 95%. Discutere le proprietà del test utilizzato.

Esercizio 19.5 Il processo di produzione di una fabbrica di lampadine a basso consumo energetico viene considerato sotto controllo se la durata media delle lampadine prodotte è almeno di 26 000 ore. Lo scarto quadratico medio della durata è pari a 100 ore e un campione di 50 lampadine scelte a caso dalla produzione della fabbrica ha indicato una durata media di 25 000 ore. Verificare con un test statistico con probabilità di sbagliare 5% se il processo è sotto controllo.

Esercizio 19.6 Un'azienda sanitaria privata è interessata a valutare la durata media dei tempi di attesa per fruire delle prestazioni presso la sua struttura. Si seleziona un campione casuale di 15 pazienti per i quali si registrano i seguenti tempi d'attesa (in numero di giorni):

Paziente	1	2	3	4	5	6	7	8	9	10	11	12	13	14	15
Giorni	114	78	96	137	78	103	117	126	86	99	114	72	104	73	86

Con un livello di significatività $(1-\alpha) = 0.99$, vi sono elementi per sostenere che il tempo medio di attesa presso quella struttura è superiore ai 90 giorni?

Esercizio 19.7 Un'azienda afferma di non fare discriminazione di genere tra i dipendenti. Metà dei dipendenti sono maschi e metà femmine. Osservato che 23 su 28 persone licenziate durante l'ultima ristrutturazione aziendale sono donne, si può affermare che l'azienda fa discriminazione di genere a livello di significatività $(1-\alpha) = 0.95$? Come cambierebbe la decisione scegliendo $\alpha = 0.01$?

Esercizio 19.8 Un istituto scolastico effettua un'indagine per analizzare l'eventuale relazione fra il *genere* X e il *rendimento scolastico* Y. Estratto un campione bernoulliano di 110 studenti, i dati sono sintetizzati nella seguente tabella:

Y: media dei voti / X: genere	$4 \vdash 6$	$6 \vdash 8$	$8 \vdash 10$	$f_{i.}$
F	9	16	25	50
M	20	35	5	60
$f_{.j}$	29	51	30	110

Verificare con un opportuno test a livello di significatività 98% se nella popolazione d'interesse esiste una significativa relazione statistica tra i due fenomeni. Descrivere le proprietà del test utilizzato.

Esercizio 19.9 La seguente tabella riporta i dati relativi al fatturato (espresso in milioni di euro) degli ultimi otto anni di una azienda di accessori per ufficio.

Anno	1	2	3	4	5	6	7	8
Fatturato	9	11.2	9.8	11.8	14	12.6	13.4	16

Con tali dati è stato stimato il seguente modello lineare per prevedere il fatturato Y dei prossimi anni:

$$\hat{Y} = 8.44 + 0.84X$$

con devianza residua 6.78. Verificare con l'opportuno test e con probabilità di sbagliare 5% se il valore ottenuto $\hat{b}$ per il coefficiente angolare del test è statisticamente significativo. Descrivere le proprietà del test utilizzato.

Esercizio 19.10

In un esperimento diretto allo studio della relazione tra il fenomeno Y: numero pulsazioni sotto sforzo al minuto e X: età in anni compiuti, sono stati rilevati i seguenti dati su 8 individui:

Pulsazioni	195	190	195	190	188	180	165	170
Età	10	20	21	25	29	30	45	50

Stimare il modello lineare che interpreta le pulsazioni in funzione dell'età, interpretare i risultati ottenuti per i parametri e valutarne la bontà di adattamento ai dati. Interpretare l'ipotesi nulla $H_0 : b = 0$ e verificarla con un opportuno test statistico con probabilità di errato rifiuto pari a 0.05. Discutere l'esito del test coerentemente con le valutazioni date ai punti precedenti. Per questo test ci si aspetterebbe un *p-value* vicino o lontano da 0?

Esercizio 19.11

Vero o falso? Corretto o no?

1. Per verificare un'ipotesi sulla media di una popolazione normale ciò che determina la scelta fra un T-test o uno Z-test è la disponibilità di informazioni sulla varianza della popolazione.
2. L'indice di connessione χ^2 può essere utilizzato come statistica test per verificare l'indipendenza statistica in una tabella di contingenza campionaria, ma si tratta di un test approssimato per grandi campioni.
3. Lo Z-test serve per verificare ipotesi bilaterali mentre il T-test per verificare ipotesi unilaterali.
4. Per la verifica dell'indipendenza su dati campionari bivariati i gradi di libertà del test Chi quadrato sono il prodotto fra il numero di righe e il numero delle colonne della tabella.
5. Se si rifiuta l'ipotesi nulla allora l'ipotesi statistica corrispondente è falsa.
6. L'errore di I specie è l'errato rifiuto dell'ipotesi nulla.
7. Il valore critico del test è un valore teorico della statistica test mentre il valore sperimentale è calcolato sui dati campionari.
8. Eseguire un test con la regione critica o con il *p-value* può condurre a due decisioni diverse circa il rifiuto di H_0 con lo stesso livello di significatività.
9. La verifica di $H_0 : b = 0$ sul coefficiente angolare del modello lineare equivale a verificare l'ipotesi di incorrelazione fra i due fenomeni modellati.
10. Il *p-value* è il più piccolo α che porta al rifiuto di H_0 perciò se *p-value* $\leq \alpha$ si rifiuta.

Esercizio 19.12

Scegliere la risposta (più) corretta.

1. Il livello di significatività del test è:

- una misura probabilistica dell'errore campionario.

- il complemento della probabilità di sbagliare rifiutando l'ipotesi nulla quando invece è vera.
- la probabilità di sbagliare.
- l'errore di I specie.

2. La statistica test è:

- un numero calcolato dai dati campionari.
- una variabile casuale che assume come vera l'ipotesi nulla.
- il valore critico del test.
- la significatività del test.

3. Il *p-value* è:

- l'area a destra del valore sperimentale del test.
- uno Z-score.
- la probabilità che H_0 sia vera.
- la coda di sinistra di un test a due code.

4. Un test statistico è:

- un procedura campionaria per decidere se H_0 è vera o falsa.
- una regola inferenziale per stabilire se H_0 è da rifiutare perché i dati campionari non la suffragano a sufficienza.
- una procedura inferenziale che consente di controllare al 100% la probabilità di sbagliare.
- una Normale standard.

5. In un test Chi quadrato di indipendenza l'indice χ^2 calcolato su una tabella di contingenza campionaria è:

- l'ipotesi nulla H_0.
- la probabilità di fare bene.
- il valore sperimentale del test.
- la statistica test.

6. Il T-test sul coefficiente angolare b del modello lineare:

- equivale a un test di incorrelazione fra le due variabili.
- è un test esatto.
- non necessita delle ipotesi-base sul modello.
- equivale a verificare la significatività dell'intercetta del modello.

Esercizi di riepilogo

Esercizio P.III.1

Un comune della provincia di Roma vuole analizzare l'esito di un progetto di riqualificazione di un certo quartiere avvenuto cinque anni prima. A tal proposito viene selezionato un campione casuale di 300 abitanti del quartiere e a ciascuno di loro viene chiesto se ritengono il quartiere più sicuro rispetto a cinque anni prima. 210 persone hanno risposto che il quartiere è più sicuro, mentre le restanti hanno risposto che è rimasto come prima o che è peggiorato.

a) Calcolare una stima puntuale dell'ignota proporzione di abitanti che si sentono più sicuri.
b) Stimare l'errore campionario medio commesso e commentare il risultato ottenuto.
c) Fornire un intervallo di confidenza a livello 95% per l'ignota percentuale di abitanti che ritengono il quartiere più sicuro.
d) Dopo aver esposto che cosa si intende per stima intervallare, confrontare e valutare i pro e i contro fra stima puntuale e stima intervallare.
e) L'opera viene considerata un successo se la percentuale di abitanti del quartiere che si sentono più sicuri è pari a 72%. Verificare, allora, l'ipotesi che l'opera sia stata un successo con il livello di significatività pari a 0.95.

Si supponga ora di porsi nella fase di pianifcazione dell'indagine per valutare il livello di sicurezza dei cittadini dopo l'intervento di riqualificazione del quartiere.

f) Trovare l'ampiezza campionaria che, con probabilità pari al 95%, garantisce un errore assoluto di stima non superiore a 2 punti percentuali.

Esercizio P.III.2

Al fine di analizzare l'occupazione dei suoi laureati, il coordinatore di un corso di laurea in Ingegneria informatica vuole studiare il tempo impiegato dai suoi laureati per trovare un lavoro stabile. Analizzando i dati del 2008, riscontra che il tempo trascorso dalla laurea all'assunzione può essere interpretato da una Normale di media 8 mesi e deviazione standard 5 mesi.

a) Calcolare la probabilità che un laureato in Ingegneria informatica nel 2008 abbia trovato lavoro stabile entro un anno.

Il coordinatore del corso di laurea in Ingegneria delle telecomunicazioni, ispirato dal collega, decide di fare un'indagine anche sui suoi laureati. Non disponendo di informazioni sull'impiego dei suoi laureati del 2008, spedisce loro un questionario via internet al quale rispondono 10 ex studenti. I mesi trascorsi dalla laurea all'assunzione sono: 12, 10, 11, 18, 8, 11, 7, 8, 12, 11.

b) Calcolare una stima non distorta per il numero medio di mesi trascorsi dalla laurea all'assunzione.
c) Discutere le proprietà di non distorsione, consistenza ed efficienza della media campionaria.
d) Considerando varianza nota, pari a quella dei laureati in Ingegneria informatica, trovare un intervallo di confidenza al 90% per la media.

e) Senza effettuare conti, dire come si modificherebbe la precisione dell'IC calcolato al punto precedente supponendo di mantenere fissa l'ampiezza campionaria e passare a un livello di confidenza $(1-\alpha) = 0.99$. Mantenendo fisso il livello di confidenza e aumentando l'ampiezza campionaria, come si modifica, invece, la precisione dell'IC?

f) Testare l'ipotesi nulla che il tempo medio trascorso fra laurea e assunzione sia lo stesso per gli ingegneri informatici e gli ingegneri delle telecomunicazioni a livello di significatività 0.90.

g) Con un livello di significatività 0.99, si sarebbe giunti alla stessa conclusione? Svolgere il punto 4 e 6 con livello di significatività pari a 0.99.

Esercizio P.III.3 Un sindacato ritiene che i dipendenti della raffineria "Fini raffini" siano particolarmente esposti a certe polveri sottili che possono causare malattie del sistema respiratorio. Il sindacato ha a disposizione un campione di 20 rilevazioni della concentrazione delle polveri sottili nell'area immediatamente intorno alla raffineria. I dati sono riportati di seguito:

Concentrazione polveri sottili (mg/m^3) x_i	Frequenza f_i
20 ⊣ 40	2
40 ⊣ 60	10
60 ⊣ 80	5
80 ⊣ 100	3

a) A quali errori può essere andato incontro il sindacato? È possibile ovviare a questi errori?

b) Fornire una stima non distorta per la varianza ignota.

c) Fornire un intervallo di confidenza per la media ignota a livello 95% e commentarlo.

d) Supponendo che il valore medio accettato nelle raffinerie sia 20 mg/m^3, testare l'ipotesi nulla che la media sia minore di 20 mg/m^3. Il sindacato ha ragione nel ritenere che i dipendenti di "Fini raffini" siano più esposti del dovuto alle polveri sottili?

e) Dire approssimativamente, quale *p-value* fornirebbe il computer.

Per completare l'analisi, il sindacato decide di raccogliere i seguenti dati campionari su coloro che soffrono di malattie respiratorie nella zona.

Y: malati / *X*: raffineria	Sì	No	$f_{i.}$
Sì	12	18	30
No	10	90	100
$f_{.j}$	22	108	130

f) Testare l'ipotesi di indipendenza fra X e Y. Il sindacato ha evidenza empirica a sostegno dell'ipotesi che i dipendenti di "Fini raffini" si ammalano più di coloro che lavorano altrove?